Helmut E. Lück • Rudolf Miller (Hrsg.)

Illustrierte Geschichte der Psychologie

Helmut E. Lück • Rudolf Miller (Hrsg.)

Illustrierte Geschichte der Psychologie

BELTZ

www.beltz.de

2005 Beltz Verlag • Weinheim und Basel
Unveränderter Nachdruck mit aktualisiertem Autorenverzeichnis

Umschlaggestaltung: Federico Luci, Odenthal
Gesamtherstellung: Druckhaus Beltz, Hemsbach
Printed in Germany

ISBN 3 407 85893 0

Geschichtsforschung.

Rückwärts blickend
Vorwärts schaffen;
Abwärts grabend
Aufwärts bau'n!

11. April 1920.

William Stern.

Zum Geleit

Wenn ein Buch neu ist, muß man sich erst einmal mit ihm befreunden, und dazu sieht man sich häufig erst einmal die Illustrationen an. Bilder sind leichter zugänglich als Wörter, denn sie sprechen unmittelbar zu unseren Augen. Obwohl Psychologie als eine Wissenschaft mit Begriffen hantiert, beziehen sich diese Begriffe fast immer auch auf handgreifliche, zumal sichtbare Dinge. Wenn ich an das Berliner Institut für Psychologie zurückdenke, fällt mir zum Beispiel Erich Maria von Hornbostels Tonarchiv ein, für das er Aufnahmen von Volksgesängen, besonders afrikanischen, auf Wachszylindern aufgenommen hatte. Diese standen nun aufgereiht in samtgefütterten Büchsen und wurden durch einen Blechtrichter zum Tönen gebracht. Ebenso kommen mir die vielen Apparaturen in den Sinn, mit denen wir unsere Experimente ausführten, und die zahlreichen Figuren, auf die unsere Versuchspersonen zu reagieren hatten. So manches davon und so vieles andere ist im vorliegenden Buch anschaulich abgebildet, ebenso wie es die einschüchternden Bildnisse unserer bärtigen Vorgänger zeigt, denen wir die Fortschritte der Psychologie verdanken – Pioniere wie Wilhelm Wundt oder Sigmund Freud.

All diese Abbildungen bestätigen, daß, wie schon Immanuel Kant betonte, Begriffe ohne Anschauung leer sind. Kant sagte aber auch, daß Anschauung ohne Begriffe blind ist. Und so ruht denn die Psychologie auf einem Gerüst von Grundbegriffen, die uns über die Zeiten hinweg in unserer Arbeit leiten. Obwohl die Psychologie als Wissenschaft erst ein Jahrhundert alt ist, haben schon seit der Antike Philosophen, vor allem Aristoteles und Platon, zur Schärfung dieser Grundprinzipien beigetragen. Was Denker wie René Descartes, Baruch Spinoza oder Friedrich Nietzsche beobachtet und bedacht haben, ist uns immer noch unentbehrlich.

Mir hat die Psychologie nun schon seit siebzig Jahren gedient, und manches, was in diesem Buch als Geschichte beschrieben wird, ist mir noch in einiger Erinnerung. So erinnere ich mich etwa, wie der damalige Direktor unseres Instituts, der Gestaltpsychologe Wolfgang Köhler, mich als jungen Studenten dazu rekrutierte, bei einem Fackelzug für den ehrwürdigen Carl Stumpf eine Ansprache als Vertreter der Studentenschaft zu improvisieren. Was ich damals zum dritten Stock hinaufrief, habe ich vergessen; aber noch immer bestimmen mich die Grundprinzipien, die meine Lehrer damals für mich lebendig machten. Im vorliegenden Buch kommen sie als Gemeingut der psychologischen Theorie und Praxis nun wieder zu neuer Tätigkeit.

Rudolf Arnheim
Professor Emeritus of the Psychology of Art
Harvard University

Vorwort

„Das alte Wahre, faß es an." Dieser Satz im Exlibris des Philosophen und Psychologen Jonas Cohn könnte die Überschrift zu der vorliegenden Illustrierten Geschichte der Psychologie bilden. Unser Plan einer Psychologiegeschichte mit vielen, möglichst noch unbekannten Abbildungen war nicht vom Bestreben geleitet, nostalgische Rückbesinnung zu erleichtern oder dem Psychologen unserer Zeit sichtbar zu machen, wie alt die alte Psychologie aussieht. Unser Ziel war vielmehr, die Geschichte unserer Disziplin anschaulich zu machen, Beziehungen herzustellen, Entwicklungen sichtbar werden zu lassen und Vergangenes nahezubringen, also kurz: lebendig werden zu lassen.

Dies sollte möglichst geschehen, indem die Entwicklung der Psychologie in ganz enger Verbindung zu gesellschaftlich-kulturellen Strömungen, zu anderen Disziplinen, zum Beispiel Dichtung und Musik, gesehen und dargestellt wird. Unsere Idee – enstanden aus unserer Arbeit an dem Nachrichtenblatt *Geschichte der Psychologie* und an unserer Zeitschrift *Psychologie und Geschichte* – ist von unseren Autoren sofort verstanden worden. Ob das Endergebnis aber gelungen ist, werden Sie als Leserin und Leser von ihrem Standpunkt aus entscheiden müssen.

Wir sind auf alle Fälle dankbar dafür, daß viele Kolleginnen und Kollegen unser Anliegen zu ihrem eigenen gemacht und interessante Beiträge beigesteuert haben, durch die viele – bislang ganz unbekannte – Beziehungen deutlich werden. Gewiß dürfen viele Beiträge zu den „Kulinarien" der Psychologiegeschichte gerechnet werden. Ein solch delikates Menü sollte erlaubt sein, nachdem es in den letzten Jahren eher trockenes Brot in Form von Lehrbüchern und Rohkost in Form von Aufsatzsammlungen zur Psychologiegeschichte gab. So darf der vorliegende Band durchaus als Ergänzung und Abrundung zu vorliegenden Darstellungen dienen. Er kann aber auch als Einstieg in die Psychologiegeschichte nützen. Wir hoffen, daß beim Lesen der gut 80 Beiträge und dem Betrachten der Abbildungen der Reiz einer Auseinandersetzung mit den Ursprüngen und Entwicklungslinien einer Disziplin erkennbar wird und sich manche Leserin und mancher Leser – quasi vom Dessert her – einen Zugang zur Psychologie und ihrer Geschichte verschaffen.

Besonders freuen wir uns, daß neben bekannterem sehr viel unbekanntes Bildmaterial – zum großen Teil zum ersten Mal – gezeigt werden kann. Es ist vor allem das Verdienst der weit über 60 Autorinnen und Autoren, daß mehrere hundert Abbildungen zusammengetragen werden konnten. Aber auch zahlreichen weiteren Leihgebern sind wir zu großem Dank verpflichtet. Rudolf Arnheim, der wie kein zweiter die Psychologie des Bildes studiert und in seiner Biographie Europa und die Neue Welt verbunden hat, war so freundlich, unserem Band das Geleitwort voranzustellen. Ihm sind wir hierfür sehr dankbar.

Frau Ingeborg Schäfer hat einen großen Teil der Manuskripte erfaßt. Ihr danken wir ebenso wie Herrn Peter Becker, der die Reproduktionen anfertigte, als auch Herrn Klaus Nuyken, der uns bei den vorbereitenden Arbeiten in vielerlei Hinsicht geholfen hat. Herrn Horst Dieter Rossacker danken wir für kompetente Textdurchsicht. Dr. H. Jürgen Kagelmann vom Quintessenz-Verlag förderte dieses ungewöhnliche Buchprojekt engagiert und begleitete es bis zur Fertigstellung.

Hagen, im Frühjahr 1993

Helmut E. Lück
Rudolf Miller

Vorwort zur Taschenbuchausgabe

Nach einer zweiten Auflage, in die bereits eine Reihe von Korrekturen und Ergänzungen aufgenommen wurden, erscheint die „Illustrierte Geschichte der Psychologie" nunmehr im Inhalt unverändert als preiswerte Taschenbuchausgabe. So wünschen wir, daß das Buch mit seinen über 400 Abbildungen vielen Leserinnen und Lesern den Einstieg in die Psychologie und deren Geschichte erleichtert und dazu dient, vorhandene Kenntnisse zu erweitern und abzurunden.

Hagen, im Frühjahr 2002

Helmut E. Lück
Rudolf Miller

Danksagung

Die Veröffentlichung des vorliegenden Bandes wäre ohne das großzügige Entgegenkommen vieler Personen und Institutionen, die Abbildungen zur Verfügung stellten und z.T. für diesen Band anfertigen ließen, nicht möglich gewesen. Herausgeber und Verlag danken neben einigen Personen, die ungenannt bleiben möchten, besonders folgenden Personen und Institutionen:

Akademie der Künste, Berlin
American Psychological Association, Washington D.C., USA
Herrn Andreas Sperling, Göttingen
Archiv der Akademie der Naturforscher Leopoldina, Halle
Archiv der Franz Brentano Forschung, Universität Würzburg
Archiv der Ludwig-Maximilians-Universität München
Berufsverband Deutscher Psychologen e.V. (BDP), Bonn
Bibliothek des Instituts für Grenzgebiete der Psychologie und Bundesarchiv Koblenz
Psychohygiene e. V., Freiburg (Breisgau)
Dipl.-Ing. Otto Jutzler, Leverkusen
Dr. Artur Wirth, Ansbach
Dr. Erich Schmorell, München
Dr. Hermann Feuerhelm, Bochum
Dr. Marie Salaba, Generallandesarchiv, Karlsruhe
Dr. Rainer Funk, Literarische Rechte und Nachlaßverwaltung von Erich Fromm, Tübingen
Dr. Ruediger Schiferer, Österreichische Nationalbibliothek, Wien
Dr. Siegfried Jaeger, Berlin
Dr. Siegward Lönnendonker, Freie Universität Berlin
Ernst-Mach-Institut, Universität Freiburg
Eva-Maria Schön, Berlin
Frau Sigrit Sodhi, Berlin
Frau Dr. Marianne Schneider-Düker, Saarbrücken
Frau Karin Kohler-Green, New York
Frau Prof. Roth
Frau Susanne Spanl, München
Georg-Groddeck-Gesellschaft, Frankfurt
Goethe-Museum, Düsseldorf
Herrn Henschel, Berlin
Herrn Alexander James
Herrn Kurt Adler, New York
Herrn Theodor Katz, Stockholm, Schweden
Historisches Museum der Stadt Frankfurt, Frankfurt am Main
Houghton Library, Harvard University, Cambridge, MA
Institut für den Wissenschaftlichen Film, Göttingen
Institut für Psychologie der Johann-Wolfgang-Goethe-Universität Frankfurt, Frankfurt am Main
Institut für Volkskunde, München
Prof. Dr. Irmingard Staeuble, Berlin
Musil-Archiv, Klagenfurt
Niedersächsische Staats- und Universitätsbibliothek, Göttingen
Open Court Publishing Co.
Prof. Dr. Adolf M. Däumling, Basel, Schweiz
Prof. Dr. Dr. h.c. Hans Thomae, Bonn
Prof. Dr. Erich H. Witte, Universität Hamburg
Prof. Dr. Gerhard Kaminski, Tübingen
Prof. Dr. Horst Gundlach, Institut für die Geschichte der Neueren Psychologie, Passau
Prof. Dr. John A. Popplestone, The Archives of the History of American Psychology, Akron, Ohio, USA
Prof. Dr. Josef Brožek, Bethlehem, PA, USA
Prof. Dr. Jürgen Jahnke, Freiburg
Prof. Dr. Lothar Tent, Marburg
Prof. Dr. Marion White McPherson, The Archives of the History of American Psychology, Akron, Ohio, USA
Prof. Dr. Michael Wertheimer, Boulder, Col., USA
Prof. Dr. Miriam Lewin, New York, USA
Prof. Dr. Rudolf Bergius, Gilching
Prof. Dr. Toshio Iritani, Tokai-Universität, Japan
Prof. Dr. Wolfgang Manz, Düsseldorf
Psychologisches Institut der Universität Münster
PTT Nederland
Staatsarchiv Dresden, Dresden
Stichting Historische Materialen Psychologie, Universiteit Groningen, Niederlande
Herrn Theodor Katz, Göteborg, Schweden
Universitätsarchiv der Universität Leipzig
Universitätsbibliothek der Universität Leipzig, Handschriftenabteilung
Universitätsbibliothek Universität Freiburg i. Br.
Universitäts-Dozent Dr. M. Skopec, Institut für Geschichte der Medizin der Universität Wien
Universiteitsmuseum Rijksuniversiteit Groningen, Niederlande
Universiteitsmuseum Rijksuniversiteit Utrecht, Niederlande
University of Alberta Archives, Alberta, Kanada
University of Illinois Press
Wundt-Nachlaß der Universität Leipzig
Zentrum für Fernstudienentwicklung (ZFE) der FernUniversität, Hagen

Inhaltsverzeichnis

Teil A

Der lange Weg zur akademischen Psychologie

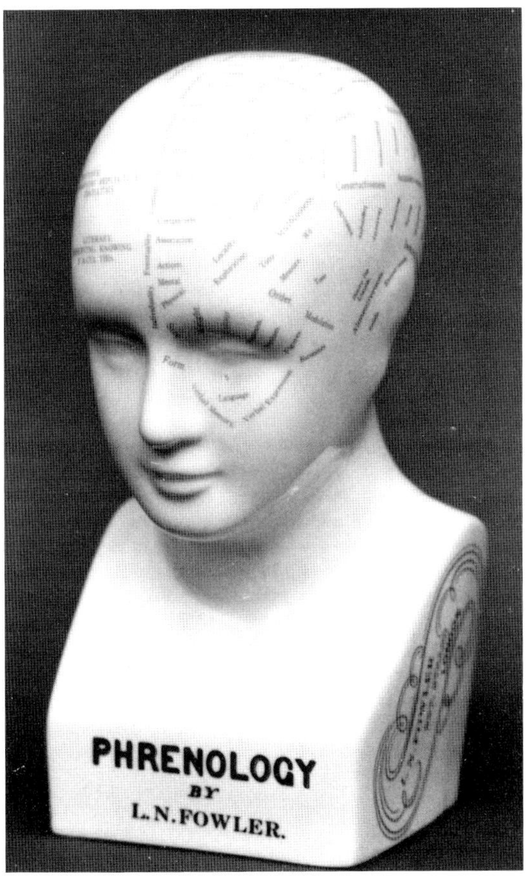

Anton Reiser.

Ein
psychologischer Roman.

Herausgegeben
von
Karl Philipp Moritz.

Vierter Theil.

Berlin, 1790.
Bei Friedrich Maurer.

Karl Philipp Moritz

Jürgen Jahnke

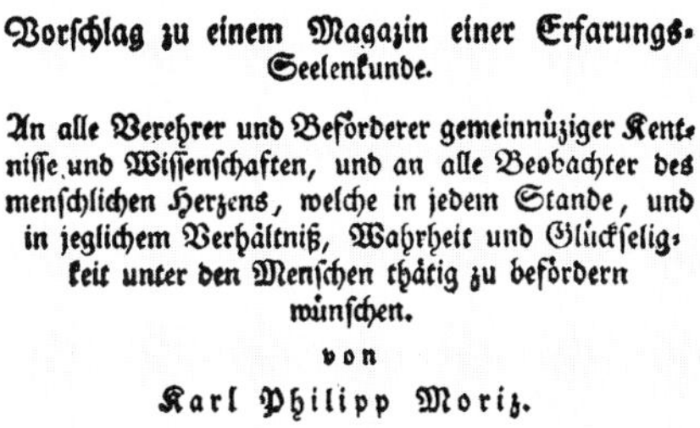
Vorschlag zu einem Magazin einer Erfarungs-Seelenkunde.

An alle Verehrer und Beförderer gemeinnütziger Kentnisse und Wissenschaften, und an alle Beobachter des menschlichen Herzens, welche in jedem Stande, und in jeglichem Verhältniß, Wahrheit und Glückseligkeit unter den Menschen thätig zu befördern wünschen.

von

Karl Philipp Moriz.

1782 verfaßte der damalige Konrektor an der unteren Schule des Berliner Gymnasiums zum Grauen Kloster, Karl Philipp Moritz, seinen „Vorschlag zu einem Magazin einer Erfarungs-Seelenkunde". Der Abdruck dieses Aufrufs in verschiedenen öffentlichen Blättern und Journalen hatte Erfolg: 1783 begann mit des „Ersten Bandes erstes Stück" die erste psychologische Zeitschrift in Deutschland. Über zehn Jahrgänge bis zu Moritz' Tod (1793) hielt sich das Unternehmen; als Herausgeber traten zeitweise C.F. Pockels (1787–1788) und Salomon Maimon (1792–1793) hinzu.

Das *Magazin* sollte weder ein theoretisches System vermitteln, noch eine moralische Lehre verbreiten, sondern „Fakta" zusammentragen, Beobachtungen sam-

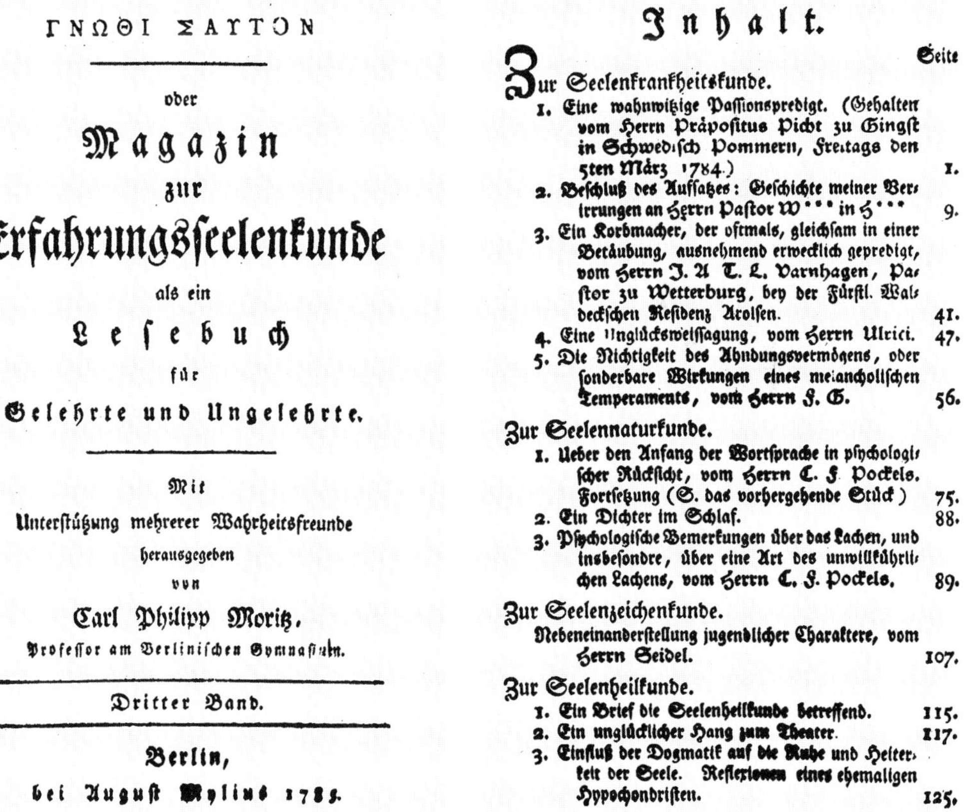
ΓΝΩΘΙ ΣΑΥΤΟΝ

oder

Magazin

zur

Erfahrungsseelenkunde

als ein

Lesebuch

für

Gelehrte und Ungelehrte.

Mit

Unterstützung mehrerer Wahrheitsfreunde

herausgegeben

von

Carl Philipp Moritz,

Professor am Berlinischen Gymnasium.

Dritter Band.

Berlin,

bei August Mylius 1785.

Inhalt.

Abb. 1: Magazin zur Erfahrungsseelenkunde: Titelblatt zum dritten Band. Das Inhaltsverzeichnis des ersten Stückes zeigt die von Moses Mendelssohn nach den „Eintheilungen der Arzneiwissenschaft" vorgeschlagenen Rubriken.

meln – Selbstbeobachtungen vornehmlich und Beobachtungen an anderen. Die Leser wurden zur Mitarbeit aufgerufen und werden zu Autoren; eine Grenze zwischen Experten und Laien wird dabei nicht gezogen. Die nach Moses Mendelssohns Rat angewandte Einordnung der einzelnen Beiträge in die Rubriken Seelennaturkunde, Seelenkrankheitskunde, Seelenzeichenkunde, Seelendiätetik, Seelenheilkunde orientiert die Erfahrungsseelenkunde ausdrücklich an der Medizin. Psychopathologische Kasuistik nimmt deshalb einen

Abb. 2: Karl Philipp Moritz (1756–1793). Kupferstich eines unbekannten Künstlers.

recht großen Raum ein (vgl. Förstl u. a., 1991), aber auch Berichte über Ahnungen, Weissagungen, Träume und Visionen finden sich zahlreich. Dem aufklärerischen Bestreben „Diese Fakta ... als leere Einbildung kurz abzufertigen" (*Magazin* VII, 3,4) tritt Moritz entschieden entgegen, indem er die Komplexität der Phänomene und die methodischen Schwierigkeiten ihrer Erforschung betont. Durch die weitgehende Theorieabstinenz und die Bereitschaft, der Selbsterfahrung und den Beobachtungen der Leser Raum zu gewähren, wird das Magazin zu einem einzigartigen sozialgeschichtlichen und psychohistorischen Dokument, auch wenn sich die zusammengetragenen Materialien letztlich nicht zu einem Gebäude zusammenfügen ließen, wie es Moritz anfangs als Ziel vorschwebte.

„Wer sich zum eigentlichen Beobachter des Menschen bilden wollte, der mußte von sich selber ausgehen: erstlich die Geschichte seines eigenen Herzens von seiner frühesten Kindheit an sich so getreu wie möglich entwerfen" (*Vorschlag zu einem Magazin* ..., S. 492). Moritz selbst hat diese methodische Forderung beispielhaft erfüllt: Im zweiten Band des Magazins (1784) erschien – zunächst anonym – mit dem *Fragment aus Anton Reisers Lebensgeschichte* ein erster Abschnitt aus Moritz Versuch, die eigene Kindheitsentwicklung als „innere" Geschichte zu rekonstruieren. Daß bei diesem Projekt auch die „äußeren" Bedingungen exakt erinnert und beschrieben wurden, läßt sich durch biographische Forschungen belegen (vgl. Schrimpf, 1980).

Anton Reiser.

Ein

psychologischer Roman.

Abb. 3: Anton Reiser. Vierter Theil. Erstausgabe. Der Kupferstich bezieht sich wohl auf die Stelle: „Die Aussicht über die Gärten nach dem Karthäuserkloster hin hatte nehmlich so etwas Romantisches, das Reisern unwiderstehlich anzog".

Als Moritz zwischen 1785 und 1790 schließlich den *Anton Reiser* in vier Bänden herausgibt, setzt er dem Titel hinzu: „Ein psychologischer Roman" und betont, daß „die Beobachtungen größtenteils aus dem wirklichen Leben genommen sind". Aus heutiger Sicht ist man geneigt, das psychologische Magazin der Wissenschaft, den psychologischen Roman dagegen der Sparte Literatur zuzurechnen. Für Moritz gehören beide zum Programm der Erfahrungsseelenkunde. Der autobiographische, psychologische Roman fungiert als „Observatorium", indem auch das „Kleine, Unbedeutende und anscheinend Geringfügige mancher Umstände" quasi mikroskopisch untersucht werden soll (Müller, 1987, S. 172 f.).

Moritz' eigene Lebensgeschichte zeigt eindrucksvoll, wie aus einer beschädigten Kindheit in Armut, Kränkungen und religiös-sektierischer Enge die Sehnsucht nach einem sinnvollen Lebenszusammenhang und harmonischer Identität entsteht. Früh erfahrene Methoden der pietistischen Selbstbeobachtung und der mystisch-religiösen Innenschau werden in einem schmerzhaften Erkenntnisprozeß zur distanziert psychologischen Analyse transformiert, indem ihre selbstquälerische Wirkung und auch die in ihnen enthaltenen Täuschungsgefahren bloßgelegt werden (vgl. z.B. *Magazin* VII, 3, 45, „Über Selbsttäuschung").

Abb. 4: Karl Philipp Moritz (1756–1793). Büste von Traugott Leberecht Major (1762–1795).

Während einer Italienreise (1786–1788) wird die Arbeit am *Magazin* und am *Anton Reiser* zeitweise unterbrochen. Moritz tritt dort in engen Kontakt zu Goethe und befaßt sich intensiv mit Fragen der antiken Mythologie und der Ästhetik. Seit 1789 ist Moritz als Professor der „Theorie der schönen Künste" in Berlin, er übernimmt das „Magazin" wieder in alleinige Regie. Abgesehen von der Übersetzung eines englischen Lehrbuchs befaßt sich Moritz in seinen letzten Lebensjahren kaum noch mit Psychologie, sondern vor allem mit ästhetischen und sprachtheoretischen Problemen. Die Sprache war allerdings ein Bereich, den Moritz im *Magazin* mehrfach und besonders ausführlich „in psychologischer Rücksicht" beleuchtete.

Im 19. Jahrhundert blieb für Moritz' (Selbst-)Erfahrungsseelenkunde zwischen naturwissenschaftlicher und der konkurrierenden idealistisch-philosophischen Psychologie-Konzeption kein Platz. In der Literatur wurde sein Andenken bewahrt (L. Tieck, E.T.A. Hoffmann, J. Paul). Erst die heutige Tiefenpsychologie sollte in ihm einen Vorläufer erkennen.

Literatur

Bezold, R. (1984). Popularphilosophie und Erfahrungsseelenkunde im Werk von Karl Philipp Moritz. Würzburg: Königshausen und Neumann.

Boulby, M. (1979). Karl Philipp Moritz. At the Fringe of Genius. Toronto: University Press.

Herrmann, U. (1988). Karl Philipp Moritz – Die „innere" Geschichte des Menschen. In: Jüttemann, G. (Hrsg.), Wegbereiter der Historischen Psychologie, 48–55. München/ Weinheim: Beltz-PVU.

Förstl, H., Angermeyer, M. & Howard, R. (1991). Karl Philipp Moritz Journal of Empirical Psychology (1783–1793): An analysis of 124 case reports. Psychological Medicine, 21, 299–304.

Gnothi seauton oder Magazin zur Erfahrungsseelenkunde als ein Lesebuch für Gelehrte und Ungelehrte. 10 Bände (1783–1793). Herausgegeben von Karl Philipp Moritz, C.F. Pockels und Salomon Maimon. Berlin: Mylius (Reprint: 1978/79, Lindau: Antiqua).

Moritz, K.P. (1785/90). Anton Reiser. Ein psychologischer Roman. Erster bis vierter Theil. Berlin: Maurer (Neuausg. 1987, hrsg. von E. Wieckenberg. München: Beck).

Müller, L. (1987). Die kranke Seele und das Licht der Erkenntnis. Karl Philipp Moritz' Anton Reiser. Frankfurt am Main: Athenaeum.

Schrimpf, H.J. (1980). Karl Philipp Moritz. Stuttgart: Metzler.

Schrimpf, H.J. (1980). Das Magazin zur Erfahrungsseelenkunde und sein Herausgeber. Zeitschrift für deutsche Philologie, 99, 161–187.

Physiognomik, Phrenologie, Ausdruckskunde

Jürgen Jahnke

Das Bestreben, aus dem Äußeren eines Menschen, aus seinen körperlichen Merkmalen, aus Haltung und Bewegungsweisen seelische Eigenschaften, Charaktermerkmale und Gefühle zu erkennen, hat schon in der Antike zu wissenschaftlich-systematischen Darstellungen geführt. Die bedeutendste ist die aus der Aristoteles-Schule stammende, wohl im 4. Jhdt. v. Chr. verfaßte Schrift „Physiognomonica" (Degkwitz, 1988). Sie enthält methodisch-kritische Überlegungen; so wird etwa empfohlen, von einzelnen äußeren Merkmalen auszugehen (z.B. Beschaffenheit der Haut, der Haare, des Fleisches) und sie bestimmten Charaktertypen zuzuordnen (z.B. dem Tapferen, dem Feigen, dem Dummen, dem Anständigen, dem Mürrischen). Auf diese Weise verbindet sich analysierende Physiognomik mit der synthetischen Auffassung von Charakteren, wie sie Theophrast etwa um die gleiche Zeit beschrieb. Der „Sanftmütige" z.B. hat die folgenden Merkmale: „Kräftiges Aussehen, mit kräftigem Fleisch, viel und feuchtes Fleisch, ziemlich groß und gut proportioniert, zurückgebeugte Haltung, hoher Haaransatz" (a.a.O., § 24). Die äußeren Merkmale werden auch zu den Geschlechtern, zu verschiedenen Völkern und zu Tierarten in Beziehung gesetzt.

Im Mittelalter wurde die von der Physiognomik hervorgehobene gesetzmäßige Beziehung zwischen Körper und Seele vor allem durch mystische und astrologische Hypothesen erweitert. Maßgebend für die Physiognomik der Neuzeit war der italienische Gelehrte Giov. Batt. della Porta (1543–1615) mit seinem 1586 erschienenen Werk *De humana physiognomonia*, das in erstaunlicher Vielfalt das ältere Schrifttum kritisch sichtet und zu einer Zeichenlehre des gesamten Körperbaus zusammenfaßt. Die augenfälligen Illustrationen dieses häufig nachgedruckten Kompendiums führten allerdings zu einer einseitigen Rezeption: sie rücken den Tier-Mensch-Vergleich in den Vordergrund, der für della Porta keineswegs die einzige Erkenntnisquelle ist.

Im 18. Jahrhundert wuchs das Bedürfnis, auch den Zusammenhang zwischen Körperlichem und Seelischen durch nachprüfbare Erfahrung zu begründen. Die Physiognomik wurde besonders durch J.C. Lavaters (1741–1801) *Physiognomische Fragmente* (1775–1778) zu einem zwischen Aufklärung und Empfindsamkeit viel diskutierten Thema. Nach Lavater „kann die Physiognomik" eine „Wissenschaft" mit „bestimmten Regeln" werden, aber sie muß „sehr vieles dem Genie, dem Gefühl" überlassen (Versuch I, Fragm. 8) (s. Abb. 1). Der These von der universellen Lesbarkeit der Zeichen, sei es durch Messung oder durch „Genie", hielt G.Chr. Lichtenberg (1742–1799) die Widersprüchlichkeit und Begrenztheit physiognomischen Urteilens entgegen (s. Abb. 3, S. 9).

„Die Bösewichter werden immer unkenntlicher, je mehr sie Erziehung gehabt haben, je mehr Ehrgeiz sie besitzen und je wichtiger die Gesellschaft war, mit der sie umgingen" (Lichtenberg, 1778, S. 64).

Der Anatom F. J. Gall (1758–1828) verlagerte das physiognomische Problem unter die Körperoberfläche, indem er die Ausprägung angeborener Fähigkeiten und

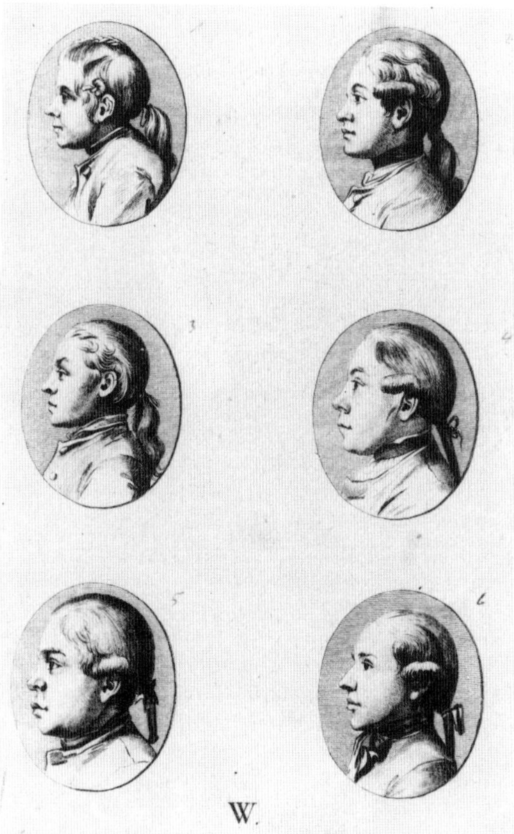

Abb. 1 und 2: Eine „Übung" aus Lavaters „Physiognomischen Fragmenten" (I,17). (Universitätsbibliothek Freiburg i. Br.). Die dazugehörigen Fragen und Antworten sind auf der nachfolgenden Seite abgedruckt.

186 XVII. Fragment. Physiognomische Uebungen

A.

Setze dich hin, lieber Leser, und sag oder schreibe dein Urtheil über folgende Tafel, oder beantworte die folgenden Fragen.

Du siehest hier 6 Profile von Waysenknaben, die ziemlich gut getroffen und alle mir sehr wohl bekannt sind.

Ohne alle Physiognomik also kann ich wissen ihre Anlage, Talente, Geschicklichkeit, Kräfte, Gesinnungen u. s. w.

Auf meine hernach folgenden Antworten kannst du dich also verlassen.

Fragen.

1) Ist unter diesen Profilen ein dummes oder am Verstande schwaches?
2) Welches ist wohl das verständigste?
3) Welches das empfindsamste?
4) Welches ist das schnellste Genie?
5) Welches das langsamste?
6) Welches das feinste?
7) Welches das ehrlichste Gesicht?
8) Welches ist das bildsamste?
9) Welcher von diesen Knaben ist der lustigste?
10) Welcher der stillste, ruhigste?
11) Welchem würdest du die meiste Festigkeit zutrauen?
12) Welcher ist der verführbarste?
13) Welcher der witzreichste?
14) Welcher der ordentlichste und fleißigste?
15) Welcher der entschlossenste und beherzteste?
16) Welcher der geschickteste, gelehrigste?

Und was sagst du zu dem Gesicht in der Vignette der vornächsten 185 Seite? was zu dem Gesicht in der nachstehenden Vignette?

A. Antworten.

A.

Antworten.

1) Unter allen diesen sechs Profilen ist kein dummes. Alle diese Knaben haben Verstand und zeichnen sich durch gute Fähigkeiten aus.

2) Ich stehe an zu entscheiden; doch geb ich dem letzten, oder **Sechsten** den Vorzug. Es ist Schade, daß sein Mund nicht vollkommen getroffen ist. Die Nase aber ist für den guten Verstand, besonders an einem solchen Gesicht, ziemlich entscheidend.

3) Der **Erste** und der **Dritte** kämpfen um diesen Preis. Theilnehmend an allem, was der Menschheit interessant ist, ist der **Dritte** in vorzüglichem Grade.

4) Der **Dritte**.

5) Ich fühl' es erst, daß ich Fragen vorgelegt habe, die mir selbst schwer zu beantworten sind. Doch denk ich — der **Erste**.

6) Der **Dritte**.

7) Der **Erste** und der **Fünfte** streiten mit einander um den Vorzug. Fast geb ich ihn dem **Fünften**.

8) Der **Dritte**.

9) Der **Zweyte**.

10) Der **Erste** und der **Fünfte** kämpfen wieder mit einander.

11) Ich dem **Vierten** und **Fünften**.

12) Der **Zweyte, Dritte,** und **Sechste**. Am meisten vielleicht der **Dritte**.

13) Der **Zweyte**, noch etwas mehr der **Dritte**.

14) Der **Fünfte**.

15) Der **Vierte**.

16) Der **Fünfte**.

Die Vignette auf der vordern 185 Seite zeigt viel Verstand, und Plan, eine große Begierde zu befriedigen.

Die Vignette auf der nächstgegenüberstehenden 186 Seite zeigt außerordentliche Klugheit, kalte ruhige Ueberlegung und Festigkeit im Plan und in der Ausführung.

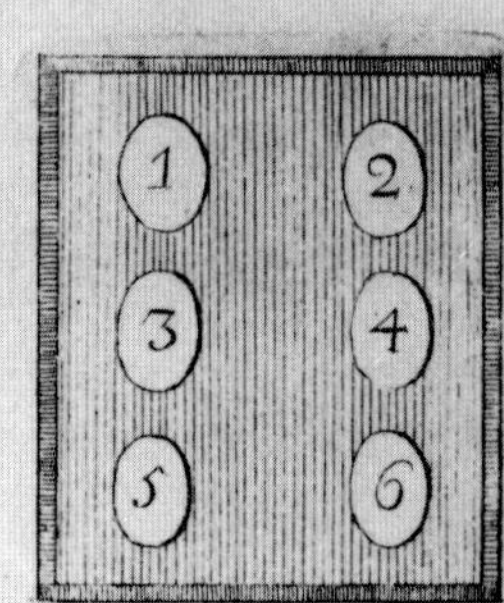

Bb 2 B. Sechs

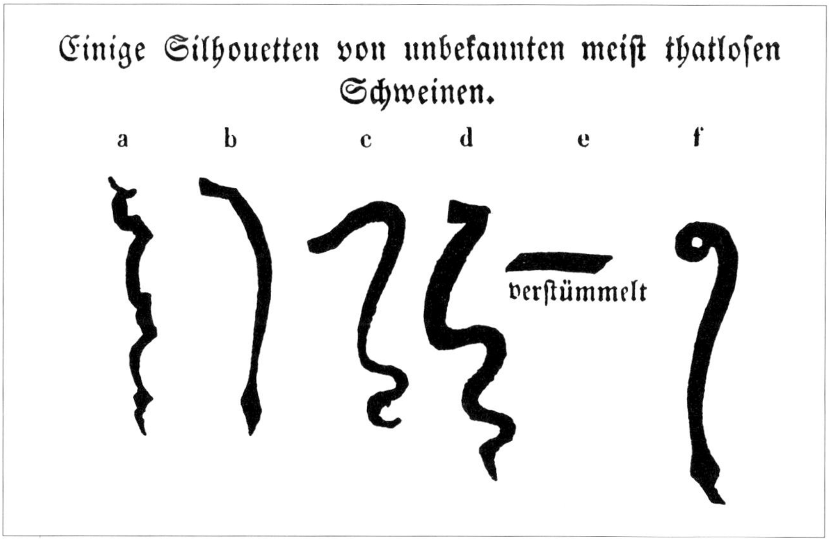

Abb. 3: In seinem vermutlich 1777 verfaßten „Fragment von Schwänzen: Ein Beytrag zu den Physiognomischen Fragmenten“ parodiert G. Chr. Lichtenberg Lavater methodisch-stilistisch.

Neigungen über genau lokalisierbare Hirnpartien an „Erhabenheiten und Mulden“ der Schädeloberfläche zu erkennen suchte. Die als „Kranioskopie“ oder später als „Phrenologie“ bezeichnete Lehre wurde im 19. Jahrhundert in ganz Europa populär. Auch für die Erklärung des Bösen lieferte sie ihren Beitrag: So schrieb der Phrenologe Gustav Scheve über die „Giftmörderin Beckenbach: ... Der Schädel, durch die Säge geöffnet, zeigt die ungewöhnliche Dicke von durchschnittlich stark drei Linien .... Nur an den Stellen der Organe des Zerstörungssinns und der Festigkeit ist der Knochen bedeutend dünner“ (1851, S. 19). Da man den „Scharfsinn“ oder die „Denkkräfte“ „mitten auf der Oberstirn“ (Scheve) zu sehen hatte, änderte sich auch die Porträtkunst. „Durch die Brille populärer Vorurteile sahen die Künstler, was sie glaubten, und sie gaben und geben den Portraits berühmter Männer so gewiß die hohe vorgewölbte Stirn, wie man früher den Heiligen ihren Heiligenschein gab.“ Th. Piderit (1826–1912), von dem diese Bemerkung stammt, kritisierte die Phrenologie. Er gründete sein *Wissenschaftliches System der Mimik und Physiognomik* (1867) „vorzugsweise auf die zahlreichen und beweglichen Muskeln des Gesichts (s. Abb. 4), wobei die vorübergehenden mimischen Bewegungen ...“ durch häufige Wiederholung zu physiognomischen Zügen werden“ (S. 148 f.).

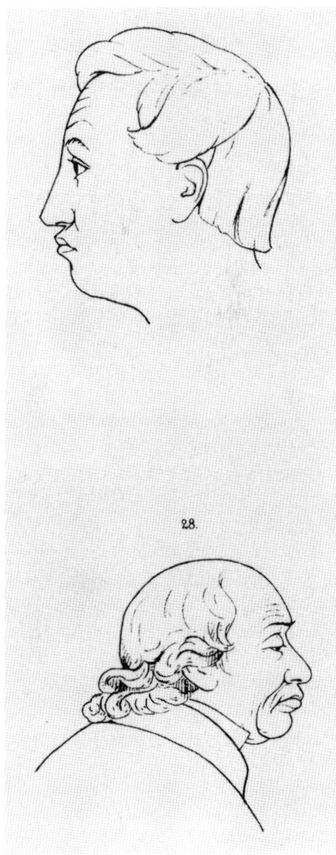

Abb. 4: „Der prüfende Zug“ nach Piderit. 27: „mit horizontalen Stirnfalten“ und 28: als künstlerisches Beispiel „Kopf aus dem Bilde ‚Die Weinprobe‘ von Hasenklever“.

Piderits Werk wurde von Karl Bühler (1933, S. 6) als „Lexikon" der Mimik und Physiognomik gewürdigt. Es beschränkt sich bewußt auf den Ausdrucksbereich des Gesichts. Über Gesten und Gebärden hatte bereits 1785/86 der spätere Berliner Theaterdirektor J.J. Engel (1741–1802) seine *Ideen zu einer Mimik* veröffentlicht (s. Abb. 5).

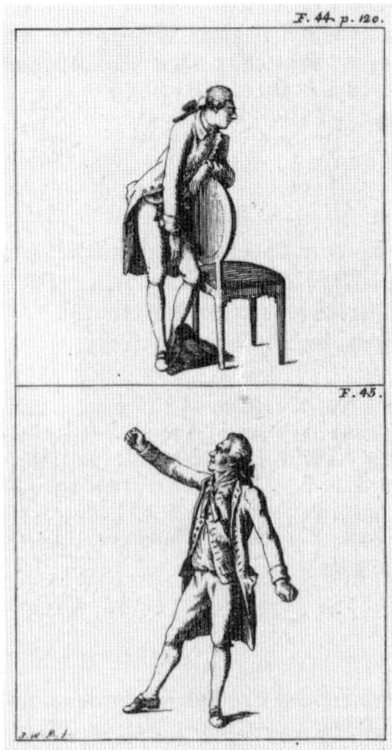

Abb. 5: Die Pantomime kann nicht so wie die Wortsprache gemischte Gefühle darstellen: das Sanfte, Weiche der Liebe (oben) läßt sich nicht mit dem Zorn (unten) vereinigen. Die Sprache kann das Wort „Liebe" zornig sagen, Ausdruck und „Malerey" verschmelzen dabei. Für Gebärde und Haltung ist das unmöglich (aus: J.J. Engel: Ideen zu einer Mimik, Theil 2, Berlin 1786, 31. Brief).

Er bezog sich dabei auf die Handlungen des Schauspielers, an denen er die grundlegende Unterscheidung von „Ausdruck" und „Malerey" (Darstellung) aufwies. Engels „Ideen", der „erste moderne Systemversuch im Bereich der Pathognomik" (Bühler, 1933, S. 32), weisen weit voraus auf das Forschungsfeld der „nonverbalen Kommunikation" im Rahmen heutiger Sozialpsychologie (Argyle, 1979).

Literatur

Argyle, M. (1979). Körpersprache und Kommunikation. Paderborn: Junfermann.

Blankenburg, M. (1979). Art. Physiognomik. Physiognomie. In: J. Ritter und K. Gründer (Hg.). Historisches Wörterbuch der Philosophie, Band 7 (S. 955–963). Basel: Schwabe.

Bühler, K. (1933). Ausdruckstheorie. Das System an der Geschichte aufgezeigt. Jena: Fischer.

Degkwitz, A. (1988). Die pseudoaristotelischen ‚Physiognomonica' Traktat A. Übersetzung und Kommentar Phil. Diss. Freiburg i. Br., Heidelberg.

Engel, J.J. (1785/86). Ideen zu einer Mimik. Zwei Theile. Berlin: Mylius. (Reprint: 1968 Darmstadt: Wissenschaftliche Buchgesellschaft).

della Porta, G.B. (1586). De humana physiognomonia libri IV. Vici Aequensis: J. Cachius (deutsche Übers. (1930): Die Physiognomie des Menschen. Radebeul/Dresden: Rohrmoser).

Lavater, J.C. (1775–1778). Physiognomische Fragmente, zur Beförderung der Menschenkenntnis und Menschenliebe. Erster bis vierter Versuch. Leipzig: Weidmanns Erben und Reich/Winterthur: Steiner & Co. (Eine Auswahl daraus, hrsg. v. Chr. Siegrist; Stuttgart: Reclam, 1984).

Lichtenberg, G. Chr. (zuerst 1778 und 1783). Über Physiognomik wider die Physiognomen. Fragmente von Schwänzen: Ein Beytrag zu den Physiognomischen Fragmenten. (zit. n. K. Riha, Hg., Schriften zum Physiognomik-Streit. Steinbach: Anabas, 1970).

Michel, K.M. (1990). Gesichter: physiognomische Streifzüge. Frankfurt/M.: Hain.

Oehler-Klein, S. (1990). Die Schädellehre Franz Joseph Galls in Literatur und Kritik des 19. Jahrhunderts (Soemmering-Forschungen. Bd. 8). Stuttgart/New York: G. Fischer.

Piderit, Th. (1867). Wissenschaftliches System der Mimik und Physiognomik. Detmold: Klingenberg. (Wiederabdruck, hrsg. von W. Prinz und N. Bulst unter Mitarbeit von H. Hildebrandt und B. Wischhöfer. Göttingen: Hogrefe, 1989).

Scheve, G. (1851). Phrenologische Bilder. Zur Kenntnis des heutigen Standpunktes der Phrenologie. Leipzig: Weber.

Denkende Tiere

Johannes Abresch

In Fabeln, Mythen und Märchen begegnen uns denkende und sprechende Tiere seit alters her und sind wohl nie zuvor so vielbeschäftigt gewesen wie gerade heute, in Film und Kinderliteratur der Gegenwart.

Entsprechendes gilt aber auch für die Psychologie, und zwar sowohl für ihre „lange Vergangenheit" als auch für ihre „kurze Geschichte", und ganz besonders für ihre Gegenwart mit einer nie dagewesenen Fülle von Experimenten zum artenspezifischen Sprach- und Denktraining.

Abb. 1: Der Afrika-Reisende C.G. Schillings, von Ostens „PR-Manager", präsentiert den Klugen Hans (1904).

In einer von Platon bis Schopenhauer reichenden Anthologie hat Schütt (1990) psychologische Positionen zur „Vernunft der Tiere" präsentiert und dabei z. B. den Stoiker Chrysippos von Soloi (280–207 v. Chr.; Vorläufer der modernen Aussagenlogik) erwähnt, welcher – als entschiedener „Tiervernunft"-Gegner – dennoch Hunde für fähig hielt, „das 5. mehrgliedrige Argument anzuwenden" (A, B oder C sind möglich. Nun aber weder A noch B; also ist C der Fall).

Im Jahre 1904 wurde Carl Stumpf ein Pferd vorgestellt, das angeblich zu ebensolchen Denkleistungen in der Lage sein sollte, darüber hinaus aber auch des Lesens und Rechnens kundig und in vielen weiteren Künsten bewandert zu sein schien.

So kurios die Situation auch anmutet – ein Philosophie-Professor und Mitglied der Preußischen Akademie schickt sich an, die Gymnasialreife eines Berliner Hinterhof-Gauls zu begutachten – so war sie doch keine geringe Herausforderung für die Psychologie einerseits und die wissenschaftliche und gesellschaftliche Reputation Carl Stumpfs andererseits.

Abb. 2: 1907 meldet – wie viele andere Blätter auch – der „Kladderadatsch" den Umzug des Klugen Hans ins Rheinland. Mit Blick auf den Reichstag sagt sich dieser: „Das hält auf die Dauer kein Pferd aus – adieu Berlin." – Ein Seufzer, der am Ende des Jahrhunderts nun wieder aktuell wird.

Stumpf entwickelte einen (für damalige Verhältnisse) brillanten Untersuchungsplan zur Prüfung des Pferdes, überließ aber die Durchführung – wohl aus taktischen Gründen – einem Studenten namens Oskar Pfungst, welcher die Aufgabe mehr schlecht als recht bewältigte. Nach etwa 6 Wochen kam Pfungst zu dem Ergebnis, das fragliche Tier besitze keinerlei „Geistesgaben", sondern reagiere lediglich auf winzige visuelle Signale, die der jeweilige Fragesteller aufgrund seiner Erwartungshaltung mehr oder weniger unwillkürlich aussende.

Obgleich nämlicher Pfungst weitgehend der einzige blieb, welchem die direkte Beobachtung solch minimaler Zeichen (leiseste Nickbewegungen) gelang, so war doch sein Befund ein höchst willkommener und fand sowohl in der leidenschaftlich diskutierenden Öffentlichkeit als auch in der verunsicherten Fachwelt dankbarste Zustimmung.

Für die junge experimentelle Psychologie ist dieser Sensationserfolg von kaum zu unterschätzender fachpolitischer Bedeutung gewesen, und der Name „Pfungst" stand fortan – und bis heute – für den klaren Sieg der experimentellen Methode über finster-abergläubische Selbsttäuschungen. Nach Thorndikes Dissertation (1898) war damit nun auch in Deutschland die Tierpsychologie in ihre experimentelle Phase getreten, wenn sie auch mit der Interpretation des Klugen Hans als „Signaltier" (Max Ettlinger) zunächst noch ganz der cartesisch-mechanistischen Tradition verhaftet blieb.

Die wenigen kritischen Stimmen, die sich damals meldeten, fanden kein Gehör oder wurden kurzum ins Reich des Mystischen oder Kuriosen verbannt – ein bis heute fortlebender Trend, der nicht nur die wissenschaftliche Diskussion um Denkfähigkeit und Bewußtsein von Tieren schwer belastet, sondern auch in der Fachhistoriographie zu einer fast vollständigen Ausblendung Pfungst-kritischer Entwicklungen geführt hat.

Nach der so spektakulären „Entlarvung" des Klugen Hans hat Pfungst in späteren Untersuchungen auch Hunden und Affen das völlige Fehlen intelligenter Anlagen bescheinigt, ist darin aber durch seinen Berliner Kollegen Wolfgang Köhler und durch die sprunghafte Entwicklung des Diensthundewesens alsbald widerlegt worden. 1916 z.B. wurde der erste Blindenhund in Dienst genommen, bei Militär und Polizei etablierten sich spezielle Hundeschulen, und ab 1960 entwickelte sich in Amerika, und später in Japan, ein beachtliches „Bildungsangebot" für Delphine und Primaten.

Die erste „Tierschule" aber ist von einem Elberfelder Juwelier namens Karl Krall eingerichtet worden, der von 1905 bis 1907 in ausgedehnten Experimentalserien mit dem Klugen Hans in Berlin versucht hatte, das Stumpf-Gutachten zu widerlegen. Zwischen 1908 und 1914 trieb Krall diese Studien an insgesamt 20 anderen Tieren weiter und hat darüber seinerzeit in mehreren Büchern und eigenen Zeitschriften ausführlich berichtet. Pferde, Esel, Hunde und sogar ein Elefant wurden in Alphabet, Einmaleins und anderen Künsten schulmäßig (und mit wechselndem Erfolg) unterrichtet. Zwei Araberhengste, die sich besonders in der Mathematik

	1	2	3	4	5	6
10	e E	n N	r R	s ſ S	m M	c C
20	a A	h H	l L	t T	ä Ä	ch
30	i I	d D	g G	w W	j J	ſch
40	o O	b B	f F	k K	ö Ö	y Y
50	u U	v V	z Z	p P	ü Ü	
60	ei	au	eu	x X	q Q	

Abb. 3: Ein von Krall benutzter Buchstaben-Code: Das Pferd tritt die Zehner mit links, die Einer mit rechts; z.B. „n" = 1 links, 2 rechts.

TIERSEELE
ZEITSCHRIFT
FÜR VERGLEICHENDE
SEELENKUNDE

HERAUSGEBER KARL KRALL

INHALTSVERZEICHNIS
Claparede, Ed., Prof. / Die gelehrten Pferde von Elberfeld.
Krall, Karl / Versuche mit dem Klugen Hans
I. Prüfung der Sehschärfe.
Steen, Heinrich / Die Elberfelder Pferde und ihre Kritiker.
I. Tierarzt Wigge (Düsseldorf)
Schmitt, Kreistierarzt Dr. / Zum Denkproblem bei Tier und Mensch.
Sarasin, Paul Dr. / Weltnaturschutz.
Brunies, S., Dr. / Naturschutz in der Schweiz.
Tierseelenkunde: Eisler, Paul, Prof. / Kleine Beiträge.
Rothe, Herm. / Vom Zahlenbegriffsvermögen des Pferdes.
Das Tier in Kunst und Schrifttum: Vilmar, A. F. C. / Tiersage.
Märchen vom Zaunkönig. Walter, Rob. / Neue Fabel.
Tierschutz / Tierrecht: Rundfrage / Äußerungen / Aufruf u. a.
Behrens, Mila / Stimmungsbild vom Züricher Tierschutzkongress.
Vorläufer der Denkenden Pferde.
Briefwechsel / Aus der Rumpelkammer der Wissenschaft.
Kultursplitter / Vermischtes.
Schriften- und Bücherschau über die Elberfelder Pferde.
Anhang / Aufruf der Gesellschaft für Tierpsychologie.
Wissenschaftliche Gutachten / Prof. Dexlers Protest / Erwiderungen.
Brunies, S., Dr. / Niederschrift. / Haenel, H., Dr. / Versuche.

HEFT 1/2 1913 I. JAHRG.

Druck und Verlag von Emil Eisele, Bonn.

Abb. 4: Kralls eigene Zeitschrift war als offenes Forum für Anhänger und Gegner gedacht; es blieb aber bei dem ersten Jahrgang.

hervortaten und als „Elberfelder Pferde" zu einigem Ruhm gelangten, lockten zahllose Wissenschaftler aus aller Welt ins Wuppertal.

Viele dieser Gäste, darunter auch einige Psychologen, waren nach persönlicher Prüfung von der selbständigen Denkfähigkeit der Tiere überzeugt, und so mancher namhafte Fachgelehrte wurde Mitglied in Kralls „Ge-

Abb. 5: Krall im Visier der Tierversuchsgegner: Auf dem Tierschutz-Kongreß in Zürich 1912 hatte Prof. H. Kraemer, Hohenheim, über die Elberfelder Pferde referiert und für die neue „Gesellschaft für experimentelle Tierpsychologie" geworben. Die Münchner Ortsgruppen-Vorsitzende Quidde (Ehefrau des Caligula-Verfassers) witterte Vivisektion und verließ unter Protest den Saal: „Wenn Tiere so intelligent sind, dann sollen sie gefälligst den Kampf für ein Tierschutzgesetz selbst in die ‚Hand' nehmen!" Kralls Gesellschaft strich daraufhin flugs das Attribut „experimentell" aus dem Vereinsnamen.

Abb. 6: Der Mannheimer Hund Rolf mit seiner Lehrmeisterin Paula Moekel.

Abb. 7: Paula Moekels Buch erschien erst kurz nach ihrem Tode, 1919. Das zweite Buch über Rolf war weitgehend von diesem selbst verfaßt: „Memoiren und Briefe des Hundes Rolf" (1920).

Henny Kindermann legte bei ihrem Hunde-Unterricht den Schwerpunkt auf Konversation statt aufs Rechnen. Ihr erstes Buch darüber erschien 1919.

Das 1954 erschienene Buch von Henny Jutzler ist die letzte aus dem Krall-Kreis hervorgegangene Publikation. Der Text des Werbezettels wurde damals von Albert Schweitzer verfaßt.

sellschaft für Tierpsychologie", welche von 1912 bis 1933 bestand.

Dennoch blieb diesem Verein die akademische Anerkennung versagt, einige der prominenten Mitarbeiter wurden sogar von ihren Fachkollegen öffentlich verunglimpft und unter Druck gesetzt (s. z.B. Emisch, 1991). Doch die Arbeit ging unverdrossen weiter; in ganz Deutschland bildeten sich Orts- und Zweigvereine, in denen nach Kralls Methode zumeist Hunde unterrichtet wurden, und zwar vorwiegend durch gestandene, tatkräftige Frauen aus gebildeten und/oder adligen Kreisen. Eine von diesen war Henny Jutzler-Kindermann (1891–1979), die erste Diplom-Landwirtin Deutschlands und Tochter des letzten Herausgebers der Mitteilungen der *Gesellschaft für Tierpsychologie* (1933), Prof. Carl Kindermann, Hohenheim, die in ihrem 1954 erschienenen Buch über 200 Namen bis dahin unterrichteter Tiere auflistete.

Abb. 8: Henny Jutzler-Kindermann im Gespräch mit ihrem Hund Schlump, der seinen Buchstabencode auf ein Handbrett klopft (Foto von 1938).

Bis heute werden solche Versuche angestellt (s. z.B. Thun-Hohenstein, 1983), nach wie vor belächelt und nach wie vor mit dem Hinweis auf Pfungst als „unwissenschaftlich" abgetan (vgl. Sebeok & Rosenthal, 1981).

So erscheint als das Kurioseste an dieser seltsamen Geschichte die unglaubliche Robustheit der Stumpfschen „Signaltier"-Interpretation, die sich infolge der unterlassenen bzw. ignorierten Pfungst-Kritik durch alle Wirren und Wenden der Theorien- und Methodengeschichte so prächtig gehalten hat und nach wie vor Kralls Anliegen einer psychologischen Grundlegung des Tierschutzes desavouiert.

Literatur

Emisch, H. (1991). Ludwig Edinger – Hirnanatomie und Psychologie. Mainz: G. Fischer.

Jutzler-Kindermann, H. (1954). Können Tiere denken? Ja. Schopfheim: Selbstverlag.

Krall, K. (1912). Denkende Tiere. Leipzig: F. Engelmann.

Pfungst, O. (1907). Das Pferd des Herrn von Osten. 2. Aufl. 1983 unter dem Titel „Der Kluge Hans. Ein Beitrag zur nicht-verbalen Kommunikation", Frankfurt: Fachbuchhandlung für Psychologie.

Schütt, H.-P. (Hg.) (1990). Die Vernunft der Tiere. Frankfurt: Keip.

Sebeok, T. & Rosenthal, R. (Eds.) (1981). The Clever Hans Phenomenon. New York: Annals of the New York Academy of Science.

Thun-Hohenstein, E. (1983). „Herr ist dumm". Wien: Zsolnay.

Goethe als Verhaltenstherapeut

Michael Bringmann, Wolfgang G. Bringmann und Ursula Voss

Lange vor der Geburt der modernen Verhaltenstherapie behandelte Johann Wolfgang von Goethe (1749–1832) seine anhaltende und störende Akrophobie mit verhaltenstherapeutischen Maßnahmen (Bringmann, Krichev & Balance, 1970). Der folgende Abschnitt aus dem IX. Buch von Goethes *Dichtung und Wahrheit* (verfaßt 1811–1814) beschreibt seine Höhenangst, die spezifischen Methoden, die er anwandte, um sich selbst zu heilen, und seinen Behandlungserfolg. Der junge Goethe studierte von April 1770 bis August 1771 an der Universität Straßburg Jura.

Abb. 1: Goethe um 1770, anonymer Scherenschnitt.

„... Ich befand mich in einem Gesundheitszustand, der mich bei allem was ich unternehmen wollte und sollte, hinreichend förderte, nur war in mir eine gewisse Reizbarkeit übrig geblieben, die mich nicht immer im Gleichgewicht ließ ... Besonders ängstigte mich ein Schwindel, der mich jedesmal befiel, wenn ich von einer Höhe herunterblickte. Allen diesen Mängeln suchte ich abzuhelfen, und zwar weil ich keine Zeit verlieren wollte, auf eine etwas heftige Weise ... Ich erstieg ganz allein den höchsten Gipfel des Münsterturms und saß in dem sogenannten Hals, unter dem Knopf oder Krone, wie man's nennt, wohl eine Viertelstunde lang, bis ich es wagte, wieder heraus in die freie Luft zu treten, wo man auf einer Platte, die kaum eine Elle im Gevierte haben wird, ohne sich sonderlich anhalten zu können, stehend das unendliche Land vor sich sieht, indessen die nächsten Umgebungen und Zierarten die Kirche und alles, worauf und worüber man steht verbergen. Es ist völlig, als wenn man sich auf einer Montgolfiere in die Luft erhoben sähe. Dergleichen Angst und Qual wiederholte ich so oft, bis der Eindruck mir ganz gleichgültig ward, und ich habe nachher bei Bergreisen und geologischen Studien, bei großen Bauten, wo ich mit den Zimmer-

Abb. 2: Straßburger Münster, ca. 1760 (Kupfertafel).

leuten um die Wette über die freiliegenden Balken und über die Gesimse der Gebäude herlief, ja in Rom, wo man dergleichen Wagstücke ausüben muß, um bedeutende Kunstwerke näher zu sehen, von jenen Vorübungen großen Vorteil gezogen" (zitiert nach Goethe, 1962, S. 411).

Goethes Gebrauch der Verhaltenstherapie beschränkte sich keineswegs auf seine Straßburger Periode. Mehr als zehn Jahre später nutzte er ähnliche *In-vivo*-Desensibilisierungen, um sich von intensiven „Gefühlen von Scham, Selbstunsicherheit und Schüchternheit ..." zu befreien, welche ernsthafte Hindernisse in Goethes diplomatischer Wirksamkeit darstellten (Eissler, 1963, S. 609). Auch empfahl Goethe eine Art von Verhaltenstherapie dem Theologiestudenten Friedrich Victor Leberecht Plessing (1749–1806), der in seinen jungen Jahren unter schwerwiegenden Depressionen litt und sich an Goethe um Rat und Hilfe gewendet hatte (Eissler, 1963).

Literatur

Bringmann, W., Krichev, A. & Balance, W. (1970). Goethe as behavior therapist. Journal of the History of the Behavioral Sciences, 6, 151–155.

Eissler, R. (1963). Goethe: A psychoanalytic study. Detroit: Wayne State University Press.

Goethe, J. (1962). Dichtung und Wahrheit (2. Ausg., Bd. IX). Zürich: Artemis.

Michel, C. (1982). Goethe. Frankfurt/M.: Insel.

Charles Darwin und die Psychologie

Joseph F. Fitzpatrick und Wolfgang G. Bringmann

Die Evolutionstheorie von Charles Darwin (1809–1882) übte auf die Entwicklung der modernen Psychologie entscheidenden Einfluß aus. Sie beeinflußte unter anderem direkt die Arbeiten so verschiedenartiger früher Psychologen wie Gustav Theodor Fechner (1801–1887), William Thierry Preyer (1841–1897), G. Stanley Hall (1844–1924) und James M. Baldwin (1861–1934). Darwins Hauptwerke *The Origin of Species* (1859, deutsch: *Über die Entstehung der Arten*, 1860) und *Descent of Man* (1871, deutsch: *Die Abstammung des Menschen*, 1871) vertraten und unterstützten die grundlegende psychologische Sichtweise, derzufolge der Mensch auf einem Kontinuum mit anderen Organismen existiert und Mensch und Tier wissenschaftlich untersucht werden können. Von besonderem Interesse für Psychologen sind Darwins Schriften über die Entwicklung in früher Kindheit (1877) und seine empirischen und theoretischen Studien über Emotionen beim Menschen (1872).

Abb. 1: Charles Darwin und sein Sohn William.

Kinderstudie

Trotz seiner ernsthaften und rationalen Haltung war Darwin ein emotionaler Mensch und ein sehr liebender – man könnte sogar sagen: abgöttisch liebender – Vater, der vom frühen Tod dreier eigener Kinder sehr erschüttert war. Besonders interessant ist sein Kindertagebuch, das er über die Entwicklung seines Sohnes William Erasmus führte. Von diesem Tagebuch wurde ein Teil 1877 in der Juliausgabe der britischen Philosophiezeitschrift *Mind* veröffentlicht. Darwin und seine Frau begannen mit der Aufzeichnung von Beobachtungen und mit Mini-Experimenten „vor 37 Jahren", also 1839, als ihr ältestes Kind weniger als zwei Wochen alt war:

> „Während der ersten sieben Tage zeigte das Kind deutlich verschiedene Reflexhandlungen, nämlich Niesen, Schluckauf, Gähnen, Sich-Räkeln und natürlich Saugen und Schreien. Am siebten Tag berührte ich die nackte Fußsohle mit einem Papierstück; es zog darauf den Fuß schnell weg, wobei es die Zehen krümmte, so wie ein weit älteres Kind, wenn es gekitzelt wird" (S. 19).

Außer den unmittelbaren Beschreibungen des kindlichen Verhaltens ist das kurze Manuskript voll von Fragen und Vermutungen über die Ontogenese der menschlichen Persönlichkeit. Als William heranwuchs, war Darwin besonders an dem Unterschied zwischen erlernten und angeborenen Verhaltensweisen interessiert. Welch starken Einfluß die Veröffentlichung von Darwins Tagebuch auf Preyers *Die Seele des Kindes* (1882) hatte, ist noch immer unklar; es besteht aber kein Zweifel daran, daß der Darwinismus Preyers physiologisches und psychologisches Denken stark prägte.

Emotionaler Ausdruck

Darwins Buch The *Expression of Emotions in Man and Animals* (1872; die deutsche Erstauflage erschien im gleichen Jahr unter dem Titel *Der Ausdruck der Gemüthsbewegungen bei dem Menschen und den Thieren*) hat für Psychologen ebenfalls ganz besonderen Reiz. Darwin gründete seine Arbeit auf Beobachtungen von frühesten Verhaltensweisen und Fotografien seines Sohnes William, auf Fotos von Schauspielern, die bestimmte Emotionen zeigten, und auf Beispiele emotionalen Verhaltens einer großen Anzahl domestizierter und wilder Tiere wie z.B. Katzen, Schwäne, Schimpansen und sogar seines eigenen großen Hundes *Bob*. Das Foto des kleinen Jungen und der Holzschnitt des ausgewachsenen Schimpansen wurden als Belege für die

Abb. 2: Schmollendes Kind. „Der Knabe hatte gerade zu weinen aufgehört, nachdem er von einem anderen Knaben einen Schlag in's Gesicht bekommen hatte, und es war gerade der richtige Moment ergriffen worden, ihn zu photographiren." (Darwin, 1872, S. 195)

Abb. 3: Schmollender Schimpanse

Emotion des Schmollens oder Schnute-Machens abgebildet (Darwin, 1872, S. 232–233). Darwins Ansicht von der Existenz universaler emotionaler Ausdrucksformen bei Mensch und Tier sind nur noch von begrenzter Bedeutung. Wir wissen jedoch heute, daß einige Emotionen in allen Kulturen auftreten.

Abgesehen von der historischen Bedeutung seiner Beiträge zur Kinderforschung und zum Ausdruck von Emotionen hat Darwin einen wichtigen Platz in der Psychologie behalten. Er war der erste, der diese wichtigen Fragen gestellt hat; er entwickelte eine brauchbare Methodologie; und last not least macht die Lektüre seiner beiden psychologischen Arbeiten Spaß.

Literatur

Darwin, C. (1859). On the origin of species by means of natural selection. London: John Murray. (Deutsch: Über die Entstehung der Arten im Thier- und Pflanzenreich durch natürliche Züchtung. Stuttgart: Schweizerbart, 1860.)

Darwin, C. (1871). The descent of man, and selection in relation to sex. 2 Vol., London. Deutsch: Die Abstammung des Menschen und die geschlechtliche Zuchtwahl. 2 Bde. Stuttgart: Schweizerbart, 1871.

Darwin, C. (1872). The expression of emotion in man and animals. London: Murray. Deutsch (1872): Der Ausdruck der Gemüthsbewegungen bei dem Menschen und den Thieren. Stuttgart: Schweizerbart.

Darwin, C. (1877). Biographical sketch of an infant. Mind, 2, 285–294.

Eckardt, G.; Bringmann, W. G. & Sprung, L. (Eds.) (1985). Contributions to a history of developmental psychology. Berlin: Mouton.

Preyer, W. (1882). Die Seele des Kindes. Leipzig: Grieben.

Übersetzung aus dem Englischen:
H. E. Lück

Franz Brentano

Elisabeth Baumgartner und Wilhelm Baumgartner

Franz Brentano (1838–1917) ist einer der bedeutendsten Wegbereiter und Begründer der modernen Psychologie, auf dessen Werk und Wirken die Psychologiegeschichtsschreibung in jüngster Zeit wieder aufmerksam geworden ist.

Methode

In seiner vierten Habilitationsthese und im Titel seines bekanntesten Werkes, der „Psychologie vom empirischen Standpunkte" (1874), kommen Brentanos für die damalige Zeit – in der die Psychologie noch der Philosophie zu- und untergeordnet war – moderne Auffassung und sein Programm zum Ausdruck: Die Methode der Psychologie ist „die der Naturwissenschaft, (mit) Erfahrung (als Grundlage)" (Brentano 1982, S. 154; vgl. Brentano 1866). Die psychischen Phänomene oder die psychischen Funktionen (ein Begriff, der durch Carl Stumpf in die Allgemeine Psychologie eingegangen ist) können in der Erfahrung (gr. empeiria) unmittelbar erfaßt werden.

Mittel dafür sind (1) innere Wahrnehmung (die später als Methode der Selbstbeobachtung von der *Würzburger Schule* aufgegriffen und systematisiert wurde); (2) Darstellung der inneren Prozesse in Sätzen, die der Sprachkritik und der Sprachlogik standhalten; (3) experimentelle Untersuchungen (z.B. *Untersuchungen zur Sinnespsychologie*, 1907; 1979), die möglichst in einem psychologischen Laboratorium durchgeführt werden sollten (schon 1874 hatte Brentano ein „psychologisches Cabinett" an der Wiener Universität beantragt). In der *Deskriptiven Psychologie* (aus dem Nachlaß erschienen 1982), einer „analysierenden Beschreibung" der „psychischen Akte", legt er die irreduziblen Elemente und interrelationellen Strukturen des Psychischen frei. Er nimmt eine „Klassifikation der psychischen Phänomene" (1874; 1911) vor und sucht so „das Ganze" des psychischen Lebens (induktiv) aus seinen „Teilen" aufzubauen und zu erklären.

Einteilung der Psychologie

Franz Brentano spricht von der Psychologie als „Wissenschaft vom Seelenleben des Menschen (...) Sie sucht die Elemente des menschlichen Bewußtseins und ihre Verbindungsweisen (nach Möglichkeit) erschöpfend zu bestimmen und die Bedingungen anzugeben, mit welchen die einzelnen Erscheinungen ursächlich verknüpft sind. Das Erste ist Sache der Psychognosie („Deskriptive Psychologie"; „Beschreibende Phänomenologie"), das Zweite fällt der genetischen Psychologie anheim" (Brentano 1982, S. 1). Hier unternimmt Brentano eine methodische Einteilung der Psychologie (1) in eine analytische, „rein beschreibende" Psychologie, die die psychischen Phänomene, wie sie dem Menschen in „innerer Wahrnehmung"/„innerer Erfahrung" unmittelbar – evident –präsentiert werden, untersucht, und (2) in eine kausal-erklärende, genetische Psychologie. Für Brentano „ist es klar, daß die genetische Psychologie nirgend voll und eigentlich ihre Aufgabe lösen wird ohne Mitangabe chemisch-physischer Prozesse und Namhaftmachung anatomischer Gebilde" (1982, S. 1f.).

Die genetische Psychologie ist nach Brentano „durchweg unexakt" – sie kann nur mit Wahrscheinlichkeiten operieren –, solange sie nicht vollständig und sicher alle Momente der Genese explizieren kann. Die deskriptive Psychologie hingegen weist die sämtlichen Elemente psychischer Zustände als solche aus, wie sie als innere Vorgänge unmittelbar erfahrbar erscheinen. Sie ist damit „fundierend" für die von ihr abhängige genetische Psychologie, die ihrerseits jedoch, in einem fortgeschritteneren Zustand, durchaus „reziproke Dienstleistungen" für die deskriptive Psychologie erbringt.

Intentionalität

In seinen Analysen hat Brentano ein Hauptmerkmal des Psychischen beschrieben: dessen Intentionalität.

„Jedes psychische Phänomen ist durch das charakterisiert, was die Scholastiker des Mittelalters die intentionale (auch wohl mentale) Inexistenz eines Gegenstandes genannt haben, und was wir, obwohl mit nicht ganz unzweideutigen Ausdrücken, die Beziehung auf einen Inhalt, die Richtung auf ein Object (worunter hier nicht eine Realität zu verstehen ist), oder die immanente Gegenständlichkeit nennen würden. Jedes enthält etwas als Object in sich, obwohl nicht jedes in gleicher Weise. In der Vorstellung ist etwas vorgestellt, in dem Urtheile ist etwas anerkannt oder verworfen, in der Liebe geliebt, in dem Hasse gehasst, in dem Begehren begehrt usw." (Brentano 1874, S. 115; 4. Aufl. 1971, S. 124 f.).

Dies ist wohl das bekannteste Zitat von Franz Brentano. In ihm hat er den Grund gelegt für die Aktpsychologie, die die Grazer Schule der Psychologie, die Würzburger Schule der Denkpsychologie, die Attributionstheorie, die Handlungstheorie und die Phänomenologie hervorgebracht hat. G. Ryle nennt ihn „Grandfather of Phenomenology". Brentano stellt heraus, daß psychische

Funktionen (Vorstellungen, Urteile, Gemütsbewegungen) „Akte", „subjektisches Verhalten" der Person sind (1889, S. 14; 5. Aufl. 1969, S. 16) und daß alle diese Funktionen auf etwas gerichtet = intentional sind. Intentionales Denken und Verhalten beinhaltet zwei Momente: (1) die Gerichtetheit/Ausrichtung auf etwas als Objekt bzw. Inhalt; (2) die Selbstbezüglichkeit.

Biographie

So bedeutend der Beitrag Brentanos für die Entwicklung der Psychologie und der Philosophie auch war: Warum wurde auf ihn – mit Ausnahme des Intentionalitätskonzeptes – dennoch relativ wenig Bezug genommen? Dies kann vor allem biographisch erklärt werden. Franz Brentano hatte Philosophie und Theologie studiert. 1862 wurde er aufgrund seiner Arbeit *Von der mannigfachen Bedeutung des Seienden nach Aristoteles* promoviert. Er wurde katholischer Priester und habilitierte sich 1866 in Würzburg mit der „Psychologie des Aristoteles". Er wirkte dort als Privatdozent und a.o. Professor überaus erfolgreich, wie man den Quellen entnehmen kann (O. Kraus, 1919; A. Kastil, 1951; L.L. McAlister, 1966). Schüler waren hier u.a. Carl Stumpf, Anton Marty und Hermann Schell. Stumpf und Marty schickte er „behufs" Promotion zu Hermann Lotze nach Göttingen; Schell nach Freiburg. Im Zusammenhang mit den Auseinandersetzungen über die Frage der Infallibilität des Papstes nahm Brentano eindeutig Partei: Er verfaßte im Auftrage von Bischof Wilhelm von Ketteler ein Gutachten dagegen, worin er den Anspruch der Infallibilität als für historisch nicht herleitbar und für logisch nicht gerechtfertigt darstellte. Diese Stellungnahme erleichterte seine Position an der Universität nicht gerade, da es schließlich doch zum Dogma der Infallibilität kam. In Konsequenz ließ er 1873 sein Priesteramt ruhen und beantragte die – zusammen mit einer Laudatio seiner hervorragenden Leistungen schließlich genehmigte – Enthebung von seiner Professur. Im Januar 1874 wurde Brentano nach Wien berufen: Im Majestätsvortrag von Kultusminister Karl von Stremayr vom 30.12.1873 (Akten des Ministeriums für Kultur und Unterricht 547/1874, Allg. Verw. Archiv Wien) werden Brentanos „Fähigkeit zu eigener scharfsinniger und fruchtbarer Forschung" und der „notorische (…) bedeutende Erfolg (…) der Vorlesungen dieses glänzenden Docenten, seit langer Zeit die besuchtesten in Würzburg", gerühmt. Schüler in Wien wurden u.a. Edmund Husserl, Christian von Ehrenfels, Alexius Meinong, Thomas Masaryk, Sigmund Freud.

Abb. 1: Franz Brentano als Priester. Photo aus Würzburg, wohl 1864.

Abb. 2: Franz Brentano, ca. 1890 (Wien).

Abb. 3: Franz Brentano in einem Brief vom 2.3.1891 an Anton Marty: „Grün habe ich recht deutlich nun auch durch simultanen Contrast hergestellt. a) durch farbige Schatten, indem ich in den violettblauen Schatten, den im Zwielicht ein Kerzenschimmer erzeugt [,] ein gelbes Papier legte. Es erschien deutlich grün; [Zeichnung] nahm ich statt gelb orange, so erschien es rothgrün. Ich wäre begierig was Sie sehen? b) durch Bedeckung einer Orangefläche (w[elche] als Nachbild noch Violettblau ergab, also solches auch im simult[anen] Contrast erzeugen muss), mit // Seidenpapier, nachdem ich st[att] eines grauen ein gelbes Schnitzelchen untergeschoben hatte. Es erschien deutlich grünlich. Wie erklärt sich diese neue Mischung von röthlichem Blau mit Gelb zu Grün? Doch gewiss nicht durch Subtraction! Es müsste Roth bleiben."

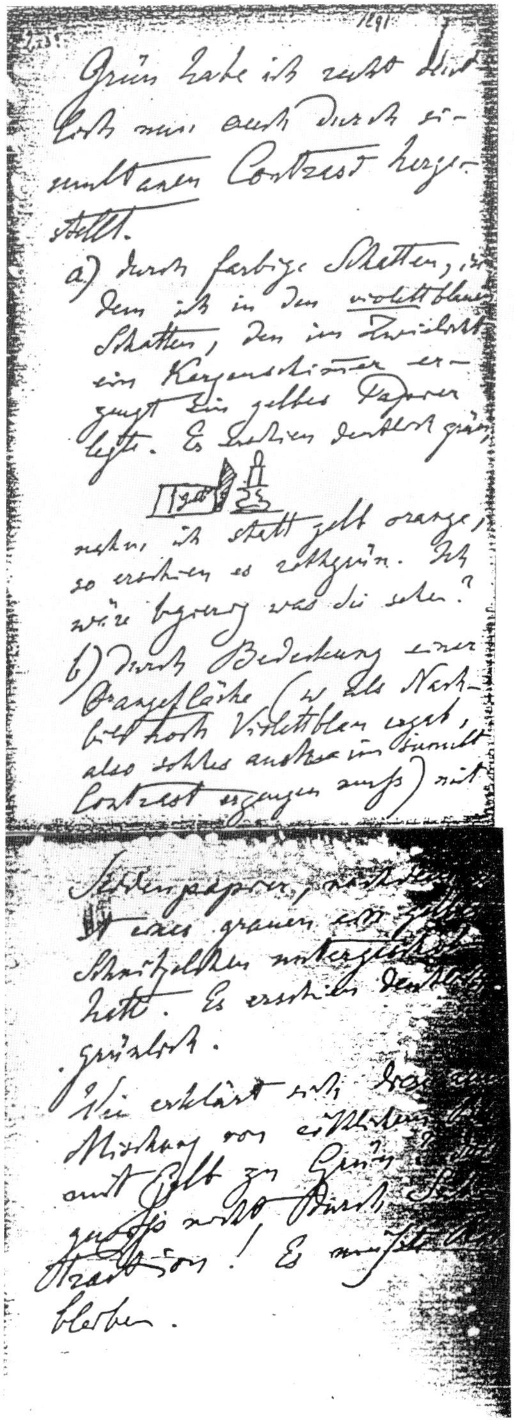

Abb. 4: Franz Brentano, ca. 1900 (Florenz).

Anno 1879 zog Brentano die letzte Konsequenz aus seiner Gegnerschaft zur Amtskirche: Er trat aus der Kirche aus. Da er zudem heiraten wollte, geriet er in ein Dilemma: Es gab in Österreich ein Gesetz, den § 63 des Allgem. Bürgerl. Gesetzbuches, das ehemaligen Priestern und Ordensangehörigen untersagte, gültige Eheverträge zu schließen, während sie ein öffentliches Amt bekleideten. Brentano versuchte, diesen Paragraphen zu umgehen, indem er nach Leipzig zog, sächsischer Staatsbürger wurde und dort 1880 Ida von Lieben heiratete. Zurückgekehrt, mußte er dennoch sein Professorenamt in Wien niederlegen. So wirkte er von 1880 bis 1895 als Privatdozent. Die versuchte Wiedereinsetzung als Professor scheiterte wiederholt an Brentanos eben skizzierter eigener Historie. Und er hatte keine Möglichkeit, Studenten zu promovieren oder direkten Einfluß anderer Art, etwa bei Besetzungen, auszuüben. Zu allem Unglück verlor er seine Frau; sie verstarb 1894. Im Jahre 1895 schließlich veröffentlichte er *Meine letzten Wünsche für Österreich* als Vermächtnis, verließ Wien und ließ sich in Florenz als Privatgelehrter nieder. In späteren Jahren erblindete er zunehmend, so daß er auf Informationen aus zweiter Hand und auf die Hilfe seiner zweiten Frau Emilie, geb. Rueprecht, angewiesen war.

Diese kurzen Hinweise mögen deutlich machen, daß Zeit und Lebensumstände einer weiten Verbreitung der Lehren Brentanos entgegenstanden. Zwar hatte er stets eine große Hörerzahl; mit Veröffentlichungen hielt er sich jedoch zurück, im Ringen um streng wissenschaftliche, letztgültige Aussagen. (Es erschienen, neben der *Psychologie vom empirischen Standpunkte* und einigen Spezialuntersuchungen noch *Vom Ursprung sittlicher Erkenntnis* 1889, *Untersuchungen zur Sinnespsychologie* 1907. *Die Klassifikation der psychischen Phänomene* 1911, sowie *Aristoteles' Lehre vom Ursprung des menschlichen Geistes* 1911.). Seine Gedanken wurden von Schülern – nicht immer unter Nennung des Urhebers – aufgegriffen und weitergeführt.

Die originäre Leistung Brentanos zu dokumentieren hat sich die Würzburger „Franz Brentano Forschung" zur Aufgabe gemacht: zum einen durch eine textkritische Ausgabe der vorliegenden und postumen Werke sowie des umfangreichen wissenschaftlichen Briefwechsels – u.a. mit John St. Mill, Gustav Theodor Fechner, Carl Stumpf, Anton Marty, Edmund Husserl, Christian von Ehrenfels –, der interessante Einblicke in die philosophischen und psychologischen Bemühungen und den interuniversitären Wissenschaftsbetrieb seiner Zeit eröffnet; zum anderen durch die in Würzburg herausgegebenen *Brentano Studien* (bisher, 1991, 3 Bde., weitere Bde. in Vorbereitung und Planung), die den internationalen Einfluß Franz Brentanos zu dokumentieren suchen.

Literatur

Brentano, F. (1862). Von der mannigfachen Bedeutung des Seienden nach Aristoteles. Freiburg: Herder.

Brentano, F. (1866). Ad disputationem qua theses gratiosi philosophorum ordinis consensu et auctoritate pro impetranda venia docendi in alma universitate julio-maximiliana defendet (...). Aschaffenburg: J. W. Schipner.

Brentano, F. (1867). Die Psychologie des Aristoteles, insbesondere seine Lehre vom Nous Poietikos. Mainz: Kirchheim.

Brentano, F. (1874). Psychologie vom empirischen Standpunkte. Leipzig: Duncker & Humblot. (2. Aufl. 1924, Leipzig: Meiner; 3. Aufl. 1955, Hamburg: Meiner; 4. Aufl. 1971).

Brentano, F. (1889). Vom Ursprung sittlicher Erkenntnis. Leipzig: Duncker & Humblot. (2. Aufl. 1921; 3. Aufl. 1934, Leipzig: Meiner; 4. Aufl. 1955, Hamburg: Meiner; 5. Aufl. 1969).

Brentano, F. (1895). Meine letzten Wünsche für Österreich. Stuttgart: Cotta.

Brentano, F. (1907). Untersuchungen zur Sinnespsychologie. Leipzig: Duncker & Humblot. (2. Aufl. 1979, Hamburg: Meiner).

Brentano, F. (1911). Aristoteles und seine Weltanschauung. Leipzig: Quelle & Meyer. (2. Aufl. 1977, Hamburg: Meiner).

Brentano, F. (1911). Aristoteles Lehre vom Ursprung des menschlichen Geistes. Leipzig: Veit & Comp. (2. Aufl. 1980, Hamburg: Meiner).

Brentano, F. (1911). Von der Klassifikation der psychischen Phänomene. Leipzig: Duncker & Humblot. (2. Aufl. 1925, Leipzig: Meiner; 3. Aufl. 1959, Hamburg: Meiner; 4. Aufl. 1971).

Brentano, F. (1982). Deskriptive Psychologie. Hamburg: Meiner.

Baumgartner, E. (1985). Intentionalität. Begriffsgeschichte und Begriffsanwendung in der Psychologie. Würzburg: Königshausen u. Neumann.

Baumgartner, W.; Burkard, F.-P. & Wiedmann, F. (Hrsg.). Brentano Studien, 1 (1988); 2 (1989); 3 (1990/91).

Baumgartner, W. & Burkard, F.-P. (1990). Franz Brentano. Eine Skizze seines Lebens und seiner Werke; Franz-Brentano-Bibliographie. In: W.L. Gombocz; R. Haller & N. Henrichs (Hrsg.). Internationale Bibliographie zur Österreichischen Philosophie. Amsterdam-Atlanta: Rodopi (Studien zur Österreichischen Philosophie, Suppl. Vol. 4), 17–53; 54–159.

Chisholm, R.M. (1982). Brentano and Meinong Studies. Amsterdam-Atlanta: Rodopi (Studien zur Österreichischen Philosophie, 4).

Chisholm, R.M. & Haller, R. (Hrsg.). (1978). Die Philosophie Franz Brentanos. Beiträge zur Brentano-Konferenz Graz, 4.–8. September 1977. Amsterdam: Rodopi (Grazer Philosophische Studien, 5).

Kastil, A. (1951). Die Philosophie Franz Brentanos. Bern: Francke.

Kraus, O. (Hrsg.). (1919). Franz Brentano. Zur Kenntnis seines Lebens und seiner Lehre. Mit Beiträgen von C. Stumpf und E. Husserl. München: Beck.

McAlister, L.L. (Hrsg.). (1976). The Philosophy of Brentano. London: Duckworth.

Schad, B. (1984). Die Aschaffenburger Brentanos. Beiträge zur Geschichte der Familie aus unbekanntem Nachlaß-Material. Aschaffenburg: Geschichts- und Kunstverein Aschaffenburg.

Galtons Hut

Raymond E. Fancher

Praktisch sein ganzes Leben lang glaubte Francis Galton (1822–1911) daran, daß zwischen dem Kopfumfang und der Intelligenz eine positive Korrelation besteht. Daher gehörten zu seinen anthropometrischen Tests – den Vorläufern der modernen Intelligenztests – immer auch Maße des Kopfumfangs; so stellte er bei seiner Befragung der Wissenschaftler der Royal Society für sein Buch *English Men of Science: Their Nature and Nurture* auch die Frage nach der Hutgröße (Galton, 1874, S. 98f.). Als Galtons Schüler Karl Pearson seine neu entwickelte Korrelationstechnik anwandte und sehr geringe r-Werte zwischen Hutgröße und akademischen Leistungen ermittelte, zeigte sich Galton verwundert und enttäuscht (Pearson, 1930, S. 248).

Mehrere biographische Berichte über Galton haben dessen Glauben in diesem Zusammenhang mit der Tatsache in Verbindung gebracht, Galton selbst habe einen großen Kopf gehabt. So berichtet Pearson, daß Premierminister Gladstone, obwohl dieser „auf amüsante Weise beharrlich" hinsichtlich der Größe seines eigenen Kopfes gewesen sei, nach den Messungen im Anthropometrischen Laboratorium einen Kopf gehabt hätte, der kleiner als der von Spottiswoode, Sharpey und Galtons eigenem" gewesen sei (Pearson, 1924, S. 379). Und D. W. Forrest (1974, S. 37) wies darauf hin, „Galton habe sein Leben lang an der Überzeugung hoher Intelligenz bei großen Köpfen – wie seinem eigenen – festgehalten". In diesem Zusammenhang sieht Galtons Theorie sehr nach einer Selbst-Beglückwünschung aus.

Tatsächlich war Galtons Kopf aber vergleichsweise *klein*, und es gibt sogar Dokumente, die dies belegen. Im Galton-Archiv in der Bücherei des University College London befindet sich ein Dokument verfaßt in Galtons Handschrift; hier findet sich Gladstones Kopflänge und Breite mit 8.1" und 6.6" angegeben, während seine eigenen Maße nur klägliche 7.1" und 6.15" betrugen (Folder 82, Galton Archives). Und die Rohdaten der Wissenschaftler in *English Men of Science* zeigen, daß Galtons eigene Hutgröße (21 1/2 inches) an fünfundneunzigster von 99 möglichen Stellen rangierte (vgl. Hilts, 1975, S. 77– 84). So glaubte in Wirklichkeit Galton also daran, daß es eine Korrelation zwischen Kopfumfang und Intelligenz gäbe, wobei ihm klar war, daß er selbst einen ziemlich kleinen Kopf hatte. Man kann dies auch als Beweis dafür ansehen, daß Galtons ganze Theorie angeborener und vererbter Fähigkeiten nicht so sehr ein Versuch der Selbstbeweihräucherung war, sondern eher ein Versuch, sich die eigenen intellektuellen *Grenzen* zu erklären, die für ihn nicht nur an seiner kleinen Hutgröße sondern auch an dem frühen Ende seiner akademischen Laufbahn abzulesen waren (vgl. Fancher, 1983).

Übersetzung aus dem Englischen: H.E. Lück

Literatur

Galton, F. (1874). English Men of Science: Their Nature and Nurture. London: Macmillan.

Fancher, R. E. (1983). Biographical origins of Francis Galton's Psychology, Isis, 74, 227–233.

Forrest, D. W. (1974). Francis Galton: The Life and Work of a Victorian Genius. London: Elek.

Hilts, V. L. (1975). A Guide to Francis Galton's „English Men of Science" (Transactions of the American Philosophical Society, 65, Pt. 5, Philadelphia: APS).

Pearson, K. (1914, 1924, 1930). The Life, Letters and Labours of Francis Galton, 3 vols. in 4. Cambridge: Cambridge University Press.

Teil B

Von der Psychophysik zur Willenspsychologie

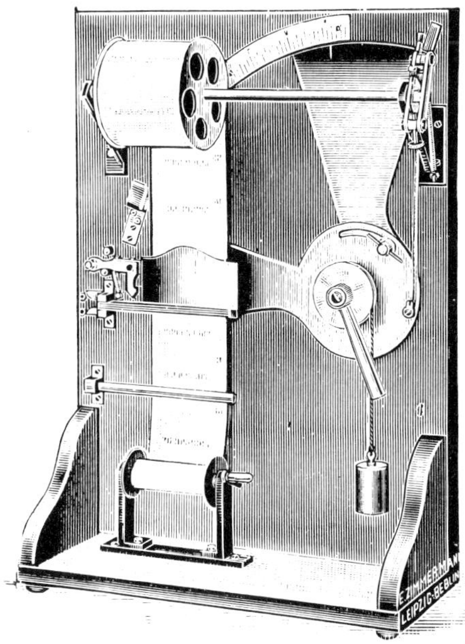

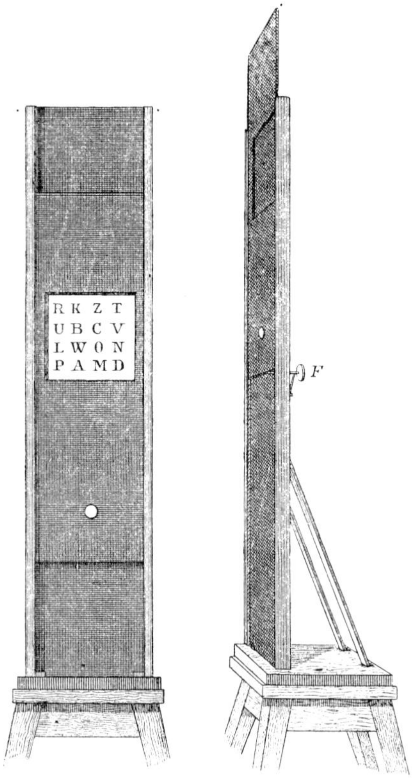

A B

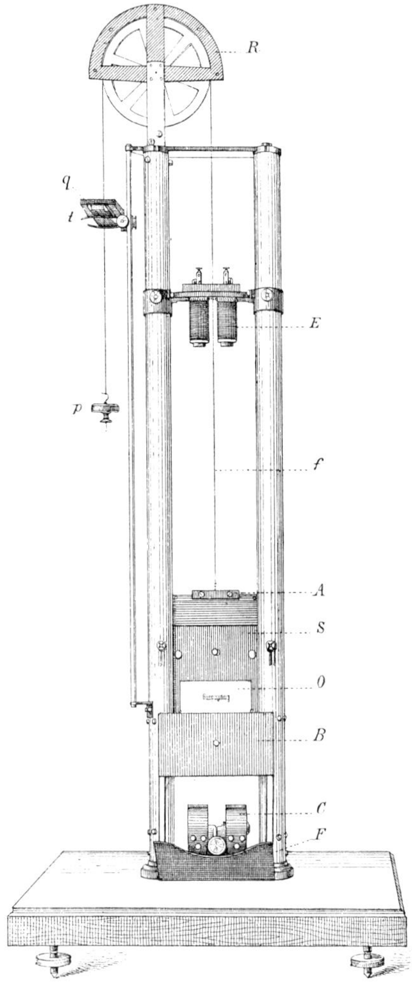

Wundts Tachistoskope

Tachistoskope dienen der kurzzeitigen Präsentation visueller Reize. Der Einsatz der hier gezeigten mechanischen Geräte erfolgte von der Bewußtseinspsychologie Wilhelm Wundts bis hin zur Werbepsychologie der dreißiger Jahre. In jedem Fall wird ein optischer Reiz in einem schnell verschließbaren Fenster dargeboten. Das einfachste der hier gezeigten Geräte ist gewiß der „Fallapparat zur Erzeugung momentaner Gesichtseindrücke (Demonstrations-Tachistoskop)“, beschrieben in Wundts *Grundzügen der physiologischen Psychologie* (1903, S. 334). Das Gerät bestand im wesentlichen aus einem ca. 90 cm hohen Holzbrett mit einer quadratischen Öffnung. Schon vor Wundt hatte Helmholtz durch elektrische Funken Kurzzeitdarbietungen untersucht; wegen der dabei auftretenden Adaptationsstörungen zog Wundt das Tachistoskop vor. Begriff und Technik des Tachistoskops stammten von Volkmann (1859). Im Institut Wundts konstruierte James MacKeen Cattell 1886 ein Falltachistoskop, im wesentlichen bestehend aus zwei 1 m hohen Messingstangen mit Rinnen, in denen ein 12 cm breites Holzbrett bewegt werden kann. Die Fallgeschwindigkeit wird durch ein Gegengewicht geregelt (Wundt, 1903, S. 357). – Umseitig findet sich eine Weiterentwicklung mit automatisch wechselnden Objekten, hergestellt von der Firma E. Zimmermann.

Wundt, W. (1903). Grundzüge der physiologischen Psychologie, 5. Aufl., Bd. 3. Leipzig: W. Engelmann.

Helmut E. Lück

Ernst Heinrich Weber

Horst-Peter Brauns

Wenn Ernst Heinrich Weber – wie G.T. Fechner (1860, S. IX) meint – „Vater der Psychophysik" zu nennen ist, wenn die Psychophysik ihrerseits das traditionsreiche Problem der Messung des Psychischen für zahlreiche Zeitgenossen in überzeugender Form löst und dadurch die Grundlage für rein psychologische Gesetze der neuen Psychologie als quantitativ-nomothetische Wissenschaft liefert, dann dürfte Anlaß genug bestehen, auf die von Weber in der ersten Hälfte des vergangenen Jahrhunderts erbrachten Forschungsleistungen genauer einzugehen. Bevor wir dies tun, einige kurze Worte zu seiner Biographie: 1795 in Wittenberg als Sohn eines Theologen geboren, promoviert er dort 1815, habilitiert sich 1817 in Leipzig für vergleichende Anatomie und erhält ebenda 1818 eine a. o. Professur für dieses Fach. Seit 1821 dann ordentlicher Professor für Anatomie – bis 1871 – sowie Physiologie – bis 1866. Wundt (1920, S. 292) besucht Weber in Leipzig 1875, 3 Jahre vor dessen Tod als „ehrwürdigen Senior der Universität". Zahlreiche Untersuchungen in fast allen Bereichen der Medizin, aber auch der Biologie. Neben seinem Bruder Wilhelm Mitautor des ersten klassischen Werkes der neuen Physik des 19. Jahrhunderts *Wellenlehre auf Experimente gegründet* (1825). Speziell in seinen sinnesphysiologischen Arbeiten, die zum Teil in seinem Beitrag *Der Tastsinn und das Gemeingefühl* (1846) für Wagners *Handwörterbuch der Physiologie* zusammengefaßt sind, propagiert er zentrale methodische Leitgedanken der neuen experimentell-mathematischen Physik, wie etwa präzise experimentelle Messungen.

Abb. 1: Ernst Heinrich Weber

Um einen exemplarischen Einblick in diese besonders psychologierelevanten Forschungen Webers zu geben, wollen wir uns näher mit seinen Gewichtsuntersuchungen befassen. In der Abbildung, welche wir Fechners *Elementen der Psychophysik* (1860, S. 139) entnehmen, erkennen wir im linken Block (I) die Versuchspersonen sowie Bedingungen, denen sie unterworfen wurden. Im rechten Block (II) sind die dargebotenen Gewichte nebst den sich ergebenden Daten aufgelistet. Danach wurden vier Versuchspersonen die Gewichte von 32 Unzen und 32 Drachmen sowohl auf eine auf einem Tisch aufruhende Hand gelegt als auch zum Heben gegeben. Dabei bestand für die Versuchsperson die Aufgabe, nachdem der Versuchsleiter das Gewicht verringerte, anzuzeigen, wann sich eine eben merkliche leichtere Gewichtsempfindung einstellte. Unter der Annahme, daß Weber vorhatte, tatsächlich alle Versuchspersonen unter allen Bedingungskombinationen zu untersuchen, handelt es sich um einen zweifaktoriellen Versuchsplan mit Meßwiederholung. Die Ergebnisse zeigen, daß die relative Gewichtsabnahme bei unterschiedlichen Ausgangsgewichten – 32 Unzen = 960 g bzw. 32 Drachmen = 120 g – und gleicher Darbietungsform (Auflegen vs. Heben) im Mittel 10,1 bzw. 3,0 beträgt, das heißt in konstantem Verhältnis erfolgt. Weber hat ähnliche metrisch-experimentelle Versuche an fast allen Sinnesmodalitäten angestellt. Anhand deren kam er u. a. zu der Verallgemeinerung, daß „homines in observando discrimine rerum non differentias absolutas sed relativas percipere" (1834; 1851, S. 174). Später wurde dieses Resultat formelmäßig als Webersches Gesetz zum Ausdruck gebracht.

Bekannter als die hier betrachteten Gewichtsuntersuchungen sind wahrscheinlich Webers Stechzirkelversuche, mit denen er in langen Versuchsreihen u.a. die Empfindlichkeit verschiedener Partien des menschlichen Körpers ermittelte. Ob damit – wie Ebbinghaus meinte – „mehr für den wahren Fortschritt der Psychologie (geschah) als etwa von Aristoteles bis Hobbes" (1907, S. 182), kann dahingestellt bleiben. Daß jedoch das Problem der menschlichen Empfindung experimentell-metrisierend in allseits reproduzier- und überprüfbarer Weise einer Klärung zugeführt wurde, steht außer Frage. Indem nun Fechner und Wundt an

I	II			
Numerus hominum, in quibus experimenta instituta sunt.	Differentia minima unciarum vel drachmarum, manibus impositarum; in qua diversitas ponderis percipiebatur.			
1. tactu	32 unc.	17 unc.	differt	15 unc.
tactu et coenaesthesi	32 -	30½ -	-	1½ -
tactu	32 drachm.	24 drachm.	-	8 drachm.
tactu et coenaesthesi	32 -	30 -	-	2 -
2. tactu	32 unc.	22 unc.	-	10 unc.
tactu et coenaesthesi	32 -	30½ -	-	1½ -
tactu	32 drachm.	22 drachm.	-	10 drachm.
tactu et coenaesthesi	32 -	30 -	-	2 -
3. tactu	32 unc.	20 unc.	-	12 unc.
tactu et coenaesthesi	32 -	26 -	-	6 -
tactu et coenaesthesi	32 drachm.	26 drachm.	-	6 drachm.
4. tactu	32 unc.	26 unc.	-	6 unc.
tactu et coenaesthesi	32 -	30 -	-	2 -
tactu et coenaesthesi	32 drachm.	29 drachm.	-	3 drachm.

Abb. 2: Aus E. H. Weber, Programmata collecta, 1851; nach Fechner, 1860.

Webers Arbeiten anknüpfen, wirkt Weber sozusagen paradigmatisch auf diese, die Herausbildung der experimentellen Psychologie wesentlich fördernden Forscher (Brauns, 1991). Während Wundt, einer späteren Forschergeneration angehörend, zunächst dem Weberschen experimentellen Musterbeispiel anhand einer Stichprobe klinischer Patientinnen nacheifert (s. Wundt, 1920, S. 100), war es indessen Fechner vorbehalten, die Weberschen Forschungsresultate direkt aufzugreifen und dessen Feststellung der Wahrnehmung relativer Differenzen zu einem mathematisch abgeleiteten quantitativen Gesetz über die funktionale Beziehung zwischen physischem Reiz und psychischer Empfindung zu generalisieren sowie unter vielfältigen Bedingungen experimentell zu bewähren (s. Brauns, 1990). Da sich Weber bei seinen frühen sinnesphysiologischen Arbeiten, die er übrigens der Aufmerksamkeit der Psychologen anempfiehlt, vor allem methodischer Leitvorstellungen der neuen Physik seiner Tage bedient hat, erhält die sich dadurch zu strukturieren beginnende neue Experimentelle Psychologie ein naturwissenschaftliches Gepräge, das sie noch bis heute besitzt.

Literatur

Brauns, H.-P. (1990). Fechners experimentelle Versuchsplanung in „Elemente der Psychophysik“ im Lichte heutiger Methodenlehre des psychologischen Experimentes. Psychologie und Geschichte,. 1(1), 10–23.

Brauns, H.-P. (1991). Zur Lage der Psychologie um das Jahr 1850. Vortrag; 3. Fachtagung für Geschichte der Psychologie, Passau, 1991.

Ebbinghaus, H. (1907). Psychologie. In P. Hinneberg (Hg.), Die Kultur der Gegenwart, Teil I, Abt. VI, Systematische Philosophie, 173–246. Berlin: Teubner.

Fechner, G. T. (1860). Elemente der Psychophysik. Leipzig: Breitkopf & Härtel.

Weber, E. H. (1846). Der Tastsinn und das Gemeingefühl. In R. Wagner (Hg.), Handwörterbuch der Physiologie, Bd. 3, Abt. 2, 48–588. Braunschweig: Vieweg.

Weber, E. H. & Weber, H. (1825). Wellenlehre auf Experimente gegründet. Leipzig: Fleischer.

Wundt, W. (1920). Erlebtes und Erkanntes. Stuttgart: Kröner.

Hermann von Helmholtz

Horst-Peter Brauns

Was hat Hermann von Helmholtz mit der Geschichte der Psychologie zu tun? 1821 in Potsdam geboren, studiert er zunächst am Königlich-Medizinisch-Chirurgischen Friedrich-Wilhelms-Institut in Berlin Medizin. 1848 wird er Lehrer der Anatomie an der Berliner Kunstakademie. Dem ein Jahr später ergehenden Ruf auf eine a. o. Professur der Physiologie nach Königsberg folgt 1851 die dortige Ernennung zum ordentlichen Professor. 1855 wird Helmholtz nach Bonn für Anatomie und Physiologie, 1857 als Professor der Physiologie nach Heidelberg berufen. Als Nachfolger von Magnus erhält er 1871 das Ordinariat für Physik an der Friedrich-Wilhelms-Universität, das er bis 1888 innehat. Bis zu seinem Tode, 1894, bekleidet er schließlich das Amt des Präsidenten der Physikalisch-Technischen Reichsanstalt.

Einfluß und Beziehungen von Helmholtz zur Psychologie im 19. Jahrhundert sind vielfältig. Wilhelm Wundt, eine ihrer zentralen Forscherpersönlichkeiten, war am Heidelberger Physiologischen Institut unter Helmholtz' Leitung von 1858 bis 1865 Assistent. In einer Phase also, während der Wundts Programmschrift der neuen experimentellen Psychologie, seine *Beiträge zur Theorie der Sinneswahrnehmung* (1862) sowie die *Vorlesungen über die Menschen- und Tierseele* (1863) erscheinen. Der Medizinstudent Sigmund Freud berichtet einem Jugendfreund am 6. August 1874, er lese die *Populären wissenschaftlichen Vorträge* (1865) Helmholtzens. Wenig später freut er sich „wie ein Kind", das folgende Wintersemester in Berlin zu verbringen, um u.a. dort Helmholtz zu hören, woraus allerdings aus finanziellen Gründen ebensowenig etwas wird wie aus dem beabsichtigten Erwerb von Helmholtzens dreibändigem *Handbuch der physiologischen Optik* (1856–1866). Von den Herausgebern der 1890 gegründeten *Zeitschrift für Psychologie und Physiologie der Sinnesorgane*, Ebbinghaus und König, wird Helmholtz u.a. neben G.E. Müller, Preyer sowie Stumpf für die Gemeinschaft der Herausgeber gewonnen; er veröffentlicht darin sowohl den ersten Artikel der ersten Zeitschriftennummer als auch bis 1894 noch vier weitere wahrnehmungspsychologische Arbeiten. Für die Entwicklung der Psychologie als Wissenschaft und damit für die Geschichte der Psychologie wahrscheinlich wichtiger als der erwähnte persönliche und literarische Einfluß sowie Zeitschriftenbeiträge dürften vor allem folgende wissenschaftsgeschichtliche Fakten sein:

- Helmholtz, der namhafte und überaus erfolgreiche Naturforscher, grenzt im Zuge seiner Arbeiten zur Sinneswahrnehmung einen genuinen psychologischen Forschungsbereich neben dem physikali-

Abb. 1: Hermann von Helmholtz nach einem Daguerreotyp vom 23. März 1848. Aus dem Nachlaß von Prof. Dr. Emil du Bois-Reymond.

Abb. 2: Sonderbriefmarke der Deutschen Bundespost Berlin zum 150. Geburtstag von Hermann von Helmholtz, 1971.

schen und physiologischen ab. Damit erhält die Psychologie ein sich unmittelbar an die erfolgreichen Naturwissenschaften anschließendes Aufgabengebiet.

- Zudem stellt Helmholtz seinerseits eine vielbeachtete psychologische Theorie zur Erklärung von Wahrnehmungsphänomenen auf.

Nachdem er bereits in seinem Königsberger Habilitationsvortrag von 1852 *Über die Natur der menschlichen Sinnesempfindungen* gehandelt hatte, bestimmt er in seiner breit rezipierten Rede *Über das Sehen des Menschen* aus dem Jahr 1855 „die Natur der psychischen Prozesse ..., welche die Lichtempfindung in eine Wahrnehmung der Außenwelt verwandeln“, zu erhellen als „eine schwere Aufgabe“, welche die physiologische Untersuchung ergänzen müsse, bei der man allerdings „leider ... keine Hülfe“ bei den Psychologen fände (S. 111). Zur Erklärung werden insbesondere Schlußprozesse von Vorstellungen, die „ohne unser Wissen vor sich gehen und auch nicht durch unseren Willen ... abgeändert werden können“ in Vorschlag gebracht (S. 110). Nachhaltiger tritt Helmholtzens systematischer und inhaltlicher Beitrag zur Entwicklung der neuen experimentellen Psychologie in seiner oben erwähnten *Optik* sowie in *Die Lehre von den Tonempfindungen* (1862) zu Tage. In diesen beiden epochemachenden Werken erhält die Psychologie einen gleichgewichtigen Part neben Physik und Physiologie zugewiesen, wenn auch „mit den ... schwierigsten Problemen“ versehen (1866, S. III): Während die physikalische Optik die Wege „des Lichts im Auge“ und die physiologische Optik die „Lehre von den Empfindungen des Sehnervenapparats“ zum Gegenstand hat, fällt der Psychologie „die Lehre von dem Verständnisse der Gesichtsempfindungen, welche von den Vorstellungen handelt, die wir auf Grund der Gesichtswahrnehmungen über die Objekte der Außenwelt uns bilden“, zu (1866, S. 30).

Grundlage von Helmholtzens vielbeachteter Wahrnehmungstheorie ist die auf seinen Lehrer Johannes Müller zurückgehende Auffassung, nach der die Qualität einer Sinnesempfindung von dem spezifisch erregten Nervenapparat des entsprechenden Sinnesorgans abhängig ist. Licht z.B. erzeugt im Auge eine Licht-, auf der Haut aber eine Wärmeempfindung. Gleichwohl stellt eine Sinnesempfindung die Wirkung eines äußeren Objekts dar, wobei allerdings die empfundene Qualität einem Zeichen, einem Symbol der objektiven Reizbeschaffenheit gleichkommt, das seinerseits wiederum auf die äußeren Dinge übertragen wird. Materiell sind Empfindungen sozusagen der Stoff, aus welchem sich nach gesetzmäßigen psychologischen Prozessen im Zusammenwirken mit früheren „Erinnerungsbildern“ die Wahrnehmung eines Objektes bildet. Für letztere gilt, daß „die aus der Erfahrung hergeleiteten Momente in den Sinneswahrnehmungen sich mit eben solcher zwingender Kraft geltend machen können, wie die aus gegenwärtigen Empfindungen hergeleiteten“ (1866, S. 437). Als Mechanismus, welcher diese erfahrungsmäßige Herleitung leistet, fungiert vor allem der sogenannte unbewußte Schluß. Einem induktiven Analogieschluß gleich, verarbeitet dieser von der Normalität ab-

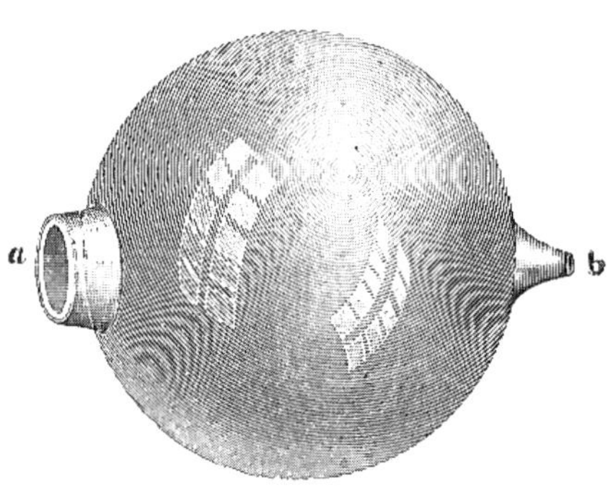

Abb. 3: Helmholtzsche Resonanzkugel. Die Erscheinungen der Resonanz benutzte Helmholtz als Beweis für seine Theorie der Zusammensetzung der musikalischen Töne.

Abb.4: Hermann von Helmholtz, der „Reichskanzler der deutschen Physik“. Gemälde von Knaus (Ausschnitt).

weichende Reizereignisse im Sinne des normalen Geschehens und trägt damit zur Konstanz der Umweltwahrnehmung bei. Helmholtzens „empiristische Theorie (der Sinneswahrnehmung) sucht nachzuweisen, daß zu ihrer Entstehung wenigstens keine anderen Kräfte nötig sind, als die bekannten Fähigkeiten unserer Seele, wenn auch diese selbst dabei ganz unerklärbar bleiben" (1866, S. 441).

Forschungsmethodisch steht Helmholtz auf dem Boden der Naturwissenschaften, insbesondere der Physik – gerade auch hinsichtlich der Untersuchung von Sinneswahrnehmungen, dem bevorzugten Forschungsfeld der neuen experimentellen Psychologie. Wo Apparate fehlen, macht sich Helmholtz (1870, S. 137) an deren technische Entwicklung (s. Abb. 5). Wo mathematisches Formelwerk noch nicht hinreichend vorhanden ist, unternimmt Helmholtz dessen Ableitung, so z.B. bezüglich Resonanzerscheinungen in luftgefüllten Hohlräumen (1859). Das Experiment ist das Verfahren, mit dessen Hilfe sich gesicherte Aussagen gewinnen lassen, sicherere jedenfalls als mit bloßer Beobachtung: „Durch verhältnismäßig wenige, gut angestellte Versuche bin ich imstande, die ursächlichen Bedingungen eines Ereignisses mit größerer Sicherheit festzustellen, als durch millionenfache Beobachtung, bei welcher ich die Bedingungen nicht habe beliebig verändern können" (1866, S. 451).

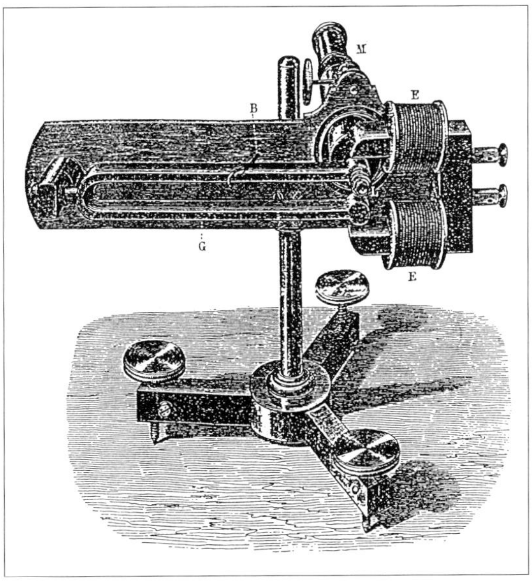

Abb. 5: Vibrationsmikroskop zur Untersuchung der Bewegung von Violinsaiten. Mit dem Vibrationsmikroskop läßt sich die Schwingungsform von Saiten sichtbar machen, aus deren Kenntnis z.B. die Intensität von Obertönen berechnet werden kann.

Zusammenfassend läßt sich festhalten: Helmholtzens frühe sinnespsychologische Arbeiten, die in den 50er Jahren beginnen und teils bereits vor 1860 publiziert werden, bauen die wesentlich von E.H. Weber eingeleitete quantitativ-experimentelle, sinnespsychologische Forschungstradition weiter aus. Seine systematische Abgrenzung des rein psychologischen Forschungsgebietes neben Physik und Physiologie legitimiert diesbezügliche spätere Untersuchungen, die sich zudem von der Helmholtzschen Methodik beispielhaft leiten lassen können.

Literatur

Helmholtz, H. (1852). Über die Natur der menschlichen Sinnesempfindungen. In H. v. Helmholtz (1883) Wissenschaftliche Abhandlungen, Bd. 2, 591–609. Leipzig: Barth.

Helmholtz, H. (1855). Über das Sehen des Menschen. In H. v. Helmholtz (Hg.), Vorträge und Reden, Bd. 1, 85–118. Braunschweig: Vieweg 1896.

Helmholtz, H. (1856–1866). Handbuch der psychologischen Optik. Hamburg: Voss.

Helmholtz, H. (1862). Die Lehre von den Tonempfindungen. Braunschweig: Vieweg.

Helmholtz, H. v. (1891). Erinnerungen. In H. v. Helmholtz (Hg.), Vorträge und Reden, Bd. 1, 3–21. Braunschweig: Vieweg, 1896.

Gustav Theodor Fechner

Anneros Meischner-Metge

Als Voraussetzung für die Begründung der Psychophysik betrachtete Wilhelm Wundt Fechners Vertrautheit mit den Prinzipien exakter physikalischer und mathematischer Methodik und seine Neigung, in die tiefsten Probleme menschlichen Seins einzudringen. Damit sind die zwei wesentlichen Bereiche in Fechners Schaffen genannt, zugleich ist mit Recht hervorgehoben, daß beide für die experimentelle Erforschung psychischer Phänomene notwendig sind.

Fechner hatte 1817 in Leipzig das Medizinstudium aufgenommen, mit Interesse die physiologischen Vorlesungen bei Ernst Heinrich Weber und die algebraischen bei Karl Brandan Mollweide gehört. Trotz bestandenem medizinischen Examen fühlte er sich aber zu unsicher und „bar jeden praktischen Talentes“, diesen Beruf auszuüben. Sein Verhältnis zur Medizin deutete sich bereits in seinen ersten Veröffentlichungen an, den Satiren: *Beweis, daß der Mond aus Jodine bestehe* (1821) und *Panegyrikus der jetzigen Medizin und Naturgeschichte*

Abb. 1: Gustav Theodor Fechner im Knabenalter.

Abb. 2: Portrait Gustav Theodor Fechner

(1822), die er unter dem Pseudonym Dr. Mises herausgab. In diese Zeit fällt seine Begeisterung für Okens Naturphilosophie. 1823 promovierte und habilitierte Fechner an der Philosophischen Fakultät. 1824 übernahm er vertretungsweise die Vorlesungen über Physik. Den Lebensunterhalt bestritt er durch „literarische Lohnarbeit“; im Auftrag des Verlages L. Voss übersetzte und ergänzte er unter anderem das *Lehrbuch der Chemie* von Thenard (ca. 5600 Seiten) und das *Lehrbuch der Physik* von Biot (ca. 2300 Seiten). Die Bearbeitung dieser damals führenden Werke und eigene Untersuchungen zum Galvanismus, zur Elektrochemie und zum Elektromagnetismus (1829 *Lehrbuch des Galvanismus und der Elektrochemie*, 1830 *Elementar-Lehrbuch des Elektromagnetismus*, 1831 *Maßbestimmungen über die galvanische Kette*) führten zur Berufung auf das Ordinariat für Physik (1834).

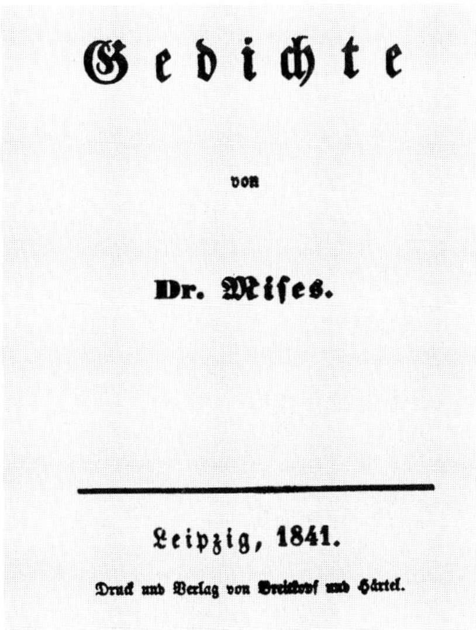

Gedichte

von

Dr. Mises.

Leipzig, 1841.

Druck und Verlag von Breitkopf und Härtel.

Abb. 3: Buchtitel *Gedichte von Dr. Mises* , Leipzig, 1841. – Ein Gedicht aus diesem Band mit dem Titel *Gans* lautet:

Ein philosophischer Begriff gebratner Gans entspricht,
Daß sie von selber Aepfel fräß, gesehen hab' ich's nicht;
Doch Jeder freut des Inhalts sich, wenn man sie bringt zum Schmaus:
Das, was man hat hineingetan, nimmt wieder man heraus.

Bedingt durch eine schwere Augenerkrankung mußte er die Physik aufgeben (1840); so kündigte er 1846 Vorlesungen zu philosophischen Gegenständen an. Im ersten Kolleg unter dem Thema: *Das höchste Gut und der menschliche Wille* entwickelte er sein ethisches Credo „Der Mensch soll sich und andere so erziehen, daß er die größtmögliche Lust an solchem Trachten und Handeln, die größtmögliche Fertigkeit darin und die größtmögliche Kenntnis von dem gewinnt, was das Glück, den Lustzustand der Welt fördert". Ähnlich hatte er bereits 1836 im *Büchlein vom Leben nach dem Tode* die Verantwortung des einzelnen Menschen für das Ganze betont mit den Worten: „Was irgend jemand während seines Lebens zur Schöpfung, Gestaltung oder Bewahrung der durch die Menschheit und Natur sich ziehenden Ideen beigetragen hat, das ist sein unsterblicher Teil."

Zu Fechners unsterblichem Teil gehört zweifellos die Begründung der Psychophysik, datiert mit dem Erscheinen der *Elemente der Psychophysik* (1860). Grundgedanken hierzu hatte er bereits 1851 in *Zend-Avesta* sowie 1858 in „Das psychische Maß" und 1859 in einem Vortrag in der Königlich-Sächsischen Gesellschaft der Wissenschaften – zu deren Begründern er gehört – über *ein psychophysisches Grundgesetz* vorgestellt. Unter Psychophysik verstand er „eine exakte Lehre von den funktionellen oder Abhängigkeitsbeziehungen zwischen Körper und Seele, allgemeiner, zwischen körperlicher und geistiger, physischer und psychischer Welt". Er unterschied äußere Psychophysik (Beziehung des Geistigen zur körperlichen Außenwelt) und innere Psychophysik (Beziehung des Geistigen zur körperlichen Innenwelt). Als wesentlicher Bestandteil gelten die psychophysischen Maßmethoden, die Fechner selbst auf E.H. Weber (Methode des eben merklichen Unterschiedes) sowie Karl Vierordt und Alfred Wilhelm Volkmann (Methode der richtigen und falschen Fälle) zurückführte, während das dritte Verfahren, die Methode der mittleren Fehler, so alt sei, wie man sich um exakte Beobachtungen bemüht.

In den Werken *In Sachen der Psychophysik* (1877) und *Revision der Hauptpunkte der Psychophysik* (1882) nahm er zu den Diskussionen und Kritiken seiner *Elemente*, insbesondere der psychophysischen Maßformel, Stellung.

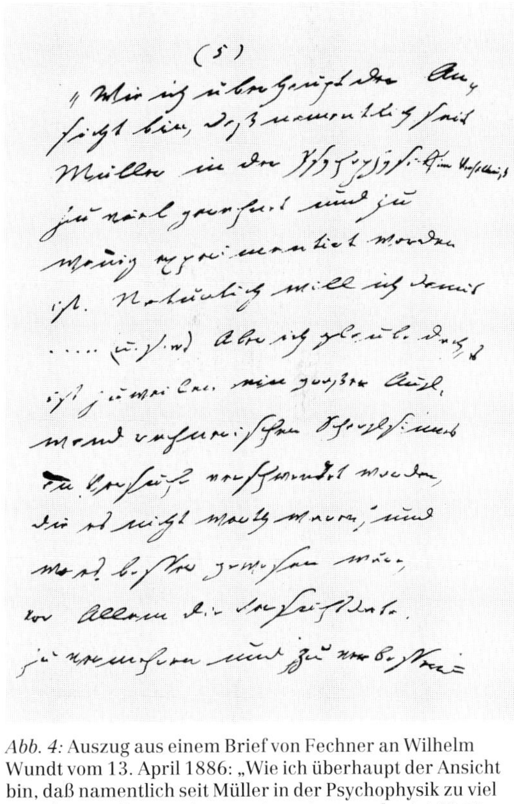

(5)

Abb. 4: Auszug aus einem Brief von Fechner an Wilhelm Wundt vom 13. April 1886: „Wie ich überhaupt der Ansicht bin, daß namentlich seit Müller in der Psychophysik zu viel gerechnet und zu wenig experimentiert worden ist. Natürlich will ich damit … (usw.) Aber ich glaube doch, es ist zuweilen ein großer Aufwand rechnerischen Scharfsinns in Versuche verschwendet worden, die es nicht werth waren, und wo es besser gewesen wäre, vor allem die Versuchsresultate zu vermehren und zu verbessern."

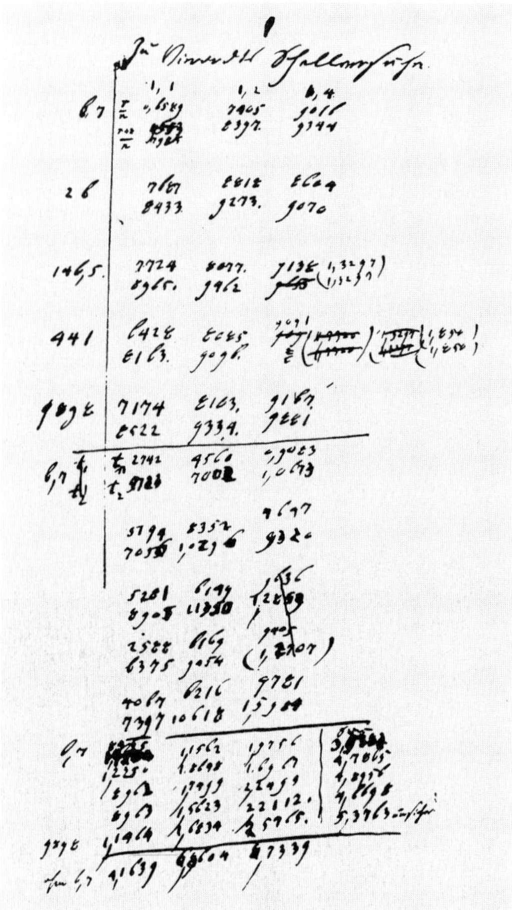

Abb.5: Fechners Protokoll von Schallversuchen.

Sein reges Interesse an den experimentellen Untersuchungen in Wundts Institut dokumentiert sich im Briefwechsel mit Wundt. 1887 schrieb er seine letzte wissenschaftliche Arbeit zum Thema: *Über die psychischen Maßprinzipien und das Webersche Gesetz* (Philosophische Studien, Bd. 4). Es ist vor allem eine Stellungnahme zu A. Elsas: *Über die Psychophysik*, veröffentlicht 1886. Diese nach Fechner „scharfsinnig vorgetragene Bestreitung der Möglichkeit eines psychischen Maßes" wollte er nicht unwidersprochen lassen, da sie „der Abneigung der Philosophen gegen dieses Maß" entgegenkomme. „Und so sattl' ich noch einmal – denn bei meinen 86 Jahren dürfte es das letztemal sein – mein Streitroß zum Ritt ins romantische Land der Psychophysik" schrieb er in Abwandlung eines Wielandschen Verses.

Nach Erscheinen der *Elemente der Psychophysik* hatte sich Fechner intensiv methodologischen Fragen zugewandt (*Die drei Motive und Gründe des Glaubens, 1863*) und seine experimentelle Ästhetik vorbereitet. Untersuchungen zum goldenen Schnitt, zum Streit um die Holbeinschen Madonnen (einschließlich einer Befragung der Besucher der Dresdner Holbein-Ausstellung) und die Anwendung der psychophysischen Methoden sind Bestandteil der von ihm als „Ästhetik von unten" bezeichneten Lehre (*Vorschule der Ästhetik*, 1876). Im Unterschied zu gängigen philosophischen Debatten über das Schöne hat er z.B. konkrete Aussagen darüber gesammelt, was die Menschen als schön empfinden.

Fechners philosophische Schriften werden überwiegend als widersprüchlich und mystisch beurteilt. Dennoch enthalten diese Werke neben schwer verständlichen Gedankenspielen (z.B. zur Allbeseelung der Natur) vielfältige originelle Ideen und tiefes Denken über die Einheit von Mensch-Natur-Universum. Seine Überlegungen zum Verhältnis von Bewegung und Streben nach Stabilität, die Betrachtungen der Beziehung von Teil und Ganzem, seine „synechologische Ansicht" dürften für systemtheoretisches Denken von Interesse sein. Ebenso enthält die Diskussion der Determinismus-Indeterminismus-Kontroverse Anregungen, die zur Überwindung unfruchtbaren Denkens in Antagonismen beitragen könnten. Getragen wird Fechners Gesamtwerk von seiner Überzeugung, daß ein oberstes Gesetz durchgehend und unerschöpflich in der Welt (kausal) wirkt, er nennt es „göttliches Prinzip". In diesem Sinne ist Fechner tief religiös.

Fechners humorvolles, geistreiches Wesen – von seinen Freunden geschätzt und geschildert – spiegelt sich in den satirischen Schriften zur Medizin, Philosophie, Kunst und Alltagserscheinungen. Wie die erste (s.o.) gehört auch seine letzte Wortmeldung diesem Genre an (*Zur Kritik des Leipziger Mendebrunnens*, 1887).

Literatur

Fechner, G.T. (1836). Büchlein vom Leben nach dem Tode.

Fechner, G.T. (1851). Zend-Avesta.

Fechner, G.T. (1858). Das psychische Maß.

Fechner, G.T. (1860). Elemente der Psychophysik. 2 Bde. Leipzig: Breitkopf und Härtel.

Fechner, G.T. (1876). Vorschule der Ästhetik. 2 Bde., Breitkopf und Härtel.

Fechner, G.T. (1887). Zur Kritik des Leipziger Mendebrunnens.

Kuntze, J. E. (1892). Gustav Theodor Fechner (Dr. Mises). Ein deutsches Gelehrtenleben. Leipzig: Breitkopf und Härtel.

Mises, Dr. (Pseudonym für G.T. Fechner) (1821). Beweis, daß der Mond aus Jodine besteht.

Mises, Dr. (Pseudonym für G.T. Fechner) (1822). Panegyrikus der jetzigen Medizin und Naturgeschichte.

Mises, Dr. (Pseudonym für G.T. Fechner) (1841). Gedichte. Leipzig: Breitkopf und Härtel.

Wilhelm Wundt

Wolfram Meischner

In der langen Entwicklungsgeschichte der Psychologie als Wissenschaft, der eine vieltausendjährige Entdeckungsgeschichte des Seelischen voran- und einherging, kommt dem Werk Wilhelm Maximilian Wundts (1832–1920) und dem Wirken ihm Gleichgesinnter gleichsam epochale Bedeutung zu. Sie institutionalisierten die Psychologie und schufen so die Voraussetzungen ihrer erfolgreichen Ausbildung im 20. Jahrhundert. Auf den Lebenswerken ihrer Lehrer aufbauend, leiteten sie eine Wende in der Entwicklung der Psychologie zu einer Wissenschaft ein, die ihre Begründung und Methodologie in sich selbst findet und die dazu berufen ist, einen maßgebenden Beitrag für die Bewältigung der Lebensprobleme der Menschheit zu leisten.

Schon frühzeitig von dem Gedanken inspiriert, die Psychologie nach dem Vorbild der Naturwissenschaften zu entwickeln, konzipierte Wundt ein ihrem Entwicklungsstand angemessenes, zugleich aber wegweisendes methodologisches Fundament, schuf mit seinem psychologiegeschichtlich bedeutsamsten Werk *Grundzüge der physiologischen Psychologie* (1874/75) die Experimentalpsychologie als eigenständigen Fachbereich dieser Wissenschaft und begründete mit dem *Institut für experimentelle Psychologie* im Jahre 1879 an der Universität Leipzig das erste psychologische Institut der Welt. Es gereicht Wundt zur Ehre, daß er dieses Institut zunächst privat einrichtete und finanzierte, bis es 1883/84 seine staatliche Anerkennung fand und so in

Abb. 1: Wundt (in der Mitte) als „Versuchsperson“ im Kreis seiner Mitarbeiter Dittrich (sitzend), Wirth, Klemm und Sander (von links nach rechts).

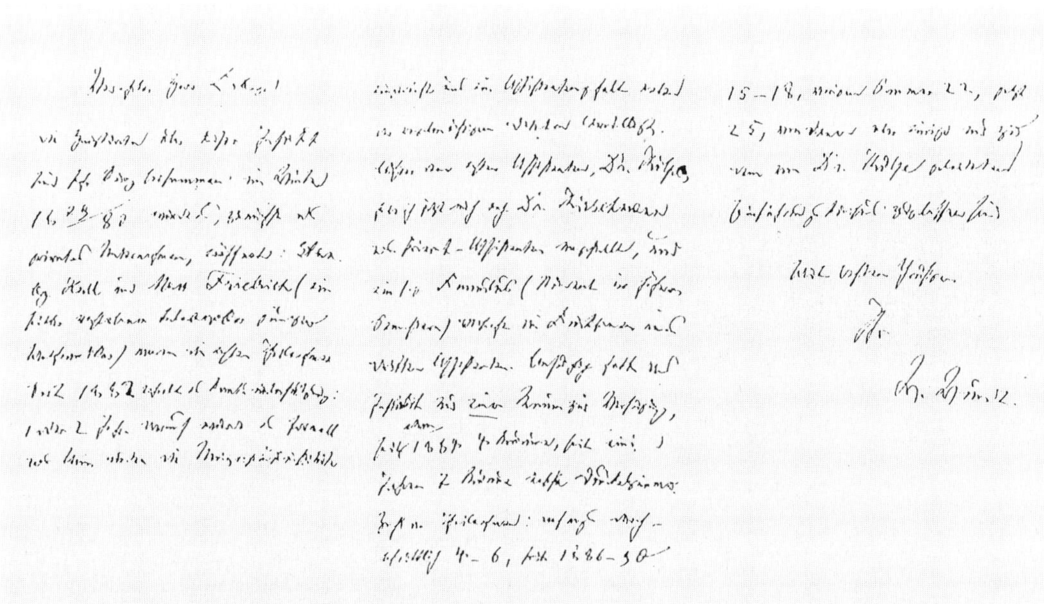

Abb.2: Brief von Wundt an Jerusalem vom 18.2.1892.

Abb. 3: Wundt-Gedenkzimmer, Leipzig.

Abb. 4: Das 1896 erbaute bzw. eröffnete Hauptgebäude der Leipziger Universität, das auch die beiden psychologischen Institute beherbergte.

die offiziellen Universitätsinstitute eingereiht werden konnte. Dieses Institut wurde bald zu einem Weltzentrum experimentalpsychologischer Forschung, Lehre und Übung von jahrzehntelanger Wirksamkeit, allerdings stets noch eingebettet in das Tätigkeitsspektrum eines philosophischen Lehrstuhls.

Mit seiner *Völkerpsychologie*, die er als ein entwicklungsgeschichtlich begründetes System einer Psychologie der Kultur durchbildete und die ihn die letzten Jahrzehnte seines Lebens in Anspruch nahm, hat er in Form seiner *Elemente der Völkerpsychologie* (1912/1913) ein aus der Sichtweise des 19. Jahrhunderts gültiges Programm einer Historischen Psychologie entworfen, das der fortschreitenden gesellschaftsgeschichtlichen Veränderlichkeit des Seelischen Rechnung tragen sollte. In diesem Sinne betrachtete Wundt die Experimentalpsychologie als individualpsychologische Grundlage der Psychologie, die kulturgeschichtlich begründete Völkerpsychologie jedoch als Krönung der Psychologie. Das für eine wissenschaftliche Psychologie überzogene Problemfeld der Völkerpsychologie entsprach durchaus den Intentionen des ausgehenden 19. Jahrhunderts.

Wundts psychologiegeschichtliche Bedeutung und die seines Instituts beruhte auf einer günstigen historischen Konstellation. Im Zeitalter der industriellen Revolution und eines beispiellosen gesellschaftlichen Aufschwungs entfaltete sich auch eine Blütezeit der Wissenschaften, vor allem der Naturwissenschaften. Dementsprechend war die Entwicklung psychologischen Denkens in einem wesentlichen Maße durch das Bestreben gekennzeichnet, der Psychologie eine exakte wissenschaftliche Grundlage zu erarbeiten und sie als „Naturwissenschaft“ zu konzipieren, insbesondere angesichts der erfolgreichen Entwicklung experimental-

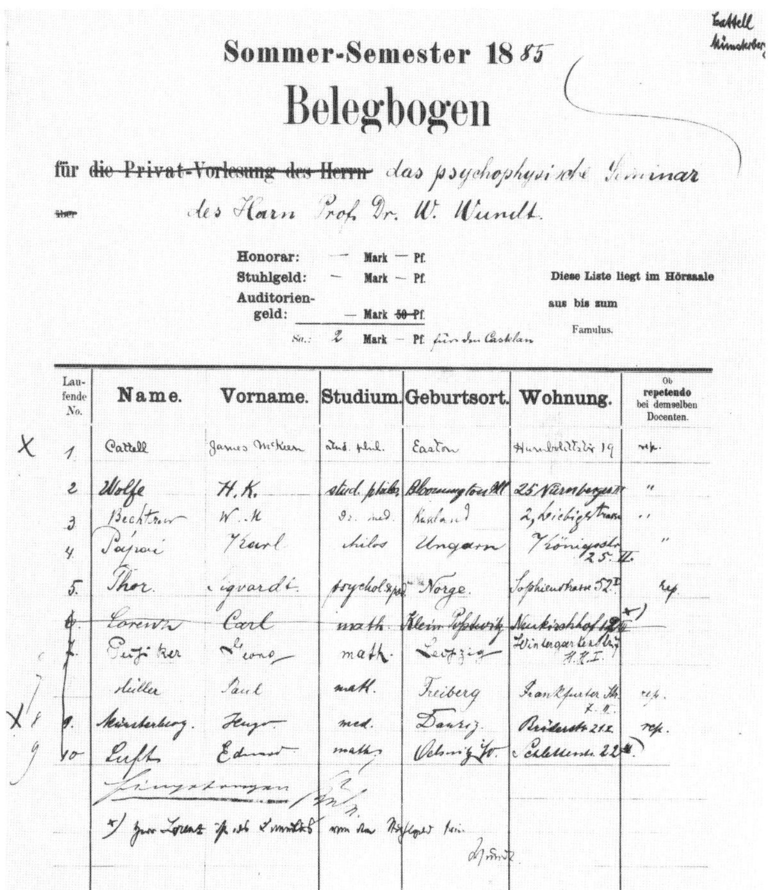

Cattell
Münsterberg

Sommer-Semester 1885

Belegbogen

für ~~die Privat-Vorlesung des Herrn~~ das psychophysische Seminar des Herrn Prof. Dr. W. Wundt.

Honorar: — Mark — Pf.
Stuhlgeld: — Mark — Pf.
Auditoriengeld: — Mark ~~50~~ Pf.
Sa.: 2 Mark — Pf. für den Castellan

Diese Liste liegt im Hörsaale aus bis zum Famulus.

Laufende No.	Name.	Vorname.	Studium.	Geburtsort.	Wohnung.	Ob repetendo bei demselben Docenten.
1	Cattell	James McKeen	stud. phil.	Easton	Humboldtstr. 19	rep.
2	Wolfe	H. K.	stud. philos.	Bloomington Ill.	25 Nürnbergerstr.	"
3	Bechterew	W. M.	Dr. med.	Russland	2, Liebigstrasse	"
4	Pápay	Karl	philos	Ungarn	Königsstr. 25. II.	"
5	Thor.	Sigvard	psychol.	Norge.	Sophienstrasse 52	rep.
~~6~~	~~Lorenz~~	~~Carl~~	~~math.~~	~~Klein Zschocher~~	~~Neukirchhof 12~~ *)	
7	[illegible]	[illegible]	math.	Leipzig	Wintergartenstr. H. K. I.	
8	Müller	Paul	math.	Freiberg	Frankfurter Str. 7. II.	rep.
9	Münsterberg.	Hugo	med.	Danzig	[illegible] 21. I.	rep.
10	[illegible]	Eduard	math.	[illegible]	[illegible] 22	

*) [illegible]

Wundt

Abb. 5: Belegbogen für das im Sommersemester 1885 abgehaltene psychophysische Seminar von Wilhelm Wundt. Unter den eingetragenen Studenten finden sich unter 1. James McKeen Cattell und unter 9. Hugo Münsterberg.

Abb. 6: Wilhelm Wundt

psychologischer Forschung in der Medizin und der Begründung der Psychophysik durch Gustav Theodor Fechner (1801–1887). Wundt selbst ging aus medizinisch-naturwissenschaftlichen Schulen hervor, für die die Namen Hermann von Helmholtz, Robert Bunsen und Philipp von Jolly stehen mögen. Ernst Heinrich Webers Experimente zu Tastsinn und Gemeingefühl haben sicherlich sehr dazu beigetragen, Wundt das Forschungsfeld physiologischer Psychologie zu erschließen. Wilhelm Wundt besaß jedoch das Format, sich gleichzeitig den philosophischen und psychologischen Grundfragen seiner Zeit zuzuwenden. Neben dem Studium zeitgenössischer Schriften verschiedener Wissensgebiete waren es vor allem die Werke von Kant, Herbart und Darwin, bei den Älteren die von Platon, Leibniz und Locke, die ihn nach eigenem Verständnis nachhaltig beeinflußten.

Zu den günstigen Wirkungsbedingungen Wundts gehört auch das Bestreben der Leipziger Philosophischen Fakultät, mit der Berufung eines physiologisch ausgebildeten Psychologen, den naturwissenschaftlichen Entwicklungen mehr Einfluß auf Philosophie und Psychologie zu verschaffen.

Im Ergebnis ist Wundts Begründung einer allgemeinen Experimentalpsychologie und ihre Fortbildung in Leipzig bis heute beispielgebend geblieben: Sie ist ein konzeptionell einheitlicher und zugleich umfassend angelegter Entwurf einer Psychologie, die die Ergebnisse experimenteller Forschung mit der Verarbeitung ihrer neurobiologischen Grundlagen und ihrer ideen- und begriffsgeschichtlichen Voraussetzungen verbindet. Zugleich ist diese der Durchsetzung des Entwicklungsgedankens in Tier-, Human- und Völkerpsychologie verpflichtet und so nur im Gesamtzusammenhang einer allgemeinen Entwicklungspsychologie möglich. Und daß sich das Seelische des Menschen nur in einer gesellschaftlichen und geistigen Kultur entwickeln kann, war für Wundt selbstverständliches Axiom. Erst in diesem psychologieumfassenden Sinne erhielten Lehre, Forschung und Übung und mit diesen das Leipziger Institut seine theoretische Basis und psychologiehistorische Perspektive. Wilhelm Wundts langjährigen Bestrebun-

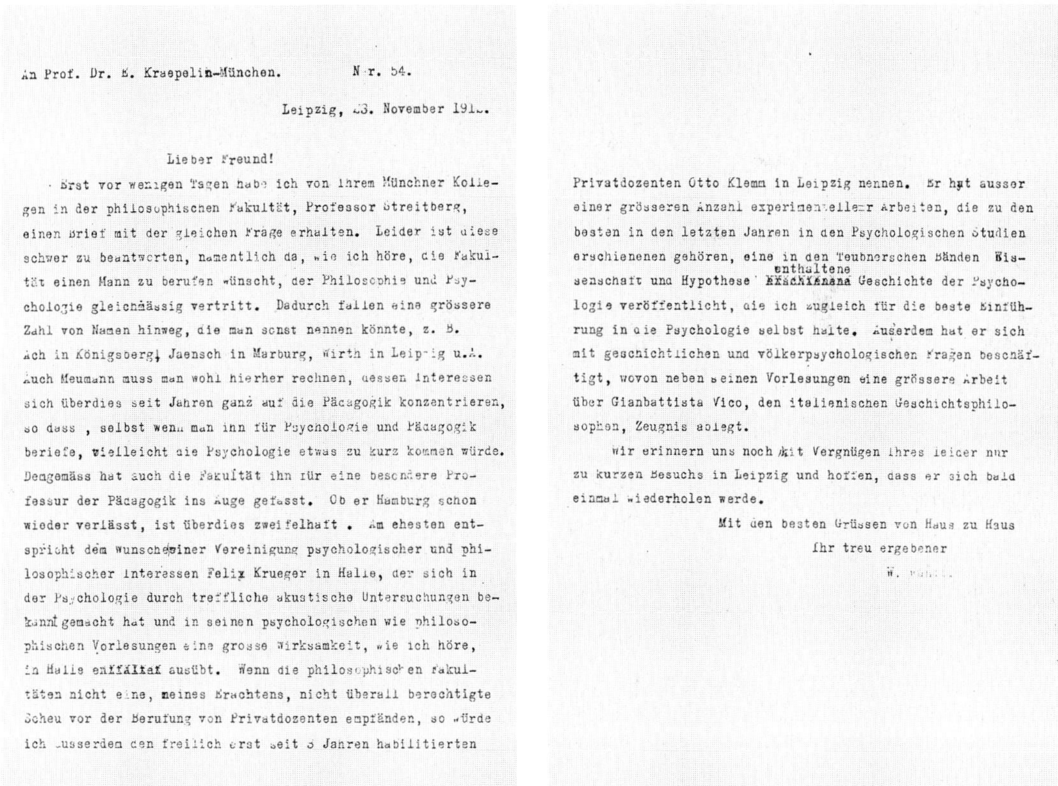

An Prof. Dr. E. Kraepelin-München. Nr. 54.

Leipzig, 23. November 191.

Lieber Freund!

Erst vor wenigen Tagen habe ich von Ihrem Münchner Kollegen in der philosophischen Fakultät, Professor Streitberg, einen Brief mit der gleichen Frage erhalten. Leider ist diese schwer zu beantworten, namentlich da, wie ich höre, die Fakultät einen Mann zu berufen wünscht, der Philosophie und Psychologie gleichmässig vertritt. Dadurch fallen eine grössere Zahl von Namen hinweg, die man sonst nennen könnte, z. B. Ach in Königsberg, Jaensch in Marburg, Wirth in Leipzig u.A. Auch Meumann muss man wohl hierher rechnen, dessen Interessen sich überdies seit Jahren ganz auf die Pädagogik konzentrieren, so dass, selbst wenn man ihn für Psychologie und Pädagogik beriefe, vielleicht die Psychologie etwas zu kurz kommen würde. Demgemäss hat auch die Fakultät ihn für eine besondere Professur der Pädagogik ins Auge gefasst. Ob er Hamburg schon wieder verlässt, ist überdies zweifelhaft. Am ehesten entspricht dem Wunsche einer Vereinigung psychologischer und philosophischer Interessen Felix Krueger in Halle, der sich in der Psychologie durch treffliche akustische Untersuchungen bekannt gemacht hat und in seinen psychologischen wie philosophischen Vorlesungen eine grosse Wirksamkeit, wie ich höre, in Halle ausübt. Wenn die philosophischen Fakultäten nicht eine, meines Erachtens, nicht überall berechtigte Scheu vor der Berufung von Privatdozenten empfänden, so würde ich ausserdem den freilich erst seit 3 Jahren habilitierten

Privatdozenten Otto Klemm in Leipzig nennen. Er hat ausser einer grösseren Anzahl experimenteller Arbeiten, die zu den besten in den letzten Jahren in den Psychologischen Studien erschienenen gehören, eine in den Teubnerschen Bänden Wissenschaft und Hypothese enthaltene Geschichte der Psychologie veröffentlicht, die ich zugleich für die beste Einführung in die Psychologie selbst halte. Ausserdem hat er sich mit geschichtlichen und völkerpsychologischen Fragen beschäftigt, wovon neben seinen Vorlesungen eine grössere Arbeit über Gianbattista Vico, den italienischen Geschichtsphilosophen, Zeugnis ablegt.

Wir erinnern uns noch mit Vergnügen Ihres leider nur zu kurzen Besuchs in Leipzig und hoffen, dass er sich bald einmal wiederholen werde.

Mit den besten Grüssen von Haus zu Haus

Ihr treu ergebener

W.

Abb. 7: Brief von Wilhelm Wundt an Emil Kraepelin. Wundt spricht sich für eine Berufung von Krueger und Klemm aus.

Hochgeehrter Herr Jubilar!

Den Tag, an welchem Sie Ihr 80. Lebensjahr vollenden, will und kann die unterzeichnete Gesellschaft nicht vorbeigehen lassen, ohne Ihnen ihre wärmsten und herzlichsten Glückwünsche darzubringen.

Unsere Gesellschaft, die sich die Pflege und Förderung der experimentellen Psychologie zur Aufgabe gestellt hat, scheint an erster Stelle dazu berufen, an diesem Tage dem Manne zu danken, dessen rastlosem Eifer es gelungen ist der experimentellen Psychologie ihre erste eigene Werkstätte zu verschaffen, und in dem zahlreiche über den ganzen Erdkreis verstreute Vertreter unseres Faches, darunter nicht wenige Mitglieder unserer Gesellschaft, ihren Lehrer und Meister verehren.

Sie haben nicht blos die Ihnen überlieferten Ansätze zur experimentell-psychologischen Forschung zur reichen Entfaltung gebracht und neue Aufgaben dieses Gebietes in fruchtbringender Weise verfolgt und so der experimentellen Psychologie eine breite Basis und ein weites Feld geschaffen, sondern in frühen Jahren ein Forscher im Gebiete der Physiologie, im späteren Alter umfassenden völkerpsychologischen Untersuchungen über die wichtigsten Erscheinungen der menschlichen Kultur hingegeben, haben Sie durch Ihre Werke den Zeitgenossen den ganzen Umfang und die volle Höhe der Aufgaben vor Augen geführt, die der naturwissenschaftlich und geisteswissenschaftlich zugleich verpflichteten Psychologie gestellt sind. Neben der erstaunlichen Tätigkeit im Sinne dieser Aufgaben hat Ihr unermüdlicher Geist auch noch das Gebiet der Logik und der Methodologie der Wissenschaften sowie der Ethik in großem Stile bearbeitet und in einem Systeme der Philosophie die Konsequenzen der eigenen Untersuchungen für die Weltanschauung zusammengefaßt. Wahrlich, nur wenigen ist es vergönnt gewesen, am Abende ihres Lebens auf ein so weites Gebiet der Wissenschaft als das Feld erfolgreicher eigener Leistung zurückzublicken!

Möge ein gütiges Geschick Ihnen noch viele Jahre hindurch die Fülle der Schaffenskraft erhalten, die wir alle an Ihnen bewundern, und die Sie so rastlos in den Dienst der Wissenschaft stellen!

Gesellschaft
für experimentelle Psychologie.

Abb. 8: Gedruckter Glückwunsch der Gesellschaft für experimentelle Psychologie zu Wundts 80. Geburtstag

gen für eine umfassend begründete und eigenständige Wissenschaft Psychologie fanden natürlich in den alternativen Entwicklungen psychologischen Denkens ihre Grenzen. Seine Schlußfolgerung war, daß sich die Psychologie zunächst theoretisch und methodisch vereinheitlichen muß, ehe sie den Anspruch einer selbständigen Wissenschaft erheben kann. Das erklärt auch seine Abneigung gegenüber Abweichungen von methodischer Strenge in der Forschung ebenso wie die von Bestrebungen der angewandtenPsychologie, die ihm nicht genügend theoretisch und methodisch begründet erschienen. Die sich daraus entwickelnden Kontroversen, etwa die mit der Würzburger Schule oder die mit der Freudschen Psychoanalyse, sind weltbekannt.

Im zweiten Jahrzehnt des 20. Jahrhunderts, dem Zeitalter des Ersten Weltkrieges, verlor das Wundtsche Institut fortschreitend seine Wirksamkeit als Zentrum psychologischer Lehre und Forschung. Es hatte seine psychologiehistorische Mission erfüllt und wurde von einer sich weltweit differenzierenden Entwicklung neuen psychologischen Denkens und Handelns abgelöst.

Literatur

Wundt, W. (1874–1875). Grundzüge der physiologischen Psychologie., Leipzig: Engelmann.

Wundt, W. (1900–1920). Völkerpsychologie. Bd. 1–10, Leipzig: Engelmann.

Wundt, W. (1912). Elemente der Völkerpsychologie. Grundlinien einer psychologischen Entwicklungsgeschichte der Menschheit. Leipzig: Alfred Kröner.

Wundt, W. (1920). Erlebtes und Erkanntes. Stuttgart: Alfred Kröner.

Wundt, W. (1983). Ausgewählte psychologische Schriften. Abhandlungen, Aufsätze, Reden. Hrsg. von W. Meischner und W. Bringmann. Leipzig: Zentralantiquariat der Deutschen Demokratischen Republik.

Wilhelm Wirth und das Psychophysische Seminar der Universität Leipzig

Christina Schröder

Am 1.10.1917 erhält die Unterabteilung Psychophysik des Psychologischen Instituts der Universität Leipzig auf Veranlassung des Sächsischen Ministeriums für Kultus und öffentlichen Unterricht den Status einer selbständigen Universitätseinrichtung namens „Psychophysisches Seminar". Zu dessen Leiter wird der langjährige Mitdirektor des Psychologischen Instituts Wilhelm Wirth ernannt. Gleichzeitig tritt Wirths Studienfreund und Leipziger Kollege Felix Krueger (1874–1948) die offizielle Nachfolge des soeben emeritierten Wundt an. Diese Zweiteilung des Instituts veranlaßt die Philosophische Fakultät, die Bezeichnung von Wirths Lehrauftrag zu ändern. Sie lautet nun nicht mehr für Philosophie, insbesondere Psychologie, sondern für Philosophie, insbesondere Psychophysik. Es gelingt dem ausschließlich von Wirths Persönlichkeit und Wissenschaftsauffassung geprägten Seminar auf unspektakuläre Weise, die Psychophysik als anpassungsfähige Grundlagendisziplin auszuweisen und der traditionsreichen Leipziger experimentalpsychologischen Lehre und Forschung eine Heimstatt zu bewahren. Durch die hochgradige Spezialisierung, die technische Ausstattung, die Homogenität der Fragestellungen und den anschaulich-praktischen Charakter des Unterrichts nimmt das Seminar einen bedeutsamen Platz in der Geschichte psychologischer Institutionen ein.

Wilhelm Wirth wurde am 26.07.1876 in Wunsiedel (Fichtelgebirge) geboren. Sein Vater, der Gymnasiallehrer Christian Wirth, war philosophisch und naturwissenschaftlich interessiert (er kannte die Frühschriften Wundts) und führte den jungen Wirth an philosophisch-psychologische Problemstellungen heran. Da er die modernen philosophischen Lehrmeinungen ablehnte, begann Wirth 1894 ein Jurastudium in München. Er war von der moralischen Notwendigkeit überzeugt, den Glauben an Gott willensmäßig vollziehen zu müssen. Zeit seines Lebens versuchte Wirth diesen Gedanken in zahlreichen religionsphilosophischen Schriften und Vorlesungen sittlich und logisch zu begründen.

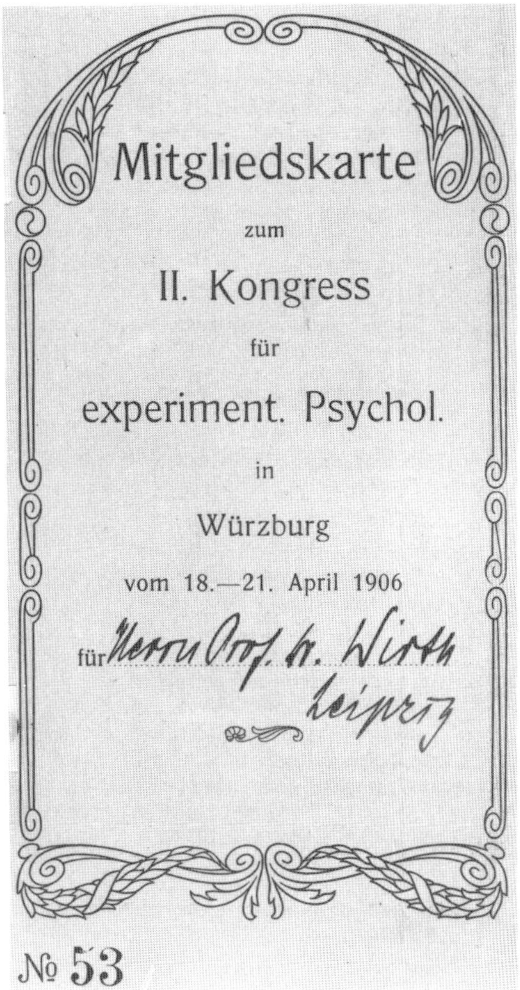

Abb. 1: Teilnahmekarte W. Wirths vom II. Kongreß für experimentelle Psychologie in Würzburg 1906.

Im dritten Semester gab Wirth auf Anraten von Theodor Lipps (1851–1914) das Jurastudium auf und belegte neben dem Hauptfach Philosophie noch Mathematik und Physik, um das höhere Lehramt erwerben zu können. Beeindruckt von der experimentalpsychologischen Ausrichtung des III. Internationalen Kongresses für Psychologie, der 1896 in München stattfand, entschied sich Wirth für eine solche Spezialisierung. Er wurde 1897 promoviert. Nach einem Studienaufenthalt in Leipzig bot ihm Wilhelm Wundt (1832–1920) im April

Abb. 2: Wilhelm Wirth (stehend) mit seinem englischen Kollegen und Freund Charles Spearman (1863–1945), der 1905 bei Wundt promovierte, bei dessen Besuch am 24.4.1923 im Garten der Familie Wirth, Haydnstraße 6.

1900 die Stelle des zweiten Assistenten in seinem Institut sowie eine weitere Förderung der akademischen Karriere an. Wirth ging mit dem Einverständnis von Lipps nach Leipzig und habilitierte sich dort noch im selben Jahr (*Personalakte W. Wirth des Archivs der Universität Leipzig*). Am 1.4.1901 wurde Wirth zum ersten Assistenten des Instituts ernannt und übernahm die Verantwortung für die methodische und mathematische Ausbildung. 1902 begann Wirths Tätigkeit als Herausgeber des *Archivs für die gesamte Psychologie*, die sein wissenschaftliches Leben begleitete und ihn mit unterschiedlichen Entwicklungen innerhalb der Psychologie vertraut machte. 1904 gehörte er zu den Gründungsmitgliedern der Gesellschaft für experimentelle Psychologie, an deren Kongressen er regelmäßig teilnahm.

Am 22.11.1905 stellte Wundt an die Fakultät den Antrag, Wirth zum etatmäßigen außerordentlichen Professor und Mitdirektor des Instituts zu ernennen, um sich von wachsenden Verpflichtungen in Lehre und Verwaltung zu entlasten. Dabei charakterisierte er die Lei-

Abb. 3: Dienstausweis Wilhelm Wirths der Universität Leipzig aus den dreißiger Jahren.

stungsfähigkeit Wirths: „Alle diese Arbeiten zeichnen sich durch Scharfsinn, reiche Sachkenntnis und ganz besonders auch glückliche Erfindungsgabe im Gebiet der experimentellen Methodik aus“ (*Personalakte W. Wirth*). Er mußte seinen Antrag wiederholen, um die Berufung Wirths zu erreichen. Diese erfolgte erst am 12.06.1908, weil sich die Fakultät nicht auf eine Formulierung des Lehrauftrages einigen konnte. Die Planstelle des Mitdirektors wurde an die Amtszeit Wundts gebunden. In den folgenden Jahren intensiver Arbeit entstanden die Hauptwerke Wirths (1908, 1912). Er hatte sich mit Wundts Hinwendung zur Völkerpsychologie auseinanderzusetzen und seinen eigenen methodologischen Standort zu bestimmen. Es ging ihm darum, „exakt meßbare Reize und eindeutig verabredete willkürliche Verhaltensweisen (zwischen Experimentator und Versuchsperson – C. S.) als Grundlage einer allgemeingültig vergleichenden Situation des Bewußtseins zu gewinnen“ (1908, S. 21).

Die Psychophysik sollte gesetzmäßige Beziehungen zwischen dem zeitlich-räumlichen Geschehen und dessen Verarbeitung in der bewußten seelischen Leistung erfassen. Als unmittelbares Anwendungsfeld solcher Erkenntnisse betrachtete Wirth die Psychotechnik, zu

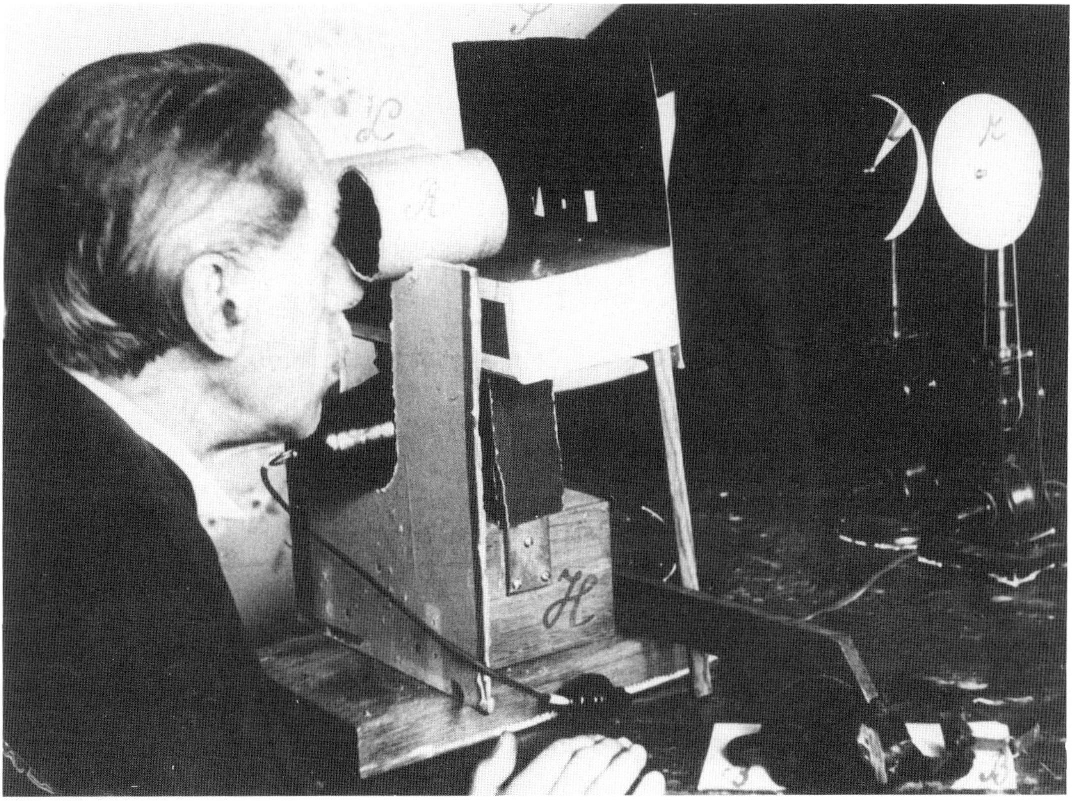

Abb. 4: Wilhelm Wirth beim Experimentieren mit einem stereoskopischen Apparat (Eigenbau) im Psychophysischen Seminar, März 1943.

deren Vertretern er während des Ersten Weltkrieges Kontakt aufnahm. Mit fortschreitendem Erfolg experimentalpsychologischer Analysen sah Wirth die Rolle der Selbstbeobachtung auf die „innere Willenstätigkeit" zur Auslösung eines verabredeten Bewußtseinszustandes begrenzt.

Als Wundt 1912 das Institut neu untergliedern wollte, kam es zu Kompetenzstreitigkeiten. Beide Gelehrten wandten sich mit Beschwerden und Rechtfertigungen an die übergeordneten Behörden. Am 10.04.1912 legte die Fakultät schriftlich die erfolgte Einigung fest. Danach verpflichtete sich Wirth, die Stellung des Abteilungsvorstandes für Psychophysik zu übernehmen und sich der Einmischung in die Leitung der vier übrigen Abteilungen zu enthalten (*Personalakte W. Wirth*). Hier kamen sicher erstmals jene Divergenzen zum Ausbruch, welche die spätere Zweiteilung des Institutes mitbedingten. Einige Mitarbeiter Wundts verwiesen darauf, daß Wundt der experimentellen Psychologie auf diese Weise einen Sonderstatus verleihen wollte, um deren Vereinzelung zugunsten eines einheitlichen philosophischen Fundamentes überwinden zu können (Fritsche, 1976). Wirth selbst argumentierte öffentlich (1920), Wundt habe nur konsequent seine geisteswissenschaftlichen Intentionen verfolgt und sich von der Psychophysik aufgrund mangelnder körperlicher Leistungsfähigkeit zurückziehen müssen. Ob die Einrichtung des Psychophysischen Seminars auf gegenseitigem Einverständnis aller Parteien beruhte oder eine Abfindung Wirths deutete, bleibt noch offen.

Dem neuen Seminar wurden einige Räume im Dachgeschoß des Paulinums sowie das Nutzungsrecht für den Übungssaal und einige Lehr- und Bibliotheksräume des Instituts zugesprochen. Ihm wurde ein jährlicher Etat von 600 Mark bewilligt, Wirths Gehalt auf 4.800 Mark heraufgesetzt. Krueger und Wirth stimmten die Übernahme von Geräten des Psychologischen Instituts durch das Seminar ab (Protokoll vom 27.7.1917, *Akte „Psychophysisches Seminar" des Sächsischen Staatsarchivs Dresden*). Außerdem standen Hilfsassistentengelder zur Verfügung. Zu den Arbeitsgebieten des Seminars zählten die psychophysischen Maßmethoden, die Psychophysik der Zeitwahrnehmung, die Willkürreaktionen sowie Apperzeption und Bewußtseinsumfang – Themen, die sich in Wirths Vorlesungsankündigungen wiederfanden. 1922 wurde dem Seminar zur freien Verfügung des Direktors eine Stiftung des Industriellen Horst Pfotenhauer aus Wittgensdorf in Höhe von 500.000 Mark zuteil, die eine großzügige Apparateanschaffung ermöglichte. Ein Jahr später folgte eine Stiftung der Firma Zimmermann (Leipzig-Stötteritz), die wissenschaftliche Geräte aus eigener Produktion im Werte von 250.000 Mark und 6.000 Mark Bargeld zur Verfügung stellte. 1933 bezog das Seminar neue Räume in der Schillerstraße 7, die es endgültig vom Kruegerschen Institut trennten.

Neben laufenden Praktika gab das Seminar zu drei bis sechs selbständigen experimentellen oder statistischen Untersuchungen Gelegenheit. Die von Wirth zwischen 18 bis 20 angegebenen Mitglieder pro Semester hatten Beiträge und Laborantengebühren zu entrichten. Am 14.12.1925 berichtete Wirth an das Ministerium für Volksbildung: „Da ich freilich nicht nur aus Pflicht, sondern aus Anlage und Neigung mich auf dieses Spezialgebiet und die experimentelle Psychologie überhaupt verlegte und eine langjährige Übung im Laboratoriumsdienst besitze, so würde ich auch nach Errichtung einer Assistentenstelle (der nicht stattgegeben wurde – C. S.) die experimentelle Hauptarbeit im Seminar neben der mehr theoretischen selbst zu leisten bestrebt sein" (*Personalakte W. Wirth*). Mit Hilfe hochmotivierter Doktoranden, deren Zahl anläßlich des 25jährigen Bestehens mit über fünfzig eingeschätzt wurde, versuchte Wirth sein von Fechner ausgehendes Verständnis der Psychophysik in die Tat umzusetzen. Er definierte 1938: „Das gesamte Wissen von quantitativ faßbaren Gesetzmäßigkeiten seelischer Leistungen gegenüber der Außen-

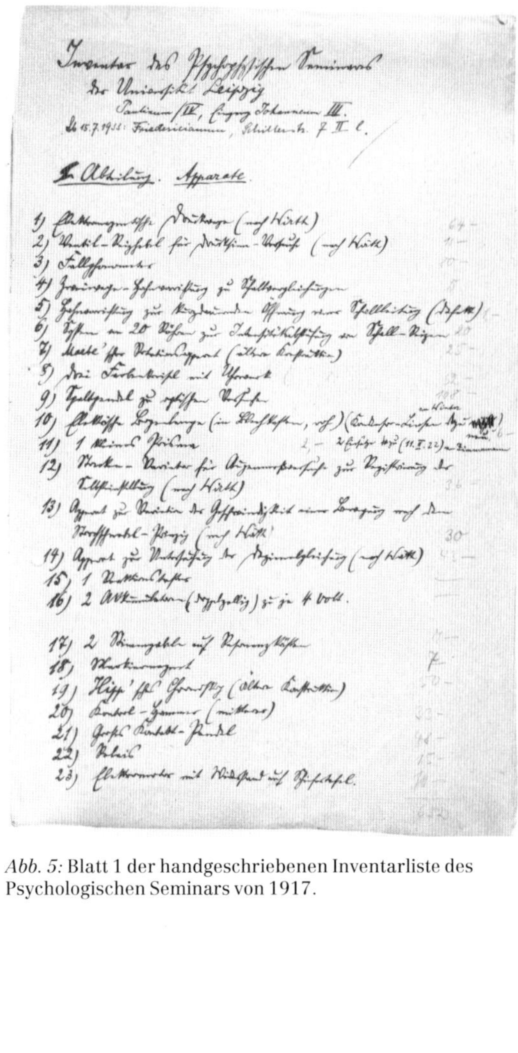

Abb. 5: Blatt 1 der handgeschriebenen Inventarliste des Psychologischen Seminars von 1917.

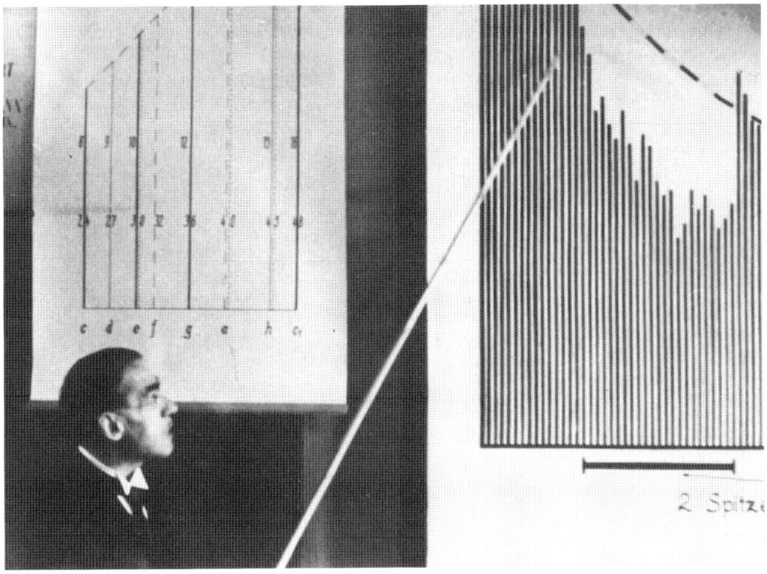

Abb. 6: Wilhelm Wirth während des Festvortrages zum 25jährigen Jubiläum des Psychophysischen Seminars am 9.12.1942 zum Thema „Entstehung und Aufgaben der exakten Psychophysik".

welt kann als Psychophysik im engeren Sinne bezeichnet werden" (S. 46). Damit kam er Fechners „äußerer Psychophysik" nahe. Die experimentalpsychologische Forschung sollte diejenigen Bedingungen erfassen, welche die Genauigkeit einer psychophysischen Leistung bestimmen. Als zentraler Untersuchungsgegenstand kristallisierte sich ab 1926 die Genauigkeit der Koordination zwischen optischer Wahrnehmung und subjektiver Bewegung heraus, wie sie insbesondere für das Zielen und Schießen erforderlich ist. Wirth bearbeitete ihn, angeregt von einem Besuch Emil Kraepelins (1856–1926), der die Treffsicherheit unter Alkohol untersucht hatte, systematisch und mit großem persönlichen Interesse, das seiner Militärzeit entsprang. Im Gefolge der variantenreichen Untersuchungen entwickelte Wirth ab 1935 im Auftrag der Wehrmacht (z.B. des Heereswaffenamtes) Apparate zur Einübung des Zielens und Schießens ohne Munitionsverbrauch, mit denen er die zeitgemäße praktische Relevanz der Psychophysik direkt zu demonstrieren hoffte (BA Koblenz R 73/15752). Vom Wintersemester 1935/36 bis zum Wintersemester 1941/42 bot er den Studenten Übungen zur Psychophysik des Zielens und Schießens an.

Trotz seiner Mitgliedschaft in der NSDAP fühlte sich Wirth auch während der Zeit des Nationalsozialismus nicht veranlaßt, seine Zurückhaltung in politischen Fragen aufzugeben. Im Dezember 1938 kündigte er jedoch seine auf das Jahr 1926 zurückgehende Tätigkeit als Mitherausgeber der „Psychological Abstracts" aus politischen Gründen auf, nachdem diese Zeitschrift einen Protest gegen die faschistische Regierung veröffentlicht hatte (Brief Wirths vom 20.12.1938, *Personalakte W. Wirth*). Nach dem Krieg stellten die amerikanischen Kollegen den Kontakt zu Wirth wieder her (Wissenschaftliche Veröffentlichungen W. Wirth, zusammengestellt von A. Wirth 1976). 1938 erfolgte die Aufnahme Wirths in die Akademie der Naturforscher zu Halle (Leopoldina), die von dem Vorsitzenden der Deutschen Gesellschaft für Psychologie Erich R. Jaensch (1883–1940) beantragt und ausdrücklich mit Wirths wehrwissenschaftlichen Untersuchungen begründet wurde (Fritsche, 1976). Am 9.12.1942 fand eine offizielle Gedenkfeier der Universität zum 25jährigen Bestehen des Seminars statt. Wirth trat dort mit dem unveröffentlichten Vortrag „Entstehung und Aufgabe der exakten Psychophysik" vor zahlreichen Gästen auf. Ein Jahr später wurde das Seminar ebenso wie die Privatwohnung Wirths bei einem Luftangriff total zerstört. Der 68jährige Wirth stellte den Antrag auf Emeritierung und siedelte, gesundheitlich gezeichnet, mit seiner Familie nach Amberg (Bayern) über.

Eine schon kurz nach Kriegsende von der Philosophischen Fakultät beabsichtigte Wiedereröffnung des Seminars kam niemals zustande.

Literatur

Akte des Psychophysischen Seminars (1917–1942) des Sächsischen Staatsarchivs Dresden, Ministerium für Volksbildung, Nr. 10230/28.

Bundesarchiv Koblenz, Akte R73/15752.

Fritsche, C. (1976). Zur Geschichte des Leipziger Psychologischen Instituts – Wilhelm Wirth. Unveröff. Vordiplomarbeit. Leipzig.

Personalakte Wilhelm Wirth des Archivs der Universität Leipzig PA 100.

Personalakte Wilhelm Wirth (1906–1944) des Sächsischen Staatsarchivs Dresden, Ministerium für Volksbildung, Nr. 10281/314.

Wirth, W. (1908). Die experimentelle Analyse der Bewußtseinsphänomene. Braunschweig: Vieweg & Sohn.

Wirth, W. (1912). Psychophysik: Darstellung der Methoden der experimentellen Psychologie. In R. Rigerstedt (Hg.), Handbuch der physiologischen Methodik. Leipzig: Hirzel.

Wirth, W. (1920). Unserem großen Lehrer Wilhelm Wundt in unauslöschlicher Dankbarkeit zum Gedächtnis (mit zwei Bildtafeln). Archiv für die gesamte Psychologie 40, I–XVI.

Wirth, W. (1931). Wie ich zur Philosophie kam. Eine entwicklungspsychologische Studie. Archiv für die gesamte Psychologie 80, 452–510.

Wirth, W. (1936). Autobiographischer Beitrag zu „A History of Psychology in Autobiography". In: C. Murichson (Ed.), The International University Series in Psychology, Vol.. III, S. 283–327. Worcester: Clark University Press.

Wirth, W. (1938). Die Bedingungen der Genauigkeit psychophysischer Leistungen. Vortrag bei der Kaiserlichen Akademie der Naturforscher in Halle a. S. am 20.05.1938. In: E. Abderhalden (Hrsg.), Nova acta Leopoldina. NF Bd. 6, Nr. 35, S. 41–80.

Wissenschaftliche Veröffentlichungen und Vorträge W. Wirths (1976). Zusammengestellt von A. Wirth. Archiv für die Geschichte von Oberfranken 56, S. 419–430.

Die Bilder wurden freundlicherweise von Dr. Artur Wirth (Ansbach) zur Verfügung gestellt.

Hermann Ebbinghaus – ein Pionier der experimentellen Psychologie

Hans Jürgen Lander

Hermann Ebbinghaus wurde am 24. Januar 1850 als Sohn eines Kaufmanns in Barmen geboren, wo er auch das städtische Gymnasium besuchte. Seit 1867 studierte er abwechselnd in Bonn, Halle und Berlin und dann seit 1871 wiederum in Bonn, zunächst mehr der Philologie zugewandt, dann aber allmählich zur Philosophie übergehend. Die Promotion zum Dr. phil. erfolgte 1873 mit einer Arbeit *Über die Hartmannsche Philosophie des Unbewußten*, die „summa cum laude" bewertet wurde. Die nun folgende Zeit von 1873 bis 1879 ist noch weitgehend unaufgeklärt. Etwa bis 1875 widmet er sich in Berlin dem Studium der Mathematik und Naturwissenschaften. In diesen Zeitraum entfallen auch Studienreisen nach Frankreich und nach England. Seine Hauptbeschäftigung besteht indes in Privatunterricht in englischer und französischer Sprache; zuletzt ist er in Berlin als Hauslehrer beim Prinzen Waldemar von Preußen tätig. Diese „vorakademischen" Jahre werden beendet durch den plötzlichen Tod des Prinzen im März 1879.

Das folgende Jahr verbringt er mit aufwendigen Selbstversuchen an sinnfreiem Silbenmaterial, deren Resultate er am 23.4.1880 als Habilitationsschrift an der Philosophischen Fakultät der Berliner Friedrich-Wilhelm-Universität einreicht. Es ist bisher nicht bekannt, was Ebbinghaus zu diesem Schritt veranlaßt hat und welche wissenschaftlichen Vorbilder diesen Untersuchungen zugrundegelegen haben. Diese Arbeit existierte nur in Form eines handschriftlichen Manuskripts und ist erstmalig 1983 als Urmanuskript *Über das Gedächtnis* vom Institut für Geschichte der Neueren Psychologie der Universität Passau herausgegeben worden. Gutachter waren der Philosoph Eduard Zeller und der Physiker Hermann von Helmholtz.

Abb. 1: Hermann Ebbinghaus als Seconde-Lieutenant der Reserve im Alter von 24 Jahren.

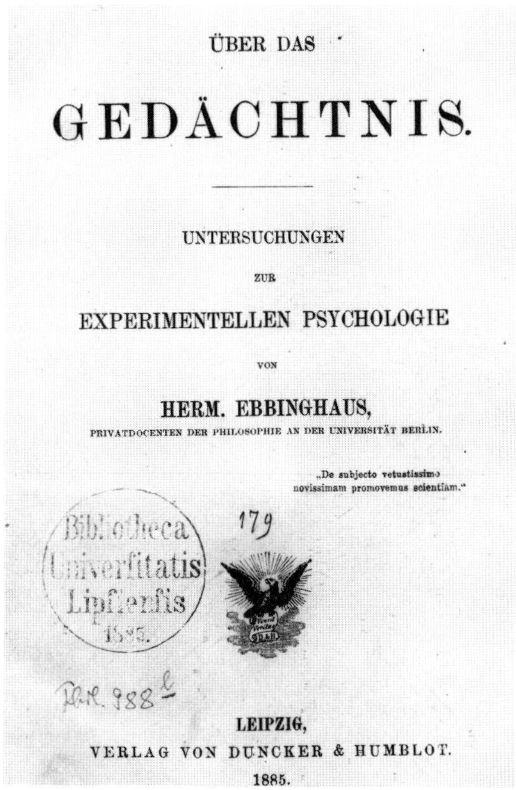

ÜBER DAS

GEDÄCHTNIS.

UNTERSUCHUNGEN

ZUR

EXPERIMENTELLEN PSYCHOLOGIE

VON

HERM. EBBINGHAUS,

PRIVATDOCENTEN DER PHILOSOPHIE AN DER UNIVERSITÄT BERLIN.

„De subjecto vetustissimo novissimam promovemus scientiam."

LEIPZIG,

VERLAG VON DUNCKER & HUMBLOT.

1885.

Abb. 2: Titelseite zu der Monographie „Über das Gedächtnis" von 1885.

Mit dem 25. Oktober 1880 beginnt für Hermann Ebbinghaus der Weg einer sehr wechselvollen akademischen Laufbahn; zunächst als Privatdozent für Philosophie an der Berliner Universität und ab Juni 1886 auf Vorschlag von Zeller und Dilthey (1833–1911) als a.o. Professor für Philosophie an der gleichen Einrichtung. Die folgenden 14 Berliner Jahre gestalten sich für ihn zu einer wissenschaftlich äußerst fruchtbaren und ergebnisreichen Zeit. In diese Periode entfällt auch die Veröffentlichung der Monographie *Über das Gedächtnis – Untersuchungen zur experimentellen Psychologie* von 1885 (s. Abb. 2), eine Schrift, die Hermann Ebbinghaus als einen Begründer der experimentellen Psychologie über das Gebiet der Sinnesempfindungen und über alle Grenzen hinaus bekannt machen sollte. Es handelt sich hierbei um eine über seine Habilitationsschrift (Urmanuskript) weit hinausgehende Darstellung wissenschaftlicher Befunde und deren Interpretation. Die Anregungen dazu mögen wohl durch das Habil-Gutachten von Zeller zustandegekommen sein, welches ihn veranlaßte, die Untersuchungen in den Jahren 1883/85 erneut aufzunehmen und teilweise zu modifizieren. Das, was diese Arbeit aber insbesondere auszeichnet, ist ihr programmatischer Gehalt, der die eigentliche wissenschaftstheoretische Begründung für die von ihm inaugurierte experimentelle Psychologie liefert. Die viel zitierte *Vergessenskurve* wird der eigentlichen Leistung, die Ebbinghaus mit seinen Untersuchungen von 1885 für die Entwicklung der Psychologie vollzog, in keiner Weise gerecht. Sie ist nur ein Teil eines breit angelegten experimentellen Designs, das Ebbinghaus zum Nachweis der Assoziationsgesetze entwickelt hatte und mit dem er zeigen wollte, wie „Experiment und Messung" auch auf das Gebiet komplexer Bewußtseinsvorgänge übertragbar und anwendbar sind.

In die Berliner Jahre entfällt auch die Gründung der ersten deutschsprachigen *Zeitschrift für Psychologie und Physiologie der Sinnesorgane* (s. Abb. 3), die er zusammen mit dem Physiologen Arthur König (1856–1901) seit 1890 herausgab und die der naturwissenschaftlichen Orientierung der Psychologie zum Durchbruch verhelfen sollte.

1894 nimmt Ebbinghaus eine Berufung als ordentlicher Professor für Philosophie an der Universität Breslau an, an der er neun Jahre verbleibt. Der Gründe für diesen Wechsel gibt es viele. Ausschlaggebend dafür mögen u.a. zwei gewesen sein; zum einen die Berufung von Carl Stumpf (1848–1936) auf einen neu eingerichteten dritten Lehrstuhl für Philosophie an der Berliner Universität, zum anderen die vor allem durch Dilthey betriebene Eindämmung einer sich immer stärker durchsetzenden naturwissenschaftlich orientierten Psychologie. 1894 erscheint dann auch die Programmschrift *Ideen über eine beschreibende und zergliedernde Psychologie*, in der Dilthey ein Plädoyer für die verstehende Psychologie verfaßt. Die Schrift wird von Ebbinghaus (1896) erwidert und die Position einer *erklärenden* Psychologie noch einmal antithetisch deutlich gemacht. Dieser Dissens mit Dilthey ist psychologiegeschichtlich insofern von entscheidender Bedeutung, als es durch ihn zu einer endgültigen und bis heute anhaltenden Spaltung im Gegenstandsverständnis der Psychologie kommt. In die Breslauer Jahre fällt auch die Entwicklung eines ersten Intelligenztests, später als *Ebbinghaussche Lückenprobe* bezeichnet, sowie der Beginn der Arbeiten an den zweibändigen *Grundzügen der Psychologie*, die sich zu einem profunden Lehrbuch der Allgemeinen Psychologie entwickeln sollten.

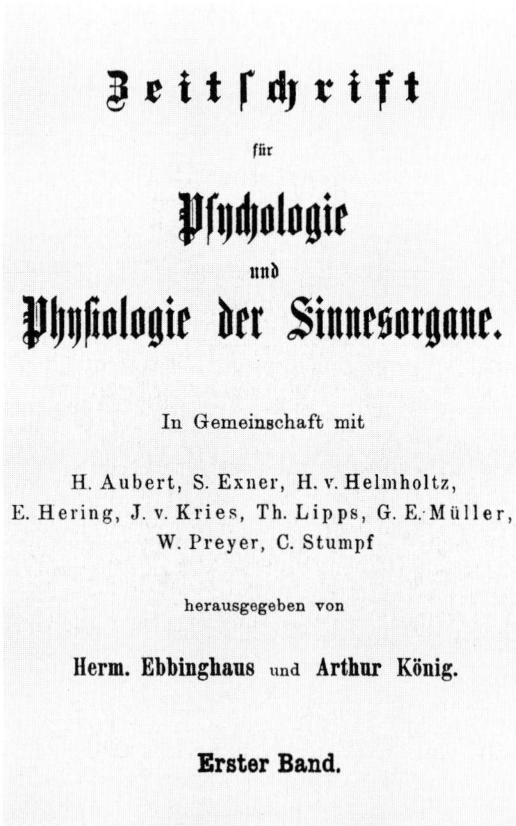
Zeitschrift

für

Psychologie

und

Physiologie der Sinnesorgane.

In Gemeinschaft mit

H. Aubert, S. Exner, H. v. Helmholtz,
E. Hering, J. v. Kries, Th. Lipps, G. E. Müller,
W. Preyer, C. Stumpf

herausgegeben von

Herm. Ebbinghaus und Arthur König.

Erster Band.

Abb. 3: Titelseite des 1. Bandes der Zeitschrift für Psychologie und Physiologie der Sinnesorgane von 1890.

1905 nimmt Ebbinghaus erneut eine Berufung zum ordentlichen Professor für Philosophie an die Universität Halle an. Die Gründe auch für diesen Wechsel sind bisher nicht aufgeklärt. In den ihm nun noch verbleibenden vier Jahren arbeitet Hermann Ebbinghaus intensiv weiter an der Vollendung seiner „Grundzüge" und verfaßt einen kurzgefaßten *Abriß der Psychologie* (1908), dessen geschichtliche Einleitung noch einmal

Abb. 4: Hermann Ebbinghaus, etwa im Alter von 57 Jahren.

und in sehr prägnanter Form die Grundideen des für Ebbinghaus maßgebenden Psychologiekonzepts verdeutlicht und der seine letzte grundlegende Arbeit auf dem Gebiet einer naturwissenschaftlich-orientierten Psychologie sein sollte. Am 26. Februar 1909 wird Ebbinghaus im Alter von nur 59 Jahren von einer Lungenentzündung dahingerafft. Seine Grabstätte befindet sich auf dem St.-Laurentius-Friedhof in Halle. Sein unmittelbarer Nachfolger war kein Geringerer als der Wundt-Schüler Ernst Meumann (1862–1915), der das Institut allerdings nur für ein Jahr leitet und dann über Leipzig nach Hamburg geht.

Literatur

Dilthey, W. (1894). Ideen über eine beschreibende und zergliedernde Psychologie. In: Sitzungsberichte der Königlich-Preußischen-Akademie der Wissenschaften zu Berlin. 2. Halbband. Berlin.

Ebbinghaus, H. (1885). Über das Gedächtnis. Leipzig: Duncker & Humblot.

Ebbinghaus, H. (1896). Über erklärende und beschreibende Psychologie. Zeitschrift für Psychologie, 9, 161–205.

Ebbinghaus, H. (1897). Über eine neue Methode zur Prüfung geistiger Fähigkeiten und ihre Anwendung bei Schulkindern. Zeitschrift für Psychologie, 13, 401–459.

Ebbinghaus, H. (1897 ff.) Grundzüge der Psychologie, Bd. I. Leipzig: Feit & Co. 1897 und 1902; Bd. II, Leipzig: Feit & Co. 1908 und 1913 (besorgt von Ernst Dürr, Universität Bern).

Ebbinghaus, H. (1908). Abriß der Psychologie. Leipzig: Feit & Co.

Ebbinghaus, H. (1983). Urmanuskript „Über das Gedächtnis" 1880. Hrsg. v. W. Traxel, Passauer Schriften zur Psychologiegeschichte Nr. 1. Passau: Passavia.

Jaensch, E. (1908). Hermann Ebbinghaus. Zeitschrift für Psychologie 51, 1–8.

Klix, F. (1979). Hermann Ebbinghaus, Ursprünge und Anfang psychologischer Forschungen an der Berliner Universität. In G. Eckardt. (Hg.), Zur Geschichte der Psychologie. Berlin: Verlag der Wissenschaften.

Lander, H. J. (1985). Hermann Ebbinghaus, ein problematischer Beitrag zur Entwicklung der Gedächtnispsychologie. Zeitschrift für Psychologie 193, 9–25.

Mühle, G.W. (1959). Ebbinghaus. In: Neue Deutsche Biographie. Hrsg.v. d. Historischen Kommission bei der Bayerischen Akademie der Wissenschaften, 4. Bd., Berlin.

Shakow, H. (1930). Hermann Ebbinghaus. American Journal of Psychology 17, (4), 505–518.

Sprung, L.& Sprung, H. (1985). Zur Geschichte der Psychologie an der Berliner Universität (1850–1922). Psychologie für die Praxis 1, 5–21.

Sprung, L.& Sprung, H. (1985). Hermann Ebbinghaus zum Gedenken – Leben, Werk und Wirken für eine wissenschaftliche Psychologie. Zeitschrift für Psychologie 193, 2–7.

Sprung, L. & Sprung, H. (1985). Hermann Ebbinghaus (1880–1909), Marginalien zu einem Zentenarium. Zeitschrift für Psychologie 193, 313–323.

Traxel, W. (Hg.) (1986). Ebbinghaus-Studien 1. (Passauer Schriften zur Psychologiegeschichte Nr. 4). Passau: Passavia.

Traxel, W. (Hg.) (1986). Ebbinghaus-Studien 2. (Passauer Schriften zur Psychologiegeschichte) Nr. 5. Passau: Passavia.

Die Würzburger Schule

Wolfgang Mack

Mit „Würzburger Schule“ wird meist eine Gruppe von Forschern und Arbeiten aus dem Kreis um Oswald Külpe (1862–1915) bezeichnet, die im ersten Jahrzehnt des 20. Jahrhunderts die experimentelle Erforschung „höherer geistiger Funktionen“ mitbegründeten. Die Würzburger untersuchten Denk- und Willensprozesse im psychologischen Labor. Somit reihen sie sich in die Ahnengalerie der heutigen Kognitions- und Motivationspsychologie ein.

Die bedeutendsten Vertreter

1894 übernahm Oswald Külpe eine Professur in Würzburg. 1896 gründete er dort ein psychologisches Labor, das nicht nur zu den ältesten, sondern auch zu den bedeutsamsten gehört. Zu den Mitarbeitern Külpes gehörten folgende Personen: Narziß Ach (1871–1946), Karl Bühler (1879–1963), Karl Marbe (1869–1953), August Mayer (1874–1951), August Messer (1867–1937), Johannes Orth (1872–1949), Otto Selz (1881–1943), Henry J. Watt (1879–1925). Seltener werden auch noch Johannes Lindworsky, Adolf Grünbaum, Ernst Dürr, Charles Taylor und Friedrich Schulze genannt.

Mehrere Psychologen, die später sehr bekannt wurden, promovierten bei Külpe oder arbeiteten mit ihm in Würzburg zusammen: Max Wertheimer, Kurt Koffka, Richard Pauli, Albert Michotte und Charles Spearman.

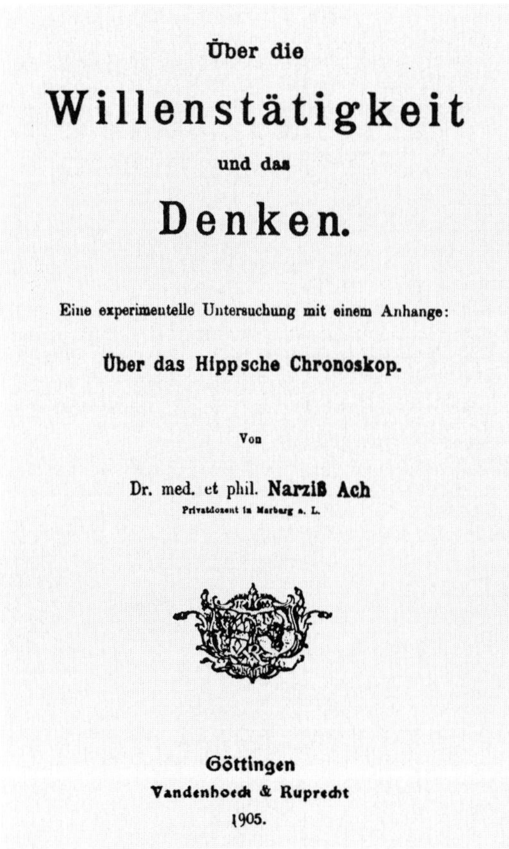

Über die

Willenstätigkeit

und das

Denken.

Eine experimentelle Untersuchung mit einem Anhange:

Über das Hippsche Chronoskop.

Von

Dr. med. et phil. Narziß Ach

Privatdozent in Marburg a. L.

Göttingen

Vandenhoeck & Ruprecht

1905.

Abb. 1: Deckblatt der Schrift von Narziß Ach (1905).

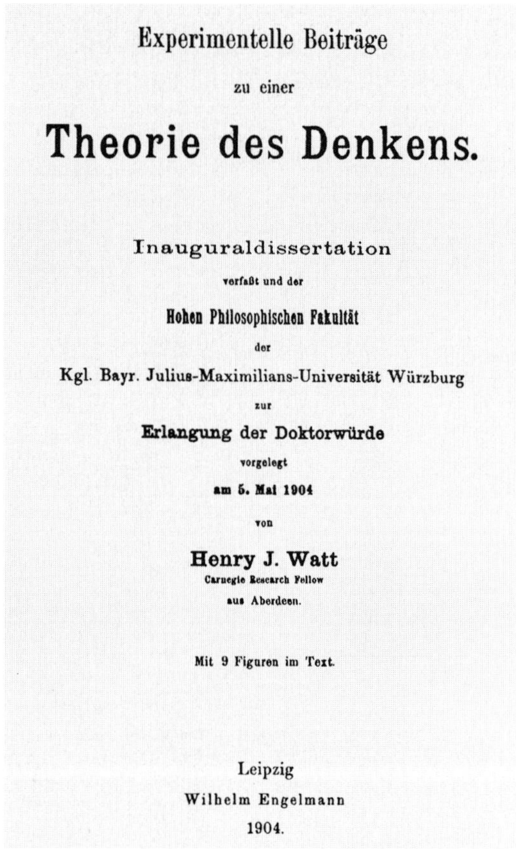

Experimentelle Beiträge

zu einer

Theorie des Denkens.

Inauguraldissertation

verfaßt und der

Hohen Philosophischen Fakultät

der

Kgl. Bayr. Julius-Maximilians-Universität Würzburg

zur

Erlangung der Doktorwürde

vorgelegt

am 5. Mai 1904

von

Henry J. Watt

Carnegie Research Fellow

aus Aberdeen.

Mit 9 Figuren im Text.

Leipzig

Wilhelm Engelmann

1904.

Abb. 2: Titelseite der Dissertation von H.J. Watt (1904).

Die wichtigsten Arbeiten der Würzburger Schule fallen in die Zeit von 1901 bis 1908. 1909 übernahm Külpe eine Professur in Bonn, wohin ihm Bühler als Assistent folgte. Dort führte auch Otto Selz seine Forschungen durch.

Die Untersuchungsmethode der Würzburger

Die zentrale Methode war die systematische experimentelle Selbstbeobachtung. Sie bestand darin, trainierte Versuchspersonen (meist Professoren) im Anschluß an bestimmte Aufgaben möglichst vollständig berichten zu lassen, was sie während des Versuchs erlebt hatten. Das Ergebnis war ein Erlebnisprotokoll. (Meist wurde auch die Zeit zwischen Reiz und Reaktion gemessen, aber selten psychologisch interpretiert.)

Die wichtigsten Arbeiten und ihre Ergebnisse

Im folgenden sollen die wichtigsten Ergebnisse grob zusammengefaßt werden. (Im übrigen sei auf die nach wie vor ausgezeichnete Gesamtdarstellung der Würzburger Schule bei Humphrey, 1951, verwiesen.)

Die Methoden, auf denen diese Ergebnisse beruhen, waren Assoziationstechniken (freie und gebundene Assoziation – z.B. Nennen von Oberbegriffen – mit verbalem und nicht-verbalem Material), (Wahl)-Reaktionszeitexperimente, Aufgaben aus der Psychophysik (z.B. Beurteilen von Gewichten) sowie Denk- und Lernaufgaben.

Mayer und Orth (1901) klassifizierten Assoziationen nicht nur logisch, sondern „auch" psychologisch. Dabei stießen sie auf Erlebnisse, die sich nicht in das übliche psychologische Klassifikationsschema einordnen ließen und das frei von sensorisch-imaginalen Komponenten war. Diese Erlebnisse bezeichneten sie als *Bewußtseinslage* (cf. James' „feeling of thought", „feeling of tendency"). Marbe (1901) bestätigte die Existenz der „Bewußtseinslage"; insbesondere fand er, daß erstens Urteilen nicht notwendig mit bildhaftem Vorstellen einhergeht und daß sich zweitens logische Urteile nicht auf psychologische reduzieren lassen. Külpe (1904) demonstrierte die selektive Funktion der Aufgabe für die auszuführende Reaktion. Das Achten auf aufgabenrelevante Reize bezeichnete er als *positive Abstraktion*, das

Allgemeines Untersuchungsschema der Würzburger

Kontrollierte Selbstbeobachtung		Selbstbeobachtungsprotokoll		
Phase der Aufgabenbearbeitung	Vorbereitung auf die Aufgabe	Stellung der Aufgabe	(Nachdenken über die Aufgabe)	Lösen der Aufgabe (Reaktion)
Mechanismus:				
Einstellung auf die Aufgabe		„Determinierende Tendenz"	unbewußte Erleichterung der Lösung durch Einstellung	

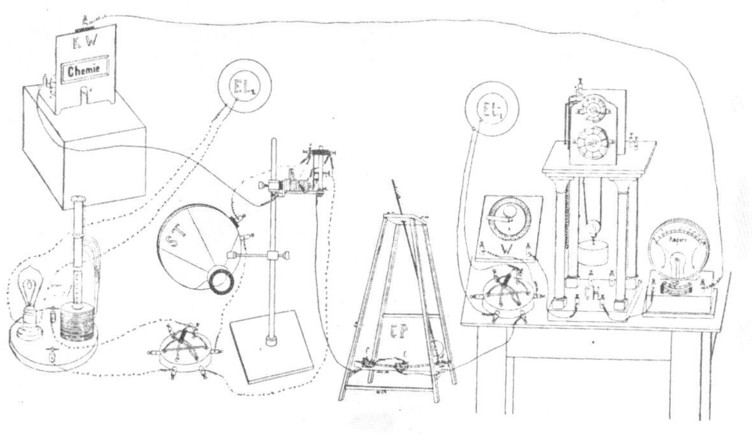

Abb. 3: Der Versuchsaufbau von H. J. Watt.

Absehen von irrelevanten als *negative Abstraktion.* Watt (1904) und Ach (1905) stellten die Aufgabe als *Motiv*, als *determinierende Tendenz* neben reproduktive Tendenzen (Assoziationen) und wiesen die assoziationistische Denktheorie zurück. Sie zeigten, daß die Aufgabe als *Einstellung*, als abstraktive *Zielvorstellung* wirkt und daß sich ihr entsprechend Vorstellungen, Reaktionszeiten und Denkverläufe ändern. Messer (1906) setzte „Bewußtseinslage" mit *Gedanken* gleich, unterschied formulierte von unformulierten Gedanken und konstatierte, daß Gedanken meist unbewußt seien. Bühler (1907/ 1908a) bezeichnete *Gedanken* als die nicht weiter analysierbaren Einheiten des Denkens, die weitgehend unabhängig von Worten und Vorstellungsbildern seien. Die Erinnerung der Gedanken und das Verstehen von Aphorismen sei nicht nach dem Kontiguitätsprinzip zu erklären, sondern mit Regel- und Beziehungswissen. Das typische Erlebensmerkmal des Verstehens sei das *„Aha-Erlebnis"*. Drei Momente kennzeichneten den Gedanken: das *Regelbewußtsein*, das *Beziehungsbewußtsein* und die *Intentionen*. Die Würzburger hatten zwar den Assoziationismus widerlegt, aber eine nichtassoziationistische Denktheorie stand noch aus. Es war die bedeutende Leistung von Selz (1913/22), eine komplette nichtassoziationistische Denktheorie aufzustellen. Mit Selz und Bühler bahnte sich eine dynamische Betrachtung des Denkens im Rahmen des Problemlösens an. Denken sieht Selz als Kontinuum von reproduktiven und produktiven *intellektuellen Operationen* an, Wissen als eine mehr oder weniger vollständige Struktur (*„Wissenskomplex"*). Das Problem faßt er als unvollständige Wissensstruktur auf, deren Leerstellen *(Blankette)* durch determinierte *Mittelabstraktion* ergänzt werden. Zusammen mit seiner Konzeption der *Gesamtaufgabe* als *schematische Antizipation eines Zielbewußtseins*, nahm er damit das Konzept des Problemraumes, die Mittel-Ziel-Analyse und die Grundstruktur von Produktionssystemen vorweg.

Abb. 5: Portrait Karl Marbe nach einem Ölgemälde seiner Frau Milly Marbe-Fries aus dem Jahr 1909.

Abb. 4: Portrait August Messer

Zusammenfassende Bewertung der „Würzburger Schule"

Die Würzburger brachten die experimentelle Denk- und Willenspsychologie auf den Weg. Auch wenn ihre Methodik, insbesondere die Selbstbeobachtung, aus heutiger Sicht unvollkommen war, zeigten sie, daß auch „höhere geistige Funktionen" experimentell untersuchbar sind. Die eher polemisch geführte Kontroverse zwischen Bühler und Wundt zur Methodik der Denkuntersuchungen (Wundt, 1907; Bühler, 1908b), vor allem über die Rolle der Introspektion, ist immer noch aktuell, was neuere Diskussionen über den methodischen und epistemologischen Status der Introspektion zeigen (z.B. Ericsson & Crutcher, 1991). Dennoch kann man Bühlers Ansicht zustimmen, daß die Selbstbeobachtung denselben Status hat wie jede „normale" Beobachtung, da beide der Interpretation bedürfen (Bühler, 1907). Möglicherweise liegt die eigentliche Bedeutung der Würzburger Schule für die Psychologiegeschichte gar nicht so sehr in den experimentellen Arbeiten als vielmehr darin, phänomenologischen Richtungen Eingang in die wissenschaftliche Psychologie verschafft zu haben (zum Wiederaufleben phänomenologischer Problemstellungen in der Kognitiven Psychologie cf. z.B. Reusser, 1983). Der Würzburger Schule wird man nicht gerecht, wenn die philosophischen Wurzeln unberücksichtigt bleiben. Hier wären die Einflüsse Husserls und Brentanos zu nennen, was sich in der Terminologie der „Husserlianer" Messer und Bühler zeigt. Lindenfeld (1978) und Hammer (1990) zeigten, daß Külpes philosophische Orientierung eine wesentliche Quelle seiner psychologischen Arbeiten war. Das Gesamtwerk der bedeutendsten Vertreter der Würzburger Schule, Külpe, Bühler und Selz, macht deutlich, daß sie sich stets als philosophische Psychologen verstanden. Erst durch diese Tatsache erhält die Auffassung, daß die Würzburger Schule wesentlich zur Überwindung der sensualistischen, elementaristischen und assoziationistischen Psychologie beigetragen hat, ihre vollständige psychologie- und ideengeschichtliche Rechtfertigung.

Literatur

Ach, N. (1905). Über die Willenstätigkeit und das Denken. Göttingen.

Bühler, K. (1907). Tatsachen und Probleme zu einer Psychologie der Denkvorgänge. I. Über Gedanken. Archiv für die gesamte Psychologie, 9, 297–365.

Bühler, K. (1908a). Tatsachen und Probleme zu einer Psychologie der Denkvorgänge. II. Über Gedankenzusammenhänge. III. Gedankenerinnerungen. Archiv für die gesamte Psychologie, 12, 1–23; 24–92.

Bühler, K. (1908b). Antwort auf die von W. Wundt erhobenen Einwände gegen die Methode der Selbstbeobachtung an experimentell erzeugten Erlebnissen. Archiv für die gesamte Psychologie, 12, 93–122.

Ericsson, K.A. & Crutcher, R.J. (1991). Introspection and verbal reports on cognitive processes – Two approaches to the study of thinking: A response to Howe. New Ideas in Psychology, 9, 57–71.

Hammer, S. (1990). Denkpsychologie – Kritischer Realismus. Eine wissenschaftshistorische Studie zum Werk Oswald Külpes (1862–1915) unter Beachtung wissenschaftstheoretischer Aspekte. Dissertation, Martin-Luther-Universität Halle-Wittenberg.

Humphrey, G. (1951). Thinking. London: Methuen.

Külpe, O. (1904). Versuche über Abstraktion. In Bericht über den I. Kongreß für experimentelle Psychologie in Gießen 1904. Leipzig.

Lindenfeld, D. (1978). Oswald Külpe and the Würzburg School. Journal of the History of the Behavioral Sciences, 14, 132–141.

Marbe, K. (1901). Experimentell-psychologische Untersuchungen über das Urteil. Leipzig.

Mayer, A. & Orth, J. (1901). Zur qualitativen Untersuchung der Assoziationen. Zeitschrift für Psychologie, 26, 1–13.

Messer, A. (1906). Experimentell-psychologische Untersuchungen über das Denken. Archiv für die gesamte Psychologie, 8, 1–224.

Reusser, K. (1983). Die kognitive Wende in der Psychologie: Eine Annäherung an phänomenologische und geisteswissenschaftliche Problemstellungen. In L. Montada, K. Reusser & G. Steiner (Hg.), Kognition und Handeln. Stuttgart: Klett-Cotta.

Selz, O. (1913). Über die Gesetze des geordneten Denkverlaufes. Eine experimentelle Untersuchung. Stuttgart: Speemann.

Selz, O. (1922). Zur Psychologie des produktiven Denkens und des Irrtums. Bonn: Cohen.

Watt, H.J. (1904). Experimentelle Beiträge zu einer Psychologie des Denkens. Leipzig.

Wundt, W. (1907). Über Ausfrageexperimente und über die Methoden zur Psychologie des Denkens. Psychologische Studien, 3, 301–360.

Oswald Külpe

Steffi Hammer

Oswald Külpe wurde am 3. August 1862 in Candau (Kurland) bei Tukkum in Lettland geboren. An der Universität Dorpat erwarb er die Qualifikation eines „Candidaten der Geschichte". Nach Studium der Philosophie in Leipzig, Berlin und Göttingen, nach Promotion (1887) und Habilitation (1888) auf dem Gebiet der Philosophie, zu der damals als integraler Bestandteil die Psychologie gehörte, schlug Külpe die Hochschullaufbahn ein. Die entscheidenden Lehrer für ihn – Wilhelm Wundt (1832–1920) und Georg Elias Müller (1850–1934) – waren ausgesprochene Vertreter der Experimentalpsychologie.

Abb. 1: Portrait Oswald Külpe 1862–1915.

Nach einer mehrjährigen Tätigkeit als Assistent Wilhelm Wundts (1887 bis 1894) und Privatdozent an der Universität Leipzig wurde er, nachdem er dort noch ein halbes Jahr Extraordinarius war, 1894 zum ordentlichen Professor für Philosophie und Ästhetik an die Universität Würzburg berufen. 1905 ging er nach Bonn, 1913 erschloß sich mit der Berufung an die Universität München ein weiteres Arbeitsfeld.

Der zeitlebens unvermählte Külpe erlag am 30. Dezember 1915 einer eitrigen Herzmuskelentzündung und wurde am 2. Januar 1916 auf dem Münchener Waldfriedhof beigesetzt. Das Grab existiert heute nicht mehr.

Als Mitarbeiter Wundts und auch unter seiner eigenen Regie hat er an der Institutionalisierung und Etablierung der experimentellen Psychologie mitgewirkt und in Würzburg, Bonn und München Institute für experimentelle Psychologie gegründet bzw. wesentlich ausgebaut. Im Unterschied zu Wundt wollte er die gesamte Psychologie als experimentelle Wissenschaft betrieben wissen, weshalb er sich ganz ausdrücklich nicht an der Weiterentwicklung von Wundts Völkerpsychologie beteiligte. Das hatte zur Konsequenz, daß er für Teilbereiche der Psychologie, die Wundt der Völkerpsychologie zugewiesen hatte – das gilt vornehmlich für das Denken –, experimentelle Methoden entwickeln mußte.

Als konsequenter Experimentalpsychologe hat er seit seiner Tätigkeit in Würzburg (1894–1909), im Rahmen der später als *Würzburger Schule* bekanntgewordenen Richtung der experimentellen Psychologie, auch in Bonn (ab 1909) und München (1913–1915) eine experimentelle Methodik zur Untersuchung der höheren geistigen Prozesse angeregt bzw. von seinen Schülern, vor allem Karl Marbe, Narziß Ach, August Messer, Henry J. Watt, Karl Bühler und – in Bonn – Otto Selz entwickeln lassen. Der wesentliche Inhalt der damals neuen Methode zur Untersuchung der bewußten Denkprozesse besteht darin, daß einer Versuchsperson von einem Versuchsleiter ein Denkimpuls übermittelt wird, sei es durch ein Reizwort, sei es durch eine Aufgabe. In der Regel stehen Fragen bzw. Aufgaben von erheblichem Schwierigkeitsgrad zur Lösung an. Die Versuchsperson hat die Aufgabe „im Stillen" zu lösen, wobei die Zeit für diese Denktätigkeit gestoppt wird. Anschließend berichtet die Versuchsperson über ihre „Denkerlebnisse" bzw. wird über ihre Selbstbeobachtung beim Denken befragt – weshalb Wundt diese nach seiner Auffassung allen methodischen Regeln hohnsprechenden „Scheinexperimente" mit dem Terminus „Ausfrageexperimente" titulierte. Die Protokolle dieser Aussagen der Versuchspersonen werden dann miteinander verglichen und ausgewertet, wobei sich Gemeinsamkeiten ergeben. (Otto Selz hat sogar Gesetze der Denktätigkeit ableiten können).

Obwohl für Külpe selbst Streben nach Exaktheit typisch war, konnten doch die Denkexperimente der Würzburger Schule bei allen Aufschlüssen, die sie über die Erlebensseite des Denkprozesses erbrachten, den hohen methodischen Exaktheitsanforderungen an das naturwissenschaftliche Experiment nicht Genüge tun. Deshalb lehnten sie Wilhelm Wundt und Georg Elias Müller und andere von Haus aus gelernte Naturwissenschaftler rigoros ab, während nicht wenige Geisteswissenschaftler große Hoffnungen für die psychologische Durchdringung ihrer Fachgebiete in die Würzburger Denkpsychologie setzten. Külpe war als „Candidat der

Geschichte" und Philosoph möglicherweise dazu prädestiniert, einen der ersten, noch unsicheren Schritte zur Kognitionspsychologie hin zu tun.

Wundt, der in seiner Völkerpsychologie höhere geistige Prozesse durch die Analyse von Tätigkeitsprodukten untersuchte, hielt eine Analyse von aktuell ablaufenden Denkprozessen für unmöglich. Die Anwendung der experimentellen Methodik auf diese Prozesse ist der revolutionäre Durchbruch, der Külpe und seinem Schülerkreis trotz Mängel in der Methodik gelang. So wurde vor Otto Selz nicht klar zwischen Wissensreproduktion und Denken unterschieden.

Die besondere Eigenart der Würzburger Schule besteht im Herausheben der relativen Unabhängigkeit der Denkprozesse von Assoziationsvorgängen und im Betonen des unanschaulichen, bildlosen, rein geistigen Charakters der Denkvorgänge.

Die Denkexperimente wurden von Külpe und einigen seiner Schüler (z.B. August Messer) erkenntnistheoretisch ausgewertet. Das Wesen des Denkens besteht danach darin, daß es die Realität, die Dinge, wie sie an sich sind, meint, so daß die Gesetze des Denkens primär von den Beziehungen zwischen den realen Objekten bestimmt werden. Daraus resultiert u.a. Külpes Beitrag zum kritischen Realismus, dem er sein Hauptwerk *Die Realisierung* widmete. Kernstück dieser Konzeption ist die Auffassung von der Setzung und Bestimmung einer realen, außerhalb des Bewußtseins befindlichen Außenwelt, deren Existenz jedoch „ewige Hypothese" bleibt. Das Denken ist nun im wesentlichen die Tätigkeit, die die Inhalte der Außenwelt „meint", und damit die Realität bestimmt.

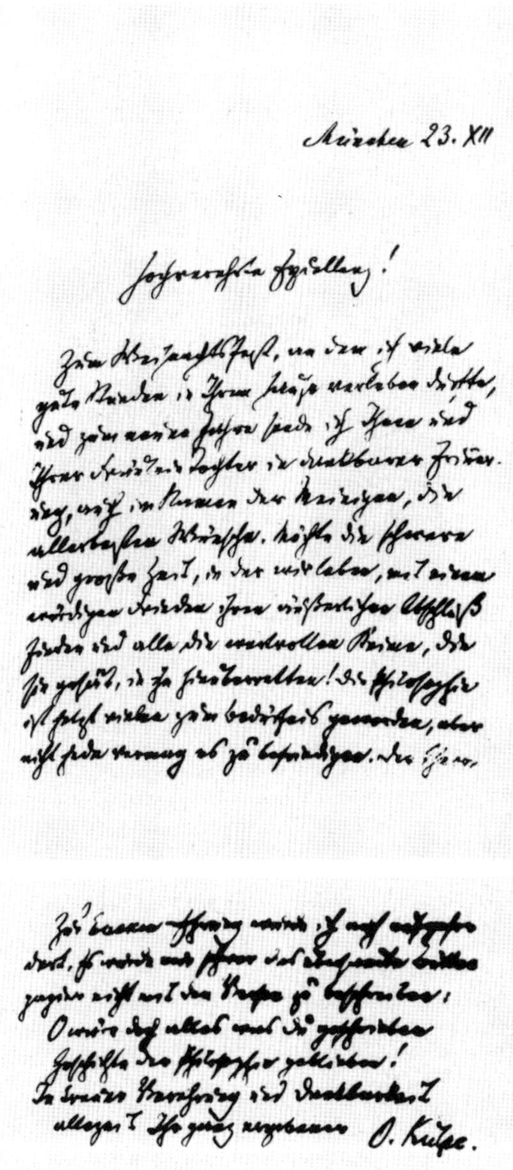
München 23. XII

Hochverehrte Excellenz!

O. Külpe

Abb. 2: Külpes letzter Brief an Wilhelm Wundt, geschrieben eine Woche vor seinem Tode (erste Seite und Schluß der vierten Seite).

Literatur

Külpe, O. (1893). Grundriß der Psychologie. Auf experimenteller Grundlage dargestellt. Leipzig: Engelmann.

Külpe, O. (1895). Einleitung in die Philosophie, 1. Aufl.. Leipzig: S. Hirzel.

Külpe, O. (1912, 1920, 1923). Die Realisierung. Ein Beitrag zur Grundlegung der Realwissenschaften, 3 Bde.; Bd. 2 und 3 hrsg. von A. Messer. Leipzig: S. Hirzel.

Külpe, O. (1922). Vorlesungen über Psychologie, 2. Aufl. Leipzig: S. Hirzel.

Hammer, S. (1990). Denkpsychologie – Kritischer Realismus. Eine wissenschaftshistorische Studie zum Werk Oswald Külpes unter Beachtung wissenschaftstheoretischer Aspekte. Unveröff. Dissertation, Martin-Luther-Universität Halle 1990.

Otto Selz

Alexandre Métraux

In einer Hinsicht gleichen sich das Gelehrtenleben und das Sterben des am 14. Februar 1881 in München als Untertan des bayerischen Königs geborenen Otto Selz: er war im einen wie im anderen ein Außenseiter. Mit zwei umfangreichen Monographien, der 1913 erschienenen Arbeit *Über die Gesetze des geordneten Denkverlaufs* (1913) und dem neun Jahre später veröffentlichten Nachfolgeband *Die Gesetze des Produktiven und des Irrtums* (1922), legte er den höchst originellen Grundstein zu einer nach wie vor wirksamen Erneuerung der psychologischen Theorie des schöpferischen Denkens und des Problemlösens. Seine Lehre wurde allerdings im deutschsprachigen Gebiet überhaupt nicht, in den USA, den Niederlanden, in Frankreich und in der UdSSR erst nach 1945 rezipiert (vgl. Mandler & Mandler, 1964, S. 223). Sie gilt dort inzwischen als einer der wichtigsten Vorläufer der heutigen Kognitionswissenschaft (vgl. de Groot, 1978, S. 52–54 und Simon, o.J.). Nicht weniger als Außenseiter figuriert Selz in der Statistik des Grauens. Von den unlängst zur Geschichte der deutschen Psychologie biographisch erfaßten Fachvertreter und -vertreterinnen (vgl. Geuter, 1986, S. 139–284) war er bestimmt nicht der einzige, der vom Obrigkeitsstaat bedrängt und verfolgt, kaum der einzige, der in ein Konzentrationslager gesperrt wurde (als Schicksalsgefährte mag Emil Utitz genannt sein). Doch er war der einzige, der, machtlos an den Rand der Geschichte abgeschoben, im Mittelpunkt der Vernichtung der europäischen Juden umgebracht wurde.

Abb. 1: Otto Selz, Paßbild, vergrößert.

Die Eltern Selzens gehörten dem aufstrebenden urbanen Besitz- und Bildungsbürgertum an. Ottos Vater war 1881 bereits Mitinhaber einer Privatbank, seine Mutter führte großzügig den Haushalt. Als untrügliche Anzeichen der Zugehörigkeit der Selzens zu jener Schicht ist nicht nur die Tatsache zu werten, daß sie sich Domestiken leisteten, sondern auch der Umstand, daß der junge Otto nicht regulär eingeschult wurde. Ein Hauslehrer brachte ihm die Grundkenntnisse im Lesen, Schreiben und Rechnen bei. Erst zu Beginn des Schuljahres 1887/88 trat Otto in die zweite Klasse der St.-Peter-Schule in München ein. Drei Jahre später erhielt er das Abgangszeugnis zur Lateinschule, und im Sommer 1898 verließ er das Königliche Ludwigs-Gymnasium mit dem Gymnasial-Absolutorium.

Selz hatte die Absicht, Philosophie und Psychologie zu studieren, was seine Eltern nicht gutheißen mochten. So entschied er sich für das Studium der Rechtswissenschaft an der Universität München, das er Ende 1907 abschloß. Unmittelbar darauf bezog der Rechtsanwalt, der in dieser Rolle nie berufstätig gewesen ist, wiederum in München die Philosophische Fakultät, an der er bereits am 14. Juli 1909 mit der unter Anleitung Theodor Lipps' verfaßten Dissertation über *Die psychologische Erkenntnistheorie und das Transzendenzproblem* (1910) das Examen rigorosum bestand. Die Beschäftigung mit dem klassischen Assoziationismus in seiner Doktorarbeit kam Selz später, als er an der Universität Bonn die Habilitation anstrebte, ohne Zweifel zugute. Dort hatte sich Oswald Külpe anerboten, den begabten Forscher zu fördern und bei den für die Habilitation unerläßlichen denkpsychologischen Experimenten – sei es als Berater, sei es als Versuchsperson – behilflich zu sein. Mit der Habilitation (vgl. Selz, 1913) wurde der Bruch zur zweifachen Tradition des Assoziationismus vollzogen. Zum einen wurde dessen Erklärung von Lernen, Gedächtnistätigkeit und Problemlösen anhand von Verbindungen gespeicherter *elementarer* psychischer Daten gesprengt und durch die Erklärung anhand formal beschreibbarer Reproduktions- und Produktions*schemata* (oder formaler kognitiver Strategien) ersetzt und experimentell untermauert. Und zum anderen wurde das assoziationistische Dogma verworfen, das besagt, daß sich psychisches Geschehen stets aus *anschaulich* gegebenen Elementen aufbaut.

Nach der erfolgreichen Habilitation nahm Selz im Sommersemester 1913 mit einer Veranstaltung über *Die Psychologie der Erkenntnis (mit Berücksichtigung der erkenntnistheoretischen Grenzgebiete)* seine Vorlesungstätigkeit auf. Am 1. Juli 1915 wurde er zum Kriegsdienst einberufen und an die Westfront beordert, wo er an Stellungskämpfen teilnahm. Seine Demobilisierung erfolgte am 11. Dezember 1918. Zum Sommersemester 1919 nahm er seine Lehrtätigkeit erneut auf. Am 5. September 1921 wurde er zum außerplanmäßigen Professor für Rechtsphilosophie ernannt.

Im Herbst 1923 wurde Selz auf den ordentlichen Lehrstuhl für Philosophie, Psychologie und Pädagogik der Handelshochschule (heute: Universität) Mannheim berufen. Wie zuvor in Bonn hielt er Vorlesungen über die klassische Philosophie und über allgemeinpsychologische Themen. Neu waren auch die praktischen Einführungskurse in experimenteller Psychologie und Pädagogik, die sich unter anderem mit Problemen der Auslese und Ausbildung in Schule und Beruf befaßten. Diese Hinwendung zu praktischen Dingen ergab sich einerseits aus der engen Verbindung zwischen dem Psychologischen Institut, den wirtschaftswissenschaftlichen Lehrstühlen der Handelshochschule, den nordbadischen Arbeitsämtern und dem Schuldienst der Stadt Mannheim, und andererseits aus der Denkpsychologie selbst, die konkrete Umsetzungen in Pädagogik und Diagnostik ohne weiteres zuließ. Diese Sparte des Selzschen Schaffens ist bis heute fast vollständig ignoriert worden, obgleich gerade sie eher einen Zugang zu seinem denkpsychologischen Lehrgebäude eröffnen kann als die spröde, ihrer Umständlichkeit wegen mitunter widerborstige Prosa der großen Monographien. Ferner arbeitete Selz an der Begründung einer von Alexius Meinong und Edmund Husserl inspirierten synthetischen Ganzheitspsychologie, mit der er sich radikal von der Zweiten Leipziger Schule um Krueger und von der Berliner Schule der Gestaltpsychologie abzugrenzen versuchte (vgl. Selz, 1991, S. 25–69; zu anderen Forschungsbereichen Selzens während der Mannheimer Jahre vgl. Métraux & Herrmann, 1991, und Métraux, 1990).

Abb. 2: Das Institut für Psychologie und Pädagogik der Handelshochschule Mannheim in N 2, 4, um 1930. Das Institut befand sich im 1. Stock.

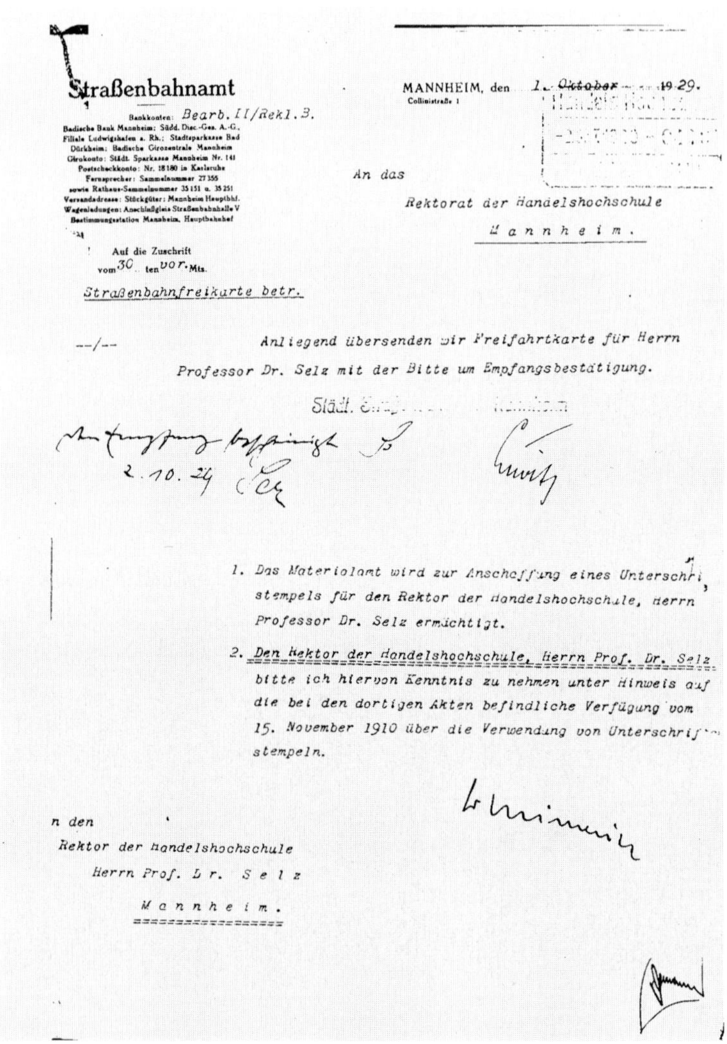

Straßenbahnamt

Bankkonten: Bearb. II/Rekl. 3.
Badische Bank Mannheim; Südd. Disc.-Ges. A.-G., Filiale Ludwigshafen a. Rh.; Stadtsparkasse Bad Dürkheim; Badische Girozentrale Mannheim
Girokonto: Städt. Sparkasse Mannheim Nr. 141
Postscheckkonto: Nr. 18180 in Karlsruhe
Fernsprecher: Sammelnummer 27355 sowie Rathaus-Sammelnummer 35151 u. 35251
Versandadresse: Stückgüter: Mannheim Hauptbhf.
Wagenladungen: Anschlußgleis Straßenbahnhalle V
Bestimmungsstation Mannheim, Hauptbahnhof

Auf die Zuschrift vom 30. ten vor. Mts.

MANNHEIM, den 1. Oktober 1929.
Collinistraße 1

An das

Rektorat der Handelshochschule

Mannheim.

Straßenbahnfreikarte betr.

--/--

Anliegend übersenden wir Freifahrtkarte für Herrn Professor Dr. Selz mit der Bitte um Empfangsbestätigung.

Empfang bestätigt
2.10.29

1. Das Materialamt wird zur Anschaffung eines Unterschrift-stempels für den Rektor der Handelshochschule, Herrn Professor Dr. Selz ermächtigt.

2. Den Rektor der Handelshochschule, Herrn Prof. Dr. Selz bitte ich hiervon Kenntnis zu nehmen unter Hinweis auf die bei den dortigen Akten befindliche Verfügung vom 15. November 1910 über die Verwendung von Unterschrift-stempeln.

n den

Rektor der Handelshochschule

Herrn Prof. Dr. Selz

Mannheim.

Abb. 3: Schreiben des Straßenbahnamtes Mannheim vom 2. Oktober 1929 an den Rektor der HandelshochschuleMannheim.

darauf in einem Brief mitteilte, in dem es heißt: „Mir ist nichts bekannt geworden, auch nichts vom zuständigen Ministerium mitgeteilt worden, was gegen Ihre Person oder Ihre wissenschaftliche Geltung sprechen würde ... Grund dafür dürfte allein die Abstammung sein, da Nichtarier nicht an deutsche Hochschulen berufen werden können" (Sommerfeld an Selz, 26. Oktober 1933, *Selz-Nachlaß*, Universitätsarchiv Mannheim).

Selz unternahm nichts zur Abwendung der zunehmenden Bedrohung seiner Person. Er lebte zurückgezogen in Mannheim, saß über seiner synthetischen Ganzheitspsychologie, wurde am 10. November 1938 in Schutzhaft genommen und in Dachau ins Lager gesperrt. Mitte Dezember entließ man ihn; vermutlich hat er seine Bewegungsfreiheit zurückerhalten, weil er sich zur Emigration verpflichtet hatte. Im Dezember 1938 lag die niederländische Aufenthaltsgenehmigung vor. Mit der Erlaubnis zur Ausreise auf jederzeitigen Widerruf (!) vom Minister des Inneren in Karlsruhe ging er ins niederländische Exil. Mit einigen bescheidenen Stipendien und dank der unbeirrbaren Unterstützung einiger Freunde und Schüler schlug er sich in Amsterdam durch. 1942 wurde ihm die deutsche Staatsbürgerschaft aberkannt. Und im Juli 1943 schlug die „Grüne Polizei" zu; er wurde verhaftet, nach Westerbork verschleppt – am Dienstag, dem 24. August, fuhr ein Transportzug mit 1001 Juden und Jüdinnen von der Bahnrampe in Richtung Auschwitz ab: Selz war unter ihnen.

Mit dem Erlaß Nr. A 7642 des Ministers des Kultus und Unterrichts wurde Selz am 4. April 1933 vom Dienst beurlaubt. Grund des Erlasses war die Aufrechterhaltung der Sicherheit und Ordnung in Baden. So wurde der ordentliche Professor für Philosophie, Psychologie und Pädagogik als gefährliche Person gebrandmarkt, nur weil er als Kind einer jüdischen Mutter zur Welt gekommen war. Tätigkeiten an der Handelshochschule waren ihm nunmehr untersagt. Diese wurde übrigens am 25. Oktober 1933 aufgelöst und der Universität Heidelberg angegliedert. Für Selz gab es keine Verwendung mehr – wie ihm der letzte Rektor der Handelshochschule tags

Literatur

Geuter, U. (1986). Daten zur Geschichte der deutschen Psychologie, Band 1. Göttingen: Hogrefe.

Groot, A. de (1978). Thought and choice in chess. Den Haag: Mouton & Co.

Mandler, J.M. & Mandler, G. (Ed.) (1964). Thinking: From association to gestalt. New York: Wiley.

Métraux, A. (1990). Verzeichnis des Nachlasses von Otto

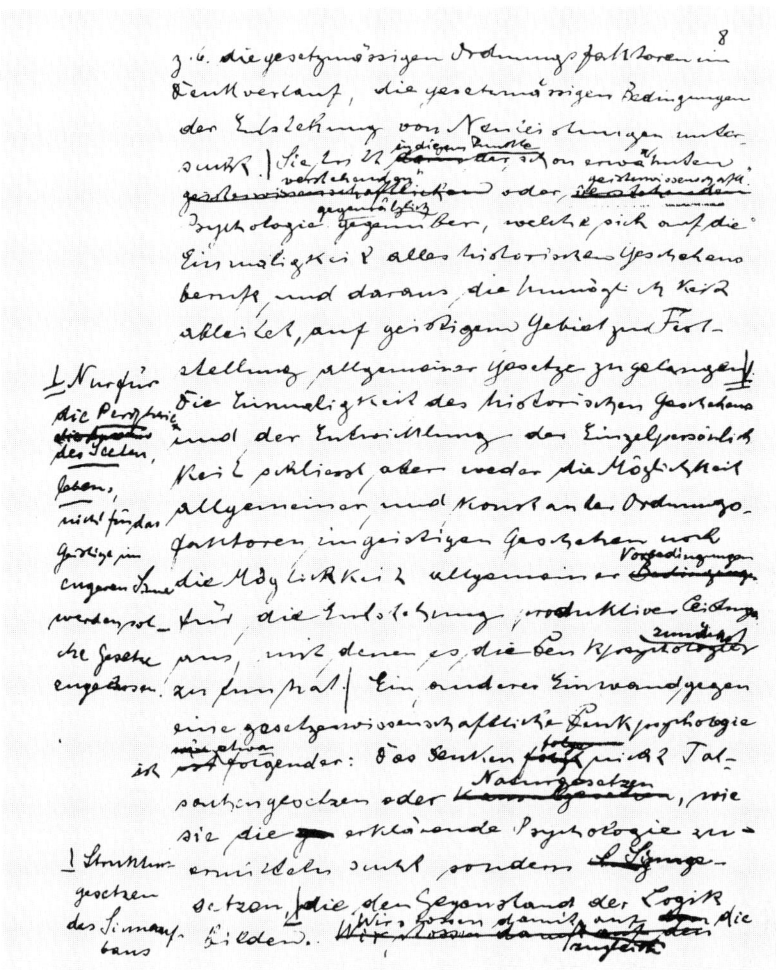

Abb. 4: Aus einem Manuskript zu einer von Otto Selz um 1941 in Amsterdam gehaltenen Vorlesung.

Selz. In: Forschungsberichte aus dem Otto-Selz-Institut für Psychologie und Erziehungswissenschaft der Universität Mannhein, Nr. 18. Mannheim.

Métraux, A. & Herrmann, T. (1991). Zur Biographie und Werkgeschichte von Otto Selz. In:O. Selz, Wahrnehmungsaufbau und Denkprozeß. Ausgewählte Schriften, hrsg. v. A. Métraux und T. Herrmann. Bern: Huber.(S. 1–22).

Selz, O. (1910). Die psychologische Erkenntnistheorie und das Transzendenzproblem. Archiv für die gesamte Psychologie 16, S. 1–110.

Selz, O. (1913). Über die Gesetze des geordneten Denkverlaufs. Stuttgart: Speemann.

Selz, O. (1922). Zur Psychologie des produktiven Denkens und des Irrtums. Bonn: Cohen.

Selz, O. (1991). Wahrnehmungsaufbau und Denkprozeß. Ausgewählte Schriften, hrsg. v. A. Métraux und T. Herrmann. Bern: Huber.

Simon, H.A. (o.J.). Otto Selz and information-processing psychology. In: V. Frijda & A. D. de Groot (Eds.), Otto Selz: His contribution to psychology (pp. 147–163). Den Haag: Mouton.

Konzepte und Methoden der Willenspsychologie – Narziß Ach und Heinrich Düker

Heinz-Dieter Schmalt

Die experimentelle Erforschung von Willensvorgängen nahm ihren Ausgangspunkt von Narziß Ach, der die ersten experimentellen Untersuchungen Anfang dieses Jahrhunderts in Marburg durchführte. Ach widmete sich hierbei insbesondere der Analyse von sog. „inneren oder intellektuellen Willensbetätigungen", d.h. solchen Vorgängen, die „ ... in irgendeiner Form an das Gegebensein von Vorstellungen (Erinnerungsbildern) gebunden sind" (Ach, 1913, S. 621). Die Analyse dieser Vorstellungen und Erlebnistatbestände kann jedoch nur dort mit wissenschaftlicher Verläßlichkeit erfolgen, wo die Bedingungen ihres Zustandekommens bekannt sind und mithin experimenteller Kontrolle unterliegen. Was sind nun diese Erlebnistatbestände, und unter welchen Bedingungen treten sie auf?

Der erste Tatbestand des Erlebens wird als das „gegenständliche Moment" bezeichnet und beinhaltet das, was gewollt wird (Zielvorstellung), und unter welchen Bedingungen es verwirklicht werden kann (Bezugsvorstellung). Der zweite Tatbestand wird als das „aktuelle Moment" bezeichnet und tritt im Erleben als „ich will" hervor. Beide Momente bilden die wesentlichen Bestandteile des eigentlichen Willensaktes (Vorsatz, Absicht, Intention), an den sich dann die Willenshandlung anschließt.

Abb. 1: Der 11. Kongreß für experimentelle Psychologie in Wien, 1929. Vom linken Bildrand her gesehen, die sechste Person – etwas zurückgelehnt – Narziß Ach, vor der großen Säule Heinrich Düker. (Mit freundlicher Genehmigung von Frau Schneider-Düker).

Die dynamische Seite dieses Geschehens baut auf dem Gedanken auf, daß von diesem Vorsatz gewisse Nachwirkungen ausgehen, die als „Determinierende Tendenz" Vorstellungs- und Handlungsverläufe im Sinne der Absichtsrealisation kontrollieren, so daß das Intendierte bei „passender" Gelegenheit tatsächlich zur Ausführung gelangt. Dieser Grundgedanke eines dynamischen Geschehens, das vom Vorsatz zur Verwirklichung desselben verläuft, lieferte auch eine erste Grundlage für die experimentelle Untersuchung von Willensvorgängen. Das Ausmaß, in dem das Intendierte verwirklicht werden kann, der sog. „Wirkungsgrad des Wollens", hängt einerseits von der Determination ab und andererseits auch von der Widerständigkeit der Situation, von Faktoren also, die sich der Verwirklichung des Vorsatzes behindernd in den Weg stellen. Wenn man nun diese Widerstände hinsichtlich ihres Ausprägungsgrades planmäßig variiert und auf seiten der abhängigen

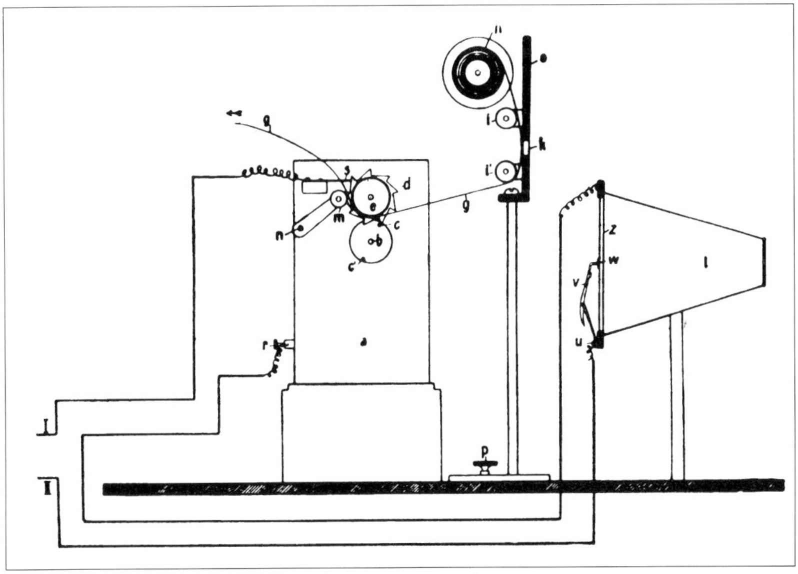

Abb. 2: Serienapparat (nach Ach 1912, S. 4). Durch ruckweisen Transport einer Papierrolle können die Reize exponiert werden.

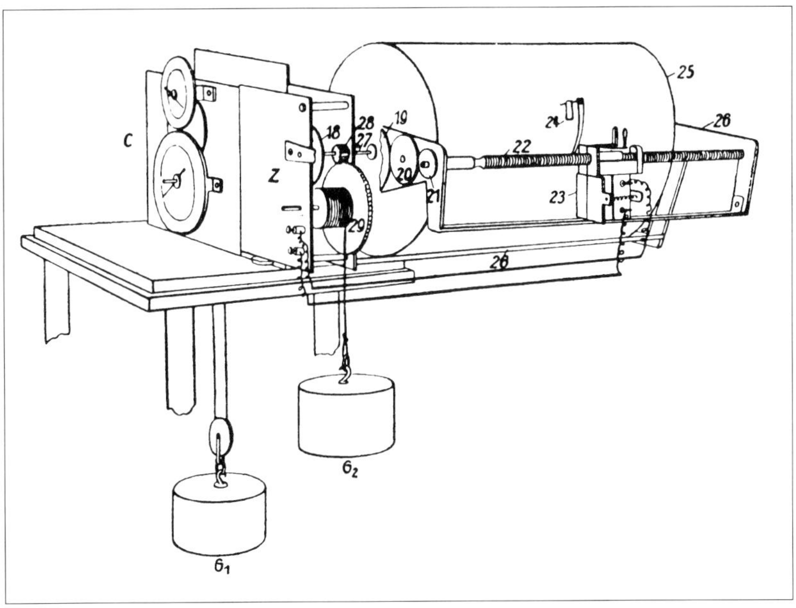

Abb. 3: Chronoskop-Chronograph (nach Ach 1912, S. 11).

Variablen erfaßt, inwieweit die Verwirklichung des Vorsatzes gelingt, ist es möglich, die dynamischen Eigenschaften des Willensaktes exakt zu quantifizieren und ein Maß für die Willensstärke zu gewinnen.

Ach kam nun auf den Gedanken, der Verwirklichung des Vorsatzes bestimmte innere Widerstände – etwa durch Stiftung von Assoziationen zwischen sinnarmen Silben – in den Weg zu legen, wobei diese gelernten Assoziationen ebenfalls eine dynamische Komponente besitzen sollen („Reproduktionstendenz"). Diese Reproduktionstendenz wird nun in dem von Ach sogenannten „kombinierten Verfahren" zu der „Determinierenden Tendenz" eines Vorsatzes (z.B. nunmehr zu reimen oder die Silben umzustellen) in Konkurrenz gesetzt. Die Untersuchungen mit Hilfe dieses kombinierten Verfahrens liefen so ab, daß zunächst in der ersten Phase die Silbenpaare gelernt wurden, die mit Hilfe einer Kymographiontrommel exponiert wurden. In der zweiten Phase wurden die Reizsilben erneut exponiert, und es wurde die Zeit vom Erscheinen der Reizsilbe bis zum Aussprechen der Reaktionssilbe (z.B. ein Reim) mit Hilfe des Hippschen Chronoskops, auf 1/1000 sec genau, gemessen (Ach, 1905).

Bereits wenig später wurde dieser methodische Zugang zur Analyse des Willensaktes zur sog. Serienmethode erweitert (Ach, 1912), in der Reize in beliebig kleinen Zeiträumen ununterbrochen dargeboten und zugleich auch die entsprechenden Reaktionen kontinuierlich erfaßt werden konnten. Durch Variation der Geschwindigkeit der Aufeinanderfolge der Reize wird die Versuchsperson gezwungen, in bestimmten Zeiten bestimmte Arbeitsleistungen zu erbringen, wobei bei zunehmender Geschwindigkeit auch die zur Lösung der Aufgabe notwendige Willensanspannung ansteigen sollte. Neben der Möglichkeit, auch zeitliche Verläufe von Willensprozessen studieren zu können, ist als Vorteil dieser Methode gegenüber dem kombinierten Verfahren anzusehen, daß die vorherige Stiftung innerer Widerstände – etwa assoziativer Wirkungen – überflüssig wird. Als Nachteil steht dem gegenüber, daß dabei Selbstbeobachtungen über den Ablauf der Willensleistungen ausgeschlossen bleiben (Ach & Düker, 1934). Zur Durchführung wurden drei verschiedene Apparate notwendig (Ach, 1912, S. 4): 1. ein Serienapparat zur Darbietung der Reize, 2. ein Reaktionsapparat zur ununterbrochenen Registrierung der Reaktionen, 3. ein zeitmessendes Instrument.

Die Abbildung 2 zeigt den benutzten Serienapparat nebst Reaktionsapparat (hier ein Schalltrichter mit Kontaktmembran zur Erfassung sprachlicher Reaktionen). Durch ruckweisen Vorbeitransport einer Papierrolle im Serienapparat werden die Reize exponiert. Die vor dem Schalltrichter sitzende Versuchsperson kann hierauf sprachlich reagieren, was von dem Chronographen entsprechend registriert wird. Das darunter gezeigte zeitmessende Gerät ist als Chronoskop-Chronograph ausgebildet. Es besitzt zur Zeitmessung ein Federwerk, das mit einer Trommel gekoppelt ist und diese auch regelt. Vor der mit Papier bespannten Trommel liegt eine Schraubspindel mit der Registriereinrichtung. Später entschloß sich Ach noch zur Konstruktion eines großen Chronoskop-Chronographen, der es auf eine Laufzeit von 15 min brachte und dabei eine Spirale von 900 m Länge auf die Papiertrommel zeichnete.

Im Jahre 1922 begann Ach – von Königsberg nach Göttingen gewechselt – die Versuchsanordnungen so umzugestalten, daß fortlaufende Tätigkeiten sowohl unter zwangsläufiger als auch freier Arbeitsweise studiert werden konnten. Hierdurch hoffte man, die psychologischen Bedingungen von „Fließarbeit" und „freier Arbeit" näher analysieren zu können (Düker, 1931; Ach & Düker, 1934). Die Weiterentwicklung der Instrumente und Verfahren legte Ach vor allem in die Hände von Heinrich Düker, der nach seiner Promotion über die „Spezielle Determination" (Düker, 1925) als persönlicher Mitarbeiter von Ach an das Göttinger Institut zurückgekehrt war. Wie sich Düker (1972, S. 48) später erinnert, war der von Ach entwickelte „Chronotyper" recht unhandlich „ ... und arbeitete fast so laut wie ein Maschinengewehr ...". Wenige Jahre später präsen-

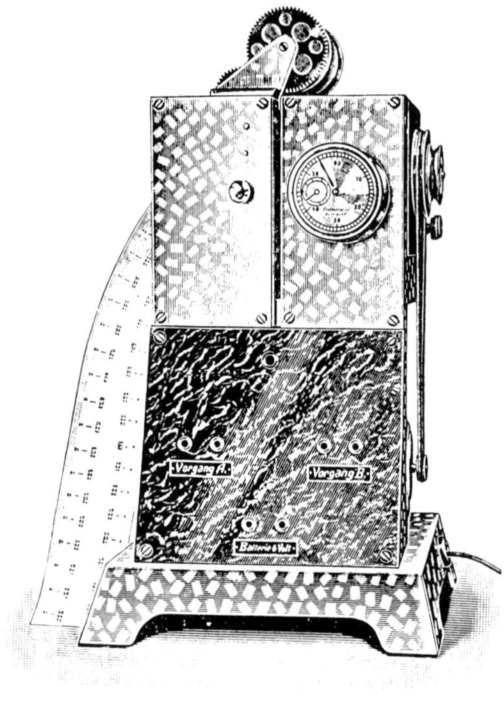

Abb. 4: Chronotyper (nach Ach und Düker 1934, S. 219.)

tierte sich der Chronotyper in schmucker Verkleidung. Er hatte eine gewisse Serienreife erreicht und konnte in verschiedenen psychologischen Untersuchungen eingesetzt werden. Er erfaßte kurzzeitig aufeinanderfolgende Reaktionen und druckte die Zeiten auf einen Papierstreifen. Er konnte auch die Dauer mehrerer gleichzeitig ablaufender Prozesse erfassen. Dies stellte einen ganz außergewöhnlichen Fortschritt dar.

In seinem Nachruf auf Narziß Ach würdigt H. Düker (1966) insbesondere auch dessen technische Neigungen und Leistungen, die sich in der Erteilung von über 50 Patenten dokumentieren. Anläßlich seiner Berufung nach Königsberg (1906) soll Ach ernsthaft erwogen haben, ob er diesem Ruf folgen sollte oder ob er sich der Vervollkommnung eines von ihm entwickelten Kreiselkompasses widmen sollte.

Düker selber distanzierte sich in der Folgezeit, bedingt durch seine Arbeiten über „Fließarbeit" und „freie Arbeit", von dem Achschen Grundgedanken der Handlungssteuerung durch den Tendenzenmechanismus und -automatismus. Er betonte stattdessen vom Individuum selbst initiierte und gesteuerte Prozesse der Handlungskontrolle.

In seinen weiteren Arbeiten beschäftigte sich Düker mit Problemen der „Ausbildung des Wollens" und entwickelte hierbei entsprechende Verfahren, die man aus heutiger Sicht als erste Trainingsprogramme zur Förderung des Leistungsmotivs („Motiv, noch mehr zu leisten", Düker, 1972, S. 57) bezeichnen kann (vgl. Düker, 1975). Mitte der dreißiger Jahre kam die experimentelle Willensforschung zum Erliegen. Ach wurde 1937 emeritiert; Düker war ein Jahr zuvor von den Nazis verhaftet und aus der Universität ausgeschlossen worden. Auch nach dem Kriege blieb Düker, nunmehr Ordinarius in Marburg, dem Gebiet treu, dem seit jeher sein stärkstes Interesse gegolten hat: der Psychologie des Wollens. Allerdings mußte sich dieses Interesse behaupten gegenüber einer neuen Neigung, die ihn zunehmend beschäftigte: der Pharmakopsychologie (Düker, 1972).

Die Psychologie des Wollens hat lange Zeit nicht vermocht, ihren Beitrag in die Allgemeine Psychologie einzubringen, und es scheint, als seien sie und die von ihr verwendeten Konzepte nachgerade in Verruf geraten (Kornadt, 1988; Tent, 1988). Dies hat sich geändert, seitdem einige Motivationsforscher bei ihren historischen Grabungen auf die vielversprechenden Lager der Willenspsychologie gestoßen sind und diese nun, nachdem die Schürfrechte vergeben sind, als Fundstücke in moderne Volitions-, Motivations-, Handlungs- und Kontrolltheorien einbauen.

Abb. 5: Projektionsgerät, mit dem H. Düker kurz nach dem Kriege – in Marburg – Untersuchungen zur „Fließarbeit" und „freien Arbeit" durchgeführt hat.

Literatur

Ach, N. (1905). Über die Willenstätigkeit und das Denken. Göttingen: Vandenhoeck & Ruprecht.

Ach, N. (1912). Eine Serienmethode für Reaktionsversuche. Bemerkungen zur Untersuchung des Willens. In: Untersuchungen zur Psychologie und Philosophie. Erster Band. Fünftes Heft. Leipzig: Quelle & Meyer.

Ach, N. (1913). Wille. In: E. Korschelt, G. Linck, F. Oltmanns, K. Schaum, H.Th. Simon, M. Verworn & E. Teichmann (Hg.), Handwörterbuch der Naturwissenschaften, Zehnter Band (619–628). Jena: Fischer.

Ach, N. & Düker, H. (1934). Über Methoden und Apparaturen zur Untersuchung fortlaufender Arbeitsprozesse. Zeitschrift für Psychologie, 133 (4–6), 209–221.

Düker, H. (1925). Über das Gesetz der speziellen Determination. Ein experimenteller Beitrag zur Lehre vom Willen. Untersuchungen zur Psychologie, Philosophie und Pädagogik, 5, 97–174.

Düker, H. (1931). Psychologische Untersuchungen über freie und zwangsläufige Arbeit. Experimentelle Beiträge zur Willens- und Arbeitspsychologie. Zeitschrift für Psychologie, Erg.-Bd. 20.

Düker, H. (1966). Narziss Ach (1871–1946) zum Gedenken. Archiv für die gesamte Psychologie, 118, 189–194.

Düker, H. (1972). Heinrich Düker. In L.J. Pongratz, W. Traxel & E.G. Wehner (Hg.), Psychologie in Selbstdarstellungen (43–86). Bern: Huber.

Düker, H. (1975). Untersuchungen über die Ausbildung des Wollens. Bern: Huber.

Kornadt, H.-J. (1988). Motivation und Volition. Anmerkungen und Fragen zur wiederbelebten Willenspsychologie. Archiv für Psychologie, 140, 209–222.

Tent, L. (1988). Heinrich Düker: dem Wegbereiter und Bewahrer zum Gedenken. Archiv für Psychologie, 140, 143–148.

Teil C

Wahrnehmung, Gestalt und Ganzheit

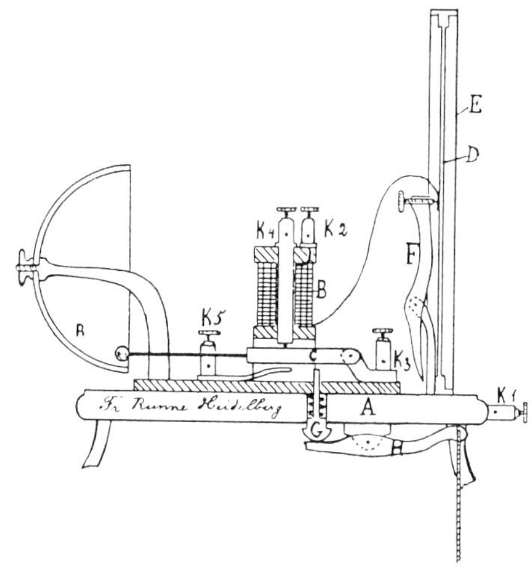

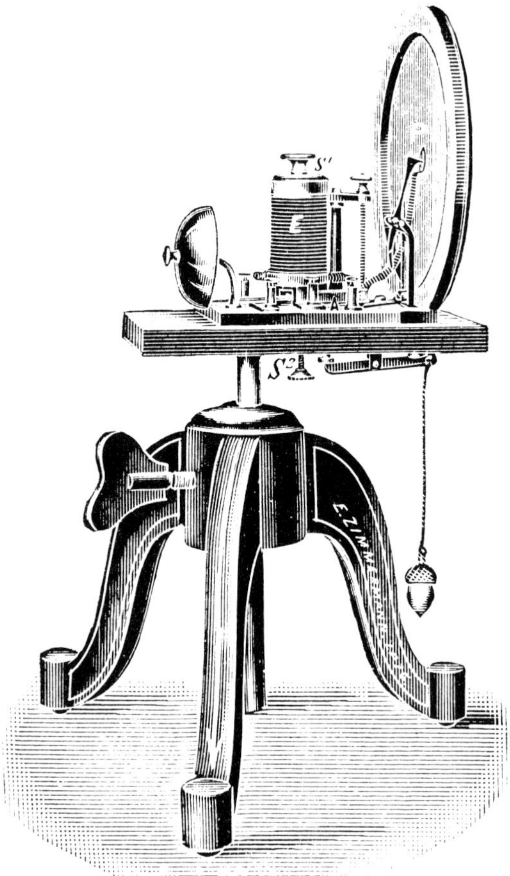

Der Schallschlüssel nach Roemer

Ernst Roemer hatte 1895 eine Reihe von neuen Apparaten beschrieben, unter denen sich auch der hier gezeigte Schallschlüssel befand. Es war dies eine Weiterentwicklung des von James MacKeen Cattell entwickelten und von Wundt verwendeten Schallschlüssels. In einem Metallrahmen befindet sich eine scheibenförmige Fourniermembran, auf deren Mittelpunkt ein Platinplättchen angebracht ist. Wird gegen die Membran gesprochen, entsteht durch die Schwingung sofort ein Kontakt, der einen Stromkreis öffnen oder schließen sowie wahlweise einen Glockenton erklingen lassen kann. Durch eine Zugschnur wird das Gerät in die Ausgangslage zurückversetzt: der Stromkreis K1–K2 ist wieder geschlossen. Durch die elektrische Verbindung mit z.B. optischem Reizapparat und Chronoskop kann mit dem Schallschlüssel die Reaktionszeit der Vp genau erfaßt werden. Die umseitig abgebildete Querschnittzeichnung stammt aus der Arbeit von Roemer (1895, S. 578). Konstrukteur war Fr. Runne, Heidelberg. Hauptproduzent dieses weitverbreiteten Geräts war jedoch E. Zimmermann, Leipzig, aus dessen XVIII. Preisliste der abgebildete Holzschnitt stammt. Das Foto zeigt einen solchen Schallschlüssel, an dem lediglich die Zugschnur und die Glocke fehlen.

Roemer, E. (1895). Beitrag zur Bestimmung zusammengesetzter Reactionszeiten. Psychologische Arbeiten, 1, 566–607.

Helmut E. Lück

Wahrnehmung in Bewegung – Ernst Machs „manieristische“ Psychophysik

Michael Ley

Der Physiker Ernst Mach (1838–1916) wird in der Psychologie gern als Vorläufer der Gestaltpsychologie zitiert. Gewöhnlich beruft man sich dabei auf Machs „Beiträge zur Analyse der Empfindungen“ (1886), in denen bereits C. von Ehrenfels eine Vorwegnahme seiner eigenen Auffassungen zu sehen glaubte. Die „Beiträge“, die im Wien der Jahrhundertwende auch wegen der Kritik naturwissenschaftlicher Methoden für Furore sorgten, stellen allerdings nicht Machs einzige Beschäftigung mit psychologischen Fragen dar. Bereits in den sechziger und zu Beginn der siebziger Jahre des vorigen Jahrhunderts führt Mach experimentelle Arbeiten zur Sinnesphysiologie durch, die ihn als klassischen Vertreter der um diese Zeit vorherrschenden naturwissenschaftlichen Psychologie ausweisen.

Nach Machs eigenen Angaben haben ihn nach seiner Habilitation (Wien 1861) vor allem finanzielle Gründe dazu bewogen, von seinem Spezialgebiet, der Physik, auf physiologische Fragestellungen auszuweichen. In einer biographischen Notiz (Blackmore, 1978, S. 415) schreibt Mach, daß sich die notwendigen Arbeiten hier anders als in der Physik ohne kostbare Apparate durchführen ließen. Wie Swoboda (1988, S. 362) feststellt, ist es für einen jungen und ehrgeizigen Privatdozenten um 1860 aber auch aus wissenschaftlichen Gründen durchaus plausibel, sich der Physiologie als aufstrebender Disziplin anzuschließen. In der Mitte des vorigen Jahrhunderts versprach die Physiologie eine Vereinheitlichung, die eine völlig neue Bestimmung der übrigen Wissenschaftszweige zuzulassen schien.

Aus Machs früher Beschäftigung mit physiologischen Fragen ragen zwei Arbeiten heraus, die sich tatsächlich als bahnbrechend erwiesen und ihm bis heute einen Platz in den Lehrbüchern der Physiologie gesichert haben, die aber auch für seine Einschätzung als Psychologe eine wichtige Rolle spielen. Es sind dies die Arbeiten zur Wahrnehmung von Helligkeitskontrasten und zur Analyse der „Bewegungsempfindungen“.

Beim Problem der Kontrastwahrnehmung untersucht Mach die „Lichtwirkung“ von schwarz und weiß gefärbten Scheiben, die als Folge von Grautönen erscheint, sobald die Scheiben in Rotation versetzt werden. Dieses Phänomen war auch schon vor Mach bekannt (Gesetz nach Talbot und Plateau). Mach entdeckt jedoch, daß an den Übergangsstellen von Schwarz und Weiß entgegen den physikalischen Bedingungen der Reizvorlage ringförmige Verstärkungen der Hell- bzw. Dunkelwerte wahrgenommen werden: die später von F. Ratliff so benannten „Machschen Bänder“ (s. Abb. 1).

Machs Erklärungen für dieses Phänomen, die er zwischen 1866 und 1868 in vier Abhandlungen der Wiener Akademie der Wissenschaften vorlegt, sind ein Musterbeispiel psychologischer Theoriebildung in der Mitte des 19. Jahrhunderts. Mach versucht hier, ‚flüchtige‘ und von den physikalischen ‚Tatsachen‘ abweichende Sinneserscheinungen auf ‚feste‘ mathematische Gesetze zu bringen, indem er für die Wahrnehmung der rotierenden Scheiben spezielle „Lichtkurven“ berechnet, an deren „Krümmungen“ die beobachteten Verstärkungen der Helligkeitsempfindung auftreten. Anhand dieser Kurven weist Mach wissenschaftlich exakt nach, an welchen Stellen der physikalischen Wirklichkeit unsere Wahrnehmung „vergrößert“, „verkleinert“, „schematisiert“ und „karikiert“ (Mach, 1868).

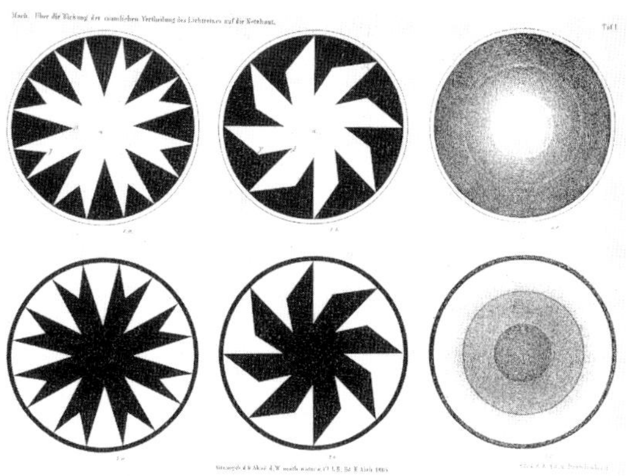

Abb. 1: Die Scheiben, auf denen die Machschen Bänder zuerst beobachtet wurden. Obwohl die Helligkeit der Scheiben 1a (oben links) und 1b (oben Mitte) nach dem Gesetz von Talbot und Plateau zum Zentrum hin stetig zunehmen müßte, werden die Übergänge in den Zonen Beta und Gamma durch einen hellen Ring unterbrochen (oben rechts).

Die Theorie, die Mach dazu liefert, ist von Physiologen später unter der Hypothese neuronaler Hemmungsvorgänge aufgegriffen und verfeinert worden. Für die Einschätzung der Arbeiten Machs ist jedoch bedeutsamer, mit welcher Virtuosität er das Instrumentarium zeitgenössischer Mathematik und Physik auffährt, um ein Phänomen des Übergangs – die sich drehende und „schimmernde“ Wirklichkeit der rotierenden Scheiben –mathematisch exakt zu fixieren. Völlig im Einklang mit den psychologischen Auffassungen seiner Zeit entwickelt Mach eine ausgefeilte physikalische Methode, die Wirklichkeit seelischer ‚Wahrnehmungen‘ aufzugreifen und zu verstehen.

Während Machs Arbeiten zur Kontrastwahrnehmung erst in den 1890er Jahren von Vertretern der Physiologie und Psychologie zur Kenntnis genommen werden, befindet er sich mit seinen Untersuchungen zur Analyse der Bewegungsempfindungen mitten in einem Wettstreit internationaler Kapazitäten der Sinnesphysiologie. In Konkurrenz mit dem späteren Freud-Mentor J. Breuer und dem Engländer C. Brown erbringt Mach auf der Grundlage einer Reihe äußerst originell konzipierter Experimente im November 1873 als erster den Beweis, daß sich das spezielle Organ für die Wahrnehmung der Bewegungsempfindungen im Kopf, genauer: im Labyrinth des Innenohrs befinden muß.

Auch bei diesen Untersuchungen geht es wieder um die Wahrnehmung von Drehung und Bewegung. Mach, der seit 1867 Professor für Experimentalphysik in Prag ist und jetzt auch über ein eigenes Laboratorium verfügt, konstruiert einen Rotationsapparat (s. Abb. 2), eine Schaukel, eine Zentrifugalmaschine (für Tierversuche), Geräte zur Erzeugung von Unterdruck und weitere Apparate, mit denen er herauszufinden versucht, welcher physikalische Reiz für die Wahrnehmung von Bewegungen verantwortlich ist, bzw. von welchen spezifischen Sinnesorganen dieser Reiz aufgenommen und verarbeitet wird. Wie bei den Untersuchungen zur Kontrastwahrnehmung klingt das Ergebnis zunächst vergleichsweise nüchtern: Als Reiz dient die „Progressiv- oder Winkelbeschleunigung“ (nicht die Bewegungsgeschwindigkeit!), als Sinnesorgan dient das Innenohr (und nicht, wie vor Mach noch vermutet, Haut, Auge, Hirn oder andere Teile des Sinnesapparates).

Um Machs Leistung auf diesem Gebiet angemessen einzuschätzen, muß man berücksichtigen, daß er sich mit den Bewegungsempfindungen an ein Feld heranwagt, das nicht nur wegen seiner technischen, sondern auch wegen seiner psychologischen Bedingungen weit von den Voraussetzungen der Mathematik und Physik entfernt liegt: Die Empfindungen von Drehen, Wirbeln, Fallen, Steigen, ‚Schwindel‘ usw. – das alles bezeichnet eine Wirklichkeit jenseits genau und exakt angebbarer Punkte der physikalischen Welt. Sie liegt aber zugleich

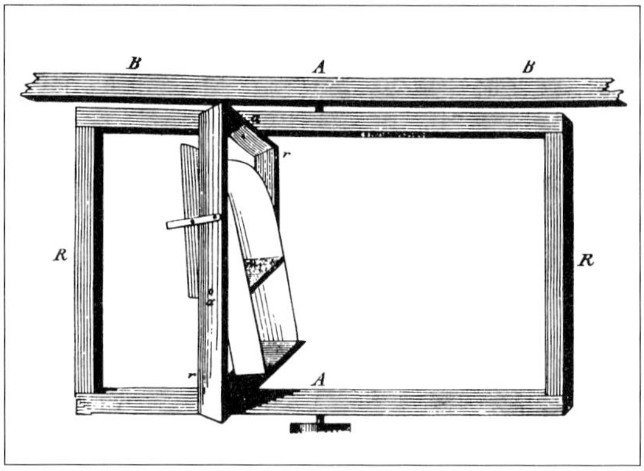

Abb. 2: Von Mach konstruierter Rotationsapparat.

näher an der Wirklichkeit unseres erlebten Alltags als die abstrakten Formeln der Mathematik und der Physik. Für Machs „Psychologie“ ist es kennzeichnend, daß er vor dieser „rotierenden“ Wirklichkeit nicht zurückschreckt. Mit derselben Konsequenz wie die „Väter“ der Psychophysik wagt Mach sich an Phänomene heran, die sich auf den ersten Blick einer physikalischen Betrachtungsweise zu entziehen scheinen – und experimentiert so lange, bis er auch diese Erscheinungen noch auf das Muster mathematisch-physikalischer Ordnungen beziehen kann. Man braucht sich nur den ungeheuren Aufwand anzusehen, mit dem Mach seine Versuche einrichtet, dann ahnt man, mit welcher Versiertheit die Methode der Psychophysik hier perfektioniert und auf die Spitze getrieben wird.

Abb. 3: Portrait Ernst Mach, entstanden während dessen Zeit in Graz (1864–1867).

Abb. 4: Portrait Ernst Mach, gezeichnet von seinem Sohn Felix Mach.

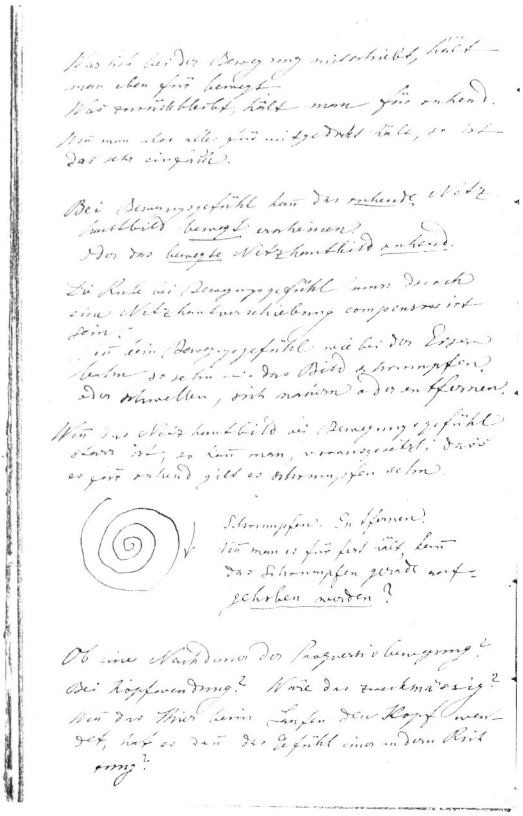

Abb. 5: Aufzeichnungen Machs zur Analyse der Bewegungsempfindungen in seinem wissenschaftlichen Tagebuch.

Gerade an Ernst Mach läßt sich jedoch deutlich zeigen, daß die scheinbar so festgefügten Grundsätze der naturwissenschaftlichen Psychologie selbst ins Rotieren kommen, je mehr sie die bewegten Verhältnisse der Wirklichkeit in abgezirkelte Ordnungsmuster zu bannen versucht. Tatsächlich kann man bei Mach gleichsam als „Hintergrund" seiner experimentellen Untersuchungen ein Anwachsen „manieristischer" Züge beobachten, die die scheinbar nur an mathematisch-physikalischen Festlegungen interessierten Forschungen als Fortsetzung von um 1860 offiziell als „subjektiv" abgetanen Beschäftigungen mit „okkulten" Seelenzuständen entlarven. Das Gemeinsame der rotierenden Scheiben, der Drehstühle und der Zentrifugalmaschinen ist nicht nur das Interesse an exakten Formeln für eine bewegte (und bewegende) Wirklichkeit, sondern auch, daß Mach dabei Verfassungen belebt, in der die Karussellversuche eines Purkynje oder die „Phantastischen Gesichtserscheinungen" eines J. Müller sozusagen durch die Hintertür wieder Eingang finden.

Wenn man berücksichtigt, daß Purkynje und J. Müller in diesen Untersuchungen ausdrücklich auf gestalthafte Eigenschaften seelischer Phänomene Bezug nehmen, dann wird Mach, der so oft als „Vorläufer" der Gestaltpsychologie zitiert wird, allerdings auch zu einem „Nachfolger" solcher Auffassungen, in denen vor allem das Bewegende (und Bewegliche) sinnlicher Wahrnehmungsgestalten verfolgt wird. Es zeichnet Machs Psychologie aus, daß er diese anschaulichen seelischen Realitäten aufgreift und unter den Bedingungen seiner physikalischen Methode fruchtbar macht – selbst da noch, wo diese Realitäten die Möglichkeiten der Psychophysik zu überschreiten scheinen.

Nach dem Erscheinen der *Bewegungsempfindungen* im Jahre 1875 hört Ernst Mach auf, den Fragen von Bewegungsgestalten der Wahrnehmung experimentell nachzugehen. 1875 ist zugleich das Jahr, in dem W. Wundt seinen Lehrstuhl in Leipzig antritt. Danach spielt das Problem der Bewegungsgestalten in der akademischen Psychologie für lange Zeit keine Rolle mehr.

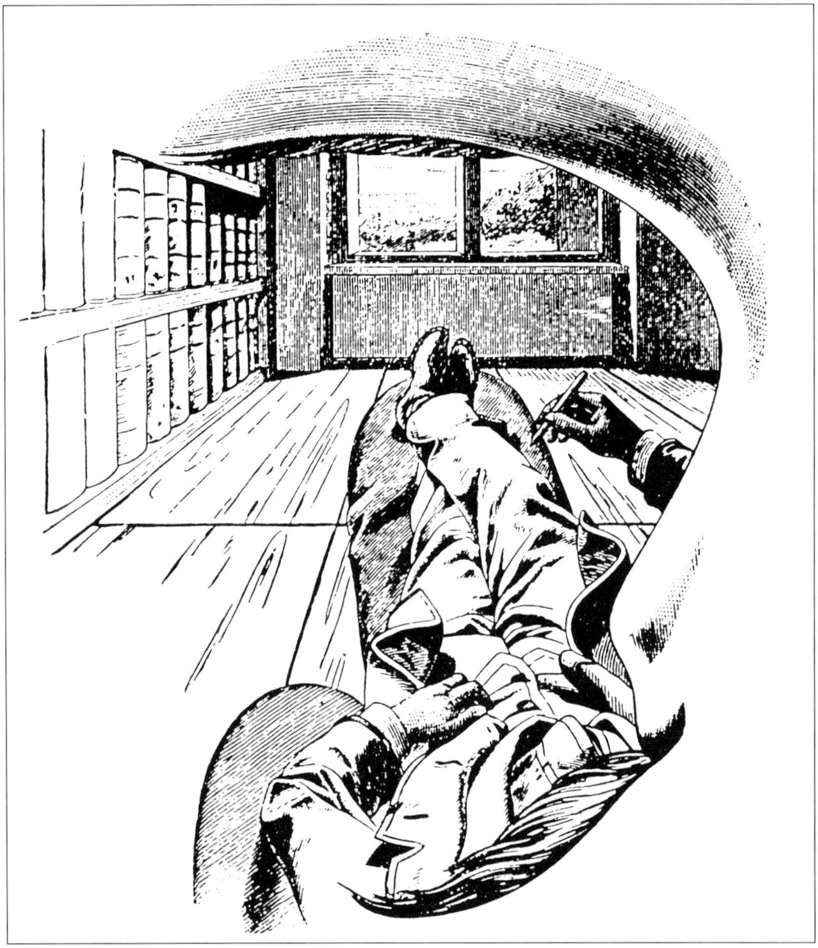

Abb. 6: Machs „Selbstportrait“. Nach Machs eigenen Angaben um 1870 als Karikatur des philosophischen Problems der „Selbstschauung“ entworfen.

Literatur

Blackmore, J. T. (1978). Three Autobiographical Manuscripts by Ernst Mach. Annals of Science, 35, 401–418. London.

Mach, E. (1865). Über die Wirkung der räumlichen Vertheilung des Lichtreizes auf die Netzhaut (1. Abh.). Sitzungsberichte der Kaiserlichen Akademie der Wissenschaften. Mathematisch-naturwissenschaftliche Classe, Bd. 52, Abt. 2, 303–322. Wien.

Mach, E. (1866). Über den physiologischen Effect räumlich vertheilter Lichtreize (2. Abh.). Sitzungsberichte der Kaiserlichen Akademie der Wissenschaften. Mathematisch-naturwissenschaftliche Classe, Bd. 54, Abt. 2, S. 131–144. Wien.

Mach, E. (1866). Über die physiologische Wirkung räumlich vertheilter Lichtreize (3. Abh.). Sitzungsberichte der Kaiserlichen Akademie der Wissenschaften. Mathematisch-naturwissenschaftliche Classe, Bd. 54, Abt. 2, S. 393–408. Wien.

Mach, E. (1868). Über die physiologische Wirkung räumlich vertheilter Lichtreize (4. Abh.). Sitzungsberichte der Kaiserlichen Akademie der Wissenschaften. Mathematisch-naturwissenschaftliche Classe, Bd. 57, Abt. 2, S. 11–19. Wien.

Mach, E. (1875). Grundlinien der Lehre von den Bewegungsempfindungen. Nachdruck Amsterdam, 1967: E. J. Bonset.

Mach, E. (1886). Beiträge zur Analyse der Empfindungen. Jena: G. Fischer. (Ab 2. verm. Aufl., 1900: Die Analyse der Empfindungen und das Verhältnis des Physischen zum Psychischen.)

Swoboda, W.W. (1988). Physik, Physiologie und Psychophysik – Die Wurzeln von Ernst Machs Empiriokritizismus. In: R. Haller & F. Stadler (Hg.). Ernst Mach, Werk und Wirkung (S. 356–403). Wien.

Die Grazer Schule der Gestaltpsychologie

Reinhard Fabian

An der seit der 2. Hälfte des 19. Jahrhunderts sich immer deutlicher hervorhebenden Eigenentwicklung der österreichischen Philosophie nahm Alexius Meinong (1853–1920) mit seinen Ideen zur Wert-, Erkennntnis- und Gegenstandstheorie in entscheidender Weise Anteil. Meinong (s. Abb. 1) hatte seine wissenschaftliche Ausbildung bei Franz Brentano in Wien erhalten, und wiewohl seine späteren philosophischen Forschungen über die Grundpositionen seines Lehrers hinausgehen und in ganz eigenständigen Bahnen verlaufen sollten, befaßte sich Meinong in seiner frühen Arbeitsperiode vielfach mit psychologischen Fragestellungen, wie sie durch das Brentanosche Programm der „deskriptiven" Psychologie vorbereitet worden waren. Im Jahre 1894 konnte er die Gründung des psychologischen Laboratoriums an der Universität Graz vollziehen, und gerade dieses Institut war (im Zusammenwirken mit dem 1897 errichteten philosophischen Seminar) für die Entstehung der „Grazer Schule" von ausschlaggebender Bedeutung. Von den Schülern, die Meinong während seiner nahezu vierzigjährigen Tätigkeit in Graz um sich sammeln konnte, sind vor allem zu nennen: Stephan Witasek, Vittorio Benussi, Rudolf Ameseder, Wilhelm M. Frankl, Eduard Martinak, Ernst Mally, Franz Weber (France Veber); außerdem standen mit Meinong die bereits aus seiner Wiener Dozentenzeit stammenden Freunde Alois Höfler und Christian von Ehrenfels (s. Abb. 2) in engster Verbindung.

Abb. 1: Alexius Meinong

Abb. 2: Christian von Ehrenfels

In Meinongs Selbstdarstellung (1921) finden sich die Namen von nicht weniger als 19 Schülern bzw. Mitarbeitern angeführt. Zur allgemeinen Charakterisierung der „Grazer Schule" und deren Mitglieder vgl. Haller und Fabian (1985); Stock und Stock, Bd. 2 (1990, S. 1223–1445); Stock (1992). Im engeren Sinne wird mit der Bezeichnung „Grazer Schule“ (wofür vielfach auch der Terminus „Österreichische Schule“ in Gebrauch ist) auf die rein psychologischen Arbeiten Bezug genommen. Dies gilt auch für die vorliegende Darstellung. Über die Forschungen der Grazer Psychologen im besonderen vgl. Höfler (1930, S. 627–634); Pupp (1932); Heider (1970); Herrmann (1976, S. 575–581); Lindenfeld (1980, S. 220–242).

Den entscheidenden Anstoß, der nicht nur Meinong, sondern vor allem auch seinen Grazer Mitarbeiterkreis zur intensiven psychologischen Bearbeitung des Gestaltgedankens führte, vermittelte die berühmte Abhandlung *Über ‚Gestaltqualitäten‘*, die Christian von Ehrenfels (1859–1932) im Jahre 1890 veröffentlichte (s. Abb. 3). Zum wissenschaftlichen Werdegang von Chr. von Ehrenfels vgl. Fabian (1986).

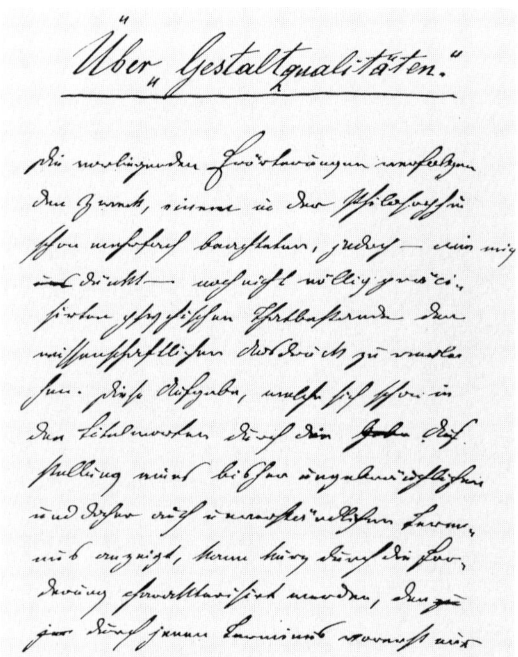

Ueber „Gestaltqualitäten“.

Die vorliegenden Erörterungen verfolgen den Zweck, einem in der Philosophie schon mehrfach beachteten, jedoch — wie mich dünkt — noch nicht völlig präcisirten psychischen Thatbestande den wissenschaftlichen Ausdruck zu verleihen. Diese Aufgabe, welche sich schon in den Titelworten durch die Aufstellung eines bisher ungebräuchlichen und daher nur beiläufig verständlichen Terminus anzeigt, kann kurz durch die Forderung charakterisirt werden, den durch jenen Terminus vorerst nur

Abb. 3: Faksimile der Handschrift von Christian v. Ehrenfels. Auszug aus der Veröffentlichung *Über ‚Gestaltqualitäten‘* und die entsprechende Textpassage aus der Originalpublikation von 1890.

Indem Ehrenfels eine Anregung von E. Mach aufnimmt, entwickelt er an dem klassischen Beispiel des Hörens einer Melodie den Begriff der „Gestaltqualität“: Eine Melodie besteht im einfachsten Fall aus einer Folge einzelner Töne; die Summe der sukzessiv wahrgenommenen Töne bildet einen Vorstellungskomplex, der zwar ohne die zugrundeliegenden Elemente (Töne) nicht bestehen kann, aber als bloße Zusammenfassung von Einzeltönen noch keine Melodie ergibt. Auch läßt sich zeigen, daß die gleiche Melodie, wenn man sie in eine andere Tonart transponiert, ganz unterschiedliche Tonelemente zur Grundlage haben kann. Was also den Elementenkomplex als besonderes Vorstellungsgebilde – eben als Melodie – auszeichnet, ist die „Gestaltqualität“, für die die beiden (späterhin nach Ehrenfels benannten) Kriterien der „Übersummenhaftigkeit“ und „Transponierbarkeit“ gelten. Während Ehrenfels im Fortgang seiner Untersuchungen vor allem mit der Klassifikation von zeitlichen und unzeitlichen Gestalten die große Vielfalt der gestaltlichen Phänomene nachzuweisen sucht, geht es Meinong, der die Ausführungen von Ehrenfels mit größtem Interesse aufgreift, um die theoretische Präzisierung des Gestaltbegriffs.

Meinong (1891) setzt sich in einer ausführlichen Besprechung mit der Ehrenfelsschen Abhandlung auseinander. Er betrachtet Gestaltvorstellungen bzw. deren Inhalte als solche Gebilde, die als „fundierte Inhalte“ in Abhängigkeit von ihrem Fundament, den sie „fundierenden Inhalten“, stehen, und schlägt vor, die Bezeichnung „Gestaltqualität“ durch den Terminus „fundierter Inhalt“ (bzw. in der späteren Konzeption: „Gegenstand höherer Ordnung“) zu ersetzen. Abgesehen von der terminologischen Divergenz bezieht Meinong aber gegenüber dem Ehrenfelsschen Ansatz, mit dem er im Grundsätzlichen übereinstimmt, insofern eine veränderte Position, als er nicht wie Ehrenfels die Gestaltvorstellung mit deren Grundlage zugleich mitgegeben sieht, sondern einen eigenen psychischen Akt für nötig hält, damit aus den vorgegebenen Elementen der entsprechende Gestalteindruck hervorgehen kann. Eine Gestaltvorstellung ist also das Ergebnis eines psychischen Vorganges, der als „Vorstellungsproduktion“ zu verstehen ist (vgl. Witasek, 1908: S. 222–246). Bei Witasek (s. Abb. 4) findet sich die Produktionstheorie der Grazer Schule am klarsten dargestellt. Er verweist auch auf den besonderen Fall künstlerischer Tätigkeit, wo Gestaltvorstellungen vielfach spontan erzeugt werden, ohne daß von vorgegebenen Elementarvorstellungen auszugehen wäre.

Mit der Festlegung der theoretischen Grundlagen setzte in Graz eine Phase umfangreicher experimentalpsychologischer Forschungstätigkeiten ein, die weniger

Abb. 4: Stephan Witasek

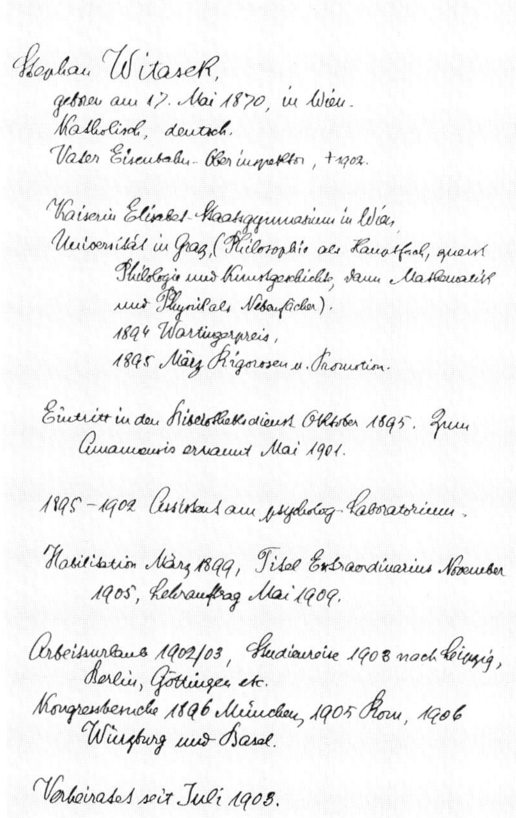

Stephan Witasek,
geboren am 17. Mai 1870, in Wien.
Katholisch, deutsch.
Vater Eisenbahn-Oberinspektor, † 1902.

Kaiserin Elisabeth-Staatsgymnasium in Wien,
Universität in Graz (Philosophie als Hauptfach, zuerst Philologie und Kunstgeschichte, dann Mathematik und Physik als Nebenfächer).
1894 Wartingerpreis,
1895 März Rigorosen u. Promotion.

Eintritt in den Bibliotheksdienst Oktober 1895. Zum Amanuensis ernannt Mai 1901.

1895–1902 Assistent am psycholog. Laboratorium.

Habilitation März 1899, Titel Extraordinarius November 1905, Lehrauftrag Mai 1909.

Arbeitsurlaub 1902/03, Studienreise 1903 nach Leipzig, Berlin, Göttingen etc.
Kongressberichte 1896 München, 1905 Rom, 1906 Würzburg und Basel.

Verheiratet seit Juli 1903.

Abb. 5: Faksimile des Lebenslaufs von Stephan Witasek.

von Meinong selbst, als vielmehr von seinen jüngeren Mitarbeitern, allen voran Stephan Witasek (1870–1915) und Vittorio Benussi (1878–1924), getragen wurden. Zu ihren vorrangigen Untersuchungsobjekten gehörten die Phänomene der sog. geometrisch-optischen Täuschungen. Die von ihnen angestellten Versuche mit den bekannten Zöllnerschen und Müller-Lyerschen Figuren zielten darauf ab, die Produktionstheorie auf experimenteller Basis abzusichern: Beim Sehen solcher Figuren lassen sich nämlich, wenn man von der Voraussetzung gleicher Reiz- und Empfindungsverhältnisse ausgeht, verschiedene Gestaltvorstellungen konstatieren: „Es muß also zwischen den Sinneseindrücken, die konstant bleiben, und den Vorstellungen von Figuren, welche voneinander verschieden ausfallen können, noch ein Vorgang X seinen Platz finden, der je nachdem er sich so oder so abspielt, unter und trotz der Voraussetzung einander gleicher, konstanter Sinneseindrücke zu Vorstellungen von ganz verschiedenen Gegenständen führt" (Benussi, 1914, S. 400).

Damit ist auch das Auftreten der „Gestaltmehrdeutigkeit" zu erklären, die durch die Inadäquatheit des Vorstellens, d.h. durch den Umstand, daß die subjektiv erzeugte Vorstellung gegenüber dem ursprünglich durch die Sinneswahrnehmung gebotenen Tatsachenkomplex unangemessen erscheint, hervorgerufen wird. Diese Grundkonzeption, wonach Gestaltvorstellungen auf synthetischen, nichtsensoriellen Verarbeitungsprozessen beruhen, wurde zum Charakteristikum der Gestaltpsychologie der „Grazer Schule", und eben dieses Erklärungsmodell bildete in der Folge den Hauptpunkt der kritischen Auseinandersetzungen, die von den Gestalttheoretikern der „Berliner Schule" ausgingen.

Benussi hielt trotz der von seiten der Berliner Gruppe (vgl. Koffka, 1915) erhobenen Einwände an seiner Position fest, wiewohl er von dem Begriff der Vorstellungsproduktion abrückte und an Stelle von „produzierter Vorstellung" lieber von „Vorstellung außersinnlicher

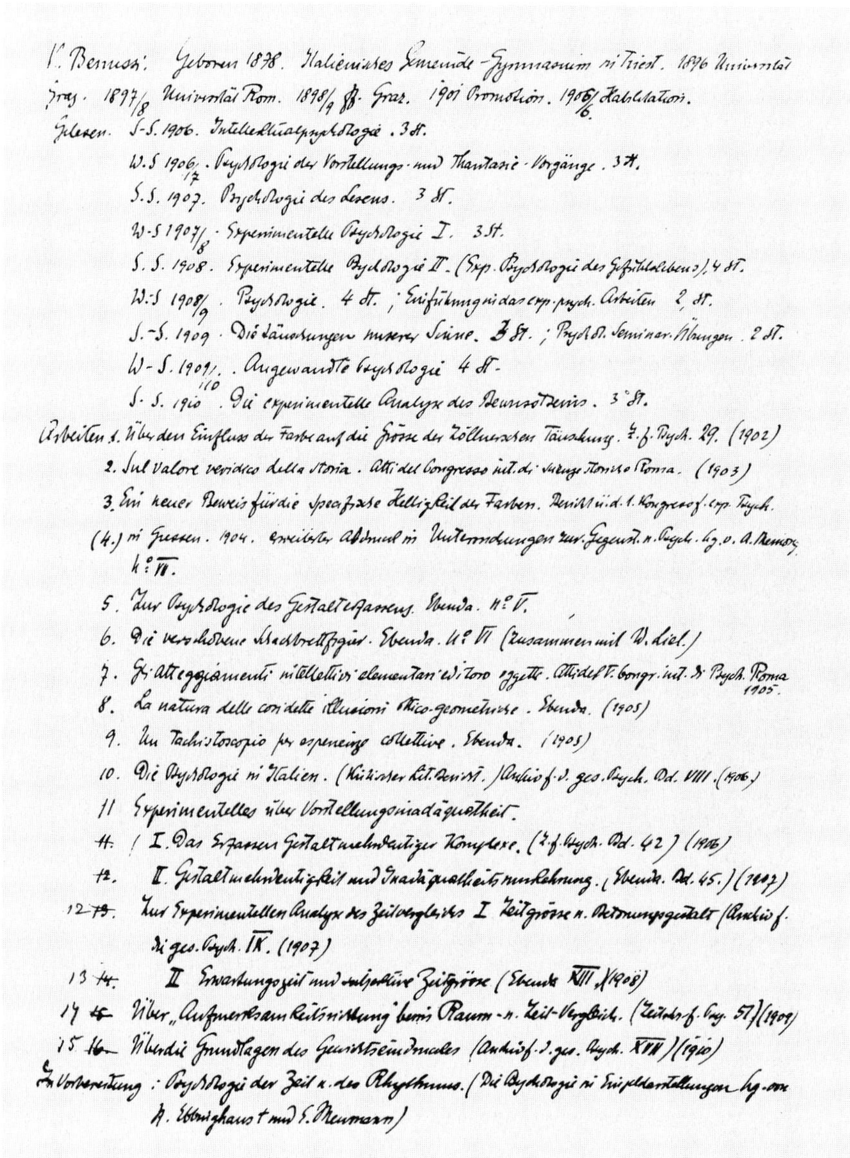

V. Benussi: Geboren 1878. Italienisches Gemeinde-Gymnasium in Triest. 1896 Universität Graz. 1897/8 Universität Rom. 1898/9 ff. Graz. 1901 Promotion. 1905/6 Habilitation.

Gelesen. S.-S. 1906. Intellectualpsychologie. 3 St.
W.-S. 1906/7. Psychologie der Vorstellungs- und Phantasie-Vorgänge. 3 St.
S.-S. 1907. Psychologie des Lesens. 3 St.
W.-S. 1907/8. Experimentelle Psychologie I. 3 St.
S.-S. 1908. Experimentelle Psychologie II. (Exp. Psychologie des Gefühlslebens). 4 St.
W.-S. 1908/9. Psychologie. 4 St.; Einführung in das exp.-psych. Arbeiten 2 St.
S.-S. 1909. Die Täuschungen unserer Sinne. 3 St.; Psychol. Seminar-Übungen. 2 St.
W.-S. 1909/10. Angewandte Psychologie 4 St.
S.-S. 1910. Die experimentelle Analyse des Bewusstseins. 3 St.

Arbeiten 1. Über den Einfluss der Farbe auf die Grösse der Zöllnerschen Täuschung. Z. f. Psych. 29. (1902)
2. Sul valore veridico della storia. Atti del Congresso int. di scienze storiche Roma. (1903)
3. Ein neuer Beweis für die spezifische Helligkeit der Farben. Bericht ü. d. 1. Kongress f. exp. Psych.
(4.) in Giessen. 1904. erweiterter Abdruck in Untersuchungen zur Gegenst. u. Psych. hg. v. A. Meinong Nº II.
5. Zur Psychologie des Gestalterfassens. Ebenda. Nº V.
6. Die verschobene Schachbrettfigur. Ebenda. Nº VI (zusammen mit V. Liel.)
7. Gli atteggiamenti intellettivi elementari e il loro oggetto. Atti del V. Congr. int. di Psych. Roma 1905.
8. La natura delle cosidette illusioni ottico-geometriche. Ebenda. (1905)
9. Un Tachistoscopio per esperienze collettive. Ebenda. (1905)
10. Die Psychologie in Italien. (Kritischer Lit. Bericht.) Archiv f. d. ges. Psych. Bd. VIII. (1906)
11 Experimentelles über Vorstellungsinadäquatheit.
~~11.~~ I. Das Erfassen gestaltmehrdeutiger Komplexe. (Z. f. Psych. Bd. 42) (1906)
~~12.~~ II. Gestaltmehrdeutigkeit und Inadäquatheitsumkehrung. (Ebenda. Bd. 45.) (1907)
12 ~~13.~~ Zur experimentellen Analyse des Zeitvergleichs I Zeitgrösse u. Betonungsgestalt (Archiv f. d. ges. Psych. IX. (1907)
13 ~~14.~~ II Erwartungszeit und subjektive Zeitgrösse (Ebenda XIII.) (1908)
14 ~~15.~~ Über „Aufmerksamkeitsrichtung" beim Raum- u. Zeit-Vergleich. (Zeitschr. f. Psych. 51) (1909)
15 ~~16.~~ Über die Grundlagen des Gewichtseindruckes (Archiv f. d. ges. Psych. XVII) (1910)

In Vorbereitung: Psychologie der Zeit u. des Rhythmus. (Die Psychologie in Einzeldarstellungen hg. von H. Ebbinghaus † und E. Meumann)

Abb. 6: Faksimile der Handschrift von Vittorio Benussi. Zusammenstellung seiner Lehrveranstaltungen und Veröffentlichungen.

Provenienz" sprach (Benussi, 1914, S. 104). Auch Höfler suchte in diesem Zusammenhang eine terminologische Neuerung einzuführen, indem er für „Produktion" die Bezeichnung „Koindukation" bzw. „Koinduzieren" vorschlug (1930, S. 428 f., 432 f.).

Neben den experimentellen Untersuchungen zu den geometrisch-optischen Täuschungen beschäftigte sich Witasek auch mit Fragen der Raumwahrnehmung und mit grundsätzlichen Themen der Ästhetik, während Benussi sich späterhin der Erforschung der Psychologie der Zeitauffassung und des Tastsinnes zuwandte. Im Jahre 1920, als das Grazer Laboratorium bereits in das dritte Jahrzehnt seines erfolgreichen Bestehens eingetreten war, starb dessen Begründer. Mit dem Tod Meinongs kamen auch die psychologischen Arbeiten der „Grazer Schule" zum Stillstand, nachdem diese Institution schon zuvor ihrer wichtigsten personellen Stützen beraubt worden war: Witasek war 1915 völlig unerwartet gestorben. Benussi zog kurz vor dem Ende des 1. Weltkrieges nach Italien und erhielt 1923 an der Universität Padua einen eigenen Lehrstuhl für Psychologie. Ihm gelang es, an dieser neuen Wirkungsstätte die Grazer Tradition noch in einem bestimmten Ausmaß weiterzuführen. Auf die von Benussi ausgehende Linie der italienischen Psychologie, die vor allem durch Musatti, Metelli und Kanizsa repräsentiert wird, verweist Smith (1988: S. 26–31).

In Graz selbst wurde von Ernst Mally (1879–1944), dem Nachfolger Meinongs, der Schwerpunkt von Lehre und Forschung wieder auf das philosophische Fach gelegt. Zu den letzten aus der „Grazer Schule“ hervorgegangenen Psychologen gehörten Ferdinand Weinhandl und Fritz Heider, die freilich unmittelbar nach Abschluß ihres Doktoratsstudiums (1918 bzw. 1920) Graz verließen und in Deutschland ihre wissenschaftliche Ausbildung fortsetzten.

Ein umfassender Nachweis über das Schrifttum der „Grazer Schule“ liegt seit jüngster Zeit in der kommentierten Bibliographie vom B. Smith (1988) und in der Dokumentation von M. und W. Stock (1990) vor.

Literatur

Benussi, V. (1904). Zur Psychologie des Gestalterfassens. (Die Müller-Lyersche Figur). In A. Meinong (Hg.), Untersuchungen zur Gegenstandstheorie und Psychologie (Zum zehnjährigen Bestande des Psychologischen Laboratoriums der Universität Graz) (S. 303–448). Leipzig: Barth.

Benussi, V. (1914). Gesetze der inadäquaten Gestaltauffassung (Die Ergebnisse meiner bisherigen experimentellen Arbeiten zur Analyse der sogen. geometrisch-optischen Täuschungen [Vorstellungen außersinnlicher Provenienz]). Archiv für die gesamte Psychologie 32, 396–419.

Ehrenfels, C. v. (1890). Über ‚Gestaltqualitäten‘. Vierteljahresschrift für wissenschaftliche Philosophie 14, 242–292. (Wiederabdr. in C. v. Ehrenfels, Psychologie – Ethik – Erkenntnistheorie (Philosophische Schriften III), hrsg. v. R. Fabian (S. 128–167), München: Philosophia 1988.

Fabian, R. (Hg.)(1986). Christian von Ehrenfels – Leben und Werk. Amsterdam: Rodopi.

Haller, R. & Fabian, R. (1985). Alexius Meinong und die Grazer Schule der Gegenstandstheorie. In K. Freisitzer, et al. (Hg.), Tradition und Herausforderung. 400 Jahre Universität Graz (S. 277–291). Graz: Akademische Druck- und Verlagsanstalt.

Heider, F. (1970). Gestalt Theory: Early History and Reminiscences. Journal of the History of the Behavioral Sciences 6, 131–139.

Herrmann, Th. (1976). Ganzheitspsychologie und Gestalttheorie. In H. Balmer (Hg.), die Psychologie des 20. Jahrhunderts, Bd. I: Die europäische Tradition (S. 574–658). Zürich: Kindler.

Höfler, A. (1930). Psychologie (2. sehr vermehrte Auflage, mit Beiträgen von A. Wenzl und O. Sterzinger), hrsg. von A. Wenzl. Wien/ Leipzig: Hölder-Pichler-Tempsky.

Koffka, K. (1915). Zur Grundlegung der Wahrnehmungspsychologie. Eine Auseinandersetzung mit V. Benussi. (Beiträge zur Psychologie der Gestalt III). Zeitschrift für Psychologie 73, 11–90.

Lindenfeld, D. F. (1980). The Transformation of Positivism: Alexius Meinong and European Thought 1880–1920. Berkeley/ Los Angeles: University of California Press.

Lück, H. E. (1990). Ein Briefwechsel zwischen William Stern und Alexius Meinong. Psychologie und Geschichte, 1 (4), 38–54.

Meinong, A. (1891). Zur Psychologie der Komplexionen und Relationen. Zeitschrift für Psychologie 2, 245–265. Wiederabdr. in A. Meinong, Abhandlungen zur Psychologie (S. 279–300) (Meinong Gesamtausgabe I), bearb. von R. Kindinger & R. Haller (1969). Graz: Akademische Druck- und Verlagsanstalt.

Meinong, A. (1921). A. Meinong. In: Die Deutsche Philosophie der Gegenwart in Selbstdarstellungen, Bd. 1 (91–150), hrsg. v. R. Schmidt. Leipzig: Meiner. Wiederabdr. in Meinong, A. (1978). Selbstdarstellung – Vermischte Schriften (S. 1–62) (Gesamtausgabe VII), bearb. von R. Haller. Graz: Akademische Druck- und Verlagsanstalt.

Meinong, A. (Hg.) (1904). Untersuchungen zur Gegenstandtsheorie und Psychologie (Zum zehnjährigen Bestande des Psychologischen Laboratoriums der Universität Graz). Leipzig: Barth.

Pupp, R. (1932). Gestalt und Beziehung im Anschluß an die österreichische Schule. Universität München: Dissertation.

Smith, B. (Ed.).(1988). Foundations of Gestalt Theory. München/ Wien: Philosophia Verlag (Annotated Bibliography, 227–478).

Stock, M. & Stock, W. (1990). Psychologie und Philosophie der Grazer Schule. Eine Dokumentation zu Werk und Wirkungsgeschichte, 2 Bde. (Sonderband der Internationalen Bibliographie zur Österreichischen Philosophie, hrsg. von W. L. Gombocz et al.). Amsterdam: Rodopi.

Stock, W. (1992). Die Grazer Schule: Psychologie – Gegenstandstheorie – Wirklichkeitstheorie. Nachrichten der Forschungsstelle für Österreichische Philosophie (Graz) 3, 7–25.

Witasek, St. (1899). Über die Natur der geometrisch-optischen Täuschungen. Zeitschrift für Psychologie 19, 81–174.

Witasek, St. (1908). Grundlinien der Psychologie. Leipzig: Dürr (2. Aufl. Leipzig: Meiner, 1923).

Gestaltpsychologie in Frankfurt

Viktor Sarris

Abb. 1: Frontseite des Hauptgebäudes der Frankfurter Universität, ca. 1915; dort auch die Räumlichkeiten des Psychologischen Instituts mit dessen Laboreinrichtungen.

Mit der *Gestaltpsychologie in Frankfurt* verbindet sich das Werk von Max Wertheimer (1880–1943) in den beiden nachfolgenden Schaffensperioden (Mich. Wertheimer, 1980; Sarris & Mich. Wertheimer, 1987; Ash, 1989).

Wertheimers Frankfurter Jahre I: 1910–1914

Auf das Jahr 1910 geht der Beginn von Wertheimers experimentellen Untersuchungen zum sog. *Phi*-Phänomen zurück (Sarris, 1987a,b). Nach einer Anekdote, die er selbst später im Unterricht zum besten gab, soll ihm in einem Zug, der über Frankfurt fuhr, die Grundidee zu seinen Experimenten – spielerisch – gekommen sein. Demzufolge unterbrach er seine Reise, um in Frankfurt in einem Hotelzimmer mit Hilfe eines Spielzeugstroboskops die ihn dabei interessierenden *Scheinbewegungen* zu studieren.(Kinoeffekt) (Sarris, 1987a,b):

„... Ich merkte an dem Spielzeug bestimmte Bewegungen ... Man dreht hier (die innere Scheibe) und sieht dann Filmbilder in dem Schlitz (der äußeren Scheibe) ... Ich stellte mir ein paar neue Streifen her und telefonierte dann mit dem Frankfurter Labor ... Es wurde mir der (dortige) Assistent Dr. Köhler geschickt. Wir konnten später auch Koffka gewinnen ... " (Wertheimer, 1937, zit. nach Luchins & Luchins, 1972).

Wertheimer benutzte in Frankfurts gut ausgerüstetem Labor das Schumannsche Radtachistoskop, um mit dessen Hilfe die für das *Phi*-Phänomen charakteristischen Einzelerscheinungen zu untersuchen (s. Abb. 1). Mit dieser Thematik habilitierte er sich zwei Jahre später in Frankfurt (s. Abb.2). Damit gelang ihm die erste multifaktorielle Analyse von *Bewegungsgestalten*. Er untersuchte die entsprechenden Bewegungsgestalten nicht nur mit normalsichtigen Personen – und zwar hauptsächlich an seinen Freunden Wolfgang Köhler (1887–1967) und Kurt Koffka (1886–1941) –, sondern auch an neurologisch Erkrankten mit schweren Okzipitallappen-Störungen:

Abb. 2: Max Wertheimer neben dem Schumannschen Radtachistoskop, das er für seine Experimente mit Schein- und Realbewegungen benutzte; ca. 1913.

„Ich erwähne, daß neuerdings ein *pathologischer* Fall (ein Fall von Affektion beider Oczipitallappen) für zentrale Fundierung des Bewegungssehens zu sprechen scheint: In der *Wien. klin. Wochenschr. 24, S. 518, Nr. 14, 1911*, berichtet Dr. Pötzl von der betreffenden Patientin: , ... *läßt man eine starke Lichtquelle in langsamer und schnellerer Bewegung auf sie wirken, so scheint sie die Bewegung des Objekts nicht zu apperzipieren; sie bezeichnet das, was sie sieht, als mehrere (isolierte) Lichter ...* ‘. ... Ich habe mich im Mai 1911 daraufhin an den Verfasser Dr. P. gewendet und hatte die Gelegenheit, die Patientin sowohl mit ... wirklicher Bewegung als auch mit ... (Scheinbewegung) zu prüfen" (Wertheimer, 1912, S. 246f.).

Die Grundlagen für die erst später veröffentlichten *Gestaltgesetze* wurden von Max Wertheimer ebenfalls schon während dieser Frankfurter Zeit geschaffen (Wertheimer 1923). Mit weiteren Freunden bzw. Kollegen gelang es ihm noch während dieser Jahre, die experimentelle Ausgangsbasis der Gestaltpsychologie wesentlich zu erweitern (Tab. 1). – Einige Themen aus Wertheimers Frankfurter Lehrveranstaltungen damals: *Übungen zur Psychologie der geistigen Fähigkeiten; Ausgewählte Kapitel der Psychologie für Mediziner; Psychologische Analyse hirnpathologischer Fälle.*

Wertheimers Frankfurter Jahre II: 1929–1933

In seiner zweiten Frankfurter Schaffensperiode setzte Wertheimer, jetzt als Ordinarius und Institutsdirektor, seine experimentellen Untersuchungen fort, und zwar – außer mit seinen Assistenten E. Levy und W. Metzger – mit den Doktoranden J. Becker, E. Goldmeier, H. Kopfermann, W. Krolik, E. Oppenheimer, G. Siemsen und M. Turhan. Dabei waren in der damaligen Wahrnehmungspsychologie die beiden folgenden Forschungsgesichtspunkte ausschlaggebend: (a) Für die meisten Psychologen war die experimentelle Phänomenanalyse vornehmlich qualitativ ausgerichtet; demgegenüber waren Wertheimers Arbeiten zusätzlich z.T. quantitativ orientiert (Sarris, 1988). (b) Experimentelle Versuche gerade zum Wertheimerschen *Phi*-Phänomen waren auch und gerade in den dreißiger Jahren noch von

Abb. 3: Foto Max Wertheimer, Psychologie- und Philosophieprofessor an der Frankfurter Universität; ca. 1930.

Tabelle 1: Einige Extensionen von Wertheimers (1912) Phi-Phänomenversuchen (modifiz. nach Sarris, 1989).

Gegenstand	*Zeit*	*Ort u. Publikationen**
Versuche mit Scheinbewegungen („Phi") und Gestaltgesetze	1911–1914	Frankfurt/M. Koffka, 1915, 1919; Gelb, 1914; Korte, 1915; Wertheimer, 1923
Neurobiologische und klinisch-psychologische Studien	1911–1913	Wien, Frankfurt/M. Pötzl und Redlich, 1911; Wertheimer, 1912a, 1913, 1920; Gelb und Goldstein, 1918; Fuchs, 1920
Akustisches Phi-Phänomen und Lokalisationshören	1915	Berlin von Hornbostel und Wertheimer, 1920
Wertheimer-Koffka-Kontrastring und Gestaltwirkung	1912–1914	Frankfurt/M. Koffka, 1915; Wertheimer und Benary, 1924

*Zit. in Sarris (1987a, b; 1988).

Abb. 4: Max Wertheimer, in Frankfurt, vermutlich Ende der zwanziger Jahre. Wertheimer demonstrierte Gestaltgesetze im Hörsaal u.a. durch eigenes Musizieren.

Abb.5: Karikatur von Max Wertheimer beim Klavierspiel vor seinen Studenten in New York, ca. 1937.

großem aktuellen Interesse. Wertheimer, der die *Musik* seit seiner Jugend liebte, hat die grundlegenden Gestaltpänomene – auch im Unterricht – häufig anhand von musikpsychologischen Beispielen illustriert (Abb.3; Abb.4). – Einige Themen aus Wertheimers *Lehrveranstaltungen* von damals: *Wahrnehmung und Kognition; Produktives Denken; Gestalttheorie in Philosophie und Psychologie.*

Abschied von Frankfurt

Wertheimers zweite Frankfurter Arbeitszeit wurde zu Beginn des Jahres 1933 beendet (M. W. war jüdischer Abstammung), wie das folgende Zitat von Wertheimers ältestem Sohn, Valentin Wertheimer, verdeutlicht:

„Wir waren in die Tschechoslowakei im März 1933 abgereist, am Tag vor der *März*-Wahl. Mein Vater und meine Mutter hatten Hitlers Rundfunkrede zwei Tage vor der Wahl gehört; er entschied sich zur Abreise am nächsten Tag, weil, wie er uns sagte, seine Kinder nicht in einem Land leben sollten, in dem sich ein Mann wie Hitler um das höchste Staatsamt mit Aussicht auf Erfolg bewerben konnte. Im Juni 1933 spürte mein Vater, daß Hitler kein vorübergehendes Phänomen war – und er hielt Ausschau, wohin er ziehen sollte. Er hatte Einladungen nach London,

Jerusalem und New York; er wählte das letztere Angebot" (Undat. Brief von Valentin Wertheimer an Grace Heider, USA, ca. 1965; zit. nach Sarris & Mich. Wertheimer, 1987, S. 485f.) (Abb. 5).

Mit Max Wertheimer hat der am Frankfurter Psychologischen Institut zweifellos genialste und auch erfolgreichste Fachvertreter dieses Jahrhunderts gewirkt, und das innerhalb eines Gesamtzeitraums von weniger als zehn Jahren. Übrigens hat Wertheimer auch über die *Wahrheit* bereits in Frankfurt in seinem sog. „Wahrheitsseminar" philosophiert, darüber aber erst als Emigrant in New York publiziert (Wertheimer, 1934).

Literatur

Ash, M.G. (1989). Max Wertheimer's university career in Germany. Psychological Research, 51, 52–57.

Luchins, A.S. & Luchins, E.H. (1972). Wertheimer's seminars revisited: Perception (Vol. I). Mimeo. State University of New York: Albany, N.Y.

Sarris, V. (1987a,b; 1988). Max Wertheimer in Frankfurt – über Beginn und Aufbaukrise der Gestaltpsychologie (I–III). Zeitschrift für Psychologie, 195, 283–310, 403–431; 196, 27–61.

Sarris, V. (1989). Max Wertheimer on seen motion: Theory and evidence. Psychological Research, 51, 58–68.

Sarris, V. & Wertheimer, Mich. (1987). Max Wertheimer (1880–1943) im Bilddokument – ein historiographischer Beitrag. Psychologische Beiträge, 29, 469–493.

Wertheimer, M. (1934). On truth. Social Research, 1, 135–146

Wertheimer, M. (1912). Experimentelle Studien über das Sehen von Bewegung. Zeitschrift für Psychologie, 61, 161–265.

Wertheimer, Mich. (1923). Untersuchungen zur Lehre von der Gestalt: II. Psychologische Forschung, 4, 301–350.

Wertheimer, Mich. (1980). Max Wertheimer: Gestalt prophet. Gestalt Theory, 2, 3–17.

Die Berliner Schule der Gestaltpsychologie

Lothar und Helga Sprung

Frankfurt am Main und Berlin sind die Universitäten, an denen zu Beginn des 20. Jahrhunderts die unmittelbaren Ursprünge der „Gestaltpsychologie" zu finden sind (s. Abb. 1).

Abb. 1: Wirkungsstätte der Gestaltpsychologen in Berlin ab 1922.

Die *mittelbaren* Ursprünge sind an vielen Orten nachweisbar, da sie auf eine lange Tradition ganzheitlichen und gestalthaften Denkens zurückgehen. Mit Blick auf die jahrtausendealten „Philosophie-Psychologien" und „Erfahrungsseelenlehren" muß hervorgehoben werden, daß ganzheitliches Denken so alt ist, wie wir eine hinreichend beurkundete Geschichte der Psychologie zurückverfolgen können. Wir finden es in der altchinesischen Lehre vom „Yang und Yin" systematisch beschrieben, deren Ursprung den alten chinesischen Kaisern um 3000 v.d.Z. zugeschrieben wird und die im *Ji King* (*Buch der Wandlungen*) des Konfuzius (552–479 v.d.Z.) erstmals systematisch aufgezeichnet wurde. Ganzheitliches Denken finden wir in der griechischen Antike beispielsweise bei Aristoteles (384–322 v.d.Z.), der einen Hauptsatz der Gestaltpsychologie formulierte, wonach das „Ganze mehr ist als die Summe seiner Teile". Aristoteles sprach auch davon, daß das „Ganze früher sei als die Teile". Ein Beispiel dafür aus der Zeit der Aufklärung bildet Gottfried Wilhelm Leibniz (1646–1716) mit seiner „Monadenlehre".

Die unmittelbaren Anfänge gestaltpsychologischen Denkens in der Psychologie, wie sie sich nach ihrer institutionellen Verselbständigung im letzten Drittel des 19. Jahrhunderts entwickelte, sind vornehmlich im antielementaristischen Denken der sogenannten „Aktpsychologie" sowie in dem der „Ganzheitspsychologie" zu sehen. Diese Strömungen sind vor allem mit den Namen Franz Brentano (1838–1917), Alexius Meinong (1853–1920) und Christian v. Ehrenfels (1859–1932) – sowie in einigen Wurzeln auch Ernst Mach (1838–1916) – verknüpft. Diese Gelehrten wirkten insbesondere in Wien, Graz, Würzburg und Prag. Sie bekämpften den „Elementarismus", der innerhalb der Experimentalpsychologie des ausgehenden 19. Jahrhunderts vorherrschte und der u.a. am Modell der „Psychophysik" z.B. eines Ernst Heinrich Weber (1795–1878) und Gustav Theodor Fechner (1801– 1887) oder an der „Physiologischen Psychologie" eines Wilhelm Wundt (1832–1920) orientiert war. Dieses experimentelle Wissenschaftsmodell ging davon aus, daß die psychischen Erscheinungen nach dem Modell der Chemie aus verschiedenen Elementareinheiten (z.B. Empfindungen, Vorstellungen) aufgebaut und daher in Forschungsprozessen elementar zerlegbar sind. Dieser Elementarismus wurde durch den „Assoziationismus" ergänzt, der die Dynamik und die Verknüpfungsformen psychischer Elemente in den aristotelischen Assoziationsformen suchte.

Demgegenüber betonten die Ganzheits- und Gestalttheoretiker die „phänomenologische Analyse" einer psychischen Erscheinung als erste Näherung innerhalb einer wissenschaftlichen psychologischen Untersuchung. Hinzu kamen später das „biotische", d.h. das lebensnahe Experiment gegenüber dem „künstlichen" Laborexperiment. Ihrem vorherrschenden Psychologie- und Wissenschaftsverständnis gemäß sind es daher stets die Erscheinungen, d.h. die „Phänomene", die den

Abb. 2: Max Wertheimer

Abb. 3: Kurt Koffka

Abb.4: Wolfgang Köhler

Abb.5: Erich Moritz von Hornbostel

Abb. 6: Karl Duncker

Ausgangspunkt jeder wissenschaftlichen Analyse bilden müssen, und nicht die ihnen zugrunde liegenden „Reizbedingungen“. Nur von den „psychischen Phänomenen“ aus kann man zu den psychischen Strukturen und Prozessen (d.h. zu den „Akten“ im Sinne Franz Brentanos bzw. zu den „Funktionen“ im Sinne Carl Stumpfs) vordringen.

Vor allem über Carl Stumpf (1848–1936), der ein Schüler Franz Brentanos und Rudolph Hermann Lotzes (1817–1881) war, kam ganzheitliches und gestalthaftes Denken nach Berlin (Stumpf 1907, 1939; Ash 1982; Sprung, Sprung, Kernchen 1986). Stumpfs Berliner Schüler wie Wolfgang Köhler (1887–1967) (s. Abb. 3), Kurt Koffka (1886–1941) (s. Abb. 4), aber auch Kurt Lewin (1890–1947) sowie Stumpfs Berliner Mitarbeiter

Max Wertheimer (1880–1943) (s. Abb. 2) sollten dann in den 20er und frühen 30er Jahren des 20. Jahrhunderts in Berlin die psychologische Wissenschaftskonzeption ausbauen, die als „Berliner Schule der Gestaltpsychologie“ (besser: „Berlin-Frankfurter Schule der Gestaltpsychologie“) in die Geschichte der Psychologie eingegangen ist. Diese Schule nahm zusätzlich zu Brentanos, Lotzes und Stumpfs Wirken vor allem in den Arbeiten von Max Wertheimer in Frankfurt am Main einen weiteren unmittelbaren Ausgangspunkt.
Resümierend gesprochen versuchte die Gestaltpsychologie schließlich vier wissenschaftliche Prinzipien miteinander zu verbinden:

(1) Ganzheitliches Denken. Das Ganze ist mehr als die Summe seiner Teile, lautete ihre zentrale Maxime (auch „Übersummativitätskriterium“ genannt).
(2) Phänomenologische Ausgangssituation: Die „Phänomene“, d.h. das unmittelbar Erscheinende, bilden den Ausgangspunkt jeder empirischen Analyse. Oder anders gesagt: Von den Erscheinungen zum Wesen vordringen und nicht umgekehrt, weil das Wesen in den Erscheinungen aufleuchtet, aber nicht mit ihm identisch ist.
(3) Experimentalmethodik – vor allem als „biotisches Experiment“ realisiert – und Mathematik sind die Schlüssel zur empirischen Analyse der psychischen Phänomene.
(4) Psychophysische Isomorphie, d.h. allen psychischen Erscheinungen sind isomorph, d.h. eineindeutig, physische Prozesse zugeordnet. Daher muß der psychologische Forscher stets nach den organismischen Grundlagen des Psychischen suchen.

Typisch für gestaltpsychologisches Denken und Experimentieren ist eine Arbeit von Max Wertheimer aus dem Jahre 1912. In einer experimentellen Untersuchung erkannte er die Bedeutung der Tatsache, daß bestimmte kontinuierliche und bestimmte diskontinuierliche Reizungen des optischen Sensoriums eine gleichartige kontinuierliche Bewegungswahrnehmung erzeugen. Die Wahrnehmung erfolgt demnach „gestalthaft“ und nicht „reizhaft“, d.h. nicht elementaristisch – so lautet seine wesentliche Schlußfolgerung. Dabei handelt es sich um die später berühmt gewordene Studie über das sogenannte „Phi-Phänomen“, den stroboskopischen Effekt oder die Scheinbewegung (Wertheimer, 1912). Analoge Experimente wurden später im Bereich der Tierpsychologie (Köhler, 1917), der Denkpsychologie (Duncker, 1935; Wertheimer, 1982) oder der Gedächtnispsychologie (Köhler & von Restorff, 1933; 1937) durchgeführt.

So hatte sich schließlich gegen Ende der 20er und zu Beginn der 30er Jahre des 20. Jahrhunderts die Theorie und Methodik der Berliner Gestaltpsychologie auf sehr verschiedene Gegenstandsgebiete ausgeweitet. Begonnen hatte sie vor allem als Wahrnehmungs- und Denkpsychologie. Nun leistete sie wesentliche Beiträge vor allem zur Weiterentwicklung der Denkpsychologie oder zur Entwicklungspsychologie. Vor allem über das Wirken Kurt Lewins – der in Form seiner psychologischen „Feldtheorie“ eine Erweiterung der Gestaltpsychologie vornahm – weitete sich ihr Einflußfeld auf viele weitere Problemgebiete, so z.B. dem der Handlungs- und Affektforschung aus.

Zur Berliner gestaltpsychologischen Tradition gehören bis zu einem gewissen Maße auch Erich Moritz von Hornbostel (1877–1935) (s. Abb. 5) mit seinen ethnopsychologischen und vergleichenden musikwissenschaftlichen Forschungen und Karl Duncker (1903–1940) (s. Abb. 6) mit seinen kognitionspsychologischen Untersuchungen (Dunker 1935).

Eine gewisse Weiterentwicklung gestaltpsychologischen Denkens in Berlin – insbesondere im persönlichkeits- und entwicklungspsychologischen Bereich – ist durch das Wirken Kurt Gottschaldts (1902–1991) auch nach der Emigration der Mehrzahl der Berliner Gestaltpsychologen nach 1933 in die USA zu verzeichnen gewesen. Gottschaldt, ein Schüler Wolfgang Köhlers und Max Wertheimers in seinen gestaltpsychologischen, Kurt Lewins in seinen feldtheoretischen und Erich Rothackers (1888–1965) in seinen persönlichkeits- und schichttheoretischen Intentionen, wirkte von 1935 bis 1962 in Berlin (Gottschaldt, 1960) und beeinflußte maßgeblich eine Generation von Psychologen in Berlin, die nach dem II. Weltkrieg in den späten 40er und vor allem in den 50er Jahren ihr Studium bei ihm an der Humboldt-Universität zu Berlin begannen und abschlossen.

Aus heutiger experimentalpsychologischer Sicht betrachtet stellt die „Berliner Schule der Gestaltpsychologie“ eine wesentliche Vermittlungsstufe zwischen der klassischen Experimentalpsychologie, z.B. der von Wilhelm Wundt (1832–1920), Gustav Theodor Fechner (1801–1887) oder Hermann Ebbinghaus (1850–1909), in der zweiten Hälfte des 19. Jahrhunderts auf der einen und der heutigen Experimentalpsychologie auf der anderen Seite dar, indem sie insbesondere den „Elementarismus“ und den „Assoziationismus“ der klassischen Experimentalpsychologie kritisch überwand. Wesentliche ihrer Vorstellungen sind in den Kanon der rezenten Experimentalpsychologie eingegangen. Ihre ganzheitliche Betrachtung finden wir heute in holistischen, systemtheoretischen und ökologisch-psychologischen Vorstellungen. Ihre Ablehnung einer physikalischen Reizcharakteristik als erster und wesentlichster Ausgangspunkt einer variablenbezogenen Phänomenanalyse ist in informationstheoretische Konzepte innerhalb der Psychologie eingeflossen. Von einem hohen heuristischen Wert war auch das von ihr postulierte Isomorphieprinzip, das uns heute in der Maxime begegnet, immer zusätzlich zur psychologischen Analyse nach den organismischen Grundlagen des Psychischen zu fragen.

Abb 7: Gestaltpsychologisches Experiment im Hörsaal des Psychologischen Instituts der Berliner Universität um 1930

Die Grenzen der „Berliner Schule der Gestaltpsychologie“ liegen darin, daß ihre maßgeblichen Vertreter die gestaltpsychologischen Prinzipien und damit ihre Theorie und Methodik mit Monopolanspruch, d.h. universalistisch für alle psychologischen Problemstellungen als Zugangsweise zur Analyse und Erklärung des Psychischen ansahen und dementsprechend von dieser Position aus andere psychologische Konzeptionen z.T. unter übertriebener Zuspitzung der gegnerischen Wissenschaftsauffassungen bekämpften oder gar ignorierten (Stumpf 1939). In diesem Sinne war die „Berliner Schule der Gestaltpsychologie“ eine typische Vertreterin des „Hauptzeitalters der Schulen“ innerhalb der jüngsten Geschichte der Psychologie, das etwa im Zeitraum von 1890 bis 1940 das Bild unserer Wissenschaft maßgeblich bestimmte (Sprung, Sprung & Müller 1991).

Literatur

Ash, M.G. (1982). The emergence of Gestalt theory: Experimental Psychology in Germany 1890–1920. Dissertation Abstracts International 43.

Ash, M.G. und Geuter, U. (Hg.) (1985). Geschichte der deutschen Psychologie im 20. Jahrhundert. Opladen: Westdeutscher Verlag.

Ash, M.G. & Woodward, W.R. (Eds.) (1987). Psychology in twentieth-century thought and society. Cambridge: Cambridge University Press.

Duncker, K. (1935). Zur Psychologie des produktiven Denkens. Berlin: Springer.

Gottschaldt, K. (1960). Das Problem der Phänogenetik in der Persönlichkeit. In: Lersch, Ph. & Thomae, H. (Hg.), Persönlichkeitsforschung und Persönlichkeitstheorie. Göttingen: Hogrefe (S. 222–280).

Jaeger, S. (Hg.) (1988). Briefe von Wolfgang Köhler an Hans Geitel 1907–1920. Passau: Passavia.

Köhler, W. (1917). Intelligenzprüfungen an Anthropoiden. In: Abhandlungen der Königl. Preuss. Akademie der Wissenschaften. Physikalisch-Mathematische Klasse 1. Berlin: Reimer.

Köhler, W. & von Restorff, H. (1933 und 1937). Analyse von Vorgängen im Spurenfeld I. Über die Wirkung von Bereichsbildung im Spurenfeld. II. Zur Theorie der Reproduktion. In: Psychologische Forschung 18 und 21.

Lück, H.E. (1991). Geschichte der Psychologie. Strömungen, Schulen, Entwicklungen. Stuttgart: Kohlhammer.

Schönpflug, W. (Hg.) (1992). Kurt Lewin – Person, Werk, Umfeld. Frankfurt/Main: Lang

Sprung, L. (1991). The Berlin psychological tradition: Between experiment and quasi-experimental design, 1850–1990. In: Woodward, W.R. & Cohen, R.S. (Eds.), World views and scientific discipline formation. Dordrecht: Kluwer (S. 107–116).

Sprung, L., Sprung, H. & Kernchen, S. (1986). Erinnerungen an einen fast vergessenen Psychologen? – Carl Stumpf (1848–1936) zum 50. Todestag. Zeitschrift für Psychologie 194 (4), 509–516.

Sprung, L.; Sprung, H. und Müller, M. (1991). Psychologische Methodentheorie und Psychologiegeschichte. In: H.E. Lück & R. Miller (Hg.). Theorien und Methoden psychologiegeschichtlicher Forschung (S. 43–53). Göttingen: Hogrefe.

Sprung, L. & Schönpflug, W. (Hg.) (1992). Geschichte der Psychologie in Berlin. Frankfurt/M.: Lang.

Stumpf, C. (1907). Erscheinungen und psychische Funktionen. Aus den Abhandlungen der Königl. Preuss. Akademie der Wissenschaften vom Jahre 1906. Berlin: Reimer.

Stumpf, C. (1939). Erkenntnislehre. Band I. Leipzig: Barth.

Wehner, E.G. (Hg.) (1990). Geschichte der Psychologie. Darmstadt: Wissenschaftliche Buchgesellschaft.

Wertheimer, M. (1912). Experimentelle Studien über das Sehen von Bewegung. Zeitschrift für Psychologie 61, 161–265.

Wertheimer, M. (1982). Productive thinking. Enlarged edition. Edited by Michael Wertheimer. Chicago: University of Chicago Press.

Woodward, W.R. & Cohen, R.S. (Eds.) (1991). World views and scientific discipline formation. Dordrecht: Kluwer.

Zimmer, A. (Hg.) (1987). [Wolfgang Köhler Sonderheft zu seinem 100. Geburtstag] Gestalt Theory 9 (3–4).

Wolfgang Köhler

Siegfried Jaeger

„Meine Arbeit erinnert an die Köhlerschen Intelligenzprüfungen bei Menschenaffen, in denen die Versuchstiere nur dann zu gewissen Früchten gelangen, wenn sie sich von dem vergitterten Fenster abwenden und, den Früchten zunächst den Rücken kehrend, die Tür wählen."

Brecht an Walter Benjamin (London April/Mai 1936)

Köhler, dessen Versuche Bertolt Brecht heranzieht, um seine Tätigkeit im Exil zu charakterisieren, und den er 1938 als verjagten „deutschen Kulturträger" zusammen mit Einstein, Reinhardt, Hindemith, Freud, Gropius, Kokoschka u.a. monographisch behandelt wissen wollte (Brecht 1981, S. 373), war ein Psychologe, der nicht ohne weiteres der Psychologie allein zugerechnet werden kann, denn er hat auch für die Physik, die Biologie und die Philosophie Bedeutendes geleistet, ja, seine Theorien sind auch in den Kunstwissenschaften wirksam geworden. Er gehört zu den wenigen deutschen Wissenschaftlern, die sich öffentlich gegen die Verfolgungen der Nationalsozialisten geäußert haben. Das Zurücktreten der Person hinter der Sache war für ihn charakteristisch; er verstand es, Mitarbeiter und Studenten unterschiedlicher Interessen und Weltanschauung aus den verschiedensten Ländern in der gemeinsamen Forschungsarbeit zu fördern oder beim gemeinsamen Musizieren zu vereinen.

Wolfgang Felix Ulrich Köhler, am 21. Januar 1887 in Reval (heute Tallin) als Sohn eines Lehrers aus Sachsen-Weimar im damals russischen Estland geboren, begann 1905 sein Studium der Philosophie (nach dem Rat seines Lehrers am Gymnasium in Wolfenbüttel) mit den Naturwissenschaften. Nach je zwei Semestern in Tübingen und Bonn und fünf weiteren in Berlin promovierte er mit einer tonpsychologischen Arbeit 1909

Abb. 1: Wolfgang Köhler um 1920

Abb. 2: Zwei Schimpansen der Anthropoidenstation 1913, einer im Versuchskäfig, einer davor in dem zeltartig mit Maschendraht überdachten Freigelände; im Hintergrund das noch existierende Wohnhaus des Stationsleiters ‚La Costa' nahe Puerto de la Cruz; Photo von Eugen Teuber, dem ersten Leiter der Station.

bei Carl Stumpf, der ihn auch im weiteren förderte. Als Assistent in Frankfurt 1910–1913 entwickelte er zusammen mit Max Wertheimer und Kurt Koffka den damals das psychologische Denken revolutionierenden Ansatz der Gestaltpsychologie, den er 1920 in seinem theoretischen Hauptwerk *Die physischen Gestalten* zu einer auf die Reintegration von Philosophie und Naturwissenschaften abzielenden Gestalttheorie ausbaute.

Als Leiter der Anthropoidenstation der Preußischen Akademie der Wissenschaften auf Teneriffa 1914–1920 zeigte er durch seine Beobachtungen und durch genial einfache Experimente mit Schimpansen (auch mit Orang-Utans, vgl. Jaeger, 1988) in einer Reihe von Arbeiten, wo wir unsere Vorstellungen über die Einsichts- und Leistungsfähigkeit der Menschenaffen korrigieren müssen und wo die Schranken assoziationstheoretischer Erklärungen der psychischen Tätigkeit des Menschen liegen. Berühmt machten ihn seine in mehrere Sprachen übersetzten *Intelligenzprüfungen an Menschenaffen* von 1921.

Als Direktor des Psychologischen Instituts an der Friedrich-Wilhelms-Universität zu Berlin 1922–1935 begründete er in Zusammenarbeit mit Max Wertheimer und Kurt Lewin durch die Forschungen zur Wahrnehmungs-, Denk-, Lern- und Motivationspsychologie den in-

Abb. 3: Aufnahme anläßlich einer Gestaltpsychologen-Tagung 1928 an der Universität Rostock. Von links nach rechts: Fritz Heider, Kurt Lewin, David Katz, Heinz Werner, Rosa Katz, Wolfgang Köhler, Albert E. Michotte, Edgar Rubin und Max Wertheimer.

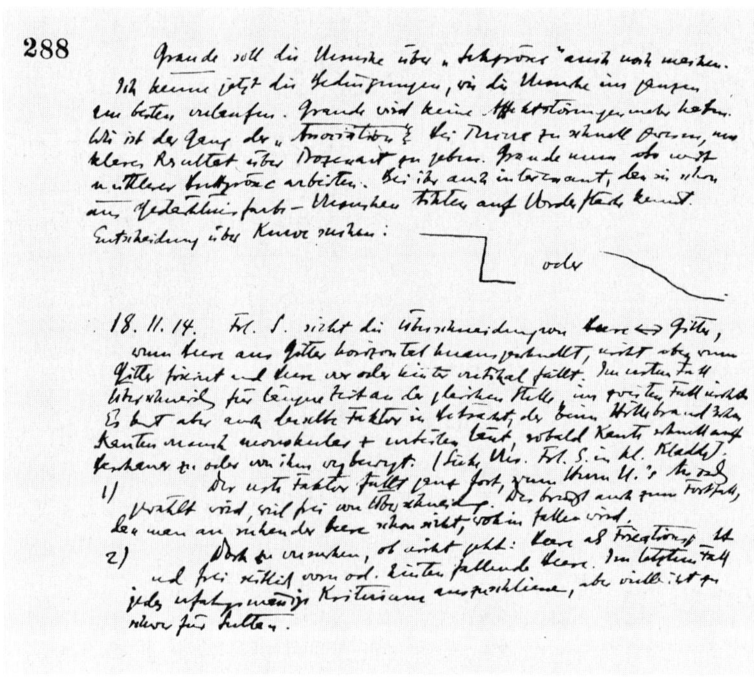
288

18. 11. 14.

Abb. 4: Eintragung aus dem Teneriffa-Tagebuch vom November 1914, in der Köhler der kontinuierlichen Lernkurve nach der Assoziationstheorie die diskontinuierliche Form des Lernens durch „Einsicht" gegenüberstellt.

Abb. 5: Köhler an seinem Schreibtisch im Psychologischen Institut im Westflügel des Berliner Schlosses.

ternationalen Ruf der sog. Berliner Schule der Gestaltpsychologie als einer zwischen Nativismus und Empirismus stehenden Richtung der Psychologie, deren methodologisch neuen Ansatz er unermüdlich propagierte (vgl. Köhler, 1929; 1940; 1969 und Henle, 1971). Ausgehend von nicht-mechanistischen Ansätzen in den Naturwissenschaften, insbesondere der Feldtheorie, versuchte er, über die Psychologie eine Verbindung zur Philosophie herzustellen, von der er forderte, aus der erkenntnistheoretischen Sackgasse herauszutreten und sich offensiv den Grundproblemen der modernen Naturwissenschaft wie auch den praktischen Fragen des Lebens zuzuwenden (vgl. Köhler, 1938). Gerade seine Interdisziplinarität machte ihn weit über den Bereich der Psychologie hinaus zum gefragten Diskussionspartner von Philosophen, Natur- und Sozialwissenschaftlern in Europa, einschließlich der Sowjetunion, und in Amerika, wohin ihn Gastprofessuren in den USA an der Clark University 1925/26 und an der Harvard University 1934/35 sowie Vorträge in Yale 1929 und in Brasilien und Argentinien 1932 führten.

Köhler war der einzige von den NS-Gesetzen nicht betroffene Wissenschaftler in Deutschland, der den Mut fand, öffentlich in seiner Vorlesung und in einem vielbeachteten Artikel in der *Deutschen Allgemeinen Zeitung* vom 28. April 1933 aus Anlaß des Rücktritts des Nobelpreisträgers und Physikers James Franck gegen die rassisch und politisch motivierten Entlassungen zu protestieren. Er widersetzte sich auch der Gleichschaltungs-

Gespräche in Deutschland

Von

Prof. Dr. Wolfgang Köhler, Univ. Berlin

Die mächtigen Männer, die eben Deutschland regieren, haben mehr als einmal nach den anderen Deutschen gefragt, nach denen, die bisher abseits stehen und die zu gewinnen sicher lohnte. Wer sie gewinnen will, muß wissen, weshalb sie abseits stehen. Und wenn sie wirklich etwas wert sind, wird offene Behandlung dieser Frage vaterländische Pflicht.

Man kann leicht erfahren, was sie fernhält; denn eben können sie von nichts anderem sprechen. Dabei ist ihnen aller Klatsch zuwider, und ihre Sorge geht mit einem Ernst auf die Nation, der in keiner Partei übertroffen werden kann. Niemals sah ich schöneren Patriotismus als den ihren: Deutschsein ist ihnen eine Aufgabe. Sie wird gelöst, wenn aus dem merkwürdigen, mit sich selbst ringenden Reichtum deutscher Art … an Gesinnung und … Stimme un…

leit … Unt … an … wer … und … wie … Daß … Per … poli … obe … lisch … bin … köni … rusi … scha … sach … mei

Abb.6: Ausriß von Köhlers Artikel in der *Deutschen Allgemeinen Zeitung.*

Abb. 7: Hauptgebäude des Swarthmore-College, Penn., USA, an dem Köhler nach seiner Emigration bis zu seiner Emeritierung forschte und lehrte.

politik an der Universität und den wissenschaftlichen Gesellschaften, bis er nach Entlassung seiner Assistenten keinen anderen Ausweg mehr sah, als 1935 seinen bereits 1933 emigrierten Freunden ins Exil zu folgen.

Am Swarthmore-College in Pennsylvania, nahe Philadelphia, wo er von 1935–1958 wirkte, hatte Köhler zwar gute Forschungsmöglichkeiten, doch war durch die Zerstreuung der Hauptvertreter der Gestaltpsychologie in der Emigration und durch das Fehlen von Doktoranden eine Fortsetzung der Gestaltpsychologie als Schule nicht mehr möglich. Dennoch hatte die Gestaltpsychologie als Gegenpol zum Behaviorismus auch in den USA einen bedeutenden Einfluß auf die Entwicklung der Psychologie. Als Mitglied bzw. Gastforscher am Institute for Advanced Study in Princeton 1954–1956, am Dartmouth College in Hannover, New Hampshire, und am Massachusetts Institute of Technology 1960–1967, wo er die psychologische Abteilung mit aufbaute, konnte er auch nach seiner Emeritierung seine Forschungen zu den neurologischen Korrelaten psychischer Erscheinungen, insbesondere über figurale Nacheffekte, fortsetzen. Letzlich blieb seinen Forschungen zu dem von ihm postulierten „psychophysischen Isomorphismus“, d.h. der Strukturähnlichkeit psychischer Phänomene mit neuronalen Prozessen, der Erfolg versagt.

Abb. 8: Auf dem Internationalen Psychologen-Kongreß Brüssel 1957. Von links: H. Piéron, J. Piaget und W. Köhler.

Nach dem Krieg lehrte Köhler zeitweilig wieder in Europa. Er hielt 1950 auch an der Freien Universität in Berlin Vorträge und beriet den Rektor beim Aufbau des Psychologischen Instituts. Später wurde die Verbindung von den Direktoren des Instituts Kripal Sing Sodhi und Hans Hörmann über Gastvorlesungen gepflegt. 1957 erhielt Köhler hier eine Honorarprofessur, die er in Form regelmäßiger Forschungsaufenthalte wahrnahm, und aus Anlaß seines 75. Geburtstags wurde ihm 1962 die Würde eines Ehrenbürgers der Universität verliehen. International geehrt durch sieben Ehrendoktortitel europäischer und amerikanischer Universitäten, Präsidentschaften, wie die der American Psychological Association 1958/59, und Ehrenmitgliedschaften in nationalen Psychologenverbänden und Akademien, starb Wolfgang Köhler am 11. Juni 1967 auf seiner Farm in Enfield, New Hampshire, auf deren Gelände sein Grab liegt.

Abb. 9: Köhler mit seiner zweiten Frau Lili, geb. Hårleman, und einem Gast aus Japan. Prof. Torao Obonai von der Universität Tokio, vor seinem Haus in Hannover, New Hampshire 1960. (Aufnahme: Toshio Iritani.)

Abb. 10: Köhler auf seiner Farm in Enfield, New Hampshire. (Photo: Karin Köhler.)

Literatur

Brecht, B. (1981). Briefe. Frankfurt: Suhrkamp.

Henle, M. (Ed.) (1971). The selected papers of Wolfgang Köhler. New York: Liveright.

Jaeger, S. (Hg.) (1988). Briefe von Wolfgang Köhler an Hans Geitel 1907–1920. Mit zwei Arbeiten Köhlers „Über elektromagnetische Erregung des Trommelfelles“ und „Intelligenzprüfungen am Orang“ im Anhang. Passau: Passavia.

Köhler, W. (1909). Akustische Untersuchungen I. Leipzig: Barth.

Köhler, W. (1920). Die physischen Gestalten in Ruhe und im stationären Zustand. Eine naturphilosophische Untersuchung. Braunschweig: Vieweg.

Köhler, W. (1921). Intelligenzprüfungen an Menschenaffen. Berlin: Springer.

Köhler, W. (1929). Gestalt Psychology (Max Wertheimer gewidmet). New York: Liveright (dt.: Psychologische Probleme. Berlin: Springer 1933).

Köhler, W. (1933). Gespräche in Deutschland. Deutsche Allgemeine Zeitung, 28.04.1933, Nr. 197, S. 2.

Köhler, W. (1938). The place of value in a world of facts. New York: Liveright (dt.: Werte und Tatsachen. Berlin: Springer 1968).

Köhler, W. (1940). Dynamics in psychology. New York: Liveright (dt.: Dynamische Zusammenhänge in der Psychologie. Bern: Huber 1958).

Köhler, W. (1969). The tasks of Gestalt Psychology. Princeton, New Jersey: Princeton University Press (dt.: Die Aufgabe der Gestaltpsychologie. Berlin: de Gruyter 1971).

Kurt Lewin

Helmut E. Lück

In der Hamburger Urania wurde am 12. Februar 1932 einer der ersten Tonfilme gezeigt, der „das scheinbar Bekannteste und Alltäglichste: Kinder, wie wir sie fortwährend um uns herum haben" zeigte. Weiter hieß es in einem Einführungsvortrag:

„Hat es, so werden manche fragen, einen Sinn, das Allbekannte und Selbstverständliche im Film zu wiederholen? Darauf muß geantwortet werden: ja, es hat einen tieferen Sinn, ... denn es soll hier uns, dem reifen, fertigen Erwachsenen gezeigt werden, daß das Kind etwas durch und durch Anderes ist als wir, und daß eine Welt – wenn sie auch räumlich dieselbe ist wie unsere Welt und dieselben Gegenstände enthält, eine gänzlich andere Welt ist. Denn eine solche Einsicht ist eine der Vorbedingungen dafür, daß jene Erwachsenen, auf die das Kind in seinen frühen Jahren so ganz und gar angewiesen ist, ihm verstehend entgegenkommen und es einfühlend behandeln" (Stern, 1987, S. 17).

Der Mann, der diesen Einführungsvortrag hielt und den Film in großen Tönen lobte, war kein geringerer als William Stern (1871–1938). Der Urheber des Films mit dem Titel *Das Kind und die Welt* war Kurt Lewin (1890–1947). Nach Sterns Auffassung gelingt es Lewin durch zwei Maßnahmen, das Verständnis für die Bedürfnisse der Kinder zu erzielen: 1. Die Kinder wurden unbemerkt gefilmt, wobei die Tonaufnahmen den Eindruck echt kindlichen Lebens wesentlich verstärkten. 2. Der Film konzentriert sich auf den Lebensraum, der sich vom Säugling an über das Krabbelalter bis hin zum Hinterhof des Großstadtkindes ausweitet.

Aus heutiger Sicht hat der Film natürlich auch einen erheblichen wissenschafts- und sozialgeschichtlichen Wert (vgl. van Elteren & Lück, 1990). Daß Lewin sich mit dem Film als Medium befaßte, war kaum Zufall. Wir kommen darauf zurück.

Kurt Lewin war vielleicht neben Freud und Piaget einer der wichtigsten Psychologen des 20. Jahrhunderts. Eine solche, gelegentlich zu lesende Einschätzung überrascht vielleicht, denn Lewin hat keine Schule begründet; sein Name dürfte Nicht-Psychologen kaum bekannt sein. Verglichen mit dem Personenkult um Freud nimmt sich auch die einzige Lewin-Biographie seines Schülers Alfred J. Marrow (1969, dt. 1977) bescheiden aus.

Lewins Leistungen sind aber beachtlich: Wir verdanken ihm wissenschaftstheoretische Arbeiten; er hat entwicklungs- und erziehungspsychologische Untersuchungen veröffentlicht, darunter die bekannten Experimente über die Auswirkungen verschiedener Führungsstile auf Gruppen. Lewin war so Mitbegründer einer experimentellen Sozialpsychologie. (Der Begriff „Gruppendynamik" wurde von ihm geprägt.) Lewin begründete die Aktionsforschung, gab Anstöße zur Gruppendynamik im Sinne der Selbsterfahrung (einige seiner Schüler gründeten die National Training Laboratories, NTL, eine der wichtigsten gruppendynamischen Einrichtungen). Vor allem über seinen Schüler Roger Barker hat Lewin wichtige Impulse zur Ökologischen Psychologie gegeben.

Abb. 1: Portrait Kurt Lewin

Lewins Methode des Experimentes, viele seiner Begriffe (z.B. „Anspruchsniveau") und seine dynamische Betrachtungsweise psychologischer Vorgänge sind uns inzwischen so vertraut, daß die „Spuren" Lewins in der gegenwärtigen Psychologie nicht immer leicht auszumachen sind. Vielleicht ist auch dies ein Grund für die Unterschätzung seiner Leistung.

Zur Biographie

Kurt Lewin wurde am 9. September 1890 in Mogilno (damals preußische Provinz Posen) geboren. Er starb am 11. Februar 1947 – also schon sechsundfünfzigjährig – in Newtonville bei Boston, USA. Kurt Lewin hatte eine ältere Schwester und zwei jüngere Brüder. Lewin selbst bezeichnete seinen Vater Leopold als „Gutsbesitzer und Kaufmann" (1916, S. 37). Seine Eltern und alle vier Großelternteile waren Juden, er wurde jüdisch erzogen und bekannte sich zum Judentum. Im Jahr 1905 zog die Familie nach Berlin um. Kurt Lewin wollte zunächst Landarzt werden, hörte aber in Freiburg, München und dann in Berlin nicht nur medizinische, sondern auch biologische und philosophische Vorlesungen.

Wie sehr viele junge Männer meldete sich Lewin nach Ausbruch des Ersten Weltkrieges freiwillig zum Kriegsdienst und diente von 1914 bis 1918 mit Unterbrechung bei der Artillerie. Während dieser Zeit wurde er verwundet. Er verließ die Armee als Leutnant – ausgezeichnet mit dem Eisernen Kreuz. Bereits während eines Fronturlaubs konnte er seine Promotion mit einer Dissertation bei Carl Stumpf abschließen.

Geprägt durch Ernst Cassirer, vor allem aber durch die Arbeiten der Gestaltpsychologen Wolfgang Köhler (1887–1967), Max Wertheimer (1880–1943) und Kurt Koffka (1886–1941) arbeitete Lewin zunächst an willenspsychologischen Fragestellungen unter gestaltpsychologischer Perspektive. Dann entwickelte er schrittweise seine Feldtheorie. Aus heutiger Sicht bildete diese die Klammer, mit der so verschiedenartige Gebiete wie die Verarbeitung von Konflikten, Gruppenprozesse oder psychische Regression theoretisch gefaßt und interpretiert werden können. Lewin hat im Laufe seines Lebens die Bezeichnung für sein Vorgehen mehrfach geändert. Er sprach von dynamischer Theorie, topologischer Psychologie, Vektorpsychologie und schließlich von Feldtheorie. In den letzten Jahren seines Lebens hat er den Begriff „Feldtheorie" favorisiert und auch frühere Untersuchungen unter feldtheoretischer Perspektive interpretiert.

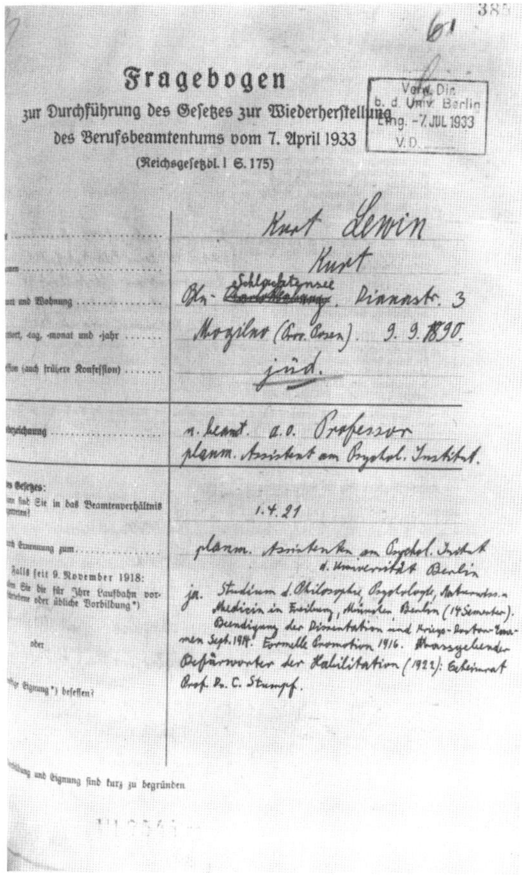
Fragebogen
zur Durchführung des Gesetzes zur Wiederherstellung des Berufsbeamtentums vom 7. April 1933
(Reichsgesetzbl. I S. 175)

Verw. Dir. b. d. Univ. Berlin Eing. -7. JUL 1933 V.D.

Kurt Lewin
Kurt
Dianastr. 3
Mogilno (Prov. Posen). 9. 9. 1890.
jüd.
n. beamt. a.o. Professor
planm. Assistent am Psychol. Institut.
1.4.21
planm. Assistent am Psychol. Institut d. Universität Berlin
ja. Studium d. Philosophie, Psychologie, Naturwiss. u. Medizin in Freiburg, München, Berlin (14 Semester). Beendigung der Dissertation und Kriegs-Doktor-Examen Sept. 1914. Formelle Promotion 1916. … Befürworter der Habilitation (1922): Geheimrat Prof. Dr. C. Stumpf.

Abb. 2: Der von Lewin ausgefüllte Fragebogen zum Gesetz zur Wiederherstellung des Berufsbeamtentums. Lewin gibt für sich, seine Eltern und alle vier Großelternteile die jüdische Konfession an.

Lewin erkannte schnell die Realität nationalsozialistischer Herrschaft, emigrierte bereits im August 1933 und fand eine Stelle an der Cornell University in Ithaka, eine an sich für die Psychologie weniger bedeutende Hochschule, an der er sich durch Stiftungsmittel jedoch akzeptable Forschungsmöglichkeiten schaffen konnte.

Es ist weniger bekannt, daß Lewin nicht nur in der UdSSR und in den USA gute Chancen zur Fortsetzung seiner wissenschaftlichen Laufbahn hatte, sondern auch 1933/34 eine Professur für Psychologie an der Hebräischen Universität angeboten bekam (vgl. Lück & Rechtien, 1989). Sigmund Freud, der zum Beratergremium der Universität gehörte, wandte sich allerdings (erfolglos) gegen eine Berufung Lewins mit dem Argument, er „sehe keine Veranlassung anzunehmen, daß Professor Kurt Lewin der Mann sein wird, die Synthese von Psychoanalyse und Psychologie durchzuführen“ (Freud, 1960, S. 411). Freuds Ablehnung erfolgte offenkundig in Unkenntnis der Tatsache, daß Lewin neben William Stern zu den wenigen akademischen Psychologen zählte, die sich intensiv und differenziert mit der Psychoanalyse auseinandergesetzt hatten.

In den USA wandte sich Lewin verstärkt entwicklungs- und erziehungspsychologischen Fragen zu, entwickelte seine Vorstellungen von Gruppendynamik und prägte über zahlreiche Schüler wie Leon Festinger, Dorwin Cartwright, Roger Barker, Ronald Lippitt

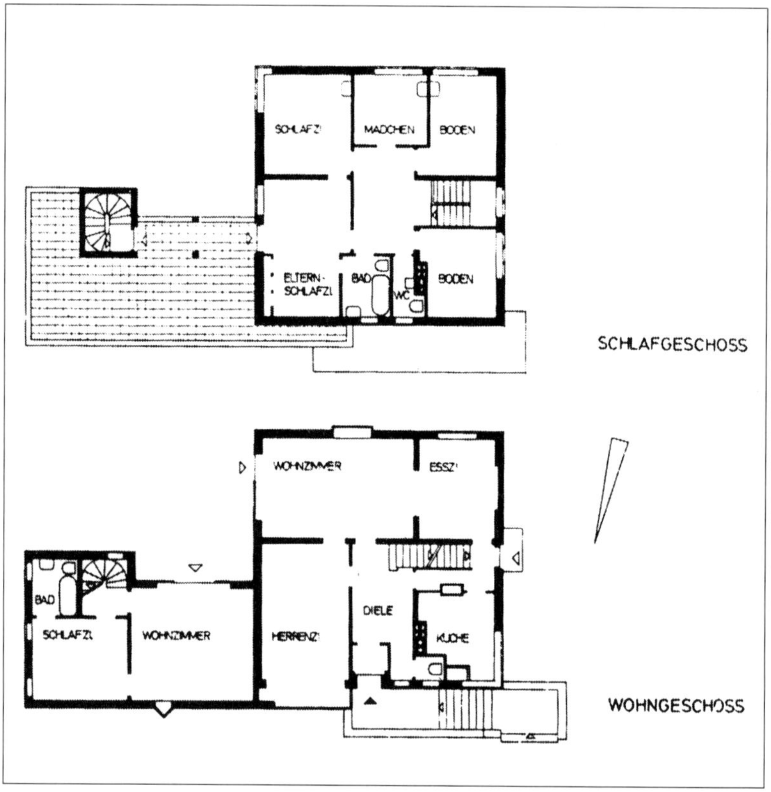

Abb. 3: Das Haus Kurt Lewins in Berlin, 1929–1930 erbaut von Peter Behrens, eingerichtet von Marcel Breuer. Oben die Grundrisse für Wohn- und Schlafgeschoß. Unten das Haus im heutigen, praktisch unveränderten Zustand.

u.a.m. etliche neuere Entwicklungen der Psychologie, insbesondere der Sozialpsychologie.

Viele Schüler Lewins haben dessen Lebhaftigkeit, eine gewisse Unorganisiertheit, seine sozialen Fertigkeiten, aber auch eine Bereitschaft herausgestellt, sich voll und ganz für eine Sache zu engagieren. Lewin war gewiß vielseitig interessiert. Er war Hobbysegler, er war mit dem Maler Erik Richter befreundet. In Berlin ließ er sich von keinem geringeren als dem Bauhaus-Architekten Peter Behrens (1886–1940) ein modernes Wohnhaus errichten, das er von dem jungen Marcel Breuer (1902–1981), mit dem Lewin in den USA noch zusammenarbeiten sollte, einrichten ließ. Sowohl in Deutschland als auch in den USA führte Lewin arbeitspsychologische Studien durch (vgl. van Elteren, 1990; Lück, 1991). Bei der intensiveren Beschäftigung mit Lewin und dessen Werk stößt man auch auf das Judentum, das für ihn durch die Zwangsemigration an Bedeutung gewann, ablesbar u.a. an einer ganzen Reihe von amerikanischen Veröffentlichungen zu Fragen jüdischer Erziehung (Lück, 1992).

Abb. 4: Anzeige für die von Lewin privat verwendete Handkamera mit dem damals noch neuartigen Federwerk.

Hier soll nun exemplarisch eine Seite von Lewins Schaffen skizziert werden, die in einer *Illustrierten Geschichte der Psychologie* nicht fehlen darf, nämlich Lewins Interesse am wissenschaftlichen Film.

Lewin, der Filmemacher

Ab etwa 1923 bis zu seinem Tode hat Kurt Lewin Filme gedreht. Nicht ausgeschlossen ist, daß er durch Wolfgang Köhler zum Filmen angeregt wurde. Köhler, der 1920 von Teneriffa zurückkam, hatte dort bereits 1914 das Verhalten von Schimpansen gefilmt. Lewins Filme entstanden wohl zunächst aus rein privaten Bedürfnissen: Er filmte seine Kinder, Verwandte und Freunde. Gerade bei den Kinderaufnahmen erkannte er, daß hier Affekte und Verhalten in Konflikten besonders gut erfaßt werden konnten. Schließlich dienten die Filme als Anschauungsmaterial bei Tagungen und in Vorlesungen.

In mehreren, meist entwicklungspsychologischen Veröffentlichungen hat Lewin auf seine eigenen Filmaufnahmen Bezug genommen. Er verwendete neben seiner eigenen Schmalfilmkamera mit Federwerk („Kinamo") eine 35-mm-Kamera des Psychologischen Instituts, die Aufnahmen bis zu sechs Minuten Länge gestattete. Über die Technik des Films schreibt Lewin (1926, Fußnote 7): „Wir benutzten, soweit nicht eine Hecke oder etwas Ähnliches ein genügendes Zurücktretenlassen des Kinoapparates aus dem momentanen Gesichtsfeld ermöglichte, in der Regel ein Zelt, bei dem nur das Objektiv durch einen kleinen Schlitz von außen sichtbar ist."

Abb. 5: Schmalfilm von Kurt Lewin aus der Zeit seiner Gastprofessur an der Stanford University.

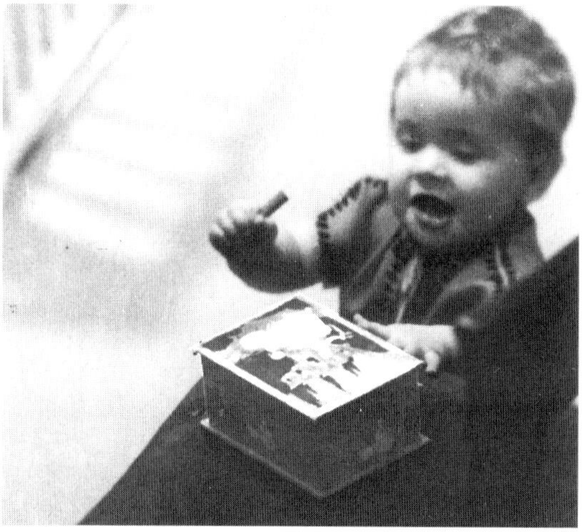

Die Tätigkeit als Filmemacher hat Lewin sowohl in Deutschland als auch im Ausland bemerkenswerte Anerkennung eingebracht. William Stern hat 1927 in die 4. Auflage seiner *Psychologie der frühen Kindheit* einen Bild- und Textbeitrag von Lewin über dessen Filme in den Anhang aufgenommen. Auf zahlreichen Vortragsveranstaltungen benutzte Lewin seine Filme als integrierten Bestandteil seiner entwicklungspsychologischen Referate. Ein solches Vortragsmanuskript aus dem Jahr 1933 ist erhalten geblieben und erst sehr viel später veröffentlicht worden (Lewin, 1987). Wenn seine Zuhörer die feldtheoretischen Erörterungen vielleicht auch nicht ganz verstanden – mit den kurzen Filmen über Kinder in Konfliktsituationen konnte Lewin sich verständlich machen. Dies gilt besonders für seinen Vortrag auf dem 9. Internationalen Psychologen-Kongreß 1929 in Yale, wo er mit seinen Filmen Aufmerksamkeit und Anerkennung gewinnen konnte. „Der sowjetische Psychologe Alexander Luria war von Lewins Filmen so angetan, daß er ihn mit dem Regisseur Sergeij Eisenstein zusammenbrachte und selber den Plan faßte, in Moskau ein psychologisches Laboratorium zu gründen, das eng mit der dortigen Staatlichen Filmakademie zusammenarbeiten würde" (Graumann, 1981, S. 9).

Bis auf die relativ bekannten Filme über die Auswirkungen verschiedener Führungsstile in Jugendgruppen galten Lewins Filme lange Zeit als verschollen. Nachdem ein Teil in den siebziger Jahren an der University of Kansas wiederentdeckt wurde, konnte die FernUniversität 1984 den Lehrfilm „Kurt Lewin" produzieren, durch den diese Dokumente erstmalig verfügbar wurden. Im Herbst 1987 wurde schließlich auch der eingangs erwähnte und lange verloren geglaubte einstündige Tonfilm *Das Kind und die Welt* von Mel van Elteren in den Niederlanden wiedergefunden. Seit etwa 50 Jahren war dieser bedeutsame Film nicht mehr öffentlich gezeigt worden (van Elteren & Lück, 1990).

Abb. 6: Sechs Szenenbilder aus dem Film *Das Kind und die Welt* von Kurt Lewin (1931): Ein Gegenstand auf dem Tisch erweckt die Neugier des Kindes. Der Hinterhof bildet den Lebensraum für Kinder verschiedenen Alters. Baumaterial und Werkzeug werden zur Gestaltung der Lebenswelt genutzt: Für drei Jungen wird ein Pferdekarren zum Ruderboot. Unter einem Karren hat sich eine Kindergruppe eine „Bude" gebaut. In der Phantasie des Eisenbahnspiels wird die Welt der Erwachsenen zur Realität. Die Schlußszenen des Films zeigen organisierte, singende Jugendgruppen: „Wenn wir schreiten Seit' an Seit' ... "

Literatur

Graumann, C.F. (1981). Zur Kurt Lewin-Werkausgabe. In: Lewin, K.: Werkausgabe, Bd. 1. (S. 7–15), Bern: Huber; Stuttgart: Klett-Cotta.

Elteren, M. van (1990). From emancipating to domesticating the workers: Lewinian social psychology and the study of the work process till 1947. Paper presented at the Ninth Annual Conference of Cheiron-Europe, Weimar, Sept. 4–8, 1990.

Elteren, Mel van & Lück, H. E. (1990). Lewin's films and their role in field theory. In: S. A. Wheelan, E. A. Pepitone & V. Abt (Eds.), Advances in field theory. New York: Sage.

Lewin, K. (1916). Die psychische Tätigkeit bei der Hemmung von Willensvorgängen und das Grundgesetz der Assoziation. Leipzig: J. A. Barth.

Lewin, K. (1928). Die Bedeutung der »psychischen Sättigung« für einige Probleme der Psychotechnik, Psychotechnische Zeitschrift, 3, 182–188.

Lewin, K. (1981ff.). Kurt-Lewin-Werkausgabe, hrsg. von C.-F. Graumann. Bern: Huber/ Stuttgart: Klett-Cotta.

Lewin, K. (1987). Die Dynamik des kindlichen Konfliktes. Gruppendynamik 18 (4), 441–150.

Lück, H.E. (1984). Kurt Lewin, Videofilm und Begleittext. FernUniversität, Zentrum für Fernstudienentwicklung.

Lück, H.E. (1985). Der Filmemacher Kurt Lewin. Gruppendynamik, 16, 131–141.

Lück, H. E. (1991). Kurt Lewin – Demokrat und Reformer. Gestalt Theory, 13, 148–158.

Lück, H. E. (1992). „Aber das Schicksal des einzelnen Juden ist wohl immer ... nicht nur ein persönliches Schicksal gewesen". Kurt Lewin – ein deutsch-jüdischer Psychologe. In: Schönpflug, W. (Hg.), Kurt Lewin – Person, Werk, Umfeld. Historische Rekonstruktionen und aktuelle Wertungen aus Anlaß seines 100. Geburtstages, (S. 173–191). Frankfurt/ M.: Lang.

Marrow, A.J. (1969). The practical theorist. The life and work of Kurt Lewin. New York: Basic Books (dt.: Kurt Lewin – Leben und Werk. Stuttgart: Klett, 1977).

Stern, W. (1987). Das Kind und die Welt. Einführungsvortrag zu dem gleichnamigen Film. (Gehalten in der Hamburger Urania am 12.02.1932.) Geschichte der Psychologie 4 (2), 17–27.

„The Practical Theorist“ – wer war es?

Hans-Peter Langfeldt

Die Aussage, „es sei nichts so praktisch wie eine gute Theorie“, wird Kurt Lewin zugeschrieben. Er selbst gibt an, er habe sie von einem "business man"(1943, S. 118). Häufig dient das Zitat als bedeutungsvoller Aufhänger für Theorie-und-Praxis-Diskussionen. Gerade in einem solchen Zusammenhang wurde es jedoch schon sehr viel früher verwendet: von Friedrich Wilhelm Dörpfeld (1824–93), einem Pädagogen aus dem Bergischen Land.

Die Abbildung zeigt das Titelblatt der vierten Auflage (1903) seiner *Grundlinien einer Theorie des Lehrplans* mit dem „Motto: Eine richtige Theorie ist das Praktischste, was es gibt“. Bereits im Vorwort zur ersten Auflage (datiert vom März 1873) wird die Wahl des Mottos begründet: „Der Titel dieses Schriftchens wird wohl mitunter auch mit dem Ausrufe begrüßt werden: ‚Was Theorie! was soll uns diese helfen? Praxis! Praxis! das ist es, was der Schule not tut.‘ – Man kennt das. Es ist die Ehren-Bruderschaft vom Orden des pädagogischen Praktikantentums, welche sich so gegen die Theorie sträubt ... – Allein es gibt auch noch andere Leute ... Sie wissen wohl, daß zur Praxis ebenso die Theorie gehört, wie zu den Trauben der Weinstock ... “ Dörpfeld möchte „doch jenen Männern eine kurze Bemerkung zu Gunsten der pädagogischen Theorie ins Ohr sagen ... “ (zitiert nach der 4. Auflage, 1903, S. VII).

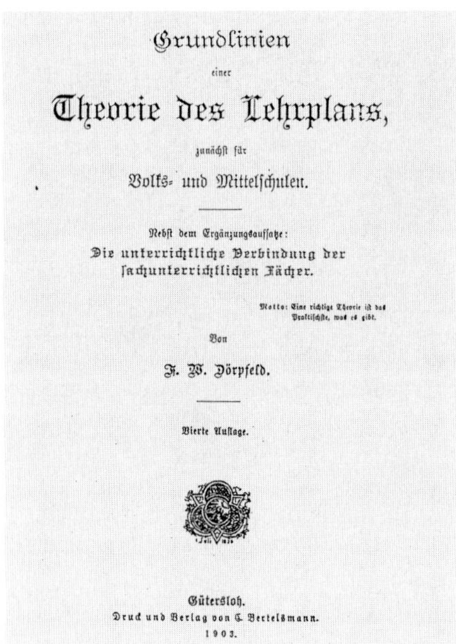

Grundlinien

einer

Theorie des Lehrplans,

zunächst für

Volks- und Mittelschulen.

Nebst dem Ergänzungsaufsatze:

Die unterrichtliche Verbindung der sachunterrichtlichen Fächer.

Motto: Eine richtige Theorie ist das Praktischste, was es gibt.

Von

F. W. Dörpfeld.

Vierte Auflage.

Gütersloh.

Druck und Verlag von C. Bertelsmann.

1903.

Selbst in Lehrbüchern der Psychologie (!) war das berühmte Zitat schon frühzeitig zu finden. Unter Erwähnung von Dörpfeld als Urheber, aber ohne genaue bibliographische Angabe schreibt ein Dr. Karl Heilmann in seiner *Psychologie und Logik mit Anwendung auf Erziehung und Unterricht* (1. Aufl. 1896) unter § 48: Bedeutung der pädagogischen Psychologie: „‚Eine gesunde Theorie ist das praktischste, was es gibt‘ (Dörpfeld)“ (15. Auflage, Berlin 1913, S. 203).

Lange vor Lewin war er also schon verbreitet, der Gedanke vom praktischen Nutzen einer Theorie. Vielleicht war es ja ein deutscher Geschäftsmann, der Lewin darauf brachte.

Literatur

Lewin, K. (1943). Psychology and the process of group living. Journal of Social Psychology 17, 113–131.

Wolfgang Metzger

Michael Stadler

Wolfgang Metzger (1899–1979) kam nach anfänglichen Studien der Germanistik und Kunstgeschichte in Heidelberg und München 1922 nach Berlin und geriet dort in eine *Psychologische Übung für Anfänger*, die von Wolfgang Köhler und Max Wertheimer durchgeführt wurde. Diese beiden Persönlichkeiten, von denen der eine „groß, schlank, lebhaft, von Lessingscher Schärfe des Gedankens und des Ausdrucks" war und der andere „kleiner, mit tiefen, durchdringenden Augen, einem mächtigen Schnurrbart und Locken im Nakken ... etwas an einen alttestamentlichen Propheten" erinnerte, hinterließen bei ihm einen tiefen Eindruck.

Abb. 1: Konrad Lorenz und Wolfgang Metzger im Max-Planck-Institut für Verhaltensphysiologie, Seewiesen.

Metzger wechselte sein Studienfach und begann, sich mit der Psychologie, insbesondere der Gestaltpsychologie, die gerade dort ihre ersten Höhepunkte erreicht hatte, zu beschäftigen. Nach seinem Studium wurde er Assistent von Wolfgang Köhler und beschäftigte sich in mehreren wegweisenden Arbeiten mit der experimentellen Untersuchung von Wahrnehmungsphänomenen und der Übertragung von Gestaltgesetzmäßigkeiten auf die Gebiete der Bewegungs- und Tiefenwahrnehmung. Da ihm als jungem Soldaten im letzten Kriegsjahr 1918 in einem Gefecht sein linkes Auge verlorenging, war für ihn die Untersuchung monokularer Tiefenerscheinungen besonders naheliegend, und er wurde, neben J.J. Gibson, zum bedeutendsten Forscher auf diesem Gebiet. Die in der Zeitschrift der Gestaltpsychologen *Psychologische Forschung* veröffentlichten Arbeiten *Optische Untersuchungen am Ganzfeld*, *Beobachtungen über phänomenale Identität* und *Tiefenerscheinungen in optischen Bewegungsfeldern* waren seine bedeutendsten Untersuchungen in jener Zeit.

1931 folgte Metzger Max Wertheimer nach Frankfurt, der dort Schumanns Lehrstuhl übernommen hatte. Er habilitierte sich noch im Jahre 1932, kurz bevor sein Lehrer Wertheimer Anfang 1933 nach der Machtübernahme der Nationalsozialisten, ebenso wie andere Gestaltpsychologen, Deutschland verlassen mußte. Metzger blieb als stellvertretender Leiter des Frankfurter Instituts für Psychologie zurück, bis er 1942 einen Ruf auf den Lehrstuhl für Psychologie und Pädagogik an der Universität Münster bekam. Er begann dort ein psychologisches Institut aufzubauen, dessen Direktor er bis zu seiner Emeritierung im Jahr 1968 blieb.

Wolfgang Metzger ist lebenslang ein kompromißloser Vertreter der Gestalttheorie der Berliner Schule geblieben, ohne dabei einem Dogmatismus anheimzufallen. Vielmehr entwickelte er die Gestaltpsychologie, die er nicht nur für eine Theorie der Wahrnehmung hielt, sondern in ihr – ganz im Sinne von Kurt Lewin – auch eine Theorie der Persönlichkeit und sozialer Zusammenhänge sah, in viele Richtungen weiter und bemühte sich um ihre Integration mit der Kybernetik Norbert Wieners, der allgemeinen Systemtheorie Ludwig von Bertalanffys und der Tiefenpsychologie Alfred Adlers. Metzgers Hauptwerke bezeugen dies in vielfältiger Weise:

- Die *Psychologie. Entwicklung ihrer Grundannahmen seit der Einführung des Experiments* (1941, 5. Auflage 1975) ist sein theoretisches Hauptwerk, in welchem er die Allgemeingültigkeit der Gestaltpsychologie in einer völlig neuartigen, problemorientierten Gliederung vertrat.
- Das reich illustrierte Buch *Gesetze des Sehens* (1936, 3. Auflage 1975) stellt sein wahrnehmungspsychologisches Hauptwerk dar, in welchem er eine

Abb. 2: Das Cornell-Symposium über „Effects of the Gestalt Revolution", von links: Wolfgang Metzger, Fritz Heider, George Klein, James Drever, Robert B. MacLeod, James J. Gibson, Hans Wallach, Egon Brunswik, Gunnar Johannson, Ivo Kohler, Julian E. Hochberg und T.A. Ryan

Fülle von gestaltpsychologischen Wahrnehmungsphänomenen und deren Erklärung weit über die Fachgrenzen hinaus bekannt machte.

- In seinem Buch *Schöpferische Freiheit* (1949, 2. Auflage 1962) entwickelte er auf der Grundlage von Köhlers naturphilosophischen Ideen der „physischen Gestalten" unter Einbeziehung der Lehren des Zen-Buddhismus eine Theorie der Erziehung zum schöpferischen Denken und Handeln.
- Nach seiner Emeritierung schrieb er sein viertes Hauptwerk *Psychologie in der Erziehung* (1971, 3. Auflage 1976), in dem er das gestaltpsychologische Gedankengut auf die Pädagogik übertrug.

In seinem letzten Lebensjahrzehnt verstärkte sich sein Interesse an der Tiefenpsychologie Alfred Adlers und der Vereinbarkeit von dessen Gedankengut mit gestaltpsychologischen Grundideen, und er gab die Werke Adlers neu heraus.

Metzgers größte Bedeutung scheint rückblickend darin zu liegen, daß er, neben Kurt Gottschaldt und Edwin Rausch, als einziger Gestaltpsychologe nach der Vertreibung der Berliner Gestalttheoretiker durch den Nationalsozialismus in Deutschland verblieb und die gestaltpsychologische Tradition von hier aus in ganz Europa am Leben erhielt und verbreitete. Die Bilder dieses Beitrages mögen einen Eindruck davon geben: Metzger unterhielt intensive Beziehungen und einen umfangreichen Briefwechsel mit den Vertretern der Verhaltensphysiologie (Erich von Holst) und der vergleichenden Verhaltensforschung (Konrad Lorenz, s. Abb. 1). Weiterhin pflegte er Kontakt mit der Belgischen Schule von Albert Michotte (s. Abb. 3), mit der Schweizer Schule Jean Piagets (s. Abb. 5) und ganz besonders mit den italienischen Nachfolgern der Grazer Schule der Gestaltpsychologie: Cesare Musatti, Fabio Metelli (s. Abb. 4), Gaetano Kanisza und Renzo Canestrari. Auch in Japan hatte er erheblichen Einfluß auf seinen Schüler

Abb. 3: Albert Michotte und Wolfgang Metzger während einer Tagung in Florenz.

Abb. 4: Wolfgang Metzger mit Fabio Metelli (links vorne).

Abb. 5: Internationaler Kongreß für Psychologie, Paris 1976. Symposium zu Ehren von Jean Piagets 80. Geburtstag. Von links: Paul Fraisse, Jean Piaget, Wolfgang Metzger.

Shiro Morinaga. In den USA nahm Metzger 1954 neben Ivo Kohler und Gunnar Johannson als einziger europäischer Vertreter am Cornell-Symposium über „Effects of the Gestalt Revolution" teil. Auf dieser Versammlung herausragender Vertreter der Gestaltpsychologie (vgl. Abb. 2) wurde ca. 40 Jahre nach ihrer Begründung eine Bilanz der Gestaltpsychologie und ihrer zukünftigen Forschungsprogramme gezogen (Hochberg 1957), zu der es heute, weitere 40 Jahre später, wieder an der Zeit wäre.

Literatur

Ertel, S., Kemmler, L. & Stadler, M. (Hg.) (1975). Gestalttheorie in der modernen Psychologie. Wolfgang Metzger zum 75. Geburtstag. Darmstadt: Steinkopff.

Hochberg, J.E. (1957). Effects of the Gestalt revolution. The Cornell-Symposium on perception. Psychological Review 64.

Metzger, W. (1936). Gesetze des Sehens. Frankfurt/M.: Kramer; 3. Aufl. 1975.

Metzger, W. (1941). Psychologie. Die Entwicklung ihrer Grundannahmen seit der Einführung des Experiments. Darmstadt: Steinkopff; 5. Aufl. 1975.

Metzger, W. (1949). Schöpferische Freiheit. Frankfurt/M.: Kramer; 2. Aufl. 1962.

Metzger, W. (1971). Psychologie in der Erziehung. Bochum: Kamp; 3. Aufl. 1976.

Metzger, W. (1986). Gestaltpsychologie. Ausgewählte Werke aus den Jahren 1950–1982, hrsg. u. eingeleitet von M. Stadler und H. Crabus. Frankfurt/M.: Kramer.

Die Leipziger Schulen

Wolfram Meischner

Sinn und Deutung einer „Leipziger Schule der Psychologie" sind nicht unbestritten geblieben. Gemeint ist primär Wilhelm Wundts Psychologen-Schule in Leipzig, deren Basis das 1879 eröffnete Institut für experimentelle Psychologie war. Eingebürgert aber hat sich auch das Verständnis einer zweiten Leipziger Schule, nämlich einer Schule der Ganzheits- oder Strukturpsychologie Felix Kruegers, des Lehrstuhl-Nachfolgers Wilhelm Wundts.

Beide Schulen und ihre Institute, das genannte Wundtsche und das Psychologische Institut Felix Kruegers, sind miteinander unvereinbar, was sowohl das Schulprogramm als auch seine theoretisch-methodologischen Grundlagen betrifft. War Wundts Institut ganz der Fundierung experimentalpsychologischer Arbeit und der Ausbildung von Experimentalpsychologen gewidmet, so suchte Krueger unter ganz anderen und historisch veränderten Bedingungen die Institutsarbeit durch Gründung entsprechender Institutsabteilungen gewandelten gesellschaftlichen Anforderungen anzupassen. Wurden erst in der Endphase des Wundtschen Instituts Abteilungen für Sprachpsychologie, Wahrnehmung und Emotion ins Leben gerufen, entstanden unter Krueger dann solche für Angewandte Psychologie, Entwicklungspsychologie, Gestaltpsychologie und Charakterkunde, wie die verdienstvollen Zusammenstellungen von Ulfried Geuter in seinen *Daten zur Geschichte der deutschen Psychologie* (1986) anschaulich vermitteln.

Der inhaltliche theoretische und methodologische Unterschied wird durch die Etikettierungen von „Elementenpsychologie" und „Ganzheitspsychologie" nur ungenügend erfaßt: Wundt suchte auf experimentellem Wege seelische Elementarbeziehungen zu analysieren, um so zu Gesetzmäßigkeiten des Aufbaus, der Struktur, der Entwicklung und der Funktionsweise psychischer Vorgänge vorzustoßen. Die Gesetzmäßigkeiten höher organisierter und komplexer seelisch-geistiger Funktionen zu studieren, hielt er für den Gegenstandsbereich der Völkerpsychologie, die die Psychologie als Wissenschaft krönen sollte, indem sie die psychische Untersuchung menschlicher Kulturentwicklung und ihrer „Erzeugnisse" repräsentiert. Die Wundtsche genetische Methode schloß dabei nicht nur umfangreiche psychologiehistoriographische Studien ein, sondern auch den psychologischen Mensch-Tier-Vergleich. Im Ergebnis steht die Erkenntnis von Prinzipien und Entwicklungsgesetzen der Psychologie, die mehr oder weniger der Vergessenheit anheimgefallen zu sein scheinen.

In der Kruegerschen Psychologen-Schule stehen demgegenüber ganzheitliche Strukturen seelischen Geschehens im Mittelpunkt des Interesses, insbesondere sogenannte „Komplexqualitäten" als ungegliederte Ganzheiten wie etwa Gefühle. Die Forschungsrichtung des Instituts wird durch das Paradigma der Ganzheit als des obersten und innersten Gestaltungsprinzips des Lebens und des Seelischen bestimmt. Gerade das aber unterscheidet das Kruegersche Institut grundsätzlich vom Wundtschen. Der zweite Grundunterschied besteht im Verhältnis beider Schulen zur Angewandten Psychologie im Dienste konkreter gesellschaftlicher Erfordernisse. Während Wundt darin – wie Krueger überliefert – noch etwas „Amerikanisches" zu sehen glaubte, ist das Kruegersche Institut insgesamt auf die Bearbeitung jener Gegenwartsaufgaben ausgerichtet, die für die zwanziger und dreißiger Jahre in Deutschland typisch waren. Daß dies aber im Sinne eines Beitrages zur Neuordnung völkischen Lebens verstanden wurde, machte die Schule für die nationalsozialistische Entwicklung aufgeschlossen. Die Ausbildung „praktischer Psychologen" reichte bis zu der von Wehrmachtpsychologen.

Dennoch gibt es gewichtige Gemeinsamkeiten in der Grundorientierung auf Entwicklungspsychologie wie auch im historischen Verständnis der Psychologie. Wundt hielt die experimentelle Methode für relativ abgeschlossen und forderte eine Orientierung der Institutsarbeit auf Völker- oder Entwicklungspsychologie. Doch wurde auch unter Krueger die experimentelle Methodik weitergeführt. Schließlich waren beide Schulen von der Grundabsicht getragen, der Psychologie ein wissenschaftliches Fundament zu geben, das den zeitgeschichtlichen Erfordernissen der Wissenschaftsentwicklung entsprechen sollte. Allerdings ging es Krueger um eine „Wiederherstellung der Psychologie als Seelenwissenschaft", wie sein Schüler Albert Wellek versicherte.

Ein ganz anderes Problem bildet die historische Wirksamkeit beider Leipziger Schulen: Von Otto Klemm, dem langjährigen Mitarbeiter beider Institute, sind die Worte überliefert, „daß Wundt in der Psychologie wohl Schüler, aber keine Schule gehabt habe". Es schien, so führte er weiter in seinem Aufsatz *Zur Geschichte des Leipziger Psychologischen Instituts* (1922) aus, „als wenn das älteste psychologische Institut auf deutschem Boden nur noch die historische Einheit für all die Anregungen hätte abgeben wollen, die im Laufe eines überreichen Menschenlebens von ihm selbst ausgegangen waren". Tatsächlich kann die Wundtsche Leipziger

Abb. 1: Wilhelm Wundt (links) und sein Leipziger Nachfolger Felix Krueger. Vermutlich ist dies das letzte Foto von Wundt vor dessen Tod am 31.8.1920.

Schule als eine für sich stehende Periode in der Entwicklungsgeschichte der neueren Psychologie verstanden werden, die dem Ziel diente, ein neues und durch methodische Strenge fundiertes Modell einer wissenschaftlichen Psychologie zu schaffen. In diesem Sinne läßt sich die Auffassung begründen, daß das Wundtsche Institut im Sinne der Grundlegung einer exakten Wissenschaft wirkte, nicht aber als Basis einer bestimmten Richtung oder Strömung anzusehen ist, also als weitergeführte psychologische Schule. Demgegenüber kann man die Leipziger Schule der Ganzheitspsychologie als eine Variante psychologischen Denkens auffassen, die mit anderen Schulen ein weitgehend gleichgeartetes psychologisches Paradigma verfolgte.

Aus beiden Schulen der Psychologie in Leipzig sind bedeutende Wissenschaftlerpersönlichkeiten hervorgegangen, die ihrerseits die psychologiehistorische Bedeutsamkeit Leipzigs mitbegründeten, auch wenn ihr schulisches Vermächtnis gewissermaßen dem Wundtschen Prinzip einer „Heterogonie der Zwecke“ folgte.

Literatur

Geuter, U. (1986). Daten zur Geschichte der Deutschen Psychologie. Bd. 1. Göttingen: Hogrefe.

Klemm, O. (1922). Zur Geschichte des Leipziger Psychologischen Instituts. In: A. Hoffmann (Hg.), Beiträge zur Philosophie des Deutschen Idealismus. Erfurt: Keyser.

Wellek, A. (1950). Die Wiederherstellung der Seelenwissenschaft im Lebenswerk Felix Kruegers. Hamburg: Meiner.

Felix Krueger

Steffi Hammer

Felix Krueger wurde am 10. August 1874 in Posen geboren. In Straßburg, Berlin sowie München studierte er Philosophie (u.a. bei Windelband, Dilthey, Lipps, Cornelius), deren konstitutiver Bestandteil seinerzeit die Psychologie darstellte. Schon als 22jähriger Student trat er in seiner ersten Publikation *Ist Philosophie ohne Psychologie möglich?* (die im Titel aufgeworfene Frage wurde verneint) für die Anwendung empirischer und experimenteller Methoden in der damals noch teilweise geisteswissenschaftlichen Psychologie ein. Ähnlich wie Wilhelm Wundt und im Unterschied zu seinen Auffassungen in reiferen Jahren wandte er sich gegen den substantialistischen Seelenbegriff.

1897 promovierte Krueger in München. Er setzte seine Studien bei Wundt in Leipzig fort, später arbeitete er bei Martius und Hensen in Kiel. Bekannt wurde er u.a. als psychologischer Akustiker und Musikpsychologe. 1897 bis 1906 entstanden auf der Grundlage psychologischer Experimente umfangreiche Veröffentlichungen, so die „Theorie der Konsonanz"; mit einem Teil dieser Arbeit habilitierte sich Krueger 1903 bei Wundt, dem er als zweiter Assistent weiter verbunden blieb. Von 1906–1909 wirkte er als Professor für Psychologie und Philosophie in Buenos Aires, wo er sich an der Errichtung eines psychologischen Laboratoriums beteiligte.

Nach seiner Rückkehr aus Argentinien war Krueger in Leipzig und Halle Professor. Während dieser Zeit beschäftigte er sich weniger mit experimentellen als mit

Abb. 1: Portrait Felix Krueger. Diese Abbildung geht auf ein Original zurück, das die Verfasserin in einem in Leipzig antiquarisch erworbenen Exemplar des Buches von Wilhelm Wundt *Grundriß der Psychologie*, Leipzig: Engelmann 1909, fand.

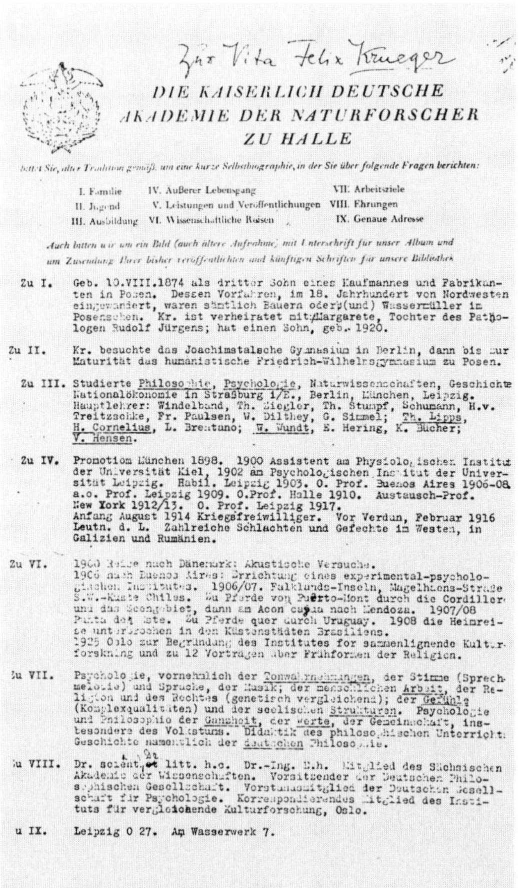

Zur Vita Felix Krueger

DIE KAISERLICH DEUTSCHE
AKADEMIE DER NATURFORSCHER
ZU HALLE

bittet Sie, alter Tradition gemäß, um eine kurze Selbstbiographie, in der Sie über folgende Fragen berichten:

I. Familie — IV. Äußerer Lebensgang — VII. Arbeitsziele
II. Jugend — V. Leistungen und Veröffentlichungen — VIII. Ehrungen
III. Ausbildung — VI. Wissenschaftliche Reisen — IX. Genaue Adresse

Auch bitten wir um ein Bild (auch ältere Aufnahme) mit Unterschrift für unser Album und um Zusendung Ihrer bisher veröffentlichten und künftigen Schriften für unsere Bibliothek

Zu I. Geb. 10.VIII.1874 als dritter Sohn eines Kaufmannes und Fabrikanten in Posen. Dessen Vorfahren, im 18. Jahrhundert von Nordwesten eingewandert, waren sämtlich Bauern oder (und) Wassermüller im Posenschen. Kr. ist verheiratet mit Margarete, Tochter des Pathologen Rudolf Jürgens; hat einen Sohn, geb. 1920.

Zu II. Kr. besuchte das Joachimstalsche Gymnasium in Berlin, dann bis zur Maturität das humanistische Friedrich-Wilhelmsgymnasium zu Posen.

Zu III. Studierte Philosophie, Psychologie, Naturwissenschaften, Geschichte Nationalökonomie in Straßburg i/E., Berlin, München, Leipzig. Hauptlehrer: Windelband, Th. Ziegler, Th. Stumpf, Schumann, H.v. Treitzschke, Fr. Paulsen, W. Dilthey, G. Simmel; Th. Lipps, H. Cornelius, L. Brentano; W. Wundt, E. Hering, K. Bücher; V. Hensen.

Zu IV. Promotiom München 1898. 1900 Assistent am Physiologischen Institut der Universität Kiel, 1902 am Psychologischen Institut der Universität Leipzig. Habil. Leipzig 1903. O. Prof. Buenos Aires 1906-08 a.o. Prof. Leipzig 1909. O.Prof. Halle 1910. Austausch-Prof. New York 1912/13. O. Prof. Leipzig 1917. Anfang August 1914 Kriegsfreiwilliger. Vor Verdun, Februar 1916 Leutn. d. L. Zahlreiche Schlachten und Gefechte im Westen, in Galizien und Rumänien.

Zu VI. 1900 Reise nach Dänemark: Akustische Versuche. 1906 nach Buenos Aires: Errichtung eines experimental-psychologischen Institutes. 1906/07. Falklands-Inseln, Magelhaens-Straße S.W.-Küste Chiles. Zu Pferde von Puerto-Mont durch die Cordillere und das Seengebiet, dann am Aconcagua nach Mendoza. 1907/08 Punta del Este. Zu Pferde quer durch Uruguay. 1908 die Heimreise unterbrochen in den Küstenstädten Brasiliens. 1925 Oslo zur Begründung des Institutes for sammenlignende Kulturforskning und zu 12 Vorträgen über Frühformen der Religion.

Zu VII. Psychologie, vornehmlich der Tonwahrnehmungen, der Stimme (Sprechmelodie) und Sprache, der Musik; der menschlichen Arbeit, der Religion und des Rechtes (genetisch vergleichend); der Gefühle (Komplexqualitäten) und der seelischen Strukturen. Psychologie und Philosophie der Ganzheit, der Werte, der Gemeinschaft, insbesondere des Volkstums. Didaktik des philosophischen Unterrichts Geschichte namentlich der deutschen Philosophie.

Zu VIII. Dr. scient. et litt. h.c. Dr.-Ing. E.h. Mitglied des Sächsischen Akademie der Wissenschaften. Vorsitzender der Deutschen Philosophischen Gesellschaft. Vorstandsmitglied der Deutschen Gesellschaft für Psychologie. Korrespondierendes Mitglied des Instituts für vergleichende Kulturforschung, Oslo.

Zu IX. Leipzig O 27. Am Wasserwerk 7.

Abb. 2: Zur Vita Felix Krueger. (Der umfangreiche Teil „V. Leistungen und Veröffentlichungen“ wurde hier weggelassen.)

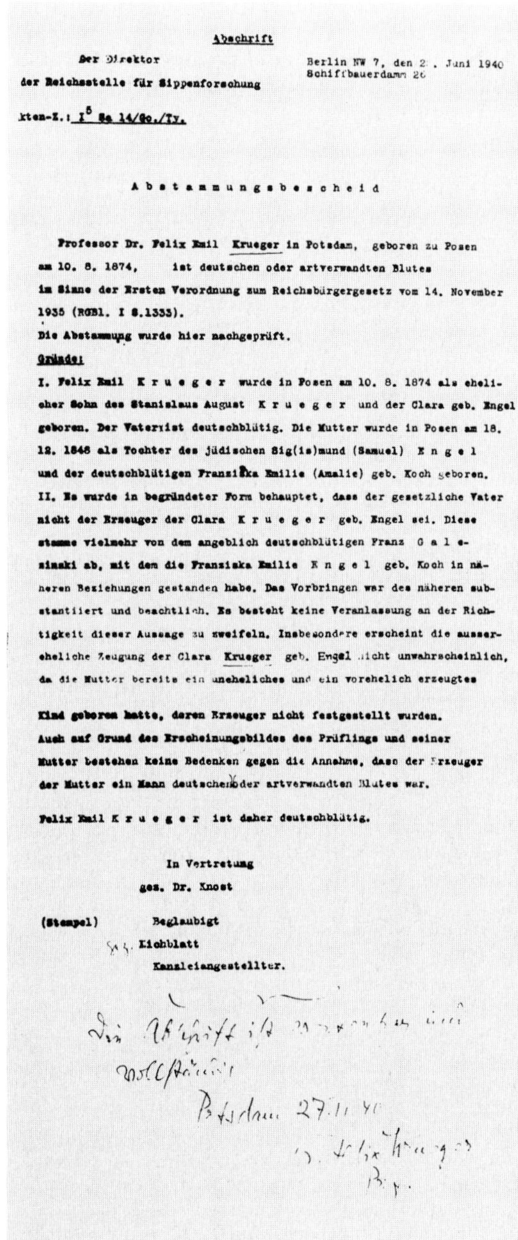

Abschrift

Der Direktor
der Reichsstelle für Sippenforschung

Berlin NW 7, den 2 . Juni 1940
Schiffbauerdamm 26

Akten-Z.: I⁵ Sa 14/Go./Ty.

A b s t a m m u n g s b e s c h e i d

Professor Dr. Felix Emil Krueger in Potsdam, geboren zu Posen am 10. 8. 1874, ist deutschen oder artverwandten Blutes im Sinne der Ersten Verordnung zum Reichsbürgergesetz vom 14. November 1935 (RGBl. I S.1333).

Die Abstammung wurde hier nachgeprüft.

Gründe:

I. Felix Emil K r u e g e r wurde in Posen am 10. 8. 1874 als ehelicher Sohn des Stanislaus August K r u e g e r und der Clara geb. Engel geboren. Der Vater ist deutschblütig. Die Mutter wurde in Posen am 18. 12. 1848 als Tochter des jüdischen Sig(is)mund (Samuel) E n g e l und der deutschblütigen Franziska Emilie (Amalie) geb. Koch geboren.

II. Es wurde in begründeter Form behauptet, dass der gesetzliche Vater nicht der Erzeuger der Clara K r u e g e r geb. Engel sei. Diese stamme vielmehr von dem angeblich deutschblütigen Franz G a l e - sinski ab, mit dem die Franziska Emilie E n g e l geb. Koch in näheren Beziehungen gestanden habe. Das Vorbringen war des näheren substantiiert und beachtlich. Es besteht keine Veranlassung an der Richtigkeit dieser Aussage zu zweifeln. Insbesondere erscheint die aussereheliche Zeugung der Clara Krueger geb. Engel nicht unwahrscheinlich, da die Mutter bereits ein uneheliches und ein vorehelich erzeugtes Kind geboren hatte, deren Erzeuger nicht festgestellt wurden.

Auch auf Grund des Erscheinungsbildes des Prüflings und seiner Mutter bestehen keine Bedenken gegen die Annahme, dass der Erzeuger der Mutter ein Mann deutschen oder artverwandten Blutes war.

Felix Emil K r u e g e r ist daher deutschblütig.

In Vertretung
gez. Dr. Knost

(Stempel) Beglaubigt
Eichblatt
Kanzleiangestellter.

Potsdam 27.11.40

Abb. 3: Abstammungsbescheid Felix Kruegers der Reichsstelle für Sippenforschung vom 22.06.1940.

völkerpsychologischen und entwicklungspsychologischen Fragestellungen. Bemerkenswert ist sein Bestreben, gewonnene Ergebnisse durch Experimente und mehr noch durch Anwendung im täglichen Leben zu verifizieren. Kruegers Forderung, aus dem „lebensfremden Labor“ in die Praxis hinauszutreten, ist auch heute noch erwägenswert. Die Einbindung des Individuums in die Gemeinschaft und das größere Ganze war ein wichtiges Anliegen Kruegers, ebenso die Tatsache, daß der Mensch ein historisch-soziales Wesen ist, und daß es auf die Erkenntnis der Gesetze in Geschichte wie Gesellschaft ankommt. Dies führte bei Krueger allerdings keineswegs zu einer Nähe zu linken, gar marxistischen Überlegungen. Vielmehr vertrat er deutsch-nationale, „völkische“ Gedanken und nicht zuletzt die gefühlsmäßige Verwurzelung des Individuums im Volk, ja, in „Blut und Boden“. Die Ausarbeitungen zur Gefühlstheo-

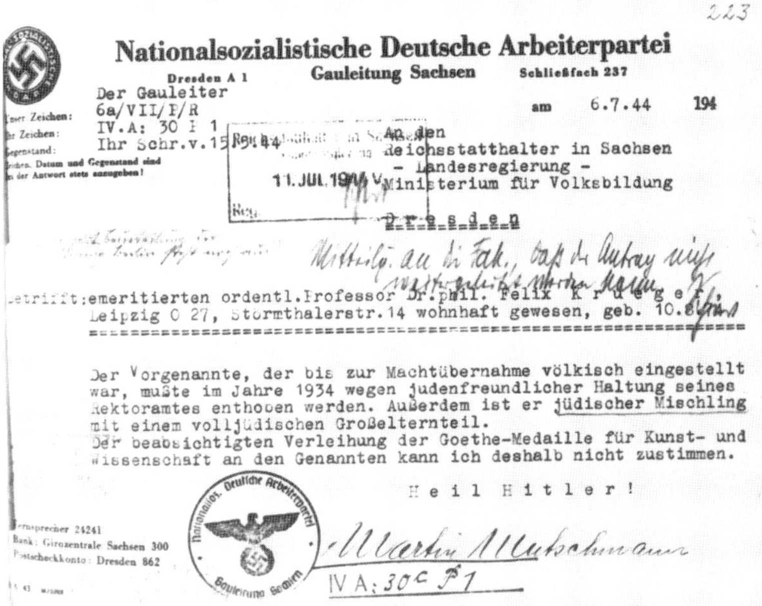

223

Nationalsozialistische Deutsche Arbeiterpartei
Dresden A 1 Gauleitung Sachsen Schließfach 237

Der Gauleiter
Unser Zeichen: 6a/VII/P/R
Ihr Zeichen: IV.A: 30 P 1
Gegenstand: Ihr Schr.v.15.5.44
Zeichen, Datum und Gegenstand sind in der Antwort stets anzugeben!

am 6.7.44

11. JUL. 1944

An den
Reichsstatthalter in Sachsen
- Landesregierung -
Ministerium für Volksbildung

Dresden

Betrifft: emeritierten ordentl. Professor Dr. phil. Felix Krueger, Leipzig O 27, Störmthalerstr. 14 wohnhaft gewesen, geb. 10.8.

Der Vorgenannte, der bis zur Machtübernahme völkisch eingestellt war, mußte im Jahre 1934 wegen judenfreundlicher Haltung seines Rektoramtes enthoben werden. Außerdem ist er jüdischer Mischling mit einem volljüdischen Großelternteil.
Der beabsichtigten Verleihung der Goethe-Medaille für Kunst- und Wissenschaft an den Genannten kann ich deshalb nicht zustimmen.

Heil Hitler!

Martin Mutschmann

IV A: 30c P 1

Fernsprecher 24241
Bank: Girozentrale Sachsen 300
Postscheckkonto: Dresden 862

Abb. 4: Schreiben zur Ablehnung der Verleihung der Goethe-Medaille für Kunst und Wissenschaft an Felix Krueger durch den Gauleiter der NSDAP Sachsen, Martin Mutschmann, an den Reichsstatthalter in Sachsen.

rie betonen immer wieder die einseitige Ausrichtung des akademischen Zeitgeistes auf den Verstand. Die Anerkennung der drei Dimensionen Wundts, das Bestreben, viele Gefühlsdimensionen in die Untersuchung einzubeziehen, führte zu mangelnder Übersicht und Klarheit, zumal die Gefühlstheorie kaum mit Experimenten abgesichert, sondern eher nach der Art künstlerischen Vorgehens dem Alltag gleichsam abgelauscht wurde. Neben der Gradabstufung der Gefühle wurde die Dimension „flach-tief" eingeführt; ebenso betonte Krueger, daß Gefühle keineswegs immer scharf gestaltet auftreten.

Ende September 1917 wurde Felix Krueger als Nachfolger Wilhelm Wundts nach Leipzig berufen. Die dort von ihm mit Sander, Klemm, Volkelt, Wellek und anderen entwickelte „Genetische Ganzheitspsychologie" war in erster Linie eine Reaktion auf die zunächst dominierende Elementen- und Assoziationspsychologie, die die Einheit der Persönlichkeit mehr oder weniger aus dem Auge verloren hatte. Die Betrachtung der Ganzheit des Erlebens ist stark von der lebensphilosophischen Strömung beeinflußt und beruht auf der Idee einer unteilbaren Seelensubstanz, eines „seelischen Seins".

Die Seelenlehre Kruegers setzt die Ganzheitlichkeit und Gegliedertheit des Erlebt-Seelischen von im Erleben vorfindbaren Beschaffenheiten, den sog. *Komplexqualitäten*, ab, wobei er in den Gefühlen die umfassendsten Komplexqualitäten des jeweiligen Erlebnisganzen sah. Zwischen abgegrenzten Gestalten und Gefühlen ordnete er den Mittelbereich des Gefühlsartigen ein.

Obwohl Krueger nicht nur streng konservativ, sondern ausdrücklich deutsch-national gesonnen war, bis 1933 die akademische Jugend zur völkischen Erneuerung aufrief und weitere Volkskreise dem Einfluß des Marxismus und der Demokratie (!) zu entreißen versuchte, kam er schon 1933 durch seine Mairede in Konflikt mit dem NS-Studentenbund und anderen damals leitenden Institutionen. Schließlich mußte er 1936 das Amt des Rektors aufgeben und wurde 1938 vorzeitig emeritiert; auch Ehrungen, durch seine Schüler beantragt, wurden ihm von den NS-Behörden wegen seiner humanistischen und vergleichsweise weltoffenen Haltung verweigert, zumal die Sippenforscher ein volljüdisches Großelternteil entdeckt zu haben meinten. Krueger lebte dann in Potsdam und seit Frühjahr 1945 in der Schweiz, wo er am 25.Februar 1948 in Basel starb.

Literatur

Hammer, S. (1983). Zur Psychologie Felix Kruegers im Spannungsfeld von exakter Experimentalpsychologie und lebensphilosophischem Irrationalismus; Unveröff. Diplomarbeit Universität Leipzig, Sektion Psychologie.

Krueger, F. (1896). Ist Philosophie ohne Psychologie möglich? München: Theodor Ackermann, Königlicher Hof-Buchhändler.

Krueger, F. (1915). Über Entwicklungspsychologie, ihre sachliche und geschichtliche Notwendigkeit. Leipzig: Engelmann.

Krueger, F. (1928). Das Wesen der Gefühle. Leipzig: Akademische Verlagsgesellschaft.

Krueger, F. (1953). Zur Philosophie und Psychologie der Ganzheit. Berlin: Springer.

David Katz

Theodor Katz

David Katz wurde am 1. Oktober 1884 in Kassel als zweitjüngstes Kind von acht Geschwistern geboren. Sein Vater, Isaak Katz, war in Mandern, einem kleinen Dorf in Waldeck, aufgewachsen. Seine Mutter Mathilde, geb. Wertheim, war Kasselanerin. Die Familie war jüdisch orthodox.

David Katz sollte wie seine älteren Geschwister die Schule vor dem Abitur verlassen und hatte sogar schon eine Stelle in Aussicht, durfte aber schließlich doch das Abitur machen. Dann studierte er von 1902 an in Göttingen und das Wintersemester 1903/04 in Berlin. Seinen Doktor machte er im Jahr 1906. Unter seinen Hochschullehrern hat Georg Elias Müller für Katz am meisten bedeutet. Im Jahr 1907 wurde Katz Assistent im Psychologischen Institut in Göttingen. Im gleichen Jahr kam Rosa Heine aus Odessa nach Göttingen, um dort Psychologie zu studieren. Die beiden lernten sich kennen und heirateten am 30. Januar 1919. Manche Artikel und Bücher wurden von beiden zusammen veröffentlicht. Nach David Katz' Tod im Jahr 1953 gab Rosa Neuauflagen seiner Bücher heraus.

Abb. 1: Portrait David Katz aus dem Jahr 1936. Das Bild entstand im Garten von Prof. Albert Michotte, Louvain, Belgien.

Im Jahr 1911 veröffentlichte David Katz den *Aufbau der Farbwelt* (so der Titel der zweiten, im Jahre 1930 erschienenen Auflage, der ursprüngliche Titel war viel länger und umfassender). Das Buch führte zur Habilitation und ist David Katz' wichtigster Beitrag auf dem Gebiet der Psychologie (es ist auch in englischer Sprache erschienen). Die Bibliographie von David Katz (T. Katz und Seuster, 1988) umfaßt 33 Buchtitel und 196 Artikel. Außer in deutsch sind Arbeiten von ihm in folgenden Sprachen erschienen: Englisch, Finnisch, Französisch, Hebräisch, Italienisch, Japanisch, Norwegisch, Schwedisch und Spanisch. 1905 und 1906 schrieb David Katz zwei kleine Bücher für den Mentor Verlag, eine Tochter des Langenscheidt-Verlags. Diese Bücher waren Hilfsmittel für Schüler in den Fächern Mathematik und Latein; sie erreichten mindestens die 11. bzw. die 8. Auflage. Die wissenschaftlichen Werke dagegen brachten es nie auf mehr als vier Auflagen.

Während des Ersten Weltkrieges war David Katz zuerst beim Roten Kreuz tätig. Dann wurde er Artillerist bei einem Schallmeßtrupp an der Ostfront und an der Westfront. Außerdem war er u.a. psychologischer Sachverständiger für Amputierte an der Technischen Hochschule in Hannover. 1918, kurz vor Kriegsende, wurde David Katz Professor in Göttingen, und 1919 erhielt er eine neueingerichtete Professur in Rostock. 1920 wurde dort sein Sohn Theodor geboren und 1922 Julius Gregor. Die Gebiete innerhalb der Psychologie, mit denen sich David Katz besonders beschäftigte, sind folgende: Der Wahrnehmungspsychologie ist nicht nur *Der Aufbau der Farbwelt* gewidmet. Auch der Tastsinn, der Geruch- und der Geschmacksinn werden in Artikeln und Büchern von ihm behandelt; außerdem ist er als Experimental-, Kinder- und Tierpsychologe zu bezeichnen. Dem entspricht auch seine große Liebe zur Musik, wobei er Beethoven am meisten schätzte, und seine Begabung als Zeichner und Maler, die in erhaltenen Werken zum Ausdruck kommt.

Nachdem Hitler an die Macht gekommen war, wurde David Katz als Jude zuerst „beurlaubt" und dann in den Ruhestand versetzt. Aber sogar nach ihren eigenen

„Gesetzen" hätten die Nazis ihn nicht pensionieren dürfen, denn er war 14 Monate Frontsoldat gewesen – sechs Monate hätten in diesem Fall genügt! –, außerdem war er schon vor 1914 Berufsbeamter gewesen. Darum wurde die Professur als überflüssig erklärt! 1933 ging Katz nach England, wo er bis 1937 blieb. In diesem Jahr wurde er Professor an der Universität Stockholm. Hier organisierten schwedische Nazis eine gemeine Hetze gegen ihn, die aber bei der großen Mehrzahl ihrer Landsleute kein Verständnis, sondern nur Abscheu und Verachtung hervorrief.

Abb. 2: Die Familie Katz im Jahr 1934 in Rostock: Gregor, Rosa, David und Theodor Katz (von links nach rechts).

MED. LIC. ÅKE BERGLUND
ÅLSTEN

Den skandalösa Katzutnämningen

Bidrag till historien om den svenska kulturens judaisering

TORS-FÖRLAG

Abb. 3: Titelseite der nazistischen Hetzschrift gegen David Katz: Dr. med. Åke Berglund, Ålsten (Vorort von Stockholm): *Die skandalöse Katz-Ernennung*. Beitrag zur Geschichte der Judaisierung der schwedischen Kultur. Tors-Förlag.

Während des Zweiten Weltkrieges unterstützte David Katz die Alliierten u.a. dadurch, daß er einen Kontakt zwischen dem deutschen Widerstand und der Britischen Gesandtschaft in Stockholm herstellte.

In den USA war David Katz zweimal. Das erste Mal 1929 ohne seine Frau als Gastprofessor in Orono, Maine; das zweite Mal 1950 mit seiner Gattin als Gastprofessor in Berkeley, Kalifornien.

1951 war er Präsident des 13. Internationalen Kongresses für Psychologie, der in Stockholm stattfand. 1952 verbrachte er einige Monate als Honorarprofessor in Hamburg. Kurz nach seiner Rückkehr nach Stockholm starb er am 2. Februar 1953.

Zum Nachlaß von David Katz gehören etwa 20 kurze wissenschaftliche Filme. Diese, wie auch der größere Teil seiner wissenschaftlichen Bibliothek, befinden sich im Psychologischen Institut der Universität Stockholm, wo sie leider nicht gut betreut werden. Der kleine Rest der Bücher ist der Schwedischen Nationalbibliothek geschenkt worden, außer einigen, die die beiden Söhne von David Katz behalten haben. Die privaten Papiere sollten zuerst der Handschriftenabteilung der Nationalbibliothek geschenkt werden. Leider mußte dort ein

Abb.4: David Katz zusammen mit schwedischen Wissenschaftlern. In der Mitte sitzend der aus Deutschland zwangsemigrierte Philosoph Ernst Cassirer, der in Göteborg lehrte. Das Photo entstand etwa 1938 anläßlich eines Vortrags von Cassirer in Stockholm. David Katz (mit hellem Anzug) steht hinter Cassirer.

Abb. 5: David Katz als Präsident beim 13. Internationalen Kongreß für Psychologie 1951 in Stockholm. Er hält hier eine Rede beim Bankett.

Mangel an Zuverlässigkeit und Fairplay festgestellt werden, weshalb sich die Papiere, großenteils geordnet, nun wieder in der Wohnung von Theodor Katz befinden. Der wohl interessanteste Teil des gesamten Nachlasses besteht aus etwa 500 Karten und Briefen, die David Katz 1908–1952 seiner Braut und späteren Frau Rosa geschickt hatte. Diese Briefsammlung soll bald veröffentlicht werden.

In sehr vielen Büchern wird David Katz mehr oder weniger ausführlich erwähnt, aber sogar in den jüdischen Nachschlagewerken steht nichts über ihn als Juden. Diese Lücke soll hier geschlossen werden. In Rostock und Stockholm waren er und seine Familie Mitglieder der Jüdischen Gemeinde: Er und seine Frau wurden von einem Rabbiner in Berlin getraut. Jüdische Festtage wurden in der Familie begangen: der Versöhnungstag

Abb. 6: David Katz (sitzend) 1952 in Ithaca, N.Y., USA, bei Robert B. Mac Leod (2. v.l.), Professor an der Cornell University.

mit Fasten, Pessach (Ostern) mit einer traditionellen Festmahlzeit. Am Todestag der Eltern erinnerten Kerzen an sie. Beide Söhne wurden Bar Mitzwah (entspricht etwa der Konfirmation). Dreimal wurde David Katz die Professur für Psychologie an der Universität Jerusalem angeboten, das letzte Mal als Emeritus, was er aber aus Gesundheitsgründen dankend ablehnen mußte.

Zur letzten Ruhe wurden David und Rosa Katz auf einem der jüdischen Friedhöfe in Stockholm gebettet.

Literatur

Katz, D. (1911). Die Erscheinungsweisen der Farben und ihre Beeinflussung durch die individuelle Erfahrung. Leipzig: J. A. Barth. 2. Auflage 1930 im gleichen Verlag unter dem Titel „Der Aufbau der Farbwelt".

Katz, D. (1952). Autobiography. In: H. S. Langfeld, E. G. Boring, H. Werner & M. Yerkes (Ed.), A history of psychology in autobiography, Vol. 4, 189–211, Worcester, Mass.: Clark University Press.

Katz, T. & Seuster, A. (1988). Bibliographie David Katz. Geschichte der Psychologie, 6 (1), 12–26.

Teil D

Entwicklung und Persönlichkeit

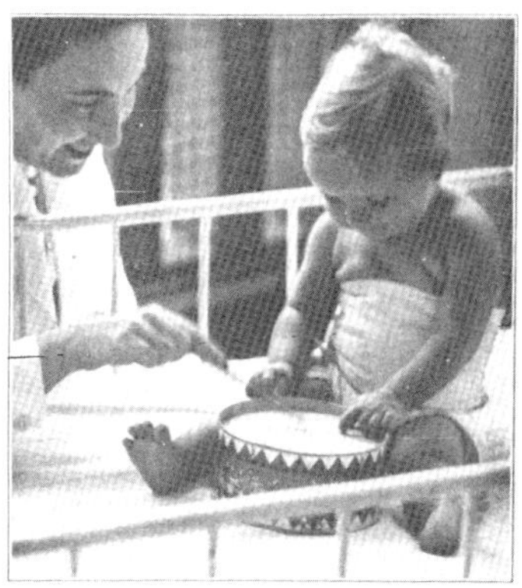

Jean Piaget, 1976

Umseitige Abb.: Charlotte Bühler mit Testkind

Behaviorismus und Neobehaviorismus

Angela Schorr

Das Programm

„Psychologie, wie der Behaviorist sie sieht, ist ein vollkommen objektiver, experimenteller Zweig der Naturwissenschaften. Ihr theoretisches Ziel ist die Vorhersage und Kontrolle von Verhalten" (Watson, 1913, S. 13). Mit dem Behaviorismus, so erstmals von seinem Begründer, dem Experimentalpsychologen John B. Watson (1878–1950), beschrieben, verbindet sich ein ungewöhnlich radikales Forschungsprogramm: Das Verhalten, nicht das Bewußtsein, ist der zentrale Forschungsgegenstand der wissenschaftlichen Psychologie. Sogenannte subjektive Daten, durch Selbstbeobachtung oder Befragung gewonnen, gelten als unwissenschaftlich und im Forschungsprozeß nicht verwendbar. Die Methode der Introspektion, seinerzeit die zentrale Forschungsmethode der noch jungen, empirisch orientierten Psychologie, spielt im Rahmen des behavioristischen Programms keine Rolle mehr. Die „introspektive Psychologie", erklärte Watson damals, hatte sich in eine Fülle spekulativer Fragen verstrickt, die sie nicht nur daran hinderte, psychische Zustände mit naturwissenschaftlicher Genauigkeit zu erfassen, sondern sie auch zunehmend von den Fragestellungen entfernte, „die menschliche Interessen unmittelbar berühren".

Watsons Behaviorismus war zum einen eine Reaktion auf die Bewußtseinspsychologie in der Tradition Wilhelm Wundts (1832–1920), wie sie z.B. von dem Strukturalisten E.B. Titchener (1867–1927) in den USA verbreitet wurde. Andererseits stand sein neues Programm in der Tradition des als Gegenbewegung zum Strukturalismus entstandenen Funktionalismus (John Dewey, 1859–1952; J.R. Angell, 1869–1949) und bestätigte dessen darwinistisch-pragmatische Ausrichtung. Nach Auffassung der Behavioristen läßt sich alles Verhalten, auch komplexes Verhalten, in Reiz-Reaktions-Einheiten zerlegen. Ein Reiz ist jede Form der Energie, die ein Sinnesorgan anregt; einen Komplex gemeinsam wirksamer Reize bezeichnet man als Situation. Reaktionen äußern sich als Muskel- oder Drüsenreaktionen. Mehrere, gemeinsam auftretende Reaktionen bilden eine Handlung. Reaktionen können als Reize für weitere Reaktionen wirksam werden. Der inhaltliche Schwerpunkt der frühen Forschung Watsons lag im Bereich der Gewohnheitsbildung bzw. des Lernens („habit formation"). Ein Konzept, das er erst später in seine Theorie aufnahm und zum zentralen Erklärungsprinzip erkor, war der konditionierte Reflex nach I. P. Pavlov (1849–1936).

Abb. 1: John B. Watson (1878–1950)

Vom Behaviorismus zum Neobehaviorismus

Watsons radikale Thesen fanden in den ersten zwei Jahrzehnten nach ihrer Verkündung innerhalb wie außerhalb der Psychologie eine durchaus zwiespältige Resonanz (vgl. Bruder, 1982; Schorr, 1984a). Zu seinen frühen Anhängern zählten die Psychologen E. B. Holt (1873–1946), A. P. Weiss (1879–1931), W. S. Hunter (1889–1954) und K. S. Lashley (1890–1958). Wie Samelsons (1981) historische Analyse zeigt, kann man in bezug auf die Rezeption des klassischen Behaviorismus zwei große Phasen unterscheiden: erstens die weitgehend

Abb.2: Mitglieder des Exekutivkomitees des Institute of Human Relations. Von links nach rechts: George P. Murdock, Carl I. Hovland, Clark L. Hull (1884–1955), Mark A. May, John A. Dollard (1909–1979), Clellan S. Ford.

wissenschaftsintern geführte Diskussion in den Jahren zwischen 1913 und 1920; zweitens die Popularisierung des Behaviorismus vor dem Hintergrund eines sozialkonservativen gesellschaftlichen Klimas in den USA in den Jahren zwischen 1920 und 1930. In dieser zweiten Phase wandelte sich der Behaviorismus Watsonscher Prägung von einem experimentalpsychologischen Forschungsprogramm zu einem Programm sozialer Kontrolle (Burnham, 1968). Insbesondere im Bereich der psychologischen Erziehungsberatung wurden Beratungs- und Behandlungskonzepte auf behavioristischer Grundlage entwickelt und fanden bereits Anwendung (vgl. Dorcus & Shaffer, 1934; Wyatt, 1948). Aber auch in der Wirtschaft und in der Werbung wurde sein Programm in Form von „objektiven" Ausleseverfahren und an die Konditionierungstheorie angelehnten, ausgeklügelten Werbestrategien umgesetzt.

Die Veröffentlichung der Schriften I.P. Pavlovs in englischer Sprache (Pavlov, 1927, 1928) war für eine zweite Generation von Behavioristen das Startsignal für die Wiederaufnahme des behavioristischen Programms in der experimentellen Forschung. Nur zwei Jahrzehnte später war die behavioristische Lernforschung bereits so einflußreich, daß man sie mit der experimentalpsychologischen Forschung in den USA nahezu gleichsetzen konnte. Zu den prominentesten Vertretern des Neobehaviorismus gehören laut Zuriff (1985) – trotz inhaltlich sehr unterschiedlicher Positionen – die Psychologen E. R. Guthrie (1886–1959), E. C. Tolman (1886–1959), C. L. Hull (1884–1952), der Hull-Schüler K. W. Spence (1907–1967) und B. F. Skinner (1904–1991). Die Neobehavioristen vertraten überwiegend die Position eines methodologischen Behaviorismus, im Unterschied zu Watson, der darüber hinaus einen metaphysischen Behaviorismus propagierte. Die Unterscheidung zwischen methodologischem und metaphysischem Behaviorismus geht auf Mace (1948/49) zurück: Letzterem liegt die Annahme zugrunde, daß es kein Bewußtsein gibt, und daß psychische Prozesse und

Ereignisse lediglich ein Mythos sind; ersterer, der methodologische Behaviorismus, erkennt hingegen die Existenz interner, subjektiver Prozesse an, beschränkt sich jedoch auf die wissenschaftliche Verwendung von Daten, die ausschließlich über offen beobachtbares Verhalten gewonnen wurden.

Der formale Behaviorismus, wie ihn Clark Hull oder auch Edward Chase Tolman im „goldenen Zeitalter der Theorien“ in den dreißiger und vierziger Jahren formulierten, stellt eine Variante des methodologischen Behaviorismus dar. B.F. Skinners radikaler Behaviorismus ist dagegen als metaphysischer Behaviorismus im Maceschen Sinne (1948/49) einzustufen (vgl. Leahey, 1984). Clark Hull, der an dem später durch ihn und seine Schüler (u.a. John Dollard, Neal E. Miller, Orval H. Mowrer, Robert Sears) berühmt gewordenen Institute of Human Relations der Yale University lehrte, suchte Ende der dreißiger und Anfang der vierziger Jahre nach einer Theorie, die so verschiedene Verhaltenswissenschaften wie die Pavlovsche Reflexologie, den amerikanischen Behaviorismus und die Psychoanalyse Sigmund Freuds sinnvoll zu integrieren vermochte. Der Weg dorthin sollte über eine besondere Form der wissenschaftlichen Theorienbildung führen (vgl. Schorr, 1984). Das Endprodukt, seine Verhaltenstheorie, konnte allerdings aus seiner Sicht nur Übergangscharakter haben. Hull war der Überzeugung, daß jede Verhaltenstheorie letztlich auf neurophysiologische Gesetzmäßigkeiten reduzierbar ist. Da der damalige Stand der Forschung jedoch die Realisierung eines solchen Programms noch nicht erlaubte, wählte er den Ausweg, hypothetische Größen – von Tolman als intervenierende Variablen bezeichnet – anzunehmen, und zwar mit der Auflage, daß diese in empirischen Daten verankerbar sein müssen. Hull und seine Schüler entwickelten innerhalb eines Jahrzehnts das wohl elaborierteste Programm eines formalen Behaviorismus. Orientiert an der Physik und den Naturwissenschaften, entstand eine hypothetisch-deduktive Verhaltenstheorie, formuliert in Form von Axiomen, die mittels operationaler Definitionen Vorhersagen über Verhalten erlaubten, die auf diesem Wege empirisch testbar waren. Sehr vereinfacht dargestellt, formulierte Hull in seinen *Principles of Behavior* (1943) folgendes Axiom:

$$_{S}E_{R} = {}_{S}H_{R} \times D$$

Das Reaktionspotential (E) als Produkt aus Gewohnheitsstärke (H) und Trieb (D) bezeichnet laut Hull die momentane Tendenz eines Organismus, eine bestimmte Reaktion auszuführen. Es läßt sich in verschiedener Weise (operational definiert) messen, z.B. in Form der Latenzzeit, der Geschwindigkeit, der Intensität etc., die der Organismus bei der Ausführung der Reaktion an den Tag legt. Das Konzept der Gewohnheitsstärke verweist darauf, daß das vom Organismus im Sinne einer Gewohnheit Erlernte erst dann beobachtbar ist, wenn es offen zutage tritt. Die Stärke einer solchen Gewohnheit kann unterschiedlich ausgeprägt sein; sie wurde zumeist operational durch die Häufigkeit, die ein Organismus für das Ausführen einer Reaktion belohnt wurde, definiert. Das Triebkonzept schließlich bezieht sich auf den motivationalen Zustand des Organismus; Hull entwickelte es in enger Anlehnung an das Freudsche Konzept der Libido (vgl. Schorr, 1984b). Im Experiment wurde es operational definiert als Anzahl der Stunden, in denen der Organismus keine Möglichkeit hatte zu essen oder zu trinken. Alle drei Variablen, das Reaktionspotential, die Gewohnheitsstärke und der Trieb sind intervenierende Variablen oder theoretische Konstrukte, das heißt sie sind nicht unmittelbar im Verhalten beobachtbar, sondern werden vielmehr auf der Basis dessen definiert, wie der Organismus im Experiment behandelt wird, und auf der Basis der Verhaltensdaten, die daraus resultieren. In seiner Theoriebildung ist es dem formalen Behaviorismus somit möglich, auch unbeobachtbare Variablen einzubeziehen. Dabei wird jedoch auf die Annahme eines Bewußtseins verzichtet. Die intervenierenden Variablen lassen sich zu jeder Zeit über offen beobachtbare Stimuli und Reaktionen definieren.

Clark Hulls Verhaltenstheorie hat mit ihrem hohen wissenschaftlichen Anspruch der experimentellen Psychologie in den folgenden Jahrzehnten viele wichtige Impulse gegeben. Zu den zentralen Ergebnissen des fruchtbaren, integrativen behavioristischen Forschungsprogramms der Wissenschaftler in Yale gehören z.B. die Aggressions-Frustrations-Hypothese von Dollard, Doob, Miller und Sears (1939), Mowrers Stimulus-Response-Analyse der Angst und Hulls Triebreduktionshypothese.

Der informelle Behaviorismus der Nachkriegszeit, basierend auf einer „liberalisierten Reiz-Reaktions-Theorie“ (vgl. Leahey, 1984), gründete in der Hullschen Verhaltenstheorie, mehr noch jedoch in Edward Chase Tolmans kognitivem Behaviorismus. Für Tolman ließen sich Lernprozesse nicht als Assoziation bestimmter Stimuli mit bestimmten motorischen Reaktionen verstehen. Für ihn war Verhalten absichtsvoll und kognitiv. Nach Tolman ließen sich Absicht, Kognition und Erwartungen theoretisch mittels Verhalten definieren. Die Zielgerichtetheit war in seiner Theorie eine Eigenschaft des Verhaltens selbst und wurde als operational definierbare intervenierende Variable behandelt. Ein Großteil des Lernens besteht laut Tolman in „Zeichenlernen“ im Sinne eines „Was-führt-zu-was“. Nicht einfache Bewegungsabläufe, sondern Erwartungen über die Lage des Ziels lernt der Organismus; es bilden sich „Zeichen-Gestalten“ heraus. Tolmans Theorie zeigte wie auch die Theorie Clark Hulls enge Bezüge zur Psychoanalyse, darüber hinaus jedoch auch zur Tradition der in Deutschland beheimateten Gestaltpsychologie.

Abb. 3: J. B. Watson als Vizepräsident der 1932 in den USA gegründeten William Esty & Co., einer Werbefirma, der Watson von 1935 bis 1945 angehörte; das Photo wurde 1938/39 aufgenommen.

Abb. 4: B. F. Skinner (1904–1990)

Der neuen Generation der informellen Behavioristen, wie beispielsweise den Hull-Schülern John Dollard und Neal Miller, ging es später auch darum, den Behaviorismus wieder ganz im Sinne seines Begründers John B. Watson praktikabel zu machen (Dollard & Miller, 1950; Miller & Dollard, 1941). Sie konzipierten die zwischen den offen beobachtbaren Reiz-Reaktions-Sequenzen vermittelnden, internen Reiz-Reaktions-Ketten nicht mehr als verdeckte periphere Reaktionen (Hull, 1943), sondern vielmehr als zentrale Gehirnprozesse. So konnten kognitive Prozesse als verdeckte Anteile erlernter Reiz-Reaktions-Verbindungen interpretiert werden, die wie offen beobachtbares Verhalten den allgemeinen Gesetzen des Reiz-Reaktions-Lernens folgten. Der informelle Behaviorismus ebnete den Weg für moderne, kognitive Ansätze in der psychologischen Theorienbildung.

Zu einer Renaissance klassischer Positionen kam es im Rahmen des radikalen Behaviorismus, wie ihn Burrhus F. Skinner und seine Schüler in den letzten drei Jahrzehnten vertreten haben. Skinner erkennt die Existenz einer inneren psychologischen Welt zwar an, begreift diese jedoch nicht als Vermittlungsinstanz, sondern vielmehr als ein Produkt der Interaktion von Individuum und Umweltkontingenzen. Kognitive Prozesse können somit nie Ursache offen beobachtbaren Verhaltens sein (Skinner, 1977; 1978). Traditionelle Argumentationsstrukturen ins Gegenteil verkehrend, wirft Skinner den Kognitiven Psychologen vor, die Beziehungen zwischen Organismus und Umwelt nur indirekt zu untersuchen und statt dessen „interne Surrogate“ zum Gegenstand ihrer Forschung zu machen.

Das Programm heute

Während alle übrigen Formen des Neobehaviorismus bereits der Vergangenheit angehören, hat sich B.F. Skinner mit den von ihm vertretenen Positionen einen hohen Einfluß auf die wissenschaftliche Psychologie der Gegenwart bewahrt. Die Frage, ob die Psychologie immer noch die Wissenschaft vom Verhalten sei, wird auch heute noch positiv beantwortet (vgl. McPherson, 1992). Das technologische Ideal der Verhaltenskontrolle, auch in der Tradition der operanten Verhaltenspsychologie konsequent formuliert, hat allerdings in der postmodernen Gesellschaft erheblich an Glaubwürdigkeit verloren. Zweifel an der Fähigkeit des Menschen, seine Umwelt sinnvoll zu kontrollieren, wie sie insbesondere angesichts der durch die technologische Kultur bewirkten massiven und schädlichen Eingriffe in die Natur ausgelöst wurden, und der Niedergang des technologischen Ideals in der öffentlichen Meinung hatten auch Rückwirkungen auf eine Psychologie, die sich diesem Ideal so ganz verschrieben hatte (vgl. Smith, 1992). Trotz sichtbarer Erfolge, insbesondere im Bereich von Erziehung und Bildung (von der Schule über die Erwachsenenbildung bis hin zur Psychotherapie) setzten sich Skinner und seine Anhänger schon recht frühzeitig dem Vorwurf aus, durch die Bereitstellung erfolgversprechender Technologien, deren langfristige Wirkungen ihnen letztlich unbekannt waren, unkritisch als „agents of social control" tätig zu werden (Stolz, 1978). Fehlende Informationen über die Spätfolgen und, damit verknüpft, mangelnde Reflexion über das Umfeld, in dem Verhaltenstechnologien zur Anwendung kommen sollten, haben z.B. in den USA in einzelnen Fällen einer bedenkenlosen und falschen Umsetzung von Münzökonomieprogrammen, einer im Kontext der operanten Verhaltenstheorie entwickelten Technologie, Vorschub geleistet, so daß ihre grundsätzliche Anwendung durch das Tätigwerden zahlreicher Bürgerinitiativen schließlich im Bereich der Psychiatrie und im Strafvollzug stark eingeschränkt werden mußte (Kazdin, 1984).

Literatur

Bruder, K.-J. (1982). Psychologie ohne Bewußtsein. Die Geburt der behavioristischen Sozialtechnologie. Frankfurt: Suhrkamp.

Burnham, J.C. (1968). The new psychology: from narcissism to social control. In: J. Braeman, R. Bremner & D. Brody (Eds.), Change and continuity in twentieth-century-America. The 1920's. Columbus: Ohio State University Press.

Dollard, J.; Doob, L.W.; Miller, N.E. & Sears, R.R. (1939). Frustration and aggression. New Haven: Yale University Press.

Dollard, J. & Miller, N.E. (1950). Personality and psychotherapy. An analysis in terms of learning, thinking and culture. New York: McGraw-Hill.

Dorcus, R.M. & Shaffer, G.W. (1934). Textbook of abnormal psychology. Baltimore.

Hull, C.L. (1943). Principles of behavior: an introduction to behavior theory. New York: Appleton-Century.

Kazdin, A.E. (1984). Behavior modification in applied settings. Homewood: Dorsey Press.

Leahey, T.H. (1984). Behaviorism. In: R.J. Corsini (Ed.), Encyclopedia of psychology, Vol . I (pp. 130–132) New York: Wiley.

Mace, C.A. (1948/49). Some implications of analytical behaviorism. Aristotelian Society Proceedings, 49, 1–16.

McPherson, M.W. (1992). Is psychology the science of behavior? American Psychologist, 47, 329–335.

Miller, N.E. & Dollard, J. (1941). Social learning and imitation. New Haven: Yale University Press.

Pavlov, I.P. (1927). Conditioned reflexes: an investigation of the physiological activity of the cerebral cortex. London: Oxford University Press.

Pavlov, I.P. (1928). Lectures on conditioned reflexes. New York: International.

Samelson, F. (1981). Struggle for scientific authority. The reception of Watson's behaviorism, 1913–1920. Journal of the History of the Behavioral Sciences, 17, 399–425.

Schorr, A. (1984a). Die Verhaltenstherapie. Ihre Geschichte von den Anfängen bis zur Gegenwart. Weinheim: Beltz.

Schorr, A. (1984b). Clark Hull und die Psychoanalyse. In: S. Bem, H. Rappard & W. van Hoorn (Eds.), Studies in the History of Psychology and the Social Sciences, 2, 373–397.

Skinner, B.F. (1977). Why I'm not a cognitive psychologist. Behaviorism, 5, 1–10.

Skinner, B.F. (1978). Was ist Behaviorismus? Reinbek: Rowohlt.

Smith, L.D. (1992). On prediction and control. B.F. Skinner and the technological ideal of science. American Psychologist, 47, 216–223.

Stolz, S.B. (1978). Ethical issues in behavior modification. Report on the American Psychological Association Commission. San Francisco: Jossey-Bass.

Watson, J.B. (1913). Psychology as the behaviorist views it. Psychological Review, 20, 158–177.

Wyatt, F. (1948). Clinical psychology and orthopsychiatry. In L.G. Lowrey (Ed.), Orthopsychiatry, 1923–1948: retrospect and prospect (pp. 217–230). New York.

Zuriff, G.E. (1985). Behaviorism: a conceptual reconstruction. New York: Columbia University Press.

Ernst Friedrich Wilhelm Meumann

Paul Probst

Ernst Meumann (s. Abb. 1) zählt zu den bedeutendsten Begründern der Pädagogischen Psychologie im deutschen Sprachgebiet. Ein ausführlicher chronologischer Überblick zur Biographie Meumanns mit weiterführenden bibliographischen Angaben findet sich bei P. Probst (1991).

Abb. 1: Ernst Meumann im Alter von zweiundfünfzig Jahren.

Meumann hat als erster systematisch Ansätze und Methoden der empirischen Psychologie auf Probleme der Erziehungswissenschaft übertragen. Als Sohn des protestantischen Pfarrers Friedrich Ewald Meumann wurde Ernst Meumann 1862 in der rheinischen Kleinstadt Uerdingen geboren. 1915 starb er in Hamburg, wo er seit 1911 eine Professur für *Philosophie, insbesondere Psychologie* am *Allgemeinen Vorlesungswesen* und *Kolonialinstitut* innehatte. Meumann betätigte sich nicht nur wissenschaftlich, er war zeitlebens ein politischer Mensch, der sich im öffentlichen Leben engagierte. In seiner Studentenzeit – dem Philosophie- und Psychologiestudium ging ein volles Studium der Evangelischen Theologie voraus – trat er zunächst durch ausgeprägt national-konservative Aktivitäten hervor. Meumann war führendes Mitglied des *Vereins Deutscher Studenten* (vgl. v. Petersdorff, 1900).

Im Wintersemester 1886/87 wurde der an der Bonner Universität eingeschriebene Theologiestudent Urheber

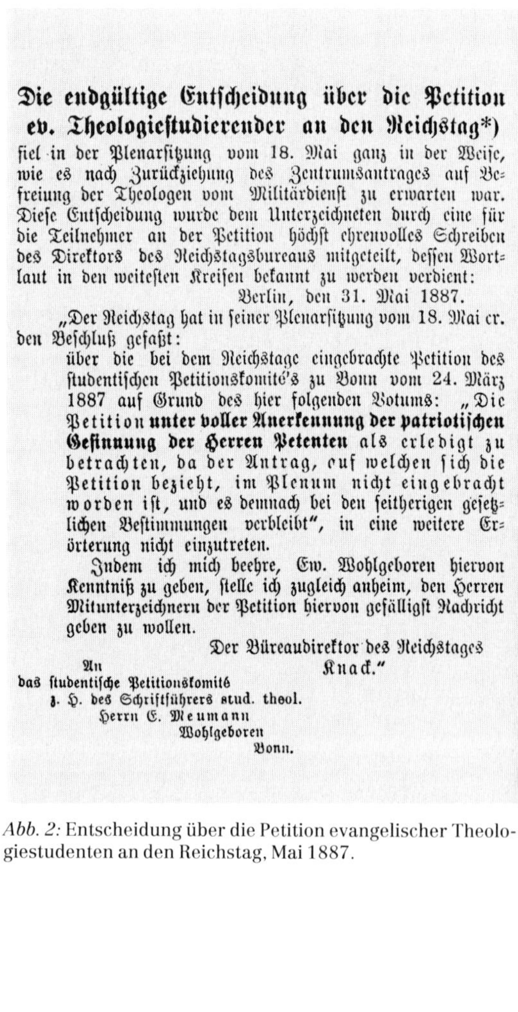

Die endgültige Entscheidung über die Petition ev. Theologiestudierender an den Reichstag*)

fiel in der Plenarsitzung vom 18. Mai ganz in der Weise, wie es nach Zurückziehung des Zentrumsantrages auf Befreiung der Theologen vom Militärdienst zu erwarten war. Diese Entscheidung wurde dem Unterzeichneten durch eine für die Teilnehmer an der Petition höchst ehrenvolles Schreiben des Direktors des Reichstagsbureaus mitgeteilt, dessen Wortlaut in den weitesten Kreisen bekannt zu werden verdient:

Berlin, den 31. Mai 1887.

„Der Reichstag hat in seiner Plenarsitzung vom 18. Mai cr. den Beschluß gefaßt:

über die bei dem Reichstage eingebrachte Petition des studentischen Petitionskomité's zu Bonn vom 24. März 1887 auf Grund des hier folgenden Votums: „Die Petition **unter voller Anerkennung der patriotischen Gesinnung der Herren Petenten** als erledigt zu betrachten, da der Antrag, ouf welchen sich die Petition bezieht, im Plenum nicht eingebracht worden ist, und es demnach bei den seitherigen gesetzlichen Bestimmungen verbleibt", in eine weitere Erörterung nicht einzutreten.

Indem ich mich beehre, Ew. Wohlgeboren hiervon Kenntniß zu geben, stelle ich zugleich anheim, den Herren Mitunterzeichnern der Petition hiervon gefälligst Nachricht geben zu wollen.

Der Büreaudirektor des Reichstages
Knack."

An
das studentische Petitionskomité
z. H. des Schriftführers stud. theol.
Herrn E. Meumann
Wohlgeboren
Bonn.

Abb. 2: Entscheidung über die Petition evangelischer Theologiestudenten an den Reichstag, Mai 1887.

Abb. 3: Ernst Meumann bei der Feier zum siebzigsten Geburtstag seines Lehrers Wilhelm Wundt im Jahre 1902 (hintere Reihe, zweiter von rechts, links von Meumann stehend: Oswald Külpe; zweite Reihe von links: Emil Kraepelin, Wilhelm Wundt, seine Ehefrau Eleonore Wundt; erste Reihe von links: Max Wundt, der Sohn von Wilhelm Wundt, und Wilhelm Wirth.

der *Theologenpetition:* diese war gegen einen Antrag der Zentrumsfraktion im Deutschen Reichstag gerichtet, der darauf abzielte, Theologen von der allgemeinen Wehrpflicht zu befreien. Der Text der von Meumann initiierten Petition, die von vielen protestantischen Theologen unterzeichnet wurde, lautete: „Der hohe Reichstag des Deutschen Reiches wolle hochgeneigtest dahin wirken, daß das einstimmig verlangte Recht auf Teilnahme an der allgemeinen Wehrpflicht den Studenten der evangelischen Theologie gewahrt bleibe."

Daß diese Petition schließlich erfolgreich war, kann man dem Schreiben des Bureaudirektors des Reichstags *„z.H. des Schriftführers stud. theol. Herrn E. Meumann, wohlgeboren, Bonn"* entnehmen (s. Abb. 2).

Meumann, der eine tiefe Glaubenskrise durchlitten hatte, da ihn Zweifel an dogmatischen Glaubenspositionen des Christentums befallen hatten, nahm von seinem ursprünglichen Berufsziel, Pfarrer wie sein Vater zu werden, Abstand und wandte sich statt dessen einer akademischen Karriere zu. Er promovierte in Philosophie. Sein Interesse an empirisch-psychologischen Fragen führte ihn nach einem vielseitigen, achtjährigen studentischen Wanderleben, wo er die Universitäten zu Tübingen, Berlin, Halle und Bonn besuchte, 1891 an das *Psychologische Laboratorium* in Leipzig zu Wilhelm Wundt (s. Abb. 3).

Sechs Jahre später wurde Meumann auf eine Professur für *Philosophie und Allgemeine Pädagogik* an die Universität Zürich berufen. Dort wurde bei ihm erstmals deutlich, was man später den dominierenden Zug seines Lebenswerks nannte: das Bestreben, die Erziehungswissenschaft zu reformieren, indem er Methoden und Befunde der zeitgenössischen empirisch-experimentellen Psychologie in die Pädagogik hineintrug. Meumann nannte sein Arbeitsgebiet *Experimentelle Pädagogik*. Darauf bezog sich auch sein programmatischer Vortrag, den er im Jahr 1900 auf der Lehrersynode in Thalwil (Schweiz) hielt. Eine enge Tuchfühlung mit der Lehrerschaft, insbesondere den Volks-

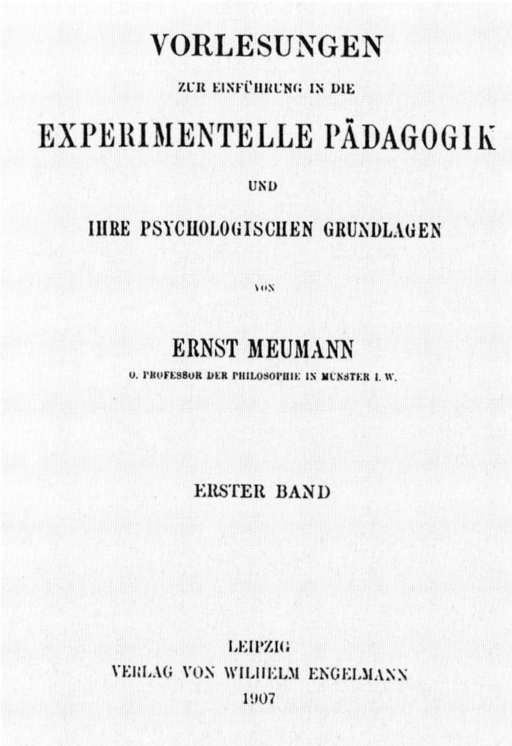

VORLESUNGEN

ZUR EINFÜHRUNG IN DIE

EXPERIMENTELLE PÄDAGOGIK

UND

IHRE PSYCHOLOGISCHEN GRUNDLAGEN

VON

ERNST MEUMANN

O. PROFESSOR DER PHILOSOPHIE IN MÜNSTER I. W.

ERSTER BAND

LEIPZIG
VERLAG VON WILHELM ENGELMANN
1907

Abb. 4: Titelblatt des wissenschaftlichen Hauptwerks von Ernst Meumann: *Vorlesungen zur Einführung in die Experimentelle Pädagogik und ihre psychologischen Grundlagen* (Erster Band, 1907, Leipzig: Engelmann).

schullehrern, behielt Meumann auf allen weiteren Stationen seines akademischen Lebens bei: Auf Zürich folgten Königsberg, Münster, Halle, Leipzig und schließlich Hamburg.

Den im Jahr 1905 ergangenen Ruf an die Albertus-Universität zu Königsberg nahm Meumann, der im selben Jahr zum Dekan der Philosophischen Fakultät an der Universität zu Zürich gewählt worden war, nicht ohne inneren Zwiespalt an. Dies können wir aus einem seiner wenigen Privatbriefe, die uns erhalten sind, entnehmen – sein gesamter Nachlaß war entsprechend seinem letzten Willen nach seinem Tod vernichtet worden. Der Brief vom 9. September 1905 ist an die Eigentümerin des Hauses in der Schmelzbergstrasse 53, gerichtet, wo Meumann mehrere Jahre wohnte. Er schrieb:

„Sehr verehrtes Fräulein Keller! (...) Ich würde sehr ungern von Zürich weggehen, mir graut vor Königsberg – vor der russischen Grenze und langer, kalter, schneereicher Winter; keine Berge, als Trost höchstens die Nähe des Meeres. Aber die Anstellung in Preußen bietet viele Vorteile, man steigt im Gehalt allmählich auf *mindestens* 7500 Frcs (Schweizer Franken), wozu noch rund 740 Frcs Wohnungszuschuß kommen, und vor Allem hat man keine Sorge für das kommende Alter, weil im Falle der Pensionierung das volle Gehalt weiter läuft (...). Zum Schluß versichere ich Ihnen noch, daß ich aufrichtig versuche, in meiner verhärteten Junggesellen-Seele Ihr Glück nachzufühlen und wünsche Ihnen von Herzen eine glückliche Brautzeit! Mit freundlichem Gruß und der Bitte, mich Ihrem Herrn Bräutigam („Hochzyter") unbekannterweise zu empfehlen. Ihr erg. E. Meumann"

In die Zeit, wo Meumann an der Wilhelms-Universität zu Münster lehrte (1907–1909), fällt die Herausgabe seines wissenschaftlichen Hauptwerks, der *Vorlesungen zur Einführung in die Experimentelle Pädagogik und ihre Psychologischen Grundlagen* (1907), das in erster Auflage zweibändig erschien (s. Abb. 4). Dieses Lehrbuch wurde zur Pflichtlektüre mehrerer Generationen von Lehrerstudenten. Ein Jahr später (1908) publizierte Meumann seine *Einführung in die Ästhetik der Gegenwart*. Das Gebiet der Ästhetik und ihre psychologischen Grundlagen bildeten seinen zweiten wissenschaftlichen Interessenschwerpunkt. Hierin ging es ihm immer auch um pädagogische Ziele, etwa die Hinführung zu einer anspruchsvollen, ästhetischen Kultur des Alltags. Meumanns Werke fanden international Beachtung, nicht zuletzt im osteuropäischen Raum. Sie wurden ins Russische, Estnische und Lettische übersetzt.

In Hamburg, seiner letzten akademischen Station, oblag Meumann unter anderem die seminaristische Ausbildung der Volksschullehrer in empirisch-experimenteller Psychologie. Hier erschien in den Jahren 1911–1914 die zweite Auflage seiner *Vorlesungen*. Das Werk ist erheblich erweitert und umfaßt drei Bände. Im zweiten Band werden individualpsychologische Grundlagen der Pädagogik erörtert. Entsprechend seinen Reformideen einer ganzheitlichen Erziehung finden darin nicht nur intellektuelle, sondern auch ästhetische Fähigkeiten Beachtung (s. Abb. 5).

In ganz besonderem Maße hat sich Meumann um die *Jugendforschung* verdient gemacht. Er schuf in Hamburg ein interdisziplinär angelegtes *Institut für Jugendkunde*, „eine *Zentralstelle*", wie er im Jahr 1912 schrieb, „*für die Organisation der Jugendforschung*, die zugleich *einen Mittelpunkt und Ausgangspunkt aller der praktischen Bestrebungen* bilden kann, zu denen uns die theoretische Jugendforschung hindrängt ... Ein solches Institut soll in erster Linie der Mittelpunkt aller *wissenschaftlichen Arbeit an der Jugend* bilden, der psychologischen, der anthropologischen, der ethischen und pädagogischen, der geisteshygienischen und sozialpädagogischen Arbeit an der Jugend." (*Über Institute der Jugendkunde*, Leipzig, Teubner, 1912, Hervorhebungen im Original bei E.M.).

Neben seiner wissenschaftlichen Arbeit war Meumann stets auch bildungspolitisch tätig. Hier trat er durch eine progressive Orientierung hervor. Hamburg war seit der Jahrhundertwende eine Hochburg der *Schulreformbewegung* geworden. Meumann verstand sich mit ihren tragenden Reformkräften – hauptsächlich der Volksschullehrerschaft –, die sozialliberal und sozialdemokratisch geprägt waren, persönlich wie auch politisch ausgezeichnet. 1911 wurde er in den Vorstand des *Bundes für Schulreform* gewählt, der seinen Sitz in Hamburg hatte. Zu dessen Zielen gehörte die politische Durchsetzung der Einheitsschule sowie die Einführung der akademischen Lehrerausbildung.

Durch seine Mitarbeiter und Freunde ist hinreichend belegt,daß Meumanns Leben nicht gänzlich in Wissenschaft und Politik aufging, sondern daß er auch Zeit für Muße und Hobbys fand. Er war vor allem ein leidenschaftlicher Sammler von Orientteppichen. Otto Scheibner, Lehrer aus Leipzig, mit dem Meumann über mehrere Jahre die renommierte *Zeitschrift für Pädagogische Psychologie* herausgegeben hatte, erinnert sich viele Jahre später noch anschaulich daran und gibt in seinem Brief an den Schweizer Lehrer Paul Müller, der 1942 eine Dissertation über Leben und Werk Meumanns vorlegte, einen interessanten Einblick in Meumanns Privatleben (P. Müller, 1942).

In einem ebenfalls an P.Müller gerichteten Brief beschreibt Meumanns früherer Assistent Georg Anschütz dessen Lebensstil wie folgt:

„Er hinterließ allerdings kein Vermögen, da er sein Geld stets für Bücher, Teppiche und wohltätige Zwecke verausgabte."

Meumann war nicht nur ein passionierter Sammler von Orientteppichen, er galt auch in der Fachwelt als Kenner. In der Reihe *Bibliothek für Sammler und Liebhaber* schrieb er das Vorwort zum 19. Band mit dem Titel *Morgenländische Teppiche – ein Auskunftsbuch für Sammler und Liebhaber* (s. Abb. 6).

Eine für das Jahr 1915 vorgesehene Reise an die New York University zur Entgegennahme der Ehrendoktorwürde konnte Meumann nicht mehr antreten. Er starb kurz davor, im Frühjahr 1915, an den Folgen einer Lungen- und Rippenfellentzündung (s. Abb. 7).

Abb. 5: Illustrationen zur *ästhetischen Begabung* (aus Meumanns *Vorlesungen zur Einführung in die Experimentelle Pädagogik und ihre psychologischen Grundlagen,* 2. Auflage, 2. Band, 1913, Leipzig: Engelmann, Bildtafel hinter S. 800, Abb..1.: Mann und Junge ziehen Karren, Abb. 2.: Mann und Frau auf Bank, Abb. 2a.: „Umzeichnung des 2. Bildes in weniger künstlerischer Ausführung").

Bibliothek für Kunst- u. Antiquitätensammler
Band 19

Morgenländische Teppiche

ein Auskunftsbuch für Sammler und Liebhaber

von

H. ROPERS

Mit 55 ganzseitigen, darunter 8 bunten Abbildungen

Dritte, im wesentlichen unveränderte Auflage

Berlin W 62
Richard Carl Schmidt & Co.

Einleitung

Die Teppiche des Orients sind in den letzten Jahrzehnten immer mehr zu einem unentbehrlichen Schmuck unserer Wohnungen geworden. Es gibt kaum noch eine bürgerliche Wohnung, in die nicht das eine oder andere Erzeugnis orientalischer Textilkunst Eingang gefunden hätte.

Infolgedessen ist das Bedürfnis, sich über die Herkunft, den Wert und die eigenartige Schönheit orientalischer Teppiche zu unterrichten, allgemein geworden.

Wir besitzen aber noch keine Schrift, die in einfacher, übersichtlicher, leichtfaßlicher Form und zugleich in vollkommen zuverlässiger Weise auch den Nichtkenner über die orientalischen Teppiche belehren kann. Die umfangreichen, mit großem Aufwande an farbigen Abbildungen ausgestatteten Bücher, wie das Wiener Teppichwerk, die prächtigen Bildertafeln des Hiersemannschen Verlags, die in französischer und russischer Sprache

eingehende Studium einzelner Stücke, was nur dem glücklichen Besitzer möglich ist.

Ich wünsche dem vorliegenden Buche eine recht weite Verbreitung, damit es dazu beitragen möge, der orientalischen Teppichkunst zahlreiche neue Freunde zu gewinnen und die ästhetische Kultur und die Behaglichkeit unserer bürgerlichen Wohnung zu heben; denn diese kann durch kein Ausstattungsstück so sehr gewinnen wie durch einen richtig gewählten, seinen Besitzer immer wieder aufs neue erfreuenden orientalischen Teppich.

Prof. Dr. Ernst Meumann.

Abb. 6: Auszug aus Hinrich Ropers 1913 in erster Auflage erschienenem Werk *Morgenländische Teppiche: Ein Auskunftsbuch für Sammler und Liebhaber*, versehen mit einem Vorwort von Ernst Meumann (Dritte Auflage, Berlin: C. Schmidt, 1924).

Meumann war das Gegenteil eines Gelehrten im Elfenbeinturm. Rudolph Roß, Herausgeber der *Pädagogischen Reform*, Sozialdemokrat und späterer Hamburger Bürgermeister charakterisiert Meumann in seinem Nachruf als eine Persönlichkeit, die mit den „Forderungen des fortschrittlichsten Flügels der Lehrer" übereingestimmt habe. (Vgl. Probst, 1990).

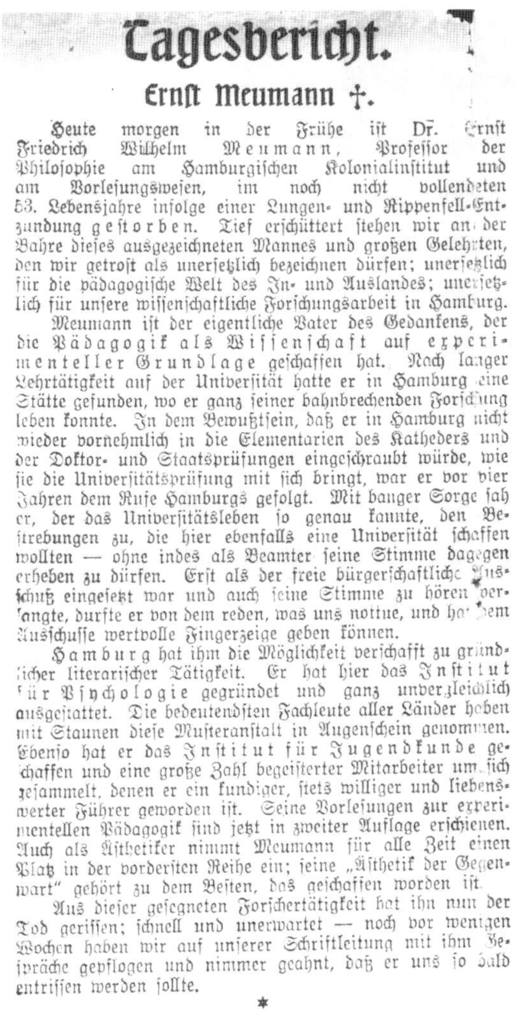

Tagesbericht.

Ernst Meumann †.

Heute morgen in der Frühe ist Dr. Ernst Friedrich Wilhelm Meumann, Professor der Philosophie am Hamburgischen Kolonialinstitut und am Vorlesungswesen, im noch nicht vollendeten 53. Lebensjahre infolge einer Lungen- und Rippenfell-Entzündung gestorben. Tief erschüttert stehen wir an der Bahre dieses ausgezeichneten Mannes und großen Gelehrten, den wir getrost als unersetzlich bezeichnen dürfen; unersetzlich für die pädagogische Welt des In- und Auslandes; unersetzlich für unsere wissenschaftliche Forschungsarbeit in Hamburg.

Meumann ist der eigentliche Vater des Gedankens, der die Pädagogik als Wissenschaft auf experimenteller Grundlage geschaffen hat. Nach langer Lehrtätigkeit auf der Universität hatte er in Hamburg eine Stätte gefunden, wo er ganz seiner bahnbrechenden Forschung leben konnte. In dem Bewußtsein, daß er in Hamburg nicht wieder vornehmlich in die Elementarien des Katheders und der Doktor- und Staatsprüfungen eingeschraubt würde, wie sie die Universitätsprüfung mit sich bringt, war er vor vier Jahren dem Rufe Hamburgs gefolgt. Mit banger Sorge sah er, der das Universitätsleben so genau kannte, den Bestrebungen zu, die hier ebenfalls eine Universität schaffen wollten — ohne indes als Beamter seine Stimme dagegen erheben zu dürfen. Erst als der freie bürgerschaftliche Ausschuß eingesetzt war und auch seine Stimme zu hören verlangte, durfte er von dem reden, was uns nottue, und hat dem Ausschusse wertvolle Fingerzeige geben können.

Hamburg hat ihm die Möglichkeit verschafft zu gründlicher literarischer Tätigkeit. Er hat hier das Institut für Psychologie gegründet und ganz unvergleichlich ausgestattet. Die bedeutendsten Fachleute aller Länder haben mit Staunen diese Musteranstalt in Augenschein genommen. Ebenso hat er das Institut für Jugendkunde geschaffen und eine große Zahl begeisterter Mitarbeiter um sich gesammelt, denen er ein kundiger, stets williger und liebenswerter Führer geworden ist. Seine Vorlesungen zur experimentellen Pädagogik sind jetzt in zweiter Auflage erschienen. Auch als Ästhetiker nimmt Meumann für alle Zeit einen Platz in der vordersten Reihe ein; seine „Ästhetik der Gegenwart" gehört zu dem Besten, das geschaffen worden ist.

Aus dieser gesegneten Forschertätigkeit hat ihn nun der Tod gerissen; schnell und unerwartet — noch vor wenigen Wochen haben wir auf unserer Schriftleitung mit ihm Gespräche gepflogen und nimmer geahnt, daß er uns so bald entrissen werden sollte.

*

Abb. 7: Nachruf auf Ernst Meumann.

Literatur

Anschütz, G. (1941). Brief an Paul Müller vom 12. März 1941 (S. 2). Privatsammlung P. Probst.

Müller, P. (1942). Ernst Meumann als Begründer der experimentellen Pädagogik. Unveröff. Diss., Zürich: Philosophische Fakultät.

Petersdorff, H., von (Hrsg.) (1900). *Die Vereine Deutscher Studenten: Zwölf Jahre akademischer Kämpfe* Leipzig: Breitkopf und Härtel (S. 223–224).

Probst, P. (1990). Die Anfänge der Akademischen Psychologie in Hamburg: Ernst Meumann und die Schulreformbewegung. In: A. Schorr & E. G. Wehner (Hg.), Psychologiegeschichte heute (S. 149–163). Göttingen: Hogrefe.

Probst, P. (1991). Bibliographie Ernst Meumann: Mit einer Einleitung zur Biographie. Herzberg: Bautz.

William Stern

Wilfred Schmidt

Am 7. Mai 1885 schrieb der vierzehnjährige William Stern in sein Tagebuch: „Ich las alte Briefe an Grosspapa, oh muß das ein grosser Mann gewesen sein! Ihm nachzuahmen ist mir das höchste Ziel!"(Stern, 1925, S. 58).

Der Großvater, den er so sehr bewunderte, war Sigismund Stern (1812–1867), Historiker, Pädagoge und einer der führenden Männer in der religiösen Reformbewegung der Juden in Deutschland. Die Bewunderung des Vierzehnjährigen war keine vorübergehende Schwärmerei, sie bestimmte nicht nur sein Berufsziel, sondern auch sein Selbstverständnis als Deutscher und als Jude.

Obwohl seine Eltern arm waren, besuchte er das klassische Gymnasium, studierte anschließend und promovierte 1893 in der Philosophischen Fakultät der Universität Berlin unter Hermann Ebbinghaus, dem er auch 1897 nach Breslau folgte, wo er sich habilitierte. In Breslau wirkte er 10 Jahre lang als Privatdozent und 9 als außerordentlicher Professor. 1916 wurde Stern Nachfolger von Ernst Meumann am Kolonialinstitut in Hamburg, dann Ordinarius an der Hamburger Universität, an deren Gründung (1919) er entscheidenden Anteil hatte. 1931 konnte Stern anläßlich des Kongresses der Deutschen Gesellschaft für Psychologie in Hamburg und als neu gewählter Präsident dieser Gesellschaft mit Stolz auf die Räumlichkeiten und auf die rege Forschungstätigkeit seines Instituts hinweisen; auch eine Festschrift ehrte ihn. 1933, als Hitler an die Macht kam, wurde er als Jude seines Amtes enthoben. Er emigrierte schließlich über Holland nach Amerika, wo er bis zu seinem jähen Tod am 28. März 1938 an der Duke University in Durham, N. C. als Gastprofessor tätig war.

Erstaunlich an Sterns Entwicklung als Wissenschaftler ist, daß er, wie sein Sohn Günther Anders (Anders, 1950) feststellt, schon als Student in Berlin alle die Themen aufzeichnete, die er im Laufe der Zeit bearbeiten wollte, und daß er sich weitgehend daran hielt. Aber vielleicht noch erstaunlicher ist, was er schon im Zeitraum zwischen 1897 und 1909 an Neuem in die Wege geleitet hatte. Die Anerkennung im Ausland blieb nicht aus. Gerade 38jährig, wurde er zusammen mit Sigmund Freud und C.G. Jung von Stanley Hall, dem Präsidenten der Clark University, zur Feier des 20. Jahrestages der Gründung der Universität eingeladen und mit dem Ehrendoktorat ausgezeichnet. – Wofür wurde er geehrt?

Ein Blick auf seine in jenen 12 Jahren erschienenen Monographien (9) und Beiträge in Fachzeitschriften (59) genügt, um zu sehen, daß hier eine Psychologie im Werden war, die sich wesentlich unterschied von der üblichen „Allgemeinen". Schon seine Programmschrift von 1900, *Über Psychologie der individuellen Differenzen („Ideen zu einer Differentiellen Psychologie")*, deutete die neue Richtung an: hin zum Verständnis des Individuums, der Person, der Gesamtpersönlichkeit und eng hiermit verbunden die „Anwendungen" der Psychologie auf allen Kulturgebieten. Zur Förderung der Forschung auf einem dieser Anwendungsgebiete gab er von 1903 bis 1906 die Zeitschrift *Beiträge zur Psychologie der Aussage* heraus. Aber schon gleich im ersten Heft dieser Zeitschrift wies er hin auf die grundsätzlichen Aufgaben einer *angewandten* Psychologie auf allen Kulturgebieten, so auch in Erziehung, Schule und Wirtschaft. Das führte dann 1908 zur Gründung der *Zeitschrift für angewandte Psychologie*, die bis 1933 von Stern und Otto Lipmann herausgegeben wurde. Das für ihn wichtigste Anwendungsgebiet war das Schulwesen; er war führend im Bund für Schulreform, und sein Hamburger Institut wurde bekannt für Beiträge zur Schülerauslese, Begabungsforschung und Förderung von Begabten.

Berühmt ist Stern auch durch zwei Monographien geworden: *Die Kindersprache* (1907) und *Erinnerung, Aussage und Lüge in der ersten Kindheit* (1909). Beide beruhten auf Tagebuchaufzeichnungen über die Entwicklung der drei Sternschen Kinder (Hilde, geb. 1900; Günther, 1902; Eva, 1904). Diese Tagebücher unterschieden sich von anderen Tagebüchern, die die Entwicklung von Kindern verfolgten, einmal dadurch, daß sie in engster Zusammenarbeit beider Elternteile geführt wurden, zum andern dadurch, daß die Beobachtungen sich weit über das sonst übliche dritte Lebensjahr hinaus erstreckten. 1914 erschien dann das Werk, das sein bekanntestes geworden ist: *Psychologie der frühen Kindheit bis zum sechsten Lebensjahr*; 1967, fast 30 Jahre nach seinem Tod, erschien es noch in neunter Auflage.

Stern hat auf so vielen Spezialgebieten geforscht, daß man ihn einen Multispezialisten genannt hat. Bemerkenswert ist aber, daß für ihn die Psychologie eine Einheit bildete. Von zentraler Bedeutung für alle Wissenschaften vom Menschen – also auch für die Psychologie – war ihm der Begriff der Person. Für ihn war die Versuchsperson immer *Person* und nicht Sache, und seine Deutungen ihrer Reaktionen in Experimenten und ihrer Spontanaktionen geschahen vom personalistischen Standpunkt. Das galt auch für seine Intelligenz- und Begabungsforschung. Gordon Allport berichtet (freie Übersetzung), daß Stern an der Duke University „durch seine personalistische Psychologie den schlimmen Auswirkungen seiner eigenen Erfindung, des IQ, entgegenwirken wolle". Was würde Stern wohl sagen, wenn er wüßte, daß sein Nachruhm in amerikanischen „Textbooks" bis vor kurzem auf Fußnoten beruhte, die ihn lediglich als den Erfinder des IQ anerkennen?

Erfreulicherweise aber wird in letzter Zeit die Aufmerksamkeit wieder auf den Personbegriff und auf das Gesamtwerk von Stern gelenkt (vgl. Deutsch, 1991; Schmidt, 1991), nicht nur in Deutschland sondern auch in den USA.

Abb. 1: William und Clara Stern, Hamburg um 1917.

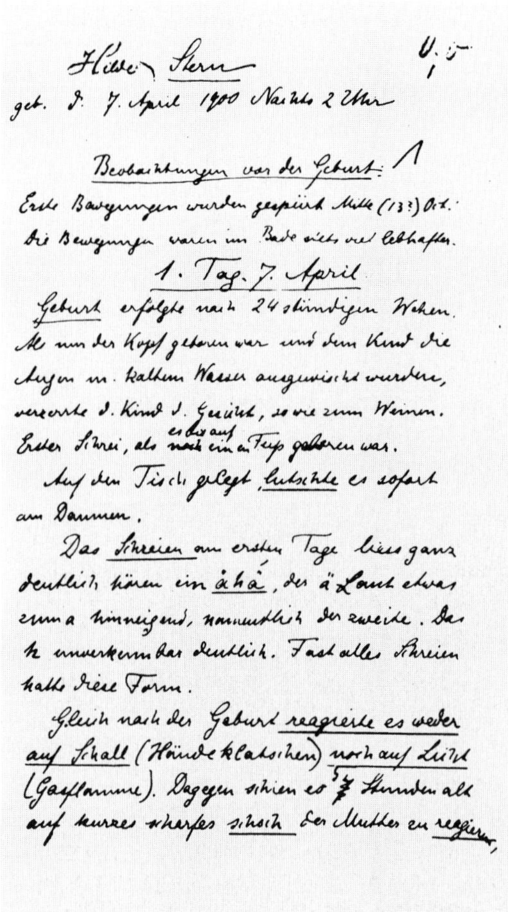

Hilde Stern V. 5

geb. d. 7. April 1900 Nachts 2 Uhr

Beobachtungen vor der Geburt:

Erste Bewegungen wurden gespürt Mitte (13?) Okt.

Die Bewegungen waren im Bade stets viel lebhafter.

1. Tag. 7. April

Geburt erfolgte nach 24stündigen Wehen.

Als nun der Kopf geboren war und dem Kind die Augen m. kaltem Wasser ausgewischt wurden, verzog d. Kind d. Gesicht, so wie zum Weinen.

Ersten Schrei, als es bis auf ein Fuss geboren war.

Auf den Tisch gelegt, lutschte es sofort am Daumen.

Das Schreien am ersten Tage liess ganz deutlich hören ein ähä, der ä Laut etwas zum a hinneigend, namentlich der zweite. Das h unverkennbar deutlich. Fast alles Schreien hatte diese Form.

Gleich nach der Geburt reagierte es weder auf Schall (Händeklatschen) noch auf Licht (Gasflamme). Dagegen schien es 5 Stunden alt auf kurzes scharfes zischen der Mutter zu reagieren.

Abb. 2: Tagebuchaufzeichnungen von William Stern.

BEIHEFTE
zur
Zeitschrift für angewandte Psychologie
herausgegeben von
WILLIAM STERN und OTTO LIPMANN

Beiheft 59

Festschrift
WILLIAM STERN
zum 60. Geburtstag am 29. April 1931

gewidmet von
Alfred Adler (Wien), Hellmuth Bogen (Berlin), Jonas Cohn (Freiburg), Fritz Giese (Stuttgart), Erich Jaensch (Marburg), David und Rosa Katz (Rostock), Heinrich Klüver (Chicago), Philipp Kohnstamm (Amsterdam), Otto Lipmann (Neubabelsberg), Martha Muchow (Hamburg), Géza Révész (Amsterdam), Heinz Werner (Hamburg), Herbert Wunderlich (Hamburg)

Herausgegeben von
seinen Mitarbeitern am Psychologischen Institut Hamburg

Mit 1 Porträt und 12 Abbildungen
im Text

VERLAG VON JOHANN AMBROSIUS BARTH
LEIPZIG 1931

Abb. 3: Titelseite der Festschrift für William Stern.

Literatur

Anders, G. (1950). Bild meines Vaters. In: William Stern: Allgemeine Psychologie auf personalistischer Grundlage. 2. Aufl. Den Haag: Martinus Nijhoff (1. Aufl. 1934).

Deutsch, W. (Hrsg.) (1991). Über die verborgene Aktualität von William Stern. Frankfurt/M.: Lang.

Reinert, G. (1980). William Stern. Eine Titelbibliographie seiner Werke. Trierer Psychologische Berichte 7.4, Trier: Universität.

Schmidt, W. (1991) »Sehnsucht nach Weltanschauung«. William Stern um die Jahrhundertwende. Psychologie und Geschichte 3 (1/2), 1–8.

Stern, W. (1900). Über Psychologie der individuellen Differenzen. („Ideen zu einer Differentiellen Psychologie"). Leipzig: J. A. Barth.

Stern, C. & Stern, W. (1909). Erinnerung, Aussage und Lüge in der ersten Kindheit. Leipzig: J. A. Barth.

Stern, W. & Stern C. (1907). Die Kindersprache. Leipzig: J. A. Barth.

Stern. W. (1914). Psychologie der frühen Kindheit bis zum sechsten Lebensjahr. Leipzig: Quelle & Meyer.

Stern, W. (1925). Anfänge der Reifezeit. Ein Knabentagebuch in psychologischer Bearbeitung. Leipzig: Quelle & Meyer.

Stern, W. (1927). Selbstdarstellung. In: R. Schmidt (Hg.): Die Philosophie der Gegenwart in Selbstdarstellungen, Bd.6, S. 129–184, Leipzig: F. Meiner.

Stern, W. (1931). Das Psychologische Institut der Hamburgischen Universität in seiner gegenwärtigen Gestalt. Zeitschrift für angewandte Psychologie, 39, 1–52. (Auch separat im Verlag J. A. Barth, Leipzig, 1931, erschienen.)

Stern, W. (1935). Allgemeine Psychologie auf personalistischer Grundlage. Den Haag: Martinus Nijhoff; 2. Aufl. 1950.

Die Wiener Schule der Entwicklungspsychologie

Brigitte A. Rollett

Die Gründung des „Psychologischen Instituts der Universität Wien" (und damit der Wiener Schule der Psychologie) als selbständiger Forschungseinrichtung erfolgte 1922 durch Karl Bühler (1879–1963). 1923 kam seine Frau Charlotte Bühler (1883–1974) nach Wien (s. Abb. 1). Ihre Venia legendi, die sie 1920 als erste Frau an der Technischen Hochschule Dresden mit einer Arbeit über *Entdeckung und Erfindung in Literatur und Kunst* erworben hatte, wurde von der Philosophischen Fakultät (für „Jugendpsychologie und Ästhetik") anerkannt. Erst 1929 erhielt sie, nach anfänglichen Widerständen des konservativen Professorenkollegiums, den „Titel eines Extraordinarius". In ihren Personalakten im Archiv der Universität Wien ist das Abstimmungsverhältnis der entscheidenden Sitzung vom 1. Juni 1929 verzeichnet: 38 ja, 12 nein, 6 Enthaltungen.

Abb. 1: Charlotte Bühler

Von Anfang an hatte die Entwicklungspsychologie einen zentralen Stellenwert im Forschungskonzept des Psychologischen Instituts der Universität Wien (vgl. O. Glöckel, 1927, S. 127 f.). Karl Bühler hatte vor seiner Berufung nach Wien bereits das Buch *Die geistige Entwicklung des Kindes* veröffentlicht, Charlotte Bühler aufgrund eines Forschungsauftrages der Preußischen Regierung das Buch *Das Seelenleben des Jugendlichen*, in dem sie erstmals die Methode der Auswertung von Jugendtagebüchern verwendete.

Die Berufungsverhandlungen mit Bühler hatten sich in die Länge gezogen, da vor ihm E. Becher und E. R. Jaensch, nicht zuletzt wegen der fehlenden Ausstattung des geplanten Instituts, den Ruf abgelehnt hatten. Bühler fand eine Lösung, indem er auf ein Kooperationsangebot der Gemeinde Wien mit ihrem neu gegründeten Pädagogischen Institut einging und einen vierstündigen Lehrauftrag und die Leitung des experimentalpsychologischen Laboratoriums übernahm (vgl. dazu Benetka, 1989, S. 178 ff.). Charlotte Bühler übernahm die damit verbundene Assistentenstelle.

Die enge Kooperation zwischen dem Institut für Psychologie und der praxisbezogenen Lehrerausbildung sollte die Forschungsarbeiten – und das Lebensgeschick – des Ehepaars Bühler in den kommenden Jahren maßgeblich beeinflussen. Ihre Arbeiten waren damit untrennbar mit der sozialdemokratischen Wiener Schulreform unter O. Glöckel verbunden, die sie entscheidend mitgestalteten. Charlotte Bühler führte die politischen Schwierigkeiten (Absetzung Karl Bühlers als Lehrstuhlvertreter und Institutsvorstand und monatelanger Gefängnisaufenthalt) nach Einmarsch Hitlers in Wien am 12. März 1938 auf diesen Umstand zurück (Ch. Bühler, 1972, S. 24 f.). Auch die bearbeiteten Fragestellungen wurden durch die Zusammenarbeit mit der pädagogischen Praxis nachdrücklich beeinflußt. Sie zeigten die für die Wiener Schule der Entwicklungspsychologie charakteristische Integration von streng experimentalpsychologischer Forschung und empirisch kontrollierter Anwendung auf die Praxis. Mitte der dreißiger Jahre gründete Ch. Bühler ein eigenes „Kinderpsychologisches Institut" für Diagnose und Beratung von Kindern und Jugendlichen.

Einen neuen Forschungsansatz, der von Karl und Charlotte Bühler gemeinsam propagiert wurde, stellte die Übertragung der experimentell-psychologischen Methoden, die im Rahmen der Untersuchungen W. Köhlers bei Anthropoiden und der Studien der sozialen Rangordnungen auf dem Hühnerhof von Schjelderup-Ebbe

Abb. 2: Die „Kinderübernahmestelle" der Stadt Wien, an der die Kleinkinderbeobachtungen durchgeführt wurden.

unter D. Katz entwickelt worden waren, auf die Untersuchung von Kindern dar (Fadrus, 1924). Hierzu waren 24stündige „Dauerbeobachtungen in natürlichen Lebenssituationen" erforderlich, die durch das Angebot der Stadt Wien möglich wurden, die von ihr betriebene Quarantänestation für Kinder, die sogenannte „Kinderübernahmestelle" (s. Abb. 2), sowie das Zentralkinderheim (heute „Charlotte-Bühler-Heim") und andere Einrichtungen der Stadt zu nutzen.

Es folgte eine reiche Forschungstätigkeit des Ehepaars Bühler und seiner Mitarbeiter. Zwar hatte das Universitätsinstitut nur eine Assistentenstelle, die zunächst von H. Boksch, dann von Egon Brunswik (ab 1936 Professor in Berkeley, Cal.) besetzt wurde. Es gelang Charlotte Bühler jedoch nach ihrem ersten Amerikaaufenthalt 1924/25 als „Fellow" der Rockefeller-Foundation (der sie unter anderem zu den Forschungsinstituten von Arnold Gesell und E. Thorndike führte) für das Wiener Institut eine großzügige zehnjährige Förderung durch diese Stiftung zu erhalten, die vor allem zur Finanzierung eines umfangreichen Mitarbeiterstabes verwendet wurde. Unter den hervorragenden Forschern und Forscherinnen sind zu nennen: Paul Lazarsfeld wirkte als Methodiker und Statistiker und ergänzte durch seine Untersuchungen das Bild der zuvor in erster Linie erforschten „bürgerlichen Jugendlichen" durch das Studium der arbeitenden Jugendlichen; Else Frenkel, die spätere Frau Egon Brunswiks, wurde nach dem Krieg durch ihre Mitarbeit an Adornos Buch *The Authoritarian Personality* bekannt. Hildegard Hetzer war bis 1931 Assistentin bei Charlotte Bühler. In dieser Zeit entstand ein interessantes Schrifttum zu verschiedensten Teilproblemen der Entwicklungspsychologie. Ihr ist unter anderem die Entwicklung der empirischen Spielforschung zu verdanken (vgl. Hetzer, 1986).

Abb. 3: Hildegard Hetzer

Ein Resümee der Forschungen der ersten Phase der Wiener Entwicklungspsychologie stellt Charlotte Bühlers 1928 erschienenes Buch *Kindheit und Jugend* dar. Die Nachfolgerin H. Hetzers als Assistentin Ch. Bühlers wurde Lotte Schenk-Danzinger, die sich zunächst vor allem mit dem Problem der „Schulreife" auseinandersetzte (*Der Schulreifetest*, 1933). Neben den entwicklungspsychologischen Grundlagenstudien (insbesondere zur Entwicklung in den ersten Lebensjahren) war es ein Anliegen Charlotte Bühlers, ein brauchbares Entwicklungstestverfahren (als anwendungsrelevantere Alternative zu den Intelligenztests) zusammenzustellen. Sie baute dabei vor allem auf Untersuchungen von Hildegard Hetzer, Käthe Wolf und Lieselotte Frankl auf. Der Wiener Entwicklungstest wurde 1932 veröffentlicht. René Spitz, der diesen Test während eines einjährigen Aufenthaltes in Wien kennengelernt hatte, setzte ihn später im Rahmen seiner Hospitalismusuntersuchungen ein (vgl. Schenk-Danzinger, 1981, S. 67).

Unter Karl Bühlers hervorragenden Dissertanten ist Karl Popper zu nennen, der zunächst eine empirische denkpsychologische Arbeit in Angriff nahm, sich aber dann kurzfristig entschloß, den theoretischen Teil allein als Dissertation bei K. Bühler und dem Philosophen Schlick einzureichen (Popper, 1982, S. 103 ff.). Er entwickelte dort eine genetische Theorie des Intellekts auf der Grundlage der Bühlerschen Lehre von den drei Aspekten der Psychologie (dem Benehmensaspekt als dem biologisch bedingten Verhalten, dem Erlebnisaspekt und dem Aspekt der objektiven geistigen Gebilde). Die Nähe zu Poppers späterer Theorie von den drei Welten, die vom werdenden Individuum erobert werden müssen, ist unverkennbar.

1929 war das Wiener Institut Gastgeber des 11. Kongresses der Gesellschaft für Experimentelle Psychologie (die bei dieser Gelegenheit ihren Namen in „Deutsche Gesellschaft für Psychologie" änderte). Diese hatte bereits 268 Mitglieder, darunter 12 Prozent Frauen, ein für die damalige Zeit beachtliches Resultat. Der Kongreß bot Gelegenheit, das umfangreiche Forschungsprogramm des Institutes einer breiten Öffentlichkeit vorzustellen. Ein besonderer Höhepunkt war die Aufführung eines humoristischen Theaterstückes über die drei „Aspekte" der Psychologie und Charlotte Bühlers fünf „Entwicklungsphasen" durch das gesamte Institut. Der Titel: *Da lachen ja die Hühner* wurde als Anspielung auf die verhaltenspsychologischen Beobachtungsmethoden gewählt.

E. Philosophische Fakultät.

Philosophisches Institut. IX. Boltzmanngasse 5 und I. Liebiggasse 5 Tel. A-29-1-75 *Vorstände:* Prof. Dr. Robert Reininger und Prof. Dr. Moritz Schlick, s. o.	*Bibliothekare:* Dr. Mala Rosenblüth, VII. Schottenfeldgasse 85/87, Friedrich Waismann, II. Fruchtgasse 3/13.	

Alle philosophischen Disziplinen mit Ausnahme von Psychologie und Pädagogik. — Bibliothek von 2500 Bänden. — 20 Arbeitsplätze.

Psychologisches Institut. I. Liebiggasse 5, III *Vorstand:* Prof. Dr. Karl Bühler, s. o.	*A.-o. Assistent:* Pd. Dr. Egon Brunswik, s. o.	*Mechaniker:* Josef Kinzel, XI. Greifgasse 4. *Vertragsangestellte:* Therese Frank (s. Inst. f. polit. Ökonomie).

Allgemeine Psychologie, Kinder- und Jugendpsychologie, Lebenspsychologie; außerdem Spezialgebiete: Wahrnehmungs- und Denkpsychologie, Sprachpsychologie, Sozialpsychologie. — Apparatensammlung, Bibliothek. — 20 Arbeitsplätze für Dissertanten.

Psychologisches Institut. I/1, Liebiggasse 5, III Tel. A-21-0-74 *Vorstand:* *Mit der vertretungsweisen Leitung betraut:* Prof. Dr. Gunther Ipsen, s. o.	*Assistent:* Dr. phil. und Ing. Norbert Thumb.	*Mechaniker:* Josef Kinzel, XI/79, Greifgasse 4. *Bibliothekar:* Rudolf Bayr. *Vertragsbedienstete:* Therese Frank (s. Inst. f. polit. Ökonomie).

Allgemeine Psychologie, Kinder- und Jugendpsychologie, Lebenspsychologie; außerdem Spezialgebiete: Wahrnehmungs- und Denkpsychologie, Sprachpsychologie, Sozialpsychologie, Rassenpsychologie. — Apparatensammlung, Bibliothek. — 20 Arbeitsplätze für Dissertanten.

Abb. 4: Auszug aus den Vorlesungsverzeichnissen. Oben: Studienjahr 1934/35. Unten: Stand vom 1. Juli 1939.

In den 30er Jahren wandte sich Charlotte Bühler, ausgehend von Biographien hervorragender Persönlichkeiten, dem Studium des Lebenslaufs zu und kann daher als Begründerin der „Life-Span-Developmental-Psychology" gelten. Sie erkannte die Bedeutung des Lebenssinns und der Verwirklichung eines „erfüllten Lebens" für die Entwicklung, eine Position, die sie nach dem Krieg ausbaute und die dazu führte, daß sie zusammen mit Abraham Maslow und Kurt Goldstein 1960 die Humanistische Psychologie begründete (vgl. Ch. Bühler, 1972, S. 39).

Ein besonderes Spezifikum der Wiener Schule war es, junge Mitarbeiter und Mitarbeiterinnen zum eigenständigen Forschen anzuregen. Jeden Mittwoch fand um 18 Uhr ein „Colloquium" statt, bei dem neue Institutsarbeiten vorgestellt wurden (vgl. Rohracher, 1972, S. 266). Das „Postcolloquium" (mit anschließendem Tanz) fand im Hotel Regina statt. Es war diese kreative, gesellschaftlich anregende Wiener Atmosphäre, die Charlotte Bühler veranlaßte, Karl Bühler zur Ablehnung eines Rufes an die Harvard-University 1930 zu bestimmen, einen Entschluß, den sie nach den Ereignissen des Jahres 1938 tief bedauerte.

Zur psychoanalytischen Schule gab es keine offiziellen Kontakte (Ch. Bühler, 1972, S. 29). Wichtige Querverbindungen existierten jedoch auf seiten der Studierenden. Außer René Spitz sind hier Heinz Hartmann, Rudolf Allers, O. Schwarz und Erik H. Erikson zu nennen. Eriksons Stufentheorie stellt eine Integration der Freudschen Entwicklungsphasen und des Lebenslaufgedankens Charlotte Bühlers dar. Hans Leo Kreitler, später Professor für Psychologie an der Universität Tel Aviv, hörte als junger Student Vorlesungen bei Freud und bei den Bühlers.

Das viel zu frühe Ende der Wiener Schule durch die erzwungene Emigration des Ehepaars Bühler demonstriert die Institutsbeschreibung aus dem Vorlesungsverzeichnis von 1939: Der neu eingesetzte stellvertretende Leiter, Gunther Ipsen fügte dem seit 1934/35 in dieser Zusammenstellung bestehenden Programm des Instituts das Spezialgebiet „Rassenpsychologie" hinzu

Abb. 5: Karl Bühler, Charlotte Bühler und Rosa Katz auf dem Internationalen Kongreß für Psychologie, Bonn 1960.

(s. Abb. 4). Eine späte Rehabilitation erfuhren die beiden Bühlers 1960 auf dem Kongreß der Deutschen Gesellschaft für Psychologie in Bonn, auf dem sie stürmisch gefeiert wurden. Karl Bühler erhielt die Wilhelm-Wundt-Medaille von Hubert Rohracher überreicht: Eine beziehungsreiche Ehrung, hatte doch die kritische Auseinandersetzung Karl Bühlers mit der „Elementenpsychologie" Wundts (vgl. Lück, 1991, S. 66ff.) seinerzeit wesentlich dazu beigetragen, die Fachöffentlichkeit auf seine Arbeiten aufmerksam zu machen und die theoretische Basis für eine lebensnahe Psychologie zu schaffen.

Literatur

Ash, M.G. (1987). Psychology and politics in interwar Vienna: The Vienna Psychological Institute, 1922–1942. In: M.G. Ash & W.R.Woodward (Eds.), Psychology in twentieth-century thought and society (pp.143–146). London: Cambridge University Press.

Benetka, G. (1989). Zur Geschichte der Institutionalisierung der Psychologie in Österreich: Die Errichtung des Wiener Psychologischen Instituts. Diplomarbeit Universität Wien.

Bühler, Ch. (1972). Charlotte Bühler. In: L. Pongratz, W. Traxel & E. Wehner (Hg.), Psychologie in Selbstdarstellungen, 9–4. Bern: Huber.

Bühler, Ch. & Hetzer, H. (1932). Kleinkindertests. Leipzig: J. A. Barth.

Bühler, K. (1930). Die geistige Entwicklung des Kindes. (6. Auflage). Jena: G. Fischer.

Eschbach, A. (1988). Karl und Charlotte Bühler – Leben und Werk. Zeitschrift für Sozialpsychologie und Gruppendynamik, 13 (2), 8–21.

Fadrus, V. (1924). Pädagogische Rundschau. Pädagogisches Institut der Stadt Wien. Das Forschungsprogramm des Psychologischen Institutes. Nach einem Vortrage von Universitätsprofessor K. Bühler. Schulreform. Wien: Schulwissenschaftlicher Verlag, 127–129.

Glöckel, O. (1927). Die Lehrerbildung. In: Gemeinde Wien (Hg.), Das Neue Wien. Städtewerk, 201–336. Wien.

Hetzer, H. (1986). Anfänge der empirischen Spielforschung. Spielmittel, Nr. 1, 4–22.

Lück, H.E. (1991). Geschichte der Psychologie. Stuttgart: Kohlhammer.

Popper, K.R. (1928). Zur Methodenfrage der Denkpsychologie. Phil.Diss., Universität Wien.

Popper, K.R. (1982). Ausgangspunkte. Meine intellektuelle Entwicklung. (2. Auflage). Hamburg: Hoffmann & Campe.

Rohracher, H. (1972). Hubert Rohracher. In: L. Pongratz, W. Traxel & E. Wehner (Hg.), Psychologie in Selbstdarstellungen (pp. 256–287). Bern: Huber.

Schenk-Danzinger, L. (1981). Entwicklungspsychologie (15. Auflage). Wien: Österreichischer Bundesverlag.

Schenk-Danzinger, L. (1984). Zur Geschichte der Kinderpsychologie: Das Wiener Institut. Zeitschrift für Entwicklungspsychologie und Pädagogische Psychologie, 16 (2), 85–101.

Volkelt, H. (1930). Bericht über den XI. Kongreß für experimentelle Psychologie in Wien vom 09. bis 13.04. 1929. Jena: G. Fischer.

Jean Piaget

Horst Heidbrink

Jean Piaget (1896–1980) gehört zu denjenigen Forschern, deren Namen weitaus bekannter sind als ihr Werk. So dürfte den meisten Psychologen zu Sigmund Freuds Psychoanalyse weitaus mehr einfallen als zu Piagets genetischer Epistemologie (Erkenntnistheorie).

Trotzdem teilen beide Autoren in gewissem Sinne ein ähnliches Schicksal: ihre Theorien und Erkenntnisse werden häufig als wissenschaftlich überholt bzw. sogar als „widerlegt" angesehen. Eine der Ursachen dieses merkwürdig unspezifischen Gerüchts liegt vermutlich in der Geringschätzung, die sowohl Piaget als auch Freud den Standards empirisch-psychologischer Forschung entgegenbrachten. Eine derartige Mißachtung eines ihrer größten Heiligtümer straft die Scientific Community der Psychologen auch bei den Größten ihrer Zunft relativ unnachsichtig.

Abb. 1: Piaget an seinem Schreibtisch.

Trotz aller Vorbehalte – Piaget selbst bezeichnete sich in seiner Autobiographie als einen der Psychologen dieses Jahrhunderts, die ein Höchstmaß an Kritik ertragen mußten (1976, S. 47), – wird er inzwischen als einer der großen Vordenker der Entwicklungspsychologie und genialer Inspirator vielfältiger Forschungen gefeiert. Sein Podest in der Ahnengalerie ist dabei so hoch geraten, daß sich sein Werk einem genaueren Blick wirkungsvoll entzieht. Piagets Ziel einer genetischen Erkenntnistheorie bezeichnet Gardner heute als „... eine Aufgabe, die offenbar die meisten Forscher zu einschüchternd finden, um sich daran zu wagen" (1989, S. 131).

Auf die Frage, wie er darauf reagiere, daß weder die Philosophen noch die Psychologen sein Werk richtig verstehen würden, antwortete Piaget lakonisch: „Ich warte" (Evans, 1979, S. 58). Er war sich durchaus bewußt, daß er als ein „schwieriger" Autor angesehen wurde. Zudem war er ein sehr produktiver Autor, so daß schon der Umfang seines publizierten Werkes selbst eifrigen Lesern enorme Hürden entgegenstellt. So führt die Bibliographie von J. A. McLaughlin (1988) rund 540 Publikationen (ohne Übersetzungen und die biologischen Arbeiten) auf.

Jean Piaget wurde am 9. August 1896 in der kleinen Universitätsstadt Neuchâtel in der Schweiz geboren. Sein Vater war Historiker, ein Spezialist für mittelalterliche Literatur, nach Piagets Charakterisierung ein Mann von gewissenhaftem und kritischem Geist, von dem der Sohn vor allem den Wert systematischen Arbeitens lernte. Die Mutter schildert Piaget als intelligent, energisch, religiös und im Grunde von „wirklicher Güte". Ihr „neurotisches Temperament" scheint das Familienleben jedoch zeitweilig stark belastet zu haben. Piaget sah hierin einen wichtigen Grund, warum er schon als Kind das Spiel zugunsten „ernsthafter Arbeit" vernachlässigte, sich in Nachahmung des Vaters in die Welt der Wissenschaft flüchtete.

Einen ersten Höhepunkt erreicht Piagets wissenschaftliche Karriere im Jahr 1907. Mit 11 Jahren hatte er in einem öffentlichen Park einen Spatzen bemerkt, der zum Teil ein Albino war. Die eine Seite umfassende Be-

Abb. 2: Piaget im Alter von zehn Jahren, zusammen mit seinen Eltern und den beiden Schwestern.

schreibung seiner Entdeckung wird in einer Zeitschrift für Naturgeschichte (Rameau de Sapin) in Neuchâtel veröffentlicht. Im selben Jahr erhält er vom Direktor des Museums für Naturgeschichte seiner Heimatstadt die Erlaubnis, die Sammlungen von Vögeln, Fossilien und Muscheln zweimal in der Woche außerhalb der Öffnungszeiten studieren zu dürfen. In den nächsten vier Jahren assistiert er dem Direktor als „Famulus" bei der Vervollständigung der Sammlung und widmet sich in seiner freien Zeit der Suche nach Mollusken. Nach dieser frühen Lehrzeit ist Piaget eine Experte auf dem Gebiet der Malakologie und veröffentlicht bis zum Jahr 1915 allein 22 einschlägige Arbeiten. Der Direktor des Genfer naturgeschichtlichen Museums bietet ihm aufgrund seiner Veröffentlichungen eine Stelle als Konservator der Molluskensammlung an, die Piaget mit dem Hinweis, er sei noch Schüler, ablehnen muß. Auch Einladungen ausländischer Forscher lehnt Piaget ab, da er sich nicht traut, ihnen gegenüber sein jugendliches Alter zuzugeben.

Sein Patenonkel Samuel Cornut, ein Schweizer Gelehrter, ist besorgt über die frühe „Spezialisierung" des jungen Piaget. Er versucht dessen Interesse an der Philosophie zu wecken und führt ihn in das Werk Henri Bergsons ein. Die Verbindung von Biologie und Philosphie, insbesondere Erkenntnistheorie, bleibt zeitlebens die motivationale Grundlage von Piagets Arbeit. Er ist fasziniert von den grundlegenden Fragen nach der Entwicklung des Wissens, nach den menschlichen Möglichkeiten, die Realität zu verstehen. Zur Lösung dieser Fragen erschien ihm eine Verbindung von Philosophie und Einzelwissenschaften notwendig, da er die Philosophie als zu „spekulativ" empfand und die Einzelwissenschaften häufig als zu sehr den Fakten verhaftet (Piaget, 1965).

In seiner Autobiographie schreibt Piaget über seine jugendlichen Forschungen:

„Diese Untersuchungen, so verfrüht sie auch gewesen sein mögen, waren nichtsdestoweniger sehr nützlich für meine wissenschaftliche Ausbildung: mehr noch, sie dienten, wenn ich so sagen darf, als Schutzmittel gegen den Dämon der Philosophie. Dank ihrer hatte ich das seltene Glück, der Wissenschaft und dessen, was sie bedeutet, ansichtig zu werden, bevor ich die philosophischen Krisen der Heranwachsenden durchzumachen hatte. Ich bin sicher, daß die frühreife Erfahrung mit diesen zwei Typen von Problemen den geheimen Antrieb für meine spätere Betätigung in der Psychologie geschaffen hat" (Piaget, 1976, S. 18).

Die Vorbereitung auf das Abitur im Jahr 1915, begleitet von Forschungen über Weichtiere, intensiver philosophischer Lektüre und dem Versuch, seine eigenen Gedanken schriftlich niederzulegen, griffen Piagets Gesundheit so an, daß er nach der Schulzeit für ein Jahr in die Berge geschickt wird, um sich auszuruhen. Trotzdem fühlt er sich auch hier von der Vorstellung geplagt, etwas schaffen zu müssen. Er gibt „der Versuchung" nach und schreibt ein philosophisches Buch (*Recherche*, 1917), dem er vorsichtshalber die Form eines Romans gibt, um sich nicht „wissenschaftlich zu kompromittieren". In seiner Autobiographie bemerkt er trocken, daß die Strategie erfolgreich war – niemand habe das Werk zur Kenntnis genommen, „außer ein oder zwei empörten Philosophen" (1976, S. 23f.).

Gleichzeitig schreibt sich Piaget an der Universität Neuchâtel für Naturwissenschaften ein, beginnt das Studium jedoch erst nach der Rückkehr aus den Bergen. Seine philosophischen und psychologischen Interessen sind so groß, daß er nach Abschluß des naturwissenschaftlichen Studiums (1918 mit einer Doktorarbeit über die Mollusken des Schweizer Kantons Wallis) nach Zürich geht, um in den psychologischen Laboratorien von G. E. Lipps und Wreschner und der psychiatrischen Klinik von Bleuler zu arbeiten. Hier macht er Bekannt-

Le Rameau de Sapin

paraissant chaque mois.

Neuchâtel, le 1er Avril 1909.

Pour la rédaction et l'abonnement, s'adresser à M. Aug. Dubois, prof. à Neuchâtel ou à M. A. Mathey-Dupraz, prof. à Colombier

Abonnement fr. 2.50 pour la Suisse et fr. 3.- pour l'étranger, pris dans les Bureaux de Poste fr. 2.60 pour la Suisse, fr. 3.50 pour l'étranger

LA XEROPHILA OBVIA AU CANTON DE VAUD

La Xerophila obvia (Hlm) (Helix, Hartm. – H. candicans, Zgl) appartient à la famille des Helicidae et à la sous-famille des Xerophilinae. Cette coquille, originaire de l'Europe occidentale a été importée en Allemagne où elle s'est beaucoup multipliée.

En Février 1908, je l'ai trouvée au Chanet (près Neuchâtel); l'ayant portée à M. le Prof. Paul Godet, il voulut bien m'apprendre que ce mollusque y avait été importé d'Allemagne avec des graines de plantes fourragères.

Au commencement d'Avril 1908, quel ne fut pas mon étonnement quand je vis toute une colonie de Xerophila obvia à Brangins (cton de Vaud). J'en ramassai quelques exemplaires pour ma collection. Il est probable que les X. obvia de Brangins ont été importées de la même manière, cependant elles avaient dû s'échapper du pré où elles avaient apparu d'abord, car elles se trouvaient dans un lieu complètement aride, couvert de quelques arbrisseaux rabougris et d'une herbe jaunie par le soleil.

Xerophila obvia, Zgl gr. nat.

Jean Piaget.

élève du Collège latin

Abb. 3: Faksimile von Piagets zweiter Publikation, veröffentlicht im Alter von 13 Jahren.

schaft mit der Psychoanalyse, liest Freud, die Zeitschrift Imago und hört Vorträge von Pfister und Jung.

Die Psychoanalyse scheint mehr Eindruck auf ihn gemacht zu haben, als seine autobiographischen Ausführungen hierzu vermuten lassen. So sagte er viel später in einem Interview, er habe sich 1921 selbst analysieren lassen, die Psychoanalytikerin habe die Therapie jedoch nach acht Monaten abgebrochen, da er nicht bereit gewesen wäre, an die Theorie zu glauben. Inzwischen gilt als sicher, daß es sich bei dieser Analytikerin um die Jung-Schülerin Sabina Spielrein gehandelt hat. Tatsächlich hat Piaget sich auch selbst als Psychoanalytiker versucht, wenn auch offenbar ohne große Erfolge. Ein von Vidal befragter „Patient" Piagets berichtete, daß Piaget offensichtlich kein „geborener Psychoanalytiker" war und die Therapie ohne großes Interesse durchführte. Möglicherweise sah Piaget diese Therapie als eine Art Vorübung für den Versuch an, seine eigene Mutter zu analysieren. Dieser Versuch scheint allerdings wenig erfolgreich verlaufen zu sein – die Mutter revoltierte gegen die Deutungen ihres Sohnes (Vidal, 1989, S. 176).

Zur gleichen Zeit arbeitete Piaget bei Simon in Paris an einer französischen Adaption der Binet-Tests, wobei ihn weniger die eigentliche Aufgabe als die Ursachen der Fehler, die die Kinder bei den Antworten machten, interessierten. Hiermit hatte er sein ureigenes Untersuchungsgebiet entdeckt: die Entwicklung des kindlichen Denkens. Die ersten Veröffentlichungen zu diesem Gebiet führten dazu, daß ihm Claparède eine Stelle am Institut J.-J. Rousseau in Genf anbot. Piaget fand hier ideale Forschungsbedingungen und veröffentlichte seine Resultate zur Entwicklung des kindlichen Denkens zwischen 1924 und 1932 in fünf Büchern (*Über Sprechen und Denken; Urteil und Denkprozeß; Das Weltbild des Kindes; Das Kausalitätskonzept; Das moralische Urteil*). Über diese sagt er später, er habe angenommen, daß sie wenig gelesen würden: sie hätten ihm „hauptsächlich als Beleg für eine spätere Synthese dienen (sollen), die sich an ein breiteres Publikum wenden würde" (1976, S. 29).

Abb. 4: Piaget zusammen mit Bärbel Inhelder.

Über die unerwartet große Resonanz ist Piaget nicht nur erfreut, da die Bücher seiner Meinung nach gelesen und diskutiert wurden, als ob sie sein „letztes Wort" zu diesem Thema dargestellt hätten (wobei sie aus seiner Sicht doch das erste waren):

„Übrigens begreift man in jungen Jahren nicht, daß man lange Zeit nach seinen ersten Werken beurteilt wird und daß nur sehr gewissenhafte Leser bis zu den neueren Arbeiten vordringen" (1976, S. 29).

So sah Piaget die Mängel seiner frühen Bücher methodisch vor allem darin, daß er mit seiner „klinischen Methode" zu sehr von den sprachlichen Äußerungen der Kinder ausgegangen war und nicht, wie später, stärker vom konkreten Manipulieren und Experimentieren mit Gegenständen. Dies ergab sich dann gewissermaßen zwangsläufig bei seinen Untersuchungen zum Denkprozeß von Kleinkindern bis zum zweiten Lebensjahr.

Theoretisch empfand Piaget an seinem Frühwerk das als mangelhaft, was viele andere gerade als einen Vorzug empfinden: den starken sozialen und praktischen Bezug. Seine frühen Bücher behandeln z. B. den kindlichen Sprachgebrauch, die Entwicklung des moralischen Urteils, aber auch eine große Zahl von Einzelthemen (die kindlichen Vorstellungen über Träume, Meteorologie, den Ursprung von Sonne und Mond, etc.). Trotz der von Piaget und anderen herausgestellten Mängel dieser frühen Forschungsarbeiten regten sie viele andere Forscher zu weiterführenden Arbeiten an (vgl. z. B. L. Kohlbergs Arbeiten zur Moralpsychologie).

Abb. 5: Familie Piaget in den dreißiger Jahren.

Piaget heiratet im Jahr 1924 Valentine Châtenay. Er wird Vater von drei Kindern, die seinen Lesern bald gut bekannt werden. Ihr Verhalten im Säuglings- und Kleinkindalter wird von ihm sorgfältig beobachtet und protokolliert und dient ihm in seinen Veröffentlichungen immer wieder zur Illustration seiner Theorien.

Heute findet man in jedem Lehrbuch der Psychologie Piagets vier Hauptstadien der kognitiven Entwicklung vom Säugling bis zum Erwachsenen: 1. Stufe der *sensomotorischen Intelligenz* (0–2 Jahre); 2. Stufe des *voroperationalen Denkens* (2–7 Jahre); 3. Stufe der *konkreten Operationen* (7–11 Jahre); 4. Stufe der *formalen Operationen* (ab ca. 11 Jahren). Natürlich ist die Aufzählung der Stufen keine ausreichende Zusammenfassung seines Gesamtwerkes; sie macht jedoch die Gefahr deutlich, der alle Stufentheoretiker ausgesetzt sind: auf die Etiketten der Stufen reduziert zu werden. Die den Stufen zugeordneten Altersangaben sind von Piaget nur als grobe Richtwerte gedacht, von anderen jedoch häufig als „definitive" Zuordnungen mißverstanden und dann empirisch „widerlegt" worden. Die mit Bärbel Inhelder verfaßte *Psychologie des Kindes* enthält zum ersten Kapitel über die sensomotorische Stufe die folgende energische Anmerkung:

„Es sei hier ein für allemal festgehalten, daß Altersangaben in diesem Buch immer nur ein durchschnittliches und erst noch ungefähres Alter meinen" (1977, Anm. 1, S. 119).

In seinem späteren Werk wendet sich Piaget relativ abstrakten Problemen zu, z. B. dem Zahlbegriff und dem Klassifikationsvermögen. Aber nicht nur die untersuchten Denkinhalte werden mathematischer bzw. naturwissenschaftlicher, sondern auch die theoretischen Erklärungen. Piaget versucht das Denken anhand logischer Strukturen zu beschreiben, die Stufe des formalen Denkens z. B. mit Hilfe der 16 binären Operationen und der sog. „INCR"-Gruppe (Identität, Negation, Korrelativität, Reziprozität). In der Psychologie ist Piagets „logische" Erklärung des logischen Denkens auf recht wenig Verständnis gestoßen. Er selbst schreibt hierzu sichtlich verärgert, daß sich seine Kritiker jedem Eindringen der Logik und der Epistemologie in die Psychologie widersetzten und ihm vorwerfen würden, er habe hiermit die Grenzen der Psychologie überschritten:

Abb. 6: Piaget als „Philosoph".

„Ich für meinen Teil fürchte sehr, daß hier ein neues Anzeichen für einen fast unheilbaren Konservativismus gewisser Psychologen vorliegt: sie zeigen gegenüber der Zahl oder der Mathematik keinerlei Mißtrauen, weil man ihnen davon seit 25 Jahrhunderten täglich spricht, während sie schützende Verdrängungsmechanismen zeigen, sobald man die Begriffe der modernen Logik oder Epistemologie nennt" (1976, S. 53).

Piaget ist einer der wenigen Psychologen, die interdisziplinäre Forschung tatsächlich realisiert haben. Im Jahr 1955 gründet er das *Centre international d'Epistémologie génétique* in Genf, dessen Ziel die Erforschung des Erkenntniszuwachses sowohl im kindlichen Denken als auch in der Geschichte des wissenschaftlichen Denkens darstellt. Piaget versammelte hier Logiker, Mathematiker, Physiker, Biologen, Linguisten und Psychologen zu gemeinsamen Forschungsprojekten. Wichtig war ihm vor allem, daß alle an einer gemeinsamen Aufgabe über einen längeren Zeitraum zusammenarbeiteten, wobei er vor allem den Wert gegenseitiger systematischer wissenschaftlicher Kontrolle in einer Atmosphäre „ausreichender Reziprozität" herausstellt – die Realisierung der institutionellen und personellen Bedingungen eines permanenten wissenschaftlichen Diskurses. Wie gewissenhaft und produktiv er die wissenschaftliche Zusammenarbeit nutzte, zeigt die Bibliographie von McLaughlin (1988), in der fast 300 KoautorInnen aufgeführt sind.

Piaget hat sein Werk nie als abgeschlossen angesehen. Deutlich wird dies auch im Nachtrag (1950–1966) zu seiner Autobiographie, den er im Alter von siebzig Jahren mit den folgenden Sätzen abschließt:

„Wenn man die Untersuchung der Kausalität systematisch wieder aufnimmt, bedeutet das also, daß man wieder mit der Analyse der kognitiven Entwicklung beginnt, aber dabei den Standpunkt des Objektes und nicht mehr den des Subjektes annimmt; das ist ein ungeheuer weites Feld, das mancherlei Überraschungen bereithalten kann. Aber am Ende eines wissenschaftlichen Lebens ist es besser, bereit zu sein, seine Perspektiven zu ändern, als dazu verdammt zu sein, sich immer zu wiederholen" (1976, S. 59).

Literatur

Evans, R. I. (1979). Psychologie im Gespräch. Berlin: Springer.

Gardner, H. (1989). Dem Denken auf der Spur. Der Weg der Kognitionswissenschaft. Stuttgart: Klett-Cotta.

McLaughlin, J. A. (1988). Bibliography of the works of Jean Piaget in the social sciences. Lanham: University Press of America.

Piaget, J. (1907). Un moineau albinos. Rameau de Sapin, 41, 36.

Piaget, J. (1965). Sagesse et Illusions de la Philosophie. Paris: Presses Universitaires de France (Deutsch: Weisheit und Illusionen der Philosophie. Frankfurt/M.: Suhrkamp, 1974).

Piaget, J. (1976). Autobiographie. In: Jean Piaget – Werk und Wirkung. Mit autobiographischen Aufzeichnungen von Jean Piaget (S. 15–59). München: Kindler.

Piaget, J. & Inhelder, B. (1977). Die Psychologie des Kindes. Frankfurt/M.: Fischer. (Französisches Original 1966).

Vidal, F. (1989). Freud und Piaget. Jean, „Enkel" von Sigmund. In B. Nitzschke (Hg.), Freud und die akademische Psychologie (S. 162–180). München: PVU.

Lev Vygotsky

René van der Veer

Lev Vygotsky (1896–1934) begann seine berufliche Laufbahn als Literaturkritiker und Lehrer an verschiedenen Schulen in der Provinzstadt Gomel in der Nähe von Chernobyl. Seine Interessen verlagerten sich nach und nach von der Kunst, über die Kunstpsychologie zur Psychologie. In den frühen Zwanzigern gründete er sein eigenes bescheidenes psychologisches Laboratorium in einer dieser Schulen. Eine Reihe von Vorträgen auf dem 2. Psychoneurologischen Kongreß brachte ihm eine Einladung als Forschungsassistent an das Institut für Experimentelle Psychologie der Moskauer Staatsuniversität. Dieses war der Start einer kurzen und brillianten akademischen Karriere, während der er verschiedene Professuren innehatte, viele Artikel und Bücher schrieb und seinen eigenen Standpunkt in verschiedenen psychologischen Disziplinen begründete. Sein Werk umfaßt viele Gebiete der Psychologie und angrenzender Wissenschaften. Im folgenden werden diese Gebiete getrennt betrachtet. Es sollte jedoch im Gedächtnis behalten werden, daß diese Vorgehensweise nur der Klärung dient und für Vygotsky solche Grenzen zwischen den Disziplinen nicht existierten.

Abb. 1: L. S. Vygotsky, ca. 1934.

Philosophie der Wissenschaften und Methodologie: Seit Beginn seiner Karriere war Vygotsky fasziniert von den philosophischen und methodologischen Problemen der wissenschaftlichen Psychologie und während seines ganzen Lebens suchte er nach einer Lösung dieser Probleme. 1926 verfaßte er ein Manuskript mit dem Titel *Die historische Bedeutung der Krise in der Psychologie,* welches bis zu seinem Lebensende unveröffentlicht blieb. Ebenso wie andere Wissenschaftler, z. B. Binswanger, Münsterberg, Koffka und Spranger, widmete er viel Aufmerksamkeit den Vor- und Nachteilen von Introspektion und Behaviorismus. Spranger folgend akzentuierte er die *Gabelung* der Psychologie in Naturwissenschaft und Geisteswissenschaft. Vygotsky behauptete, daß diese Gabelung in dem dualistischen Ansatz des von Descartes vertretenen Ansatz begründet war und versuchte, Spinozas Werk für die Wiederherstellung der Einheit der Psychologie zu benutzen. Einen direkten Versuch, diese Analyse auf die Psychologie der Emotionen anzuwenden, machte er in einem Aufsatz mit dem Titel *Die Theorie der Emotionen. Eine historisch-psychologische Untersuchung,* die ebenfalls unveröffentlicht blieb.

Erziehung: Aufgrund seiner Lehrertätigkeit an verschiedenen Schulen hatte Vygotsky natürlicherweise ein Interesse an Erziehungsfragen. Zu Beginn waren seine Ansichten ziemlich traditionell und stark von den Theorien Pavlovs und Kornilovs beeinflußt (Vygotsky, 1926). Aber nach und nach entwickelte er seinen eigenen Ansatz, insbesondere unter Berücksichtigung des Problems der Beziehung zwischen Erziehung und Entwicklung (Vygotsky, 1935a). In diesem Kontext entwickelte er den heute sehr populären Begriff der Zone proximaler Entwicklung (den er selbst anderen Forschern zuschrieb). Die Essenz dieser Idee ist, daß mentale Entwicklung sich auf eine enge interpersonale Interaktion zwischen dem Kind und einer mental stärker entwickelten Person stützt. Alle mentalen Funktionen werden zuerst zwischen dem Kind und einer anderen Person geteilt und werden erst später das private Eigentum des Kindes. Diese Idee, die zurückgeht auf Royce, Baldwin, Mead und Janet, impliziert, daß es zu

Abb. 2: L. S. Vygotsky als junger Mann.

diagnostischen Zwecken höchst vorteilhaft ist festzustellen, in welchem Ausmaß ein beliebiges Kind von der Interaktion mit erfahreneren Mitgliedern seiner Kultur profitieren kann. Deshalb beabsichtigte Vygotsky die kindliche Intelligenz durch ein doppeltes Testen zu beschreiben. Zum einen, wenn ein Kind unabhängig eine Aufgabe löst und zum anderen, wenn das Kind durch einen Erwachsenen unterstützt wird. Der erste Wert sollte anzeigen, wieweit die geistige Entwicklung des Kindes bis zum Erhebungszeitpunkt vorangeschritten ist. Der zweite Wert sollte dann einen Hinweis auf sein Entwicklungspotential liefern. Der zweite Wert ist dann ein diagnostischer Wert, wenn man zu der zukünftigen geistigen Entwicklung des Kindes Vorhersagen treffen will. Neuere amerikanische Untersuchungen scheinen zu belegen, daß in der Tat solche Scores einen höheren prognostischen Wert besitzen als die Standard IQ-Scores.

Defektologie: Vygotskys erste wissenschaftliche Publikationen waren alle aus dem Gebiet der sogenannten Defektologie. Das ist die Analyse geistig und physisch behinderter Kinder. Geblieben sind seine Schriften, aber nach dem Urteil einiger Zeitgenossen war er ein erfahrener Kliniker, der ungewöhnlichen Takt und Feinfühligkeit im Kontakt mit den Patienten zeigte. Aus nicht bekannten Gründen war er besonders an den Problemen blinder und tauber Kinder interessiert, zu deren Probleme er viele Beiträge publizierte. Das zentrale Argument seiner Schriften war, daß viele Probleme beeinträchtigter Kinder aus deren sozialer Isolation folgen und daß die Beseitigung dieser Probleme in deren sozialer Integration gesehen werden sollte. Aus diesen Gründen befürwortete er die Integration normaler Schulen mit Schulen für behinderte Kinder und die Partizipation behinderter Kinder am Arbeitsprozeß. Theoretisch vertrat er die Ansicht, daß der Verlust des Sehens oder Hörens nicht das Schlimmste ist, da Augen und Ohren Instrumente des Geistes sind, die durch künstliche Instrumente oder durch andere natürliche Instrumente ersetzt werden können (z. B. können Finger die Augen ersetzen, wenn man die Braille-Schrift lesen kann).

Pädologie: Obwohl Vygotsky als Psychologe bekannt ist, erhielt er seine wichtigsten Berufungen als Professor für Pädologie. Er veröffentlichte verschiedene Bücher und viele Artikel in Pädologie und war Mitherausgeber der bedeutenden sowjetischen Zeitschrift *Pädologie.* Für ihn war Pädologie eine Wissenschaft, die verschiedene andere Disziplinen wie z. B. Medizin, Psychologie,

ГОСУДАРСТВЕННЫЙ ПЕДАГОГИЧЕСКИЙ
ИНСТИТУТ ИМЕНИ А. И. ГЕРЦЕНА

КАФЕДРА ПЕДОЛОГИИ
Проф. Л. С. ВЫГОТСКИЙ

ОСНОВЫ ПЕДОЛОГИИ

Под редакцией М. А. Левиной

ЛЕНИНГРАД
ИЗДАНИЕ ИНСТИТУТА
1935 г.

Abb. 3: Titelseite von Vygotsky, L. S. (1935b). Osnovy pedologii [Grundlagen der Pädologie]. Leningrad: Izdanie Instituta.

Erziehung und Defektologie integrierte und sich auf Altersperioden oder Entwicklungsstufen konzentrierte. Demgemäß würde der Pädologe sich selbst Fragen stellen wie „Wie sind die mentalen Funktionen in dieser spezifischen Altersperiode miteinander verknüpft?" und „Was ist das spezifische Problem für diese spezifische Entwicklungsstufe" (Vygotsky, 1929; 1935b). Unglücklicherweise war die Mehrheit der russischen Pädologen sehr stark auf empirische Testverfahren konzentriert, und bis zu einem gewissen Umfang kann man das wachsende Unbehagen der Regierung mit der nach und nach entstehenden Massen-Test-Bewegung verstehen. Sei es wie es sei, 1936 wurde Pädologie als Wissenschaft durch die Regierung offiziell verboten und Vygotskys Arbeiten fielen zwei Jahre nach seinem Tod endgültig in Ungnade. Es sollte mehrere Jahrzehnte dauern, bevor Teile seiner Aufsätze und Bücher wieder publiziert wurden und bis heute sind viele seiner Arbeiten kaum bekannt (vgl. Van der Veer & Valsiner, 1991).

Abb. 4: L. S. Vygotsky, seine Tochter Gita und seine Frau Rosa Smekhova während eines gefilmten psychologischen Experimentes.

Psychologie: Vygotsky ist sehr bekannt aufgrund der posthum publizierten Aufsatzsammlung „Denken und Sprechen" (Vygotsky, 1934), die einen Überblick über einen Teil seiner psychologischen Arbeiten gibt. Das zentrale Problem in diesem Buch ist die Beziehung zwischen Denken und Sprechen im Verlauf der kindlichen Entwicklung. Die Schlüsselidee ist, daß Sprechen und insbesondere verbale Konzepte von der Persönlichkeit verwendete Werkzeuge oder Instrumente sind, um das eigene Denken zu bewältigen und zu steuern. Obwohl diese Arbeiten in einem großen Umfang von der fruchtbaren Arbeit Piagets inspiriert waren, kam Vygotsky zu deutlich abweichenden Schlußfolgerungen. Aus seiner Sicht werden existierende mentale Funktionen (z.B. frühe Erinnerung und Aufmerksamkeit) transformiert, sobald ein Kind die Sprechfähigkeit erwirbt und insbesondere, wenn das Kind sog. wissenschaftliche Konzepte beherrscht (z.B. Säugetier). Wissenschaftliche Konzepte als Teil eines ganzen Systems von Konzepten und deren Erwerb, erlauben dem Kind unverzüglich verschiedene Schlüsse zu ziehen (z.B. daß ein Tier Lungen hat oder keine Eier legt). Aus Vygotskys Sicht werden wirkliche wissenschaftliche Konzepte in früher Jugend beherrscht und dann ist eine fundamentale Reorganisation der mentalen kindlichen Struktur das Ergebnis. Zum Beispiel kann beim Erinnern nun auf Konzepte zurückgegriffen werden, die das Material kategorisieren und in einer logischen Reihenfolge verwenden. In den letzten Jahren seines Schaffens konzentrierte sich Vygotsky intensiv auf die Erwerbung wissenschaftlicher Konzepte während der kindlichen Entwicklung, so daß er dahin tendierte, mentale Störungen ebenso durch das Fehlen des konzeptuellen Systems zu erklären. Aus seiner Sicht ist zum Beispiel Schizophrenie von einem Zusammenbrechen des konzeptuellen Denkens begleitet.

Schlußfolgerungen: Vygotsky war ein vielseitiger Wissenschaftler, der seine Spuren in verschiedenen psychologischen Disziplinen und angrenzenden Wissenschaften hinterließ. Durch den umfangreichen Gebrauch der europäischen Psychologie entwickelte er seine eigene Sicht vieler wichtiger Probleme der Psychologie. Die Geschichte wird zeigen, bei welchen Leistungen man sich an ihn errinnern wird. Aber es scheint wahrscheinlich, daß seine profunden methodologischen Analysen der fortdauernden Themen der Psychologie und seine Theorie des instrumentellen Denkens in den nächsten Jahrzehnten in den Geschichtsbüchern erwähnt werden werden.

Literatur

Van der Veer, R. & Valsiner, J. (1991). Understanding Vygotzky. The quest for synthesis. Oxford: Blackwell.

Vygotsky, L. S. (1926). Pedagogicheskaja psikhologija. Mosku: Rabotnik Prosveshchenija.

Vygotsky, L. S. (1929). Pedologija podrostka. Vol. I. Moscow: Izdanie Bjuro Zaochnogo Obuchenija pri Pedfake 2 MGU.

Vygotsky, L. S. (1934). Myshlenie i rech'. Psikhologicheskie issledovanija. Mosku-Leningrad: Gosudarstvennoe Social' no–Ekonomicheskoe Izdanie.

Vygotsky, L. S. (1935a). Umstvennoe razvitie detej v processe obuchenija. Mosku-Leningrad: Uchpedgiz.

Vygotsky, L. S. (1935b). Osnovy pedologii. Leningrad: Gosudararstvennyj Pedagogicheskyj Institut Imeni A. I. Gercena.

Vypotsky, L. S. & Luria, A. R. (1930). Etjudy po istorii provedenija. Obez´jana. Primitiv. Rebenok. Mosku-Leningrad: Gosudarstvennoe Izdatel´stvo.

Übersetzung aus dem Englischen:
R. Miller

Teil E

Von den Tiefen der Seele

Dr. M. B. Herford (Reading)

Dr. Karen Horney (Berlin)

Dr. Max Eitingon (Berlin)

Dr. S. Ferenczi (Budapest)

Dr. Helene Deutsch (Wien)

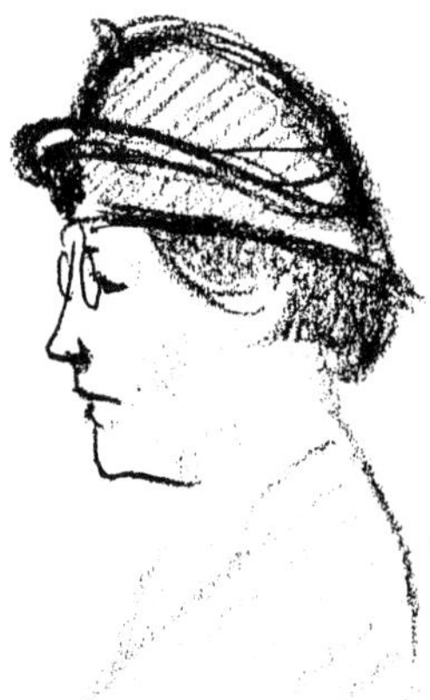

Dr. Hermine Hug-Hellmuth (Wien)

Dr. Jan van Emden (Haag)

Direktor August Aichhorn (Wien)

Dr. Imre Hermann (Budapest)

Psychoanalytiker in der Karikatur

1924 fand der achte Internationale Psychoanalytische Kongreß in Salzburg statt. Unter den Teilnehmerinnen und Teilnehmern waren Olga Székely-Kovács und Robert Berény, die von Tagungsteilnehmern Karikaturen anfertigten. Die 88 Karikaturen erschienen dann – ganz ohne Einleitung oder Erläuterungen – in einem gebundenen Büchlein im Internationalen Psychoanalytischen Verlag. Im Impressum heißt es: „Dieser nicht in den Buchhandel gelangte Privatdruck ist (...) in einer beschränkten Auflage (...) gedruckt worden." Das Buch findet sich nicht in der Verlagswerbung aus jener Zeit und ist wohl nur an die Kongreßteilnehmer abgegeben worden. – Aus dieser Sammlung zeigen wir hier einige markante Karikaturen.

Helmut E. Lück

Zur umseitigen Abb.: Titelseite des Begleittextes zum Ufa-Film „Geheimnisse einer Seele. Ein psychoanalytisches Kammerspiel" (1926), der unter Mitwirkung der Psychoanalytiker Karl Abraham und Hanns Sachs entstand.

Sigmund Freud

Ernst Federn

Sigmund Freud wurde am 6. Mai 1856 in Freiberg (Pribor) in Mähren geboren. Er war der erste Sohn einer sehr jungen Mutter. Seine Biographen haben inzwischen herausgefunden, daß er sehr komplizierten Familienverhältnissen entstammt, da sein Vater mindestens einmal vorher verheiratet war. Mit drei Jahren kam Freud nach Wien, wo er mit vier Schwestern und einem Bruder heranwuchs. Die große Familie lebte in bescheidenen Verhältnissen im 2. Wiener Gemeindebezirk. Freud war ein hervorragender Schüler und wählte – nach der Lektüre eines Aufsatzes über die Natur – das Studium der Medizin. Er brauchte relativ lange bis zu seinem Doktorat. Sein Lehrer Ernst Brücke führte ihn zur Neurologie, einem neuen Zweig der Medizin. Freud wurde ziemlich schnell aufgrund einiger bedeutender Arbeiten Dozent und ein bekannter Neurologe. Er studierte in Paris bei Charcot, und in Nancy bei Liébault und Bernheim Hypnose und wandte die dort erlernten Methoden in Wien praktisch an. Beinahe hätte er die anästhetische Wirkung des Kokains entdeckt. In dieser Zeit arbeitete Freud mit dem bedeutenden Arzt Josef Breuer zusammen.

Abb. 1 Sigmund Freud zusammen mit seinem Vater, dem Wollhändler Jacob Freud, etwa 1864.

1886 heiratete er nach einer Verlobungszeit von vier Jahren Martha Bernays, eine Hamburgerin, mit der er sechs Kinder großziehen sollte. Das Jüngste, geboren 1895, war Anna Freud – die einzige, die Psychoanalytikerin wurde. Sein ältester Sohn Martin wurde in den 30iger Jahren Direktor des Internationalen Psychoanalytischen Verlages. Der jüngste Sohn Ernst war maßgebend an der Veröffentlichung von Freuds Briefwechsel beteiligt. Obwohl die Biographen sich bemühen, Freuds Leben zu dramatisieren, darf man feststellen, daß der Mann, der das geistige Leben der Welt völlig verändert hat und zu den wenigen Großen der Kulturgeschichte zählt, ein normales, von wenigen tragischen Ereignissen gestörtes Leben geführt hat. Tragisch war der Verlust seiner Tochter Sophie im Jahre 1920 und deren Sohn 1923. Im selben Jahr wurde Freud von Gaumenkrebs befallen; er überstand eine große Zahl schmerzhafter Operationen mit großem Heroismus. 1938 mußte er aus Wien emigrieren; er starb am 23. September 1938 in London.

Freud versuchte, die Seele des Menschen wissenschaftlich zu erfassen und die Ursache der Hysterie zu erforschen. Letzteres begann noch mit Josef Breuer, mit dem er ein berühmtes Buch *Studien über die Hysterie* 1895

Abb.2: Sigmund Freud zusammen mit Wilhelm Fließ, Anfang der neunziger Jahre.

publizierte. Nachdem sich die beiden getrennt hatten und nachdem sein Vater 1896 gestorben war, begann Freud anhand eines Briefwechsels mit Wilhelm Fliess, einem bekannten Hals- und Nasenspezialisten in Berlin, eine Selbstanalyse. Fliess diente in einem gewissen Sinn als ein Mann, dem Freud alles erzählen konnte, was durch seinen Kopf ging. Nach Ende der Analyse trennte sich Freud von Fliess. Das Resultat dieses Prozesses war das Buch „Die Traumdeutung", 1899 fertiggestellt, aber unter dem Datum von 1900 veröffentlicht.

Freuds Briefe an Fliess sind erhalten und in einer hervorragenden Ausgabe vom S. Fischer Verlag publiziert worden. In diesen Briefen kann man seine Selbstanalyse nachvollziehen. Wäre Freud nach dem Erscheinen der Traumdeutung gestorben, gäbe es trotzdem heute eine Psychoanalyse. Doch er schuf noch weitere große Werke. Die Traumdeutung war in der Welt der Wissenschaften kein Erfolg. In den ersten sechs Jahren wurden nur 360 Exemplare verkauft. Erst 1909 kam es zu einer zweiten Auflage.

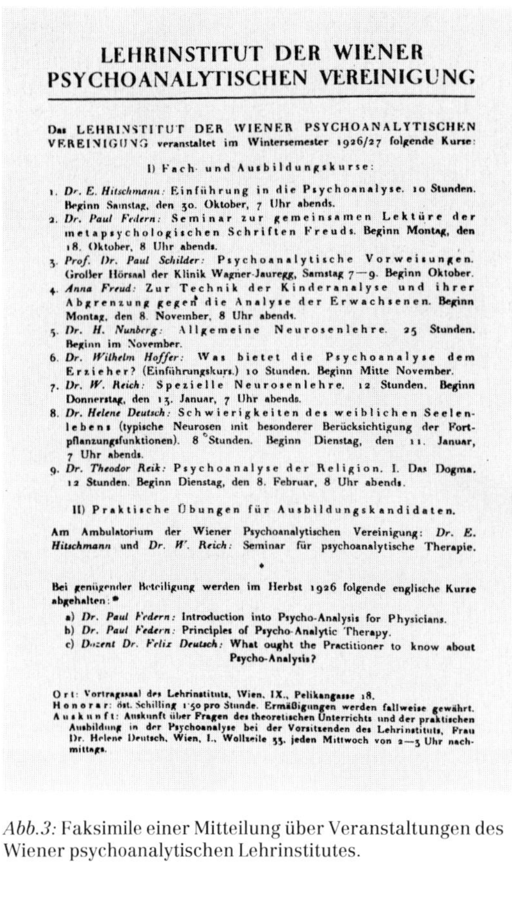

LEHRINSTITUT DER WIENER PSYCHOANALYTISCHEN VEREINIGUNG

Das LEHRINSTITUT DER WIENER PSYCHOANALYTISCHEN VEREINIGUNG veranstaltet im Wintersemester 1926/27 folgende Kurse:

I) Fach- und Ausbildungskurse:

1. *Dr. E. Hitschmann:* Einführung in die Psychoanalyse. 10 Stunden. Beginn Samstag, den 30. Oktober, 7 Uhr abends.
2. *Dr. Paul Federn:* Seminar zur gemeinsamen Lektüre der metapsychologischen Schriften Freuds. Beginn Montag, den 18. Oktober, 8 Uhr abends.
3. *Prof. Dr. Paul Schilder:* Psychoanalytische Vorweisungen. Großer Hörsaal der Klinik Wagner-Jauregg, Samstag 7—9. Beginn Oktober.
4. *Anna Freud:* Zur Technik der Kinderanalyse und ihrer Abgrenzung gegen die Analyse der Erwachsenen. Beginn Montag, den 8. November, 8 Uhr abends.
5. *Dr. H. Nunberg:* Allgemeine Neurosenlehre. 25 Stunden. Beginn im November.
6. *Dr. Wilhelm Hoffer:* Was bietet die Psychoanalyse dem Erzieher? (Einführungskurs.) 10 Stunden. Beginn Mitte November.
7. *Dr. W. Reich:* Spezielle Neurosenlehre. 12 Stunden. Beginn Donnerstag, den 13. Januar, 7 Uhr abends.
8. *Dr. Helene Deutsch:* Schwierigkeiten des weiblichen Seelenlebens (typische Neurosen mit besonderer Berücksichtigung der Fortpflanzungsfunktionen). 8 Stunden. Beginn Dienstag, den 11. Januar, 7 Uhr abends.
9. *Dr. Theodor Reik:* Psychoanalyse der Religion. I. Das Dogma. 12 Stunden. Beginn Dienstag, den 8. Februar, 8 Uhr abends.

II) Praktische Übungen für Ausbildungskandidaten.

Am Ambulatorium der Wiener Psychoanalytischen Vereinigung: *Dr. E. Hitschmann* und *Dr. W. Reich:* Seminar für psychoanalytische Therapie.

◆

Bei genügender Beteiligung werden im Herbst 1926 folgende englische Kurse abgehalten:*

a) *Dr. Paul Federn:* Introduction into Psycho-Analysis for Physicians.
b) *Dr. Paul Federn:* Principles of Psycho-Analytic Therapy.
c) *Dozent Dr. Felix Deutsch:* What ought the Practitioner to know about Psycho-Analysis?

Ort: Vortragssaal des Lehrinstituts, Wien, IX., Pelikangasse 18.
Honorar: öst. Schilling 1·50 pro Stunde. Ermäßigungen werden fallweise gewährt.
Auskunft: Auskunft über Fragen des theoretischen Unterrichts und der praktischen Ausbildung in der Psychoanalyse bei der Vorsitzenden des Lehrinstituts, Frau Dr. Helene Deutsch, Wien, I., Wollzeile 33, jeden Mittwoch von 2—3 Uhr nachmittags.

Abb.3: Faksimile einer Mitteilung über Veranstaltungen des Wiener psychoanalytischen Lehrinstitutes.

1902 sammelten sich vier Wiener Ärzte um Freud: Alfred Adler, Wilhelm Stekel, Rudolf Reitler und Max Kahane, denen 1903 Paul Federn folgte. 1906 wurde Otto Rank in die Gruppe aufgenommen und als Sekretär angestellt. Seit Oktober 1906 gibt es die Protokolle dieser Sitzungen der Psychologischen Mittwochsgesellschaft, die 1910 die Wiener Psychoanalytische Vereinigung wurde. Die Protokolle sind in vier Bänden vom S. Fischer Verlag herausgebracht worden.

Freuds entscheidende Leistung war die Entdeckung des unbewußten Seelenlebens des Menschen. Daß es ein Unbewußtes geben müsse, war im großen und ganzen bereits bekannt. Philosophen und Dichter arbeiteten mit diesem Begriff. Freud entdeckte das Unbewußte als eine Instanz der Seele, die über sich ein Vorbewußtes und Bewußtes hat. Die erste große Entdeckung war eine topische, das heißt örtliche, um die Frage zu beantworten, wo etwas im Seelenleben stattfindet. Freud erkannte, daß ein Streben nach Lust von einer Energie beherrscht wird, die er „Libido" nannte. Das ist das einzige Fremdwort, das Freud benutzt, weil das deutsche Wort „Lust" nicht beide Qualitäten darstellt: den Wunsch nach Befriedigung und die Befriedigung selbst. Libido aber bedeutet beides.

Freud setzte die Libido der Sexualität gleich und entdeckte damit die Sexualität des Kleinkindes, die mit der Geburt, wenn nicht schon früher, vorhanden ist. Es ist die Genitalität, die mit der Pubertät kommt, nicht die Sexualität. Für Freud ist das Seelenleben immer eine Verknüpfung von Leib und Seele. Anatomie ist für ihn Schicksal, und beide Qualitäten des Lebens können nur aus theoretischen Gründen getrennt behandelt werden. Das Psychische ist immer Repräsentanz des Körperlichen. Allerdings entwickelt diese Repräsentanz eine solche Fülle von Erscheinungen, daß man wissenschaftlich den biologischen Teil übersehen kann. Nach Freud ist die Sexualität, also die Libido, die beherrschende Kraft des Lebens, und die durch sie entstehenden Konflikte bilden die Ursache für die klassischen Neurosen: Hysterie, Zwangs- und Angstneurose.

Vor 1910 erkannte Freud die Grenzen seiner Entdeckungen. Es wurde ihm klar, daß neben dem Unbewußten auch noch eine andere Kraft bestehen müsse. War für ihn das Ich bis dahin gleichbedeutend mit dem Bewußtsein und Vorbewußtsein und im Gegensatz zum Unbewußten aufzufassen, erkannte er im Phänomen des Narzißmus, daß auch das Ich teilweise unbewußt sein muß. Narzißmus ist die Besetzung des eigenen Ichs durch die Libido. Freud führte den Begriff des Narzißmus 1912 ein. Bereits seit Jahren hatten vor allem Alfred Adler, aber auch Federn und Tausk auf die Bedeutung des Ichs in den Diskussionen hingewiesen. Adler hob immer heftiger die Bedeutung des sozialen Ichs und der Aggression hervor. Es brauchte mehr als 15 Jahre, bis Freud sein ursprünglich topisches Konzept

Abb. 4: Silberne Hochzeit, 1911. Von links nach rechts in der Reihenfolge der Tischordnung: Oliver Freud, Ernst Freud, Anna Freud, Sigmund und Martha Freud, Mathilde Freud, Minna Bernays, Martin Freud, Sophie Freud.

durch drei grundlegende seelische Prinzipien ersetzen konnte. In drei großen Arbeiten von 1919 bis 1923 schuf Freud die heute bestehende Auffassung der Psychoanalyse. Hatte er ursprünglich Aggression als Teil des Ichs und damit des Bewußtseins angenommen, führte er mit *Jenseits des Lustprinzips* die Idee eines Todestriebes ein. Ob das nun stimmt oder nicht, ist weniger bedeutend als die Erkenntnis, daß es zwei gleichbedeutende Triebe gibt, Libido oder Eros und Todestrieb oder Thanatos, der alle Aggression leitet.

Freud kommt damit zum Ende seiner Forschung. Die Seele erscheint topisch in Unbewußtes, Vorbewußtes und Bewußtes geteilt, ist immer dynamisch, das heißt als von Kräften beherrscht zu verstehen, muß genetisch, das heißt von der Entstehung her erklärt werden und hängt untrennbar als biologisches und seelisches Phänomen zusammen. Man nannte das letztere das strukturelle Konzept, obwohl Struktur kein genauer Begriff ist. Da diese Erkenntnisse nur durch eine persönliche Analyse erworben werden können, ist ein Einbau der Psychoanalyse in die akademische Welt der Wissenschaften nicht möglich. Freud gründete daher 1911 eine Internationale Psychoanalytische Vereinigung, die er „die Sache" nannte. Sein Leben war dem Dienste dieser „seiner Sache" gewidmet.

1911 trennten sich Alfred Adler und sechs seiner Anhänger von Freud, 1912 Wilhelm Stekel, 1913 C.C. Jung und 1924 Otto Rank. Sie alle verließen die Psychoanalytische Bewegung und gründeten ihre eigenen Schulen. Die Psychoanalyse wurde ein großer Erfolg, und Freud wurde zu seinem 80. Geburtstag in Wien sehr gefeiert. Zwei Jahre später wurde sie praktisch aus Europa vertrieben, um später in den englischsprachigen Ländern große Veränderungen durchzumachen.

Freud sagte von sich in den letzten Jahren seines Lebens: „Ich hatte das Glück, das Unbewußte zu entdecken." Es war das der Ausdruck der Bescheidenheit des Alters. Freud hat der Menschheit die Seele verständlich gemacht.

Literatur

Freud, S. (1900). Die Traumdeutung. Gesammelte Werke (G.W.), Band II/III.

Freud, S. (1920). Jenseits des Lustprinzips, GW X.

Freud, S. (1940–1952). Gesammelte Werke, Band 1–17. London: Imago; Bd. 18, Frankfurt: S. Fischer (seit 1960 Edition der GW von S. Fischer).

Eugen Bleuler und die Begegnung von Psychiatrie, Psychologie und Psychoanalyse

Angela Graf-Nold

Die Nachfolge Forels als Leiter des Burghölzli in Zürich übernahm 1898 Eugen Bleuler, der bisherige Direktor der Irren-Pflegeanstalt Rheinau. Bleuler stammte aus einer Bauern- und Kaufmannsfamilie aus Zollikon, dem kleinen Dorf, an dessen nördlichen Rand das Burghölzli grenzte. Nach seiner Studentenzeit in Zürich war er zunächst Assistent an der Berner Irrenanstalt Waldau gewesen; auf Betreiben von Forel, dessen Assistent er 1885 wurde, übernahm er 1886 die Direktion der Irren-Pflegeanstalt Rheinau. Die Beziehung zu Forel war eng und freundschaftlich. Bleuler beteiligte sich an Forels hirnanatomischen Studien, er arbeitete mit der Hypnose und (was Forel für das Wichtigste an einem möglichen Nachfolger hielt) er war auch in der Abstinenzbewegung engagiert; schon 1896 hatte er Forel im Vorstand der Trinkerheilstätte Ellikon abgelöst.

Die Hirnanatomie wurde in Zürich inzwischen jedoch vor allem von Constantin von Monakow vertreten. Dieser hatte sich mit Unterstützung Forels an der Züricher Universität als erster Vertreter des Fachgebiets in Neurologie habilitiert. Er veröffentlichte 1896 sein klassisches Werk „Hirnpathologie", das ihn international bekannt machte. Verschiedene Forscher aus aller Welt kamen nun, um bei ihm in seinem Privatlabor (das er neben einer Privatpraxis als Psychiater führte) zu arbeiten und gleichzeitig auch am Burghölzli zu hospitieren. Um 1900 gründete Monakow einen psychiatrisch-neurologischen Verein („Monakowsches Kränzchen"), an dem sich auch Bleuler mit seinen Mitarbeitern beteiligte; man traf sich alternierend in Monakows Privatwohnung und im Burghölzli. In diesem Rahmen hielt Bleulers Assistent Carl Gustav Jung Ende 1900 auf Anregung Bleulers ein Referat über Freuds *Traumdeutung*. 1901 promovierte er mit einer Arbeit über die parapsychologischen Experimente mit seiner Cousine (*Zur Psychologie und Pathologie sogenannter okkulter Phänomene*), wobei er die Trance-Mitteilungen nach den Prinzipien von Freuds *Traumdeutung* analysierte. 1905 habilitierte sich Jung an der Züricher Universität mit *Diagnostischen Assoziationsstudien*; auch bei diesen Arbeiten war die Anregung von Bleuler ausgegangen.

Abb. 1: Eugen Bleuler (1857–1939), Direktor des Burghölzli 1898–1929.
„Bleulers Hingegebenheit ‚an der Sache' war einziger Art. … – und das war für uns das eigentlich Erregende und Faszinierende –, daß die ‚Sache', die hier vertreten und gelehrt wurde, die Psychiatrie als Klinische Wissenschaft, ganz und gar **seine** Psychiatrie war. (…) Ich bemerke nur, daß der Geist, der die Anstalt beherrschte, der der unbedingten Anerkennung der Person – der gesunden wie der kranken – war, ferner der Geist der Zucht, Ordnung und Gerechtigkeit" (L. Binswanger, 1957).

Bleulers persönliches wissenschaftliches Interesse galt damals hauptsächlich der Diagnostik in der Psychiatrie. Auch Forel hatte noch Diagnosen wie „Verrücktheit" oder „moralisches Irresein" in die Krankengeschichten notiert, ohne daß allgemein verbindliche diagnostische Kriterien für diese „Krankheiten" existierten. Als erster hatte Emil Kraepelin, Guddens Nachfolger in München, das Krankheitsbild der „Dementia praecox" (lat.: vorzeitige Verblödung) vom „manisch-depressiven Irresein" abgegrenzt. Bleuler hatte sich in einem Artikel 1902 mit Kraepelins Begriff der „Dementia praecox" auseinandergesetzt und war daraufhin von Gustav Aschaffenburg nach Köln gebeten worden, um für das geplante große Handbuch der Psychiatrie den Band über „Dementia praecox" zu schreiben. Während der 12 Jahre, die Bleuler als noch alleinstehender Direktor der Anstalt Rheinau eng mit Hunderten von „Vorzeitig-Dementen" zusammengelebt hatte, hatte er für sich eine diagnostische Hypothese dieses Krankheitsbildes aufgestellt: als Grundstörung (und nervöse Grundlage aller verschiedenen Symptome) vermutete er eine organisch-pathologische Lockerung der nervösen Assoziationsbahnen.

Abb. 2: Constantin von Monakow (1853–1930). Monakow begeisterte sich als Assistent Forels für die Hirnanatomie und gründete 1888 in Zürich ein hirnanatomisches Privatlabor, aus dem 1913 das hirnanatomische Institut der Universität Zürich hervorging. Um 1900 gründete er eine psychiatrisch-neurologische Diskussionsgruppe, deren Sitzungen 14tägig abwechselnd in seiner Privatwohnung und im Burghölzli mit Bleuler und seinen Assistenten stattfanden.

So war es naheliegend, daß er sich besonders für die Wort-Assoziationsexperimente interessierte, die damals in verschiedenen psychologischen Laboratorien durchgeführt wurden. Bei diesen Experimenten, die von Wilhelm Wundt, dem Begründer des ersten Laboratoriums für experimentelle Psychologie (in Anlehnung an Francis Galton) in die psychologische Forschung eingeführt worden waren, ging es darum, einem Probanden eine ausgewählte Reihe von Wörtern vorzusprechen, auf die er jeweils mit Worten, die ihm dazu einfielen, zu reagieren hatte; die Antwortzeit wurde mit der Stoppuhr gemessen. Als Bleuler zusammen mit Jung im Burghölzli 1904/1905 damit begann, existierte darüber schon eine reiche Literatur. Edouard Claparède, der Genfer Psychologe, hatte 1903 eine preisgekrönte Übersichtsarbeit (*Des association des idèes*) veröffentlicht. Kraepelin und seine Mitarbeiter hatten in ihrem Münchener Laboratorium eine Klassifikation der Assoziationen erarbeitet und die Gesetzmäßigkeiten bei verschiedenen Geisteskrankheiten und unter Fieber, Alkoholeinfluß und Ermüdung untersucht. Theodor Ziehen, Professor für Psychiatrie in Jena, hatte die „gefühlsbetonten Vorstellungskomplexe" herausgestellt: Die Reaktionszeit war länger, wenn das Reizwort mit etwas zu tun hatte, was den Probanden emotional beschäftigte, oft konnte man mehrere dieser verzögerten Reaktionen auf eine gemeinsame zugrundeliegende Vorstellung zurückführen.

Eine Anwendung dieses Prinzips war die „Tatbestandsdiagnostik", die zuerst Max Wertheimer und fast gleichzeitig C.G. Jung (beide 1906) propagierten: Je nach Reaktion auf ausgesuchte Reizwörter konnte ein unsicherer Tatverdacht erhärtet werden. Diese Anwendung des Assoziationsexperiments als „projektiver" Test bildete die Leitlinie von Jungs Zugang, doch arbeitete er immer gleichzeitig mit Versuchsanordnungen, die eine allgemein statistische Auswertung verlangten.

Dazu gehörte insbesondere die Untersuchung der „psychophysischen Begleiterscheinungen" beim Assoziationsexperiment. Jung koppelte die Assoziationsexperimente mit den „psychogalvanischen Phänomenen", die Otto Veraguth, ein Mitarbeiter Monakows, am 2. Kongreß für Experimentelle Psychologie in Würzburg als „Versuchsanordnung, um Gefühle objektiv darzustellen", demonstriert hatte. Jung variierte die Methode zur Aufzeichnung der Galvanometerkurve und konnte zusammen mit einigen anderen Kollegen, insbesondere mit Ludwig Binswanger (der seine Dissertation darüber verfaßte) sowie mit amerikanischen Gästen Monakows, den Zusammenhang der Stärke des elektrischen Hautwiderstandes mit den persönlichen Emotionen des Probanden nachweisen. Dazu kamen noch die Experimente mit dem Pneumographen, einer Einrichtung, bei der die Atembewegungen des Oberkörpers auf ein Kymographion aufgezeichnet wurden. Hermann Nunberg, der spätere Psychoanalytiker, arbeitete bei seiner Dissertation noch zusätzlich mit dem Sommerschen Tremographen, der die Zitterbewegung der Finger in Zusammenhang mit den Komplexreaktionen im Assoziationsexperiment brachte.

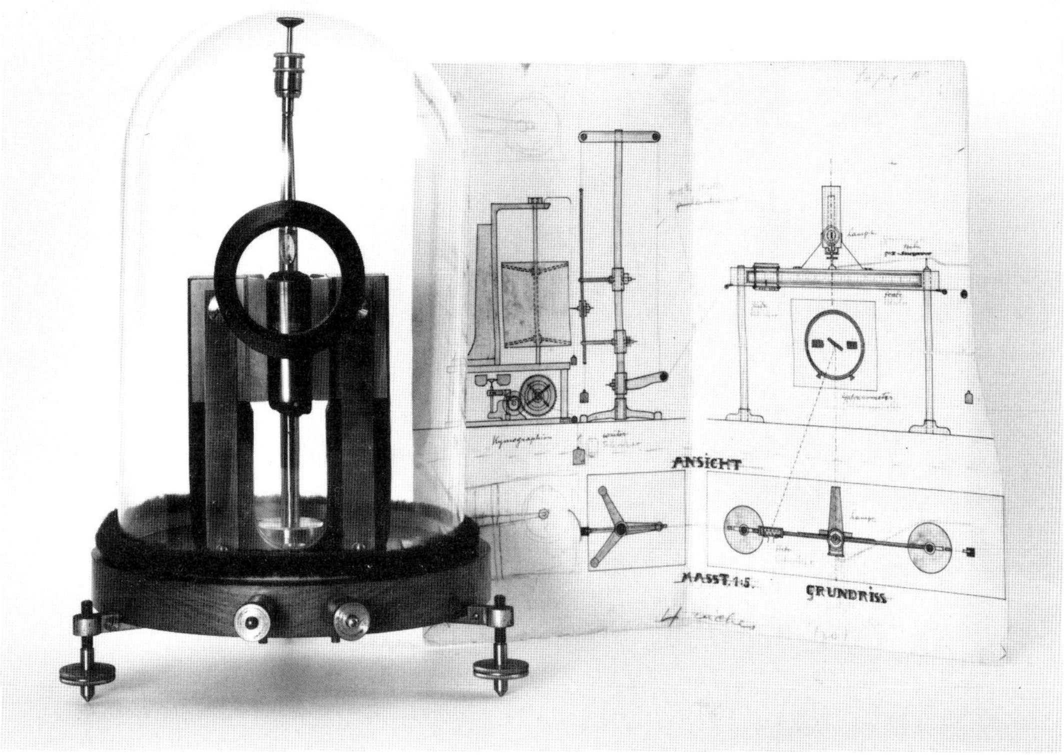

Abb. 3: Galvanometer. Der im Burghölzli verwendete Galvanometer zusammen mit C.G. Jungs Skizze der Versuchsanordnung für die Assoziationsexperimente in Kombination mit den Hautwiderstands-Messungen (psychogalvanisches Phänomen nach O. Veraguth).

Das Entscheidende an allen diesen Experimenten waren jedoch zweifellos weniger die eigentlichen Nachweise des Zusammenhangs zwischen Emotion und Körperreaktion als die Deutung der Galvanometerausschläge als objektivierter „Komplexmerkmale“: Wesentlich konsequenter als ihre Vorgänger und Zeitgenossen verstanden Jung und seine Mitarbeiter die Assoziationsprotokolle als „Momentaufnahmen der Seele“, und noch entscheidender: sie analysierten sie und deuteten sie in erklärter Anwendung von Freuds Prinzip der „Verdrängung“.

Auch stumpf dahinbrütende „Vorzeitig-Demente“ enthüllten auf diese Weise in ihren Assoziationen ein reiches Innenleben, und ihre anscheinend unsinnigen Ideen und Halluzinationen ergaben plötzlich einen Sinn. Diese Erkenntnis war für alle Beteiligten, ebenso für Bleuler wie für Jung, ein großes Erlebnis. Jung begann damals mit der Psychotherapie Dementia-praecox-Kranker und veröffentlichte 1907 eine kleine Monographie *Zur Psychologie der Dementia praecox*. Am Beispiel der „Babette S.“, einer schon über 20 Jahre im Burghölzli hospitalisierten Schneiderin, entzifferte er deren bisher für sinnlos gehaltene Äußerungen als poetisch verdichtete Bilder ihrer verschiedenen einfühlbaren Komplexe, die dadurch, daß sie sich nicht mehr gegenseitig beeinflußten, die Weiterentwicklung des seelischen Lebens blockierten. Jung vermutete, daß starke Komplexe ein Toxin freisetzten, das zu ihrer Abspaltung führe.

Sowohl Bleuler selbst (der noch an seinem Dementia praecox-Buch arbeitete) als auch Jung und einige der Assistenten, wie z.B. Max Eitingon, Carl Abraham, Ludwig Binswanger, Alphonse Maeder und Hermann Nunberg, suchten damals den brieflichen, teils auch direkten Kontakt zu Freud, von dessen Persönlichkeit und seinen Anschauungen sie fasziniert waren. Im April 1908 kam es – hauptsächlich auf Initiative Jungs – in Salzburg zu einer ersten, noch informellen Zusammenkunft der „Freudianer“, an der neben den Wiener Analytikern auch die „Züricher“ sowie der amerikanische Psychiater Morton Prince und Ernest Jones aus London teilnahmen. Im Anschluß daran konnte Freud Bleuler für die Herausgabe eines gemeinsamen *Jahrbuchs für psychoanalytische und psychopathologische*

Abb. 4: Ludwig Binswanger (1881–1966) promovierte als Volontärarzt im Burghölzli 1907 mit der Arbeit über *Das psychogalvanische Reflexphänomen im Assoziationsexperiment* und besuchte Freud erstmals im Februar 1907 zusammen mit C.G. Jung und dessen Frau. Von 1911–1956 leitete er das von seinem Großvater gegründete „Sanatorium Bellevue" (Privatanstalt für Nerven- und Gemütskranke) in Kreuzlingen/Schweiz; dabei entwickelte er eine auf Freud und die Philosophen Husserl und Heidegger gegründete ganzheitlich-phänomenologisch ausgerichtete „daseinsanalytische Psychotherapie".

Abb. 5: Das Ehepaar Bleuler mit den Ärzten H. Bersot (links) und L. Frank auf dem Dach der Burghölzli-Dependance Stephansburg. 1901 heiratete Bleuler die Literaturwissenschaftlerin und Historikerin Hedwig Waser (1869–1940), eine der ersten Absolventinnen der Züricher Universität und Studienfreundin von Ricarda Huch. Neben ihrem Haushalt mit fünf Kindern engagierte sie sich in der Anti-Alkoholbewegung, redigierte die Publikationen ihres Mannes, organisierte die Anstaltsfeste und arbeitete für verschiedene soziale und kulturelle Gruppierungen; unter anderem veranstaltete sie ab 1917 Frauenbildungskurse.

Forschungen gewinnen, das von Jung redigiert wurde und insbesondere für Burghölzli-Mitarbeiter ein Publikationsforum bieten sollte.

Zu diesem Zeitpunkt hatte Bleuler sein Buch *Dementia praecox oder Gruppe der Schizophrenien* zwar fertiggestellt, es erschien jedoch erst drei Jahre später, 1911. Der Herausgeber, Gustav Aschaffenburg, hatte sich bisher auf Kongressen und in Publikationen stets vehement gegen Freuds und Jungs Anschauungen gewandt, und es war wohl recht viel von ihm verlangt, ein Buch herauszugeben, das in wesentlichen Teilen gerade auf diese beiden Autoren abstellte. Und vielleicht irritierte ihn auch der ungewöhnliche Stil des Buches; in ungewohnt direkter und einfacher Sprache stehen abstrakte theoretische Überlegungen neben persönlich anteilnehmenden Beobachtungen und fast poetisch-mystischen Formulierungen. Anstatt des lateinischen Begriffs Dementia praecox schlägt Bleuler den griechischen Begriff „Schizophrenie (schizo: gespalten, phrenein: denken/fühlen) vor, „weil die Spaltung der wichtigsten psychischen Funktionen eine ihrer wichtigsten Eigenschaften ist": Ideenkomplexe, ja selbst feste Begriffe werden „zerspalten" („Assoziationsstörung"), Gefühle werden uneinheitlich und unangemessen („Affektstörung"), widersprüchliche Gefühle bleiben unbeeinflußt nebeneinander bestehen („Ambivalenz"). Als direkte Folge dieser Grundsymptome kommt es zu „Autismus": Alles dreht sich nur noch um die eigene Person; die Schizophrenen „verpuppen" sich in ihren Wünschen, die sie als erfüllt betrachten, und in ihren Befürchtungen, von denen sie nicht abzubringen sind.

Abb. 6: Emil Kraepelin (1856–1926) wurde 1878 Forels Nachfolger als Assistent bei Gudden in München; 1883 arbeitete er in Leipzig in Wilhelm Wundts Psychologischem Laboratorium und verfaßte auf dessen Anregung ein *Compendium der Psychiatrie* (1. Fassung des späteren *Lehrbuchs der Psychiatrie*). Nach achtjähriger Tätigkeit als Professor für Psychiatrie und Direktor der Psychiatrischen Universitätsklinik in Heidelberg übernahm er 1903 die Nachfolge von Gudden in München.
„Eine besondere Freude war es mir, als uns Bleuler für einige Zeit aufsuchte, der sich eingehend mit der Frage der Verblödung beschäftigt hatte. In regem Meinungsaustausche am Krankenbette konnten wir feststellen, daß unsere Erfahrungen in den meisten Punkten übereinstimmten" (Kraepelin, 1983, S. 77).

Wahnideen, Sinnestäuschungen und Halluzinationen sind nur „akzessorische Symptome" für die Loslösung von der äußeren Realität, nicht charakteristisch für die Schizophrenie als solche.

Das Erscheinen von Bleulers Schizophreniebuch, das für Freud die erste bedeutende Anerkennung durch die etablierte Psychiatrie brachte, fiel zeitlich mit der entscheidenden Krise zwischen beiden Männern zusammen. Freud hatte die zwar unerwartete, doch in seinen Augen längst überfällige Anerkennung, die er seit 1906 von seiten der „Züricher" erfuhr, zum Anlaß genommen, seine bisher noch informelle „Psychologische Mittwochsgesellschaft" zu einer straffen internationalen Organisation der Psychoanalyse auszubauen. Jung schien ihm der ideale Leiter dieser Organisation, und dieser bot auch (anfangs) Hand dazu. Bleuler hingegen (dessen Frau damals den „Schweizerischen Bund abstinenter Frauen" organisierte, der sich in 40 Ortsgruppen für die Einrichtung alkoholfreier Gemeindestuben und Volkshäuser einsetzte) kam eine vereinsmäßige Organisation einer wissenschaftlichen Idee wie der Psychoanalyse von Anfang an recht abwegig vor, und er weigerte sich standhaft, dem von Jung vertretenen „Verein" beizutreten. Nach einer persönlichen Unterredung mit Freud in München an Weihnachten 1910 ließ er sich zwar zu einem Eintritt überreden, erklärte jedoch im November 1911, kurz nach dem 3. Psychoanalytischen Kongreß in Weimar (den er besuchte), sein endgültiges Ausscheiden.

Jungs (von Freud meist bestärktes) recht kompromißloses und oft arrogantes Verhalten im Umgang mit Kollegen (Bleuler nicht ausgenommen) und seine den Ruf der Anstalt gefährdende persönliche Verwicklung bei der Behandlung der Patientin Sabina Spielrein hatten schon zwei Jahre vorher, anfangs 1909, zu einem etwas vorzeitigen Rücktritt als Oberarzt geführt. Die fachliche Zusammenarbeit des *Jahrbuchs* blieb davon jedoch unbetroffen, bis sich Jung selbst (Ende 1913) mit Freud endgültig entzweite. Auch Bleuler zog sich aus dem *Jahrbuch* zurück, und im Juli 1914 beschloß die Züricher Ortsgruppe geschlossen den Austritt aus der Psychoanalytischen Vereinigung.

„Bleuer blieb übrigens nicht lange in der Psychoanalytischen Vereinigung", schrieb Freud in seiner *Selbstdarstellung* (1925) und machte Jung beiläufig für Bleulers „Abfall" verantwortlich: „Er verließ sie infolge Mißhelligkeiten mit Jung, und das ‚Burghölzli' ging der Analyse verloren."

Doch wenn auch das Burghölzli damals „der Analyse verlorenging", so blieb Bleuler doch der Anstalt und der Psychiatrie im allgemeinen erhalten. Als Anstaltsdirektor führte er viele längst fällige Reformen durch; er begann mit einer systematischen Schulung des Personals, lockerte die bisherige Internatsverpflichtung und regelte die Arbeitsverträge in Zusammenarbeit mit der Gewerkschaft. Als wichtiges therapeutisches Prinzip vertrat er die Eingliederung jedes Patienten in die „tätige Gemeinschaft": Jeder Patient sollte gemäß seinen Fähigkeiten und Möglichkeiten im Büro, in der Küche, auf dem Feld oder in der Werkstatt (Schreinerei, Buchbinderei) u.a. einen Beitrag für die Anstalts-Gemeinschaft leisten. Dabei erkannte er die Gefahr einer Gewöhnung an die Anstalt und befürwortete frühe Entlassungen. Auf diese Weise gelang es ihm, die „dementen Endzustände" weitgehend zu verhindern.

Bleuler war bei Patienten, Schülern und Kollegen sehr beliebt; seine strenge, dabei nicht einschüchternde, sondern ermutigende Haltung wurde sehr geschätzt.

Als 1919 der junge Hermann Rorschach, Oberarzt an der Anstalt in Herisau (Appenzell), eine Psychodiagnostik aufgrund eines Formdeutexperiments mit Tintenklecksen entwarf und zu seiner Enttäuschung bei seinen Kollegen recht wenig Echo fand, ging er damit zu Bleuler und fand sofort Unterstützung. Bleuler führte das Testverfahren ein und verglich die eigenen Untersuchungsergebnisse mit den Deutungen Rorschachs. Als dieser 1921 bei einer Psychiater-Versammlung in Bern über seine *experimentelle Diagnostik der Affektivität* sprach und Bleuler sich in der Diskussion positiv darüber äußerte, konnte Rorschach erleichtert erklären: „So, jetzt ist die Sache durch!"

LEHRBUCH
DER PSYCHIATRIE

VON

DR. E. BLEULER
O. PROFESSOR DER PSYCHIATRIE AN DER UNIVERSITÄT ZÜRICH

VIERTE AUFLAGE

MIT 51 TEXTABBILDUNGEN

BERLIN
VERLAG VON JULIUS SPRINGER
1923

Abb. 7: Lehrbuch der Psychiatrie, 4. Aufl. 1923. Aus dem Vorwort zur 1. Auflage 1916: "Ziemlich viel Wert habe ich auf das psychologische Verständnis gelegt ..., auch deshalb, weil nur derjenige ein guter Arzt sein kann, der den ganzen Menschen erfaßt.

1916 erschien Bleulers *Lehrbuch der Psychiatrie*, das wegen seiner Geschlossenheit und der einfühlsamen und klaren Beschreibungen der einzelnen Krankheitsbilder weite Verbreitung fand und in mehrere Sprachen übersetzt wurde. Es beginnt mit einer „psychologischen Wegleitung", in der er nicht nur sein persönliches psychologisches Rüstzeug offenlegte, sondern auch grundsätzlich den erkenntnistheoretischen Hintergrund der Psychiatrie diskutiert. Er stellt die verschiedenen Anschauungen vom Verhältnis von Körper und Seele nebeneinander; die einzige Anschauung, die „zur Zeit theoretisch und praktisch widerspruchsfrei durchzuführen" sei, sei die (von seinem Lehrer Forel vertretene) „Identitätshypothese", die annehme, „daß zentralnervöse Funktionen – ‚von innen gesehen' – ‚bewußt' werden, wenn sie in bestimmten Zusammenhängen vorkommen". Das Lehrbuch ist in der Bearbeitung von Manfred Bleuler (*1903), Bleulers ältestem Sohn, der nach dem Rücktritt von H.W. Maier von 1942–1969 die Leitung des Burghölzli innehatte, noch heute in Gebrauch. Bezeichnenderweise ersetzte er die psychologische Wegleitung seines Vaters durch eine entwicklungspsychologisch orientierte Einführung über den Zusammenhang von Persönlichkeitsentwicklung und Lebenserfahrung.

Denn Eugen Bleulers Arbeiten über die psychologischen Grundlagen des psychischen Lebens, denen er die letzten Jahrzehnte seines Lebens widmete, – seine Bücher *Naturgeschichte der Seele und ihrer Bewußtwerdung* (1921), *Die Psychoide als Prinzip der Organischen Entwicklung* (1925) und *Mechanismus, Vitalismus, Mnemismus!* (1931) fanden nur wenig Echo. Einzig C.G. Jung, mit dem er in diesen Jahren im Burghölzli parapsychologisch experimentierte, übernahm seinen Begriff „psychoid" zur Bezeichnung der sowohl körperlich-materiellen wie geistig-seelischen Natur seines Begriffs „Archetypus".

Literatur

Binswanger, L. (1957). Erinnerungen an Eugen Bleuler. Schweizer Medizinische Wochenschrift, 35/36, 1112f.

Bleuler, E. (1988). Dementia praecox oder Gruppe der Schizophrenien (Vorwort von M. Bleuler). Tübingen: Discord.

Bleuler, E. (1972). Lehrbuch der Psychiatrie. 12. Aufl. von M. Bleuler. Berlin: Springer.

Bleuler, M. (1951). Geschichte des Burghölzli und der psychiatrischen Universitätsklinik. In: Züricher Spitalgeschichte (hrsg. vom Züricher Regierungsrat), Bd. 2, S. 377–426. Zürich: Berichthaus.

Ellenberger, H. F. (1972). Die Entdeckung des Unbewußten. Bern: Huber.

Freud, S. (1925). Selbstdarstellung. G. W. XIV.

Graf-Nold, A. (1988). Die Psychoanalytische Bewegung bis 1913/14. In: A. Graf-Nold, Der Fall Hermine Hug-Hellmuth. Eine Geschichte der frühen Kinder-Psychoanalyse (S. 47–89). München: Verlag Internationale Psychoanalyse.

Jones, E. (1962). Sigmund Freud. Leben und Werk, Bd. 2. Bern: Huber.

Kraepelin, E. (1983). Lebenserinnerungen. Hrsg. von H. Hippius. Berlin: Springer.

Meier, C. A. (1968). Die Empirie des Unbewußten. Zürich: Rascher.

Morgenthaler, W. (1965). Erinnerungen an Hermann Rorschach. In: H. Rorschach, Gesammelte Aufsätze. Bern: Huber.

Monakow, C.v. (1970). Vita mea. Mein Leben. Hrsg. von A. W. Gubser und E. W. Ackerknecht. Bern: Huber.

Carl Gustav Jung – Der Individuationsprozeß und die Gegensatznatur der Psyche

Angela Graf-Nold

„Ich bedachte nicht, daß die Seele nicht der Gegenstand meines Urteilens und Wissens sein kann. Vielmehr ist das Urteilen und Wissen Gegenstand meiner Seele." (C.G. Jung: *Rotes Buch*, zit. nach A. Jaffé, 1985)

Carl Gustav Jung wurde am 26. Juli 1875 in Kesswil am Bodensee (Kanton Thurgau) geboren; den größten Teil seiner Kindheit und Jugend verbrachte er mit seiner neun Jahre jüngeren Schwester in Kleinhüningen bei Basel, wo sein Vater von 1879 bis zu seinem frühen Tod 1896 als Dorfpfarrer tätig war und daneben das Amt des Anstaltspfarrers der Irrenanstalt Friedmatt in Basel versah. Nach dem Besuch des Gymnasiums in Basel begann Jung 1895 ein Medizinstudium an der Universität Basel, an welcher seine beiden schon verstorbenen Großväter, beide sehr außergewöhnliche und starke Persönlichkeiten, Jahrzehnte vorher als Professoren gewirkt hatten: Der Großvater väterlicherseits, Carl Gustav Jung (1794–1884), war 1822 als junger Arzt von Alexander von Humboldt nach Basel empfohlen worden, nachdem er Mannheim wegen seiner Zugehörigkeit zu den revolutionären Bewegungen des damaligen Deutschland hatte verlassen müssen; er spielte in der Geschichte der Basler Universität durch den Auf- und Ausbau der medizinischen Fakultät eine bedeutsame Rolle. Der Großvater mütterlicherseits, Samuel Preiswerk (1709–1871), entstammte einer alten Baseler Familie und war Professor für Theologie und zugleich Vorsteher (Antistes) der Baseler protestantischen Geistlichkeit; daneben war er ein großer Spezialist für orientalische Sprachen und Verfasser vieler (z.T. heute noch bekannter) mystisch-spiritueller Kirchenlieder.

Abb. 1: C. G. Jung, der Großvater (1794–1864). Professor für Medizin an der Universität Basel, Rektor der Universität und Großmeister der Schweizerischen Freimaurerloge, forderte die Errichtung einer Irrenanstalt und gründete 1857 eine „Anstalt zur Hoffnung" für schwachsinnige Kinder. Eine Familienlegende stilisierte den aus Mannheim stammenden Pfarrerssohn zum unehelichen Sohn Goethes.

Diese beiden, ebenso gebildeten wie mächtigen und geheimnisvollen Großväter, beide Väter von dreizehn Kindern und damit Stammväter großer Familien, standen in Kontrast zu der eher ärmlichen und bedrückenden Atmosphäre in C.G. Jungs Elternhaus und spielten für seine persönliche Entwicklung und die damit verbundene Entwicklung seines Werkes eine bestimmende Rolle.

In seinen *Erinnerungen*, die gegen Ende seines Lebens in Zusammenarbeit mit Aniela Jaffé entstanden, gibt Jung Einblicke in seine vor allem von religiösen Fragen bestimmte, als gesetzmäßig und zwingend erlebte innere Entwicklung, seine „Individuation" vom träumerischen und von Ängsten gepeinigten Knaben zu dem Mann, der er geworden war.

Jung wurde sich der persönlichen, individuellen Prägung seiner inneren Entwicklung im Laufe seines Lebens zunehmend bewußt, und der sorgfältigen wissenschaftlichen Ausarbeitung der möglichen allgemeinen, überpersönlichen Gesetzmäßigkeiten wie auch der immer beobachteten „Ausnahmen" galt seine lebenslange Arbeit.

Den sorgfältigen, streng empirischen Zugang zum Psychischen lernte C.G. Jung am Burghölzli in Zürich kennen, wo er nach seinem Studium im Dezember 1900 als zweiter Assistent von Eugen Bleuler eintrat. „Die Jahre am Burghölzli, der Psychiatrischen Universitätsklinik von Zürich, waren meine Lehrjahre", schreibt Jung in seinen Erinnnerungen. Und an Bleulers Sohn Manfred Bleuler formuliert er 1950: „Die eindrückliche Betrachtungsweise, die ich dort (am Burghölzli) gelernt habe, hat mich überall hin begleitet und mir geholfen, das fremde Psychische objektiv zu erfassen."

Denn in den Assoziationsexperimenten, die er ab 1904/05 am Burghölzli in Zürich durchführte, ging es vor allem darum, allgemeine statistische Gesetzmäßigkeiten der Reaktionen aufzufinden; diese bildeten jedoch nur den Hintergrund zu den jeweiligen „Ausnahmen", den auffälligen, „gestörten" Reaktionen. Es war die Hinwendung zu diesen „Ausnahmen", die seiner Arbeit die entscheidende Richtung gaben und die ihn in den schicksalhaften Kontakt mit Freud brachten. Die Deutung der gestörten Reaktionen im Assoziationsexperiment nach dem Prinzip der Freudschen „Verdrängungsmechanismen" erwies sich plötzlich auch als Methode, den Sinn der „unsinnigen" Symptome, Bilder und Begriffe der hysterischen und psychotischen Kranken zu entziffern. Jung kam zu der bewegenden Einsicht, daß auch in Patienten, die stumpf und apathisch oder verblödet wirkten, „mehr oder Sinnvolleres (vorgeht), als es den Anschein hat". „Im Grunde entdecken wir im Geisteskranken nichts Neues und Unbekanntes, sondern wir begegnen dem Untergrund unseres eigenen Wesens. Diese Einsicht war für mich damals ein mächtiges Gefühlserlebnis" (Jung, 1962).

Abb. 2: 1903 heiratete Carl Gustav Jung die 21jährige Fabrikantentochter Emma Rauschenbach. Emma Jung (1882–1955) nahm von anfang an regen Anteil an der Arbeit ihres Mannes; schon in den *Diagnostischen Assoziationsstudien* (1904) dankt ihr C.G. Jung für die „tätige Mithilfe"; sie begleitete Jung bei den Reisen zu Freud und setzte sich auf sehr persönliche Art mit Freud auseinander, mit dem sie eine zeitlang analytisch gearbeitet hatte. Als ihre fünf Kinder das Schulalter erreicht hatten, lernte sie Mathematik, Latein und Griechisch und widmete sich vor allem der Problematik von „Animus" und „Anima" und der psychologischen Deutung der Gralslegende. Sie gehörte zum Curatorium des C.G. Jung-Instituts, hielt Vorlesungen und Seminare und war als Lehranalytikerin tätig.

Dabei kostete es Jung einige Überwindung, seine folgenreiche Übereinstimmung mit Freud öffentlich einzugestehen, denn dieser war damals in der wissenschaftlichen Welt sehr verpönt. Als Jung 1906 in einem Artikel in der *Münchener Medizinischen Wochenschrift* die Freudsche Neurosenlehre verteidigte, warnten ihn, so berichtet er, zwei deutsche Professoren davor, auf diese Weise seine gerade begonnene Karriere – er hatte sich 1905 an der Züricher Universität mit seinen Assoziationsstudien habilitiert – zu gefährden. In seinem eigenen Umkreis in Zürich hatte Jung jedoch dadurch kaum Probleme: Schon Forel war aufgrund des gemeinsamen Interesses am Hypnotismus in Beziehung zu Freud gestanden; Bleuler hatte Freuds frühe hirnanatomische Arbeiten rezensiert und war zudem (ebenso wie Forel) eine Persönlichkeit, die es grundsätzlich wenig scheute, auch Außenseiterpositionen zu vertreten. Zum Problem wurde jedoch die große Leidenschaftlichkeit, die das Verhältnis zwischen Freud und Jung an-

Abb. 3: Das Wohnhaus der Familie Jung in Küsnacht bei Zürich. Am 1. Juni 1909 verließ Jung mit seiner Frau und drei kleinen Kindern die Wohnung im Burghölzli und zog in das nach eigenem Entwurf gestaltete Haus am Zürichsee, in dem er bis zu seinem Tode wohnte und arbeitete.

nahm. Bei Freud nährte sie sich aus dem Gefühl, im Burghölzli endlich ein würdiges Zentrum „seiner“ Psychoanalyse und in Jung den „Kronprinzen“ und würdigen „Nachfolger“ gefunden zu haben, bei Jung in dem Gefühl, eine sichere Führung in dem noch ungewohnten und ungewohnt persönlichen Umgang mit Geisteskranken – wie auch überhaupt eine Orientierung in dem noch dunklen und geheimnisvollen Bereich des Seelischen gefunden zu haben.

Jungs Ansprüche und Tätigkeiten sprengten sehr bald die Möglichkeiten und Grenzen seiner Stellung als Anstaltsarzt. Er entschloß sich zur Eröffnung einer Privatpraxis, kündigte im März 1909 seine Stelle als Oberarzt und bezog im Juni 1909 ein neu erbautes, feudales Landhaus in Küsnacht/Zürich am Zürichsee.

Den Auftakt zu Jungs selbständiger Tätigkeit bildete eine große akademische Ehrung, die die internationale Anerkennung der Psychoanalyse einleiten sollte: Zusammen mit Freud erhielt er neben einigen anderen anerkannten europäischen Gelehrten eine Einladung des amerikanischen Psychologen G. Stanley Hall zur 20-Jahrfeier der Clark University in Worcester, Mass., die mit der Verleihung der Ehrendoktorwürde verbunden war.

Das sechswöchige intensive Zusammensein mit Freud und Ferenczi auf der Amerikareise bildete sowohl den Höhe- als auch den Wendepunkt im Verhältnis von Jung und Freud. Einige „seltsame Reaktionen“ Freuds befremdeten Jung, und vor allem beim gegenseitigen Deuten der Träume fühlte sich Jung eingeengt und unver-

Abb. 4: Gruppenbild: Clark University, Worcester, Mass., USA, September 1909. Vordere Reihe: S. Freud, G. Stanley Hall, C.G. Jung; dahinter: A.A. Brill, E. Jones, S. Ferenczi. – G. Stanley Hall (1844–1924), ein Pionier der Entwicklungspsychologie, hatte u.a. in Bonn, Berlin und Leipzig (bei Wilhelm Wundt) studiert; er gründete 1887 *The American Journal of Psychology* und 1892 die American Psychological Association (APA). – Beim 10-Jahres-Jubiläum der Clark-University 1899 war u.a. August Forel eingeladen worden, er hatte damals über Ameisenforschung und Hypnotismus referiert und war (ebenso wie Freud und Jung 1909) mit dem Ehrendoktorat der juristischen Fakultät ausgezeichnet worden.

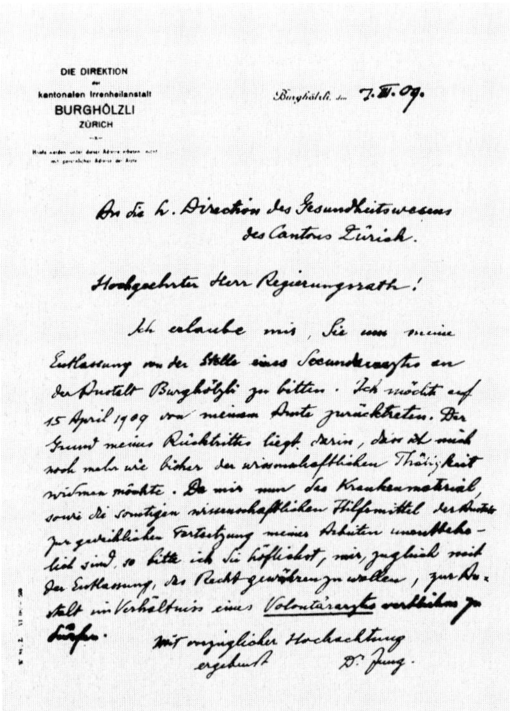

DIE DIREKTION
der
kantonalen Irrenheilanstalt
BURGHÖLZLI
ZÜRICH

Burghölzli, den 7. III. 09.

An die h. Direction des Gesundheitswesens
des Cantons Zürich.

Hochgeehrter Herr Regierungsrath!

Ich erlaube mir, Sie um meine Entlassung von der Stelle eines Secundärarztes an der Anstalt Burghölzli zu bitten. Ich möchte auf 15 April 1909 von meinem Amte zurücktreten. Der Grund meines Rücktrittes liegt darin, dass ich mich noch mehr wie bisher der wissenschaftlichen Thätigkeit widmen möchte. Da mir nun das Krankenmaterial, sowie die sonstigen wissenschaftlichen Hilfsmittel der Anstalt zur gedeihlichen Fortsetzung meiner Arbeiten unentbehrlich sind, so bitte ich Sie höflichst, mir, zugleich mit der Entlassung, das Recht gewähren zu wollen, zur Anstalt im Verhältniss eines Volontärarztes verbleiben zu dürfen.

Mit vorzüglicher Hochachtung
ergebenst Dr. Jung.

Abb. 5: An die Direction des Gesundheitswesens des Cantons Zürich. C.G. Jungs Kündigungsschreiben.

standen; Freuds Prinzip, alle Bilder auf verpönte und deshalb „verdrängte" Wünsche zurückzuführen, standen Jungs eigenen Empfinden bei einigen Träumen diametral entgegen: Einige Bilder erschienen ihm vielmehr als Botschaften eines größeren – kollektiven – Bewußtseins. Auch der „infantilen Sexualität" mochte Jung – ebenso wie Forel, Bleuler und überhaupt alle „Züricher" – nicht den gleichen zentralen Stellenwert zuerkennen wie Freud; der übliche Vorwurf von „Prüderie" traf dabei kaum, vielmehr schien das sowohl persönlich wie traditionell andere Verhältnis zum „anderen Geschlecht" eine andere Auffassung zu bedingen.

Trotz dieser Diskrepanzen beteiligte sich Jung nach dieser Reise aktiv am Aufbau der Internationalen Psychoanalytischen Vereinigung und ließ sich 1910 zu deren Präsidenten wählen.

Daneben arbeitete er jedoch intensiv an seinem Werk *Wandlungen und Symbole der Libido*, das seine „abweichenden" Auffassungen vom Unbewußten darstellen sollte; anhand des Phantasiematerials einer jungen, ihm unbekannten Amerikanerin, die der Genfer Psychologe Theodore Flournoy (1854–1920), sein väterlicher Freund, veröffentlicht hatte, entwickelte er seine Anschauung von der Libido als „psychischer Energie" und von ihren Wandlungen und Symbolen als Resultaten einer autonomen Funktion des Unbewußten im Dienst der Ganzheit der Person und der Selbstverwirklichung des eigenen Mythos. Besonders klar wurde Jung die Unvereinbarkeit mit Freuds Standpunkt, als er im letzten Kapitel des Buches die Sexualität selbst als Symbol auffaßte und die sexuelle Phantasie eines Mutter-Sohn-Inzests symbolisch – als Versinken des Bewußtseins im Unbewußten – deutete.

Erst auf dem 4. Internationalen Psychoanalytischen Kongreß 1913 in München (zwei Jahre nach Erscheinen der *Wandlungen und Symbole der Libido* im *Jahrbuch für psychoanalytische und psychopathologische Forschungen*) erklärte Freud die Anschauungen von Jung und seinem Schweizer Kollegen als „nicht legitime Fortsetzungen der von ihm selbst ausgehenden Psychoanalyse". Jung trat bald darauf als Präsident der „Internationalen Psychoanalytischen Vereinigung" und als Redakteur des *Jahrbuchs* zurück.

Nach der Trennung von Freud geriet Jung in eine quälende geistige Isolation und Unsicherheit. Er trat als Privatdozent an der Universität Zürich zurück und widmete sich (neben einer noch kleinen internationalen Praxis als Psychiater und Psychotherapeut) vor allem der Auseinandersetzung mit eigenen bedrängenden inneren Bildern. Dabei entstand mit der Zeit ein großes, sorgfältig geschriebenes und illustriertes Manuskript, das *Rote Buch*, das Jung jedoch wegen seines zu privaten Charakters nicht vollständig publiziert wissen wollte. Die Erfahrungen aus dieser Zeit bildeten den Stoff für das folgende umfangreiche Werk. Wesentlich war dabei vor allem die vertiefte Einsicht, daß alles Wissen auf menschlicher Erfahrung beruht und dadurch untrennbar mit dem menschlichen Wesen verbunden ist; in der Konsequenz dieser Einsicht sagt auch religiöse Erfahrung noch nichts über die Existenz Gottes aus, sondern nur über das Wesen der menschlichen Seele. Die Seele an sich bleibt unerkennbar; erkenn- und objektivierbar sind nur ihre (sich gesetzmäßig wandelnden) Bilder. Für die Psychotherapie entwickelte Jung in dieser Phase die Methode der „aktiven Imagination" als meditativen Zugang zum Unbewußten.

Abb. 6: C.G. Jung 1958. „Mein Leben ist die Geschichte einer Selbstverwirklichung des Unbewußten. Alles, was im Unbewußten liegt, will Ereignis werden, und auch die Persönlichkeit will sich aus ihren unbewußten Bedingungen entfalten und sich als Ganzheit erleben. (Jung, 1962, S. 10).

Die erste größere Publikation nach dem Bruch mit Freud erschien 1921, das große Buch *Psychologische Typen*. Es bedeutete eine nachträgliche, dabei jedoch indirekte Auseinandersetzung mit Freud und Adler; denn es lag ihm daran, die in der Zusammenarbeit mit beiden erfahrene Verschiedenheit der Denk- und Auffassungsweisen vom Typus her zu verstehen und damit ihren Stellenwert zu bestimmen. Er unterschied die zwei typischen psychischen Grundfunktionen der „Extraversion" und „Introversion", die mit vier typischen Einstellungen des Bewußtseins kombiniert sind, zwei rationalen Einstellungen (Denken und Fühlen) und zwei irrationalen (Intuieren und Empfinden), so daß insgesamt acht verschiedene Typen zu unterscheiden sind. Das Wesentliche ist dabei, daß jeder außen sichtbare Typus durch den im Unbewußten wirkenden Gegentypus im Sinne einer Kompensation ergänzt wird. Damit zeigt sich das Grundthema von Jungs ganzem folgenden, umfangreichen wissenschaftlichen Werk: die Gegensatznatur der menschlichen Psyche und ihre Einheitstendenz.

Ganz entscheidend für die weitere Arbeit wurde die Beschäftigung mit der Alchemie; in streng philologischer Methode entschlüsselte Jung die Bildersprache der alchemistischen Texte des 13. bis 17. Jahrhunderts; dabei zeigte sich die strukturelle Übereinstimmung mit den Symbolen des selbst erfahrenen und in den Therapien beobachteten Individuationsprozesses. – Was die Alchemisten jedoch als Eigenschaften des „Stoffes" angesehen (bzw. projiziert) hatten, verstand Jung als „projizierte Psychologie des kollektiven Unbewußten". Die alchemistischen Bilder erwiesen sich als jeweils gegensätzlich angelegte, „archetypische" Motive, die auch in den Träumen der modernen Menschen wiederkehren. Dem alchemistischen Wandlungsprozeß zu Gold entsprach der Individuationsprozeß, eine „Umkreisung der Mitte" und Vereinigung der Gegensätze, die in Mandala-Bildern symbolisiert wird. Eine bestimmende Rolle spielt dabei die psychische Doppelgeschlechtlichkeit des Individuums, die sich in den Bildern einer weiblichen Figur („Anima") im Unbewußten des Mannes und einer männlichen Figur („Animus") im Unbewußten der Frau darstellt.

Ein letztes Ergebnis aus Jungs Beschäftigung mit dem alchemistischen Gedankengut entstand in Zusammenarbeit mit dem Physiker Wolfgang Pauli (1900–1958): der Begriff der „Synchronizität"in seiner fundamentalen Bedeutung eines vierten bestimmenden wissenschaftlichen Prinzips – neben Zeit, Raum und Kausalität. Entsprechend der alchemistischen Vorstellung von „Unus mundus", einem einheitlichen, neutralen Welthintergrund, entwickelte er die Vorstellung von der psychoiden (sowohl psychischen wie physischen) Natur der Archetypen als strukturierende Prinzipien. In besonderen (emotional bedeutungsvollen) Situationen, in denen sich ein bestimmter Archetypus „konstelliert", kann er sich gleichzeitig (synchron) sowohl psychisch (in Ahnung, Bild, Traum, Vision) – wie räumlich davon getrennt auch psychisch-materiell verwirklichen. Diese Hypothese erklärt auch viele parapsychologische Phänomene, wie sie sich gehäuft in „archetypischen Situationen" wie z.B. im Zusammenhang mit Geburt, Krankheit, Hochzeit und Tod ereignen.

Abb. 7: Der Alchemist und seine Soror mystica (anima) beim alchimistischen Ofen. (Aus: Liber mutus 1702) – Das „Werk" erfordert Andacht und Geduld und die gleichwertige Zusammenarbeit von Mann und Frau; es entspricht einer moralisch-intellektuellen Wandlung, die mit einer Integration der Gegensätze verbunden ist.

Abb. 8: „Der herrliche Teutsche Tractat vom philosophischen Steine" des „adeligen teutschen philosophus Lampert Spring" (Lambspring), erschienen in Frankfurt a. M. 1625, enthält 15 kommentierte Bilder, die einen fortlaufenden, tiefgreifenden Prozeß darstellen. der Körper, Geist und Seele (corpus, spiritus und anima) miteinander versöhnt.

In den alchmistischen Texten (mit denen er sich von 1928 bis zu seinem Tod beschäftigte) fand Jung die gesuchte Bestätigung für die historische Kontinuität in den Bemühungen um das Verständnis des psychischen Hintergrundes und die Überbrückung von Bewußtsein und Unbewußtem (Individuationsprozeß) wie auch für die Existenz archetypischer Inhalte und Motive des Unbewußten über alle individuellen und historisch-kulturellen Verschiedenheiten hinweg.

Jung wurde 1935 zum Titularprofessor für Allgemeine Psychologie an der Eidgenössischen Technischen Hochschule in Zürich ernannt; 1944 wechselte er als ordentlicher Professor für Medizinische Psychologie an die Universität Basel, wo er jedoch schon im folgenden Jahr aus gesundheitlichen Gründen zurücktrat.

Im Jahr 1948 gründeten einige Schüler und Mitarbeiter das C. G. Jung-Institut in Küsnacht/Zürich als Ausbildungsstätte für Psychotherapie.

Jung starb am 6. Juni 1961 in seinem Haus in Küsnacht, kurz nach Fertigstellung seiner zuerst auf Englisch erschienenen Arbeit *Approaching the Unconcious*, die auf deutsch 1968 in dem populären Buch *Der Mensch und seine Symbole* erschien.

Literatur

Benett, E. A. (1985). Meetings with Jung. Zürich: Daimon.

Freud, S.; Jung, C. G. (1974). Briefwechsel. Frankfurt: Fischer.

Jaffé, A. (1985). Parapsychologie, Individuation, Nationalsozialismus, Themen bei C.G. Jung. Zürich: Daimon.

Jaffé, A. (1987). Aus C. G. Jungs letzten Jahren. Zürich: Daimon.

Jaffé, A. (1977). C. G. Jung: Bild und Wort. Eine Biographie. Olten: Walter.

Jung, C. G. (1962). Träume, Erinnerungen, Gedanken, aufgezeichnet von A. Jaffé. Zürich: Walter.

Jung, C. G. (1971 ff.). Gesammelte Werke, 20 Bde.; Briefe, 3 Bde. Olten: Walter.

Jung, E. (1991). Animus und Anima (1934). Fellbach-Oeffingen: Bonz.

Meier, C. A. (1968 ff.). Lehrbuch der komplexen Psychologie C.G. Jungs, 4 Bde. Zürich: Rascher.

Wehr, G. (1969). C. G. Jung. Reinbek: Rowohlt.

Zumstein-Preiswerk, S. (1975). C. G. Jungs Medium. Kindler.

Alfred Adler

Almuth Bruder-Bezzel und Rüdiger Schiferer

Alfred Adler ist der Begründer der Individualpsychologie, die neben der Psychoanalyse Freuds und der Analytischen Psychologie C.G. Jungs zu den drei klassischen tiefenpsychologischen Schulen gehört. Adler hatte sich nach neunjähriger Zusammenarbeit mit Freud (1902–1911) von diesem getrennt. Gegenüber Freud betont er das Individuum als zielgerichtetes, ganzheitliches und soziales Wesen. In seinem Denkansatz gibt es Berührungen mit der verstehenden Psychologie, mit der Ganzheits- und Gestaltpsychologie und mit dem Personalismus von William Stern. Die individualpsychologische Theorie mit ihren Eckpfeilern „Minderwertigkeitsgefühl" und „Kompensation" war um 1912 in ihren wesentlichen Teilen fertig und erfuhr erst wieder in den 20er Jahren eine Umgestaltung und Erweiterung durch den Begriff „Gemeinschaftsgefühl". In diesen Jahren erlebte die Individualpsychologie als Schule und Bewegung ihre Blütezeit in Wien.

Abb. 1: Oskar Kokoschka: Alfred Adler. Portrait 1912/13. Kokoschka und Adler kannten sich durch Albert Ehrenstein vermutlich persönlich recht gut.

Adler wurde am 07.02.1870 in einem Vorort von Wien (Rudolfsheim) geboren, als zweites von sechs Kindern eines jüdischen Getreidehändlers . Er selbst begründete später seine Wiener „Volkstümlichkeit" und seine praktische und pädagogische Ausrichtung mit seiner „Gassenbubenzeit". Er studierte Medizin (1888–1895) und war zumindest in seiner letzten Studentenzeit Mitglied in einem sozialistischen Studentenbund, dem auch seine spätere Frau, die russische Studentin Raissa Timofejevna entstammte (Heirat 1897). Nach dem gescheiterten Versuch, im Wiener Ärztebezirk nächst dem Allgemeinen Krankenhaus (in Wien IX, Eisengasse 22) eine Praxis aufzubauen, ließ er sich 1899 als Arzt in der Nähe des Prater nieder (Czerningasse 7; ab 1911 als Nervenarzt in der Dominikanerbastei 10). Aus dieser Zeit (1898–1903) stammen fünf Arbeiten zur Sozialmedizin, die sein Interesse an der „sozialen Frage" und an Sozialreformen spiegeln. Ab 1902 gehörte er zu den ersten vier Mitgliedern der Freudschen „Mittwochsgesellschaft". Er war in diesem Kreis einer der wichtigsten und anregendsten Diskutanten, hatte zeitweise die Funktion des Obmanns der Gesellschaft inne und gab (mit Stekel) das *Zentralblatt für Psychoanalyse* heraus.

In seinem ersten größeren Werk (*Studie über die Minderwertigkeit der Organe*, 1907) stellt er die These auf, daß Krankheit und Neurose durch die mißglückte Kompensation eines minderwertigen Organs entstehen, daß aber umgekehrt die Kompensation zu hoher Leistung führen könne. 1909/10 entwickelt er daraus seine Persönlichkeits- und Neurosentheorie, die er 1912 in seinem Hauptwerk *Über den nervösen Charakter* umfassend darstellt: Das Gefühl der Unterlegenheit werde durch das Gefühl der Überlegenheit kompensiert, dränge zur Absicherung gegen weitere Erniedrigung. Zu den Bedingungen des Minderwertigkeitsgefühls, das in milder Form bei allen Menschen vorkomme, in verstärkter Form aber zur Neurose disponiere, gehöre Organminderwertigkeit, eine kalte oder verwöhnende Erziehung oder die kulturell vorherrschende niedrige Bewertung der Frau. Die kompensatorische Überwindung dieses Minderwertigkeitsgefühls oder geringen Selbstwertgefühls erscheine in Formen wie Geltungs- oder Machtstreben, Distanzierung von Menschen, als Absicherungsmechanismen gegen

Abb. 2: Wien I., Dominikanerbastei 10 (Bildmitte, von der Bastei herab gesehen). Ab Mai 1911 lebte und wirkte Alfred Adler bis zu seiner Emigration im 2. (also obersten) Stock, Tür 15. Das Haus liegt in unmittelbarer Nachbarschaft des Postsparkassen-Hauptgebäudes, des Kais und des Fleischmarkts, entsprach also der Bedeutung, die sich Adler als Arzt und Psychoanalytiker zugestand. Zudem bekam er im selben Jahr das Wiener Heimatrecht und damit die österreichische Staatsbürgerschaft (der Geburt nach war er ja Ungar). Nur wenige Gehminuten trennen die neuen Praxisräume von seinem bisherigen Domizil in der Czerningasse, Wien II. Für seine bisherige Klientel blieb er dadurch nach wie vor erreichbar.

griffs „Gemeinschaftsgefühl" seine Theorie auf eine neue Grundlage: In der Entwicklung des Gemeinschaftsgefühls sieht er eine Möglichkeit, das Machtstreben zu überwinden bzw. in eine positive soziale Richtung zu lenken. Psychische Störungen sind für ihn nun in ihrem Wesen Beziehungsstörungen.

Adler identifiziert sich mit den Republiken Deutschland und Österreich und engagiert sich mit seinen Anhängern in der Reformarbeit des „Roten Wien", vor allem in der Schulreform, Erziehungsreform und in der Volksbildung. Als Pädagoge, Reformer, Volksredner und Or-

Abb. 3: Ing. B. F. Dolbin, Wiener Zeichner und Karikaturist, sollte zwischen 1928 und 1933 für die ‚Berliner Tageszeitung' ankommende Prominenz abbilden. Er schuf dieses sehr treffende Portrait 1930, anläßlich des V. Internationalen Kongresses für Individualpsychologie, der in Berlin stattfand.

dagogische Schlußfolgerungen sind daher: nicht zum Gehorsam erziehen und auf die Gleichstellung der Geschlechter achten. In den Kontroversen mit Freud (ab 1908) ging es um den Aggressionstrieb, um die Stellung der Sexualität in der Neurose und um den „männlichen Protest".

Nach dem Bruch mit Freud (1911) gründete Adler den „Verein für freie Psychoanalyse", der ab 1913 „Verein für Individualpsychologie" heißt. Unter dem Eindruck des Krieges und der folgenden revolutionären Veränderungen stellt Adler 1918/19 mit der Einführung des Be-

ganisator hat sich Adler hier betätigt, getragen und beflügelt von einer ständig wachsenden Zahl von Anhängern, die mehrheitlich sozialdemokratisch gesinnt waren. Die Individualpsychologie erlebt in diesem Roten Wien als praktische Wissenschaft in der klinischen Psychologie und Pädagogik eine Blütezeit; sie wird die maßgebliche Psychologie.

Adlers herausragende Leistung war die Einrichtung von Erziehungsberatungsstellen in Zusammenarbeit mit Schulen und Erziehungsorganisationen. Individualpsychologen arbeiteten darüber hinaus in Versuchs-

klassen und ab 1931 in einer Versuchsschule, in Kindergärten, Kinderheimen, Horten, verschiedenen heilpädagogischen Einrichtungen, in einem Ambulatorium für Neurosentherapie; auch hatten sie bedeutenden Einfluß auf die sozialistische Erziehung der „Kinderfreunde“. Im schulischen und klinischen Bereich gab es erste Ansätze von gruppentherapeutischen Methoden. Adler selbst hielt eine ganze Reihe von Vorträgen, Seminaren und Fortbildungskursen im Pädagogischen Institut der Stadt Wien und in Volksbildungsstätten für Lehrer, Erzieher und für breites Publikum. Wichtigste Schrift dieser Zeit: *Menschenkenntnis* (1927). Von Wien aus findet die Individualpsychologie auch weite Verbreitung in Deutschland und in anderen europäischen und außereuropäischen Ländern. Adler selbst reiste ab 1926 vorwiegend in die USA, wo er 1932 eine Gastprofessur am Long Island Medical College in New York bekam.

Abb. 4: Alfred Adler und Gattin Raissa, die nach ihrer Emigration 1935 jetzt in New York eingetroffen war, im Mai 1936.

Abb. 5: Adler während eines Kurses für skandinavische Lehrer und Erzieher (1934).

Seine Theorie bekommt Anfang der 30er Jahre verstärkt metaphysisch-weltanschauliche Akzente, die sich am deutlichsten in seinem Buch *Sinn des Lebens* (1933) niederschlagen. 1935 emigriert er endgültig in die USA, 1937 stirbt er in Aberdeen, Schottland an einem Herzschlag.

Literatur

Bruder-Bezzel, A. (1983). Alfred Adler. Die Entstehungsgeschichte einer Theorie im historischen Milieu Wiens. Göttingen: Vandenhoeck & Ruprecht.

Bruder-Bezzel, A. (1991). Die Geschichte der Individualpsychologie. Frankfurt/M.: Fischer.

Ellenberger, H. F. (1973). Die Entdeckung des Unbewußten. 2 Bde. Bern: Huber.

Handlbauer, B. (1984). Die Entstehungsgeschichte der Individualpsychologie Alfred Adlers. Wien: Geyer Edition.

Sperber, M. (1971). Alfred Adler oder das Elend der Psychologie. Frankfurt/M.: Fischer.

Erich Fromm

Rainer Funk

Der in Frankfurt zu Beginn dieses Jahrhunderts Geborene wollte – seiner jüdisch-gelehrten Herkunft entsprechend – zunächst „Schriftgelehrter" werden. Als er Anfang der zwanziger Jahre in Heidelberg über seine Freundin (und erste Frau) Frieda Reichmann mit der Psychoanalyse in Berührung kam, wechselte Erich Fromm vom Studium des Talmud zum Studium der Seele. Sein besonderes Interesse hierbei war aber nicht die Seele des einzelnen als eines Individuums, sondern als eines Wesen, das schon immer als Ensemble der gesellschaftlichen Verhältnisse und Bezogenheitsstrukturen zu verstehen ist.

Nach der Ausbildung zum Psychoanalytiker in Berlin wurde der studierte Soziologe (mit 22 Jahren Promotion bei Alfred Weber) 1930 als Fachmann für Fragen der Psychologie und Sozialpsychologie vom Frankfurter „Institut für Sozialforschung" unter Vertrag genommen. Er startete eine erste analytisch-sozialpsychologische Feldforschung über die politische Einstellung von politisch sich links bekennenden Arbeitern und Angestellten, die als qualitative Untersuchung mit einem offenen Fragebogen arbeitete. Die wichtigsten Anregungen zum Problemfeld Autorität und Familie, mit denen die später so genannte Frankfurter Schule in den dreißiger Jahren bekannt wurde, stammen von Fromm.

Seine eigentliche theoretische Leistung ist die Entwicklung des Begriffs des „Gesellschafts-Charakters" und einer psychoanalytisch-sozialpsychologischen Methode, bei der er mit Hilfe einer Typologisierung den jeweiligen Gesellschafts-Charakter empirisch erforschte. Zeitlebens ging es ihm darum, den Menschen als in er-

Abb. 1: Erich Fromm zur Zeit seines Studiums in Heidelberg (1919–1925).

Abb. 2: Erich Fromm, der Autor von *Die Kunst des Liebens.* Karikatur, gefertigt zum 80. Geburtstag Fromms von dem Mexikaner Oswaldo, erschienen in der Tageszeitung *Excelsior.*

ster Linie durch die sozioökonomischen Verhältnisse geprägt zu begreifen, die den einzelnen leidenschaftlich so denken, fühlen und handeln lassen, wie es die Gesellschaft zu ihrem Funktionieren braucht.

Die gesellschaftlichen Rollenerwartungen sind aber nicht die einzigen Determinanten. Fromm war und blieb Psychoanalytiker, das heißt er begriff den Menschen als von im Menschen wurzelnden dynamischen Kräften bestimmt. Allerdings widersprach er der Triebtheorie Freuds (und zwar sowohl der Libidotheorie wie der 1920 entwickelten Theorie der Lebens- und Todestriebe) und entwickelte eine eigene Triebtheorie: Der Mensch wird von psychischen Bedürfnissen getrieben, auf die Welt und andere Menschen bezogen zu sein, einen Rahmen der Orientierung und ein Objekt der Hingabe zu haben, sich verwurzelt und identisch erleben und sich in seiner jeweiligen Vorfindlichkeit transzendieren zu können. Diese mit der Existenz eines jeden Menschen gegebenen „psychischen Bedürfnisse" stellen Unbeliebigkeiten dar, auf die jeder Mensch immer reagieren muß, d. h. die er befriedigen muß. In welcher Weise er sie befriedigt – ob er sein Bedürfnis, sich zu transzendieren, auf kreative oder destruktive Weise befriedigt – hängt von den dominierenden gesellschaftlichen Bezogenheitsmustern („Gesellschafts-Charakter") ab.

Fromm gibt sich nicht damit zufrieden, die gesellschaftlichen und die psychischen Determinanten zusammenzudenken und im Begriff des „Gesellschafts-Charakters" einen eigenständigen analytisch-sozialpsychologischen Denkansatz formuliert zu haben. Er hat die historisch gewordenen und gesellschaftlich dominanten Bezogenheitsmuster auf ihre Funktionalität für die psychische Gesundheit hin untersucht und sie entsprechend ihrer fördernden oder hemmenden Qualifizierung unterschieden in produktive und nicht-produktive Gesellschafts-Charakterorientierungen. Später, in den sechziger und siebziger Jahren, formulierte er seine dem normativen Humanismus verpflichteten Unterscheidungen begrifflich als Biophilie und Nekrophilie bzw. am Sein und am Haben orientierte Gesellschafts-Charaktere.

Bei der Erforschung der Gesellschafts-Charakterorientierungen, die in der Industriekultur zur Ausbildung kommen, entdeckte der seit 1933 in den USA und ab 1950 in Mexiko lebende Fromm 1947 den „Marketing-Charakter", der sich durch den Verlust des Selbsterlebens auszeichnet. Fromm faßte den später von anderen im Borderline-Syndrom und in den narzißtischen Störungen erkannten Marketing-Charakter klinisch unter dem Begriff der „Entfremdung". Eine zweite sozialpsychologische Entdeckung publizierte Fromm erstmals 1964: Es komme mehr und mehr zu einem zumeist noch unbewußten Angezogensein von allem Destruktiven, Leblosen, Mechanischen, Quantitativen, Rein-Zerebralen. Bei diesem „nekrophilen" gesellschaftlichen Bezogenheitsmuster werde immer dem Toten der Vorzug gegeben, so daß sich dieser Gesellschafts-Charakter zur eigentlichen Bedrohung der Menschheit entwickle.

Abb. 3: Eines der bekanntesten Fotos von Erich Fromm (Aufnahme: Liss Goldring).

So sehr sich Fromm in seinem Leben zwischen 1900 und 1980 mit der Seele der Gesellschaft beschäftigte, so sehr blieb er ein „Schriftgelehrter“ und den Büchern verpflichtet. In den fünfziger und sechziger Jahren reiste er zweimal im Jahr von Mexiko-Stadt nach New York, um in den USA seinen zahlreichen Vorlesungsverpflichtungen nachzukommen. Er nahm für diese Reise immer den Zug, in dem er für sich und seine Frau zwei Pullman-Abteile reservierte. Das eine diente als Schlafraum, das andere als Bibliothek. Mit auf die Reise gingen mindestens drei Koffer, gefüllt mit Büchern, denen er sich während der jeweils fünf Tage dauernden Reise hingab.

Er lebte nicht nur von Büchern, sondern auch für sie: Seine etwa 20 Bücher sind zum Teil in vielfacher Millionenauflage erschienen und in bis zu 40 Sprachen übersetzt. Deutsch sind seine Schriften in einer zehnbändigen Gesamtausgabe (mit Registerband) 1980/81 bei der Deutschen Verlags-Anstalt erschienen; seit 1989 gibt es diese Gesamtausgabe auch beim dtv als Taschenbuchausgabe. Der Nachlaß erschien von 1989 bis 1992 in acht Bänden beim Beltz Verlag.

Literatur

Claßen, J. (Hg.).(1987/1991). Erich Fromm und die Pädagogik (Band 1) und Erich Fromm und die Kritische Pädagogik (Band 2). Weinheim: Beltz.

Funk, R. (1978). Mut zum Menschen. Erich Fromms Denken und Werk, seine humanistische Religion und Ethik. Mit einem Nachwort von Erich Fromm. Stuttgart: DVA.

Funk, R. (1983). Erich Fromm. (Rowohlt Bildmonographie). Reinbek: Rowohlt.

Kessler, M. & Funk, R. (Hg.).(1992). Erich Fromm und die Frankfurter Schule. Tübingen: Francke.

Knapp, G. P. (1982). Erich Fromm (Köpfe des XX. Jahrhunderts, Bd. 97). Berlin: Colloquium.

Wehr, H. (1990). Erich Fromm zur Einführung. Hamburg: Junius.

Wissenschaft vom Menschen/Science of Man. Jahrbuch der Internationalen Erich-Fromm-Gesellschaft, Band 1ff., 1990ff.

Georg Groddeck

Herbert Will

Georg Groddeck (s. Abb. 1) war der erste wirkliche Psychosomatiker. Die moderne psychosomatische Medizin ist entstanden aus Protest gegen die naturwissenschaftliche Medizin des 19. Jahrhunderts, und Groddeck war mitten in dieser Auseinandersetzung groß geworden. Das Fazit seiner medizinischen Ausbildung war für ihn:

„Das ganze medizinische Studium taugt nichts mehr. Von Grund auf muß es umgeändert werden. Nicht Ärzte hat man auf der Universität herangebildet, sondern Gelehrte, nicht Künstler, sondern Wissenschaftler. Man hat die Studenten mit Formeln und Hypothesen geplagt, die sie erst wieder vergessen mußten, um ihren Kranken helfen zu können. ... Die Wissenschaft, die dort gelehrt wird, kennt keine Kranken, sie kennt nur Krankheitsgruppen. Sie kennt kein Individuum, sie kennt nur Fälle. (...) Sie lehrt Wissen, aber kein Können.... Und das muß anders werden! ... Da hilft nur eins – Umsturz und Neubau. Ich weiß, Sie wollen das nicht. Sie denken an friedliche Wege, an Übergänge, an Vermittlung. Sie lieben den Frieden. Ich aber liebe den Kampf" (1895).

Abb. 1: Portrait von Georg Groddeck, ca. 1925.

Groddeck ließ die akademische, wissenschaftliche Medizin hinter sich. Er gründete sein eigenes Krankenhaus, das Sanatorium Dr. Groddeck in Baden-Baden im Jahr 1900, dem Jahr, in dem Freuds Traumdeutung erschien. In diesem Sanatorium lebte und arbeitete er bis zu seinem Tod 1934 (s. Abb. 2).

Abb.2: Sanatorium Dr. Groddeck in Baden-Baden.

Groddeck wurde ein berühmter Arzt, den Patienten aus ganz Europa konsultierten. Aber wichtiger war, daß er so gut reden konnte, und noch wichtiger, daß er auch gut schreiben konnte. Denn so entstanden sein *Buch vom Es* (1923), das Ingeborg Bachmann einen Klassiker dieses Jahrhunderts nannte, und sein psychoanalytischer Roman *Der Seelensucher* (s. Abb. 3). So entstanden seine Vortragsreihen und seine Aufsätze zur Psychosomatischen Medizin, zur Literatur und Kunst, zu kulturellen und sozialen Fragen seiner Zeit, die bis heute immer neue Leser finden.

Aber was macht die Bedeutung Groddecks aus? Nüchtern gesprochen: Er war der erste, der die Erkenntnisse und Arbeitsweise der Psychoanalyse auf die Behandlung körperlich Kranker anwandte. Er war kein abstrakter Theoretiker, kein Metapsychologe, sondern ein Kliniker. So entwickelte er eine eigentümliche klinische Theorie der Psychosomatik, die genuin psychoanalytisch war, weil sie versuchte, das Unbewußte im Kranken zum Sprechen zu bringen, und weil sie im Dialog mit dem Kranken und mit dem Leser seiner Werke erst lebendig wird. Freud hatte mit seiner Selbstanalyse in der *Traumdeutung* die Grundlage zu seiner psychoanalytischen Methode gelegt. Groddeck hielt seine legendären 115 psychoanalytischen Vorträge vor seinen Patienten, in denen er in freier Assoziation eine psychosomatische Selbstanalyse wagte. „Wo Menschen schweigen, werden Bäuche reden", sagte er. Und wo der Körpersprach, ging es ihm darum, dessen

Abb. 3: Der Seelensucher. Scherenschnitt zu Groddecks psychoanalytischem Roman von 1921.

Botschaft wiederum zu entschlüsseln. Dabei lehrte er keine Theorie, sondern eine innere Haltung des psychosomatischen Forschens: Die freie, unvoreingenommene Neugier, jenseits von Gut und Böse, gegenüber den Äußerungen des Unbewußten, des Es.

Groddeck hatte den Begriff des Es geprägt, den Freud in veränderter Form von ihm übernahm. Sein Primat der psychoanalytischen Haltung vor der Monotonie des Theoretisierens, wie er sie im Briefwechsel mit Freud der Psychoanalytischen Bewegung vorwarf, führte dazu, daß er als genialischer Arzt und Psychologe geradezu zu einer Selbstdarstellung des Unbewußten wurde.

Er nannte die Krankheit eine Lebensäußerung des Organismus, eine Schöpfung des Es, so wie die Sprache sagt: Ich erkälte mich, ich habe mich angesteckt, ich habe mir ein Bein gebrochen. Es geht dann gar nicht mehr darum, in der Krankheit einen Feind zu sehen, den es zu bekämpfen gilt, sondern ihren Sinn zu begreifen, so schmerzhaft er auch sein mag. Groddeck stellte sich dies nun nicht als eine quasi philosophische Aktion des Bewußtseins vor, sondern als eine psychophysische Aktivierung des Unbewußten: die Verhältnisse im Es wieder zum Tanzen zu bringen, wo sie sich festgefressen hatten. Wenn die Schulmedizin meint, durch einen spezifischen Eingriff eine wohl definierte Krankheitsursache zu beseitigen, so macht sie sich – wie die Psychologie – nach Groddecks Meinung etwas vor. Denn

Psychische Bedingtheit und psychoanalytische Behandlung organischer Leiden

von

Dr. med. Georg Groddeck
Baden-Baden

Verlag von S. Hirzel in Leipzig
1917

Abb. 4: Faksimile des Titelblattes zu *Psychische Bedingtheit und psychoanalytische Behandlung organischer Leiden* von Georg Groddeck aus dem Jahre 1917.

alle Erkrankungen und Heilungsvorgänge sind ein so komplexes Geschehen, daß der Therapeut sich diesem Geschehen als Katalysator der Heilung zur Verfügung stellen kann, nicht aber als Techniker der Reparatur. Wenn der Arzt eine Wunde reinigt und verbindet, dann ist es dennoch die Wunde selbst, die heilt.

Psychoanalyse und organische Krankheiten.

Von Dr. Groddeck (Baden-Baden).

Die nachstehenden Ausführungen, die an eine in der Kölnischen Zeitung erschienene Besprechung von Dr. Groddecks „Buch vom Es" anknüpfen, geben wir wieder, obwohl wir uns nicht im unklaren sind, daß nur eine Minderzahl von Ärzten seinen Darlegungen zustimmen wird.

In einer vor längerer Zeit erschienenen Bücherbesprechung der Kölnischen Zeitung über Psychoanalyse findet sich eine Bemerkung, die den Anschein erwecken könnte, als ob ich mir anmaßte, die Lehre Freuds ergänzen oder gar vervollkommnen zu können. Das ist nicht der Fall. Ich habe lediglich die psychoanalytischen Untersuchungs- und Behandlungsmethoden auf dem Gebiet sogenannter organischer Erkrankungen verwandt. Das Ergebnis, das ich nach siebzehnjähriger aufmerksamer und skeptischer Beobachtung ziehe, ist folgendes:

Die psychoanalytische Untersuchung des Kranken ist bei schwer heilenden organischen Leiden, mögen sie nun in das Bereich der innern oder chirurgischen Medizin oder irgendeines der vielen spezialisierten Fächer der Heilkunde gehören, nützlich und vielfach unentbehrlich. Im Verlauf der psychoanalytischen Untersuchung und der sich daran anschließenden psychoanalytischen Behandlung werden bei schwer heilenden und langwierigen organischen Leiden der obengenannten Gebiete Heiltendenzen im lebendigen Organismus des Kranken wach und wirksam, die ohne Verwendung dieser Methoden mitunter nicht zur Entfaltung kommen; bei dem jetzigen Stand der Wissenschaft ist die Psychoanalyse organisch Kranker nicht selten das einzige Verfahren, das Möglichkeit zu einer erfolgreichen Behandlung bietet.

Die psychoanalytische Behandlung organischer Leiden schließt die Verwendung andrer Verfahren, wie sie dem Arzt durch Wissenschaft, Erfahrung, Kunst und Leben geläufig sind, nicht aus, sie kann in geeigneten Fällen mit jeder andern Behandlungsart zusammen verwandt werden; meist ist eine solche Kombination nützlich, selbst wenn sie entbehrlich ist; vielfach ist die Kombination notwendig, um ein günstiges Ergebnis zu erreichen.

In der Behandlung akuter organischer Erkrankungen hat sich die Psychoanalyse so bewährt, daß ich nicht anstehe, sie eines der wertvollen Mittel auf dem Gebiet der Psychotherapie zu nennen; da die Wissenschaft sich immer mehr davon überzeugt — der Kongreß für Psychotherapie des letzten Frühjahrs beweist es —, daß erst durch bewußte und unbewußte psychische Wechselbeziehungen zwischen Kranken und Arzt die sachgemäßen Vorschriften und Maßnahmen der Behandlung im ganzen Umfang wirksam werden, kann man voraussagen, daß in kurzer Zeit auch bei akuten Erkrankungsformen die psychoanalytische Behandlungsmethode von allen Ärzten angewandt werden wird.

Soweit ich vorläufig darüber urteilen kann, hat es den Anschein, daß die psychoanalytische Behandlung organischer chronischer Leiden raschere und größere Erfolge erzielt als die der Neurosen; damit soll nicht gesagt sein, daß nicht auch bei organischen Leiden Fälle vorkommen, bei denen erst nach langer, mitunter jahrelanger Analyse die Erfolge zum Vorschein kommen.

Das ist in kurzen Worten das Wesentliche, was ich über meine psychoanalytische Tätigkeit, soweit sie sich auf medizinischem Gebiet bewegt, zu sagen habe. Freud hat seine ersten Entdeckungen bei der Erkrankungsform der Hysterie gemacht. Da die Hysterie begrifflich mitten zwischen den sogenannten organischen und den sogenannten psychischen Leiden steht, standen für weitere Forschungen beide Gebiete offen. Freud hat das psychische Gebiet gewählt, mit vollem Recht: Es ist nicht wahrscheinlich, daß sich auf dem Gebiet des Organischen so viel Neues offenbart hätte, wie es auf dem Gebiet der Neurosen geschah. Freud ist sich aber, wie er mir selbst bei unsrer ersten Besprechung mitteilte, stets bewußt gewesen, daß sich die Forschungsergebnisse der Psychoanalyse auf allen Gebieten der Medizin verwenden lassen. Aus diesem Grunde ist es nicht richtig, anzunehmen, daß ich den Versuch gemacht hätte, irgend etwas an dem Wesen der Psychoanalyse zu ändern.

Dagegen habe ich aus praktischen Gründen mir selbst und weiterhin auch andern in einer etwas naiven Weise eine Erklärung zu geben versucht, wie es möglich ist, daß organische Veränderungen gesunder und kranker Art durch psychische Behandlung beeinflußt werden können, und habe mir zu diesem Zweck einen Begriff konstruiert, den ich im Anschluß an ein Wort Nietzsches das „Es" des Menschen genannt habe. Mit diesem Teil meiner Gehirnwelt hat Freud nur bedingt zu tun, jedenfalls ist er in keiner Weise dafür verantwortlich zu machen, wenn sich herausstellen sollte, daß dieser Begriff, der zum Zweck praktischer Arbeit geschaffen worden ist, als Arbeitshypothese unbrauchbar ist. Vorläufig habe ich den Eindruck — ich schätze ihn nach den Erfolgen ein, die ich seit siebzehn Jahren damit erzielt zu haben glaube —, daß der Begriff des Es ein nützliches Werkzeug für wissenschaftliche und unwissenschaftliche Forschung und für wissenschaftliche und unwissenschaftliche Betreuung des Nebenmenschen ist.

Abb. 5: Faksimile: Auszug aus einem Zeitungsartikel mit dem Titel *Psychoanalyse und organische Krankheiten* von Georg Groddeck, „Kölnische Zeitung" vom 4.12.1926.

Groddecks Bücher waren auf dem Scheiterhaufen der Nationalsozialisten verbrannt worden. Der englische Schriftsteller Lawrence Durrell hatte geholfen, nach dem Krieg Groddeck wiederzuentdecken. Er schrieb 1946 an seinen Freund Henry Miller: „ ... ich hoffe, Du nimmst Dir einige Nachmittage Zeit, um Groddecks System ernstlich zu studieren. Ich weiß, welch enorme Wirkung es in Zukunft haben wird – denn die Zukunft gehört Groddeck. Freuds Teil ist das Kalkül. Groddecks die Haltung. Ah! Hätten wir ihn doch schon in Paris gekannt! ... " (Übersetzung H. W.).

Es ist deutlich, daß Groddecks Denken den Leser persönlich anspricht, irritiert oder ärgert, jedenfalls kaum gleichgültig läßt. Es ist verständlich, daß die seriösen psychosomatischen Autoren dieses wissenschaftliche „Schmuddelkind" bisher eher unter der Schreibtischplatte handelten, solange sie noch Mühe hatten, ihr Fach im akademischen Betrieb durchzusetzen. Aber es ist auch klar, daß Groddecks Werk eine erhebliche Bedeutung haben wird für eine Medizin der Zukunft, in der das technisch-rationale Paradigma auf seinen Platz verwiesen wird.

Literatur

Die Groddeck-Gesellschaft gibt die Werkausgabe Groddecks heraus im Verlag Stroemfeld/Roter Stern, Frankfurt. Einige von Groddecks Werken liegen als Taschenbuch vor.

Groddeck, G. (1895) Brief an einen Professor der Medizin in Berlin. In: Der Mensch und sein Es (S. 103). Wiesbaden: Limes 1970.

Jägersberg, O. (1984). Groddeck, Dokumente und Schriften. Bühl-Moos: Elster.

Lewinter, R. (1990). Georg Groddeck.Frankfurt/M.: Fischer .

Will, H. (1984). Die Geburt der Psychosomatik. München: Urban & Schwarzenberg.

Teil F

Persönlichkeiten in ihrer Zeit

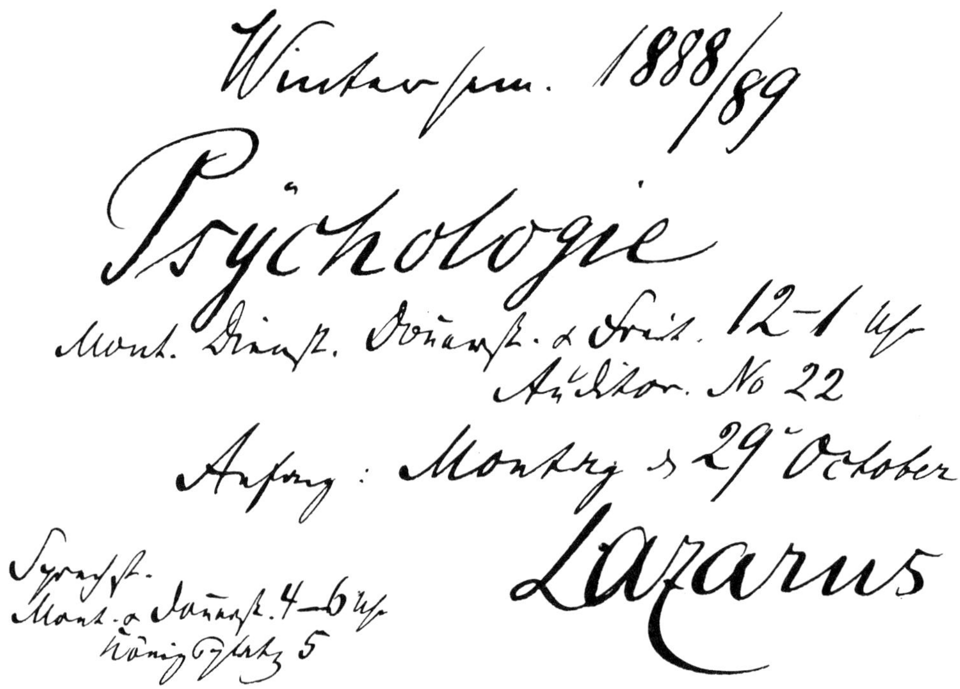
Wintersem. 1888/89
Psychologie
Mont. Dienst. Donnerst. & Freit. 12–1 Uhr
Auditor. No 22
Anfang: Montag d. 29 October
Lazarus
Sprechst. Mont. & Donnerst. 4–6 Uhr
Königsplatz 5

Vorlesungsankündigung von Moritz Lazarus

Zusammen mit seinem Freund Hajim bzw. Hermann Steinthal (1823–1899) gilt der Philosoph und Linguist Moritz Lazarus (1824–1903) als Begründer der Völkerpsychologie. Die 1860 gemeinsam begründete *Zeitschrift für Völkerpsychologie und Sprachwissenschaft* mit dem bemerkenswerten Programm einer empirischen, kulturvergleichenden Psychologie wird vielfach als eine der Grundlagen der modernen Sozialpsychologie angesehen. In der Geschichte des deutschen Judentums hatte Lazarus eine wichtige Rolle. Diese hier im Maßstab 1:1 reproduzierte Vorlesungsankündigung für das Wintersemester 1888/89 an der Universität Berlin belegt die Lehrtätigkeit in der Psychologie, obwohl Lazarus seit 1863 Professor für Sprachwissenschaften war. An vier Wochentagen wurde jeweils eine Stunde gelesen. Die Sprechstunde hielt Lazarus gleich zweimal wöchentlich ab. – Das umseitig abgebildete Portrait (Heliogravüre nach einer Fotografie von W. Höffert, Berlin) ist den Lebenserinnerungen entnommen.

Lazarus, N. & Leicht, A. (1906). Moritz Lazarus' Lebenserinnerungen. Berlin: Reimer.

Helmut E. Lück

William James

Klaus-Jürgen Bruder

William James hatte die typische Karriere der Gründerväter der Psychologie durchlaufen: „I originally studied medicine in order to be a physiologist, but drifted into psychology and philosophy from a sort of fatality."

„Sort of fatality" bezeichnet die ganz eigene, Jamesianische Einfärbung und Begründung der allgemeinen Entwicklungslinie. Für die Philosophie war William James vorherbestimmt durch das intellektuelle Milieu des Elternhauses. Aber der direkte Weg zu ihr war ihm zugleich versperrt durch seine entgegengesetzte Bestimmung für eine naturwissenschaftliche Karriere durch den Vater, die dieser zugleich verachtete. Psychologie wurde der Kompromiß zwischen beiden Bestimmungen und zugleich das Feld seiner Befreiung von diesen.

Geboren wurde William am 11. Januar 1842 in New York City als erstes von fünf Kindern des swedenborgianischen Sozialphilosophen und Privatgelehrten aus wohlhabender Ostküstenfamilie Henry James Sr. und seiner Frau Mary Walsh James. Henry James, der Schriftsteller des amerikanischen *fin de siècle,* folgte 1843 als zweites Kind (s. Abb. 4), 1845 und 1846 die beiden Brüder Garth Wilkinson und Robertson und 1848 die geliebte Schwester Alice (s. Abb. 1).

Der Vater hat die Erziehung seiner Kinder weitgehend selbst in die Hand genommen, sie begleiteten ihn auf seinen ausgedehnten Studienreisen durch Europa, weshalb sie dort vor allem Privatunterricht erhielten, so 1855–1858 in Frankreich und England und 1859–60 in Deutschland und der Schweiz. (Die öffentliche Schule hat William James zwischen 1852 und 1855 in New York besucht.)

Abb. 1: Die Schwester Alice James, 1860. Zeichnung von William James.

1860 nahm der 19jährige William James (s. Abb. 2) gegen den Willen des Vaters Malunterricht bei William Morris Hunt in Newport, wohin die Familie 1858 gezogen war. Er bricht ein Jahr später ab und nimmt 1861 doch das Studium (an der Harvard University) auf, zunächst an der Lawrence Scientific School. 1864 wechselt er zur Harvard Medical School. Im selben Jahr zieht die Familie nach Boston.

Abb.2: William James in Newport, um 1861.

Auf einer Expedition nach Brasilien 1865–1866 unter Louis Agassiz erkrankt James. Die folgenden Jahre geht er zur Genesung und zum Studium nach Deutschland. Dort können sich seine ästhetischen Interessen wieder größeren Raum verschaffen. Er entwickelt aus dem Studium der klassischen griechischen Kunstwerke seine – psychologische – Vorstellung des „stream of consciousness".

Nach seiner Rückkehr schließt er 1896 sein Medizinstudium mit dem M. D. an der Harvard University ab.

1869–72, im Alter zwischen 27 und 30 Jahren, kommt es zu einer erneuten Krise: Depression. Die Angst – der intellektuellen Oberschicht dieser Zeit – vor (dem Familienschicksal) geistiger Erkrankung holt ihn wieder ein. Er zwingt sich zu geistiger Disziplin als Mittel gegen die „krankmachende" Introspektion, gegen seinen Hang zu philosophischer „Grübelei". Er schreibt der Lektüre von Renouvier eine große Bedeutung in der Überwindung dieser Krise zu. Sie habe ihm geholfen, an seine persönliche Freiheit zu glauben und sich dadurch aus der Determination durch das Fatum zu befreien.

1872 erhält William James das Angebot, Instructor für Physiologie an der Harvard University zu werden, das er als den ersehnten äußeren Zwang zur Disziplin begrüßt. Es war zugleich die nötige Basis, um sich seinen Platz in der – wissenschaftlichen – Welt zu erobern (s. Abb. 3).

Abb. 3: William James, 1873.

1875 hält James seinen ersten Kurs in Psychologie. Das Jahr darauf wird er Assistant Professor für Physiologie an der Harvard University und erhält zwei Jahre später von Norton das Angebot, ein Lehrbuch der Psychologie zu schreiben: Daraus sollen die *Principles of Psychology* entstehen. Zwei Monate nachdem William James den Vertrag unterschrieben hatte, heiratet er im Alter von 36 Jahren die 27jährige Lehrerin Alice Howe Gibbens. Auch dieses Mal hat sein Vater Schicksal gespielt, indem er seinem Sohn die Frau zugeführt hat, so wie er ihn in die wissenschaftliche Karriere gedrängt hatte. Seine Schwester Alice stürzt diese Heirat in eine 14jährige Krankheit, von der sie nicht mehr genesen wird.

Im Jahr darauf (1879) beginnt James Philosophie zu lehren und wird ein Jahr später (1880) Assistant Professor für Philosophie. Im selben Jahr wird sein erster Sohn geboren, der den Namen des Vaters (und des Bruders) Henry trägt.

Abb. 4: Henry und William James, um 1902.

1882 sterben die Eltern. James ist jetzt 40 Jahre alt. In diesem Jahr wird sein zweiter Sohn geboren, der seinen Namen (William) erhält. Zwei Jahre später (1885) wird James Professor für Philosophie. Der dritte Sohn (Herman) kommt zur Welt, stirbt aber bereits im darauffolgenden Jahr. 1887 wird die Tochter Mary Margaret geboren.

1889 wird James Professor für Psychologie. Die Familie bezieht die Wohnung in der Cambridger Irving Street 95. Die *Principles* sind abgeschlossen. Sie werden im folgenden Jahr (1890) erscheinen, dem Jahr der Geburt des letzten Sohnes (Alexander Robertson).

Mit den *Principles* hat William James sich seinen Platz als (einer) der bedeutenste(n) Psychologe(n) seiner Zeit

Abb. 5: William James in einer Karikatur von G. K. Chesterton, 1908.

erobert. Sie sind zugleich ein Kompendium der – experimentellen – Psychologie und ihrer Kritik vom Standpunkt des Subjekts. Der „Strom des Bewußtseins" ist ihr Zentrum. James hat sich mit diesem – „strikt positivistischen" – Werk befreit von dem „monistischen Aberglauben unter dem ich aufgewachsen bin", und damit von den Fesseln der Determination. Er kann sich jetzt seinen Fragen mit Selbstbewußtsein und als Sieger zuwenden. Er wird die Leitung des psychologischen Laboratoriums 1892 an Hugo Münsterberg abgeben. Im März 1892 stirbt seine geliebte Schwester Alice im Alter von 44 Jahren. William James reist mit der Familie nach Europa.

1897 erscheint *Will to Believe, and other Essays in Popular Philosopy,* in denen er die persönlichen Züge seines Denkens deutlicher werden läßt, die in den Principles nur sehr indirekt durchscheinen, vor allem James' Kampf um Selbstbefreiung, um die Überwindung der Fesseln des Denkens – durch Disziplin.

Im Anschluß an eine weitere Europareise 1899–1901 (aufgrund erneuter Erkrankung) entwickelt James in den Gifford Lectures an der Universität Edinburg die Grundlage für die *Varieties of Religious Experience* (1902), die er gegen das Erklärungsmonopol der Naturwissenschaften verteidigt.

Abb.6: James' Haus in Irving Street 95, Cambridge, MA.

1907, im Jahr seiner Emeritierung im Alter von 65 Jahren, erscheint *Pragmatism: a New Name for Some Old Ways of Thinking*, in dem das Recht des Subjekts auf ein Denken in eigener Verantwortung verteidigt wird – James' unverwechselbarer Beitrag zur philosophischen Diskussion. *A Pluralistic Universe* und *The Meaning of Truth*, die 1909, ein Jahr vor seinem Tod erscheinen, setzen diese Linie seines Denkens fort. James stirbt am 26. August 1910 in seinem Sommerdomizil in Chocorua, New Hampshire. *Some Problems of Philosophy* und *Essays in Radical Empiricism* erscheinen posthum 1911 beziehungsweise 1912.

Literatur

Bruder, K. J. (1982). Psychologie ohne Bewußtsein. Die Geburt der behavioristischen Sozialtechnologie. Frankfurt/M.: Suhrkamp.

Bruder, K. J. (1988). William James' ‚Stream of conciousness' – Ausdruck nicht der Auflösung, sondern der Realität des Ich. In: F. Erös & G. Kiss (Ed.) 7th Annual Conference of Cheiron European Society of the History of Behavioral and Social Sciences. Budapest.

Bruder, K. J. (1989). William James: Das Ich, der gegenwärtige Augenblick im Strom des Bewußtseins. In: M. Pfister (Hg.), Krise und Modernisierung des Ich. 1. Passauer Internationales Kolloquium, 1988. Passau: R. Rothe.

Bruder, K. J. (1989). Die Selbstfreisetzung des Ich in der Metapher seiner Auflösung. William James' „Strom des Bewußtseins". Psychologie und Geschichte 1, 9–20.

Bruder, K. J. (1990). Die kulturellen und biographischen Hintergründe der besonderen Darstellungsform der Psychologie in den „Principles" von William James. Vortrag, 9th Annual Conference of Cheiron European Society of the History of Behavioral and Social Sciences. Weimar.

Bruder, K. J. (1990). Subjectivity and the Post Modern Discourse. The 1990 Principles Congress. Contemporary Approaches to Subjectivity. Amsterdam.

Bruder, K. J. (1991). Zwischen Kant und Freud: Die Institutionalisierung der Psychologie als selbständige Wissenschaft. In: G. Jüttemann, M. Sonntag & C. Wulf (Hg.), Die Seele. Ihre Geschichte im Abendland (S. 319–339). Weinheim: PVU.

Abb. 7: William James mit Tochter Margaret Mary, März 1892.

Carl Stumpf

Helga Sprung

Der Psychologe, Philosoph und Musikwissenschaftler Carl Stumpf (1848–1936) war ein bedeutender Wissenschaftler des ausgehenden 19. und beginnenden 20. Jahrhunderts. Er wurde am 21. April 1848 als Sohn des Landgerichtsarztes Eugen Stumpf im unterfränkischen Ort Wiesentheid geboren. Von 1859 bis 1865 besuchte er die Gymnasien in Bamberg und in Aschaffenburg. 1865 begann er sein Studium in Würzburg. Hier studierte er vor allem Philosophie bei Franz Brentano (1838–1917). Der Einfluß Brentanos sollte für sein wissenschaftliches Leben in einem besonderem Maße bestimmend werden. Auf Anraten Brentanos wechselte er 1867 nach Göttingen. Hier hörte er Philosophie und Psychologie bei Rudolph Hermann Lotze (1817–1881) und naturwissenschaftliche Vorlesungen bei dem Physiologen Meissner und dem Physiker Wilhelm Weber (1804–1891). Bei Friedrich Kohlrausch (1840–1910) sammelte er wertvolle Erfahrungen in naturwissenschaftlicher Experimentaltechnik. 1868 promovierte er in Göttingen mit einer philosophischen Arbeit über das *Verhältnis des Platonischen Gottes zur Idee des Guten*. Zwei Jahre später, 1870, habilitierte er sich an derselben Universität mit einer mathematischen Arbeit. Von 1870 bis 1873 war er Privatdozent in Göttingen und hielt Vorlesungen über alte Philosophie. 1873 nahm er eine Berufung nach Würzburg an und wurde Nachfolger seines Lehrers Franz Brentano, der seine Professur niedergelegt hatte.

Abb. 1: Hermine und Carl Stumpf um 1882.

Abb. 2: Carl Stumpf, 1907.

Stumpf heiratete 1878 Hermine Biedermann (s. Abb. 1). Ihre gemeinsame Liebe zur Musik hatte sie zusammengeführt. Mit ihr hatte er drei Kinder, eine Tochter und zwei Söhne. Carl Stumpf hatte seit seinem siebenten Lebensjahr Violine gespielt. Später beherrschte er noch weitere fünf Musikinstrumente. Die intensive Beziehung zur Musik ist sicher ein Schlüssel zum Verständnis seiner tonpsychologischen Untersuchungen, mit denen er 1875 begann und die einen wesentlichen Teil seines Lebenswerkes ausmachen. 1879 erhielt er eine ordentliche Professur in Prag. 1884 nahm er eine Berufung nach Halle und 1889 nach München an, von wo er 1894 nach Berlin ging. Er hatte zunächst Vorbehalte gegenüber einem Wechsel aus der „bayerischen Metropole" in die „preußische Hauptstadt". Hier in Berlin wird Carl Stumpf – neben Hermann Ebbinghaus (1850–1909) – der Gründer des Psychologischen Instituts an der Berliner Universität, dessen Direktorat er bis zum Jahre 1922 führte. Außerdem war er vom Jahre 1894 an bis zu seinem Tode Mitglied der Königlich-Preußischen Akademie der Wissenschaften. Später revidierte er seine Einstellung gegenüber Berlin. So schreibt er im Jahre 1924 in seiner Autobiographie: „Berlins genius loci, der alles durchdringende Geist der Arbeit, hatte mir's angetan" (Stumpf 1924, S. 15). In Berlin wirkte er 28 Jahre bis zu seiner Emeritierung im Jahre 1921. Am 25. Dezember 1936 starb er im Alter von 88 Jahren in Berlin-Lichterfelde.

Carl Stumpf widmete sich zunächst Fragen der Raumvorstellung (1873). Zentraler beschäftigten ihn dann Probleme der akustischen Wahrnehmung, die u.a. in umfangreichen tonpsychologischen Untersuchungen ihren Ausdruck fanden (1883, 1890). Im Rahmen dieser Forschungen interessierten ihn auch die psychologischen Probleme der Aufmerksamkeit und des Urteilsverhaltens. Experimentelle Psychophysik war für ihn messende Urteilslehre. Die tonpsychologischen Untersuchungen waren sicher auch der Anlaß, sich wiederholt mit dem Problem der Gefühlsempfindungen zu befassen (1899; 1907; 1928).

Gegenstand der Psychologie waren für Stumpf die „psychischen Funktionen", bei denen er die intellektuellen und die emotionalen Funktionen unterschied. Die intellektuellen Funktionen unterteilte er in „Bemerken" (Unterscheiden), „Zusammenfassen", „Begriffsbildung" und „Urteilen", die emotionalen Funktionen in „passive" (Gefühle) und „aktive" (Wille). Die psychischen Funktionen sind nach seiner Auffassung mit entsprechenden Phänomenen verbunden, die ihre Inhalte ausmachen. Da auch andere Wissenschaften – wie z.B. die Physik oder die Physiologie – mit der Untersuchung von Phänomenen zu tun haben, betrachtete er die „Phänomenologie" als „Vorwissenschaft". Diese Phänomenologie beinhaltet eine bis zu den letzten Elementen vordringende Analyse der Sinnesinhalte und der Gedächtnisbilder.

Carl Stumpf beschäftigte sich in seiner wissenschaftlichen Arbeit auch intensiv mit methodologischen, wissenschaftstheoretischen und forschungsmethodischen Fragen. In diesem Zusammenhang nahm er oftmals Stellung zu grundlegenden Problemen der Psychologie seiner Zeit. Dazu gehörten beispielsweise seine Arbeiten zur „Entwicklungstheorie" (1899), zum „Leib-Seele-Problem" (1896), zu *Erscheinungen und psychische Funktionen* (1907) oder den „Richtungen und Gegensätzen in der Psychologie" (1907). Wiederholt setzt er sich mit dem Verhältnis von Philosophie und Psychologie auseinander, so z.B. in seinen Arbeiten über „Psychologie und Erkenntnistheorie" (1891), *Zur Einteilung der Wissenschaften* (1906), „Die Wiedergeburt der Philosophie" (1908) und in seiner Studie über William James (1927/28). Im Jahre 1917 charakterisiert er das Verhältnis von Philosophie und Psychologie wie folgt: „Diesen Zweig, den am frischesten grünenden (die Psychologie, H.S.), wollen freilich besorgte Gärtner ab-

Abb.3: Carl Stumpf (rechts) im Urlaub, zusammen mit Prof. Haberlandt in Obermiening/ Tirol 1929.

schneiden. Vorläufig sind wir aber noch unbeschnitten, dürfen also seine jugendliche Kraftfülle auch für die Philosophie mit in Anspruch nehmen; und kommt es einmal zu einer äusserlichen Trennung, so muß doch die innere Verbindung, Erwerbsgemeinschaft oder beschränkte Haftpflicht oder wie man sie nennen will, sicherlich bestehen bleiben, solange die Philosophie nicht in gänzlich welt- und lebensfremde Abstraktionen, die Psychologie in eine bloss praktische Disziplin übergehen soll."

Abb. 4: Carl Stumpf, Büste von Georg Kolbe.

Das Resümee seines wissenschaftstheoretischen und psychologischen Gedankenguts ist in seinen beiden postum erschienenen Bänden *Erkenntnislehre* enthalten (Stumpf 1939/40). Carl Stumpf befruchtete die Musikwissenschaften durch eine Vielzahl empirischer und theoretischer Arbeiten. So gab er ab 1898 die Zeitschrift *Beiträge zur Akustik und Musikwissenschaft* heraus, für die er zahlreiche Einzelbeiträge schrieb.

Carl Stumpf spielte in der Entwicklung der Psychologie als selbständig institutionalisierter, experimenteller Einzelwissenschaft in gegenständlicher, methodischer und wissenschaftspolitischer Hinsicht eine bedeutende Rolle. Als Schüler von Franz Brentano und Rudolf Hermann Lotze sowie durch seine tonpsychologischen Untersuchungen war er Mittler gestaltpsychologischen Gedankenguts.

Zu seinen Schülern und Mitarbeitern gehören nahezu alle später bekannt gewordenen Gestaltpsychologen wie z.B. Wolfgang Köhler (1887–1967), Max Wertheimer (1880–1943), Kurt Koffka (1886–1941) sowie darüber hinaus Kurt Lewin (1890–1947), Erich Moritz von Hornbostel (1877–1935), Hans Rupp (1880–1954) und Friedrich Schumann (1863–1940).

Schließlich sind auch seine wissenschaftspolitischen Leistungen beachtlich. Dazu gehören beispielsweise der Aufbau des Berliner Psychologischen Instituts zu einem der größten und leistungsfähigsten seiner Zeit in der Welt, der Aufbau des Phonogrammarchivs als musikethnologische Sammlung oder die Initiierung und Einrichtung der Anthropoidenstation auf Teneriffa, auf der sein Schüler und Nachfolger Wolfgang Köhler die später berühmt gewordenen Versuche über einsichtiges Verhalten bei Menschenaffen durchführte.

Literatur

Ash, M.G. (1980). Academic politics in the history of science: Experimental psychology in Germany, 1879–1941. In: Central European History 13, 255–286.

Lück, H.E. (1991). Geschichte der Psychologie. Strömungen, Schulen, Entwicklungen. Stuttgart: Kohlhammer.

Sprung, L.; Sprung, H. & Kernchen, S. (1986). Erinnerungen an einen fast vergessenen Psychologen? – Carl Stumpf (1848–1936) zum 50. Todestag. Zeitschrift für Psychologie 194 (4), 509–516.

Sprung, L. & Sprung, H. (1987). Ebbinghaus an der Berliner Universität – ein akademisches Schicksal eines zu früh Geborenen? In: Traxel, W. (Hg.). Ebbinghaus-Studien II. Passauer Schriften zur Psychologiegeschichte Nr. 5. Passau: Passavia. S. 89–106.

Sprung, L. & Schönpflug, W. (Hg.) (1992). Geschichte der Psychologie in Berlin. Frankfurt/M.: Lang.

Stumpf, C. (1907). Erscheinungen und psychische Funktionen. Aus den Abhandlungen der Königl. Preuss. Akademie der Wissenschaften vom Jahre 1906. Berlin: Reimer.

Stumpf, C. (1924). Carl Stumpf. In: R. Schmidt (Hg.), Die Philosophie der Gegenwart in Selbstdarstellungen. Band 5. Leipzig: Meiner. S. 205–265.

Stumpf, C. (1939). Erkenntnislehre. Band I. Leipzig: Barth.

Wehner, E.G. (Hg.) (1990). Geschichte der Psychologie. Darmstadt: Wissenschaftliche Buchgesellschaft.

Wertheimer, M. (1971). Kurze Geschichte der Psychologie. München: Piper.

Woodward, W.R. & Ash, M.G. (Eds.) (1982). The problematic science: Psychology in nineteenth-century thought. New York: Praeger.

Hugo Münsterberg

Helmut E. Lück und Wolfgang G. Bringmann

Es war naheliegend, die experimentelle Psychologie eines Wilhelm Wundt auf praktisch-psychologische Fragestellungen anzuwenden. Wundt selbst war aber bekanntlich solchen Anwendungen gegenüber aus mehreren Gründen kritisch eingestellt. Weder die Psychodiagnostik noch die Klinische Psychologie noch Psychotechnik waren seine Sache. Schüler wie Kraepelin und Meumann hatten die warnende Stimme ihres Lehrers genauso zu hören bekommen wie Hugo Münsterberg, von dem hier die Rede sein soll.

Zur Biographie

Hugo Münsterberg (1863–1916) hatte bei Wundt Psychologie studiert, zusätzlich promovierte er in Medizin. Erst 29 Jahre alt, wird Münsterberg 1892 von William James als Dozent an die Harvard-Universität gerufen. Nach einer kürzeren Zeit als außerordentlicher Professor in Freiburg übernimmt Münsterberg 1897 an der Harvard-Universität eine Professur für experimentelle Psychologie. Er baut dort ein mustergültiges psychologisches Laboratorium nach dem Vorbild des Leipziger Instituts auf und forscht über verschiedenste theoretische und angewandte Fragestellungen.

Im Jahr 1904 organisiert Münsterberg einen Wissenschaftskongreß zur Weltausstellung in St. Louis. 1908 gründet er in Berlin ein Amerika-Institut; als Austauschprofessor hält er 1910/11 in Berlin die erste Vorlesung über Wirtschaftspsychologie in Deutschland. Münsterberg – ein glühender Patriot – wirbt in den USA mit Reden und Veröffentlichungen für Deutschland. Nach Ausbruch des Ersten Weltkriegs wird er deshalb angegriffen, zur Kennzeichnung Amerika-feindlicher Einstellungen spricht man von *Münsterbergism*. Münsterberg muß um seine Stellung fürchten. 1916 ereilt den erst 53jährigen während einer Vorlesung der Herztod. Max Dessoir schrieb: „In ihm war heißes Leben. Mit seinem Tod erlosch ein Feuer. Von seinem Wirken bleibt ein Glanz zurück" (1918, S. XVIII).

Münsterbergs Psychotechnik

Münsterberg hat eine große Anzahl vielseitiger Veröffentlichungen verfaßt, die von pseudonym veröffentlichter Lyrik über Philosophie, Psychologie bis zur Soziologie reichen. Ohne Mühe lassen sich über 30, z.T. viele hundert Seiten starke, Bücher auflisten. Zitiert werden heute aber fast ausschließlich seine wirtschaftspsychologischen Schriften.

Der Begriff „Psychotechnik" war kurz nach der Jahrhundertwende von William Stern geprägt worden, wurde aber von Münsterberg popularisiert. Für Münsterberg wurde die Psychotechnik zur Wissenschaft von der praktischen Anwendung der Psychologie „im Dienste der Kulturaufgaben". Angelehnt an die Methodologie der klassischen Naturwissenschaften – mit der Erfahrung der experimentellen Psychologie in der Tradition von Fechner, Helmholtz und Wundt – wird die industrielle Psychotechnik zu einem der Felder, in denen die Psychologie ihren praktischen Nutzen unter Beweis stellen kann.

Abb. 1: Portrait Hugo Münsterberg

Die Bedingungen für den Nützlichkeitsbeweis sind in den USA ausgezeichnet: An vielen neugegründeten Hochschulen werden Lehrstühle für Wirtschaftspsy-

Abb. 2: Hugo Münsterberg, aufgenommen am Commencement Day, 1894, Harvard, Cambridge. Münsterberg lehrte ab 1892 drei Jahre als Dozent an der Harvard-Universität, so daß man seinen Namen unter den Mitgründern der American Psychological Association findet.

chologie eingerichtet; dies geschieht bereits im Hinblick auf die sich abzeichnende Bedeutung der Psychologie für die Arbeitsintensivierung und -rationalisierung, wie sie die industrielle Massenfertigung nahelegt.

Mit dem Programm des amerikanischen Ingenieurs Frederik Winslow Taylor (1856–1915) wird eine neue Ära der Arbeitsgestaltung eingeleitet, an der auch Psychologen mit der Entwicklung von Ausleseverfahren und Arbeitszeitstudien ihren Anteil haben. Münsterbergs Beitrag ist beachtlich. Angeregt durch Industrie, Verbände und Verwaltungen entwickelte er 1910 die ersten Berufseignungstests für Straßenbahnfahrer. Andere Untersuchungen folgen. Im Nachgang zu Walter Dill Scott führt Münsterberg verschiedene Versuchsreihen durch, um z.B. die Wirkungen der Werbung, insbesondere der Anzeigenwiederholung, auf die Erinnerungsleistung zu überprüfen. Hier standen offensichtlich nicht Triebtheorien (wie bei Scott), sondern die lerntheoretischen Arbeiten von Hermann Ebbinghaus im Hintergrund, ohne daß Münsterberg sie nennt. Die Position der Wirtschaftspsychologie ist deutlich zu erkennen: Die Problemstellung entstammt der Praxis, die Theorien sind der Allgemeinen Psychologie entnommen oder selbstgeschneidert, die Methodologie ist den klassischen Naturwissenschaften entlehnt. „(Wir) zerlegen und messen ... die seelischen Vorgänge ... und verfahren ... genau so, wie der Physiker ... und der Chemiker ... “, schreibt Edmund Lysinski (1923, S.6).

Betrachtet man Münsterbergs Forschungsaktivitäten, seinen Sinn für praktische Probleme und sein bemerkenswertes Organisationstalent, dann gewinnt man fast den Eindruck, er habe eine typisch amerikanische Psychologie entwickelt. Doch hat Münsterberg auch im Deutschen Reich seine Erfolge, allerdings nur zum Teil innerhalb der akademischen Psychologie. Besonderes Interesse fand seine angewandte Psychologie bei Unternehmern und Lehrern.

Obwohl Münsterberg auch Philosophie lehrte und philosophische Schriften veröffentlichte, hatte sich sein Psychologieverständnis im Gegensatz zu den meisten deutschen Fachgenossen deutlich von der Philosophie gelöst. Als Wilhelm Ostwald 1905 die Eröffnung eines neuen Gebäudes für das Institut Hugo Münsterbergs miterlebte, „beschrieb dieser mit Nachdruck, wie das untere Geschoß der Philosophie und das obere der Psychologie gewidmet sei, und daß er es als eine seiner ersten Pflichten ansehe, beide sorgsam getrennt zu halten. Das brachte ihm freilich eine ironische Bemerkung von einem amerikanischen Kollegen ein, welcher die Hoffnung aussprach, daß er beispielsweise das Gebiet der Logik nicht auf das untere Geschoß beschränken, sondern etwas auch den Arbeiten über experimentelle Psychologie zugute kommen lassen würde“ (Ostwald, 1927, S. 306).

Literatur

Dessoir, M. (1918). Zur Erinnerung an Hugo Münsterberg. In: Münsterberg, H.: Grundzüge der Psychologie, 2. Aufl., S. V–XVIII, Leipzig: J. A. Barth.

Lysinski, E. (1923). Psychologie des Betriebes. Beiträge zur Betriebsorganisation. Berlin: Industrieverlag Spaetze & Linde.

Münsterberg, H. (1912). Die Psychologie und das Wirtschaftsleben. Leipzig: J. A. Barth.

Münsterberg, H. (1918). Grundzüge der Psychotechnik. Leipzig: Barth.

Münsterberg, H. (1918). Grundzüge der Psychologie, 2. Aufl. Leipzig: J. A. Barth.

Ostwald, W. (1927). Lebenslinien. Eine Selbstbiographie. Zweiter Teil. Berlin: Klasing.

Scott, W. D. (1908). The psychology of advertising. Boston: Maynard & Co.

Terberg, H. (Pseudonym für Hugo Münsterberg) (1897). Verse. Großenhain: Baumert & Ronge.

Aleksandr Romanovič Lurija

Alexandre Métraux

Abb. 1: Aleksandr Lurija mit seinem Vater, vermutlich um 1925.

Für psychologische Theorien, die aus hastig gebastelten und dürftig begründeten Lehrsätzen bestehen, hatte Aleksandr Romanovič Lurija nichts übrig – nur Verachtung. Dem 1902 in der im Südosten Rußlands gelegenen Universitätsstadt Kazan geborenen Wissenschaftler galt ein Beitrag zur psychologischen Forschung nur dann als belangvoll, wenn er die höheren, komplex aufgebauten psychischen Prozesse beim Menschen unter mindestens einem – noch besser aber unter jedem – der drei folgenden Gesichtspunkte thematisierte und zum Gegenstand deterministischer Analysen (vgl. Lurija, 1992, S. 252) machte:

(1) unter dem Gesichtspunkt der individuellen Entwicklungsgeschichte, das heißt als Ergebnis der Ontogenese;
(2) unter dem Gesichtspunkt der kulturgeschichtlichen Bedingtheit, das heißt als Produkt der Soziogenese;
(3) unter dem Gesichtspunkt der funktionellen Organisation der belebten Materie, das heißt als Ergebnis der individual- und kulturgeschichtlich gefärbten Phylogenese oder Stammesgeschichte.

Niemand erwartet, daß ein Menschenleben für die Verwirklichung eines Forschungsprogramms, das die menschliche Psyche unter diesen Gesichtspunkten systematisch auslotet und wissenschaftlich aufklärt, genügt. Forschungspragmatisch und biographisch bestimmend war es für Lurija dennoch. Kein Wunder also, wenn seine wissenschaftliche Selbstdarstellung nicht der Dramatik eines Lebens in brüchiger Zeit, sondern der Architektur eines großen theoretischen Entwurfs folgt, in der Helden keinen Platz haben (vgl. Lurija, 1982, S. 181).

Als im Oktober (nach dem damals in Rußland gebräuchlichen Kalender) in Petrograd die Kerenskij-Regierung gestürzt wird, besucht Lurija gerade die Oberstufe des humanistischen Gymnasiums in Kazan. Außergewöhnliche geschichtliche Situationen (der Erste Weltkrieg, die Revolution, der wirtschaftliche Zusammenbruch des Landes usw.) machen auch außergewöhnliche Ausbildungswege möglich oder notwendig. Im Alter von sechzehn Jahren erwirbt Lurija das Abiturzeugnis, drei Jahre später schließt er mit Erfolg sein Studium an der Universität Kazan – an der „ein unglaubliches Chaos herrschte" (Lurija, 1982, S. 6) – ab. In den zwei Jahren danach setzt er sich intensiv mit den Schriften Bechterevs, Pavlovs, Höffdings, Diltheys, Freuds und anderer auseinander, beteiligt sich an der Gründung der Kazaner Psychoanalytischen Vereinigung, regt die Übersetzung Freudscher Schriften an und verfaßt ein Buch über die konkrete Psychologie. 1923 wird er von Konstantin N. Kornilov an das Psychologische Institut der Universität Moskau geholt. Im Januar 1924 macht der junge Dozent auf dem 2. Allunionskongreß für Psychoneurologie in Petrograd die Bekanntschaft Lev Semenovič Vygotskijs (1896–1934), der mit einem fulminanten Vortrag die Zuhörerschaft überrascht, was ihm einen Ruf nach Moskau verschafft (vgl. Lurija, 1982, S. 25–30). Mit Vygotskij und Aleksej Nikolaevič Leont'ev (1903–1979) bildet Lurija bald die zu Berühmtheit gelangende „Troika" (das russische Wort *trojka* bedeutet zugleich „Dreigespann" und „Dreieinigkeit"), auf die

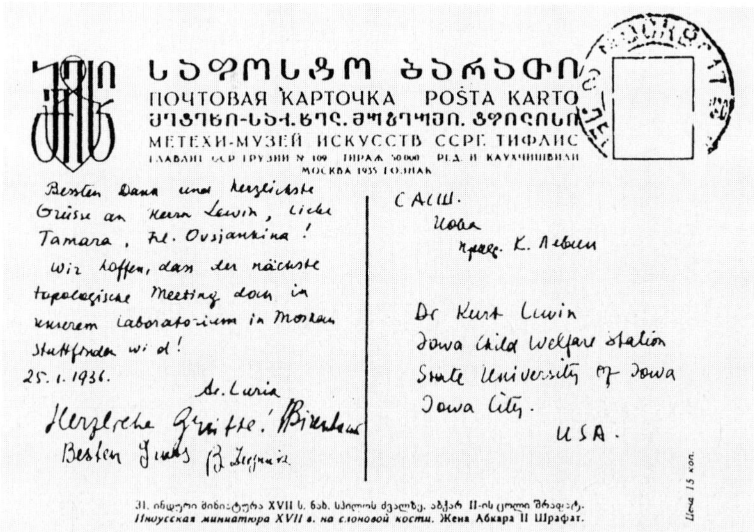

Abb. 2: Aleksandr Lurija an Kurt Lewin, 25. Januar 1936, auf einer georgischen Ansichtskarte, in Moskau abgestempelt. Man beachte den Gruß Bluma Zeigarniks (untere Zeile).

die Kulturhistorische Schule der sowjetischen Psychologie zurückgeht. Bis zum frühen Tod Vygotskijs tragen die drei Forscher wichtige theoretische und experimentelle Bausteine einer Psychologie zusammen, in deren Kern die Neubestimmung des geschichtlich bedingten und geschichtlich handelnden Subjekts steht. In einem Brief vom 3. April 1932 an Kurt Lewin drückt Lurija dies so aus: „... ich bin ja die ganze Zeit dabei, ... das begriffliche Denken und dessen historische Entwicklung besser verstehen zu können, ... und ich hoffe, daß die nächsten Schritte unserer Arbeiten mit dem Aufbau und der Destruktion des begrifflichen Verhaltens in der Geschichte, Ontogenese und Pathologie zu tun haben werden" (zit. in Métraux, 1986, S. 9).

Die von der *trojka* angestrebte Synthese experimenteller und historischer Verfahren, die Wilhelm Wundt noch als prinzipiell undurchführbar angesehen hatte, und von der die zerstrittenen Lager der Vertreter der zergliedernden, nomothetischen Psychologie einerseits, der Vertreter der verstehenden, idiographischen Psychologie andererseits gleichermaßen nichts wissen wollten (vgl. Vygotskij, 1985), erfährt mit Lurijas kulturpsychologischen Expeditionen nach Uzbekistan und Kirgisien in den Jahren 1931 und 1932 einen ersten Höhepunkt. Erklärtes Ziel dieser Expeditionen ist es, in der Gleichzeitigkeit der Analysesituation, die zu verschiedenen soziokulturellen Entwicklungsstufen gehörenden Formen psychischer Prozesse (visuelle Wahrnehmung, begriffliches und logisches Denken usw.) in Feldexperimenten zu erfassen. Im Rückblick auf diese Untersuchungen sagt Lurija:

„Die ... Ergebnisse zeigen, welche entscheidenden Fortschritte beim Übergang vom anschaulich-praktischen Denken zu den unvergleichlich komplizierteren Formen des abstrakten Denkens durch radikale Veränderungen der gesellschaftlichen Bedingungen, durch die sozialistische Umgestaltung des Lebens hervorgebracht werden können. Die vom Autor vorgenommenen experimentalpsychologischen Untersuchungen decken eine kaum untersuchte Seite der menschlichen Erkenntnistätigkeit auf, die zugleich den dialektischen Charakter der gesellschaftlichen Entwicklung bestätigt" (Lurija, 1986, S. 15).

Vygotskijs Tod und das Dekret, das am 4. Juli 1936 vom Zentralkomitee der KPdSU gegen die sogenannten pädologischen Perversionen (mit weitreichenden Folgen für die sowjetische Psychologie insgesamt) erlassen wird (vgl. Thielen, 1984, S. 97–100), markieren in Lurijas Lebensweg den Abschluß eines eher auf die kultur-

Abb. 3: Der Marx-Prospekt im Zentrum Moskaus im Jahre 1934.

psychologische Problematik orientierten und den Beginn eines eher auf neuropsychologische Probleme orientierten Abschnitts – über die ideelle und theoretische Kontinuität zwischen diesen Abschnitten hat sich allerdings die Historiographie bis heute kaum gekümmert, obgleich Lurija selbst am Forschungsprogramm keine Abstriche gemacht hat. Die Untersuchung der psychischen Funktionsausfälle infolge hirnorganischer Traumen bietet ja auch die Möglichkeit, den Aufbau des Psychischen zu bestimmen. Nur ist sie politisch weniger verfänglich als ein Ansatz, der einen unmittelbaren Bezug zur Bildungspolitik, zur Minderheitenproblematik, zur praktischen Pädagogik usw. besitzt.

So holt Lurija in Moskau ein Medizinstudium nach, wird danach Assistent des berühmten Neurochirurgen Burdenko, sammelt klinische Fallstudien und führt gezielt neuropsychologische Experimente durch. Nach dem Überfall der UdSSR durch die Deutsche Wehrmacht ist er an einem Rehabilitationszentrum für Hirnverletzte in Celjabinsk tätig, wo er buchstäblich Hunderte von Rotarmisten, sei es mit eng umgrenzten, sei es mit massiven Zerebraltraumen untersuchen und betreuen kann.

Zwischen 1945 und seinem Tode im Jahre 1977 veröffentlicht Lurija mehrere, teils zwei- oder dreibändige neuropsychologische Schriften über die höheren kortikalen Funktionen (vgl. Lurija, 1969), über das Sprechen (vgl. 1947), über das Gedächtnis (vgl. 1973), über das Schreiben (vgl. 1950) und andere psychische Prozesse. Zu den wichtigsten Ergebnissen dieser Untersuchungen sind zu zählen:

1. Die höheren psychischen Prozesse sind nicht an spezifische zerebrale Substrate gebunden und in diesem Sinne auch nicht streng lokalisierbar. Vielmehr handelt es sich bei ihnen um *komplexe funktionelle Systeme*, an deren Aufbau verschiedene Hirnbereiche beteiligt sind. In diesem Zusammenhang spricht Lurija auch von der *dynamischen Lokalisation* psychischer Funktionen.

Abb. 4: Aleksandr Lurija gegen Ende der sechziger Jahre.

2. Die individuelle Entwicklungsgeschichte des Menschen spiegelt sich in der zerebralen Organisation der psychischen Funktionen wider. Das zeigt sich etwa daran, daß die Beeinträchtigung eines Hirnbereichs, der beim Kleinkind für verhältnismäßig elementare Tätigkeitsformen verantwortlich ist, sich sekundär oder *systematisch* auf die Entwicklung übergeordneter Hirnbereiche auswirkt, während eine Beeinträchtigung jener Bereiche beim Erwachsenen kaum Folgen hat, da inzwischen die übergeordneten Regionen organisiert sind und durch ihre integrative Funktion auf die untergeordneten Regionen zurückwirken (vgl. Lurija, 1992, S. 28–29).

3. Die kulturhistorische, gesellschaftliche Formation, in der ein Mensch aufwächst, spiegelt sich ihrerseits in der zerebralen Organisation der höheren psychischen Prozesse wider, und zwar deshalb, weil einerseits der Erwerb und andererseits die Steuerung dieser Prozesse sprachlich vermittelt sind.

Nach Abschluß der umfangreichen theoretischen Arbeiten veröffentlicht Lurija gegen Ende seines Lebens zwei außergewöhnliche Fallgeschichten (vgl. Lurija, 1991), die belegen, wie bedeutsam die Erfassung klinischer Biographien in Ergänzung zu kulturhistorischen und experimentellen Vorgehensweisen zum Aufbau einer umfassenden Neuropsychologie des Menschen ist.

Lurija stirbt 1977 nach kurzer Krankheit in Moskau (zu Leben und Werk vgl. auch Levitin, 1978 und Veličkovskij & Métraux, 1986).

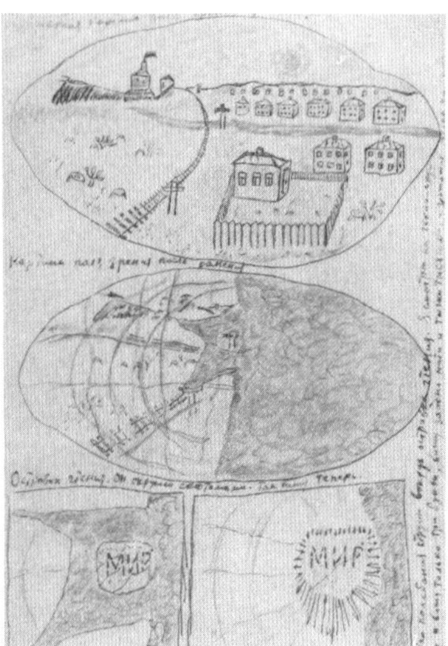

Abb. 5: Zeichnung L. Zasetskijs aus einer Fallgeschichte Lurijas (Die Welt, bevor sie in Scherben ging – und die Welt in Scherben).

Literatur

Levitin, K.E. (1978). Mimolëtnyj uzor. [Das vergängliche Ornament]. Moskau: Izdatel'stvo „Znanie".

Lurija, A.R. (1947). Travmatičeskaja afazija. Die traumatische Aphasie. Mosku: Izdatel'stvo Akademii medizinskich nauk.

Lurija, A.R. (1950). Očerki psichofiziologii pis'ma. Abhandlungen zur Psychophysiologie des Schreibens. Mosku: Izdatel'stvo Akademii pedagogičeskich nauk RSFSR.

Lurija, A.R. (1969). Vyssie korkovie funkcii čeloveka. Die höheren kortikalen Funktionen des Menschen. Mosku: Izdatel'stvo MGU.

Lurija, A.R. (1973). Nejropsichologija pamjati. Die Neuropsychologie des Gedächtnisses. Mosku: Izdatel'stvo „Pedagogika".

Lurija, A.R. (1982). Etapy projdennogo puti. Naučnaja avtobiografija. Etappen auf dem zurückgelegten Weg. Eine wissenschaftliche Autobiographie. Mosku: Izdatel'stvo MGU.

Lurija, A.R. (1986). Die historische Bedingtheit individueller Erkenntnisprozesse. Weinheim: VCH Verlagsgesellschaft/ Berlin (DDR): Deutscher Verlag der Wissenschaften.

Lurija, A.R. (1991). Der Mann, dessen Welt in Scherben ging. Zwei neurologische Geschichten. Reinbek: Rowohlt.

Lurija, A.R. (1992). Das Gehirn in Aktion. Reinbek: Rowohlt.

Métraux, A. (1986). Vorwort. In: A.R. Lurija, Die historische Bedingtheit individueller Erkenntnisprozesse. Weinheim und Berlin (S. 7–13).

Thielen, M. (1984). Sowjetische Psychologie und Marxismus. Geschichte und Kritik. Frankfurt/M.: Campus.

Veličkovskij, B.M. & Métraux, A. (1986). Aleksandr Romanovič Lurija. In: R. Harré, R. & R. Lamb (Ed.): The Dictionary of Physiological and Clinical Psychology. Cambridge, Mass.: MIT Press (S. 143–146).

Vygotskij, L.S. (1985). Die Krise der Psychologie in ihrer historischen Bedeutung. In: ders.: Ausgewählte Schriften, Bd. 1. (S. 57–277). Köln: Pahl Rugenstein.

Kurt Huber

Klaus Weber

Kurt Huber (s. Abb. 1) ist vor allem bekannt durch seine Beteiligung an den Flugblattaktionen der Münchener „Weißen Rose“ um die Geschwister Scholl. Als Wissenschaftler mag er einigen heute noch durch seine Biographie über Leibniz (Huber, 1989)4 auffallen, in Bayern wird immer wieder auf seine Tätigkeit als „Volkskundler“ (Bruckbauer, 1991) Bezug genommen.

Abb. 1: Kurt Huber

Daß Kurt Huber Psychologe war, ist kaum bekannt. 1893 als Sohn eines Pädagogenehepaares geboren, habilitiert er sich nach Abitur und Promotion (in Musikwissenschaften) 1920 bei Erich Becher in München im Fach Psychologie. „1926 wird Huber zum außerordentlichen Professor ernannt, allerdings bekommt er kein Gehalt. Von 1929 bis 1932 hat er die Vertretung bei der Lehramtsprüfung in Psychologie und Pädagogik inne, 1933 erhält er einen zweistündigen Lehrauftrag für das Gebiet der psychologischen Methodenlehre“ (Weber, 1989, S. 68).

Im folgenden sollen zwei Aspekte von Hubers Biographie beleuchtet werden: Seine psychologische Theorie und sein Verhältnis zum deutschen Faschismus.

Huber arbeitet von Beginn seiner wissenschaftlichen Praxis an im Bereich der Musik- und Tonpsychologie und hält darüber mehrere Vorlesungen am Psychologischen Institut in München. Im handschriftlichen Nachlaß finden sich dazu über 30 Studien. In seinen Schriften faßt er Sprach- und Liedformen nicht als historisch und kulturell entwickelte, sondern als volk-gemäße Eigenheiten. So schreibt er zu den verschiedenen Formen des Volksliedes: „Wir müssen das feine Ohr für diese landschaftlichen Unterschiede uns erst wieder anerziehen ... . Dann bleiben wir auch vor Mißgriffen praktischer Volksliedpflege bewahrt, die in bester Absicht manchmal mehr nivelliert als im völkischen Sinne fördert“ (Huber, 1934, S. 293). Parallel zum Gedanken der Graphologie entwickelt er eine Charakterologie, die darauf beruht, wie jemand spricht. Die Ordnungskriterien für seine „Phonologie“ entspringen lebensphilosophischen und zivilisationskritischen Theorien. Echtheit und Unechtheit werden mit dem Land-Stadt-Gegensatz konnotiert, und letztendlich soll alles aus dem Boden entstandene Deutschtum vor fremden Einflüssen geschützt werden (Huber, 1935, S. 37 ff.).

Abb. 2: Kurt Huber, Bronzemedaillon von J. Goertz am Psychologischen Institut München.

Neben einem Einführungswerk zur allgemeinen Psychologie, das posthum 1955 als *Grundbegriffe der Seelenkunde* erscheint, arbeitet er am Thema der Begabtenförderung sowie an rassenpsychologischen Fragestellungen (Nachlaß).

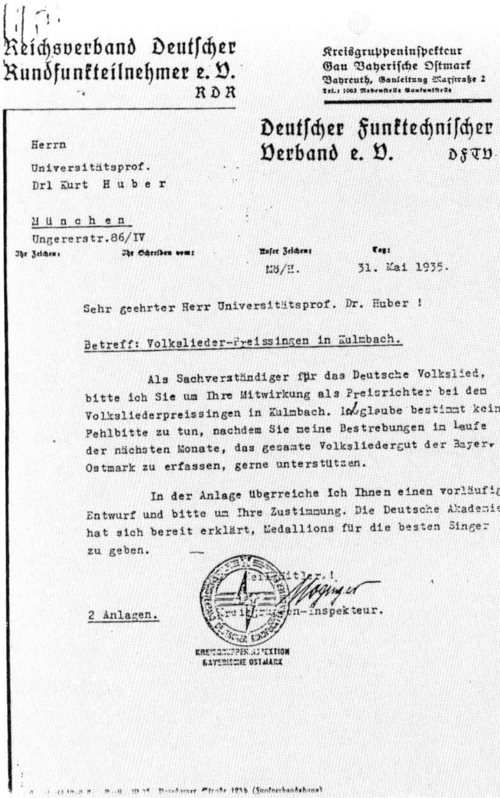

Reichsverband Deutscher Rundfunkteilnehmer e. V.
RDR

Kreisgruppeninspekteur
Gau Bayerische Ostmark
Bayreuth, Gauleitung Maxstraße 2

Deutscher Funktechnischer Verband e. V. DFTV

Herrn
Universitätsprof.
Dr. Kurt Huber
München
Ungererstr. 86/IV

Ihr Zeichen: Ihr Schreiben vom: Unser Zeichen: MÖ/H. Tag: 31. Mai 1935.

Sehr geehrter Herr Universitätsprof. Dr. Huber !

Betreff: Volkslieder-Preissingen in Kulmbach.

Als Sachverständiger für das Deutsche Volkslied, bitte ich Sie um Ihre Mitwirkung als Preisrichter bei dem Volksliederpreissingen in Kulmbach. Ich glaube bestimmt keine Fehlbitte zu tun, nachdem Sie meine Bestrebungen im Laufe der nächsten Monate, das gesamte Volksliedergut der Bayer. Ostmark zu erfassen, gerne unterstützen.

In der Anlage übergreiche Ich Ihnen einen vorläufiger Entwurf und bitte um Ihre Zustimmung. Die Deutsche Akademie hat sich bereit erklärt, Medallions für die besten Singer zu geben.

Heil Hitler !

Kreisgruppen-Inspekteur.

2 Anlagen.

KREISGRUPPEN-INSPEKTION BAYERISCHE OSTMARK

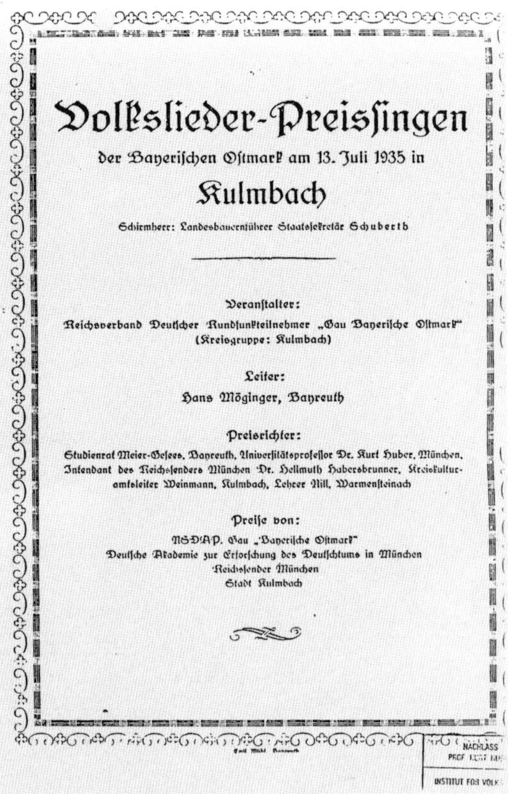

Volkslieder-Preissingen
der Bayerischen Ostmark am 13. Juli 1935 in
Kulmbach

Schirmherr: Landesbauernführer Staatssekretär Schuberth

Veranstalter:
Reichsverband Deutscher Rundfunkteilnehmer „Gau Bayerische Ostmark"
(Kreisgruppe: Kulmbach)

Leiter:
Hans Möginger, Bayreuth

Preisrichter:
Studienrat Meier-Gesees, Bayreuth, Universitätsprofessor Dr. Kurt Huber, München,
Intendant des Reichssenders München Dr. Hellmuth Habersbrunner, Kreiskultur-
amtsleiter Weinmann, Kulmbach, Lehrer Nill, Warmensteinach

Preise von:
NSDAP. Gau „Bayerische Ostmark"
Deutsche Akademie zur Erforschung des Deutschtums in München
Reichssender München
Stadt Kulmbach

NACHLASS PROF. KURT HUBER
INSTITUT FÜR VOLKS

Abb. 3: Dokumente zu Hubers Mitwirkung beim Volkslieder-Preissingen in Kulmbach, 1935.

Zuletzt hat Traxel (1990, S. 236) versucht, Huber qua Mitglied der Experimentalpsychologie als politisch eher „links" einzustufen (vgl. Weber, 1991). Huber selbst jedoch hat sich noch in seiner Verteidigungsrede vor dem Volksgerichtshof zu seiner konservativen, völkischen Einstellung bekannt (Huber, 1986). Obwohl er seit dem 1.4.1940 Mitglied der NSDAP ist (Laugstien, 1990, S. 58), kritisiert er an ihr, daß sie die „wahre Volksgemeinschaft … zunichte gemacht" (Huber, 1986, S. 76) und keinen „wahren, germanischen Führerstaat" (ebd., S. 77) errichtet habe.

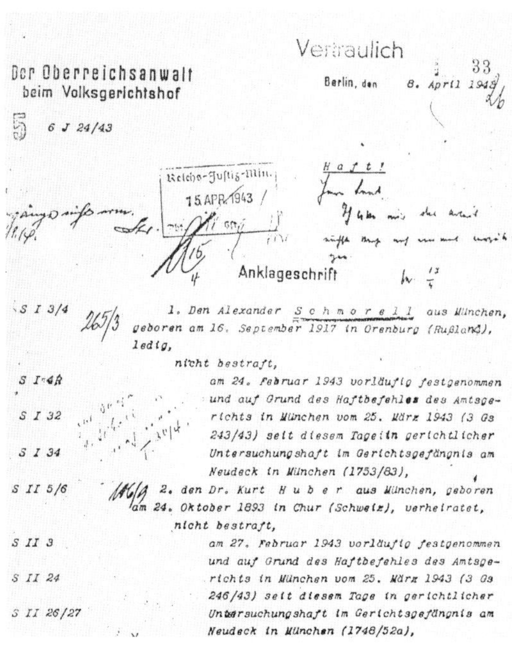

Vertraulich

Der Oberreichsanwalt
beim Volksgerichtshof

6 J 24/43

Berlin, den 8. April 1943.

33

Haft!

Reichs-Justiz-Min.
15. APR. 1943

Anklageschrift

S I 3/4 1. Den Alexander Schmorell aus München, geboren am 16. September 1917 in Orenburg (Rußland), ledig,
nicht bestraft,
S I 4 am 24. Februar 1943 vorläufig festgenommen und auf Grund des Haftbefehles des Amtsge-
S I 32 richts in München vom 25. März 1943 (3 Gs 243/43) seit diesem Tage in gerichtlicher
S I 34 Untersuchungshaft im Gerichtsgefängnis am Neudeck in München (1753/83),
S II 5/6 2. den Dr. Kurt Huber aus München, geboren am 24. Oktober 1893 in Chur (Schweiz), verheiratet,
nicht bestraft,
S II 3 am 27. Februar 1943 vorläufig festgenommen und auf Grund des Haftbefehles des Amtsge-
S II 24 richts in München vom 25. März 1943 (3 Gs 246/43) seit diesem Tage in gerichtlicher
S II 26/27 Untersuchungshaft im Gerichtsgefängnis am Neudeck in München (1748/52a),

Abb. 4: Auszug aus der *Anklageschrift des Oberreichsanwaltes beim Volksgerichtshof vom 8. April 1943.*

Gerechte Strafen

Gegen Verräter an der kämpfenden Nation

LPM. Der Volksgerichtshof des Deutschen Reiches hatte sich in einer Sitzung in München mit einer Reihe von Angeklagten zu befassen, die an dem Hochverrat der am 22. Februar 1943 vom Volksgerichtshof abgeurteilten Geschwister Scholl beteiligt waren. Alexander Schmorell, Kurt Huber und Wilhelm Graf aus München haben während des schweren Kampfes unseres Volkes im Jahre 1942/43 zusammen mit den Geschwistern Scholl in Flugblättern zur Sabotage der Rüstung aufgerufen und defaitistische Gedanken propagiert. Sie haben die Feinde des Reiches begünstigt und unsere Wehrkraft zu zersetzen versucht. Diese Angeklagten, die sich durch ihre schweren Angriffe auf die Volksgemeinschaft selbst aus dieser ausgeschlossen haben, wurden mit dem Tode bestraft.

Eugen Grimminger aus Stuttgart hat zu diesem Unternehmen, von dem ihm allerdings nicht alle Einzelheiten bekannt waren, Geld gegeben. Es war ihm, der für seine beim Heer befindlichen Angestellten erhebliche Leistungen machte, nicht nachzuweisen, daß er sich bewußt war, die Feinde des Reiches begünstigen zu helfen. Dagegen rechnete er damit, daß das Geld zu staatszersetzenden Zwecken benützt werden könnte. Er wurde zu zehn Jahren Zuchthaus verurteilt. Seine bürgerliche Ehre hat er auf zehn Jahre verwirkt.

Heinrich Bollinger und Helmut Bauer aus Freiburg hatten Kenntnis von dem hochverräterischen Treiben der vorgenannten Angeklagten, es aber, obwohl sie schon reifere Menschen sind, entgegen der allen Deutschen obliegenden Pflicht zur Anzeige solcher hochverräterischen Pläne nicht angezeigt und außerdem feindliche Rundfunknachrichten abgehört. Sie wurden mit sieben Jahren Zuchthaus bestraft. Ihre bürgerliche Ehre haben sie auf die gleiche Dauer verwirkt. Hans Hirzel und Franz Müller aus Ulm haben als noch unreife Burschen die Verbreitung der hochverräterischen Flugblätter unterstützt. Unter Berücksichtigung ihrer Jugend erhielten sie je fünf Jahre Gefängnis. Der ebenfalls noch junge Angeklagte Heinrich Guter aus Ulm, der von dem hoch- und landesverräterischen Treiben wußte, es aber nicht anzeigte, erhielt unter Berücksichtigung seiner Jugend 18 Monate Gefängnis; drei Mädchen, die sich des gleichen Vergehens schuldig machten, je ein Jahr Gefängnis. Eine weitere Angeklagte, die bei der Verbreitung der hochverräterischen Flugblätter mitwirkte, ohne deren Inhalt zu kennen, erhielt sechs Monate Gefängnis, weil sie es unterließ, sich von dem Inhalt der Flugblätter zu überzeugen.

Abb. 5: Auszug aus einer Meldung der *Münchner Neueste Nachrichten* vom 21. April 1943.

Kurt Hubers widersprüchliches Leben ist nicht – wie so oft versucht – auf einen einfachen Nenner zu bringen. Er ist weder der geistige Mentor der „Weißen Rose" noch ein überzeugter „Antifaschist". Er wird gegen das System des deutschen Faschismus widerständig, „als ihm die ‚Anständigkeit', das ‚Wahre' daran verlorenging" (Weber, 1989, S. 72). „An der Radikalität der Gegnerschaft zu bestimmten Erscheinungsformen innerhalb des Nationalsozialismus' ist bei Kurt Huber nicht zu zweifeln. Diese Gegnerschaft darf aber weder zeitlich noch inhaltlich absolut gesetzt werden. Noch weniger rechtfertigt sie eine Verklärung der unterschiedlichen Aktivitäten Hubers" (Bruckbauer, 1991, S. 205).

Literatur

Bruckbauer, M. (1991). „… und sei es gegen eine Welt von Feinden!" Kurt Hubers Volksliedsammlung und -pflege in Bayern. Bayerische Schriften zur Volkskunde (hrsg. von der Kommission für bayerische Landesgeschichte bei der Bayerischen Akademie der Wissenschaften, Bd. 2). München.

Huber, K. (1927). Rezension von: J. v. Kries (1926). Wer ist musikalisch?. Zeitschrift für Psychologie 103.

Huber, K. (1934). Wege und Ziele neuer Volksliedforschung und Volksliedpflege. In: Mitteilungen der Akademie zur wissenschaftlichen Erforschung und zur Pflege des Deutschtums. 1934.

Huber, K. (1935). Zur psychologisch-akustischen Analyse der Sprachmelodie. In: Die Zentralstelle für Sprechpflege und Sprechkunde (hrsg. von der Deutschen Akademie).

Huber, K. (1955). Grundbegriffe der Seelenkunde. Einführung in die allgemeine Psychologie. Ettal: Buchkunstverlag.

Huber, K. (1986). Schluß der Verteidigungsrede vor dem Volksgerichtshof. In: Huber, Clara (Hg.). „… der Tod … war nicht vergebens". Kurt Huber zum Gedächtnis. München: Nymphenburger.

Huber, K. (1989). Leibniz. Der Philosoph der universalen Harmonie. München: Piper.

Köck, I. (1951). Nachwort des Herausgebers der Leibnizbiographie. In: K. Huber, Leibniz. Der Philosoph der universalen Harmonie. München: Piper, 1989.

Laugstien, T. (1990). Philosophieverhältnisse im deutschen Faschismus. Hamburg: Argument.

Nachlaßverzeichnis von Kurt Huber (Kopie im Besitz des Autors).

Traxel, W. (1990). Bemerkungen zu Ulfried Geuters „Vorurteilsforschung". Eine Erwiderung. In: A. Schorr & E. G. Wehner, Hg., Psychologiegeschichte heute. Göttingen: Hogrefe.

Weber, K. (1989). Kurt Huber. Eine Skizze. In: Dymnicki et al., Rückblicke. Augenblicke. Ausblicke. Zur Geschichte des Psychologischen Instituts München. München: Selbstverlag.

Weber, K. (1991). Selbstzweckhaft gedacht. Rezension zu Schorr/Wehner: Psychologiegeschichte heute. Psychologische Literatur-Umschau. Kritische Rezensionszeitschrift für Psychologie 1/91. Münster: Bessau.

Philipp Lersch

Klaus Weber

Philipp Lerschs Name wird kaum mehr in einem der Lehrbücher über Persönlichkeitspsychologie erwähnt. Dies ist um so erstaunlicher, wenn man weiß, daß Lersch „für die Psychologie der dreißiger und vierziger Jahre ... repräsentativ" (Graumann, 1985, S. 4) war und er in den fünfziger und sechziger Jahren zu den „anerkannt führenden deutschen Psychologen" (Maikowski, Mattes & Rott, 1976, S. 127) gehörte. Seine Sicht vom *Aufbau der Person* war in vielen Ratgebern für den Hausgebrauch zu finden, meist vereint mit Ludwig Klages Graphologie und Ernst Kretschmers Körperbautypologie.

Philipp Lersch (s. Abb. 1) wurde 1898 in München geboren, wo er 1923 im Fach Literaturgeschichte über den *Traum in der deutschen Romantik* promovierte. Gleichzeitig studierte er Psychologie und Philosophie. Von 1925 bis 1933 arbeitete er am Psychologischen Laboratorium des Reichswehrministeriums an der Entwicklung charakterologischer Eignungstests für Offiziersanwärter. Als Ergebnis seiner charakterologischen Auslesearbeit präsentierte er 1932 seine Habilitationsschrift *Gesicht und Seele* (Lersch, 1932).

Abb. 1: Philipp Lersch

Ab 1930 arbeitete er gleichzeitig an der TH in Dresden, wo er an den Aufnahmeprüfungen für Lehramtsbewerber beteiligt war. Seine von der Lebensphilosophie beeinflußte Ganzheitspsychologie setzte er nun praktisch um. 1934 unternimmt er den Versuch, diese Praxiserfahrung in der Zeitschrift „Die Höhere Schule" auszuwerten und sie in Beziehung zu setzen zur politischen Gegenwart des deutschen Faschismus:

„Es dringt immer mehr in das Kulturbewußtsein der deutschen Gegenwart ein, daß der Prozeß der inneren Umgestaltung unseres Volkes in erster Linie eine Aufgabe der Jugenderziehung bedeutet. Als Leitbild dieser pädagogischen Neuorientierung läßt sich eine Auffassung vom deutschen Menschen erkennen, die – neben den inhaltlichen Merkmalen einer soldatisch-politischen Lebenshaltung – den allgemeinen Grundzug organischer Ganzheitlichkeit an sich trägt" (Lersch, 1934, S. 298).

Während zu dieser Zeit Kollegen von Lersch emigrieren mußten, weil sie jüdischen Glaubens waren oder politisch unliebsam auffielen, gehörte er zu denjenigen, die im Herbst 1933 das *Bekenntnis der Professoren an den deutschen Hochschulen und Universitäten zu Adolf Hitler und dem nationalsozialistischen Staat* unterzeichneten.

1937 folgte Lersch einem Ruf nach Breslau auf einen neu eingerichteten Lehrstuhl, 1939 übernahm er den berühmten Leipziger Lehrstuhl als Nachfolger Felix Krügers. 1942 wechselte er nach München, wo er bis 1966 blieb. Im Jahre 1972 starb er in seiner Geburtsstadt.

1938 wird der *Aufbau des Charakters* (Lersch, 1938) veröffentlicht, 1942 folgt eine zweite Auflage (3000 Exemplare), 1951 wird der Titel umgeändert in *Aufbau der Person* und erscheint mit mehreren Veränderungen 1970 zum letzten Mal in der 11. Auflage.

In seiner Charakterologie stellt Lersch den Willen als die wichtigste Instanz heraus, die gegenüber den Gefühlen (endothymen Erlebnissen) Stellung nimmt, Regie über sie führt und die Aufgabe hat, die Antriebe „höheren Wertes gegenüber minderwertigen durchzu-

Abb. 2: Philipp Lersch während eines experimentell-diagnostischen Spiels.

Lerschs Charakterologie zielt darauf ab, den menschlichen Willen als Kraft zu fassen, um die Unterordnung unter ein nicht hinterfragbares Ganzes (damals die Volksgemeinschaft) subjektiv herzustellen. Seine ideologische Konstruktion des Willens war nicht unabhängig von seiner Tätigkeit im faschistischen Deutschland. Er setzte seine charakterologischen Vorstellungen im Dienste der kriegführenden Wehrmacht selbst um. Seine Persönlichkeitstheorie wurde zudem Grundlage für die Eignungsuntersuchungen, mit denen geprüft wurde, „wer mit welchen Charaktereigenschaften am besten sich am mordenden setzen und ... für die Lebensführung wirksam werden zu lassen" (ebd., S. 191).

Zur Gesamtheit des Willens gehören Entschlußfähigkeit, Selbständigkeit, innere Willenshaltung und weitere Tugenden. Diese Instanzen stehen den Subjekten jedoch nicht frei zur Verfügung, sondern sind eingebunden in überindividuelle Zielsetzungen, die dem Menschen von außen aufgegeben sind. So beschreibt Lersch die Funktion des Willens nicht als Möglichkeit der Subjekte, sich die Welt anzueignen und gemeinsam mit anderen handelnd einzugreifen. Vielmehr gewinnt die Selbständigkeit erst ihren Sinn, wenn sie „im Dienst einer inhaltlich bestimmten Strebung steht" (ebd., S. 198). Es geht um die „Bereitschaft zur Einordnung und Gefolgschaft ... , eine Form der Willensautonomie, die vor allem von Soldaten verlangt wird" (ebd.).

Zur Willensschulung empfiehlt Lersch den Subjekten die freiwillige Zustimmung zur Unterdrückung ihrer Bedürfnisse, gekoppelt mit erzieherischem Zwang:

„Aus der Rolle der inneren Willenshaltung gegenüber den Begierden ... wird es übrigens verständlich, daß gerade der erzieherische Zwang zum Verzicht auf Genüsse und zum Ertragen körperlicher Strapazen eine wirksame Maßnahme der Willensschulung darstellt und zu jenen positiven Formen der inneren Willenshaltung hinführt, die wir mit den Begriffen Selbstbeherrschung, Selbstdisziplin, Selbstzucht, Strenge gegen sich selbst und Selbsterziehung meinen" (ebd., S. 202; unverändert Lersch, 1970, S. 521).

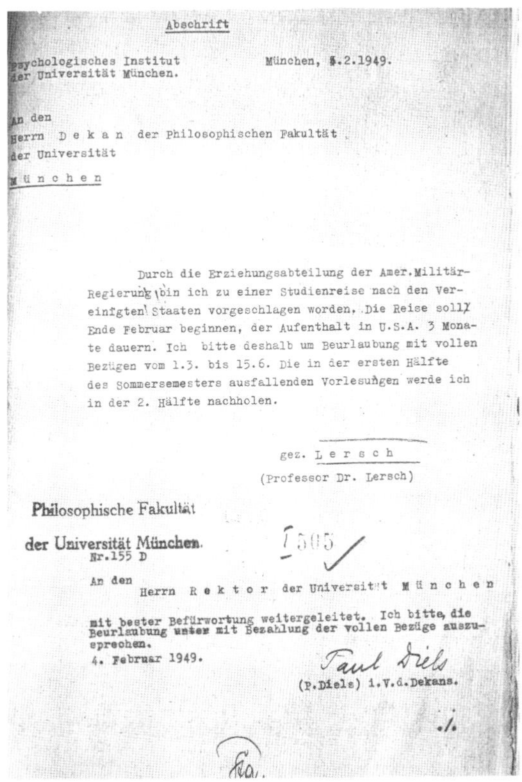

Abschrift

Psychologisches Institut der Universität München. München, [illegible].2.1949.

An den
Herrn D e k a n der Philosophischen Fakultät
der Universität
M ü n c h e n

Durch die Erziehungsabteilung der Amer.Militär-Regierung bin ich zu einer Studienreise nach den Vereinigten Staaten vorgeschlagen worden. Die Reise soll Ende Februar beginnen, der Aufenthalt in U.S.A. 3 Monate dauern. Ich bitte deshalb um Beurlaubung mit vollen Bezügen vom 1.3. bis 15.6. Die in der ersten Hälfte des Sommersemesters ausfallenden Vorlesungen werde ich in der 2. Hälfte nachholen.

gez. L e r s c h
(Professor Dr. Lersch)

Philosophische Fakultät
der Universität München.
Nr.155 D

1505

An den
Herrn R e k t o r der Universität M ü n c h e n

mit bester Befürwortung weitergeleitet. Ich bitte, die Beurlaubung ~~unter~~ mit Bezahlung der vollen Bezüge auszusprechen.
4. Februar 1949.

Paul Diels
(P.Diels) i.V.d.Dekans.

./.

Abb. 3: Antrag zur Beurlaubung während eines geplanten Amerikaaufenthaltes von Philipp Lersch, 1949.

Geschäfte des Krieges beteiligen konnte" (Geuter, 1984, S. 199).

Am 24. August 1941 wurden die planmäßigen Tötungen behinderter Menschen in den Anstalten durch Hitler gestoppt. Zum einen war das „Planziel" der Vernichtungsexperten, die Tötung von ca. 70.000 Menschen, erreicht. Zum anderen wurde die Euthanasie-Aktion durch die Predigt des Münsteraner Bischofs Galen bekannt. In dieser Situation hielt Philipp Lersch im Audimax der Universität Leipzig Anfang Dezember 1941 einen Vortrag, in dem er Stellung nimmt zum Verhältnis von Erziehung und erbbiologischer Auslese:

„Wenn nun die tatsächliche Macht der Vererbung gezeigt hat, daß der hemmenden Einwirkung der Erziehung Grenzen gesetzt sind, so tritt dort, wo diese Grenzen liegen, an die Stelle der Erziehung ein neues Recht der Gemeinschaft, nämlich das Recht, den Eintritt minderwertiger Anlagen –körperlicher Krankheiten, geistiger, seelischer, sittlicher, sozialer Minderwertigkeiten – in den Erbgang zu verhindern, also die Träger minderwertiger Erbanlagen von der Fortpflanzung auszuschließen" (Lersch, 1942, S. 38).

Nicht zuletzt diese Rede führte nach 1945 zu einem Spruchkammerverfahren gegen Lersch. Die Einschätzung der Spruchkammer, ihn noch 1948 als „Mitläufer" zu verurteilen, ist angesichts der damaligen milden Spruchkammerpraxis ein Beleg dafür, daß seine „Verstrickungen" mit dem NS-Staat durchaus gesehen wurden. Lersch selbst berief sich in seinem Widerspruch darauf, „offenen Widerstand" gegen nationalsozialistische Ansichten in der Psychologie geleistet zu haben.

Lersch war zwar nicht Mitglied in der NSDAP, er unterstützte jedoch öffentlich Adolf Hitler und ließ in seinen Schriften erkennen, daß „der Prozeß der inneren Umgestaltung unseres Volkes" (Lersch, 1934, S. 298) mit seiner Vorstellung vom Menschen korrespondierte. Sein Grundlagenwerk *Der Aufbau des Charakters* sowie seine Rede in der Zeit des faschistischen Terrors nach innen und außen lassen die positive Bezugnahme zum herrschenden „Zeitgeist" und zu Teilen der faschistischen Ideologie erkennen.

Literatur

Geuter, U. (1984). Die Professionalisierung der deutschen Psychologie im Nationalsozialismus. Frankfurt/M.: Suhrkamp.

Graumann, C. F. (Hrsg.) (1985). Psychologie im Nationalsozialismus. Berlin: Springer.

Lersch, P. (1932). Gesicht und Seele. Grundlinien einer mimischen Diagnostik. München.

Lersch, P. (1934). Das Problem einer charakterologischen Auslese für das Höhere Lehramt. Die Höhere Schule, 12, S. 298–305.

Lersch, P. (1938). Der Aufbau des Charakters. München.

Lersch, P. (1942). Das Problem der Vererbung des Seelischen. Leipzig.

Lersch, P. (1970). Aufbau der Person. (11. Aufl.) München: J. A. Barth.

Maikowski, R., Mattes, P. & Rott, G. (1976). Psychologie und ihre Praxis. Materialien zur Geschichte und Funktion einer Einzelwissenschaft in der Bundesrepublik. Frankfurt/M.: Fischer.

Weber, K. (1989). Die Persönlichkeitspsychologie Philipp Lerschs. Appell zur „Normalität". In: Dymnicki, Mittermaier, Palußek, Span, & Weber, Rückblicke, Augenblicke, Ausblicke. Zur Geschichte des Psychologischen Instituts München. München: Selbstverlag.

Weber, K. (1990). Wille und Selbstzucht – Die Entwicklung der Persönlichkeitspsychologie Philipp Lerschs im Zweiten Weltkrieg. In: Tschirner & Göbe (Hg.), Wissenschaft im Krieg – Krieg in der Wissenschaft. Schriftenreihe des Arbeitskreises Marburger Wissenschaftler für Frieden und Abrüstung, Nr. 15. Marburg: Eigenverlag.

Martha Muchow

Rudolf Miller

In der Psychologie meist nur im Rahmen der Betrachtungen des Hamburger Psychologischen Institutes erwähnt und dort insbesondere verbunden mit dem Namen William Stern (vgl. Moser 1991), verdient diese engagierte und qualifizierte Pädagogische Psychologin dennoch eine besondere Würdigung. Name und Arbeiten Martha Muchows (s. Abb. 1) sind vermutlich nur den Psychologen näher bekannt, die über den engen Tellerrand der eigenen Disziplin hinausblicken. So ist es nicht verwunderlich, daß nicht aus einer primär psychologischen, sondern aus einer pädagogisch-sozialpädagogischen Sicht an ihre wohl wichtigste Arbeit *Der Lebensraum des Großstadtkindes* mit einem Reprint (Zinnecker, 1978) erinnert wurde. Gleichzeitig verweist die Doppelautorenschaft der posthum erschienenen Veröffentlichung, gemeinsam mit ihrem jüngeren Bruder Hans Heinrich Muchow, auf das tragische Ende ihrer

Abb. 1: Martha Muchow 1930.

persönlichen und wissenschaftlichen Biographie. Ihr Bruder schreibt dazu im Vorwort:

„Die Darstellung, zu der manche Vorarbeit schon bereitlag und aus der eine Reihe von Skizzen schon bekannt geworden waren, sollte von meiner Schwester voraussichtlich im Jahre 1934 veröffentlicht werden. Die Zeitereignisse des Jahres 1933 ließen die Arbeit an dem Werk zunächst zurücktreten, bis dann der Tod meiner Schwester die Feder aus der Hand nahm. Ich erfülle eine Ehrenpflicht und zugleich eine Dankesschuld, wenn ich das Werk, das ich von seinen Anfängen an in Gesprächen und Mitarbeit habe begleiten dürfen, weiterzuführen versuche und zum Druck befördere. Ob ich freilich überall die letzten Absichten meiner verstorbenen Schwester erfülle, ist mir zweifelhaft; daß ich der wissenschaftlichen und pädagogischen Welt nur ein Fragment überliefere, ist mir schmerzliche Gewißheit" (Muchow, 1935, S. 8).

Der Lebensraum des Großstadtkindes erschien 1935 in einer Auflage von 1000 Exemplaren in der Schriftenreihe „Ertrag der Hamburger Erziehungsbewegung", einer in der Weimarer Republik fortschrittlichen Initiative.

In seiner Einführung zu dem Reprint arbeitet Zinnecker (1978) das Besondere ihres Ansatzes heraus. Es ist die Akzentuierung der aktiven Seite von Weltbewältigung und die Mittlerschaft des Forschers zwischen dem Kind und Jugendlichen, seiner Lebenswelt und der der Erwachsenen. Diese Entwicklung ist zu sehen vor dem Hintergrund der „Personalistischen Psychologie" William Sterns und der damit verbundenen Neuformulierung der Mensch-Umwelt-Beziehung. Darin erscheinen Mensch und Umwelt als dialektische Einheit. Hans Heinrich Muchow (1935, S.7) faßt dieses wie folgt zusammen:

„Indem man das Verhältnis Person/Welt grundsätzlich neu durchdachte, trat immer deutlicher heraus, daß in der Beziehung Kind/Großstadt nicht die Welt der Großstadt „erst durch nachträgliche Konvergenz mit der Person (des Kindes) in Beziehung tritt, sondern daß es sich bei der vom Großstadtkind „gelebten" wie überhaupt bei jeglicher „gelebten Welt" um ein eigentümliches, zwischen Person und Welt sich realisierendes Leben handelt."

Martha Muchow wurde am 25. September 1892 in Hamburg geboren. Bereits 1913, ein Jahr nach dem Abitur, legt sie die Lehramtsprüfung ab und sammelt Lehrerfahrung an einer höheren Mädchenschule in Tondern. Von 1916 bis 1919 arbeitet sie in Hamburg als Volksschullehrerin. Nach Elfriede Strnad (1949) war es der Drang nach wissenschaftlichem Arbeiten, der sie nach Hamburg zurückgeführt hat. Sie besucht als psychologisch interessierte Lehrerin neben ihrer Lehrertätigkeit psychologische Vorlesungen bei William Stern am Kolonialinstitut – dem Vorläufer der Universität – und nimmt seit 1916 als freiwillige Mitarbeiterin an den schulpsychologischen Untersuchungen des Labors teil. Bereits ab 1917 ist sie an der Ausarbeitung eines Schüler-Beobachtungsbogens für die Auslese begabter Volksschüler beteiligt. Entstanden sind ihre wissenschaftlichen Arbeiten alle im Kontext um William Stern im Hamburger psychologischen Laboratorium, das in den Jahren bis 1933 zum zweitgrößten psychologischen Institut – nach Leipzig – heranwächst.

Abb. 2: Arbeitsgruppe am Psychologischen Laboratorium (etwa 1927). Die Personen von links nach rechts: Alice Mourgues, Verwaltung; Martin Scheerer, wiss. Mitarbeiter; Martha Muchow, wiss. Assistentin; Meta Meumann, Schwester von Ernst Meumann; L. Brandes, Bibliothekar; Fritz Heider, Privatdozent und Musikpsychologe; (vermutlich) O. Stender, Laboratoriumsleiter.

Es ist wohl die besondere Atmosphäre an diesem Institut, die ihr das Hineinwachsen in den Kreis der Mitarbeiter um William Stern erleichtert. Nicht nur dessen persönliche Ausstrahlung, sondern auch der inhaltliche Schwerpunkt „Begabungs- und Intelligenzforschung als *integraler* Bestandteil einer allgemeinen Jugendkunde" (Moser, 1991, S. 488) bieten ihr eine Chance, die in außerhochschulischen Tätigkeiten gewonnenen Erfahrungen wissenschaftlich aufzuarbeiten. Dieses Wissenschaftsverständnis wird auch gestützt durch die Position William Sterns. Dessen „Überzeugung von der Notwendigkeit des Gegenwartsbezuges wissenschaftlichen Handelns zieht sich nicht nur wie ein roter Faden durch sein psychologisches Lebenswerk, er fordert dies auch für die Psychologie" (Moser 1991, S. 488).

Im Sommersemester 1919 – das Psychologische Laboratorium ist seit Ostern des Jahres ein Universitätsinstitut – beginnt sie ein Studium der Psychologie, Philosophie, der deutschen Philologie und Literaturgeschichte an der neugegründeten Hamburger Universität und besucht insbesondere Vorlesungen bei William Stern und Ernst Cassirer. Im Herbst 1920 wird sie auf Initiative von Stern zum ersten Mal vom Schuldienst freigestellt und als „wissenschaftliche Hilfsarbeiterin" (Unterrichtsassistentin) des Laboratoriums angestellt. Bis zum Ende ihrer Tätigkeit wird diese Freistellung immer wieder auf Drängen von Stern verlängert. Die Begründungen in seinen Anträgen verdeutlichen dabei das hohe Maß an Wertschätzung, das Stern seiner Mitarbeiterin entgegenbringt.

1923 promoviert sie „summa cum laude" mit einer Arbeit über die „Psychologie des Erziehers". In den Institutsberichten – in unregelmäßigen Abständen publiziert – wird 1931 und 1933 über den Fortgang ihrer Lebensraumstudie berichtet. Hintergrund dieser Arbeiten sind sozialpädagogische Motive und Erfahrungen, wie sie insbesondere auch durch die praktische Arbeit Martha Muchows in den Hamburger Volksheimen sowie durch ihr Engagement in der Jugendbewegung mit ihrer Zugehörigkeit zur Wandervogel-Bewegung geprägt worden sind. Hierzu zählt auch ihre Beschäftigung mit TBC-gefährdeten Hamburger Arbeiterkindern, mit denen sie während der Kur in Wyk auf Föhr Untersuchungen durchführt, deren Ergebnisse sie in ihrer Veröffentlichung über *Die Wirkung des Seeklimas auf Schulkinder* (1926) präsentiert.

Immer ist ihre wissenschaftliche Arbeit orientiert an der Umsetzung auf praktische Problemstellungen. So erweitert sich ihr Aufgabenbereich noch mehr nach der Übernahme der Ausbildung künftiger Volksschullehrer durch das Institut. Sie arbeitet mit in verschiedenen Ausschüssen des Hamburger Lehrervereins (Gesellschaft der Freunde des Vaterländischen Schul- und Erziehungswesens). Dieses bietet ihr eine ideale Verbindung zwischen praktischer Pädagogik und wissenschaftlicher Reflexion. Ihr ungeheurer Fleiß wird auch erkennbar in der Vielzahl weiterer Aktivitäten. So ist sie seit 1926 ständige Mitarbeiterin des *Kindergarten – Zeitschrift des Deutschen Fröbelverbandes, des Deutschen Verbandes für Schulkinderpflege und der Berufsorganisation der Kindergärtnerinnen, Hortnerinnen und Jugendleiterinnen e.V.* Parallel dazu entwickelt sich eine zunehmend engere Verbindung zu der Arbeit des Fröbel-Seminars und der Fröbel-Bewegung. Ihre Biographin Elfriede Strnad (1949, S. 16) schreibt dazu: „Fast unvorstellbar ist es dem Freundeskreis, wie sie all ihren Aufgaben gerecht werden kann; wie sie es fertig bringt, bei allem was sie tut, ganze Arbeit zu leisten. Sie gehört nicht zu den Menschen, die etwas ‚aus dem Ärmel schütteln'".

Mit der Durchsetzung nationalsozialistischer Politik in allen Bereichen des öffentlichen Lebens verschlechtern sich nicht nur die Bedingungen für das Institut, sondern auch für die verbliebenen Mitarbeiter. Aufgrund ihres bisherigen sozialpolitischen Engagements erlebt insbesondere Martha Muchow diese Zeit als eine zusätzliche psychische Belastung. „Zu der Überfülle der Arbeit, den Sorgen um die täglich wachsende Verwahrlosung einer hungernden und in unfreiwilligem Nichtstun jahrelanger Arbeitsmarktkrisen verkommenden Bevölkerung spitzt sich die politische Lage im Winter 1932/33 immer bedrohlicher zu. Schon lange ist Martha Muchow im tiefsten beunruhigt. ... Sie ist schwer überarbeitet und kann keine Möglichkeit der Entlastung oder auch nur kurzer Entspannungspausen finden. In dieser Situation trifft sie ganz unerwartet am 9. April 1933 der Tod ihrer Mutter." (Strnad, 1949, S. 17).

Der letzte Institutsbericht (Stern, 1933) enthält Hinweise auf eine Reihe unvollendeter Arbeiten. Aufgrund des Gesetzes zur „Wiederherstellung des Berufsbeamtentums" vom 7. April 1933 werden William Stern und Heinz Werner ihrer Ämter enthoben. Martha Muchow muß als einzige Arierin die Übergabe des Institutes an den Erziehungswissenschaftler Gustav Deuchler vornehmen. Nach den von Zinnecker (1978, S.23) zitierten Aussagen des Bruders Hans Heinrich Muchow war sie nach dem erzwungenen Weggang von William Stern starken Diffamierungen ausgesetzt, da sie an einem „jüdischen Institut" gearbeitet hatte. Moser (1991, 496–497) verweist auf einen Brief vom 10.7.33, in dem die noch verbliebenen Mitarbeiter des Institutes als Juden oder als Judengenossen denunziert werden. Zu Martha Muchow heißt es dort: „Fräulein Dr. Muchow, die engste Vertraute von Prof. Stern, die ihn auch heute täglich besucht und mit ihm alle Pläne ausarbeitet, ist die gefährlichste von allen dreien. Sie war aktives Mitglied des marxistischen „Weltbundes für Erneuerung der Erziehung" (...) Ihr pädagogisch-psychologischer Einfluß ist unheilvoll und einer deutschen Staatsauffassung direkt zuwiderlaufend". Zum 25. September 1933, ihrem 41. Geburtstag, muß sie aus dem Institut ausscheiden. Sie soll wieder in den Schuldienst. Sie wählt den Freitod und stirbt am 29. September 1933.

Wenn Zinnecker im Zusammenhang mit Martha Muchows Arbeiten von einer *verlorenen Forschungstradition* spricht, so trifft dieses für die heutige Pädagogische Psychologie ebenso zu wie für die Entwicklungspsychologie. Lediglich einige umweltpsychologische Ansätze zur Lebenswelt der Kinder und Jugendlichen in unserer Zeit lassen die Auseinandersetzung mit Martha Muchows theoretischem Ansatz und methodischen Vorgehen sinnvoll erscheinen. Aber dazu bedürfte es auch einer Neudefinition der Rolle des akademischen Forschers.

Literatur

Moser, H. (1991). Zur Entwicklung der akademischen Psychologie in Hamburg bis 1945. Eine Kontrast-Skizze als Würdigung des vergessenen Erbes von William Stern. In Hamburger Beiträge zur Wissenschaftsgeschichte, Bd. 3, Teil II (S. 483–518). Im Auftrag der Universität Hamburg hrsg. von E. Krause, G. Otto & W. Walter. Berlin: Reimer.

Muchow, M. (1926). Psychologische Untersuchungen über die Wirkung des Seeklimas auf Schulkinder. Zeitschrift für Pädagogische Psychologie 27, 18–31.

Muchow, M. & H. H. Muchow (1935). Der Lebensraum des Großstadtkindes. Hamburg: Martin Riegel.

Strnad, E. (1949). Martha Muchow in ihrer Bedeutung für die sozialpädagogische Arbeit. In M. Muchow, Aus der Welt des Kindes. Beiträge zum Verständnis des Kindergarten- und Grundschulalters (S. 7–20). Hrsg. im Auftrag des Pestalozzi-Fröbel-Verbandes von Hans Heinrich Muchow. Ravensburg: O. Maier.

Stern, W. (1933). Aus den letzten Arbeiten des Psychologischen Instituts der Hamburgischen Universität 1931–1933. Zeitschrift für angewandte Psychologie 45, 397–417.

Zinnecker, J. (1978). Recherchen zum Lebensraum des Großstadtkindes. Eine Reise in verschüttete Lebenswelten und Wissenschaftstraditionen. In M. Muchow & H. H. Muchow, Der Lebensraum des Großstadtkindes (S. 10–52). Reprint, Bensheim: päd. extra (Original, 1935. Hamburg: Martin Riegel).

Roger G. Barker

Gerhard Kaminski

Ein Luftbild von einer ganzen Ortschaft (s. Abb. 1) als Auftakt zu einem Artikel, der das Lebenswerk eines Psychologen skizzieren soll? – Das Innovationspotential dieses Lebenswerks und sein Spannungsverhältnis zur traditionellen Psychologie könnte tatsächlich kaum konzentrierter und treffender visualisiert werden. Roger G. Barker war in gewissem Sinne „der" Ökologe der Psychologie, hat sich aber, als solcher, zugleich über manche ihrer Eingrenzungen hinweggesetzt. Er starb am 10. September 1990, 87 Jahre alt, in ebendiesem Ort, Oskaloosa in Kansas, in dem er seit 1948 mit seiner Familie lebte und forschte; ca. 35 Kilometer von Lawrence und der University of Kansas entfernt, die ihm 1947 die Leitung des Psychologie-Departments antrug. Nach dem Vorbild biologischer Ökologen, die Pflanzen und Tiere in ihren natürlichen Lebensumgebungen aufsuchen, beobachten und systematisch studieren, wollte er das Verhalten von Menschen – anfangs vor allem von Kindern – in ihrem Lebensalltag psychologisch beschreiben und analysieren. Dazu gründete er, zusammen mit seinem Kollegen Herbert F. Wright, 1947 in Oskaloosa (ursprünglicher Deckname „Midwest", damals 715 Einwohner) eine Forschungsstation („Midwest Psychological Field Station"), die bis 1972 existierte und arbeitete (Barker et Associates, 1978) (s. Abb. 2,4). – In welchem Umfang wollte und sollte man menschliches Alltagsgeschehen zu erfassen versuchen, um es hinreichend repräsentativ zu explorieren? Das

Abb. 1: Luftbild von Oskaloosa, Kansas (1965; von Westen). Die „Field Station" befand sich an der südöstlichen Ecke des quadratischen Platzes in der Ortsmitte.

Abb. 2: Eckgebäude, in dessen oberem Stockwerk sich die Büro- und Personalräume der „Field Station" (von 1947 an für mehr als 20 Jahre) befanden. (Im Hintergrund der Wasserturm von Oskaloosa.)

gesamte gewissermaßen öffentlich zugängliche Alltagsgeschehen von „Midwest" während eines ganzen Jahres (1951/52) sollte beschrieben werden; ein Vorhaben, das – als psychologisches Projekt gemeint – auch heute noch bei vielen Fachgenossen verständnisloses Kopfschütteln auslösen dürfte. Nicht genug damit: Gleiches wurde, zu interkulturellem Vergleich, 1954 in Leyburn (England; Deckname „Yordale") durchgeführt, und beide Erhebungen wurden etwa eine Dekade später (1963/64), zu longitudinalem Vergleich, sozusagen repliziert. Und mehr noch, Barker konzipierte rahmentheoretische Modellvorstellungen dafür, wie derartiges Alltagsgeschehen funktional organisiert ist und wie es sich speziell auf die Entwicklung von Kindern und Jugendlichen auswirkt.

Wie kam Barker dazu, sich ein derart exzeptionelles, vorbildloses psychologisch-ökologisches Forschungsprogramm vorzunehmen? Was versprachen er und seine Forscherkollegen sich davon für die Psychologie? Was ist an diesem Vorhaben noch „psychologisch"? Welche Auswirkungen gingen davon tatsächlich aus? – Zu diesen und ähnlichen Fragen haben sich Barker und ehemalige Mitarbeiter seiner Gruppe mehrfach ausführlich geäußert (jüngst Barker, 1987, 1989; Bechtel, 1990; Schoggen, 1992; Wicker, 1991).

Nach Barkers Promotion 1933 in Stanford führte ihn seine wissenschaftliche Karriere zunächst u.a. an einige der bedeutendsten Universitäten der USA. Seine Forschungs- und Lehrtätigkeit dort bewegte sich – wie schon seine Ausbildung – thematisch und methodisch zumeist in durchaus konventionellem psychologischem Fahrwasser. Jedoch gingen ihm verschiedene konventionsdiskrepante Erfahrungen aus dieser Periode derart nach, daß sich daraus schließlich die Projektidee formierte, die er 1947 in Kansas zu verwirklichen begann: Seine Frau Louise, die er im Studium kennenlernte und 1930 heiratete, war Biologin. Sie führte ihm – wie auch ein befreundeter Agronom – deskriptiv-ökologische Gegenstandsauffassungen und Arbeitsweisen der Biologie vor Augen, die er an der Psychologie zu vermissen begann. In zweijähriger Forschungsassistententätigkeit bei Kurt Lewin in Iowa lernte er (zusammen mit Herbert F. Wright), molares Handeln von Kindern in seiner ganzen Komplexität ernstzunehmen und minutiös alltagssprachlich zu beschreiben. Und er bekam dort eine für US-amerikanische Verhältnisse völlig neue Form „alltagsnahen", die (individuelle) Umwelt einbeziehenden psychologischen Theoretisierens vorgeführt. In Weiterbildungsveranstaltungen, in denen Barker auf Laborforschung basierte Entwicklungspsychologie zu lehren hatte, wurde er von Lehrern mit deren Erfahrungsberichten aus dem Schulalltag konfrontiert. Und schließlich waren es lebhafte anschauliche Eindrücke aus ländlichen, von ihm in beruflichen Pendlerfahrten berührten Ortschaften, die sich bei ihm zu der gigantischen Neugier-Frage verdichteten: Wie spielt sich eigentlich das Leben von Kindern, wie man sie sonst als Entwicklungspsychologe nur im Labor zu sehen bekommt, – beispielsweise – in derartigen Orten Tag für Tag ab?

In der Anfangsphase des „Midwest-Projekts", dessen Initiierung von Lewin nachdrücklich begrüßt wurde, erprobten Barker und Wright verschiedene methodische Ansätze, die zu einer Beantwortung dieser sehr offenen Ausgangsfrage verhelfen sollten. So gelangte man zu einer Art kasuistischer Methodik („specimen records"), wobei der in zahlreiche „Episoden" unterteilbare „Verhaltensstrom" einzelner Kinder ganze Tage hindurch von einem Team sich ablösender Beobachter

Abb. 3: Haus, in dem der 7jährige „Raymond Birch" wohnte, als er, am 26. April 1949, einen ganzen Tag lang beobachtet wurde (R.G. Barker & H.F. Wright: „One boy's day", 1951)

Abb. 4: Von Barker (an der Fensterfront) geleitete (wöchentliche) Arbeitssitzung des Projektteams der Field Station (von Barker aus im Uhrzeigersinn: Louise Mason, Louise Barker, Meredith Koppe, Lorene Wright, Herbert F. Wright, Phil Schoggen (Rücken zur Kamera), Dikkie Schoggen, William Koppe, Marianne Remple, Jack Nall, Stevie Nall, Beverly Fox).

Ausgestattetheit" („manning", „staffing") unterschieden und für moderate Unterbesetztheit vorteilhafte Auswirkungen auf die Partizipanten (z.B. in Schulen) vorausgesagt.

Unter den Generationen von Mitarbeitern der Field Station sind namhafte Psychologen zum Teil als Koautoren Barkers bekannt geworden (Gump, Schoggen, H.F. Wright, der fünf Tage nach Barker in Knoxville, Tenn., verstarb), zum Teil mit eigenen, weiterführenden ökologisch-psychologischen Forschungsarbeiten hervorgetreten (Bechtel, Wicker, Willems; zur Rezeption des Barker-Ansatzes in Deutschland vgl. Fuhrer, 1990; Kaminski, 1989). Barkers engste Kooperationspartnerin in diesen langjährigen monumentalen Forschungsaktivitäten war ihm seine Frau

mitverfolgt und alltagssprachlich beschrieben wurde (s. Abb. 3, 5). Bald wurde dem Projektteam evident, daß das meiste Alltagsverhalten der Kinder in hohem Maße durch die sozialen und materiellen Kontextbedingungen bestimmt erschien, in denen sie sich jeweils aufhielten: eine Schulunterrichtsstunde, ein Spielplatz, eine Party, ein Gemüseladen, ein Gottesdienst und anderes mehr. Demgegenüber wurde das gesamte ökologisch-psychologische Deskriptionsprogramm umzentriert, hin auf die Erfassung derartiger Aktualkontexte, für die Barker die Bezeichnung „Behavior Settings" einführte (s. Abb. 6). Dazu wurde eine Methodik für ihre Identifizierung und grobrastrige Beschreibung („Behavior Setting Survey") ausgearbeitet und – wie gesagt – konsequent über längere Zeit hin angewendet.

Behavior Settings wurden von Barker als konkrete, raumzeitlich lokalisierbare quasistationäre, sich selbst erhaltende Sozialgeschehens-Systeme aufgefaßt, die in ihren Handlungsmustern auf das physische „Milieu" abgestimmt sind („Synomorphie"). Ihre systemare Dynamik versuchte er in einer durch das TOTE-Modell und durch Modellvorstellungen von Egon Brunswik und Fritz Heider angeregten Theorie darzustellen (Barker, 1968; Schoggen, 1989). Unter differentiellem Aspekt wurden Behavior Settings verschiedener „personaler

Abb. 5: Projektmitarbeiterin (Louise Mason) beobachtet den „Verhaltensstrom" eines der Kinder, die sich (im Rahmen der „Presbyterian Daily Vacation Bible School") hier mit einer Schildkröte beschäftigen.

Abb. 6: Marktstand („Behavior Setting") auf dem Wochenmarkt in Leyburn (England).

Abb. 7: Barker an seinem häuslichen Arbeitsplatz (1967), mit Bild von Kurt Lewin.

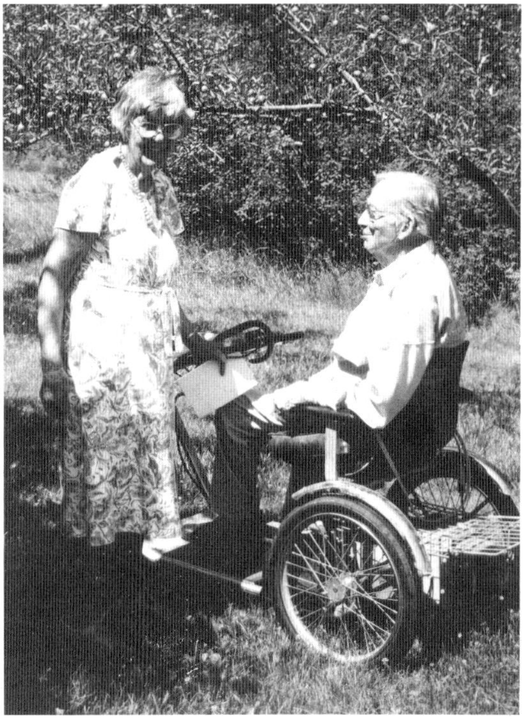

Abb. 8: Louise und Roger Barker im Garten ihres Hauses in Oskaloosa.

Louise (s. Abb. 8). Sie hatte ihn seit Beginn seiner wissenschaftlichen Karriere tatkräftig und mutig unterstützt, insbesondere in den kritischen Perioden des Wiederauflebens seiner schweren Krankheit (Osteomyelitis), die ihn von Jugend an in seinem Bildungsgang beeinträchtigt hatte und ihn zeitlebens in seinen körperlichen Bewegungsmöglichkeiten erheblich und zunehmend einschränkte. In einer umfangreichen referierenden, Lewinsche Konzeptualisierungen nutzenden Arbeit über die Psychologie körperlicher Behinderung konnte er sich auf seine eigenen Lebenserfahrungen stützen.

Auf der Höhe seines Schaffens wurden Barker (s. Abb. 7) in Anerkennung seiner innovativen Forschungsleistungen bedeutende Ehrungen zuteil. Unter anderem wurde ihm durch die Zuerkennung einer Forschungsprofessur ermöglicht, sich über viele Jahre hin bei minimalen Lehrverpflichtungen fast ausschließlich seinen großen Forschungsvorhaben und ihrer publizistischen Auswertung zu widmen.

Literatur

Barker, R.G. (1987). Prospecting in environmental psychology, Oskaloosa revisited. In D. Stokols & I. Altman (Eds.), Handbook of environmental psychology, Vol. 2 (pp. 1413–1432). New York: Wiley.

Barker, R.G. (1989). Roger G. Barker. In Gardner Lindzey (Ed.), A history of psychology in autobiography, Vol. VIII, pp. 3–35). Stanford, Cal.: Stanford University Press.

Barker, R.G. et al. (1978). Habitats, environments, and human behavior. Studies in ecological psychology and ecobehavioral science from the Midwest Psychological Field Station, 1947–1972. San Francisco: Jossey-Bass.

Barker, R.G. & Wright, H.F. (1951). One boy's day. New York: Harper & Row.

Bechtel, R. (1990). Editor's preface (Introduction to special issue on the Midwest Psychological Field Station). Environment and Bahavior, 22 (4), 435.

Fuhrer, U. (1990). Bridging the ecological-psychological gap. Behavior settings as interfaces. Environment and Behavior, 22 (4), 518–537.

Kaminski, G. (1989). The relevance of ecologically oriented theory building in environment and behavior research. In: E.H. Zube & G.T. Moore (Eds.), Advances in environment, behavior, and design, Vol. 2 (pp. 3–36). New York: Plenum.

Schoggen, P. (1989). Behavior settings: A revision and extension of Roger G. Barker's ecological psychology. Stanford, Cal.: Stanford University Press.

Schoggen, Ph. (1991). Roger Garlock Barker (1903–1990). American Psychologist, 47 (1), 77–78.

Wicker, A.W. (1991). A Tribute to Roger G. Barker (1903–1990). Journal of Environmental Psychology, 11, 287–290.

Kripal Singh Sodhi

Wolfgang Manz

Kripal Singh Sodhi, geboren am 15.4.1911 in Roorkee, Indien, wollte nach seinem Studienabschluß (M.A.) die neue Gestaltpsychologie unter Wolfgang Köhler studieren, die das Psychologische Institut der Berliner Universität Anfang der 30er Jahre zum Mekka vieler ausländischer Studenten hatte werden lassen. Als Sodhi aber in Berlin eintraf, war Köhler schon nicht mehr dort. Er hatte aus Protest gegen die nationalsozialistische Gleichschaltung der Universitäten seine Entlassung bewirkt und war nach den USA emigriert.

Abb. 1: Prof. Dr. Sodhi im nachdenklichen Gespräch.

Erst nach mehr als zehn Jahren – angelegentlich eines längeren Studienaufenthalts als Research Associate am Swarthmoore College in Pennsylvania (1948/49) – konnte endlich sein langgehegter Wunsch, mit Wolfgang Köhler zu arbeiten, in Erfüllung gehen. Kripal Singh Sodhi dankte seinem Lehrmeister dadurch, daß er sich 1957 als Direktor des Psychologischen Instituts der Freien Universität Berlin energisch dafür einsetzte, daß Köhler eine Honorarprofessur an der Freien Universität erhielt.

Neben Wolfgang Köhler lehrte und forschte Solomon Asch am Swarthmoore College. Auf diesen einflußreichen Sozialpsychologen geht wohl u.a. Sodhis bleibendes Interesse an der experimentellen Sozialpsychologie zurück, an deren Neubegründung in der Bundesrepublik nach dem Zweiten Weltkrieg er wesentlichen Anteil hatte.

Als Ausländer im Berlin der späten 30er Jahre studierte er zusammen mit Rudolf Bergius unter dem Nachfolger Köhlers und promovierte 1940 bei Hans Keller mit der Dissertation *Dynamik des Tiefensehens*, die in der Zeitschrift für Psychologie veröffentlicht wurde.

Die Zeit des Zweiten Weltkriegs in Berlin war keine leichte Zeit für den Gast aus dem Britischen Commonwealth, das mit Deutschland im Krieg lag. Als Inder dem damaligen Rassenverständnis nach zwar den hochgeachteten Ariern zugerechnet, standen ihm dennoch nicht alle bürgerlichen Rechte zu. So erhielt er z.B. keine Heiratserlaubnis. Seine spätere Frau und seine Freunde – unter ihnen besonders Max Haar, der langjährige Institutsmechaniker am Psychologischen Institut, und Rudolf Bergius, sein Kollege zunächst als Assistent, dann als Privatdozent und schließlich als Ordinarius – waren seine Stützen in dieser Zeit; und Sodhi vergalt es ihnen mit lebenslanger Freundschaft.

Nach einem kurzen Intermezzo (1946/47) als Dozent in Brückenkursen für Angehörige der US-Besatzungsstreitkräfte in der Amerikanischen Besatzungszone, die sich auf ihre Rückkehr ins Studium an den amerikanischen Universitäten vorbereiten wollten, führte ihn ein Forschungsstipendium nach Swarthmoore. 1949 wurde er Lehrbeauftragter an der inzwischen neu gegründeteten Freien Universität in Westberlin.

1952 habilitierte er sich unter Oswald Kroh mit *Experimentellen Untersuchungen zur Grundlegung der Sozialpsychologie*, wie es im Untertitel seiner Habilitationsschrift *Urteilsbildung im sozialen Kraftfeld* hieß.

Den darin ausgedrückten hohen Anspruch, unter Anknüpfung an die frühere deutsche Tradition eines Wal-

Abb. 2: Prof. Dr. Sodhi auf einer Institutsweihnachtsfeier im Gespräch mit Dr. Hans Märtin, Lehrbeauftragter für Kinder- und Jugendpsychologie.

ter Moede (1920) die experimentelle Sozialpsychologie wieder zu beleben, hat er in der kurzen Lebensspanne, die ihm nur vergönnt war, eingelöst. Seine Voraussage im Vorwort dieser Arbeit ist eingetroffen:

„Vielleicht darf der Verfasser als Ausländer seiner Überzeugung Ausdruck geben, daß gerade in Deutschland für die Entwicklung einer empirisch begründeteten Sozialpsychologie besonders günstige Voraussetzungen bestehen: Die Neigung und Befähigung deutscher Psychologen für phänomenologische Analysen, ihr Blick für das Wesentliche, ihre in der experimentellen Forschung so oft bewiesene Sorgfalt und Geduld und, als wichtigstes Moment, die vertiefende Kraft bewährter psychologischer Theorien" (Sodhi, 1953, S. 5).

Nach dem Tode von Oswald Kroh 1955 übernahm Kripal Singh Sodhi zunächst kommissarisch, später als ordentlicher Professor die Institutsleitung. Nach dem Umzug des Instituts aus der kleinen Villa in Dahlem, die den familiären Rahmen der Anfangsjahre bis ca. 1958 prägte, in das neue Institutsgebäude an der Grunewaldstraße in Steglitz, begann für die letzten drei Jahre seines Lebens eine fruchtbare Schaffensperiode: das Institut vergrößerte sich; die Assistenten Bergius, Kaminski, Holzkamp und Franke konnten sich habilitieren; Wolfgang Köhler war als Honorarprofessor der Freien Universität regelmäßiger, das Institutsgeschehen bereichernder Gast; Forschungsprojekte aus dem Bereich der Stereotypenforschung und der sozialen Wahrnehmung liefen an.

In Zusammenarbeit mit Rudolf Bergius führte Sodhi die Untersuchung zu nationalen Vorurteilen durch, deren Veröffentlichung dann bahnbrechend für Fragestellung und auch Methodik solcher an Katz und Braley (1933, 1935) orientierten Untersuchungen wurde. So wie seine Habilitationsschrift die Experimente von Muzafer Sherif zur Urteilskonvergenz aufgreift und in kritischer Fortschreibung im deutschsprachigen Raum bekannt macht und weiterführt, so greift er hier das Eigenschaftslistenverfahren von Katz und Braly auf, entwickelt es in methodischer Hinsicht weiter und vertieft das Konzept der „Urteile über Völker". Die vorsichtige Übersetzung des Begriffs „national stereotypes" mit „Urteile über Völker" zeigt, wie er hier wiederum die festgelegten Implikationen der vorbelasteten Wortschöpfung von Walter Lippmann vermeidet, um sie nicht schon als gegeben hinzunehmen, sondern als Hypothese überprüfbar zu machen.

In der Folge arbeitet er mit seinen Mitarbeitern unter Rückgriff auf Theodor Litts Konzept der „Reziprozität der Perspektiven" und Ichheisers „Bezugsformen der interpersonellen Beziehungen" das Konzept der Dynamik der „Verschränkung von Urteilsformen" aus, das Beziehungen zwischen den drei Urteilsformen Selbstbild, Fremdbild und dem beim anderen vermuteten Bild über einen selbst (vermutetes Fremdbild) postuliert.

Eine experimentelle Überprüfung der Hypothesen der Verschränkung erfolgt später unter Hinzuziehung der Heiderschen Balancetheorie in einer Sekundäranalyse von Umfragedaten über die gegenseitige Beurteilung von Berlinern und Westdeutschen zum Zeitpunkt des Baus der Berliner Mauer 1961 (Manz, 1968).

Das Thema der Urteilsangleichung im sozialen Feld greift Kripal Singh Sodhi kurz vor seinem Tod erneut auf. Angeregt durch die neuen Untersuchungen seines Kollegen am Swarthmoore College, Solomon Asch, der mit einem anderen Paradigma das von Sherif scheinbar schon gelöste Problem des Konformitätsverhaltens unter Gruppendruck in gestalttheoretischer Perspektive

Abb. 3: Prof. Dr. Sodhi mit Wolfgang Manz, wiss. Hilfskraft.

neu aufgreift, konzipierte er ein von der DFG gefördertes Forschungsprojekt, das aber wegen seines plötzlichen Todes kurz vor Vollendung seines 50. Lebensjahres nicht mehr realisiert werden konnte.

Was zeichnete Kripal Singh Sodhi als akademischen Forscher und Lehrer aus? Aus meiner sehr persönlichen Sicht als sein Schüler bezeugen seine Arbeiten seine Liebe zur experimentellen Psychologie, deren Ergebnisse und Verfahren er aber immer mit einer kritischen Distanz begegnete: die ökologische Validität der Laborexperimente war für ihn – ganz im Sinne Brunswicks – ein wichtiges Kriterium für den Stellenwert einer empirischen Untersuchung. Die Einbettung auch empirischer Detailfragen in eine umfassendere, ja philosophische Perspektive war ihm ein wichtiges Anliegen in seiner Lehre. In seinem Seminar zu Interaktionsprozessen gehörten neben Chapples Interaktionschronographen und Bales' Beobachtungsverfahren auch das Referat über Theodor Litts *Individuum und Gemeinschaft* selbstverständlich dazu.

Seine Dissertation kritisiert die bisherige experimentelle Forschung zur räumlichen Tiefenwahrnehmung wegen der allzugroßen Entfernung der künstlichen Laborbedingungen von den normalen Sehbedingungen:

„Die Grundeinstellung von Helmholtz, die Probleme der Wahrnehmung unter möglichst einfachen und durchsichtigen physiologischen Bedingungen zu erforschen, hat so stark und so lange nachgewirkt, daß das natürliche Sehen im gewöhnlichen Leben, wo die Raumtiefeneindrücke von den ständig bewegten Augen aufgenommen werden, vernachlässigt wurde. ... In Wirklichkeit aber ist die natürliche Art des Sehens eine bewegte und dynamische. Der Blick schweift von den entfernteren Gegenständen zu den näheren Zwischenobjekten, und es ist die Frage, ob dieses dynamische Spiel der Augenbewegungen nicht auch von Bedeutung ist für die räumliche Erscheinungsweise der ferneren Gegenstände ... ".

Abb. 4: Prof. Dr. K. S. Sodhi nach einer Vorlesung beim „Abtestat".

Seine einfallsreichen Versuchsanordnungen zur experimentellen Kontrolle dieser dynamischen Faktoren zeigen Kripal Singh Sodhi ganz in der besten Tradition der Berliner Schule stehend. Der in der gleichen Arbeit zu findende Anwendungsbezug auf die Gestaltung von Bühnenprospekten zur Erzielung eines intensiven räumlichen Eindrucks mag in der Zeitschrift für Psychologie überraschen. Für Sodhi war solcher Anwendungsbezug nur konsequent: er belegte für ihn die „vielfach intuitive Verwendung" der in seinen Experimenten demonstrierten Wirksamkeit „raumschaffender Motive" durch die „Zwischenobjekte". Der Leser wird überrascht durch die theatergeschichtlichen Exkurse und die Reproduktionen barocker Theaterkulissen, die Sodhi hier ausbreitet.

Stil und Inhalt seiner Vorlesungen und Seminare zeichneten sich durch das völlige Fehlen professoraler Eitelkeiten und Idiosynkrasien aus. Seine außerordentliche persönliche Bescheidenheit und sein jedem Statusdenken abholder, herzlicher Umgang mit Kollegen und Studenten hielten ihm den Blick offen für wichtige Ideen und Gedanken seiner Kollegen. So überraschte er die Zuhörer seiner Lehrveranstaltung im Sommer 1958 mit der Ankündigung, daß er die schon vorbereitete Vorlesung zu Gruppenprozessen weggelegt habe, um statt dessen das soeben erschienene Buch von Fritz Heider *Psychology of interpersonal relations* (Heider 1958) vorzutragen, weil Heider viel kompetenter die Dinge auf den Punkt gebracht hätte, die ihm am Herzen lägen.

Kripal Singh Sodhi hatte die Bedeutsamkeit der Grundgedanken Heiders, seine Balance- und Attributionstheorie sofort erkannt; er wollte dem Ansatz von Fritz Heider Geltung verschaffen. Es war zu früh dafür, und Sodhi hatte keine Gelegenheit mehr, sich für Heiders kongeniale „naive" Psychologie einzusetzen. Erst 19 Jahre später erschien die deutsche Übersetzung von Heiders Werk (Heider 1977).

Ein Auszug aus der anläßlich der akademischen Trauerfeier für Kripal Singh Sodhi gehaltenen kurzen Ansprache des Vertreters der studentischen Mitarbeiter seines Instituts kann vielleicht abschließend einen kleinen Eindruck von der Person Kripal Singh Sodhis wiedergeben:

„Ich möchte versuchen, mit wenigen Worten zu sagen, was ihm als akademischen Lehrer seine Studenten bedeuteten und was uns – seinen Schülern – Professor Sodhi ist und bleiben wird. Er hatte sich seiner Wissenschaft ganz zugewandt und liebte sie mit all ihrer Fragwürdigkeit und widerstand bei seinem forschenden Bemühen hartnäckig der Versuchung, sich in eine voreilige, eklektizistische Synthese der widerstreitenden Meinungen zu flüchten. Sein Anliegen in den Vorlesungen und Übungen war es daher stets, mehr die offenen Fragen herauszustellen, als den Studenten etwas mitzugeben, das sie als gesichertes Ergebnis beruhigt nach Hause tragen konnten. Die Anforderung, die er an sich selbst stellte – sich nicht durch die scheinbare Übereinstimmung ähnlicher Forschungsergebnisse den Blick für die zugrundeliegende Fragwürdigkeit des wissenschaftlichen Bemühens zu verstellen –, sie richtete er auch an seine Studenten. Darin war er gerade für Anfänger ein recht unbequemer Lehrer ...

Er achtete das Bedürfnis gerade der jüngeren Studenten (nach einem überschaubaren System, d. V.), doch schätzte er die Verführung zum leichtfertigen Urteilen sehr realistisch ein, die von den zu didaktischen Zwecken zurechtgestutzten Systemen ausgeht. In seinen Seminaren entfaltete sich sein offener und phantasievoller Geist in anregenden Gesprächen, die, zunächst scheinbar systemlos, mit zunehmender Dauer des Studiums ihre wissenschaftliche Fruchtbarkeit für den Studenten unter Beweis stellten und einen nachhaltig prägenden Einfluß auf alle seine Schüler ausübten, die so mit ihm diskutierten.

Wer als Student nur ein wenig vom gleichen, unbestechlichen Geist erkennen ließ, war für Professor Sodhi damit voll aufgenommen in die Gemeinschaft der Lehrenden und Lernenden und wurde ernst – sehr ernst genommen, ohne daß je ein besonderes Wort darüber gesprochen werden mußte ...

(Es) ist bezeichnend ..., daß es unter seinen Studenten niemals einzelne Bevorzugte oder eine Gruppe Bevorzugter gegeben hat. Seine gleichmäßig freundliche Zuwendung allen gegenüber schuf eine Atmosphäre der Freiheit und gegenseitigen Achtung, die für die Entstehung eines vielfältigen und anregenden Gemeinschaftslebens befruchtend war ... " (Manz, 1961).

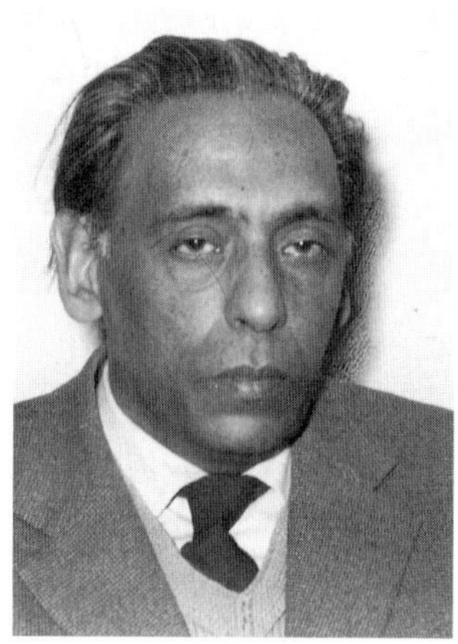

Abb. 5: Prof. Dr. Kripal Singh Sodhi.

Literatur

Asch, S. (1956). Studies of independence and yielding: a minority of one against an unanimous majority. Psychological Monographs 70, Nr. 9.

Heider, F. (1958). The psychology of interpersonal relations. New York: Wiley.

Heider, F. (1977). Psychologie der interpersonalen Beziehungen. Stuttgart: Klett.

Ichheiser, G. (1943). Structure and dynamics of interpersonal relations. American Sociological Review, 8, 302–305.

Ichheiser, G. (1949). Misunderstandings in human relations. American Journal of Sociology, 55, Part 2.

Lippmann, W. (1949). Public Opinion. New York: Harcourt Brace, 12. Aufl. (1. Aufl. 1922). Deutsch (1964). Die öffentliche Meinung. München: Rütten & Loening.

Litt, T. (1926). Individuum und Gemeinschaft. Leipzig.

Manz, W. (1961). Ansprache bei der Akademischen Trauerfeier für K.S. Sodhi. Unveröff. Manuskript.

Manz, W. (1968). Das Stereotyp. Zur Operationalisierung eines sozialwissenschaftlichen Begriffs. Kölner Beiträge zur Sozialforschung und Angewandten Soziologie, Bd. 8 (Hrsg. von René König und Erwin K. Scheuch). Meisenheim/Glan: Anton Hain.

Moede, W. (1920). Experimentelle Massenpsychologie. Leipzig: S. Hirzel.

Sherif, M. (1935). A study of some social factors in perception. Archives of Psychology, No. 187.

Sodhi, K. S. (1941). Dynamik des Tiefensehens. Zeitschrift für Psychologie, 151, 81–175.

Sodhi, K. S. (1953). Urteilsbildung im Sozialen Kraftfeld. Experimentelle Untersuchungen zur Grundlegung der Sozialpsychologie. Göttingen: Hogrefe.

Sodhi, K. S. & Bergius, R. (1953). Nationale Vorurteile. Eine sozialpsychologische Untersuchung an 881 Personen. (Forschungen zur Sozialpsychologie und Ethnologie, Bd. 1) Berlin.

Sodhi, K. S., Bergius, R. & Holzkamp, K. (1957). Urteile über Völker. Psychologische Beiträge, 3, 503–526.

Sodhi, K. S., Bergius, R. & Holzkamp, K. (1958). Die reziprokale Verschränkung von Urteilen über Völker. Zeitschrift für experimentelle und angewandte Psychologie, 5, 547–604.

Teil G

Regionale Entwicklungen

Gerard Heymans (1857–1930)

Zur umseitigen Abbildung: Das Foto zeigt einen Teil
des Laboratoriums von Prof. Spearman
am University College, London.

Psychologie in Spanien – eine kurzgefaßte Geschichte

Enrique Lafuente

Die Anfänge

Die wissenschaftliche Psychologie wurde in Spanien am Ende des 19. Jahrhunderts durch eine Gruppe progressistischer Intellektueller eingeführt, die stark durch deutsches Gedankengut beeinflußt waren (insbesondere durch die Philosophie von Karl Christian Friedrich Krause, 1781–1832, und dessen Schule). Diese Gruppe wurde durch Julián Sanz del Río (1814–1869) angeführt und beabsichtigte die moralische und intellektuelle Erneuerung der spanischen Gesellschaft. Von Anfang an stießen die Bemühungen dieser Gruppe auf den offenen Widerstand anderer, konservativerer Gruppen, die zu diesen säkularistischen Tendenzen des modernen Denkens entgegengesetzte Auffassungen vertraten und die Rückkehr zur traditionellen katholischen Orthodoxie forderten, die für das Denken und die Wissenschaft in der Vergangenheit in Spanien charakteristisch war. Die Psychologie konnte von den Spannungen zwischen diesen „zwei Spanien", wie man den beständigen Streit zwischen den zwei gegensätzlichen Zugängen zur spanischen Realität (liberal vs. konservativ, innovativ vs. traditionalistisch, säkularistisch vs. religiös) auch nannte, nicht frei sein. Von Anfang an ist aber klar zu erkennen, daß jeder der beiden Sektoren ideologische Kontrolle auf die „Wissenschaft von der Seele" ausüben wollte, denn die moralischen und sozialen Implikationen dieser Wissenschaft konnten kaum übersehen werden.

Eine wichtige Persönlichkeit in diesem Prozeß ist Francisco Giner de los Ríos (1839–1915) (s. Abb. 1), dessen *Lecciones Sumarias de Psicología* (1874) ganz eindeutig auf Krauses Gedanken zurückgehen (s. Abb. 3). Die zweite Auflage seines Buches (1877) war einer der ersten Schritte bei dem Bemühen, die Ergebnisse der „neuen Psychologie" nach Spanien zu bringen (s. u.a. Lafuente, 1987). Die Persönlichkeit Giners ist besonders herausragend, weil er der Begründer und Hauptinspirator der „Institución Libre de Enseñanza" (Freies Erziehungsinstitut) (1876) (s. Abb. 2) war, ein privates Unterrichtszentrum, das als Reaktion auf die konservative Bildungspolitik der Regierung eingerichtet wurde. Diese Einrichtung beschäftigte viele liberale und progressive Intellektuelle als Lehrer (die Mehrheit von ihnen mit Krausistischem Hintergrund) und entwickelte sich zum Hauptzentrum der Rezeption und Verbreitung moderner Wissenschaft in Spanien, einschließlich der Psychologie, und hier insbesondere mit Bezug auf Er-

Abb. 1: Francisco Giner de los Ríos (1839–1915) – hier etwa 1870 – ist eine wichtige Figur im Einführungsprozeß der „neuen Psychologie" in Spanien. Er war Schüler von Sanz del Río, durch den er einen starken und anhaltenden Eindruck erhielt. Giner wurde als Professor für Rechtsphilosophie und Internationales Recht von seinem Lehrstuhl abgesetzt, weil er gegen die Erlasse des Erziehungsministeriums protestiert hatte (1875). Er gründete darauf die „Institutión Libre de Enseñanza" (1876), die zum herausragenden Beispiel der Europäisierung im Spanien des 19. Jahrhunderts wurde. Von dieser Einrichtung aus übte er außergewöhnlich starken moralischen und politischen Einfluß auf die progressistischen Bereiche der spanischen Gesellschaft aus.

Abb. 2: Die „Institución Libre de Enseñanza“ war ein privates Erziehungszentrum, das durch Francisco Giner de los Ríos 1876 als Reaktion auf die konservative Erziehungspolitik der Regierung der neuen Bourbonischen Monarchie gegründet wurde. Im Lehrkörper befanden sich zahlreiche liberale und progressistische Intellektuelle (von denen die meisten der Krausistischen Denkrichtung angehörten), die mit dem staatlichen Unterricht unzufrieden waren. Diese Einrichtung entwickelte sich zum Hauptzentrum der Rezeption und Verbreitung der modernen Wissenschaften in Spanien.

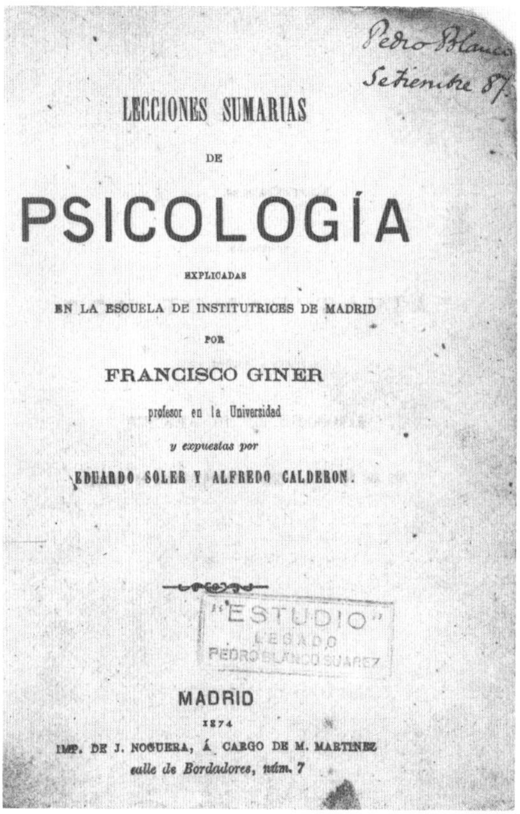

LECCIONES SUMARIAS

DE

PSICOLOGÍA

EXPLICADAS

EN LA ESCUELA DE INSTITUTRICES DE MADRID

POR

FRANCISCO GINER

profesor en la Universidad

y expuestas por

EDUARDO SOLER Y ALFREDO CALDERON.

"ESTUDIO"
LEGADO
PEDRO BLANCO SUAREZ

MADRID

1874

IMP. DE J. NOGUERA, Á CARGO DE M. MARTINEZ
calle de Bordadores, núm. 7

Abb. 3: Die Erstausgabe der *Lecciones sumarias de psicología* von Giner de los Rios wird als „wichtigste systematische Arbeit, die im 19. Jahrhundert in Spanisch verfaßt wurde“ angesehen (J. V. Viqueira, 1930). Die *Lecciones* stellen ein Kompendium Krausistischer Gedanken dar, das so verfaßt wurde, daß es als Handbuch in Krankenschwestern-Schulen verwendet werden konnte. Es wurde aber bald auch als Lehrbuch in Gymnasien verwendet und fand weite Verbreitung. In der Zweitauflage (1877) versuchte der Verfasser bei der Beschäftigung mit dem Leib-Seele-Problem die Ergebnisse der modernen Psychophysik und der physiologischen Psychologie einzubeziehen.

Abb. 4: Luis Simarro (1851–1921) war einer der bedeutendsten Ärzte jener Zeit. Ausgebildet in Psychiatrie bei Charcot und stark durch die Psychologie von Wundt und Ziehen beeinflußt, erhielt er 1902 den ersten Lehrstuhl für Experimentalpsychologie in Spanien an der Naturwissenschaftlichen Fakultät in Madrid. Simarro stand in enger Verbindung mit der „Institución Libre de Enseñanza“, in deren Zeitschrift eine ganze Reihe von seinen insgesamt nicht sehr zahlreichen Veröffentlichungen erschienen. Simarro hatte viele Schüler, von denen einige die Psychologie in Spanien entscheidend prägten.

ziehungsfragen (del Barrio & Carpintero, 1985; Lafuente, 1990).

Nach den unruhigen Jahren republikanischer Herrschaft (1868–1874), eröffnete die Wiederherstellung der Bourbonischen Monarchie im Jahr 1875 eine Periode politischer Stabilität und wirtschaftlicher und intellektueller Entwicklung; diese war in großem Maße durch Krausistische Intellektuelle nach dem Sturz Isabellas II. inspiriert worden. Die Situation war auch für die Entwicklung der Wissenschaften günstig, die sowohl von der Rezeption positivistischer als auch neukantianistischer Ströme genährt wurde, was die Evolution moderner Wissenschaften sehr begünstigte. Dieses intellektuelle Klima wurde in gewissem Maße auch von katholischen Gruppen im Land gefördert, die sich durch die Enzyklika *Aeterni Patris* (1879) von Papst Leo XIII darin ermutigt sahen, sich den Vorteilen der Wissenschaft von einer thomistischen Perspektive her zu nähern.

Unter diesen Bedingungen wuchs eine Generation von Forschern heran, die eine positivistische Ausbildung erhalten hatte, und die bei ihrem Bemühen, Spanien in die moderne wissenschaftliche Forschung einzubeziehen, sich mit strengen experimentellen Arbeiten und kleinen Gruppen von Studenten am Forschungsgeschehen beteiligte. Das aufgrund seiner Wirkungen in Spanien und im Ausland besonders herausragende Beispiel hierfür ist Santiago Ramón y Cajal (1854–1934), Autor einer äußerst wichtigen Arbeit über Histologie. Auch wichtig, und mit stärkerem Bezug zur Psychologie, ist die Figur eines Luis Simarro (1851–1921) (s. Abb. 4), der der erste Professor für Psychologie an einer spanischen Universität war (1902). Sein nur schmales wissenschaftliches Werk steht in scharfem Gegensatz zu seinem Einfluß, unter dem einige der wichtigsten Persönlichkeiten der späteren spanischen Psychologie ausgebildet wurden (Carpintero, 1987).

Entstehen einer wissenschaftlichen Tradition

Während der ersten dreißig Jahre des 20. Jahrhunderts weist die spanische Psychologie eine fortschreitende Konsolidierung einer wissenschaftlichen Tradition auf, deren Grundlagen in den letzten Jahren des letzten Jahrhunderts gelegt worden waren.

In den ersten Jahren des 20. Jahrhunderts erscheinen einige populäre Arbeiten, meist von Autoren aus dem Umkreis von Giner und der *Institución Libre de Enseñanza*, wodurch sich modernes Gedankengut der Psychologie, besonders von einem Wundtianischen Standpunkt, verbreitete (Carpintero, 1981). Zur gleichen Zeit nähern sich gewisse spanische Neoscholastiker (so wie Pater Arnáiz, 1867–1930), die mit der Gruppe von Kardinal Mercier an der Universität Louvain (Löwen) in Verbindung stehen, von einer ganz anderen ideologischen Seite ebenfalls der Experimentalpsychologie (Carpintero, 1989). Ferner werden die Arbeiten moderner Autoren wie Binet, Freud, James, Pavlov, Piaget, Wundt und anderer durch eine gewaltige Produktion von Übersetzungen einbezogen, bei denen wiederum Personen, die mit der *Institución Libre de Enseñanza* in Verbindung stehen, eine wichtige Rolle spielen.

Gleichzeitig beginnt ein nennenswerter institutioneller Ausbau, bei dem fortgesetzt und erweitert wird, was im letzten Jahrhundert begonnen wurde. Im Jahr 1902 tritt die Psychologie erstmals in einer Universität durch Einrichtung eines Lehrstuhls für Experimentelle Psychologie in Erscheinung; der Lehrstuhl in der naturwissenschaftlichen Fakultät in Madrid wird mit Simarro besetzt. Aber viele andere Einrichtungen fördert die Entwicklung der Psychologie außerhalb akademischer Grenzen, vor allem im Hinblick auf soziale Anwendungen (hauptsächlich in Erziehung, Arbeit und Organisationen).

Schon im 19. Jahrhundert hatte die Psychologie ein wichtiges Periodikum in dem *Boletín de la Institución Libre de Enseñanza* (ab 1877) gefunden. Hierin wurden Artikel von Binet, Dewey, Sully und Spencer veröffentlicht, aber auch einige von spanischen Autoren, hauptsächlich von solchen mit pädagogischen Orientierungen. Beginnend in den zwanziger Jahren entstanden aber spezialisiertere Zeitschriften, in denen neurologische, psychiatrische und soziale Themen zusammen mit pädagogischen behandelt wurden. Besonders einflußreich wurde die Zeitschrift *Archivos de Neurobiología, Psicología, Fisiología, Histología, Neurología y Psiquiatría*, die 1920 von Ortega y Gasset, Rodríguez Lafora und Sacristán begründet wurde. Es war dies die erste spanische Zeitschrift, die zum Teil der Psychologie gewidmet war.

Ferner erreichten in dieser Periode hervorragende kreative Persönlichkeiten ihre Reife, indem sie internationales Ansehen erwarben und indem sie definitiv die Europäisierung der spanischen Gesellschaft befestigten: José Ortega y Gasset (1883–1955), Gregorio Marañón (1886–1960) und Gonzalo Rodríguez Lafora (1886–1971) sind nur einige der erwähnenswerten Autoren, die besonderen Bezug zur Psychologie hatten (s. Abb. 5, 6 und 7).

Daher finden wir neben der Rezeption, Verbreitung, Institutionalisierung und Professionalisierung auch kreative Leistungen. Die volle Einbeziehung der spanischen Psychologie in die internationale Szene sollte ihren Anstoß durch die Organisation des 11. Internationalen Kongresses für Psychologie im September 1936 in Madrid erhalten. Der Ausbruch des Spanischen Bürgerkrieges im Juli des gleichen Jahres machte die Durchführung jedoch unmöglich.

Abb. 5: José Ortega y Gasset (1883–1955) in Paris, August 1939. Ortega entwickelte ein eigenes philosophisches System, das viele Verbindungen zu psychologischen Denkgebäuden der Zeit aufwies, z.B. zu Dilthey, zur Phänomenologie und zur Gestaltpsychologie. Ferner half Ortega sehr erfolgreich bei der Verbreitung philosophischer, psychologischer und naturwissenschaftlicher Ideen seiner Zeit in Spanien; und zwar durch sein eigenes Werk und durch die Übersetzung wichtiger Autoren des 20. Jahrhunderts: Bühler, Husserl, Koffka, Freud, Scheler u.a.

Abb. 6: Gregorio Marañón (1887–1960) ist Autor eines breiten medizinischen und historiographischen Werkes, dessen Bedeutung für die Psychologie vor allem in seinen Arbeiten über Emotionen besteht (es handelt sich eindeutig um einen Vorläufer der kognitiven Ansätze von Schachter und Mandler) sowie in seiner Theorie der Sexualität (bei der er eine fortschreitende Differenzierung von einer anfänglichen Bisexualität und der Existenz verschiedener intersexueller Stufen annimmt) und in seiner Annahme einer endokrinologischen Perspektive für das Verständnis menschlicher Persönlichkeit (zu dessen Beleg er verschiedene biographische Studien bedeutender historischer Persönlichkeiten erstellte).

Bürgerkrieg: Exil und Regression

Der Bürgerkrieg (1936–1939) stellte den Höhepunkt des Kampfes zwischen den „zwei Spanien" dar, die mehr oder weniger sichtbar über das ganze 19. bis zum 20. Jahrhundert bestanden hatten. Die Auswirkungen konnten nicht verheerender sein.

Auf der einen Seite zwang die offene Unterstützung, die viele Künstler, Intellektuelle und Wissenschaftler der republikanischen Seite gegeben hatten, viele dieser Personen nach dem Sieg der Faschisten ins Exil. Unter ihnen waren Personen mit höchstem Ansehen: Ortega y Gasset, Marañon, Lorente de Nó, Del Río Hortega und andere. Einige kamen nach Spanien zurück; andere nicht. Diese mußten ihre Arbeit in den Ländern, die sie aufnahmen, fortsetzen. Besonders wichtige Rollen für die Psychologie spielten Wissenschaftler wie Gonzalo Rodríguez Lafora in Mexiko, Mercedes Rodrigo in Kolumbien, Angel Garma in Argentinien und Emilio Mira y López in Brasilien.

Allerdings hatte die Arbeit dieser spanischen Psychologen im Exil keinerlei Rückwirkungen auf das Spanien

Abb. 7: Gonzalo Rodríguez Lafora (1886–1971) – hier etwa 1923 – war Psychiater mit solider Ausbildung sowohl in Spanien (er war Schüler von Simarro und Ramón y Cajal) als auch im Ausland (er studierte u.a. bei Ziehen, Kraepelin, Alzheimer und Franz). Lafora stellt eine wichtige Verbindung in der spanischen Psychologietradition dar. Zu seinen wichtigen institutionellen Leistungen gehört die Gründung zweier Zentren, durch die die Psychologie vorangetrieben wurde: das „Sanatorio Neuropático de Carabanchel" (Neuropathisches Sanatorium von Carabanchel) und das „Instituto Médico-Pedagógico" (Medizinisch-Pädagogisches Institut) (1925). Zusammen mit Ortega y Gasset und M. Sacristán gründete er 1920 die *Archivos de Neurobiología*. Lafora war Spezialist für Kinderpsychiatrie. Nach dem Bürgerkrieg emigrierte er nach Mexiko, wo er ein Laboratorium für medizinische und biologische Studien gründete.

der Franco-Ära. Im Gegensatz dazu wurden in Übereinstimmung mit dem sehr konservativen Regime, das diesem Land aufgebürdet wurde, Versuche unternommen, die Psychologie auf ihren Zustand der alten Philosophie zurückzubringen, gesehen von einem rigiden neoscholastischen Standpunkt. Hauptverantwortlich für diese Bewegung in der Psychologie war der Dominikaner Fray Manuel Barbado (1886–1945), der ab 1940 vollständige Kontrolle über Lehre und Forschung in der spanischen Philosophie, Pädagogik und Psychologie ausübte (Zanon & Carpintero, 1981).

Wiederherstellung der wissenschaftlichen Tradition

In den späten vierziger Jahren wurden ein paar Anzeichen sichtbar, die sich als Beginn einer langsamen und keineswegs leichten Wiederherstellung jener so plötzlich unterbrochenen Tradition erweisen sollten. Fraglos die Hauptfigur dieser neuen Entwicklung war der Arzt und Psychiater José Germain (1897–1986) (s. Abb. 8), der Schüler und Mitarbeiter von Lafora war, und der sich besonders mit Fragen der angewandten Psychologie befaßte. Es war vor allem sein Verdienst, daß eine ganze Reihe von Aktivitäten mit großer institutioneller Bedeutung entstanden: 1946 die Gründung der *Revista de Psicología General y Aplicada*, der wichtigsten spanischen Zeitschrift; 1948 die Gründung eines Instituts für Experimentelle Psychologie in der höheren Einrichtung für Wissenschaftliche Forschung, wo Personen, die später hauptsächlich für die Entwicklung der Psychologie in Spanien wichtig werden sollten, ausgebildet wurden; die Gründung der Spanischen Psychologischen Gesellschaft im Jahr 1952; schließlich 1953 die Gründung einer zur Universität gehörigen Einrichtung zur Graduierung von Psychologen.

Ferner versammelte Germain um sich einen großen Kreis von Schülern, die später führende Köpfe der psychologischen Forschung in Spanien wurden. Sie verdanken ihm eine solide wissenschaftliche und praktische Ausbildung, die vielfach im Ausland vervollständigt wurde. Aufgrund der Bedeutung ihrer besonderen wissenschaflichen Leistungen sollen die folgenden Schüler erwähnt werden: José Luis Pinillos (geb. 1919), Ordinarius an den Universitäten Valencia und Madrid, hatte u. a. bei Rothacker und Eysenck studiert; seine Arbeiten konzentrierten sich hauptsächlich auf Aspekte der Sozialpsychologie und der Persönlichkeit. Mariano Yela (1921), Professor an der Universität Madrid hatte bei Thurstone und Michotte gearbeitet; er war der Promotor der Psychometrie und der Faktorenanalyse in Spanien. Miquel Siguán (1918), Professor an der Universität Barcelona, kam vom National Institute of Industrial Psychology in London und arbeitete besonders über Themen der Industriepsychologie und Sozialpsychologie, aber auch der Psycholinguistik.

Die spanische Psychologie erhielt neue Impulse in den späten sechziger Jahren. Die Einführung eines Universitätsabschlusses als Psychologe, zuerst durch Philosophische Fakultäten (1968), und dann die Einrichtung unabhängiger Psychologischer Fakultäten ein paar Jahre später (1980), begünstigt durch die Wiedereinrichtung einer demokratischen Regierung in Spanien, führte zu einem beträchtlichen Anstieg der Zahl von Psychologen, Forschungsarbeiten, spezialisierten Zeit-

Abb. 8 : José Germain während der Eröffnungsansprache zur III. Nationalen Psychologenversammlung, Mai 1970. José Germain (1897–1986), Arzt und Psychiater, Schüler und Mitarbeiter von Lafora, orientierte sich an Person und Werk Ortegas. Er hatte ebenfalls eine europäische Ausbildung bei Lehrern wie Dumas und Janet in Psychiatrie und Bartlett in Psychologie. Germain war vor allem an angewandter Psychologie interessiert, wie z.B. an Fragen der Sicherheit im Straßenverkehr, der Personalauslese und der Beratung. Er leistete gewaltige institutionelle Arbeit, so begründete er die *Revista de Psicología General y Aplicada*, er gründete ferner die Spanische Psychologengesellschaft. Seine Bedeutung liegt somit darin, daß er nach dem Spanischen Bürgerkrieg die Bedingungen für kontinuierliche Forschung, Lehre und Anwendung in der Psychologie wiederherstellte.

schriften, einem Anstieg, der in der Mitte der siebziger Jahre zu einem richtigen Boom führte. Im professionellen Bereich erhielt die Psychologie darüber hinaus sichere soziale und institutionelle Unterstützung durch die Gründung des „Colegio Oficial de Psicólogos“ (Offizielle Psychologen-Gewerkschaft) 1980 (Carpintero, 1989).

Beim Übergang zum 21. Jahrhundert hat die spanische Psychologie nach einem hundertjährigen Streben um volle akademische und soziale Verankerung, nunmehr mit fast 1.000 Hochschuldozenten, mit fast 50.000 Absolventen und einer Berufsorganisation, die nach der *American Psychological Association* die zweitgrößte Mitgliederzahl aufweist, genug Gründe, mit einem gewissem Optimismus in die Zukunft zu schauen.

Literatur

Barrio, M. V. del & Carpintero, H. (1985). Los comienzos de la psicología educativa en España: la tradición krausista. Revista de Historia de la Psicología, 6, 133–143.

Carpintero, H. (1981). Wundt y la psicología en España. Revista de Historia de la Psicología, 2, 37–55.

Carpintero, H. (1987). El doctor Simarro y la psicología científica en España. Investigaciones Psicológicas, 4, 189–207.

Carpintero, H. (1989). La psicología en España: una síntesis. In: J. Arnau & H. Carpintero (Eds.), Historia, Teoría y Método. Madrid: Alhambra.

Lafuente, E. (1987). Los orígines de la psicología científica en España: Las Lecciónes Sumarias de Psicología, de Francisco Giner de los Ríos. Investigaciónes Psicológicas, 4, 165–187.

Lafuente, E. (1990). El krausismo y la Institución Libre de Enseñanza en los orígenes de la psicología española (1850–1900). Actas del II Colegio Oficial de Psicólogos, Vol. 6., pp., 7–12, Valencia.

Zanon, J. L. & Carpintero, H. (1981). El Padre Manuel Barbado y su Introducción a la Psicología Experimental. Revista de Historia de la Psicología, 2, 189–224.

Übersetzung aus dem Englischen:
H. E. Lück

Die Geschichte der experimentellen Psychologie in Ungarn

György Kiss

Die ersten Ergebnisse der experimentellen Psychologie in Ungarn waren geprägt von einer praxisorientierten Zielsetzung.

Der erste bedeutende Forscher der ungarischen Experimentellen Psychologie war der Nervenarzt Pál Ranschburg (1870–1945) (s. Abb. 1). 1899 gründete er in Ungarn das erste Psychologische Laboratorium. Ab 1902 gehörte dieses zur Heilpädagogischen Hochschule und ist bis heute als das Psychologische Institut der Akademie der Wissenschaften eine der wichtigsten Institutionen der psychologischen Forschung in Ungarn.

Abb. 1: Dr. Pál Ranschburg, Privat-Dozent, Leiter des Heilpädagogisch Psychologischen Laboratoriums, Präsident der experimentell psychologischen Abteilung der Ungarischen Gesellschaft für Kinderforschung.

Mit Hilfe seines Meßgerätes, des „Mnemometers", führte Ranschburg sowohl an kranken Patienten der Psychiatrischen Klinik als auch an gesunden Versuchspersonen in seinem Labor Gedächtnisexperimente durch. Das Ablesen von weit auseinanderstehenden, heterogenen Zahlen führte nur zu wenigen Fehlleistungen. Bei homogenen Zahlen bzw. Zahlenreihen traten häufig Lesefehler auf. Bei weiteren, speziell auf die Analyse dieser Erscheinung abzielenden Versuchen erzielte Ranschburg vergleichbare Resultate (s. Abb. 2). Aufgrund dessen entwickelte er dann das Gesetz der homogenen Hemmung. Das nach ihm benannte „Ranschburgsche Phänomen", bzw. die Ranschburgsche Hemmung sagt aus, daß einander berührende und aufeinander folgende Eindrücke einander um so weniger beeinflussen, je heterogener sie sind, während sie bei Homogenität leicht zu einer Einheit verschmelzen (Ranschburg, 1901; 1902).

Die Bedeutung dieser Entdeckung Ranschburgs wurde schon zu Beginn dieses Jahrhunderts anerkannt. So ist es sicherlich kein Zufall, daß seine Forschungsergeb-

Objectiv számsorok	Dr. M. S.	Dr. H. K.	F. E.	Dr. R. N.	Dr. H. G.	Sch. E.	K. K.
119495	1194-5	119456	1194-5	119425	119465	119945	—
141993	141934	141930	141903	—	—	141933	141393
103739	—	—	103792	—	103729	103799	107379
774886	—	774836	7748-6	774485	774865	774586	—
176468	—	176463	176408	1764--	—	—	—
710332	—	710322	710322	710392	—	710312	—
145957	145997	145597	145597	145497	145937	145-79	—
609337	—	609733	—	609937	609337	609377	—
975254	—	9--524	9725-4	975245	975264	975524	972254
147556	—	147506	147566	—	147536	147566	14756-
663732	—	663722	663752	663734	—	667732	663722
449793	449723	449703	449703	449739	449773	—	449732
411882	—	411832	411802	411822	411832	411832	441882
654012	654902	654012	654--2	—	—	654002	—
960443	—	—	—	—	—	936--4	960043
714998	—	7149-3	719498	714089	714983	714988	714988
128786	—	128756	127876	128726	128726	—	127786
817660	—	817600	817600	—	—	817660	—
278489	278---	278196	274849	278429	278499	227849	278499
610552	—	—	—	—	—	610532	—
Hibás sorok összege	6 (6)	17 (15)	17 (16)	13 (11)	12 (12)	17 (15)	11 (11)

(Az eltévesztett számjegyeket dült szedésben adjuk.)

Abb. 2: Ausschnitt aus einem Versuchsprotokoll. Linke Spalte: Objektive Zahlenreihe. Abkürzungen in der oberen Reihe: Namen der Versuchspersonen.

Abb. 3: Géza Révész

Abb. 4: László Nagy

nisse und deren Interpretationen auch das Interesse von Hugo Münsterberg fanden, einem der hervorragendsten Theoretiker der ersten arbeitspsychologischen Versuche an der Harvard-Universität. In seinem 1913 erschienenen Buch *Die Psychologie und das Wirtschaftsleben* behandelt er in einem Kapitel das Problem der Monotonie (1913, S. 113–123). Aufbauend auf den Forschungen Ranschburgs, untersuchte Münsterberg die Auswirkungen eintöniger und abwechslungsreicher Reizeffekte auf die Arbeitstätigkeit und -leistung. Es ist nachweisbar, daß die These der Homogenen Hemmung die Anfänge der Monotonieforschung positiv beeinflußt hat. Neben seiner Bedeutung als Begründer der psychologischen Forschung in Ungarn hatte Ranschburg auch einen wesentlichen Anteil bei ihrer Durchsetzung und Anerkennung. So war es nahezu zwangsläufig, daß die im Jahre 1928 gegründete Ungarische Psychologische Gesellschaft ihn zu ihrem ersten Präsidenten ernannte.

Eine weitere bedeutende Persönlichkeit der Ungarischen Experimentellen Psychologie war Géza Révész (1878–1955) (s. Abb. 3). Obwohl er an der Universität der Wissenschaften in Budapest Jura studierte, befaßte er sich schon in seiner Doktorarbeit mit Psychologie. 1902 ging er nach Göttingen und studierte bei Georg E. Müller. Außerdem besuchte er Vorlesungen bei bekannten Psychologen wie Stumpf, Brentano und Lipps. Er war der erste ungarische Forscher, der einen Doktortitel in Psychologie erwarb, wenngleich im Ausland. Es ist sicherlich kein Zufall, daß Révész dann 1908 aufgefordert wurde, als Privatdozent an der Budapester Universität der Wissenschaften Vorlesungen in Experimenteller Psychologie zu halten.

Im Jahr 1918 wurde Révész zum Professor und Direktor des Psychologischen Instituts der Budapester Universität der Wissenschaften ernannt. Ab 1921 lebte und arbeitete er in den Niederlanden. Dort erzielte er bedeutende wissenschaftliche Ergebnisse als Professor für Psychologie an der Universität von Amsterdam. Seine in den Niederlanden durchgeführten wissenschaftlichen Untersuchungen zum Erkennen von Talenten können als Fortsetzung seiner Arbeiten in Ungarn gesehen werden und bilden die Basis für sein 1952 publiziertes zusammenfassendes Lebenswerk *Talent und Genie*. Bereits 1916 erschien in Leipzig sein Buch mit dem Titel *Erwin Nyiregyházi, psychologische Analyse eines musikalisch hervorragenden Kindes.*

Révész hat mehrere Untersuchungen zum Erkennen von Begabung durchgeführt. Dabei interessierte ihn im wesentlichen die Frage nach den Faktoren, die Begabung bereits zu einem Zeitpunkt sichtbar werden lassen, an dem sich deren Richtung noch nicht ausdifferenziert hat. Die schon 1918 gewonnenen Erkenntnisse, daß die ins Denken und Handeln übersetzte intuitive Kraft und Spontaneität, das moralische Verhalten, die Willenskraft sowie der Intelligenzgrad des Kindes zusammen den Grad der Ausprägung des Talentes bestimmen, finden auch in der heutigen Psychologie noch Berücksichtigung.

Einschätzung und Bewertung der Begabung und das damit verbundene gründlichere Erkennen eines Kindes

Abb. 6: Lajos Kardos

ist primär Aufgabe der Pädagogen, insbesondere der Grundschullehrer, die deshalb mit umfassenden psychologischen Kenntnissen ausgerüstet sein müssen. Es war László Nagy (1857–1931) (s. Abb. 4), der eine systematische Ausbildung aufgrund der Ergebnisse der Kinderforschung einführte. Er unterrichtete an einer Mittelschule, an der Grundschullehrer ausgebildet wurden. Aufgrund seiner Empfehlungen wurde die psychologische Ausbildung zwischen 1908 und 1914 einer grundlegenden Reform unterworfen. Als Folge dieser Reform wurden den potentiellen Grundschullehrern nicht mehr nur abstrakte psychologische Definitionen vermittelt, sondern sie wurden mit den Methoden des Erkennens und Bewertens der seelischen Erscheinungen des Kindes vertraut gemacht und mit den Ergebnissen konfrontiert.

Die Ausbildung beinhaltete in einem großen Umfang psychologische Lehrveranstaltungen. Während des Unterrichts wurden Experimente durchgeführt, durch welche die Kandidaten für die seelischen Erscheinungen der Kinder und deren Wirkungen auf den Unterricht sensibilisiert wurden. Diese Konzeption ähnelte den Vorstellungen Ernst Meumanns.

Abb. 5: Farbscheibe von László Nagy.

Für die Lehrerausbildung wurden seinerzeit die Mittelschulen mit psychologischen Laboratorien und Geräten der Experimentellen Psychologie ausgerüstet. Eines dieser Instrumente war zum Beispiel Netschajeffs Tachistoskop oder die zum Mischen der Farben dienende Farbscheibe von László Nagy (s. Abb. 5).

Eine weitere erwähnenswerte Persönlichkeit in der frühen ungarischen Psychologie war Kardos Lajos (1899–85) (s. Abb. 6). Von 1947–71 war er Professor für Psychologie an der Universität der Wissenschaften in Budapest. Er hatte in Wien bei Karl Bühler studiert, und seine ersten Arbeiten, so z. B. *Ding und Schatten* (1934), zeigen noch den Einfluß der Wiener Schule um Bühler und Brunswik. In der Allgemeinen Psychologie und der Tierpsychologie hat Kardos bedeutende Ergebnisse erzielt. In Ungarn wurde er der Begründer der systematischen Psychologen-Ausbildung.

Literatur

Kardos, L. (1962). Grundfragen der Psychologie und der Forschungen Pawlows. Budapest.

Nagy, L. (1912/1913). Pedagógiai pszichológiai kişérleti eszközök gyüjteménye. Bp. VI Ker Tanitóképzö Int. Érteörtesitö.

Ranschburg, P. (1901). Apparat und Methode zur Untersuchung des optischen Gedächtnisses für medizinische und pädagogisch-psychologische Zwecke. Monatsschrift für Psychiatrie und Neurologie, Berlin, 10 (5), 321–333.

Ranschburg, P. (1902). Über Hemmung gleichzeitiger Reizwirkungen. Experimenteller Beitrag zur Lehre von Bedingungen der Aufmerksamkeit. Zeitschrift für Psychologie und Physiologie der Sinnesorgane. Leipzig, 30, 39–86.

Übersetzung aus dem Englischen:
R. Miller

Niederlande

Pieter van Strien

Wer die Psychologie so, wie sie in den Niederlanden heutzutage ausgeübt wird, in internationaler Perspektive sieht, findet wenig Spezifisches. Das Typische ist vielleicht sogar ihre besondere, internationale Orientierung. Ausländische Autoren werden häufiger zitiert als niederländische, die sich mit dem gleichen Thema befassen. Amerikanische Veröffentlichungen genießen dabei den Vorzug, aber auch Forschungen, die an anderen Stellen in Europa durchgeführt werden, erlangen die notwendige Aufmerksamkeit.

Diese internationale Orientierung findet ihren Ausdruck auch darin, daß niederländische Psychologen in den letzten Jahrzehnten eine Vorreiterrolle bei der Gründung europäischer Zeitschriften und Verbände und bei der Organisation europäischer Konferenzen gespielt haben. In dieser Hinsicht haben die Niederlande also die gleiche Transferfunktion wie beim Handel und Verkehr.

Gehen wir in die Vergangenheit zurück, dann stellen wir fest, daß diese Orientierung am Ausland immer schon bestand, daß die Psychologie in den Niederlanden aber viele Jahrzehnte einen sehr eigenen Charakter hatte. Ich werde gleich zeigen, daß die zentrale Stellung, die die Religion eingenommen hat, im sozialen Leben in den Niederlanden hierbei eine wichtige Rolle gespielt hat.

Abb. 1: Portrait von Franciscus Cornelis Donders, gemalt im Jahr 1888 von seiner zweiten Frau Abrahamina Hubrecht. Die Büste im Hintergrund zeigt Hermann von Helmholtz, mit dem Donders in den 1850er Jahren Freundschaft schloß. In der Zeit, als von Helmholtz Hochschullehrer in Bonn war (1856–1859), besuchte ihn Donders regelmäßig in den Ferien in Cleve. Als Helmholtz nach Heidelberg zog, wurde Donders gebeten, die Stelle von Helmholtz in Bonn zu übernehmen. Da dieser aber durch eine nationale Spendenaktion für die Einrichtung einer Augenklinik in Utrecht einen großen Geldbetrag zusammenbekommen hatte, hielt er es nicht für angebracht, ins Ausland zu gehen.

Abb. 2: Noëmatachograph, verwendet in Donders' Reaktionszeitversuchen. Donders verwendete diesen Apparat, um die „zentrale Zeit" zu messen, die notwendig war, um Reize zu unterscheiden oder um sich für die richtige Reaktion zu entscheiden. Er erreichte dies, indem er die Zeit, die für eine einfache Reaktion benötigt wurde (a), von der Zeit, die für eine „komplizierte" Reaktion benötigt wurde (b oder c), abzog. Bei einer einfachen Reaktion (a) bekam die Vp den Auftrag, einen vom Versuchsleiter ausgesprochenen Klang („Ki") sofort nachzusprechen. Bei der komplizierten Reaktion erhielt die Vp verschiedene Silben angeboten (Ka, Ke, Ki oder Ku), die sie entweder (b) so schnell wie möglich nachsprechen sollte oder (c) nur dann nachsprechen sollte, wenn die Reizsilbe „Ki" war.

Donders und Heymans: International bedeutende Pioniere

Bis 1900 kann man noch nicht von einer Psychologie mit eigens niederländischem Gepräge sprechen. Die zwei bekanntesten Namen, die diese Periode hervorgebracht hat, sind Franciscus Cornelis Donders (1818–89) und Gerard Heymans (1857–1930). Wie Hermann von Helmholtz (1821–94), mit dem er persönlich befreundet war (s. Abb. 1), bearbeitete Donders (Universität Utrecht) ein großes Gebiet, und wie jener war er als Physiologe an der Frage nach der „psychischen Komponente" bei der Reaktionsmessung interessiert, wozu er eine einfallsreiche Apparatur entwickelte (s. Abb. 2). Bei seinen Untersuchungen verwendete er die „Subtraktionsmethode", wobei die Differenz zwischen der Reaktionszeit in einer Entscheidungssituation (z.B. eine Silbe nachsprechen oder nicht) und einer einfachen Reaktion als zentrale „psychische" Zeit angesehen wurde. Durch die hieran im Wundtschen Leipziger Laboratorium anschließenden Untersuchungen erwarb sich Donders den Ruf eines international angesehenen Pioniers der Psychologie. Tatsache war jedoch, daß die Reaktionsuntersuchungen eher eine Episode in seiner wissenschaftlichen Laufbahn darstellten. Sein eigentliches Lebenswerk lag im Bereich der Augenheilkunde.

Der erste Niederländer, der primär als Psychologe in die Geschichte eingegangen ist, war Gerard Heymans (1857–1930). Im Jahr 1890 wurde er auf den Lehrstuhl für Philosophie nach Groningen berufen. Um diesem Fach nach deutschem Vorbild ein empirisches Fundament zu geben, begann er direkt nach seiner Berufung mit einer Reihe von psychologischen Untersuchungen, zunächst zu optischen Täuschungen (s. Abb. 3). 1892 wurde ihm von der Universität Geld für die Anschaffung von Geräten bewilligt. Diese so erhaltene offizielle Anerkennung kann als Meilenstein angesehen werden; sie bildet 1992 den Anlaß für eine Jahrhundertfeier niederländischer Psychologie.

Heymans Werk ist ein gutes Beispiel für die Mittlerrolle der niederländischen Psychologie im Kraftfeld internationaler Einflüsse. In seinem Buch *Gesetze und Elemente des wissenschaftlichen Denkens* (1890) schließt sich Heymans dem angelsächsischen induktiv-empirischen Denken in der Nachfolge von John Stuart Mill an. Seine beiden anderen philosophischen Hauptwerke *Einführung in die Metaphysik* (1905) und *Einführung in die Ethik* (1914) tragen beide als Untertitel *auf Grundlage der Erfahrung*. Er war der erste auf dem europäischen Kontinent, der die Enquête-Methode von Galton für die Untersuchung psychischer Erscheinungen verwendete. Bei der Auswertung der gemeinsam mit dem Psychiater E. Wiersma durchgeführten Vererbungs-Enquête gebrauchte er als erster die durch Spearman entwickelte Korrelationsmethode, um die von ihm entwickelte Temperaments-Typologie statistisch zu begründen (Heymans & Wiersma, 1906–18). Auch seine Psychologie der Frauen (1910) beruhte auf Enquête-Untersuchungen. Die Telepathieüberprüfungen, die er in den Jahren 1919 bis 1922 gemeinsam mit seinem Schüler Brugmans durchführte (s. Abb. 4) bilden in der Welt der Parapsychologie (psychical research) ein seltenes Vorbild methodischer Strenge.

Aber zur gleichen Zeit zeigt sich Heymans in seiner Erkenntnistheorie und Ethik als treuer Nachfolger Kants, und seine *Metaphysik* mündet in einen panpsychischen Monismus im Geiste Fechners. Auch mit seinem Bemühen um eine alle Wissensgebiete umfassende Gesamtkonzeption folgt er deutschen Denkern. Durch seine Position im Schnittpunkt zweier europäischer Denkklimata hat Heymans eine vermittelnde Funktion in der Psychologie seiner Zeit ausgeübt. Durch diese vermittelnde Rolle war er auch derjenige, der die schlagartig durch den Ersten Weltkrieg gespaltene Psychologenwelt auf einem internationalen Kongreß (Groningen 1926) wieder zusammenführte. Auf demselben Kongreß (s. Abb.

Abb. 3: Apparat zur Untersuchung der Zöllnerschen Täuschung (Gerard Heymans, um 1895). – Der Auftrag an die Vp ist, drei diagonal über das Holzbrett gespannte Gummifäden mit Hilfe von Stellknöpfen „nach Augenmaß" parallel laufen zu lassen. Unter diesen Fäden wurde ein (austauschbarer) weißer Bogen Karton mit den Schrägstrichen geschoben, der die optische Täuschung verursachte. (Die Winkel variierten auf den verschiedenen Kartonblättern). Unter dem Brett (hier in der Abb. aufgeklappt) kann das Ausmaß der Abweichung genau abgelesen werden.

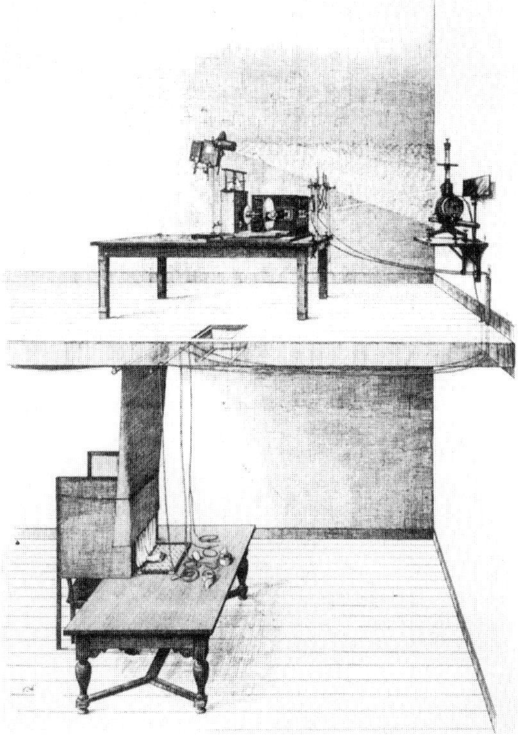

Abb. 4: Versuchsanordnung der Telepathie-Studie im Psychologischen Laboratorium von Heymans in Groningen. – Die Vp befand sich im unteren Stockwerk; der Vl im oberen Stockwerk. Die Vp sollte mit dem Zeigefinger auf einem für sie unsichtbaren Brett mit 6x8 Feldern dasjenige Feld benennen, an das der Versuchsleiter dachte. Der Versuchsleiter konnte durch eine geräuschdichte, mit Glas verschlossene Öffnung die Handbewegung der Vp erkennen. Die Anzahl der „Treffer" lag weit über dem Zufall, was auch durch neuere Auswertungen (Schouten & Kelley, 1978) bestätigt wurde. Beim Versuchsleiter befinden sich u.a. ein Kymograph (Mitte) mit Chronograph von Jaquet und mehrere Mareysche Registrationstambours (nicht sichtbar), ferner (rechts) ein Spiegelgalvanometer von Hartmann und Braun. Diese Geräte dienten zur Erfassung physiologischer Meßwerte der Vp. Es wurden auch Versuchsreihen durchgeführt, bei denen die Wirkung von Psychopharmaka festgestellt werden sollten. Alkohol schien die Ergebnisse günstig zu beeinflussen; Bromnatrium hatte keinen Einfluß.

7) zeigte sich aber auch, wie schwierig es war, aus den beiden Denkrichtungen eine stabile Legierung zu schmieden. Die geisteswissenschaftliche Wendung, die das deutsche Denken nach dem Krieg genommen hatte, machte eine Synthese mit der angelsächsischen Empirie unmöglich. In seiner Abschiedsvorlesung gibt sich Heymans enttäuscht: Die Deutschen hätten immer noch nicht einsehen können, daß die empirische Methode auch auf andere als elementare Erscheinungen anwendbar sei, und die Engländer hätten es nicht weiter als bis zu einer sterilen Assoziationspsychologie gebracht, die die nicht experimentell überprüfbaren Seiten des normativen Denkens außer Acht lasse. In der Tat hat Heymans' umfassenderes Denksystem international kaum Beachtung gefunden.

Diese Beachtung erwarb er sich aber mit seinen empirischen Arbeiten, besonders seinem typologischen System, anschaulich dargestellt im sog. *Heymans-Kubus* (s. Abb. 5). Der Vortrag über „das künftige Jahrhundert der Psychologie", den er 1909 bei seinem Abschied als Rektor der Universität Groningen hielt, hat hierzu in erheblichem Maß beigetragen. Aus diesem Vortrag geht hervor, daß er die Psychologie nicht nur als Basiswissenschaft von gleich fundamentaler Bedeutung wie die Physik ansah, sondern daß er von ihr auch einen wesentlichen Beitrag zum menschlichen Glück erwartete. Der Mensch, so sagte er, habe die Naturgesetze immer besser kennen und beherrschen gelernt, aber er stehe den Gesetzen seines eigenen Verhaltens und Bewußtseins noch immer unwissend gegenüber. Die Einsichten, die die Psychologie in die Besonderheiten des eigenen Charakters und die der Mitmenschen ermöglicht, werde zukünftige Generationen immer besser in die

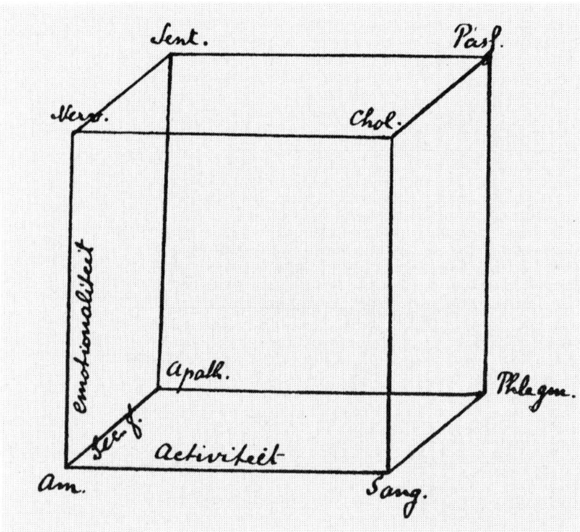

Abb. 5: Der Heymans-Kubus. Die drei Dimensionen im Charaktersystem von Heymans sind Aktivität, Emotionalität und Sekundärfunktion. Die beiden ersten sind der Temperamentlehre von Kant entlehnt, die dritte entspricht der „Cerebralen Sekundärfunktion“ von Otto Groß. Die acht Typen, zu denen Heymans gelangte, sind: die Sentimentalen, die Passionierten, die Choleriker, die Nervösen, die Apathischen, die Phlegmatischen, die Sanguiniker und die Amorphen. Die Dimensionen wurden empirisch gestützt durch Korrelationsberechnungen an den Ergebnissen einer zusammen mit seinem Kollegen E. Wiersma durchgeführten Hereditätsenquête. Ein zweites empirisches Fundament bildete die Analyse von gut 100 Biographien. Diese letzte Methode trug stark zur Popularität von Heymans' Typologie bei.

Lage versetzen, eigene Fehler zu erkennen und zu überwinden und Verständnis für die von anderen Menschen aufzubringen. Das gleiche gelte für die Beziehung zwischen verschiedenen Völkern. Durch eine vernünftige Heiratswahl könne der Mensch sich von den niederen Leidenschaften und dem Bösen in ihm befreien. Wenn die Besseren sich – durch psychologische Einsicht geleitet – zusammenfinden und die erblich weniger gut Bedachten freiwillig auf Nachkommenschaft verzichten, werde sich die menschliche Rasse im Laufe der Generationen immer weiter veredeln. Daneben werde der psychische Monismus uns dabei helfen, die Grenzen unserer Individualität zu überwinden, um in der höheren Ordnung des Weltgeistes Platz zu finden. Auf diese Weise entstehe eine neue Perspektive, die jene Stelle einnehmen könne, die bei früheren Generationen religiösen Überzeugungen zukam und die diesen Generationen Halt gab.

Nicht jeder teilte die Zukunftserwartungen von Heymans. Seine dreidimensionale Typologie wurde aber auch von weniger utopisch gestimmten Geistern als Hilfsmittel aufgegriffen, um Menschen in der Entwicklung, im Unterricht, der Rechtsprechung usw. zu beurteilen. So trug Heymans also zu einer Psychologisierung zwischenmenschlicher Beziehungen bei, die zuvor in erster Linie durch moralische und religiöse Normen reguliert worden waren.

Psychologie in einer religiös und weltanschaulich segmentierten Gemeinschaft

Heymans gehörte zu einer aufgeklärt-liberalen Gruppe innerhalb der niederländischen Gesellschaft, die sich schon früh der Wissenschaft zuwandte, um Sicherheiten zu finden, die bislang in der Religion gesucht wurden. Die Mehrheit der Bevölkerung hielt dagegen an dem Glauben fest, in dem sie aufgewachsen war: sie war überwiegend protestantisch-christlich im Westen und Norden des Landes und römisch-katholisch im Süden. Im 19. Jahrhundert hatten beide Gruppierungen eine Emanzipationsbewegung durchgemacht, die das Zu-

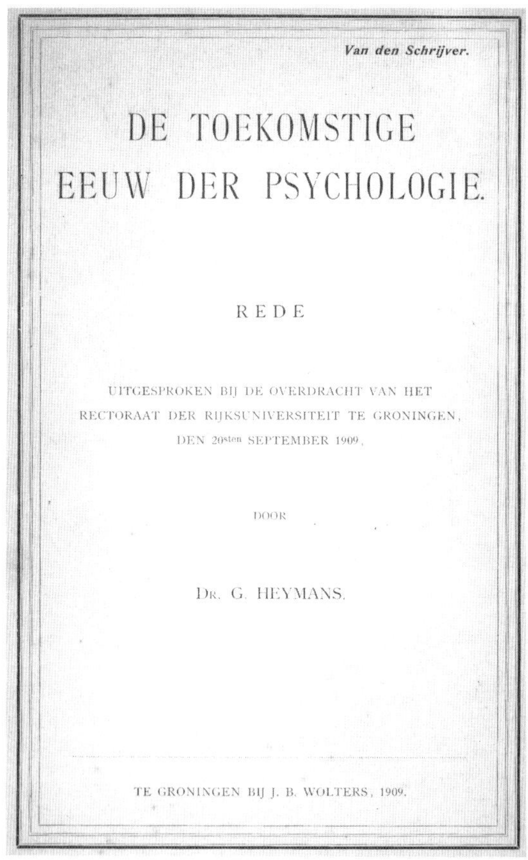
Van den Schrijver.

DE TOEKOMSTIGE
EEUW DER PSYCHOLOGIE.

REDE

UITGESPROKEN BIJ DE OVERDRACHT VAN HET
RECTORAAT DER RIJKSUNIVERSITEIT TE GRONINGEN,
DEN 20sten SEPTEMBER 1909,

DOOR

DR. G. HEYMANS.

TE GRONINGEN BIJ J. B. WOLTERS, 1909.

Abb. 6: Heymans' Rektoratsrede *De toekomstige eeuw van de psychologie* (Das zukünftige Jahrhundert der Psychologie) wurde 1911 ins Deutsche übersetzt und erschien 1912 in der französischen *Revue du Mois*.

Abb. 7: Teilnehmer des 8. Internationalen Psychologenkongresses, der vom 6. bis zum 11. September 1926 in Groningen stattfand. Heymans (mit weißem Bart) ist vorn in der Bildmitte zu erkennen.

sammenleben in drei Blöcke oder „Säulen" einteilte: einen protestantischen, einen katholischen und einen neutralen Block; letzterer bestand aus Liberalen und Sozialisten. Innerhalb jeder Säule bildete sich ein dichtes Netz von Organisationen auf allen Gebieten des Zusammenlebens: Politik, Unterricht, Jugendarbeit, Sport und andere Freizeitbeschäftigungen. Orthodoxe Protestanten und Katholiken begründeten je eine eigene Universität: die Freie Universität Amsterdam und die Katholische Universität Nijmegen. Als die psychologische Beratungstätigkeit nach dem Ersten Weltkrieg aufblühte (z.B. in Form von Berufsberatungsstellen) vollzog sich die Organisation dieser Einrichtungen entsprechend den drei genannten Säulen. Auch die meisten Hochschullehrer für Psychologie, die in den zwanziger, dreißiger und vierziger Jahren berufen wurden, betrieben ihr Fach mit Blickrichtung auf die Probleme der Säule, zu der sie gehörten. Es entstand so eine stark praktisch ausgerichtete Psychologie, die darauf abzielte, Antworten auf Fragen der Erziehung und des Lebens zu finden, und die die Popularisierung der Psychologie innerhalb der eigenen Denkrichtung betrieb.

Die naturwissenschaftlich orientierte Psychologie von Heymans fand man für diese Aufgabe unbrauchbar. In Übereinstimmung mit der inzwischen in Deutschland aufgekommenen „Geisteswissenschaftlichen Psychologie" wurde die Selbständigkeit und Autonomie der menschlichen Seele betont. Protestantische Psychologen machten dabei Gebrauch von Begriffen aus der protestantischen Theologie und katholische aus der neuthomistischen Denkrichtung. Unter den Hochschullehrern waren H. J. F. W. Brugmans, Heymans' Nachfolger in Groningen, und der ungarische Flüchtling Géza Révész, der 1933 an der Gemeinde-Universität Amsterdam Professor für Psychologie wurde, die einzigen, die in ihrem Fach die empirische Tradition fortführten.

Diese „versäulte" Situation bestand auch noch lange nach dem Zweiten Weltkrieg. Obwohl das wissenschaftliche Niveau vorerst nicht sehr beeindruckend war, hat die Entwicklung der Berufspraxis, die nun einen großen Aufschwung zu nehmen begann, hiervon sehr profitiert. Das Netz der Organisationen, aus denen jede Säule bestand, lieferte nämlich die Kanäle für eine tieferreichende Durchdringung des gesellschaftlichen Lebens durch die Psychologie, wie es anders nicht möglich gewesen wäre. Die große Dichte von Psychologen in den Niederlanden (innerhalb von Europa nur noch durch Schweden erreicht) findet hierin in erheblichem Maße eine Erklärung.

Eine ebenso eindeutig durch religiöse und weltanschauliche Faktoren gefärbte Episode in der Geschichte der Niederländischen Psychologie war die „Existentielle Phänomenologie" in der sogenannten „Utrechter Schule" um F. J. J. Buytendijk, der von Haus aus Physiologe und Tierpsychologe war. Neben der deutschen Denktradition bildete hier der französische Existentialismus eine wichtige Inspirationsquelle. Leider ist es in dieser kurzen Skizze nicht möglich, hierauf näher einzugehen, denn dieser Einfluß auf die niederländische Psychologie wäre ein Thema für sich.

Die anglo-amerikanische Wende

Erst in den sechziger Jahren fand jene für die Niederlande als typisch beschriebene Situation ein Ende. Bezeichnend für die feste Verankerung der beschriebenen weltanschaulich orientierten Psychologie in der deutschen Denktradition ist, daß diese – auch nach allen negativen Erfahrungen aus der Zeit der Nazi-Besetzung – noch lange nach dem Krieg weiterbestehen konnte. Deutlich wird dies durch eine Untersuchung zur Entwicklung des Zitierverhaltens in der führenden *Nederlands Tijdschrift voor de Psychologie*. Erst um 1960 beginnt die sog. anglo-amerikanische Psychologie die deutschsprachige als „Referenzkultur" zu verdrängen.

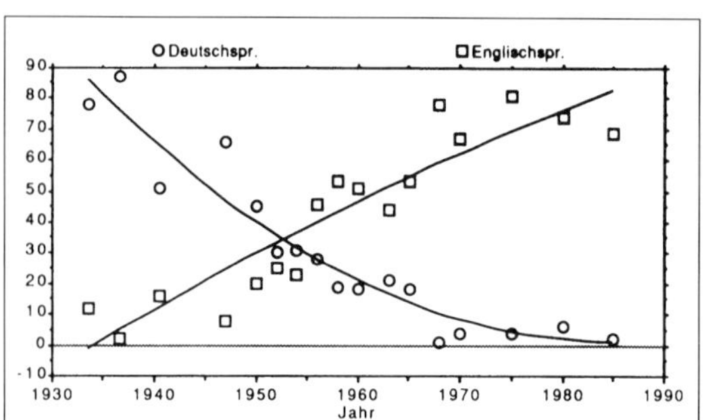

Abb. 8: Prozentuale Verteilung des Sprachraumes der Referenzen in der Nederlands Tijdschrift voor de Psychologie nach van Strien (1990, S. 264) als polynome Regressionen zweiter Ordnung für die prozentuale Verteilung der Referenzen in der Nederlands Tijdschrift voor de Psychologie.

Die gerade skizzierte „Versäulung" verwischt sich dabei mehr und mehr. Immerhin hat die niederländische Psychologie trotz der Amerikanisierung jene breitere internationale Orientierung bewahrt, die für sie schon zur Zeit von Heymans kennzeichnend war.

Literatur

Bowman, W. (1891). In memoriam F. C. D. Reprinted in: W. G. Koster (Ed.), Attention and performance II; Proceedings of the Donders Centenary Symposium on reaction time, Eindhoven, 1968, Acta Psychologica 30, 389–408.

Heymans, G. (1908). Über einige psychische Korrelationen. Zeitschrift für angewandte Psychologie, 1, 313–381.

Heymans, G. (1910). Die Psychologie der Frauen. Heidelberg: C.Winter.

Heymans, G. (1932). Einführung in die spezielle Psychologie. Leipzig: J. A. Barth.

Heymans, G. & Wiersma, E. (1906–1918). Beiträge zur speziellen Psychologie auf Grund einer Massenuntersuchung. Zeitschrift für Psychologie, Bde. 42, 43, 45, 46, 51, 62, 80.

Lück, H. E. (1989). Zur Bedeutung der Gruppenprozesse für die Wissenschaftsentwicklung. Gestalt Theory, 11, 246–266.

Schouten, A. A. & Kelley, E. F. (1978). On the experiments of Brugmans, Heymans, and Weinberg. European Journal of Parapsychology, 2, 247–290.

Strien, P. J. van (1990). Die Rezeption der deutschen Psychologie in den Niederlanden. In: A. Schorr, A. & E. G. Wehner (Hg.), Psychologiegeschichte heute (S. 261–274). Göttingen: Hogrefe.

Strien, P. J. van & Verster, J. (1988). The response to Fechner in the Netherlands. In: J. Brožek & H. Gundlach (Eds.), G. T. Fechner and Psychology. (S. 169–178). Passau: Passavia.

Übersetzung aus dem Niederländischen:
H. E. Lück

Psychologie in Kanada

Wilfred Schmidt

Während die deutschen Psychologen sich heute redlich bemühen, Englisch zu lernen, damit sie im Strom der amerikanischen Entwicklungen mitschwimmen können, war es um die Jahrhundertwende gerade umgekehrt. Die „neue", d.h. die experimentelle Psychologie war sozusagen eine deutsche Disziplin, und die deutschen Universitäten galten als vorbildlich.

Doch das ist vorgegriffen. 1879, im Gründungsjahr von Wilhelm Wundts Laboratorium, gab es im Osten Kanadas bereits fünf Universitäten: Dalhousie, McGill, Toronto, Queen's, Ottawa. Kurse in Psychologie wurden im Rahmen der Philosophie oder auch als Teil der Ausbildung von Geistlichen abgehalten. Das Vorbild für „englische" Universitäten war meist die schottische Commonsense-Philosophie (Thomas Reid) oder der britische Idealismus (T.H. Green). An der zweisprachigen katholischen Universität Ottawa fußte die Psychologie auf Aristoteles und Thomas von Aquin.

Die neue experimentelle Psychologie fand ihre ersten Vertreter ebenfalls im Osten Kanadas. 1889 wurde James Mark Baldwin (1861–1934) an die Universität von Toronto (Ontario) auf den Lehrstuhl für Logik, Metaphysik und Ethik berufen. Baldwin war Amerikaner und hatte in Princeton studiert. Ein Stipendium ermöglichte es ihm, fast ein ganzes Jahr in Leipzig in Wundts Institut zu verbringen. Wie viele Amerikaner begeisterte er sich für die Möglichkeiten experimenteller Psychologie, wie sie in Wundts Laboratorium entwickelt wurde. An dieser Begeisterung hätte seine Berufung scheitern können, denn es gab manche, die ihn herabwertend als einen „bloßen Psychophysiker" bezeichneten. Aber Baldwin setzte sich durch und gründete kurz nach Amtsantritt das erste psychologische Laboratorium, nicht nur in Kanada, sondern überhaupt im britischen Empire. Der erste (1889) und der zweite Band (1891) von Baldwins *Handbook of psychology* hatten zunächst einen starken Einfluß auf die Psychologie in Nordamerika, wurden aber verdrängt durch William James' *Principles of psychology* (1890) und deren verkürzte Ausgabe *Psychology, briefer course* (1892).

Baldwin blieb nur vier Jahre in Toronto, aber ehe er nach Princeton zurückkehrte, sorgte er dafür, daß ein Schüler von Wundt zum Leiter des psychologischen Laboratoriums berufen wurde: August Kirschmann (1860–1932). Dieser wirkte in Toronto bis 1909. Unter ihm wurde das Laboratorium ausgebaut, so daß es um 1900 bereits über 16 Räume verfügte. Auch die experimentelle Arbeit kam nun richtig in Gang. Es ist amüsant zu sehen, daß das Vorlesungsverzeichnis für 1897/98

HANDBOOK OF PSYCHOLOGY

Feeling and Will

BY

JAMES MARK BALDWIN, M.A., PH.D.,

PROFESSOR IN THE UNIVERSITY OF TORONTO; AUTHOR OF "HANDBOOK OF PSYCHOLOGY: SENSES AND INTELLECT"

NEW YORK
HENRY HOLT AND COMPANY
1894

Abb. 1: Die „neue" Psychologie des James Mark Baldwin (1861–1934), Toronto 1889–1893. Titelblatt des *Handbook of Psychology*, Band 2 (1894).

Besides the acknowledgments made freely in the text, I wish to express especial thanks to my friend Dr. McCosh for the instruction and personal training I owe to him. My greatest direct indebtedness in this volume is to Prof. Wundt of Leipzig and to Prof. Rabier of Paris.

J. M. B.

LAKE FOREST, ILL., *July*, 1889.

Abb. 2: In den Schlußsätzen des Vorwortes zur ersten Auflage von Band I seines Handbuchs (1889) – wieder abgedruckt in der zweiten Auflage – dankt James Mark Baldwin den Professoren Wundt in Leipzig und Rabier in Paris.

eigens darauf hinweist, daß das Psychologie-Laboratorium sich ganz in der Nähe des Physik-Laboratoriums befindet. Das ist allerdings nicht nur amüsant, sondern es war praktisch, denn manche Apparate wurden in beiden Laboratorien gebraucht, so z.B. für Untersuchungen in der Psychophysik, der Psychologischen Optik und zur Erforschung von Zeitrelationen von psychischen Phänomenen. Die Themen der experimentellen Forschung gingen später über die Fragestellungen Wundts hinaus, aber die experimentelle Methode wurde weiterhin gepflegt, auch als Kirschmann 1909 aus Gesundheitsgründen nach Deutschland beurlaubt wurde. Erst der Weltkrieg machte 1914 seinem Einfluß ein Ende.

Wenn bislang vom Osten Kanadas gesprochen wurde, dann ist das historisch gesehen natürlich nicht korrekt, denn was heute als Osten bezeichnet wird, war damals das ganze Kanada. Alberta z.B., vorher Teil der North-West Territories, wurde erst 1905 als neu geschaffene Provinz an Kanada angeschlossen. Wenige Jahre später (1908) wurde die Universität von Alberta gegründet. Das Vorlesungsverzeichnis für 1909 verzeichnet sechs Professoren, unter ihnen John M. MacEachran (1878–1971). Er war Kanadier von Geburt und kam ursprünglich von der Queen's Universität, wo er Philosophie studiert hatte und sechs Jahre lang auch als Lehrer in der philosophischen Abteilung tätig gewesen war. Er promovierte in Leipzig unter Wundt mit einer Dissertation über den Pragmatismus, aber er hatte auch unter Wilhelm Wundt, Wilhelm Wirth und Otto Klemm im Laboratorium gearbeitet.

Obwohl er in erster Linie Philosoph blieb, bot MacEachran schon im ersten Jahr seiner Anstellung einen Einführungskursus in die allgemeine und experimentelle Psychologie an. Interessant ist, daß er nicht einen Text von Wundt (Titchener hatte schon eines der Lehrbücher ins Englische übersetzt), sondern William Ja-

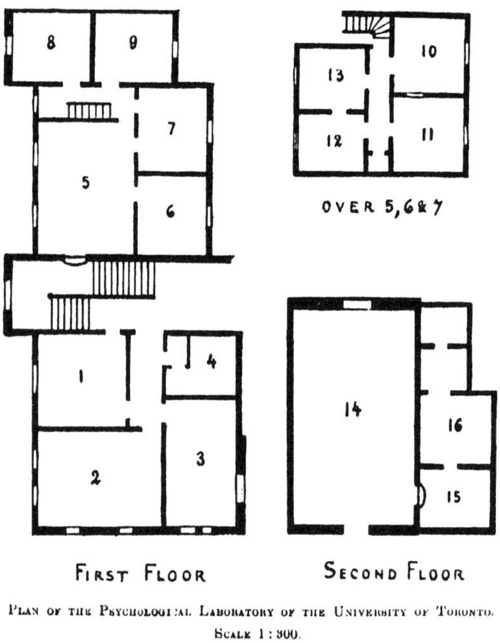

Abb. 3: Unter August Kirschmann erfolgte an der Universität Toronto der Ausbau des Psychologischen Laboratoriums. Hier der Lageplan: 1. Kleiner Hörsaal, 2. Raum für Klassenarbeiten, auch für Reaktionszeitmessungen usw., 3. Direktorenzimmer, 4. Dunkelkammer, 5. Größerer Hörsaal, 6. Abstellraum für Geräte, 7. Bücherei und Leseraum, 8. Assistenten-Raum, 9. und 10. Forschungsräume für psychologische Optik, 11. Dunkelraum, 13. Forschungsraum, 14. Forschungsraum (derzeit für Gewichttäuschungen), 14. Ethnologisches Museum, 15. Akustik-Raum, 16. (mit zwei Kammern) Forschungsraum für optische Experimente.

Abb. 4: John M. MacEachran, erster Professor für Philosophie einschließlich Psychologie an der Universität von Alberta. Er war gebürtiger Kanadier, Schüler Wilhelm Wundts.

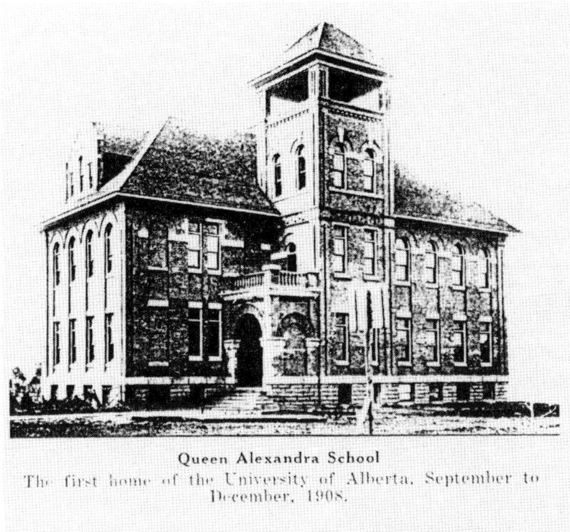

Abb. 5: Das Schulgebäude, in dem John M. MacEachran die erste Vorlesung über Psychologie hielt: Einführung in die allgemeine und experimentelle Psychologie, für Studenten im zweiten Studienjahr.

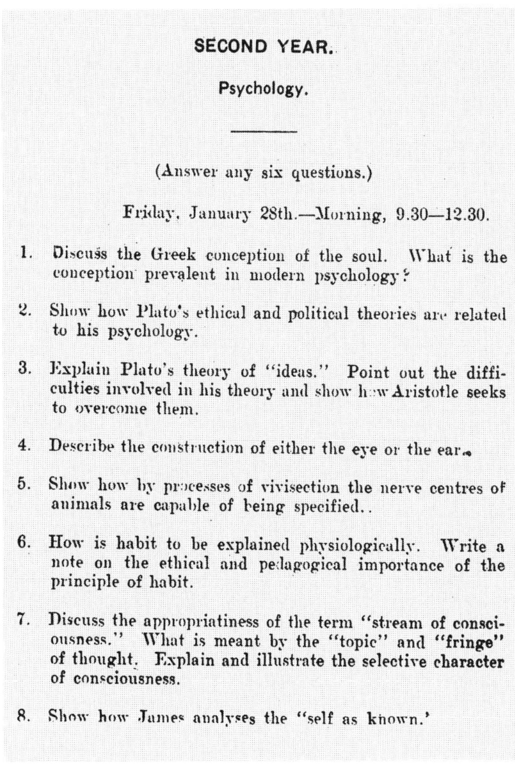

SECOND YEAR.

Psychology.

(Answer any six questions.)

Friday, January 28th.—Morning, 9.30—12.30.

1. Discuss the Greek conception of the soul. What is the conception prevalent in modern psychology?
2. Show how Plato's ethical and political theories are related to his psychology.
3. Explain Plato's theory of "ideas." Point out the difficulties involved in his theory and show how Aristotle seeks to overcome them.
4. Describe the construction of either the eye or the ear.
5. Show how by processes of vivisection the nerve centres of animals are capable of being specified.
6. How is habit to be explained physiologically. Write a note on the ethical and pedagogical importance of the principle of habit.
7. Discuss the appropriatiness of the term "stream of consciousness." What is meant by the "topic" and "fringe" of thought. Explain and illustrate the selective character of consciousness.
8. Show how James analyses the "self as known."

Abb. 6: Die Themen für die schriftliche Prüfung am Ende des ersten Studienjahres.

mes' *Briefer Course* als Lektüre vorschrieb. Gern hätte er aber einen Schüler von Wundt als Leiter des Laboratoriums gesehen. Deshalb nahm er Verhandlungen mit Otto Klemm auf, dem experimentellen Psychologen in Leipzig (wie Dr. Thomas Nelson, einer seiner Nachfolger an der Abteilung für Psychologie an der Universität von Alberta aus persönlichen Gesprächen mit Mac Eachran weiß). Der Erste Weltkrieg unterbrach auch hier, wie im Osten, die Beziehung zur deutschen Psychologie. MacEachran gelang es aber, die Psychologie als akademische Disziplin immer mehr auszubauen, bis er 1945 mit Erreichung der Altersgrenze emeritiert wurde.

Mehr als Anekdote soll noch erwähnt werden, daß das erste Buch zur Geschichte der Psychologie in Kanada, die *History of academic psychology in Canada*, herausgegeben von Mary J. Wright und C. Roger Myers (1982), auf Besprechungen anläßlich der Feiern der 100. Wiederkehr des Gründungsjahres des Psychologischen Laboratoriums in Leipzig zurückgeht.

Literatur

Avidson, R. M. & Nelson, T. M. (1968). Sixty years of psychology at the University of Alberta. Canadian Psychologist, 9, 500–504.

Baldwin, J. M. (1889–1891). Handbook of psychology: Vol.1. Senses and intellect; Vol.2. Feeling and will. New York: Holt.

James, W. (1890). Principles of psychology. 2 vols. New York: Holt. Authorised scholarly edition, vols. 1–3, Cambridge, Mass.: Harvard University Press, 1981.

James, W. (1892). Psychology, briefer course. New York: Holt. Authorised scholarly edition, Cambridge, Mass.: Harvard University Press, 1984.

Myers, C. R. (1974). R. B. MacLeod (1907–1972) talks about psychology in Canada. Canadian Psychologist, 15, 105–111.

Wright, M. J. & Myers, C. R. (1982). History of academic psychology in Canada. Toronto: Hogrefe.

Lateinamerika

Hannes Stubbe und Ramón León

Der Psychologiehistoriker Brožek (1988, 1990) bezeichnete die Achtziger Jahre als geradezu „Goldenes Zeitalter" der Psychologiegeschichtsschreibung in Lateinamerika und bezog sich hierbei auf eine Fülle von Monographien, Kongressen, Archiv- und Zeitschriftengründungen. In verschiedenen Arbeiten hat Stubbe (1987) ein heuristisches Gliederungs- und Ordnungsschema der Geschichte der Psychologie in Lateinamerika vorgeschlagen, das sich aus den folgenden fünf Abschnitten zusammensetzt:

1. Die Phase der *Protopsychologie,* das heißt vor allem der Ethnopsychologie der Ureinwohner Lateinamerikas (die Hochkulturen darin eingeschlossen) und der Afrolateinamerikaner ist bis in die heutige Gegenwart wirksam. Themen in diesem Forschungsbereich können z.B. die Tiefenpsychologie der Mythen, die Seelenvorstellungen, das Medizinmannwesen *(curanderismo)*, die Krankheitserklärungen, die psychotropen Stoffe, die Ethnotherapie, die Sprachen, die Symbolik und die Kunst, das Trauerleben, die Initiationen etc. sein. Diese Thematik dürfte für eine zukünftige lateinamerikanische Kulturpsychologie und kulturelle Identität von grundlegender Bedeutung sein.
2. Der Abschnitt der *Missionspsychologie* (1492 bis ca. 1800), der mit der Entdeckung beginnt und mit der Vertreibung der Jesuiten (1759) endet, fußt auf den theologischen und philosophischen Lehren Europas. Die oft gewaltsame Missionierung Lateinamerikas war vor allem Sache der spanischen und portugiesischen Patronatsmächte und trug erheblich zur Unterdrückung und Vernichtung autochthoner Kulturen und Ethnien bei. Auch die moderne wissenschaftliche Forschung, welche die Auswirkungen der missionarischen Kulturkontakte in ihrer soziologischen und ethnologischen Bedeutung zu begreifen versucht, neigt zu äußerst kritischer Beurteilung der europäischen Missionsarbeit in Lateinamerika. Auf die bisher wenig untersuchten psychologischen Aspekte hat Stubbe (1987) aufmerksam gemacht, indem er die dem Akkomodationsprinzip verpflichteten Missionstechniken der Jesuiten „psychodramatisch" nannte, weil sie frühzeitig die Musik und das „Missionstheater" erfolgreich zum Einsatz brachten. Auch führten sie eifrig Kolonial-Enquêten über den „moralischen Zustand" der Kolonialisierten durch.
3. Die Phase des *Positivismus* (ca. 1800 bis ca. 1900), in die auch die politischen Unabhängigkeitsbewegungen Lateinamerikas fallen, macht den Einfluß naturwissenschaftlicher Forschung und seit Mitte des 19. Jahrhunderts des französischen Positivismus (z. B. Auguste Comte) immer deutlicher. Am Anfang dieser Phase steht die Rezeption des Mesmerismus in Lateinamerika (ca. 1785 Santo Domingo; ca. 1820 Brasilien), der bis auf den heutigen Tag in den synkretistischen Kulten und Heilsekten eine bedeutende Rolle spielt.
4. In der Phase der *Institutionalisierung der (Experimental-)Psychologie* (ca. 1900 bis ca. 1960) kommt es vor allem auf Initiative von Medizinern zur Gründung Psychologischer Laboratorien (z.B. 1898 Argentinien; 1905 Brasilien; 1908 Chile; 1916 Mexiko; 1934 Kuba; 1935 Peru etc.) bzw. Psychologischer Institute und Gesellschaften.

Die deutsche und englische Experimentalpsychologie und die Gründung des ersten Psychologischen Laboratoriums in Leipzig (1879) durch Wilhelm Wundt (1832–1920) hatten bedeutende Auswirkungen auf Lateinamerika. Experimentelle Forschung war in Lateinamerika vor allem über Théodule Ribot (1839–1916) und in Brasilien besonders durch den Philosophen Raimundo Farias Brito (1862–1917) rezipiert worden (vgl. Stubbe, 1987). In Chile war Wundt selbst in Zusammenarbeit mit Wilhelm Mann an der Ausstattung des Laboratoriums mit deutschen Apparaten beteiligt. Auch in Argentinien gab es einen direkten Einfluß der deutschen Psychologie, denn von 1906 bis 1908 lehrten hier der Leipziger Ganzheits- und Strukturpsychologe (und Wundt-Schüler) Felix Krueger (1874–1950), von 1909 bis 1912 der Külpe-Schüler F. E. Otto Schultze (1872–1950) sowie von 1913 bis 1935 Kruegers ehemaliger Assistent in Halle Carl Jesinghaus (1886–1948, ebenfalls ein Wundt-Schüler) als Professoren für Philosophie und Psychologie. In der ersten Phase der institutionalisierten Psychologie in Mexiko macht sich ebenfalls der Einfluß der deutschen und französischen Psychologie bemerkbar. So wurde z.B. 1907 im Auftrag der „Sociedad Mexicana de Estudios Psicológicos" (1901–1925) Wundts Hauptwerk *Grundzüge der Physiologischen Psychologie* (1874) teilweise ins Spanische übersetzt und publiziert. Enrique O. Aragón richtete 1916 in Mexiko nach dem Wundtschen Modell ein experimentalpsychologisches Laboratorium ein, das über 30 Jahre funktionierte.

Ab 1908 dringt allmählich die Wiener Psychoanalyse Sigmund Freuds (1856–1939) in Lateinamerika ein. Freud (1914) erwähnt als erste Notiz den Vortrag des chilenischen Arztes Germán Greve (1869–1954) *Sobre psicología y psicoterapia de ciertos estados angustiosos* (1910) auf dem „Congreso Interamericano de Medicina y Higiene" in Buenos Aires. Aber bereits 1908 zitierte der Argentinier Juan A. Agrelo in seiner medizinischen Doktorarbeit *Psicoterapia* Sigmund Freud möglicherweise zum ersten Mal in Lateinamerika. In Rio de Janeiro erscheint 1914 die erste Dissertation über Psychoanalyse im portugiesischen Sprachraum (s. Abb. 3). 1919 schreibt der peruanische Psychiater Honorio Delgado (1892–1969) (s. Abb. 1) eine Doktorarbeit „El psicoanálisis" und wird 1927 als erster Lateinamerikaner Mitglied der Internationalen Psychoanalytischen Vereinigung. Mit der spanischen Übersetzung der Werke Freuds im Jahre 1923 (durch López Ballesteros) gewinnt dann die Psychoanalyse einen immer stärkeren Einfluß auf alle intellektuellen Kreise Lateinamerikas. Insbesondere in Argentinien hat die Psychoanalyse eine starke Entwicklung genommen, und nicht zuletzt dank der Arbeit von europäischen Emigranten wie dem Spanier Angel Garma (1909) und der Wienerin Marie Langer (1910–1988) einen großen Einfluß ausgeübt.

Abb. 1: Honorio Delgado, hier eine Portraitskizze von Carlos Raygada aus dem Jahre 1926, führte 1915 die Psychoanalyse in Peru und anderen spanisch sprechenden Ländern Lateinamerikas ein. Nach einer Phase der Begeisterung für die Psychoanalyse distanzierte sich Delgado von der Freudschen Theorie und kritisierte sie in vielen seiner späteren Veröffentlichungen.

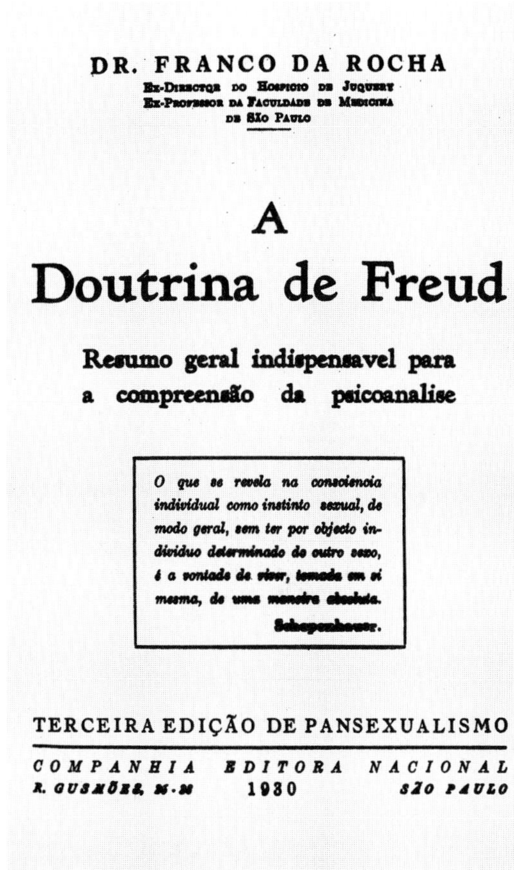

DR. FRANCO DA ROCHA
EX-DIRECTOR DO HOSPICIO DE JUQUERY
EX-PROFESSOR DA FACULDADE DE MEDICINA
DE SÃO PAULO

A
Doutrina de Freud

Resumo geral indispensavel para
a compreensão da psicoanalise

O que se revela na consciencia individual como instinto sexual, de modo geral, sem ter por objecto individuo determinado do outro sexo, é a vontade de viver, tomada em si mesma, de uma maneira absoluta.
Schopenhauer.

TERCEIRA EDIÇÃO DE PANSEXUALISMO

COMPANHIA EDITORA NACIONAL
R. GUSMÕES, [illegible] 1930 SÃO PAULO

Abb. 2: In Brasilien wurde die Psychoanalyse Sigmund Freuds relativ früh rezipiert. Bereits 1914 verfaßte G. A. de Souza Pinto eine Dissertation zu dem Thema. Franco da Rocha (1864–1933), einer der führenden brasilianischen Psychiater und Begründer der Psychiatrischen Klinik Juquerí (1898) in São Paulo, war der erste, der die Psychoanalyse seit 1918 in seinen Vorlesungen vorstellte. Das Faksimile zeigt das Titelblatt der dritten Auflage seines Buches mit dem ursprünglichen Titel *O pansexualismo na doutrina de Freud* (1920).

Die „Psychotechnik", ein von W. Stern (1871–1938) 1903 in die Psychologie eingeführter Begriff, wird im Jahre 1924 durch den spanisch-kubanischen Psychiater Emilio Mira y López (1896–1964) in Lateinamerika eingeführt. Aus ihr entwickelt sich die bis heute in Lateinamerika dominierende Angewandte Psychologie. Pioniere in diesem Feld waren in Lateinamerika neben Mira y López u.a. Walter Blumenfeld (1882–1967) in Peru, Mercedes Rodrigo (1891–1982) in Kolumbien, Waclaw Radecki (1887–1953) in Brasilien und Béla Székely (1892–1955) in Argentinien.

Abb. 3: Ein Blick in das Psychologische Laboratorium der Pontifícia Universidade Católica de São Paulo aus dem Jahre 1954.

Unter den über 100.000 deutschsprachigen Exilés der 30er Jahre finden sich auch mehrere Psychologen und Psychotherapeuten, deren Bedeutung für die Kultur und Wissenschaft ihrer lateinamerikanischen Asylländer bisher erst ansatzweise untersucht wurde.

5. Die Phase der Expansion der Psychologie beginnend in den frühen 60er Jahren bringt in vielen lateinamerikanischen Ländern eine Psychologengesetzgebung (z.B. 1962 Brasilien). Diese Phase läßt sich charakterisieren durch eine Gründungswelle psychologischer Ausbildungs- und (anwendungsbezogener) Forschungseinrichtungen und rapide steigende Zahlen von Psychologinnen und Psychologen (z.B. Brasilien: 1941 = 37; 1979 = 1.516; 1980 = 22.287) (vgl. Ardila, 1986; Stubbe, 1987; Marín et al., 1987; León & Kagelmann, 1992).

RELATORIO DEL PRIMER CONGRESO LATINOAMERICANO DE PSICOLOGIA

PUBLICADO POR:

PROF. DR. W. RADECKI
Presidente

DOC. L. C. A. TUBORAS
Secretario General

PROF. M. D. NIETO
Secretaria de Comunicaciones

1950
MONTEVIDEO
EDITORIAL «CEPUR»
Distribuidores: A. MONTEVERDE & Cía. - 25 de Mayo 577

Literatur

Ardila, R. (1986). La psicología en América Latina. Pasado, presente y futuro. México, D.F.: Siglo XXI.

Kagelmann, H.J. & León, R. (1992). Zeittafel zur Geschichte der lateinamerikanischen Psychologie. München: Profil.

León, R. & Kagelmann, H. (Hg.) (1992). Psychologie in Peru. München: Profil.

Marín, G. et al. (1987). Latin American Psychology: A guide to research and training. Washington.

Stubbe, H. (1987). Geschichte der Psychologie in Brasilien. Von den indianischen und afrobrasilianischen Kulturen bis in die Gegenwart. Berlin: Reimer.

Stubbe, H. & León, R. (Eds.). Archivo Latinoamericano des Historia de la Psicología y Ciencias afines. Río de Janeiro, 1988 ff.

Abb. 5: Der von W. Radecki organisierte „I. Congreso Latinoamericano de Psicología" in Montevideo vom 20.bis 27. Juli 1950 war ein wichtiger Schritt auf dem Weg zur Entwicklung einer lateinamerikanischen Psychologie. Faksimile des Deckblattes zum Kongreßbericht.

Zur Geschichte der Prager deutschsprachigen Psychologie vor dem Jahr 1939

Josef Brožek und Jiří Hoskovec

Einen Überblick zu diesem Thema findet man bei Ühlein (1989); eine ausführlichere Darstellung bei Ühlein, Hoskovec und Brožek (im Druck). Die *dramatis personae,* von welchen in dem eben genannten Bericht gesprochen wird, können nach der Muttersprache in eine kleine tschechische und eine größere deutsche Gruppe geteilt werden.

In der ersten Gruppe ist Jan Ev. Purkinje (1787–1869) die führende Persönlichkeit von internationalem Rang. Physiologe von Beruf, der sein Medizinstudium in Prag im Jahre 1818 mit einer ausgezeichneten psychologischen Dissertation: *Beitraege zur Kenntnis des Sehens in subjectiver Hinsicht*, beendet hat. Die Dissertation wurde 1819 in Prag veröffentlicht. Es ist der zweite, 1825 in Berlin erschienene Band, in welchem vom „Purkinje Phänomen" berichtet wird.

Abb. 2: Jan Evangelista Purkinje

Abb. 1: Gustav Adolf Lindner

Gustav A. Lindner (1831–1887), eine Zeit Professor in Prag, war Verfasser des *Lehrbuchs der empirischen Psychologie nach genetischer Methode*, das mit dem Untertitel „A textbook for highschools and colleges" in die englische Sprache übersetzt wurde und in Amerika mit vier Ausgaben zwischen 1889 und 1901 großen Erfolg hatte. Mit seinen *Ideen zur Psychologie der Gesellschaft als Grundlage der Socialwissenschaften*, die 1871 erschienen, hat er nicht nur die Bezeichnung „Sozialpsychologie" eingeführt, sondern auch bereits ein Programm für diese Disziplin vorgestellt.

Von den Deutschen der älteren Generation muß man wenigstens folgende Personen in chronologischer Folge nennen:

Descriptive Psychologie.

Nach den Vorlesungen des Prof. Dr. Marty.

Abb. 3: Descriptive Psychologie. Nach den Vorlesungen des Prof. Dr. Marty. – Eine anonyme und offensichtlich unveröffentlichte Vorlesungsmitschrift.

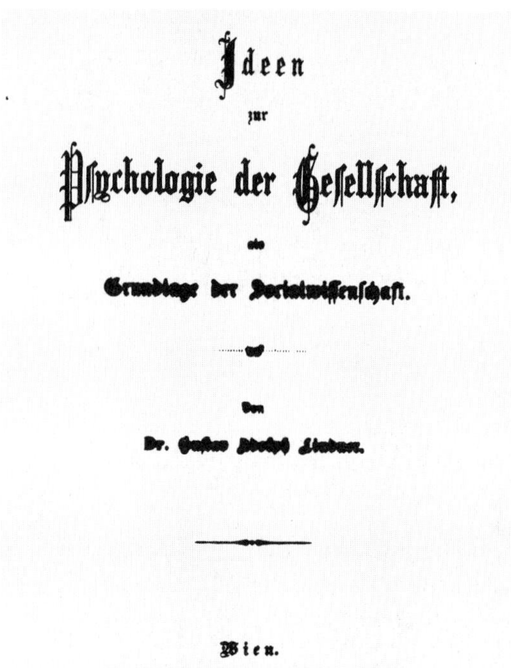
Ideen zur Psychologie der Gesellschaft, als Grundlage der Socialwissenschaft.

Von Dr. Gustav Adolph Lindner.

Wien.
Druck und Verlag von Carl Gerold's Sohn.
1871.

Abb. 4: Ideen zur Psychologie der Gesellschaft als Grundlage der Socialwissenschaft von G. A. Lindner – ein Buch in der Herbartschen Tradition, in dem zum ersten Mal der Begriff der Sozialpsychologie verwendet wird.

Abb. 5: Christian von Ehrenfels

Abb. 6: Anton Marty

Abb. 7: Wilhelm Volkmann

Abb. 8: Ewald Hering

Wilhelm Volkmann (1821–1877), in Prag geboren und sein Leben lang dort geblieben. Verfasser des weitbenutzten *Lehrbuchs der Psychologie* (1856), ab 1861 Ordinarius für Philosophie und ihre Grenzgebiete. Als seine Hauptaufgabe sah er es an, „zu zeigen, was der Herbartsche Realismus auf dem psychologischen Gebiet zu leisten imstande sei, dann eine möglichst vollständige Darstellung der historischen Entwicklung der Grundbegriffe der Psychologie zu geben".

Ewald Hering (1834–1918) war als Physiologe auf dem Gebiet der Sinnesempfindungen erfolgreich tätig (*Zur Erklärung der Farbenblindheit aus der Theorie der Gegenfarben,* 1880). Er betonte die Selbststeuerung des Organismus. Hering wirkte 25 Jahre in Prag. Sein Prager Labor war weltberühmt.

Ernst Mach (1838–1916), in Mähren geboren, Verfasser der wichtigen Monographie *Die Analyse der Empfindungen und das Verhältnis des Physischen zum Psychischen*, 1885, wurde um 1895 aus Prag nach Wien berufen.

Abb. 9: Ernst Mach

Anton Marty (1847–1914), ein Brentano-Schüler, der in Prag in den Jahren 1880–1914 tätig war, galt als Spezialist in der Sprachphilosophie, der auch an der Denkpsychologie interessiert war. Nach Martys Tod gab J. Eisenmeier zusammen mit A. Kastil und O. Kraus in den Jahren von 1916 bis 1920 Martys *Gesammelte Schriften*

Abb. 10: Josef Eisenmeier

Abb. 11: Johannes Lindworsky

Abb. 12: In der heutigen Nationalstraße 20–22 befindet sich im ersten Stock das *Café Louvre*, das in Prag Treffpunkt der Dozenten und Studenten war, die sich der Philosophie Brentanos verpflichtet fühlten.

Abb. 13: Emil Utitz. Das Foto ist einem Katalog zur Ausstellung *Die Kunst in Theresienstadt* (1970) entnommen.

heraus und übernahm die posthume Herausgabe des Buches *Raum und Zeit*.

Carl Stumpf (1848–1936), in Prag 1879–1884, veröffentlichte in dieser Zeit den ersten Band seiner *Tonpsychologie*. Stumpf selbst war ein Musikfreund und spielte mehrere Instrumente. Er publizierte auch musikethnologische Arbeiten.

Friedrich Jodl (1849–1914) war in den Jahren 1885–1896 in Prag. Sein *Lehrbuch der Psychologie* erschien 1896. Er wollte damit „den Versuch machen, aus der sich grenzenlos zersplitternden Literatur dieses Gebietes wieder einmal eine Summe zu ziehen und objektiv den Stand der Wissenschaft zu geben".

Christian von Ehrenfels (1859–1932), in Prag in den Jahren 1896–1929, wurde durch seine Schrift *Über Gestaltqualitäten* (1890) berühmt. Unter von Ehrenfels studierte der junge Max Wertheimer (1880–1943) an der deutschen Universität in Prag Psychologie. Während seiner Prager Jahre interessierte sich von Ehrenfels vor allem für Werttheorie und Ethik.

Die jüngere Generation schließt folgende Namen ein:

Josef Eisenmeier (1871–1926), in Böhmen geboren, studierte experimentelle Psychologie bei Stumpf in Berlin und veröffentlichte 1914 das Buch *Die Psychologie und ihre zentrale Stellung in der Philosophie*. Im Studienjahr 1922/23 wird er a.o. Professor der Philosophie mit besonderer Berücksichtigung der Experimentalpsychologie. Er stirbt kurz vor der Realisierung seines Planes, in Prag ein Institut für experimentelle Psychologie einzurichten. Dieses Institut wurde 1926 eröffnet.

Johannes Lindworsky (1875–1939), Schüler von Oswald Külpe und ausgezeichneter Experimentalpsychologe, kam im Wintersemester 1928/29 aus Bonn nach Prag, um Eisenmeiers Werk fortzusetzen. Aber schon im Frühjahr 1929 erlitt er einen schweren Schlaganfall. Trotz gesundheitlicher Probleme blieb er noch bis 1939 tätig.

Franz Scola (1899–1945) war Lindworskys langjähriger Assistent und trat dessen Nachfolge an. In den

Abb. 14: Jan Doležal

zwanziger und dreißiger Jahren war er vor allem als Autor von Fachartikeln im *Archiv für die gesamte Psychologie* bekannt.

Nicht nur deutsche, sondern auch bekannte tschechische Psychologen waren Lindworskys Schüler, zum Beispiel Václav Příhoda (1889–1979), Autor des Buches *Die Globalmethode – ein Beitrag zur neuen Erziehung*, das in Prag 1935 in deutscher Sprache erschienen ist. Der pädagogische Psychologe Příhoda gehörte nach dem Zweiten Weltkrieg zu den führenden Persönlichkeiten der tschechischen Psychologie.

Emil Utitz (1883–1956), in Prag geboren, Herausgeber des *Jahrbuchs für Charakterologie* in Halle (1924–1929), kehrt 1934 aus Halle nach Prag zurück. 1934–1939 war er Professor in Prag, auch Mitglied des „Circle linguistique" (mit O. Kraus, E. Otto u.a.). Er überlebt die Internierung im Konzentrationslager und kommt 1945 wieder nach Prag. Sein Buch *Psychologie des Lebens im Konzentrationslager Theresienstadt* erscheint 1948 in Wien.

Wir möchten noch drei Informationsquellen erwähnen:

1. Die *Liste der psychologischen Dissertationen aus der Zeit vor 1939* (Brožek & Hoskovec, 1992). In Geuter (1987) fehlen diese Angaben.
2. Der erste Teil des Berichts von Ernst Otto (1935), „Der deutschen Forschungsarbeit" gewidmet, enthält zwei Punkte:
   a) das psychologische Institut der Prager deutschen Universität;
   b) Berufsberatung im Rahmen der Reichsarbeitsgemeinschaft (RAG) für deutsche Berufsberatung in der Tschechoslowakei, gegründet 1933, geleitet von W. Simon. Das Schriftenverzeichnis schließt Jugendkunde wie auch Berufsberatung ein.
3. Mehrere deutschsprachige Psychologen, die in der Tschechoslowakei arbeiteten, haben an der VIII. Internationalen Konferenz für Psychotechnik teilgenommen, die im September 1934 in Prag abgehalten wurde (Seracký, 1935). Zwei kamen aus der Psychotechnischen Stelle in Witkowitz (Vítkovice): A. Cibulka, dessen Thema Unfallverhütung in Stahlwerken war, und E. Pechhold, der von der Arbeiterauslese gesprochen hat. Drei Autoren – O. Fanta, W. Schönfeld und W. Simon – erwogen die Anwendung der Graphologie für die Arbeiterauslese und Bewertung der Intelligenz. Auch F. Scola hat *Zur Frage der Intelligenz und Intelligenzuntersuchung* gesprochen.

Die Psychotechnik entwickelte sich in der Tschechoslowakei in den zwanziger und dreißiger Jahren mit Erfolg. Deutsche und tschechoslowakische Psychologen arbeiteten zusammen. Enge Beziehungen bestanden zu dieser Zeit auf dem Gebiet der Psychotechnik zwischen Prag und Dresden. (Einzelheiten darüber finden sich bei Richter, 1981 und Schirmer & Richter, 1989.)

Der tschechische Psychologe Jan Doležal (1902–1965) arbeitete intensiv mit E. Sachsenberg in Dresden zusammen. Sie entwickelten gemeinsam eine Reihe von psychotechnischen Geräten. Doležal verteidigte seine Dissertation *Über die Bewegungsform bei der Arbeit an Drehkurbeln* (1930) in Leipzig und veröffentlichte diese im gleichen Jahr in München. Er gehörte nach seiner Rückkehr in die Tschechoslowakei zu den führenden Psychologen.

Literatur

Brožek, J. & Hoskovec, J. (1987). J.E. Purkyně and psychology. Prague: Akademie.

Brožek, J. & Hoskovec, J. (1992). Die Liste der psychologischen Dissertationen der deutschen Universität in Prag vor dem Jahre 1939. Geschichte der Psychologie, 9(1), Nr. 21.

Geuter, U. (1987). Daten zur Geschichte der deutschen Psychologie. Bd. 2. Psychologische Dissertationen, 1885–1967. Göttingen: Hogrefe.

Otto, E. (mit Hilfe von J. Brožek, M. Rostohar & Weiss-Nägel. 1935). Die Jugendkunde in der Tschechoslowakei. Zeitschrift für Jugendkunde, 5, 84–91.

Richter, P. G. (1981). Gründung und Entwicklung des Psychotechnischen Institutes an der TU Dresden 1920–1940. Dresden: Technische Universität.

Schirmer, F. & Richter, P.G. (1989). Zur Geschichte der Psychologie an der Technischen Hochschule Dresden von 1876 bis 1945. Psychologie-Historische Manuskripte. Band 2. Tagungsband 7. Kongreß/Symposium 14. Berlin: Gesellschaft für Psychologie.

Seracký, F. (Hrsg.), (1935). Comptes rendus de la VIIIe conférence internationale de psychotechnique tenue à Prague du 11 au 15 septembre 1934. Prague: Orbis.

Ühlein, H. (1986). Johannes Lindworsky. Dissertation, Universität Passau: Selbstverlag.

Ühlein, H., Hoskovec, J. & Brožek, J. (in Vorb.). Deutschsprachige Psychologie in Prag. In: H. Gundlach (Hg.), Beiträge der 3. Fachtagung für Geschichte der Psychologie, Passau, September 1991 (Arbeitstitel). Göttingen: Hogrefe.

Ühlein, H. (in Zusammenarbeit mit J. Brožek & J. Hoskovec) (1989). Deutsche Psychologie in Prag. Psychologische Rundschau, 40, 226.

Die Anfänge der American Psychological Association

Wolfgang G. Bringmann und Nicholas De Pace

Die Hundertjahrfeier der *American Psychological Association* (APA) begann im August 1991 in San Francisco und hatte ihren Höhepunkt im August 1992 in Washington, D.C., anläßlich des Jubiläumskongresses. Zu den Jubiläumsveranstaltungen gehörte die Organisation einer besonderen Kunstausstellung mit Arbeiten von Mitgliedern der APA, die offizielle Eröffnung einer Psychologie-Wanderausstellung in der Smithsonian Institution, die Durchführung einer Psychologie-Woche (14.–18. August 1992) durch den U.S. Congress sowie die Einführung eines neuen APA-Logos.

Abb. 1: APA-Logo und zur Jahrhundertfeier eingeführtes Logo der APA.

G. Stanley Hall (1844–1924), dem bedeutenden amerikanischen Entwicklungspsychologen und Universitätspräsidenten, kommt das Verdienst zu, die erste Wissenschaftlervereinigung von Psychologen begründet zu haben (Fernberger, 1932). Er versandte nicht nur die Einladungen und beherbergte die Gäste der Gründungssitzung am 8. Juli 1892 im Herrenhaus des Präsidenten der Clark University in Worcester, Mass., sondern stellte mit Kollegen und Studenten seiner Universität auch das größte Kontingent an Gründungsmitgliedern.

Diese erste Versammlung wurde von George Stuart Fullerton (1859–1925), einem Professor für allgemeine Psychologie an der University of Pennsylvania, geleitet, der zu dieser Zeit von der Experimentalpsychologie „verzaubert" war (Boring, 1950, S. 534). Es wurden „am Nachmittag und Abend" sieben Vorträge zu psychologischen und philosophischen Themen gehalten.

Während des Treffens wurde ein besonderer Gründungsausschuß, bestehend aus den drei ältesten Teilnehmern (Hall, James und Ladd) und vier jüngeren Gründungsmitgliedern (Baldwin, Cattell, Fullerton und Jastrow) gebildet, der die Satzung ausarbeiten und die erste Zusammenkunft der neuen Organisation festlegen und planen sollte.

Die 31 Gründungsmitglieder der APA, von denen vermutlich nur ein Drittel an dem Treffen in der Clark University teilgenommen hatte, waren vorwiegend Professoren aus Neuengland, dem Mittleren Westen und Kanada. Mindestens zehn dieser ersten Mitglieder, die

Abb. 2: Portrait G. Stanley Hall

akademische Abschlüsse in Philosophie, Pädagogik und Medizin hatten, würden heute nicht die Bedingungen erfüllen, um in die APA aufgenommen zu werden!

Das erste Jahrestreffen der APA wurde am Dienstag, dem 27. Dezember 1892, in der University of Pennsylvania in Philadelphia abgehalten (Sokal, 1973). Dieses Treffen wurde von nur 18 Gründungsmitgliedern besucht, die insgesamt 16 Vorträge hielten. Die folgenden Themenbeispiele sind vielleicht für Psychologiehistoriker besonders interessant: *Experimentalpsychologie bei der Weltausstellung* (Jastrow), *Das Problem der experimentellen Psychologie* (Münsterberg), *Der psychologische Standpunkt* (Fullerton), *Der Fall John Bunyan* (Royce) und *Eine Bemerkung zu Anaximander* (Butler). In der Mitgliederversammlung wurde Hall zum ersten Präsidenten der APA gewählt. George T. Ladd (1842–1921) wurde Vizepräsident und zukünftiger Präsident, und Joseph Jastrow (1863–1944) wurde Sekretär und Schatzmeister. Es wurden ferner Pläne „einer permanenten Organisation" diskutiert (Sokal, 1973). Der neue Schatzmeister berichtete, daß die APA 63 Dollar aus Mitgliedsbeiträgen eingenommen und 12,30 Dollar für den Druck von Rundschreiben und Programmen und für Porto und Büromaterial ausgegeben habe.

Bei dieser ersten Jahresversammlung der APA in Philadelphia hielt Hall seine Präsdidentenrede über *Die Geschichte und Zukunftsperspektiven der experimentellen Psychologie in Amerika*. Dieser Text, der vermutlich verlorengegangen ist (Hilgard, 1978), begann mit Jonathan Edwards (1703–1758), dem frühen amerikanischen Erweckungsprediger und Philosophen und endete mit der (damaligen) Gegenwart. Nach der Gründung der APA und nach seiner ersten Amtszeit als Präsident scheint Hall seinen Einfluß auf die APA und sein Interesse daran verloren zu haben. Er wurde jedoch 1924 geehrt und erneut zum APA-Präsidenten gewählt.

Angewandte Psychologie war bereits 1895 ein Interessengebiet der APA. In diesem Jahr wurde ein Referat über Klinische Psychologie gehalten, und ein besonderes Gremium wurde ernannt, um mehrere psychologische und medizinische Tests zu entwickeln und zu genehmigen. Dabei ergaben sich Meinungsverschiedenheiten zwischen Psychologen mit wissenschaftlichen und mit praktischen Interessen. Diese Kontroverse führte 1917 und 1937 zur Bildung relativ kurzlebiger Organisationen für angewandte und akademische Psychologen. 1988 führte die Auseinandersetzung

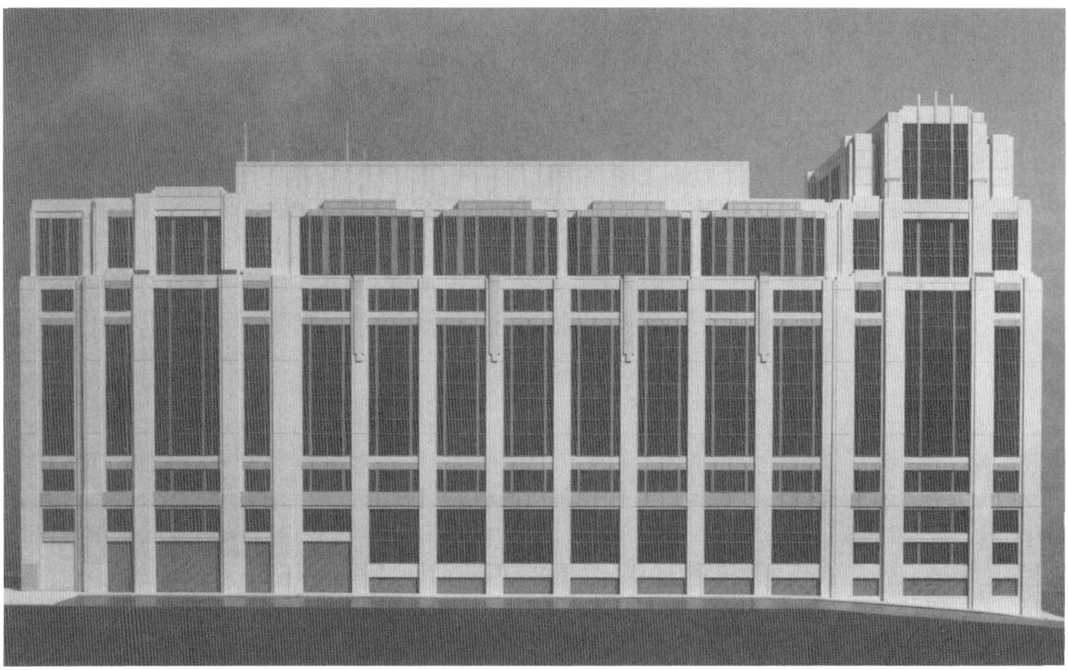

Abb. 3: Modell der neuen APA-Hauptverwaltung.

Abb. 4: Ray D. Fowler

über organisatorische Angelegenheiten in der APA zur Bildung der „American Psychological Society“ (APS) für „wissenschaftlich orientierte Psychologen“.

Zwischen 1892 und 1992 stieg die Mitgliederzahl der American Psychological Association von 31 Gründungsmitgliedern auf mehr als 108 000 Mitglieder (einschl. „Affiliates“). Derzeit ist die APA die größte Psychologenorganisation der USA, wenn nicht der ganzen Welt.

Der offizielle Zweck der APA ist weiterhin die Entwicklung der Psychologie „als Wissenschaft, als Beruf und als Mittel zur Steigerung der Wohlfahrt“ (APA, 1992). In den vergangenen 100 Jahren ihrer Geschichte hat die APA ihre Ziele durch Jahresversammlungen, Werbetätigkeit in Sachen Psychologie, und durch „Arbeit an verbesserten Standards psychologischer Ausbildung und Dienstleistungen“ durchgesetzt. Insbesondere unterstützt die APA die Arbeit von 50 Interessengruppen oder „Divisions“ ihrer Mitglieder, sie veröffentlicht 20 führende Zeitschriften und wichtige Nachschlagewerke.

Während der Jubiläumszeit wurde die APA von Stanley R. Graham (letzter Präsident), Charles D. Spielberger (Präsident) und Jack G. Wiggins (gewählter Präsident) geleitet. Der amtierende Vizepräsident der APA, Ray D. Fowler, ist ein erfahrener, akademischer Klinischer Psychologe. Die wissenschaftliche, berufsständische und organisatorische Arbeit der APA wird durch eine Belegschaft von 365 Angestellten und zahlreichen Gremien von APA-Mitgliedern im nagelneuen APA-Gebäude, Washington, D. C., 750 First Street, geleistet.

Literatur

Boring, E. (1950). A history of experimental psychology. New York: Appleton.

Fernberger, S. (1932). The American Psychological Association: a historical summary 1892–1930. Psychological Bulletin, 35, 447–465.

Hilgard, E. (1987). Psychology in America. New York: Harcourt, Brace, Jovanovich.

Ross, D. (1971). G. Stanley Hall. Chicago: University of Chicago Press.

Sokal, M. (1973). APA's first publication. American Psychologist, 28, 277–292.

Übersetzung aus dem Englischen: H. E. Lück

Die European Association of Experimental Social Psychology (EAESP)

Helmut E. Lück

In vielen Lehrbüchern der Sozialpsychologie ist herausgestellt worden, daß die Sozialpsychologie im wesentlichen in den USA entstanden sei, wobei das Aufeinandertreffen verschiedenster Kulturen im „melting pot" USA Fragen nach Vorurteilen, Sozialisierung usw. begünstigt habe. Wenn eine solche Darstellung meist auch die vorausgegangenen Entwicklungen in Italien, Frankreich und Deutschland vernachlässigt, so ist doch zutreffend, daß die Bereitschaft amerikanischer Hochschulen, die Sozialpsychologie sehr früh als Fach zu etablieren, die Entwicklung der Sozialpsychologie zu einer „amerikanischen" Wissenschaft begünstigt hat.

Aus amerikanischer Perspektive mußte nach dem Zweiten Weltkrieg fast ganz Europa als Entwicklungsgebiet gelten, was die Sozialpsychologie betraf. Im Nachkriegsdeutschland hatte tatsächlich nur ein Hochschullehrer die Sozialpsychologie in seiner Stellenbezeichnung: Willy Hellpach (1877–1955), der 1921 schon das erste Institut für Sozialpsychologie an der Technischen Hochschule Karlsruhe gegründet hatte. Doch vertrat Hellpach keineswegs eine Sozialpsychologie im heute üblichen Sinne einer vorwiegend experimentell arbeitenden Disziplin.

Der amerikanische Sozialpsychologe John Lanzetta war es, der Anfang der 60er Jahre zwei Jahre in London arbeitete und den Vorschlag eines Treffens europäischer Sozialpsychologen machte, die sich zum größten Teil nicht persönlich kannten. Das Ergebnis war eine Tagung in Sorrent mit ca. 40 Teilnehmern, unter ihnen viele amerikanische Fachvertreter, aber nur ein Deutscher (Hans Anger). Die Gründung einer europäischen Gesellschaft für Sozialpsychologie wurde dann maßgeblich durch das Social Science Research Council (S.S.R.C.), ein Zusammenschluß der großen amerikanischen Fachorganisationen, gefördert. Dieser Forschungsrat hatte ein Committee on Transnational Social Psychology gebildet, das lange Zeit von Leon Festinger geleitet wurde. Dieses Komitee setzte sich mit Erfolg für die Verbreitung der Sozialpsychologie außerhalb der USA ein. Südamerika und Europa bildeten die Schwerpunktgebiete. Durch Initiative dieser Gruppe gelang es, Stiftungen wie die Ford Foundation zur Unterstützung der Gesellschaft der Europäischen Sozialpsychologen zu bewegen. Bezeichnend ist, daß diese Gesellschaft sich zuerst den Namen „European Association for the Advancement of Experimental Psychology" gab. Es ging also nach Auffassung der führenden Mitglieder darum, die experimentelle Sozialpsychologie zu fördern. So verstand sich die EAESP zuerst als kleine Gesellschaft experimenteller Forscher. Bewußt sollte der Kreis klein gehalten werden. Aufgenommen wurden nur Forscher mit entsprechenden Referenzen. So wuchs die Mitgliederzahl der EAESP zunächst langsam. Mit dem Ausbau der Hochschulen in den sechziger Jahren expandierte die EAESP etwa ab Mitte der 70er Jahre.

Ein wesentliches Merkmal der Vereinspolitik war die Integration von Ost und West. Stets waren im Vorstand auch Mitglieder aus osteuropäischen Ländern, und mehrere der in dreijährigem Abstand stattfindenden Generalversammlungen wurden in Osteuropa durchgeführt, obwohl nur ca. 20% der Mitglieder aus „sozialistischen" Ländern kamen.

Neben den „General Meetings" führt die EAESP sog. „East-West"-Meetings und kleinere Fachtagungen durch. Es gibt einen *Newsletter*, das *European Journal of Social Psychology* und die *European Monographs in Social Psychology*.

Eine Besonderheit der EAESP sind die Sommerschulen. Hier arbeiten junge Wissenschaftler aus verschiedensten Ländern mehrere Wochen lang an einer bestimmten Fragestellung und führen dazu experimentelle Untersuchungen durch. In den ersten Jahren ihres Bestehens wirkten amerikanische Sozialpsychologen wie Robert B. Zajonc, Harold B. Gerard, Harold Kelley, Herbert Kelman, Donald T. Campbell, Philip G. Zimbardo und andere als Dozenten der Sommerschulen. So lernten jüngere Wissenschaftler neue Forschungstechniken, allerdings auch Kehrseiten amerikanischer Forschungspraxis kennen (vgl. Jaspars, 1980, 1986).

Die ca. 30jährige Geschichte der EAESP trägt eindeutig Züge der Verselbständigung vom amerikanischen Vorbild. Dabei mag hier und da der Eindruck entstanden sein, die Europäer würden nun in die Hand beißen, mit der sie gefüttert worden waren. Dieser Eindruck war sicher unbegründet; allerdings haben sich die europäischen Sozialpsychologen hier und da emanzipiert, was Fragestellungen, Methoden und Theorien angeht. Die Erforschung non-verbaler Kommunikation, Gruppenpolarisation, Intergruppen-Beziehungen und viele weitere Themen sind in Europa entstanden oder doch be-

Abb. 1: Mitgliederversammlung der European Association of Experimental Social Psycholoy im Jahr 1972 in Löwen, Belgien. Unter den Anwesenden befinden sich mehrere Personen, die im Vorstand der Gesellschaft tätig waren: so z.B. Jozef Nuttin Jr. (3), Serge Moscovici (4), Henri Tajfel (5), Martin Irle (7) und Peter Schönbach (10).

sonders intensiv erforscht worden. Dennoch: Es wäre nicht gerechtfertigt, wenn man von einer ausgesprochen „europäischen" Sozialpsychologie sprechen würde; zu gering sind die Unterschiede zum internationalen Mainstream.

Literatur

Jaspars, J. (1980). The coming of age of social psychology in Europe. European Journal of Social Psychology. 10, 421–429.

Jaspars, J. (1986). Forum and focus: A personal view of European Social Psychology. European Journal of Social Psychology 16, 3–15.

Die Deutsche Gesellschaft für Psychologie e.V. (DGPs)

Gerd Lüer

Gründungsphase

Am 20. April 1904 wurde in Gießen die „Gesellschaft für experimentelle Psychologie“ gegründet. Als Vorsitzender wurde G.E. Müller aus Göttingen gewählt, zu weiteren Mitgliedern des Vorstandes wurden R. Sommer, Gießen; H. Ebbinghaus, Breslau; S. Exner, Wien; O. Külpe, Würzburg; E. Meumann, Zürich und F. Schumann, Berlin bestellt. Erst 1929 änderte die Mitgliederversammlung den Namen in „Deutsche Gesellschaft für Psychologie“. Daß eine nach Selbständigkeit strebende Wissenschaftsdisziplin sich eine wissenschaftliche Gesellschaft zulegt, erscheint selbstverständlich. Verwunderung kann eigentlich nur über den späten Zeitpunkt entstehen. Denn grundlegende Werke der sich neu etablierenden Psychologie waren bereits 50 Jahre früher erschienen. Die Gründung des ersten Psychologischen Institutes lag bereits 25 Jahre zurück, und in den USA gab es die „American Psychological Association“ (APA) schon seit 1892. Warum verzögerte sich in Deutschland – einem wohl sonst eher vereinsfreundlichen Land – die Gründung der psychologischen Gesellschaft?

Es gab Vorläufer, die sich als wissenschaftliche Vereinigungen verstanden: im Jahre 1878 die „Psychologische Gesellschaft“; im Jahre 1888 die „Gesellschaft für Experimental-Psychologie“. Beide vereinigten sich und organisierten 1897 den 3. Internationalen Kongreß für Psychologie. Kennzeichnend für diese Vereinigungen war es jedoch, daß sie alle möglichen Strömungen innerhalb der Psychologie in ihren Reihen duldeten. So hatte z.B. Carl Stumpf viel Mühe, auf dem 3. Internationalen Kongreß Beiträge über Spiritismus und Okkultismus vom Programm zurückzudrängen.

Die Gründung der Gesellschaft für experimentelle Psychologie als wissenschaftliche Vereinigung ist am ehesten als Abgrenzung zu vielerlei anderen psychologischen Richtungen und Bestrebungen zu verstehen. Die Definition Wissenschaftlichkeit geschah über die Methoden der Psychologie – und die waren im Verständnis der Gründungsväter auf das psychologische Experiment konzentiert. Entsprechend hieß es auch in der Satzung der neuen Gesellschaft: „Die Gesellschaft bezweckt die Förderung der experimentellen Psychologie und aller verwandten methodisch-psychologischen Bestrebungen“ (§1).

Abb. 1: Georg Elias Müller, Mitbegründer und erster Vorsitzender der Gesellschaft für experimentelle Psychologie.

Die Arbeit der wissenschaftlichen Gesellschaft bis zu ihrer Auflösung im Jahre 1945

So notwendig es war, die wissenschaftliche Psychologie von vielerlei Laienbeschäftigungen abzugrenzen, so sehr erwies sich die Beschränkung auf die „reine Lehre“ der experimentalpsychologischen Grundlagenforschung als zu eng. Der Vorstand der Gesellschaft beschloß schon 1906, ein Institut für Angewandte Psychologie und psychologische Sammelforschung ins Le-

Abb. 2: Teilnehmer des Gründungskongresses der Gesellschaft für experimentelle Psychologie 1904 in Gießen. Der siebte von links in der ersten Reihe (sitzend) ist Oswald Külpe, der neunte Robert Sommer, der elfte ist Hermann Ebbinghaus. Neben ihm Georg Elias Müller. Unter den stehenden Personen ist deutlich als zwölfter von links (in der zweiten Reihe, mit dunklem Vollbart) William Stern zu erkennen, als zehnter schräg hinter ihm vor der Hauswand: Karl Marbe. Der achte von rechts ist Max Wertheimer.

ben zu rufen. Die Hervorhebung der Anwendung der Psychologie setzte sich auch weiterhin fort: 1921 verweist Karl Marbe auf die großen Fortschritte, die die „reine" *und* die angewandte Psychologie in den letzten Jahren gemacht hätten. Sein Fazit ist, daß der Ruf nach „praktisch verwendbaren Psychologen" von amtlicher Seite immer dringlicher werde und daß von der Trennung der Grundlagenforschung von der angewandten Psychologie abzuraten sei. Wohl nicht zufällig wurde Karl Marbe 1927 Nachfolger von G.E. Müller im Amte des Vorsitzenden der Gesellschaft.

Zum 25jährigen Bestehen der Gesellschaft für experimentelle Psychologie differenziert sich die Entwicklung weiter. William Stern hebt auf dem 11. Kongreß in Wien 1929 hervor, daß zu der experimentellen Methode nun auch eine Reihe anderer Methoden hinzugekommen seien, die von der wissenschaftlichen Psychologie fruchtbar genutzt würden. Daher sei der bisherige Name der wissenschaftlichen Gesellschaft zu eng gewählt. Die Mitgliederversammlung beschloß deshalb einstimmig, der Gesellschaft nun den Namen „Deutsche Gesellschaft für Psychologie" zu geben. Obwohl diese Namensänderung bei Mitgliedern schon Zweifel über den zukünftigen Weg der Gesellschaft entstehen ließ, der sich in merklichen Mitgliederverlusten ausdrückte, kam es auf dem nachfolgenden 12. Kongreß 1931 in Hamburg zu einem Höhepunkt der Darstellung hervorragender psychologischer Forschung.

Drastisch änderte sich das bisherige Verhältnis zwischen verschiedenen Richtungen der Psychologie sowie zwischen Forschungs- und Anwendungsfeldern in den 30er Jahren. Nach der Entlassung bekannter jüdischer Wissenschaftler aus ihren Ämtern und nach dem freiwilligen Ausscheiden prominenter Vorstandsmitglieder wie K. Bühler, G. Kafka und D. Katz sowie W. Stern übernahm 1933 Felix Krueger, ein primär geisteswissenschaftlich forschender Psychologe, den Vorsitz. Ihm folgte 1936 der eng mit dem Nationalsozialismus verbundene Erich Jaensch aus Marburg. Wie nahezu alle Verbände war nun auch die DGPs politisch „gleichgeschaltet".

Mit der militärischen Aufrüstung im Dritten Reich fanden auch die Psychologen in den Streitkräften verstärkt Berufs- und Anwendungsfelder für ihre Wissenschaft. Geuter (1984) spricht in diesem Zusammenhang von einer Phase der Professionalisierung der Psychologie. Mit der Einführung des Diplomgrades 1941 fand diese Entwicklung einen berufspolitisch konsequenten Abschluß. Und als Erich Jaensch Anfang 1940 verstarb, beschloß der Vorstand der Gesellschaft eine neue Satzung, die ganz im Sinne der NSDAP politische Zielsetzungen und nationalsozialistisches und rassistisches Gedankengut in die Statuten implementierte. Mit dem Satzungsziel, eine Vereinigung *wissenschaftlich vorgebildeter* Psychologen zu sein, änderte sich die Gesellschaft zu einer Berufsvertretung für Psychologen. Dieser Verband bestand bis 1945 und wurde nach Kriegsende von der Militärregierung aufgelöst.

Abb. 3: Johannes von Allesch, Wiederbegründer der Deutschen Gesellschaft für Psychologie (für die Britische Besatzungszone) 1947 und erster Nachkriegsvorsitzender der Gesellschaft.

Wiederaufbau nach dem Zweiten Weltkrieg

Nach der Gründung des „Berufsverbands Deutscher Psychologen" (BDP) 1946 in Hamburg gründete Johannes von Allesch in Göttingen 1947 die Deutsche Gesellschaft für Psychologie für die Britische Zone neu. Gustav Kafka erreichte dasselbe 1948 für die Amerikanische Besatzungszone. 1949 schlossen sich beide Verbände zu einer Gesellschaft zusammen, die für die neue Bundesrepublik die wissenschaftliche Vertretung der Psychologie übernahm. Zwar gab es bis in die 50er Jahre hinein immer wieder Bemühungen, BDP und DGPs zu vereinigen. Mit der Bildung des Dachverbandes „Föderation Deutscher Psychologenvereinigungen" im

Jahre 1959, unter dem beide Verbände ihre Selbständigkeit behalten konnten, wurde diese Entwicklung jedoch gestoppt. Die DGPs verabschiedet 1962 eine neue Satzung, die sich unzweideutig zu den Zielen einer wissenschaftlichen Gesellschaft bekannte.

Mit dem Bau der Berliner Mauer 1961 waren die wissenschaftlichen Verbindungen zwischen beiden deutschen Teilstaaten auf ein Minimum reduziert worden. In der damaligen DDR führte das am 19.10.1962 zur Gründung der „Gesellschaft für Psychologie der DDR" (GP), die zunächst als wissenschaftliche Gesellschaft gedacht war, später jedoch auch Aufgaben einer berufsständischen Vereinigung übernahm. Erst im Mai 1989, kurz vor der Öffnung der Grenze, kam es zu Vereinbarungen über gegenseitige Kongreßeinladungen zwischen der DGPs und GP der DDR. Mit der Vereinigung der beiden deutschen Teilstaaten wurde jedoch deutlich, daß aufgrund inkompatibler Strukturen der Gesellschaften eine Vereinigung nicht möglich war. Die DGPs lud zum Beitritt zu ihrer Gesellschaft nach den von der Satzung vorgeschriebenen Bedingungen ein. Diese Entwicklung – wie auch die Ausweitung des BDP auf die neuen Bundesländer – führte zur Auflösung der Gesellschaft für Psychologie der DDR, die auf der Delegiertenversammlung vom 3.11.1990 beschlossen wurde.

Mit nahezu 1.450 Mitgliedern stellt die Deutsche Gesellschaft für Psychologie heute eine repräsentative und von dem existierenden Facettenreichtum des Faches geprägte wissenschaftliche Vertretung der Psychologie dar.

Literatur

Geuter, U. (1984). Die Professionalisierung der Psychologie im Nationalsozialismus. Frankfurt/M.: Suhrkamp.

Lüer, G. (1991). Psychologie im Spiegel ihrer wissenschaftlichen Gesellschaft: Historische Fakten, Entwicklungen und ihre Konsequenzen. Psychologische Rundschau 42, 1–11.

Müller, G. E. (1904). Gesellschaft für experimentelle Psychologie. Zeitschrift für Psychologie und Physiologie der Sinnesorgane, 35, 158–160.

Schumann, F. (Hg.) (1904). Bericht über den 1. Kongreß für experimentelle Psychologie. Leipzig: J. A. Barth.

Sommer, R. (1932). Zur Geschichte der Kongresse für experimentelle Psychologie. In G. Kafka (Hg.). Bericht über den 12. Kongreß der Deutschen Gesellschaft für Psychologie (S. 9–12). Jena: Fischer.

Traxel, W. (1983). Mitgliederstand und Mitgliederbewegungen in der Gesellschaft für experimentelle Psychologie und der Deutschen Gesellschaft für Psychologie von 1904–1939. In G. Lüer (Hg.). Bericht über den 33. Kongreß der Deutschen Gesellschaft für Psychologie in Mainz 1982 (S. 97–99). Göttingen: Hogrefe.

Teil H

Psychologie in der praktischen Bewährung

Psychotechnisches Laboratorium von Philips in Eindhoven (ca. 1930). Psychotechnische „Musterung" zur Auswahl von Fabrikarbeiterinnen. Das Mädchen im Vordergrund arbeitet an einer Scheibensortierprüfung. Jede der Scheiben paßt auf eins der vier Stäbchen. Die Scheiben sollen so schnell wie möglich auf die Stäbchen gesteckt werden. – Das psychotechnische Laboratorium von Philips wurde 1924 eingerichtet. Es wurden spezielle Prüfmethoden für die Auslese von FabrikarbeiterInnen, Büropersonal und technischem Personal entwickelt.

Peter van Drunen

Zur umseitigen Abbildung: Das Foto zeigt eine Autokabine aus dem Psychotechnischen Laboratorium der Niederländischen Postverwaltung, ca. 1935. Diese Kabine befindet sich derzeit im Boerhave-Museum in Leiden.

„Geisteskrankheiten sind Gehirnkrankheiten“ oder: Der Irrenhausstreit um das Burghölzli in Zürich

Angela Graf-Nold

Am 4. Juli 1871 zog Bernhard von Gudden als erster Direktor mit 53 PatientInnen aus dem alten Zürcher Spital in der Innenstadt in die für 250 Patienten und Patientinnen konzipierte neuerbaute „Irren-Heilanstalt Burghölzli“ ein (s. Abb. 1). Der vor der Stadt auf einem 33 Hektar großen Burghölzli-Hügel gelegene, fast palastartige Gebäudekomplex, der nach rund sechsjähriger Bauzeit mit für damalige Zeit ungeheurem finanziellen Aufwand von über 2 Mio. Fr. erstellt worden war, bedeutete ein Symbol für den Fortschrittsglauben in der damals aufstrebenden, jungen Universitätsstadt Zürich.

Abb. 1: Die „Irren-Heilanstalt Burghölzli“ am Rande von Zürich, erbaut nach dem Konzept von Heinrich Hoffmann und Wilhelm Griesinger in den Jahren 1865–1870. – Die Anstalt bot bei ihrer Eröffnung im Juli 1870 Platz für 250 Kranke und beschäftigte neben dem Direktor einen Sekundar- und einen Assistenzarzt sowie 20 Wärter und Wärterinnen und 14 Hilfskräfte für Küche, Garten und Hausdienst. Der Anstaltsdirektor (zugleich Professor für Psychiatrie an der Züricher Universität) sowie der „Sekundararzt“, der Verwalter und zwei Torwächter wohnten mit ihren Familien in der Anstalt.

Der Name „Irren-*Heil*anstalt“ sollte anzeigen, daß man die „Irren“ nicht etwa nur „versorgen“, sondern wirklich zu „heilen“ gedachte. Für die „unheilbaren“ Fälle war 1867 im alten Kloster auf der Rheininsel Rheinau eine „Irren-*Pflege*anstalt“ eröffnet worden, die 1870 rund 600 „Pflegefälle“ beherbergte.

Wilhelm Griesinger und die Burghölzli-Planung

Das Konzept für den Bau des Burghölzli entsprach den Richtlinien des Frankfurter Psychiaters Heinrich Hoffmann (Autor des „Struwwelpeter“), der damaligen Kapazität im Anstaltsbau, und war von Wilhelm Griesinger (s. Abb. 2) vorgeschlagen worden, der von 1860 bis 1864 in Zürich Professor für Innere Medizin und Direktor der medizinischen Klinik mit der angegliederten Irrenabteilung war.

Griesinger, der Sohn eines Spitalverwalters, hatte nach dem Medizinstudium in Tübingen, Zürich und Paris und einer zweijährigen Tätigkeit als Assistenzarzt an der Irrenanstalt Winnenthal in Württemberg 1845 ein berühmtes Lehrbuch *Die Pathologie und Therapie der psychischen Krankheiten* veröffentlicht; dieses Buch, das auch ins Französische und Englische übersetzt wurde, galt bis zur Jahrhundertwende als bestes psychiatrisches Lehrbuch und wurde auch von Sigmund Freud gelesen.

Mit der Formulierung „Geisteskrankheiten sind Gehirnkrankheiten“ propagierte Griesinger die neue Einstellung, daß Geisteskrankheiten den körperlichen Krankheiten gleichzustellen seien und durch die Erkenntnisse der hirnanatomischen und physiologischen Forschungen überwunden werden müßten. Gleichzei-

Zimmermannspruch
zum Richtfest des Burghölzli am 6. Oktober 1866
von Gottfried Keller

Ihr Werkleut' tretet nun heran!
Ein frommes Werk wird hier getan
Da aufgerichtet steht der Bau
weitragend über See und Au.

Die edle Kunst und Wissenschaft
und unsrer Hände rege Kraft
Sie bauten, bis das Haus bereit
Das tiefstem Unglück ist geweiht
Denn unglückselig ist der Mann
Der nicht mehr das Gesetz der Welt
Und dessen, der sie aufrecht hält
In seinem Sinn begreifen kann.

tig bemühte er sich jedoch um eine Synthese naturwissenschaftlicher und psychologischer Aspekte bei der Erklärung der Geisteskrankheiten; vor allem von Johann Friedrich Herbart beeinflußt, entwarf er eine Psychologie des Ichs und eine Konzeption unbewußter pathogener Faktoren.

Damit machte sich Griesinger zum Wortführer derer, die die Geisteskrankheiten aus dem gesellschaftlichen Schattenbereich mit der damit verbundenen Ausgrenzung, Restriktion und/oder „Wohltätigkeit" in den Bereich wissenschaftlich fundierter Behandlung zu bringen suchten. Entsprechend war er ein vehementer Vertreter des (zuerst vom englischen Psychiater Conolly propagierten) Verzichts auf Zwangsmaßnahmen („no restraint") in der Behandlung der Kranken.

Obwohl Griesingers Ideen in Zürich scheinbar auf guten Boden fielen, kam es doch im Vorfeld der Planung zu soviel Mißhelligkeiten, daß er es vorzog, Zürich zu verlassen, um die Leitung der Charité in Berlin zu übernehmen. Auch dort führte er einen heftigen öffentlichen Kampf gegen die „Samariter mit der Zwangsjacke", wie er seine Gegner nannte, und trat 1868 (kurz vor seinem plötzlichen Tod) mit einem neuen, sozial orientierten Konzept psychiatrischer Einrichtungen an die Öffentlichkeit: Er empfahl kleinere, zentral in der Stadt gelegene Einrichtungen für Kurzzeit-Patienten, ländlichere Einrichtungen für Pflegefälle sowie Pflegefamilien für die Unterbringung von Rekonvaleszenten.

Offensichtlich sah er die Probleme voraus, die in Zürich mit seinem „alten" Konzept entstehen würden. Das neue Modell zeigte schon die Richtung auf, der man in späteren Jahrzehnten folgte.

Die ersten Jahre – Die Hirnforscher und der Burghölzli-Skandal

Auch Bernhard von Gudden (s. Abb. 3), ebenso bekannt für seine hirnanatomischen Untersuchungen wie für die „unverantwortliche Kühnheit" im Umgang mit den Kranken als Leiter der unterfränkischen Kreisirrenanstalt Werneck (er erteilte vielen Patienten freien Ausgang und öffnete ihnen den Zugang zu den Ärztewohnungen und Büros) hätte im Hinblick auf seine Forschungs- und Lehrtätigkeit, die mit seinem Direktorenposten verbunden war, eine zentral gelegene und auf etwa 100 Betten beschränkte Anstalt dem komplizierten Riesenbetrieb des Burghölzli vorgezogen.

Doch zunächst ging es überhaupt nur darum, der neuen Auffassung von „Geisteskrankheiten als Krankheiten" auch wirklich zum Durchbruch zu verhelfen. Und dazu schienen die Strukturen, mit denen er sich im inzwischen konservativ regierten Zürich abfinden mußte, alles andere als geeignet zu sein. Der Burghölzli-Verwalter, ein ehemaliger Schlosser und zweifellos ein Typ von der Art der gewalttätigen „Samariter", wie Griesinger ihn beschrieben hatte, war dem ärztlichen Direktor nebengeordnet und bestimmte nicht nur in administrativen, sondern auch in wichtigen organisatorischen und personellen Fragen.

So glich die feudale „Heilanstalt" – bei aller äußeren Großzügigkeit und ästhetischen Raffinesse – doch noch weit mehr einer etwas merkwürdigen Strafanstalt als einem modernen Spital: Im repräsentativen Quertrakt zur Straßenseite befand sich im 1. Stock die Wohnung der Direktorsfamilie, darüber die Wohnungen für die Familien des Sekundararztes und des Verwalters. Im Zentraltrakt zwischen dem Männertrakt auf der rechten und dem

Abb. 2: Wilhelm Griesinger (1817–1868) Professor für Innere Medizin in Zürich 1860–1864 und Autor des vielbeachteten Lehrbuchs *Die Pathologie und Therapie der psychischen Krankheiten* (1845, 2. Aufl. 1861). Als erster Professor der 1833 gegründeten Zürcher Universität hielt Griesinger Vorlesungen über Geisteskrankheiten und zog Patienten der Irrenabteilung des alten Spitals für Fallvorstellungen heran. Freud bezieht sich in der *Traumdeutung* auf die „feinsinnigen Ausführungen von Griesinger (1861, 106), die mit aller Klarheit die *Wunscherfüllung* als einen dem Traum und der Psychose gemeinsamen Charakter des Vorstellens enthüllt" (Freud, 1900, G.W., 96).

Abb. 3: Bernhard von Gudden (1824–1886), der erste Direktor des Burghölzli von 1870–1872. Als Direktor der unterfränkischen Kreis-Irrenanstalt Werneck hatte Gudden schon 1855 als einer der ersten Psychiater das „no-restraint"-Prinzip eingeführt und dabei nachgewiesen, daß viele Schäden, die man bisher für „trophische Schäden", d.h. unvermeidliche Begleiterscheinungen der Geisteskrankheiten gehalten hatte, nur auf Mißhandlungen und mangelhafte Pflege zurückzuführen waren. Bekannt wurde Gudden jedoch auch durch seine Pionierleistungen auf dem Gebiet der Hirnphysiologie und -anatomie. 1872 ging er als Professor der Universiät und Leiter der Kreis-Irrenanstalt nach München; von 1873–1879 war dort sein ehemaliger Zürcher Schüler August Forel sein Forschungsassistent und Mitarbeiter. Im Juni 1886 ertrank er mit König Ludwig II. im Starnberger See.

Frauentrakt auf der linken Seite befanden sich Verwaltungs- und Gemeinschaftsräume. Das Areal war von einer zwei Meter hohen Mauer umgeben. Die Abteilungen auf beiden Seiten waren in der Richtung von der Straße zum Park nach dem Kriterium „ruhig", „halbruhig" und „unruhig" angeordnet. Die Fenster waren vergittert. Briefe wurden zensiert, Besuche überwacht. Und zwei hauptberufliche Torwächter wachten Tag und Nacht am vorderen und hinteren Tor und kontrollierten auch insbesondere die aus- und eintretenden Wärter und Wärterinnen.

Für Wärter und Wärterinnen bestand nämlich „Internatspflicht"; auch Verheiratete durften nur einmal pro Woche nach Hause. Dabei hatten sie in der Anstalt keine eigenen Zimmer zur Verfügung, sondern schliefen auf zusammenklappbaren Pritschen in den Gängen oder in den Krankenzimmern (s. Abb. 4). Ein Arbeitstag hatte 14 Stunden, Wärter hatten einmal wöchentlich einen freien Halbtag von 14–22 Uhr, Wärterinnen nur bis 20 Uhr, im Winter nur bis 18 Uhr. Ein Wärter verdiente 35 Franken pro Monat, eine Wärterin 27 Franken.

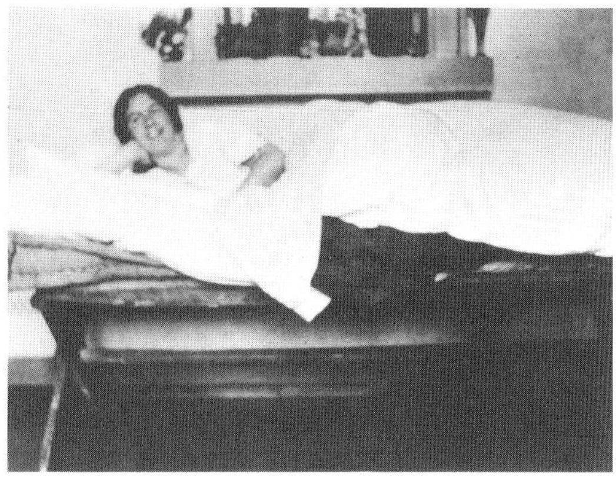

Abb. 4: Eine Wärterin auf der zusammenklappbaren Pritsche (Aufnahme aus dem Jahr 1929). Wärter und Wärterinnen unterstanden der „Internatspflicht", die mit einem fast vollständigen Verzicht auf eine eigene Privatsphäre verbunden war; sie schliefen in den Schlafräumen der Patienten und in den Gängen und wuschen und kleideten sich auch zusammen mit den Patienten. Ein Arbeitstag begann im Sommer um 5.30 Uhr, im Winter um 6 Uhr und endete erst um 21 bzw. 22 Uhr, wenn die zugewiesenen Patienten zu Bett waren.

Gudden verstrickte sich mit dem Verwalter bald in unerfreuliche Auseinandersetzungen, fühlte sich von der Regierung im Stich gelassen und übernahm schon 1873 die Leitung der Kreis-Irrenanstalt Oberbayern und den Lehrstuhl für Psychiatrie in München.

Im Juni 1886 erregte Guddens tragischer Tod weltweites Aufsehen: Er ertrank zusammen mit dem geisteskranken bayerischen König Ludwig II. im Starnberger See – ein Tod, der die „unverantwortliche Kühnheit" Guddens im Umgang mit psychisch Kranken zu bestätigen schien.

Nach Guddens Weggang hatte die Zürcher Regierung seinen Sekundararzt Gustav Huguenin (s. Abb. 5), der gerade an einem neurologischen Lehrbuch arbeitete, zum neuen Direktor und Ordinarius für Psychiatrie gewählt. Doch auch er quittierte schon nach kaum mehr als einem Jahr seinen Dienst, übernahm zunächst einen Lehrstuhl für Innere Medizin an der Universität und ließ sich später als Lungenarzt in Zürich nieder.

So mußte die Regierung sich nach fünf Jahren schon zum dritten Mal um einen neuen Direktor bemühen. Theodor Meynert (Freuds Lehrer in Wien), den man sehr gerne gewonnen hätte, lehnte den Ruf nach Zürich jedoch ab. Schließlich gewann man den Berliner Neurologen Eduard Hitzig (s. Abb. 6) für das Amt. Als niedergelassener Neurologe hatte er, größtenteils in seinem Privatlabor zu Hause zusammen mit einem Freund und seiner Frau, hirnphysiologische Experimente mit Tieren gemacht, deren Ergebnis für die weitere Hirnforschung bahnbrechend waren: Er wies die elektrische Reizbarkeit der Hirnrinde nach, identifizierte die motorischen Zentren des Großhirns und verhalf damit der immer noch umstrittenen Lokalisationslehre zum Durchbruch. Unter Hitzigs preußisch strenger Führung wuchs sich jedoch der unvermeidliche Konflikt mit dem intriganten Verwalter zum eigentlichen „Burghölzli-Skandal" aus. Als Hitzig unnachgiebig auf Disziplin und Ordnung, d.h. auf angemessener Verpflegung, Heizung und Sauberkeit etc. drang, erschienen in einer Zeitung bald verleumderische Artikel über seine Anstaltsführung. Eine unabhängige Untersuchungskommission der Regierung ortete die Verfehlungen jedoch auf der Seite des Verwalters, was zu dessen Entlassung und der von nicht weniger als 32 Angestellten führte. Daraufhin begann in zwei kleinen, aber einflußreichen Zeitungen

Abb. 5: Gustav Huguenin (1840–1920), Direktor des Burghölzli von 1873–1874. Huguenin, hatte in Zürich bei Griesinger studiert und war schon Sekundararzt in der Irrenabteilung des alten Spitals sowie Sekundararzt bei Gudden gewesen. Gleichzeitig war er jedoch Protagonist der Demokratischen Partei, die 1869 die Liberale Partei gestürzt und viele Positionen neu besetzt hatte; auch der Burghölzli-Verwalter war von den „Demokraten" protegiert. Nach der kurzen Zeit als Burghölzi-Direktor widmete er sich nur noch der Inneren Medizin, insbesondere den Lungenkrankheiten, wobei er für die Tuberkulose (an der er selbst litt) auch nach der Entdeckung der Tuberkelbazillen durch Koch bis zuletzt an der Hypothese der erblichen Genese festhielt.

Abb. 6: Eduard Hitzig (1838–1907), Direktor des Burghölzli (1875–1879), machte als niedergelassener Neurologe und Privatgelehrter in Berlin zwischen 1870 und 1874 die epochale Entdeckung der motorischen Zentren des Gehirns. In seiner Antrittsvorlesung in Zürich 1875 setzte er sich für präventive Massnahmen, für die obligatorische psychiatrische Ausbildung der Ärzte sowie für die Arbeitstherapie ein. Er gründete auch einen „Hilfsverein", der in Not geratenen Kranken bei der Resozialisierung beistehen sollte. Unter Hitzig spitzte sich jedoch der schon lange schwelende „Irrenhausstreit" zum eigentlichen „Burghölzli-Skandal" zu. Der Burghölzliverwalter sah seine Macht bedroht und versuchte deshalb, durch eine organisierte Hetzkampagne in lokalen Zeitungen das schwelende Mißtrauen der Bevölkerung gegen das teuere, außerhalb der Stadt gelegene Irrenhaus zu schüren, um Hitzig zu desavouieren und aus dem Amt zu vertreiben.

(dem „Weinländer“ und dem „Volksblatt des Bezirks Zürich“) eine organisierte Hetzkampagne gegen Hitzig, die antiintellektuelle und auch antisemitische Vorurteile schürte und tiefverwurzelte, archaische Ängste vor den „Irren“ und ihren Ärzten an die Oberfläche brachte: Hitzig sei ein Tyrann, sei der „Zwingherr“ der „Bastille vom Zürichberg“, sperre Gesunde ein und lasse Gemeingefährliche laufen, vergehe sich sexuell an Frauen. Er sei gar kein Arzt, sondern nur ein Schwindler, allerhöchstens ein „Tierbändiger“, der sich unter dem Vorwand der Wissenschaft an den Qualen der Tiere weide. Die Anwürfe gipfelten im Aufruf „Schmeißt ihn raus, den Juden Itzig!“ Als sich die Professoren der Medizinischen Fakultät einmütig hinter Hitzig stellten, wurden sie mit Säuen und Hunden verglichen. Und in einer Zeitung stand zu lesen, die ganze innere Medizin und insbesondere die Psychiatrie sei nichts anderes als „ein großartiger Hokuspokus“. Hitzig erhob zusammen mit seinem Sekundararzt und zwei Assistenzärzten Verleumdungsklage gegen den betreffenden Journalisten, einen deutschen Abenteurer, der hauptsächlich im Auftrag des entlassenen Verwalters gearbeitet hatte. Er wurde zu sechs Monaten Gefängnis, fünfjähriger Landesverweisung und hohen Entschädigungszahlungen an die klagenden Ärzte verurteilt.

Schon vor der Urteilsverkündung hatte sich der Dichter Gottfried Keller, der damals in seiner Funktion als Stadtschreiber mit der Entwicklung am Burghölzli sehr verbunden war, für Hitzig eingesetzt. Er war auch der Verfasser einer Dankesschrift mit 1800 Unterschriften namhafter Bürger, die Hitzig bei einem Fackelzug durch die Stadt zu seinem Abschied überreicht wurde. Denn Hitzig war wie seine beiden Vorgänger vom Kampf ermüdet und erbittert; er verließ Zürich 1879 und übernahm die Leitung einer Anstalt in Halle, wo er noch drei Jahrzehnte wirkte.

Literatur

Angst, J. (Hrsg.), (1970). Hundert Jahre Kantonale Psychiatrische Universitätsklinik Burghölzli Zürich 1870–1970. Zürich.

Ackerknecht, E. (1978). Gudden, Huguenin, Hitzig. Hirnpsychiatrie im Burghölzli Zürich 1869–1879. Gesnerus 25, 66–78.

Bleuler, M. (1951). Geschichte des Burghölzlis und der Psychiatrischen Universitätsklinik. Zürcher Spitalgeschichte, Bd. 2 (S. 377–425). Zürich: Berichthaus.

Hofmann, M. (1922). Die Irrenfürsorge im alten Spital und Irrenhaus Zürichs im 19. Jahrhundert. Med. Diss.

Jahresberichte der Irren-Heilanstalt Burghölzli 1870–79.

Löffler, W. (1951). Die Medizinische Klinik Zürich 1833–1950. In: Zürcher Spitalgeschichte, Bd. 2 (S. 1–228). Zürich: Berichthaus.

Mörgeli. Ch. (1987). In Zürich verheizt. Der Psychiater Eduard Hitzig. Unizürich 5, S. 12f.

Walser, H.H. (1971). Die „Deutsche Periode“ in der Geschichte der Schweizer Psychiatrie und die moderne Sozialpsychiatie. Gesnerus 28, 47–45.

August Forel am Burghölzli: Hirnforschung, Hypnotismus, Anti-Alkoholismus und Sexualreform

Angela Graf-Nold

Im Oktober 1879 ernannte die Regierung – mangels eines anderen Kandidaten – den erst 31jährigen August Forel, einen Schweizer aus dem französischsprachigen Kanton Waadt, zum neuen Direktor des Burghölzli.

Auch August Forel war ein Vertreter des Prinzips „Geisteskrankheiten sind Gehirnkrankheiten". Doch verband auch er damit – wie Griesinger – kein rein somatisch-physiologisches Krankheitsverständnis. Die „Identität von Seele und Gehirn" – der „wahre Monismus", wie Forel selbst es ausdrückte – war für ihn vielmehr die Quintessenz seiner vielfältigen, z.T. bahnbrechenden biologischen und psychologischen Forschungsarbeiten, die ihn zu einem beispiellosen sozialpolitischen Engagement motivierten und das Burghölzli weit über die Landesgrenzen bekannt machten.

Forels Hauptinteresse galt ursprünglich der Ameisenforschung. Sie war für ihn seit seiner Kindheit und bis zuletzt das Übungsfeld, auf dem er das genaue, geduldige und vorurteilslose Beobachten übte und für die Phänomene des Bewußtseins wie für die Beachtung sozialer Zusammenhänge und Abhängigkeiten sensibilisiert wurde. Seine großangelegte Monographie *Die Ameisen der Schweiz* (*Les Fourmis de la Suisse*) war 1874 in München während seiner Tätigkeit als Assistenzarzt an Guddens Anstalt erschienen.

Forel hatte sich als Student in Zürich für Guddens Hirnforschungen begeistert und habilitierte sich dann1877 in München mit einer hirnanatomischen Arbeit über die Haubenregion. Anschließend ging er als Sekundararzt während des Hitzig-Prozesses nach Zürich zurück.

Mit großer Hartnäckigkeit erwirkte er von der Regierung bei seinem Amtsantritt die schon von seinen Vorgängern und Lehrern geforderte Unterordnung der Verwaltung unter die ärztliche Direktion und bemühte sich unbeirrbar und beharrlich um eine Organisation der großen Anstalt, die seinem hohen wissenschaftlichen und moralischen (dabei antiklerikalen) Anspruch entsprach: Verzicht auf die Ausübung jeder Privatpraxis, strikte Ablehnung von Geschenken Angehöriger, gemeinsame Trinkgeldkasse für alle Wärter und Wärterinnen, Beseitigung der „sexuellen Mißstände" (unter der alten Verwaltung hatte sich ein enger Kontakt der

Abb. 1: August Forel (1848–1931) und seine Frau Emma, geb. Steinheil (1865–1946), im Jahr 1883. – „Meine Frau befreundete sich alsbald mit verschiedenen Einwohnern der Anstalt. Mit grossem Eifer nahm sie sich der Gesangsübungen in der Anstalt an und wurde dank ihrer musikalischen Begabung bald eine vorzügliche Chordirigentin. Sie besuchte außerdem viele Patientinnen, musizierte mit Patienten und nahm eifrig teil an allen Anstaltsfesten und deren Vorbereitungen. Ich war froh, ihr diese ganze Angelegenheit übergeben zu können, die ich bis dahin mit dem Oberwartpersonal besorgt hatte" (Forel, 1935, S. 108).

Wärterschaft mit der auf dem Anstaltsareal gelegenen Stephansburg, einer als Bordell geführten Wirtschaft, etabliert).

Auch richtete er im Burghölzli ein hirnanatomisches Laboratorium ein, wo er mit Hilfe des „Guddenschen Microtoms", bei dessen Entwicklung er maßgeblich mitgewirkt hatte, Untersuchungen an exstirpierten Tiergehirnen vornahm. 1886 machte er die für die weitere Entwicklung der Neurologie bahnbrechende Entdeckung, daß Nervenzellen nicht durch Anastomosen (wie man bisher annahm), sondern nur durch einfache Berührung in Zusammenhang stehen – eine Entdeckung, die gleichzeitig von His gemacht wurde und erst Jahre später von Waldeyer unter dem Begriff „Neuronentheorie" popularisiert wurde.

1883 heiratete Forel die damals noch nicht ganz 18jährige Emma Steinheil, die Tochter eines langjährigen Münchner Freundes. Die junge Frau „befreundete sich mit verschiedenen Einwohnern der Anstalt", musizierte mit einzelnen, leitete einen Chor und organisierte Veranstaltungen und Feste. Mit dieser Arbeit trug sie wesentlich dazu bei, die beängstigend tiefe Kluft zwischen der Hirnforschung und dem trostlosen Alltag der Anstaltsbewohner zu überbrücken und damit den hohen Anstaltsmauern statt des einengenden auch einen schützenden Aspekt abzugewinnen.

Forel schätzte diesen Einsatz seiner Frau sehr hoch. Er war auch ansonsten keineswegs ein Befürworter der traditionellen Frauenrolle, sondern setzte sich grundsätzlich für die volle Gleichberechtigung der Frauen ein. Schon in seiner Studienzeit hatte er sich an den partnerschaftlichen Umgang mit Kolleginnen gewöhnen können, denn die Zürcher Universität war damals die einzige deutschsprachige Universität, die Frauen das Studium gestattete. So sorgte er z.B. nach seinem Amtsantritt als Direktor des Burghölzli sofort dafür, daß der von Hitzig gegründete „Hilfsverein für Geisteskranke" seine Statuten abänderte, um auch Frauen aufzunehmen, und stellte auch selbst als erster Zürcher Klinikchef junge Ärztinnen ein.

Mit der Zeit trat für Forel die aufwendige Arbeit im Hirnanatomischen Laboratorium immer mehr in den Hintergrund. Denn er sah sich im Klinikalltag vor allem mit den sozialen Problemen seiner PatientInnen konfrontiert, insbesondere mit dem Elend der armen Zürcher Landbevölkerung, die damals hauptsächlich in der Seidenindustrie ausgebeutet wurde und durch den maßlosen Konsum von „saurem Most" und/oder sexuelle Unterdrückung und Doppelmoral zugrundeging, ohne in der „Heilanstalt" etwas wesentlich anderes als Pflege zu finden. (Gerhard Hauptmann war 1888 in Zürich und ließ sich durch seine Begegnungen mit Forel und den Patienten im Burghölzli zu seinem Drama *Die Weber* inspirieren).

Forels wesentlichste Leistung für die Psychiatrie war deshalb zweifellos die Einführung der bisher im Zwielicht der Scharlatanerie stehenden Hypnose als therapeutisches Mittel im psychiatrischen Alltag. Ein Buch von Hippolyte Bernheim, dem Professor für innere Medizin in Nancy, *De la suggestion et de ses applications à la thérapeutique* (1884), hatte ihn so fasziniert, daß er sich von Bernheim persönlich eine Woche lang in den Hypnotismus einführen ließ und am Burghölzli sofort mit Personal und Patienten zu experimentieren begann. Die teilweise spektakulären Erfolge bei diesen Versuchen bestärkten ihn in seiner monistischen Auffassung von der „Einheit von Gehirn- und Seelenerscheinungen" und überzeugten ihn auch von der „Wesensidentität zwischen dem bewußten und dem unbewußten Zustande unserer menschlichen Psychologie". Daraus ergaben sich für ihn sehr weitreichende Konsequenzen nicht nur für die Psychiatrie, sondern für alle Bereiche des menschlichen Lebens.

Der fließende Übergang zwischen Bewußtem und Unbewußtem entsprach dem fließenden Übergang zwischen Geisteskrankheit und Gesundheit. Insbesondere für das Strafrecht ergab sich daraus eine graduell abgestufte Zurechnungsfähigkeit der Delinquenten; je unzurechnungsfähiger ein Delinquent, desto mehr sollte von Strafe abgesehen werden und statt dessen der Schutz der Gesellschaft in den Vordergrund gestellt werden.

1889 veröffentlichte er seine Monographie *Der Hypnotismus und seine strafrechtliche Bedeutung*, die 30 Jahre lang mit immer neuen Überarbeitungen wegweisend blieb. Freud, der 1888 Bernheims Buch ins Deutsche übersetzt hatte (und Bernheim mit einer Empfehlung Forels ebenfalls besucht hatte), widmete Forels Buch eine ausführliche begeisterte Besprechung. 1892 gründete Forel die *Zeitschrift für Hypnotismus und Suggestionstherapie*, bei der auch Freud u.a. als Mitherausgeber fungierte.

Zugleich entwickelte Forel ein großes Engagement in der Bekämpfung des Alkoholismus. Aufgrund einer Begegnung mit einem Schuhmacher, der der Antialkohol-Bewegung „Blaues Kreuz" angehörte, schickte er die zahlreichen AlkoholikerInnen der Anstalt zunächst mit erstaunlichem Erfolg zu den Blaukreuz-Veranstaltungen. 1888 erreichte Forel die Eröffnung einer staatlich unabhängigen „Trinkerheilanstalt" unter der Leitung des Schuhmachers. Auch entschloß sich Forel selbst zur Totalabstinenz und vertrat deren allgemeine Notwendigkeit mit wachsender Überzeugung. Da ihm die „einseitig fromme" Ausrichtung des „Blauen Kreuzes" wenig zusagte, gründete er 1892 mit der Engländerin Charlotte Gray eine „Guttemplerloge" und stellte sich immer entschiedener an die Spitze der Internationalen Abstinenzbewegung.

In Zürich selbst übten initiative Frauen aus dem „Hilfsverein für Geisteskranke" einen entscheidenden Einfluss aus: Sie gründeten den „Frauenverein für Mäßigkeit und Volkswohl" und errichteten nach und nach mehrere alkoholfreie Restaurants, die sowohl in bezug auf die Anstellungsbedingungen für das Servierpersonal wie auch beim Komfort für die Gäste (kein Konsumationszwang, großes Angebot an verschiedenen Zeitungen) vorbildlich waren und zu einem großen Teil heute noch in ähnlicher Art bestehen.

1898, im Alter von 50 Jahren, entschloß sich Forel zusammen mit seiner Frau, die Anstaltsdirektion und die Professur in Zürich aufzugeben:

Abb. 2: Ärztlicher Morgenrapport im Park des Burghölzli 1892. – Von links: Sekundararzt Dr. Anton Delbrück, Prof. Forel, Assistenzarzt Dr. Wolfgang Bach, Voluntärärztin Pauline Gottschall. „Dagegen war ich, wie Gudden, ein Feind der sogenannten Stabsvisiten, wo sämtliche Ärzte zu bestimmten Stunden durch die Anstalt wandern. Solche Paradevisiten werden vom Personal erwartet, und alles wird daher in schönster Ordnung befunden, während Nachlässigkeit, Betrügereien und grobe, ungehörige Behandlung der Kranken für die Zwischenzeit reserviert wurden. Ich sagte ... , es sollte von nun an jeder für sich und zu ganz unregelmässigen Zeiten die Abteilungen besuchen ... und nur einmal, am Montag wollten wir zusammen durchgehen, um dies und jenes an Ort und Stelle zu beraten; im übrigen bliebe uns ja Zeit genug, uns jeden Morgen beim Rapport zu besprechen" (Forel, 1935, S.93).

„Laut schrie in mir eine Stimme, die dem Psychiater sagte: Hinaus aus den Mauern, zur Verkündigung der Wahrheit an die Öffentlichkeit sowie zum Studium der Seelenabnormitäten ausserhalb der Anstalten! (...).Was nützt es denn, ewig dazubleiben, um die verlorenen Opfer des Unverstandes der Menschheit als Trümmer in geschlossenen Irrenhäusern zu pflegen und dabei die Ursache dieses ganzen Elendes ruhig weiterbestehen zu lassen? Das ist Feigheit! (...)".

Mit ihren sechs Kindern kehrte die Familie in Forels waadtländische Heimat zurück. Forel widmete sich der Privatpraxis und der Ameisenforschung und entwickelte vor allem eine reiche internationale Tätigkeit als kompromißloser Kämpfer für seine verschiedenen sozialpolitischen Anliegen, insbesondere für die Abstinenzbewegung, dann für Frauenrechte und Sexualethik; während des Ersten Weltkriegs propagierte er „Die vereinigten Staaten der Erde" und unterstützte die Bemühungen für eine neue Weltsprache (Esperanto).

Den größten Erfolg brachte ihm sein 1905 erschienenes Buch *Die sexuelle Frage* (s. Abb. 3), zu welchem ihm vor allem seine Frau ermutigt hatte. Die erste Auflage war in 14 Tagen ausverkauft; bis 1928 erschien das Buch in 16 verschiedenen Sprachen. Forel bekämpte darin die sexuellen Tabus der viktorianischen Zeit und erörterte die „sexuelle Frage" ganzheitlich vom biologischen, psychologischen und sozialen Standpunkt her. So erörterte er nicht nur alle biologischen Aspekte der Zeugung, sondern propagierte auch verschiedene damals (unzureichend) bekannte Methoden der Schwangerschaftsverhütung. Dabei stellte er die Forderung nach der vollen Gleichberechtigung der Frauen sowie nach der vollständigen rechtlichen Gleichstellung von ehelichen und unehelichen Kindern. 1938, sieben Jahre nach seinem Tod, wurde das Buch von den Nazis verboten.

Durch seine visionäre Vorstellung von einer gerechten und aufgeklärten Gesellschaft und seinen leidenschaftlichen Einsatz für ihre Verwirklichung machte er den Psychiaterberuf zum ersten Mal populär und trug wesentlich zum allgemeinen Verständnis der Geisteskrankheiten bei. Zugleich entwickelte er durch seine spezifische „monistische" Auffassung der Psychiatrie, die biologische, (tiefen)psychologische und soziale Aspekte gleichwertig berücksichtigt, eine Grundlage der Psychiatrie, die bis heute fruchtbar geblieben ist.

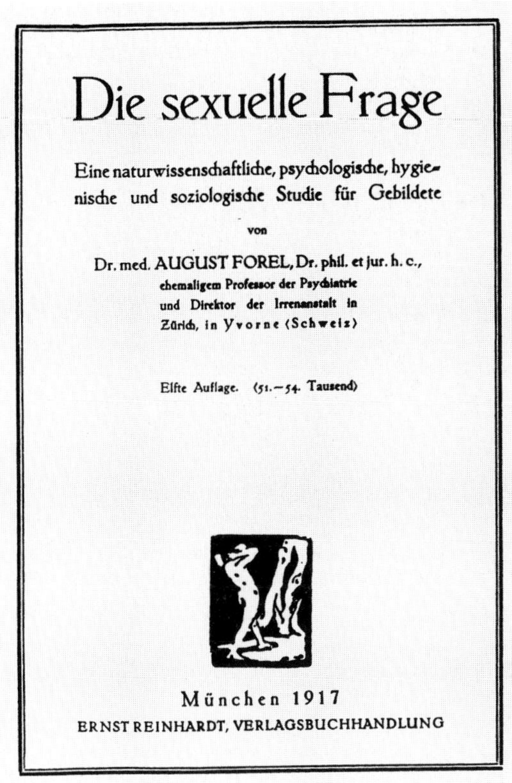
Die sexuelle Frage

Eine naturwissenschaftliche, psychologische, hygienische und soziologische Studie für Gebildete

von

Dr. med. AUGUST FOREL, Dr. phil. et jur. h. c.,
ehemaligem Professor der Psychiatrie
und Direktor der Irrenanstalt in
Zürich, in Yvorne (Schweiz)

Elfte Auflage. (51.–54. Tausend)

München 1917
ERNST REINHARDT, VERLAGSBUCHHANDLUNG

Abb. 3: Die sexuelle Frage. 11. Aufl. 1917. Aus dem Vorwort zur 1. Auflage 1905: „Die Sehnsucht des menschlichen Gemütes und die Erfahrungen der Soziologie der verschiedenen Menschenrassen und geschichtlichen Zeitperioden mit den Ergebnissen der Naturforschung und den durch dieselben ans Licht beförderten Gesetzen der psychischen und sexuellen Evolution in harmonischen Einklang zu bringen – das ist das Problem, das sich unserem Zeitalter aufdrängt."

Literatur

Bleuler, M. (1951). Geschichte des Burghölzlis und der Psychiatrischen Universitätsklinik. Zürcher Spitalgeschichte, Bd. 2, S. 377–425, Zürich: Berichthaus.

Forel, A. (1935). Rückblick auf mein Leben. Zürich; Mémoires. Neuchâtel 1941; Out of my life and work. New York 1937.

Forel, A. (1968). Briefe, Correspondance 1864–1927, hrsg. v. H. H. Walser, mit einem Vorwort von M. Bleuler, Zürich: Huber.

Graf-Nold, A. (1988) Weiblichkeit in Wissenschaft und Wissenschaftspolitik am Beispiel der frühen Kontroverse über das Medizinstudium der Frauen in Zürich 1872. Ebenso neu als kühn. 120 Jahre Frauenstudium in Zürich. Zürich: efef Verlag.

Meier, R. (1986). August Forel, 1848–1931, Arzt, Naturforscher, Sozialreformer. Eine Ausstellung der Universität Zürich. Zürich: Berichthaus.

Walser, H. H. (1966). Die wissenschaftlichen Anfänge von Adolph Meyer (1860–1950) und die Entstehung der Zürcher psychiatrischen Schule. Gesnerus, 23, 202–210.

Von der Psychotechnik zur Psychodiagnostik

Peter van Drunen

Psychologische Tests gibt es inzwischen seit ca. 100 Jahren. In dieser Zeit sind Tests verschiedenster Arten und Richtungen entwickelt worden. Papier und Bleistift, heute die wichtigsten Testmaterialien für den Psychologen, spielten in der Vergangenheit eine viel unbedeutendere Rolle. Bis zum Zweiten Weltkrieg herrschten – vor allem im Bereich der Personalauslese – Gerätetests und Beobachtungsproben vor: technische Apparate und puzzleartige Aufgaben, mit denen man versuchte, die Fähigkeiten und später auch die Persönlichkeit des Untersuchten zu ergründen. Diese Bevorzugung von „Handlungs"-Tests spiegelte sich im Sprachgebrauch wider: Man sprach nicht von psychologischen Tests, sondern von psychotechnischen Eignungsprüfungen.

Abb. 1: Hugo Münsterberg (1863–1916), Begründer der Psychotechnik.

Kurz nach der Jahrhundertwende beginnt man in verschiedenen Ländern mit der Anwendung psychologischer Methoden im Bereich der Personalauslese zu experimentieren. Der bekannteste Propagandist ist Hugo Münsterberg (1863–1915), ein Psychologe deutscher Abstammung, der an der Harvard-Universität in den USA arbeitete (Abb. 1). So, wie die Naturwissenschaften ihr praktisches Pendant in Form der Technik hatten, so sollte nach Münsterberg neben der Psychologie die Psychotechnik entwickelt werden – als die „Wissenschaft von der praktischen Anwendung der Psychologie im Dienste der Kulturaufgaben" (Münsterberg, 1914, S. 1).

Ursprünglich als Sammelbegriff für alle Richtungen der angewandten Psychologie benutzt, wird der Begriff der Psychotechnik sehr bald begrenzt auf die Anwendung psychologischer Eignungsprüfungen zur Personalauslese und im Rahmen der Berufsberatung. Der Erste Weltkrieg bildet hierbei einen wichtigen Auslöser. Durch die Einführung neuer Transport- und Kommunikationsmittel entstehen eine Menge neuer Berufe: Piloten, Chauffeure, Telefonisten und Telegrafisten halten ihren Einzug in die Wehrmacht. In Deutschland, Frankreich und Italien wird die Psychologie bei der Entwicklung von Auslesemethoden für derartige Aufgaben eingesetzt (s. Abb. 2).

Nach dem Krieg erlebt die Psychotechnik einen großen Aufschwung, besonders in Deutschland. Verschiedene Betriebe gehen dazu über, eigene „psychotechnische Laboratorien" zur Personalauslese einzurichten. Berufseignung wird dabei anfänglich als eine Addition einzelner Begabungen und Fertigkeiten angesehen. Obwohl man auch von schriftlichen Tests Gebrauch macht, liegt der Nachdruck auf Fertigkeits-Eignungsprüfungen. Apparatetests sind besonders beliebt; sie gelten als sichtbares Symbol der Genauigkeit und Objektivität. „Eine Verankerung der Psychotechnik im (schriftlichen) Testverfahren allein (trägt) die Unmöglichkeit einer weiteren Entwicklung der Psychologie in sich", so lesen wir in einem beliebten Handbuch dieser Zeit; und: „was man äußerlich messen kann und messen will, soll man immer mit einem Apparat prüfen" (Giese, 1925, S. 786 u. 772).

In den zwanziger Jahren entwickelt sich der Gebrauch von Apparaten zum Warenzeichen der Psychotechnik; es entsteht ein blühender Markt für psychotechnische

Abb. 2: Psychotechnische Auslese französischer Piloten während des Ersten Weltkriegs. Versuchsanordnung zur Untersuchung der Stabilität des Nervensystems. Der Versuchsleiter feuerte unerwartet einen Pistolenschuß ab. Mit dem Gerät auf dem Tisch – einem Kymographen – wurden die Reaktionen des Untersuchten registriert (Atmung, Herzschlag und Handfestigkeit).

Abb. 3: Der Wiggly-Block, eine psychotechnische Beobachtungsüberprüfung, entworfen durch J. O'Connor (1927). Der Wiggly-Block ist ein Holzblock, der in kleinere Blöcke zersägt ist. Nachdem der Untersuchungsleiter die Blockteile durcheinandergeworfen hat, muß der Proband den Block wieder zusammensetzen. Dabei wird unter anderem darauf geachtet, ob der Proband die Blöcke sortiert, wie er baut und wie er seine Fehler korrigiert.

Abb. 4: Abnahme eines Rorschach-Tests (ca. 1950). Der Rorschach-Test (1921) wurde, wie viele andere projektive Tests, ursprünglich für psychiatrische Zwecke entwickelt. In den vierziger und fünfziger Jahren wurde er aber auch sehr häufig zur Auslese verwendet.

Apparate mit beeindruckenden Namen wie Energograph und Kinematometer. Danach entwickeln viele Psychotechniker ihr eigenes Testsystem, oft in enger Zusammenarbeit mit Geräteherstellern. Ein Beispiel hierfür ist das Testsystem für die Auslese von Autofahrern, das erstmals 1933 von der Niederländischen PTT (Staatsbetrieb der Post, Telegrafie und Telefon) benutzt wurde.

Abb. 5: Der Kerzentest
Test für überlegtes Handeln (sog. Kerzentest). An der Oberkante des Brettes sind acht elektrische Kerzen befestigt. Jede dieser Kerzen ist mit einem verschlungenen, aber für den Probanden sichtbaren Schlauch mit einem Gummiball verbunden. Der Versuchsleiter schaltet nun eine Kerze nach der anderen an, worauf der Proband so schnell wie möglich den dazugehörigen Gummiball drücken muß, wodurch die entsprechende Kerze gelöscht wird.

Die Rolle des Psychologen gleicht in diesen ersten Jahren noch am ehesten der des Ingenieurs: Seine Aufgabe ist die Entwicklung von Instrumenten, mit denen Leistungen auf genauestmögliche Weise gemessen werden können. Ab Mitte der zwanziger Jahre hält ein anderes Berufsverständnis seinen Einzug: Die Aufgabe des Psychologen ist nicht mehr nur das Messen, sondern vor allem, Einsicht in die Persönlichkeit des Untersuchten zu erlangen. Neben den Apparatetests macht man mehr und mehr Gebrauch von Beobachtungsprüfungen, so wie z. B. beim Wiggly-Block – einem Test für räumliche Wahrnehmung (s. Abb. 3) – und dem Seilbrett – einem Motorik-Test (s. Abb. 5). Zusätzlich zu der Messung der Leistung des Untersuchten achtet man besonders auf dessen Testverhalten: Arbeitet der Untersuchte systematisch, oder probiert er nur etwas aus; bleibt er ruhig, wenn etwas nicht gelingt, oder scheint er irritiert? usw.

Mit dem Aufkommen der Beobachtungs-Eignungsuntersuchungen macht die exakte Messung dem klinisch-forschenden Blick des Psychologen Platz; der Psychotechniker ist Psychodiagnostiker geworden. Diese neue, auf die Persönlichkeit gerichtete Orientierung sollte bis in die fünfziger Jahren das Bild der Personalauslese weithin bestimmen. Neben den psychotechnischen Eignungsprüfungen treten ab den dreißiger Jahren auch andere Testverfahren auf, so wie die der Ausdruckspsychologie und – nach dem Zweiten Weltkrieg – die projektiven Techniken (s. Abb. 4).

Der Begriff Psychotechnik ist seit den vierziger Jahren ungebräuchlich geworden, und bei „psychologischen Tests" denken wir heute eher an Papier und Bleistift als an Apparate und Beobachtungsuntersuchungen. Dennoch haben vor allem die Apparatetests durchaus ihre Spuren im heutigen Testgeschäft hinterlassen. Besonders bei der Auswahl von Piloten, Fahrern und Lokführern werden noch immer in großem Umfang Testgeräte verwendet, die direkt von den Pionieren der Psychotechnik abstammen.

Literatur

Baumgarten, F. (1928). Die Berufseignungsprüfungen. München: Oldenbourg.

Dorsch, F. (1963). Geschichte und Probleme der angewandten Psychologie. Bern: Huber.

Drunen, P. van & van Strien, P. J. (1991). Op de proef gesteld. Geschiedenis van de psychologische test. Groningen: Stichting Historische Materialen Psychologie.

Giese, F. (1925). Handbuch Psychotechnischer Eignungsprüfungen (2. Aufl.). Halle a. S.: Marhold.

Haas, E. (1988). The Dutch Postal Services and Psychology in the Interbellum. Cheiron Europe Newsletter, 1988 (Winter), pp. 26–31.

Münsterberg, H. (1914). Grundzüge der Psychotechnik. Leipzig: J.A. Barth.

Übersetzung aus dem Niederländischen:
Helmut E. Lück

Das Psychotechnische Prüflaboratorium der Eisenbahn-Generaldirektion Dresden

Horst Gundlach

Als es noch die Königlich Sächsischen Staatseisenbahnen gab, wurde dort ein Prüflaboratorium für Berufseignung gegründet. Im Mai 1917 startete ein Versuchsbetrieb zur Erprobung der Prüfverfahren, im Herbst 1917 wurde sodann der reguläre Betrieb aufgenommen, dessen erste Aufgabe es war, sämtliche Lokomotivführeranwärter nach psychologischen Methoden zu prüfen.

Der Präsident der Generaldirektion, Dr. Richard Ulbricht, der seit etwa 1916 an Prüfverfahren für Lokomotivführer arbeitete, hatte diese Neugründung veranlaßt. Leiter des Prüflaboratoriums wurde der Ingenieur Dr. A. Schreiber, Finanz-Baurat im Bahndienst, anschließend vermutlich seit Frühjahr 1921 der Ingenieur Dr. Friedrich Gläsel.

Mit der Gründung des Prüflaboratoriums wurde zum ersten Mal ein psychologisches Laboratorium im Dienst einer Eisenbahngesellschaft eingerichtet. Als nach dem Krieg die deutschen Eisenbahnen zur Deutschen Reichsbahn zusammengefaßt wurden, behielt die Dresdner Prüfstelle eine gewisse organisatorische Autonomie und wurde nicht der am 1.2.1921 eingerichteten Psychotechnischen Versuchsstelle (Psytev) in Berlin (anon., 1921; Couvé, 1924, 1925) unterstellt. Während dort hauptsächlich Untersuchungen an Lehrlingen vorgenommen wurden, hatte sich die Dresdner Prüfstelle in einmaliger Weise der Untersuchung der Kandidaten zum Lokomotivführen gewidmet.

Bei der Einrichtung des Laboratoriums wirkten beratend mit die Psychologen Theodor Elsenhans (1862–1918), Professor an der Technischen Hochschule Dresden, Max Brahn (1873–1944), Privatdozent an der Universität Leipzig, Leiter des Instituts für experimentelle Pädagogik und Psychologie des Leipziger Lehrervereins und bald darauf Leiter des Reichsausschusses für Arbeitswissenschaft beim Reichsarbeitsministerium, Curt Piorkowski (1888–1939), damals Laboratoriumsleiter der Fahrschule des Kraftfahrbataillons in Berlin-Schöneberg, und Walther Moede (1888–1958), damals militärisch tätig beim Kommando der Kraftfahr-Ersatzabteilung sowie Dozent an der Handelshochschule Berlin und später Psychotechnischer Gutachter bei der Deutschen Reichsbahn. Moede und Piorkowski hatten im Militärdienst zunächst geheime Methoden für die Erkennung der Eignung zum Kraftfahrerdienst (Piorkowski, 1918; Moede, 1919) entwickelt, nach deren Vorbild Ulbricht und Schreiber eigene Methoden zur Prüfung der Lokomotivführeranwärter entwickelten, bei denen die besonderen Bedingungen des schienengebundenen Verkehrs zu berücksichtigen waren.

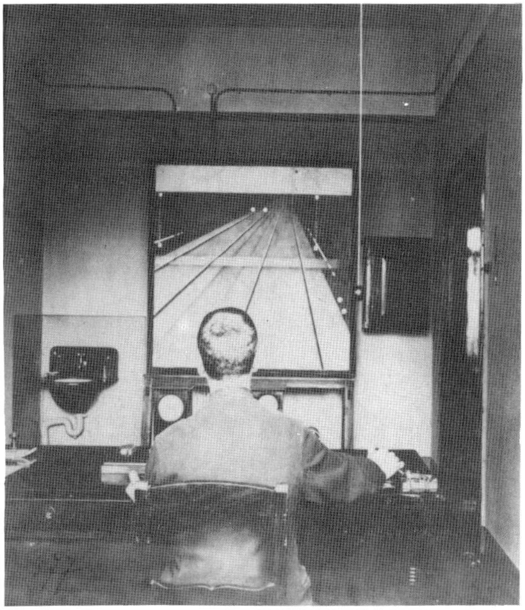

Abb. 1: Lokomotivführeranwärter vor Reizbild.
Der Lokomotivführeranwärter wird mit optischen und akustischen Signalen konfrontiert, auf die in vorschriftsgemäßer Weise zu reagieren ist. Die Aufgaben sind denen nachgebildet, die ein Lokomotivführer während seiner Tätigkeit zu bewältigen hat. Zwei Reaktionshebel stehen zur Verfügung. Linker Hand der Regler, rechter Hand die Luftdruckbremse. Außerdem sind weitere Vorrichtungen nachgebildet, denen sich die Aufmerksamkeit des Prüflings gleichfalls zuwenden muß, ein Manometer, eine Wasserstandsanzeige und eine Dampfpfeife. Oberhalb der rechten Hand des Anwärters hängt die Griffkugel, mit der die Dampfpfeife, hier durch eine elektrische Hupe dargestellt, zu betätigen ist. Durch den Prüfling verdeckt sind die Vorrichtungen zur Regulierung der Dampfspannung und der Wasserkesselspeisung. Zusätzlich sorgen Blendreize und Knallkapselsignale für Ablenkung. Die Bewertung der Reaktionen erfolgt über deren Schnelligkeit und Korrektheit nach der im Text wiedergegebenen Gleichung.

Das Prüflaboratorium, später einfach Prüfstelle genannt, wurde räumlich an die Eisenbahnschule der Staatsbahnen in Dresden, Polierstraße 30, angegliedert. Es bestand zunächst aus zwei Zimmern, dem sogenannten 2. Prüfzimmer mit 20 m² und dem dahinter gelegenen 1. Prüfzimmer mit etwa 16 m².

Die erste und wichtigste Prüfung, der ein Anwärter unterworfen wurde, war die sogenannte Fahrerprobe. Sie fand im 1. Prüfzimmer statt. An der Stirnseite des Zimmers befand sich das sogenannte Reizbild, auf der anderen Seite ein querstehender Tisch, an dem der Anwärter direkt gegenüber dem Reizbild Platz nahm, links neben ihm der Prüfbeamte.

Die Abbildung 1 zeigt einen Anwärter auf seinem Stuhl vor dem Reizbild, Abb. 2 den leeren Stuhl des Prüfbeamten mit Chronoskop, Metronom und Signalschaltvorrichtung. Abb. 3 zeigt ein Reizbild, wie es im Herbst 1920 verwendet wurde.

Abb. 2: Platz des Prüfbeamten neben dem Anwärter.
Der Prüfbeamte schaltet die Signalgebung und die Ablenkungsreize über den Schaltkasten auf seinem Tisch und mißt zudem die Reaktionszeiten des Anwärters mit dem Hippschen Chronoskop, das links an der Wand auf dem Brett steht. Es beginnt bei Einschaltung eines Signals durch den Prüfbeamten zu laufen und wird bei Betätigung der richtigen Hebel durch den Anwärter angehalten. Die Angaben erfolgen in tausendstel Sekunden.

Die Anwärter werden in den Anfangsjahren nach einer Einübungsphase etwa fünfundvierzig, später zwanzig Minuten lang geprüft, während derer die Signale im Reizbild in willkürlicher Folge dargeboten werden.

Abb. 3: Reizbild für die Fahrerprobe.
Auf dem Reizbild kann der Prüfbeamte unterschiedliche, meist farbige Lichtsignale erscheinen lassen. Darunter etwa das Hauptsignal in Haltstellung (rotes Licht oben), das Vorsignal in Wartestellung (gelbes Doppellicht rechts unten), Hauptsignal frei oder Vorsignal frei (grüne Lichter oben oder links unten), Langsamfahrstrecke, Gleishindernis, Zuggegenfahrt auf dem Nebengleis und ähnliches.

Die Bewertung der Prüfung wird mit der Formel

$$S = r + 2v + (2f_r + f_a)/n - 0{,}1$$

bestimmt. Dabei bedeuten:

r = die mittlere Reaktionszeit
v = die Streuung
f_r = die Fehlreaktionen
f_a = die Aufmerksamkeitsfehler
n = die Anzahl der Reaktionen.

Bei der zu subtrahierenden Reaktionskonstante 0,1 handelt es sich um die Durchschnittszeit in Sekunden, die benötigt wird, um den jeweiligen Hebel aus der Ausgangsstellung in die vorgeschriebene Endstellung zu rücken.

Im Oktober 1921 wurden die Prüfräume in die Strehlener Straße 1 verbracht. Damit mußte die Position des

Abb. 4: Wandermarkenapparat.
Der mittlere Streifen des Apparates mit den drei Querstreifen ist fest installiert, die beiden seitlichen Streifen dagegen laufen über Rollen, die durch einen Elektromotor angetrieben werden. Während sich der linke Streifen nach unten bewegt, läuft der rechte nach oben. Der Prüfling kann mit einem Kontakt für sofortigen Stillstand der Streifen sorgen. Die Aufgabe besteht darin, die Streifen genau dann festzustellen, wenn drei Quermarkierungen in gerader Linie zueinander stehen. Die Güte der Leistung des Prüflings wird als ein Indikator der Entschlußfähigkeit angesehen.

Prüfbeamten verändert werden. Wie in der nächsten Abbildung wiedergegeben, sitzt er jetzt rechts des Prüflings an einem querstehenden Tisch (s. Abb. 5). Ein Teil der Signalgebung erfolgt nun über einen papierstreifengesteuerten, automatischen Signalgeber (s. Abb. 6).

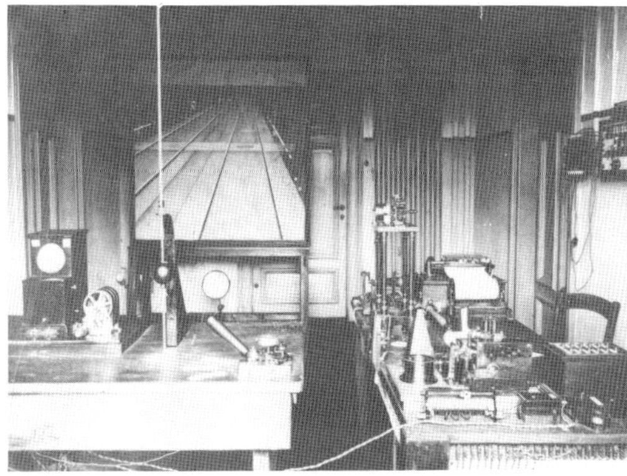

Abb. 5: Neue Anordnung der Fahrerprobe ab Okt. 1921. Links im Bild der Platz des Anwärters, rechts der des Prüfbeamten. Auf dessen Tisch das Chronoskop, das Metronom, Relaisbrett und der neue Signalgeber.

Abb. 6: Neuer Signalgeber
Draufsicht auf den neuen Signalgeber mit eingelegtem Lochstreifen und nebenstehendem Relaisbrett, angeschlossen an das Chronoskop.

Im zweiten Prüfraum fanden andere Versuche statt. Darunter eher eisenbahndienstunspezifische am Ergographen nach Dubois zur Erprobung der Ausdauer und Willensstärke bei körperlicher Anstrengung, am Tremometer oder am Gedächtnisprüfer; aber auch berufsbildspezifische an der sogenannten Wandermarkeneinrichtung zur Prüfung der Entschlußfähigkeit (s. Abb. 4) und einer Einrichtung zur Prüfung des Sehvermögens bei geringer Helligkeit (s. Abb. 7), beide von Ulbricht konstruiert.

1923 wurde die Anordnung der Prüfung einschneidend verändert. Der Anwärter wurde jetzt in eine sogenannte Prüfzelle gesetzt, in der seine Lokomotivbedienungselemente aufgebaut waren und aus der er durch ein Fenster den Blick auf das Reizbild zu richten hatte (s. Abb. 8 und 9).

Abb. 7: Apparat zur Untersuchung der Nachtblindheit. Der Prüfling hat unterschiedliche geometrische Zeichen zu erkennen, die bei sehr schwacher, variierbarer Beleuchtung präsentiert werden. Er kann auch in gewissen Abständen durch helle Lichtreize geblendet werden.

Abb. 8: Tisch des Prüfbeamten und Prüfzellen von außen. Der Lokomotivführeranwärter hat in einer der beiden Zellen Platz zu nehmen. Aus dem Fenster blickt er auf das rechts außerhalb der Photographie aufgestellte Reizbild. Auf dem Tisch der Signalgeber und Relaisbretter.

Abb. 9: Blick in das Innere der Prüfzelle. Links der Regler, rechts die Luftdruckbremse. Außerdem Manometer, eine Wasserstandsanzeige und Griffkugel für die Dampfpfeife sowie die Vorrichtungen zur Regulierung der Dampfspannung und der Wasserkesselspeisung.

Abb. 10: Oberes Bild: Außenansicht der Prüfzelle im Prüfungswagen I.

Abb. 11: Unteres Bild: Prüfraum vor der Prüfzelle des Prüfungswagen I. Blick auf das Reizbild vom Tisch des Prüfers. Der Anwärter steht in der Prüfzelle, die sich links außerhalb der Photographie befindet. Auf dem Tisch des Prüfbeamten sind der Signalgeber und Relaisbretter zu sehen. (Aufnahme vom 25. Juli 1924.)

1
2

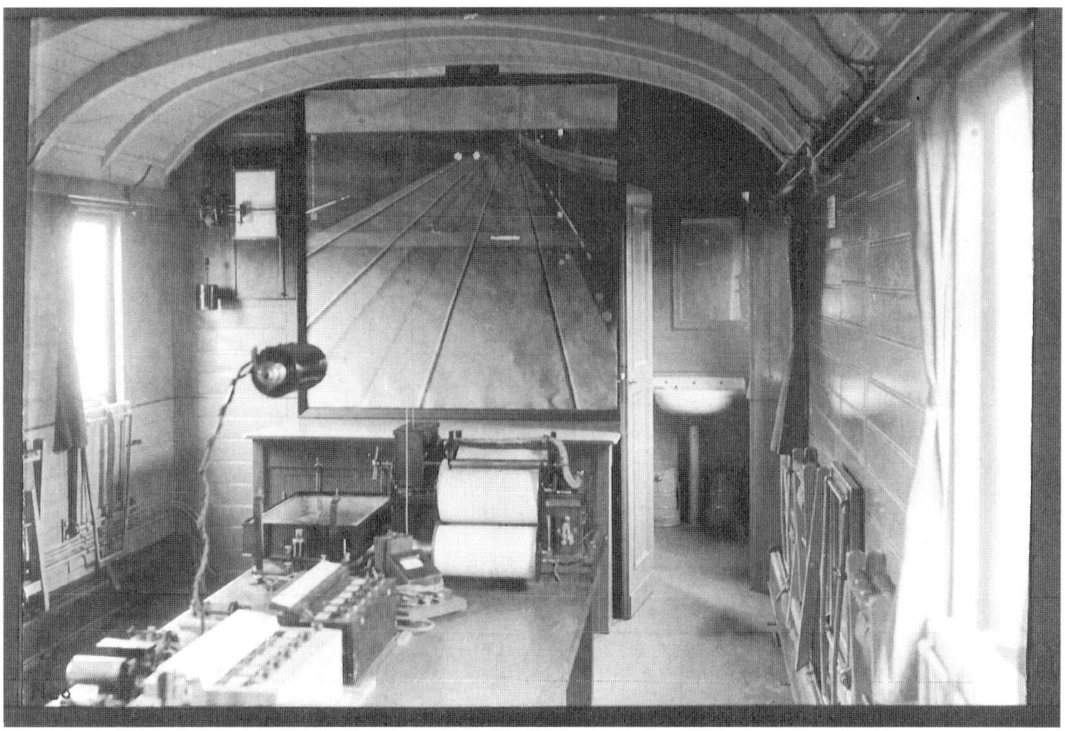

Ab 1924 wurden Prüfungswagen eingerichtet, um die Untersuchungen der Dresdner Prüfstelle reichsweit vornehmen zu können. In Transportwaggons wurde die apparative Einrichtung der Prüfstelle entsprechend den räumlichen Gegebenheiten nachgebaut, also die Prüfzelle und der Prüfraum mit Tisch für den Prüfbeamten sowie dem Reizbild (s. Abb. 10 und 11). In anderen Abteilungen des Prüfwagens wurden die weiteren Prüfapparaturen wie der Wandermarkenapparat oder das Nachtsichtgerät aufgebaut. Außerdem enthielt jeder Wagen einen größeren Schulungs- und Instruktionsraum.

Wagen ähnlicher Art wurden von der Deutschen Bundesbahn bis in die sechziger Jahre verwendet.

Der letzte Waggon, der bei den Österreichischen Bundesbahnen eingesetzt wurde, konnte durch das Institut für Geschichte der Psychologie der Universität Passau erhalten und in ein rollendes Museum der Psychologie bei den Eisenbahnen verwandelt werden (Gundlach, 1997).

Franziska Baumgarten berichtet, daß die Prüfung der Lokomotivführer außerhalb Deutschlands nur wenig Nachahmung fand. Sie kann nur Untersuchungen im „Moskauer Psychologischen Kabinett des Zentralen Laboratoriums zur Erforschung der Berufskrankheiten im Transportwesen“ nennen (1928, S. 311).

Allgemein jedoch hat sich die Verwendung psychologischer Methoden bei den Eisenbahnen dieser Welt in den zwanziger und dreißiger Jahren sehr schnell ausgebreitet (Gundlach, 1996). Eisenbahnpsychologie ist bis auf den heutigen Tag ein wichtiger Teil der Verkehrspsychologie.

In Dresden wurde dazu Pionierarbeit geleistet. Die Apparate dieser historisch so bedeutsamen Dresdner Prüfstelle gelten leider seit dem Ende des Zweiten Weltkrieges als verschollen.

Die Apparate der Dresdner Prüfstelle gelten seit dem Ende des Zweiten Weltkriegs als verschollen.

Literatur

anon. (1921). Einrichtung einer psychotechnischen Versuchsstelle bei der Reichsbahn. Praktische Psychologie. Monatsschrift für die gesamte angewandte Psychologie, für Berufsberatung und industrielle Psychotechnik, 2 (7), 222–223.

Baumgarten, F. (1928). Die Berufseignungsprüfungen. Theorie und Praxis. München: Oldenbourg.

Couvé, R. (1924). Die Psychotechnische Versuchsstelle der Deutschen Reichsbahn. Organisation. Zeitschrift für Betriebswissenschaft, Verwaltungspraxis u. Wirtschaftspolitik. Vereinigt mit »Praktische Psychologie«, 26, 197–199.

Couvé, R. (1925). Die Psychotechnik im Dienste der Deutschen Reichsbahn. Berlin: VDI-Verlag.

Gläsel, F. (1923). Von der Dresdner Prüfstelle der Reichsbahn. Praktische Psychologie. Monatsschrift für die gesamte angewandte Psychologie, für Berufsberatung und industrielle Psychotechnik, 4 (11), 335–350.

Gundlach, H. (1995). Max Brahn (1873–1944) In memoriam. *Psychologie und Geschichte, 6 (3/4)*, 223–232.

Gundlach, H. (1996). Psychologie und Psychotechnik bei den Eisenbahnen. In H. Gundlach (Hrsg.): *Untersuchungen zur Geschichte der Psychologie und der Psychotechnik* (S. 127–146). München: Profil Verlag.

Gundlach, H. (1997). The mobile psychologist: A chapter from psychology and the railroads. In W. G. Bringman, H. E. Lück, R. Miller, C. E. Early (Hrsg.), *A Pictorial of History Psychology* (S. 506–509). Chicago: Quintessence Publishing Co.

Moede, W. (1919). Die experimentelle Psychologie im Dienste des Wirtschaftslebens, Diskussion, Nachwort. Monatsblätter des Berliner Bezirksvereines deutscher Ingenieure, (1+2), 1–33.

Piorkowski, C. (1918). Die Entwicklung der Psycho-Technik in Deutschland während des Krieges. Deutsche Politik. Wochenschrift für Welt- und Kulturpolitik, 3, 498–506.

Schreiber, A. (1918). Das Prüflaboratorium bei den Königlich Sächsischen Staatseisenbahnen. Zeitschrift des Vereines deutscher Ingenieure, 62, 446–451und 467–470.

Schreiber, A. (1919). Mitteilungen aus dem Prüflaboratorium für Berufseignung bei den Sächsischen Staatseisenbahnen. Zeitschrift des Vereines deutscher Ingenieure, 63, 653–657.

Schreiber, A. (1921). Das Prüflaboratorium für Berufseignung bei der Eisenbahn-Generaldirektion Dresden. Praktische Psychologie. Monatsschrift für die gesamte angewandte Psychologie, für Berufsberatung und industrielle Psychotechnik, 2 (8), 232–239.

Anfänge der Sportpsychologie 1894–1928

Günther Bäumler

Zu den frühesten sportpsychologischen Schriften zählen zwei Aufsätze des Franzosen Philippe Tissié aus Bordeaux, die im Jahr 1894 veröffentlicht wurden. Die erste Arbeit behandelt physiologische und psychologische Phänomene bei Radrennen. Die Beobachtungen dazu machte Tissié bei einem Radrennfahrer, der einen Rekordversuch im Dauerfahren auf der Strecke Paris-Bordeaux und zurück unternahm. Der zweite Aufsatz ist u.a. auch deshalb von Interesse, weil er bereits das

Abb. 1: Dr. Philippe Tissié aus Bordeaux (geboren 1852, gestorben nach 1923).

Wort Psychologie im Titel einer sportwissenschaftlichen Untersuchung führt (*Psychologie de l'entraînement intensif*). Inhaltlich werden dort trainingspsychologische und psychohygienische Aspekte des Radsports diskutiert und theoretisch interpretiert. Aufgrund dieser und weiterer Aufsätze kann Tissié zu den Vorläufern bzw. Mitbegründern einer wissenschaftlichen Psychologie des Sportes gezählt werden.

Mehrfache Berührungspunkte mit sportpsychologischen Fragestellungen finden sich in den Schriften von Angelo Mosso, Professor für Physiologie in Turin. Unter anderem veröffentlichte er 1897 das Buch „Fisiologia dell'uomo sulle Alpi". Dargestellt sind die Forschungsergebnisse einer mit zehn italienischen Bergsoldaten unternommenen mehrwöchigen Expedition auf den Monte Rosa, bei der physiologische und psychologische Phänomene beim Aufenthalt in großen Höhen unter-

Abb. 2: Vor der Hütte Königin Margherita, unterhalb der Gnifetti-Spitze des Monte Rosa, in 4560 m Höhe. Links Angelo und Ugolino Mosso.

sucht wurden. So beschrieb Mosso u.a. einen Pionier-Effekt (die besondere psychische Belastung beim jeweils Vorausgehenden) und einen Wettbewerbs-Effekt (eine unerwartet starke Leistungssteigerung beim Hanteltraining in der Gruppe statt alleinigem Training). – Eine chronische Erkrankung zwang Mosso um 1904 zur Aufgabe seines Berufes. Er widmete sich fortan der Archäologie und erwarb sich durch seine Ausgrabungen (u.a. auf Kreta) erneut die wissenschaftliche Anerkennung der Fachwelt.

Das erste sportpsychologische Laborexperiment wurde von dem Amerikaner Norman Triplett (1898) an der Indiana University in Bloomington/USA durchgeführt. Gegenstand war der Schrittmacher- oder Tempomacher-Effekt bei Radrennen, der auch schon von Tissié in Feldversuchen behandelt worden war. Tripplett suchte hierbei die Wirkung des sogenannten Dynamogenie-Prinzips, eines damals vieldiskutierten perzepto-moto-

Abb. 3: Ugolino Mosso, Professor für Pharmakologie, Bruder von Angelo Mosso, bei der Kohlensäure-Analyse der Atemluft in der Hütte Königin Margherita.

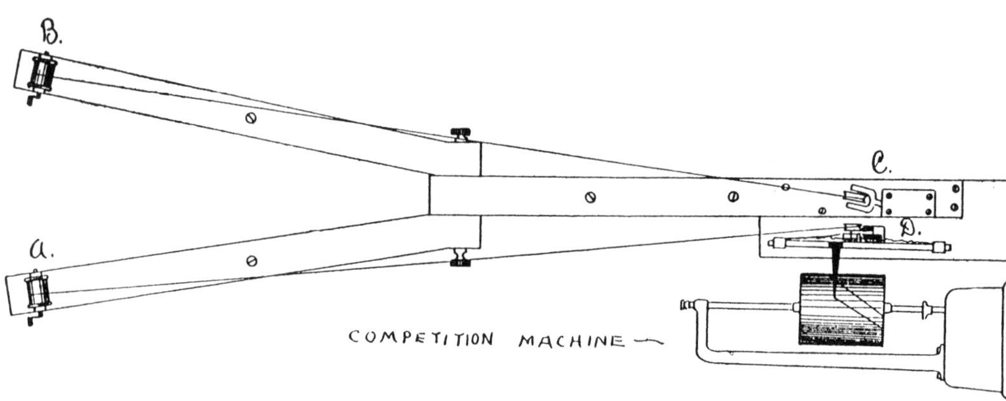

Abb. 4: Die *Competition Machine* von Norman D. Triplett. Aufsicht des ca. 4 Meter langen Gerätes. Die zwei Vpn hatten (bei A und B) durch Kurbeln ein Seil aufzuwickeln.

rischen Phänomens, nachzuweisen. Zu diesem Zweck baute er eine „Competition Machine“, an der zwei Personen (A und B) nebeneinander an Handkurbeln einen Wettbewerb austragen konnten. Nach Triplett zeigten die Versuchsergebnisse, daß die Beobachtung der Kurbeltätigkeit des anderen die eigene Leistung bei den meisten Personen fördert, bei einigen auch hemmt. Triplett gab mit dieser Untersuchung den Anstoß zur sogenannten „social facilitation“-Forschung der Sozialpsychologie.

Der französische Baron Pierre de Coubertin, Initiator der Olympischen Spiele der Neuzeit, erkannte schon früh die Bedeutung der Psychologie für den Sport, für die er sich entschieden einsetzte. Er schuf u.a. das Wort

COMITÉ INTERNATIONAL OLYMPIQUE

CONGRÈS DE LAUSANNE

(Psychologie et Physiologie Sportives)

MAI 1913

sous le Haut Patronage du

Conseil Fédéral

de la

Confédération Helvétique

Abb. 5: Titelseite des Programms des Kongresses für Psychologie und Physiologie des Sports 1913 in Lausanne

Abb. 6: Pierre de Coubertin (1863–1937) als junger Sportler

Abb. 7: Übungsversuche im Bogenschießen an der Johns-Hopkins-University. Hier vermutlich Karl S. Lashley selbst.

Sportpsychologie, das erstmals 1900 im Titel seines Aufsatzes „La Psychologie du Sport" auftaucht. 1913 erschien Coubertins Sammlung *Essais de Psychologie Sportive*, und im selben Jahr veranstaltete er den gut besuchten 1. Kongreß für Psychologie und Physiologie des Sports in Lausanne, über den auch ein Berichtsband existiert.

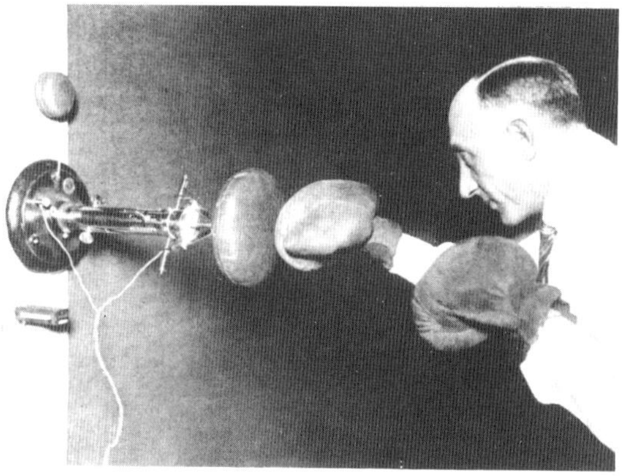

Abb. 8: Robert Werner Schulte an dem von ihm entwickelten Boxprüfer.

Unter Anleitung des Begründers des Behaviorismus, John B. Watson, führte Karl S. Lashley (1890–1958) auf dem Gelände der Johns-Hopkins-University in Baltimore (USA) systematische Übungsversuche zum Bogenschießen durch, über deren Ergebnisse er 1915 berichtete. Lashley konnte dabei verschiedene Übungseffekte aufzeigen, darunter auch die positive Wirkung der verteilten Übung. Ein Kuriosum ist die Tatsache, daß sich Lashley am Ende dieser Forschungen mit menschlichen Versuchspersonen dazu entschloß, nur noch Tierpsychologie zu betreiben. Auf diesem Weg wurde er einer der berühmtesten Neuropsychologen.

Der Berliner Psychotechniker Robert Werner Schulte (1897–1933) kann mit Recht den Titel des „ersten Sportpsychologen" im engeren Sinne beanspruchen. Er war wohl bereits 1920 Dozent für Psychologie und Pädagogik an der Deutschen und an der Preußischen Hochschule für Leibesübungen in Berlin (vgl. Lück, 1991)

Abb. 9: Übungsraum des Turn- und Sportpsychologischen Institutes der Preußischen Hochschule für Leibesübungen in Berlin (um 1925–1927).

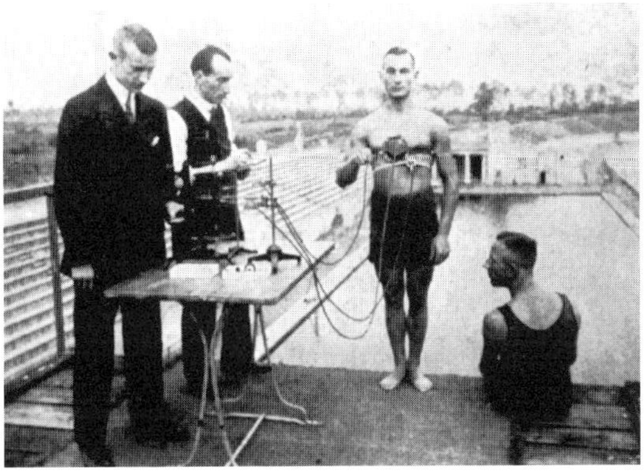

Abb. 10: Messung der Gefühlsregungen eines Turmspringers unter Leitung von Schulte, 1921.

Abb. 11: Fußball-Reaktionsprüfung im Berliner Stadion, 1921.

Abb. 12: Test am Bewegungsschnelligkeitsprüfer von Schulte.

Abb. 13: Titel des ersten sportpsychologischen Buches von Robert Werner Schulte, 1921.

und gründete dort sportpsychologische Laboratorien zur „psychotechnischen Erforschung von Turnen, Spiel und Sport" (Schulte, 1925). Technisch begabt, entwickelte Schulte eine Vielzahl von apparativen Verfahren zur Eignungs- und Leistungsdiagnostik im Sport. Daneben verfaßte er zahlreiche Aufsätze und Bücher über Sportpsychologie. Sein früher Tod muß als ein gravierender Rückschlag für die Entwicklung der Sportpsychologie in Deutschland gewertet werden.

Ein bedeutender Sportpsychologe war auch der Amerikaner Coleman R. Griffith (1893–1966), seit 1921 Professor für Erziehungspsychologie an der University of Illinois in Urbana/USA und von 1926 bis 1932 außerdem Direktor des Athletic Research Laboratory von Illinois. Griffith hielt schon 1923 eine Lehrveranstaltung über *Psychology and Athletics*, entwickelte sportpsychologische Prüfverfahren und verfaßte neben einschlägigen Zeitschriftenaufsätzen auch zwei beachtenswerte Bücher zur Sportpsychologie: *Psychology of Coaching* (1926) und *Psychology and Athletics* (1928). Trotz dieser verdienstvollen Aktivitäten blieb Griffith, wie Schulte, ein „Prophet ohne Gefolgschaft" (Kroll & Lewis,

Abb. 14: Coleman R. Griffith, „Vater" der amerikanischen Sportpsychologie.

1978). So war wohl, trotz guten Niveaus der Sportpsychologie, die Zeit noch nicht reif für dieses interessante und auch praktisch bedeutsame Forschungsgebiet.

Literatur

Comité International Olympique (Ed.) (1913). Congrès International de Psychologie et Physiologie Sportive. Lausanne: Toso.

Coubertin, P. de (1900). La Psychologie du Sport. Revue des Deux Mondes, 4, 160, 167–179.

Coubertin, P. de (1913). Essais de Psychologie Sportive. Lausanne/ Paris:Payot.

Ferretti, L. (1951). Angelo Mosso, apostolo dello sport. Milano:Garzanti.

Griffith, C.R. (1926). The psychology of coaching. New York, London: Scribners Sons.

Griffith, C.R. (1928). Psychology and athletics. New York, London: Scribner's Sons.

Kroll, W. & Lewis, G. (1978). America's first sport psychologist. In: Straub, W.F. (Ed.): Sport psychology. (pp.16–19). Ithaca, N.Y: Mouvement.

Lashley, K.S. (1915). The acquisition of skill in archery. Papers from the Department of Marine Biology of the Carnegie Institution of Washington, Vol. VII, Washington, 105–128.

Lück, H.E. (1991). „ ... und halte Lust und Leid und Leben in meiner ausgestreckten Hand". Zu Leben und Werk von Robert Werner Schulte. Vortragsmanuskript, 3. Fachgruppentagung „Geschichte der Psychologie", Passau.

Mosso, A. (1897). Fisiologia dell'uomo sulle Alpi. Milano: Treves.

Schulte, R.W. (1921). Leib und Seele im Sport. Charlottenburg: Volkshochschulverlag.

Schulte, R.W. (1925). Eignungs- und Leistungsprüfung im Sport. Berlin: Hackebeil.

Schulte, R.W. (1926). Leistungssteigerung im Turnen, Spiel und Sport. Zur Psycho-Biologie der körperlichen Erziehung. Oldenburg: Stalling.

Tissié, Ph. (1894). Observations physiologiques concernant un record velocipédique. Archives de Physiologie, 5. Serie 6, 823–837.

Tissié, Ph. (1894). Psychologie de l'entraînement intensif. Revue Scientifique, 31e Année, 4e Série, Tome II, 481–493.

Triplett, N. (1898). The dynamogenic factors in pacemaking and competition. American Journal of Psychology, 9 (4), 507–533.

Verkehrspsychologie

Hartmut Häcker und Wilfried Echterhoff

In den Anfängen der empirisch orientierten Psychologie wurden an diese Disziplin häufig Fragen zur Bewältigung von praktischen Problemen herangetragen, zu deren Lösung sie selbst noch keine Untersuchungen durchgeführt hatte. Dieser Sachverhalt trifft auch auf die psychologische Unfallforschung und speziell für die Anfänge der Verkehrspsychologie (Dorsch, 1963) zu.

Für diagnostische Zwecke entwickelte der Deutsch-Amerikaner Hugo Münsterberg ab 1910 im Auftrag der American Association of Labor Legislation einen Berufseignungstest für Straßenbahnfahrer. Dieser Test bildete wechselnde Verkehrssituationen in stark typisierter Form auf einem beweglichen Papierstreifen ab (Münsterberg, 1912, S. 44–49). Die von Münsterberg erstmals entwickelte Methode stellt das erste Auswahlverfahren für Verkehrsteilnehmer dar. Seine Ideen wurden kurz darauf von einigen kriegführenden Nationen im Ersten Weltkrieg aufgegriffen, um geeignete Kraftfahrzeugführer auslesen zu können.

Im zivilen Bereich entstanden ab dem Jahr 1917 im Eisenbahn- und Straßenbahnbereich immer wieder neue Tests, Prüfstände und Übungseinrichtungen für die Auswahl und Ausbildung von Fahrzeugführern. So begann z.B. im Jahr 1917 bei der Eisenbahn-Generaldirektion Dresden die Einrichtung eines aufwendigen psychotechnischen Laboratoriums für Lokomotivführer, und in Berlin wurde für Straßenbahnführer ebenfalls ab dem Jahr 1917 ein psychotechnisches Laboratorium aufgebaut. In Hamburg entwickelten William Stern und Mitarbeiter Eignungsprüfungen für Bewerberinnen für das Führen von Straßenbahnwagen (Stern, 1918, s. Abb. 1) mit dem Ziel der Reduktion von Unfallziffern, „denn im Lenkerberuf ist die Wirksamkeit ungeeigneter Personen nicht nur, wie in den meisten anderen Berufen, eine Kraftvergeudung, sondern geradezu eine öffentliche Gefahr" (Stern, 1918, S. 3). Bis zum Jahre 1920 erhielten Reichspost und Reichsbahn entsprechende psychotechnische Versuchsstellen. Danach folgte eine Zeit des Aufbaus und der Auswertung von Erfahrungen. In der nationalsozialistischen Zeit wurden diese Einrichtungen wieder abgebaut, u.a. auch wegen der Vernichtung oder der Unterdrückung der mit diesen Fragen befaßten Wissenschaftler. Somit endete in Deutschland die Phase der wissenschaftlichen Initiativen, die sich gleichwohl in bedeutsamem Maße international auswirkten.

Kriegsbedingt kamen in Deutschland diese umfassend ausgelegten Auswahlverfahren wieder auf, an deren

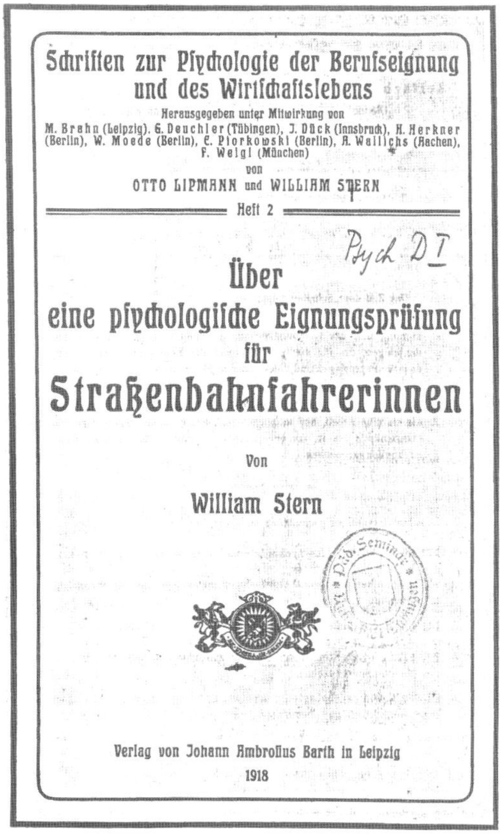

Schriften zur Psychologie der Berufseignung und des Wirtschaftslebens

Herausgegeben unter Mitwirkung von M. Brahn (Leipzig), G. Deuchler (Tübingen), J. Dück (Innsbruck), H. Herkner (Berlin), W. Moede (Berlin), C. Piorkowski (Berlin), A. Wallichs (Aachen), F. Weigl (München)

von

OTTO LIPMANN und WILLIAM STERN

Heft 2

Psych D I

Über eine psychologische Eignungsprüfung für Straßenbahnfahrerinnen

Von

William Stern

Verlag von Johann Ambrosius Barth in Leipzig

1918

Abb. 1: Deckblatt des Sonderdrucks zu Stern, W. (1918). *Über eine psychologische Eignungsprüfung für Straßenbahnfahrerinnen.* Zeitschrift für Angewandte Psychologie, 13.

Entwicklung Moede (1930, s. Abb. 2) bereits im Ersten Weltkrieg mitgewirkt hatte. Nach dem Zweiten Weltkrieg entstanden in den frühen 50er Jahren Initiativen, die schließlich zum Aufbau der Medizinisch-Psychologischen Untersuchungsstellen (MPU) führten. Zu Beginn der 60er Jahre wurden erste Forderungen nach einer Therapie für auffällige Kraftfahrer laut. Mit dem Vorbild des „Driver Improvement" aus den USA gelang dann in den 80er Jahren der Durchbruch zu staatlich anerkannten und kontrollierten Einrichtungen von Nachschulungskursen. Über die StVZO erreichten die Verkehrspsychologen als erste Gruppe von Diplompsychologen in Deutschland eine staatliche Anerkennung

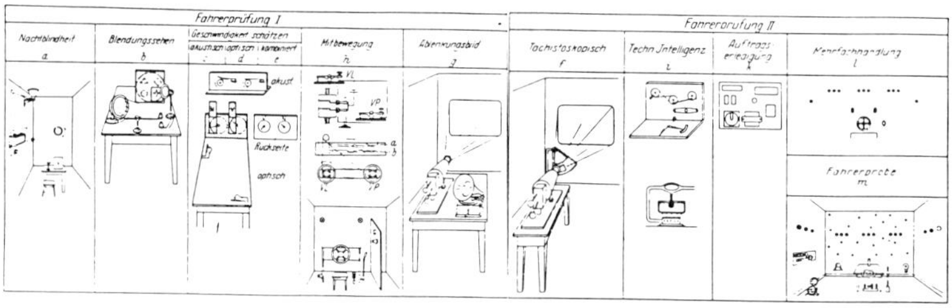

Abb. 2: Untersuchungsanordnung für Kraftfahrer.

von Tätigkeitsbereichen, und zwar zunächst in den MPU und später in der Nachschulung von auffälligen Kraftfahrern.

Psychologie mit dem Arbeitsgebiet „Straßenverkehr" hatte bisher ihren quantitativen Schwerpunkt in einer praktisch ausgerichteten Tätigkeit. Psychologen waren hauptsächlich in der Begutachtung und Auslese von Kraftfahrern tätig und wirkten erst an zweiter Stelle an der Erarbeitung von Verkehrskonzepten oder an der Beseitigung von Gefahrenstellen mit. Insbesondere die Zeit bis 1930 kann unter diesem Gesichtspunkt hervorgehoben werden. Diejenigen Psychologen, die sich in der Anfangszeit mit Verkehrsfragen befaßten, sahen sich fachlich als Vertreter der Psychotechnik oder der Wirtschaftspsychologie.

Abb. 3: Das Elektromobil von Poppelreuter (1929) zur Durchführung von ‚Wirklichkeitsproben'.

Die Veränderung in den verkehrspsychologischen Aufgabensetzungen, die sich in der Wende von einer Positivauslese (Auswahl von Geeigneten und Besten) hin zur Negativauslese (Prüfung und auch Behandlung von Auffälligen) und in der gegenwärtigen Hervorhebung der Unfallforschung gegenüber der allgemein angelegten Verkehrspsychologie ausdrückt, zeigt eine für das Fach eher ungünstige Entwicklung auf. Diese Veränderung stellt eine Einengung dar, denn als Betätigungsfeld gilt demnach heute viel deutlicher als früher nicht mehr der Straßenverkehr insgesamt, sondern fast nur noch die unerwünschten Folgen aus diesem Lebensbereich.

Verkehrspsychologie dient dem gesamten System Straßenverkehr und nicht nur der Aufgabensetzung, übriggebliebene technische, juristische oder menschliche Probleme zu eliminieren. Jedenfalls wurden bislang viele Verbesserungsmöglichkeiten nicht genutzt, die die Verkehrspsychologie für den Straßenverkehr bereitstellen kann. Verkehrspsychologen in der Forschung und in der Praxis sollten sich die Aufgabe stellen, das gesamte System des Straßenverkehrs dadurch zu fördern und zu verbessern, daß Ziele und Methoden dieses Systems immer wieder überprüft – und wenn notwendig – neu definiert werden, um auf diese Weise wünschenswerte Veränderungen einzuleiten und auch zu realisieren. Eine ausführliche Darstellung der deutschen und internationalen Entwicklung der Verkehrspsychologie von den Anfängen bis heute enthält die kommentierte Übersichtsarbeit von Echterhoff (1991).

Literatur

Dorsch, F. (1963). Geschichte und Probleme der Angewandten Psychologie. Bern: Huber.

Echterhoff, W. (1991). Verkehrspsychologie. Entwicklung, Themen, Resultate. In: H. Häcker (Hg.), Reihe Mensch – Fahrzeug – Umwelt (Band 26). Köln: TÜV Rheinland.

Moede, W. (1930). Lehrbuch der Psychotechnik (Band 1). Berlin: Springer.

Münsterberg, H. (1912). Psychologie und Wirtschaftsleben. Ein Beitrag zur angewandten Experimental-Psychologie. Leipzig: Barth.

Stern, W. (1918). Über eine psychologische Eignungsprüfung für Straßenbahnfahrerinnen. Zeitschrift für Angewandte Psychologie, 13, 91–104.

Arbeitspsychologie

Gerd Wiendieck

Ein konkretes Geburtsdatum der Arbeitspsychologie gibt es nicht. Wenn dennoch der Beginn einer wissenschaftlichen Arbeitspsychologie mit dem Namen des amerikanischen Ingenieurs Frederic Winslow Taylor (1856–1915) verknüpft wird, so deswegen, weil seine Vorschläge zur Arbeitsrationalisierung so konsequenzenreich waren, daß von einer neuen Ära der Arbeitsgestaltung gesprochen werden muß, die er selbst wegen ihres empirisch-messenden sowie ihrer vermeintlichen Neutralität als „wissenschaftlich" bezeichnete. Die Grundgedanken des Taylorismus liegen in der konsequenten Anwendung des Prinzips der Arbeitsteilung, der Einführung von Zeit- und Bewegungsmessungen sowie einer detaillierten Arbeitsvorgabe, verbunden mit einem akkordähnlichen Entlohnungssystem (s. Abb. 1).

Abb. 1: Zeitaufnahme an einer Mehrspindelbohrmaschine in den 20er Jahren. Es ist nachvollziehbar, daß die „Herren Zeitnehmer", die wie hier mit Anzug und Hut bekleidet, den Arbeiter an der Maschine kontrollierten, zum Symbol der Ausbeutung wurden.

Es ist unstrittig, daß der Taylorismus einen bis dahin ungekannten Produktivitätsschub der industriellen Fertigung ausgelöst hatte, der allerdings, wie Lysinski bereits (1923, S. 27) betonte, weniger auf eine Rationalisierung als eine Intensivierung der Arbeit zurückzuführen sei. Mit der einseitigen Verfolgung ökonomisch-unternehmerischer Interessen wurde bereits früh die Gefahr eines Raubbaus an Gesundheit und Leistungsvermögen wie auch die Minimierung der persönlichen Entfaltungschancen des arbeitenden Menschen sichtbar (Watts, 1922, S. 89) (s.Abb. 2).

Abb.2: Der Ingenieur Frederic Winslow Taylor (1856–1915) hat mit seinem System des wissenschaftlichen Managements die industrielle Produktionsorganisation bis heute geprägt. Henry Ford I hat die Ideen Taylors konsequent in die industrielle Fließbandfertigung umgesetzt und damit den Beginn der industriellen Massenfertigung mit dem „Beruf" des angelernten Arbeiters gesetzt.

Auch wenn der Taylorismus nicht das originäre Ergebnis arbeitspsychologsicher Bemühungen ist, so hat er doch in der damaligen Psychologie eine entscheidende Stütze gefunden. Die Dominanz der technisch-industriellen Entwicklung begünstigte eine empirisch-experimentelle Psychologie, die wegen ihrer Anwendungsorientierung besonders geeignet war, den aktuellen arbeitsorganisatorischen Bemühungen zur Leistungssteigerung eine wissenschaftliche Fundierung und Legitimierung zu geben. Auf dem Hintergrund der von Alfred Binet (1857–1911) und William Stern (1871–1939) empirisch begründeten differentiellen Psychologie entwickelte Hugo Münsterberg (1863–1917) eine Psychotechnik im Dienste der Wirtschaft.

Die Arbeitspsychologie entwickelte sich in zwei aufeinander bezogenen Kerndisziplinen, der psychologischen Eignungsdiagnostik und der psychologischen Arbeitsgestaltung. Während erste auf eine Anpassung des Menschen an die Arbeit hinausläuft, geht es im zweiten um die menschengerechte bzw. leistungsoptimierende Gestaltung der Arbeitsmittel und der Arbeitsbedingungen. Giese (1927) wählte daher auch die Bezeichnungen „Subjektpsychotechnik" und „Objektpsychotechnik".

Die Eignungsdiagnostik hat, insbesondere im Staats- und Militärdienst, eine geradezu biblisch lange Tradition (vgl. Schmale, 1983, S. 66). Sie konnte sich jedoch erst dann entfalten, als eine allgemeine freie Berufswahl an die Stelle ständischer Zuordnungen trat. Den eigentlichen Anstoß zur betrieblichen Eignungsdiagnostik gab es, als die „Gleichmäßigkeit der Maschinenleistung die Ungleichmäßigkeit der die Maschinen bedienenden Arbeiter an den Tage" brachte (Jaeger & Staeuble, 1983, S. 57) und die voranschreitende innerbetriebliche Tätigkeitsdifferenzierung spezifische Eignungen verlangte. Hier stand die Diagnose von sensorischen, motorischen und gelegentlich kognitiven Fertigkeiten und Fähigkeiten im Vordergrund (s. Abb. 3).

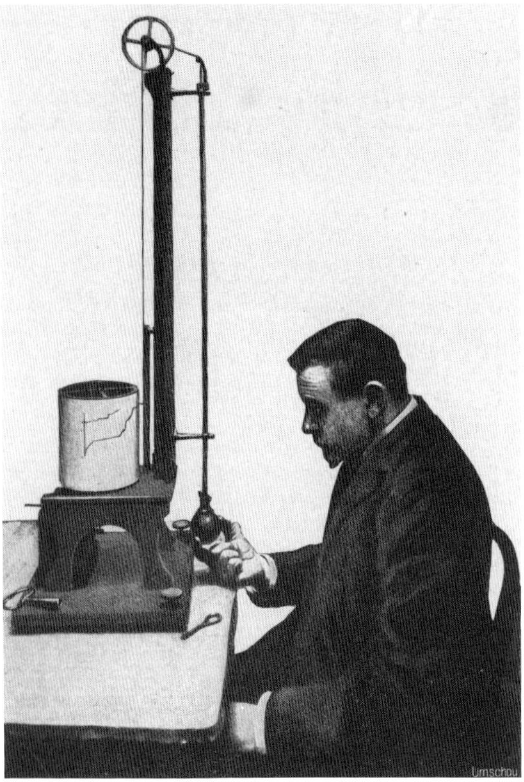

Abb. 3: Mit Hilfe sogenannter Ergographen wurde die Muskelleistung einzelner Tätigkeiten oder Bewegungen erfaßt. Hier muß eine Versuchsperson einen kleinen Gummiballon immer wieder zusammenpressen, wobei der Preßdruck und seine Schwankungen im Zeitablauf auf einer beweglichen Walze aufgezeichnet wurden. So konnten Ermüdungskurven und der Einfluß von Pausen auf die Leistungsfähigkeit erfaßt werden.

Der erste Weltkrieg beschleunigte die Entwicklung durch die Notwendigkeit, militärisch und wirtschaftlich wichtige Positionen möglichst rasch und optimal zu besetzen bzw. wiederzubesetzen. Diesem Optimierungsziel wurden auch die Testapparaturen selbst unterworfen. So fordert Giese (1927, S. 122) die Konstruktion mechanisierter und selbstregistrierender Prüfapparate und ergänzt: „Dabei wird wie in der Betriebsorganisation eine starke Platzdrängung erstrebt, um im Mindestmaß von Raum ein Maximum an Geräten unterzubringen, Laufwege zu verringern und den Durchtrieb der Prüflinge zu beschleunigen" (s. Abb. 4).

Abb. 4: Das Bemühen, den Menschen lückenlos zu vermessen und zu durchschauen, machte auch vor der Intimsphäre nicht halt, wie Gieses „Spontanklappenapparat zur Erfassung der erotischen Inklination" zeigt. Hier Gieses Erläuterung im Original: „Erotische Inklination: Für Zwecke der erotischen Inklinationsfeststellung benutzte Giese symptomatisch unter anderem einen Spontanklappenapparat, der mit einem Signallampenfeld im Nebenraum verbunden ward und hinter 24 Klappen je eine entsprechend gewählte Postkarte bot, teils harmloser, teils weniger harmloser Art. Es wurde ein Pseudogedächtnisversuch gemacht, die Person allein gelassen und im Nebenraum unvermerkt durch Kontaktübermittlung festgestellt, welche Bilder – durch Klappenheben – sie am häufigsten und längsten ansah, hinterher der subjektive Bestand mit den objektiven „Gedächtnis"-Residuen verglichen. In 3 bis 5 Prozent der Fälle wurden Aktkarten auch gestohlen, in 5 Prozent onanierten Jugendliche, wie mittels Schauloch an der Wand festzustellen war."

Bei der psychologischen Arbeitsgestaltung wurde ebenfalls das psychotechnische Menschenbild zugrundegelegt, das den Menschen in Analogie zur Maschine, als ein System von Gelenken, Achsen, Muskeln und Sensoren begreift (Bravermann, 1977, S. 141). „Aspekte des persönlichen Arbeitserlebnisses, die in Freud und Leid, in Mut und Schwäche sich kundtuende gefühlsmäßige Stellungnahme des Arbeiters zu seiner Arbeit" (Weber, 1927, S. 271), wurden dabei ausdrücklich als wissenschaftlich irrelevant ausgeklammert, zum Teil weil sie sich der exakten experimentalpsychologischen Erfassung zu widersetzen schienen (Lysinski, 1923, S. 6), im wesentlichen jedoch deswegen, weil die Persönlichkeit des Arbeiters weitgehend mit seiner Arbeitskraft gleichgesetzt wurde, so daß es jenseits dieser für

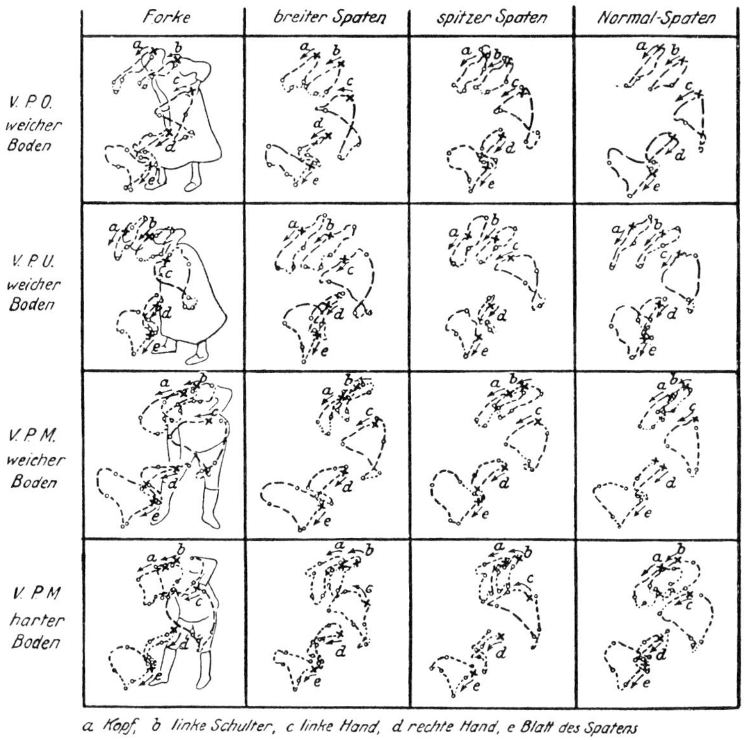

Abb.5: Durch genaue Beobachtung und Aufzeichnung des Bewegungsablaufs beim Graben mit verschiedenen Spatenformen in unterschiedlich harten Böden sollte die optimale Form des Spatens ermittelt werden.

Abb. 6: Gruppenübungsplatz der Straßenbahn Berlin

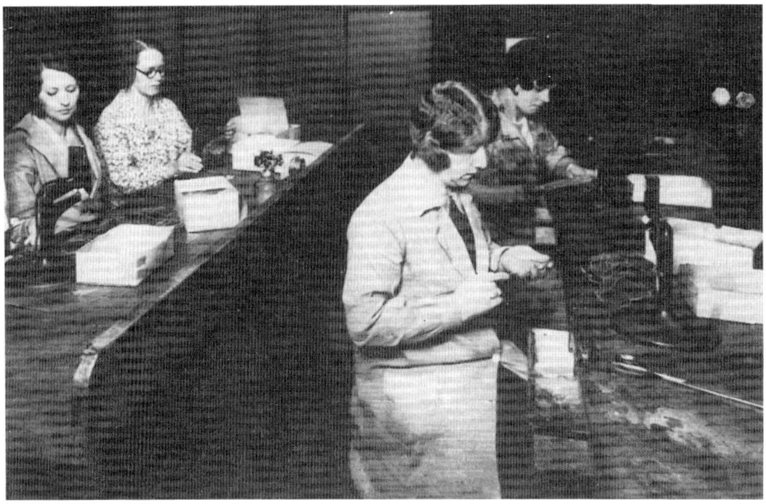

Abb. 7: Eine Gruppe von Arbeiterinnen im sog. „Mica Test Room" der Hawthorne Experimente von Elton Mayo. Hier werden gruppendynamische Prozesse in der Arbeitsgruppe und die Bildung informaler Gruppen untersucht.

die Arbeitspsychologie nichts zu untersuchen gab (Jaeger & Staeuble, 1983, S. 56). Das Problem der Arbeitsgestaltung konzentrierte sich unter Vernachlässigung des Arbeitsinhaltes auf Fragen der Ermüdung, Erschöpfung und Erholung der Arbeitskraft, die mittels ergographischer Untersuchungen der Muskelleistungen beantwortet werden sollte (Lysinski, 1923, S. 53). Fragestellungen dieser Art waren bereits um die Jahrhundertwende von Kraepelin aufgegriffen worden, so daß auch er neben Münsterberg als einer der Gründer der modernen Arbeitspsychologie genannt werden kann (vgl. Kraepelin, 1925). Forschungsstimulierend war dabei die Beobachtung, daß der Organismus auf physikalisch gleiche Arbeitseinheiten (etwa 100 kg einmal oder 10 kg zehnmal auf eine bestimmte Höhe zu heben) mit unterschiedlicher Ermüdung reagiert. Dieses Phänomen des „Unterschieds von mechanischen und physiologischen Arbeitsäquivalenten" (Lysinski) steht auch heute noch im Mittelpunkt des Belastungs-Beanspruchungs-Konzepts (s. Abb. 5).

Die Untersuchungen zur Arbeitsgestaltung standen in enger Beziehung zu den Bemühungen um eine effiziente Arbeitsunterweisung, die in vielen Fällen der Einfachheit halber an Gruppenübungsplätzen durchgeführt wurden (s. Abb. 6). Rückblickend fällt aus heutiger Perspektive die einseitig individual- und differentialpsychologische Ausrichtung sowie ihre weitgehende Übernahme der ökonomischen Optimierungsziele auf. Die individualpsychologische Orientierung wurde insbesondere in den 30er Jahren durch die Analyse von Arbeitsgruppen durch Elton Mayo (1878–1967) sowie in den 40er Jahren durch den Einfluß der sozialpsychologischen Forschungen Kurt Lewins (1890–1947) am Research Center for Group Dynamics überwunden bzw. korrigiert (s. Abb. 7).

Die normative Diskussion um die richtige Zielsetzung der Disziplin ist schon früh, insbesondere im Zusammenhang mit ausbeuterischen Tendenzen des Taylorismus, geführt worden. Die sensibel mahnenden Stimmen hatten jedoch Schwierigkeiten, sich Gehör zu verschaffen, nachdem Hugo Münsterberg (1912, S. 18), stellvertretend und richtungsweisend für die Psychotechnik der damaligen Zeit, erklärt hatte, daß der Wirtschaftspsychologie eine dienende Rolle zum Wohle der Wirtschaft zukomme, sie also nicht nach den Zielen zu fragen habe.

Literatur

Bravermann, H. (1977). Die Arbeit im modernen Produktionsprozeß. Frankfurt/M.: Campus.

Giese, F. (1927). Methoden der Wirtschaftspsychologie. Berlin: Urban & Schwarzenberg.

Jaeger, S. & Staeuble, I. (1983). Die Psychotechnik und ihre gesellschaftlichen Entwicklungsbedingungen. In: Stoll, F. (Hg.): Arbeit und Beruf, Bd. I. [Kindlers Psychologie des 20. Jahrhunderts], 2. Aufl. (S. 49–91). Weinheim: Beltz.

Kraepelin, E. (1925). Arbeitspsychologische Ausblicke. Psychologische Arbeiten 8, 431–451.

Lysinski, E. (1923). Psychologie des Betriebes. Beiträge zur Betriebsorganisation. Berlin: Industrieverlag Spaetze und Linde.

Münsterberg, H. (1912). Psychologie und Wirtschaftsleben – Ein Beitrag zur angewandten Experimental-Psychologie. Leipzig: J.A. Barth.

Schmale, H. (1983). Psychologie der Arbeit. Stuttgart: Klett-Cotta.

Watts, F. (1922). Die psychologischen Probleme der Industrie. Berlin: Springer.

Weber, W. (1927). Die praktische Psychologie im Wirtschaftsleben. Leipzig: J. A. Barth.

Werbepsychologie

Gerd Wiendieck

Werbung hat es schon immer gegeben, sei es als Mittel der Partnerwahl oder der Propaganda. Das Bemühen um die freiwillige Zuwendung des oder der Menschen hat ebenso vielfältige wie wirksame Formen entstehen lassen. Werbung ist und will die Beeinflussung des anderen. Das Spiel aus Anregung und Beruhigung, Lokkung und Drohung, Täuschung und Klärung ist nicht einseitig, sondern sozialer Natur. Der Vielfalt werblicher Impulse entspricht die Offenheit ihrer Wahr-Nehmung. Die Absicht des Senders bedarf der Empfänglichkeit des Empfängers und umgekehrt. Andernfalls würde aus Werbung Zwang und aus Zuwendung Gehorsam, wobei die Grenzen schwer zu ziehen und daher stets neu zu definieren sind.

Werbung kann in einem dreifachen Sinne als System freier Verbindungen betrachtet werden. Es beruht nicht auf Zwang, ist inhaltlich unbegrenzt und bedient sich unterschiedlichster Methoden. Werbung für Menschen, Ideen und Güter stehen nebeneinander und vermischen sich, wobei die Wirtschaftswerbung im modernen, d.h. massenmedialen Sinne erst im 18. Jahrhundert entstand. Buchli (1966, S. 210) berichtet, daß im Juli 1734 in Paris eine polizeiliche Verordnung erschien, die das Verteilen von beschriebenen oder bedruckten gewerblichen Handzetteln verbot. Einer der ersten Werbetreibenden großen Stils war der amerikanische Zirkuschef Phileas Taylor Barnum, der allein im Jahre 1886 die unvorstellbare Summe von über 6 Mio. Mark für Plakate, Anzeigen, Adressenkarten usw. ausgegeben haben soll. (Buchli 1966, S. 215).

Abb. 1: Beispiel einer Anzeige, die an Furcht, Eitelkeit und Erotik gleichermaßen appelliert. Kropff (1951) gibt diese Anzeige als ein psychologisch besonders gelungenes Gestaltungsbeispiel wieder.

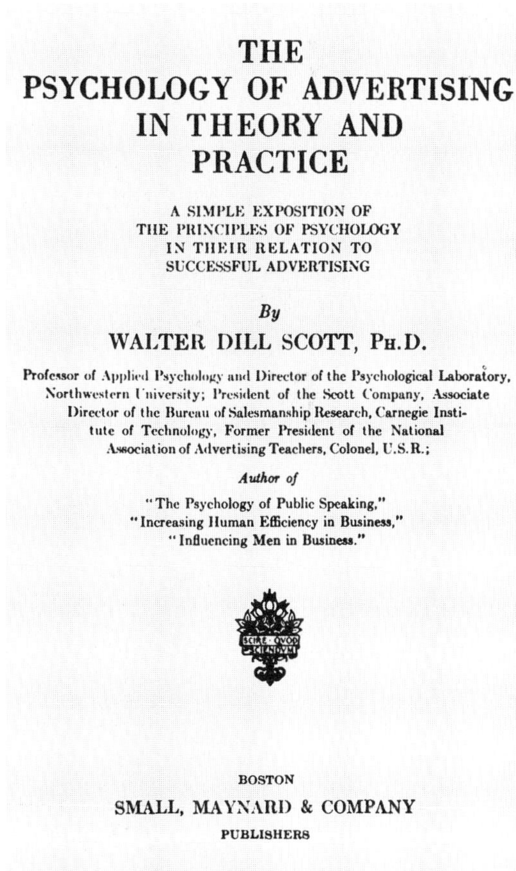

THE
PSYCHOLOGY OF ADVERTISING
IN THEORY AND
PRACTICE

A SIMPLE EXPOSITION OF
THE PRINCIPLES OF PSYCHOLOGY
IN THEIR RELATION TO
SUCCESSFUL ADVERTISING

By

WALTER DILL SCOTT, PH.D.

Professor of Applied Psychology and Director of the Psychological Laboratory, Northwestern University; President of the Scott Company, Associate Director of the Bureau of Salesmanship Research, Carnegie Institute of Technology, Former President of the National Association of Advertising Teachers, Colonel, U.S.R.;

Author of

"The Psychology of Public Speaking,"
"Increasing Human Efficiency in Business,"
"Influencing Men in Business."

BOSTON
SMALL, MAYNARD & COMPANY
PUBLISHERS

Abb. 2: Der erste wissenschaftlich anspruchsvolle Text zur Werbepsychologie erschien 1908 in den USA.

Die akademische Psychologie hat das Thema erst kurz nach der Jahrhundertwende aufgegriffen. Walter Dill Scott publizierte 1908 sein Buch *The Psychology of Advertising in Theory and Practice* und widmete es – werbepsychologisch geschickt – den „American business men, who successfully apply science, where their predecessors were confined to custom". Seine vierhundertseitige Schrift behandelte bereits eine beeindruckend breite Palette psychologischer Themen wie Wahrnehmung, Aufmerksamkeit, Gedächtnis, Wille, Emotion, Suggestion und Gewohnheiten; er stellte die Vorzüge der experimentellen Forschung heraus und diskutierte abschließend bereits ethische Fragen der Werbung. Neben Scott muß der Harvard-Professor Hugo Münsterberg genannt werden, der 1910 eine Gastprofessur in Berlin annahm und dort erstmals Vorlesungen zur Wirtschaftspsychologie hielt, die 1912 als Buch publiziert wurden, wobei allerdings vorrangig Themen der Arbeits- und Berufspsychologie behandelt wurden. Scott und Münsterberg waren nicht nur Vorläufer, sondern zugleich Vorbilder einer werbepsychologischen Perspektive, die als ganzheitlich bezeichnet werden könnte, und das Phänomen weder theoretisch noch methodisch auf elementenhaft wahrnehmungspsychologische noch auf spekulativ tiefenpsychologische Ansätze reduzierte.

In Deutschland hatte sich die wissenschaftliche Werbepsychologie zaghafter als in den USA entwickelt, was wie Kropff (1951, S. 11) vermutet, an der Furcht der deutschen Gelehrten lag, die Würde der Wissenschaft zu verlieren, wenn sie der Wirtschaft dienten. Die sorgsame Zurückhaltung gegenüber dem ökonomischen Anwendungsfeld zeigte sich weniger im Bereich der Arbeits- als dem der Konsumpsychologie. Während eine Wissenschaft im Dienste der Arbeitsleistung durchaus mit dem Ideal einer protestantischen Berufsethik in Einklang gebracht werden kann, mußte eine Werbepsychologie geradezu als unehrenhafte Förderung von Müßiggang und Verschwendung, d.h. als menschenverachtend und gesellschaftsverderbend erscheinen. Der Tugend der Arbeit stand das Laster des Konsums gegenüber. Bergler (1965, S. 8) zitiert Walter Rathenau (1918, S. 179), der als einflußreicher Zeitzeuge sein Unbehagen gegenüber dem Konsum bildreich schildert: „Mit Entsetzen durchschreitet ein denkender Mensch die Straßen und erblickt die Kaufläden, Magazine, Warenlager und Arbeitshöfe. Schauderhaft häßlich, gemeinen Lüsten dienend, läppisch und schädlich, nichtig und hinfällig ist das meiste, das sorgsam gespeichert, glänzend hingestellt und teuer feilgeboten wird … „

Gleichwohl entwickelte sich die Wirtschaftswerbung weiter und geriet angesichts der steigenden Kosten zunehmend unter Erfolgszwang, so daß der Bedarf nach psychologischer Fundierung wuchs. 1926 erschien die *Reklame-Psychologie* von König. 1934 publizierte Kropff seine Schrift *Psychologie der Reklame als Hilfe zur Bestgestaltung des Entwurfs,* die den damaligen Wissensstand der Werbepsychologie, im Sinne einer Anwendung der Gestaltpsychologie, zusammenfaßte. Der Nationalsozialismus unterbrach diese Entwicklung der wissenschaftlichen Werbepsychologie, indem die Kenntnisse in den staatlichen Dienst der politischen Propaganda gestellt wurden.

Abb. 3: Bereits 1874 erregte ein Berliner Kleidergeschäft mit dieser Anzeige beträchtlichen Anstoß – nicht nur wegen eines vermeintlichen Verstoßes gegen die Arbeitszeitverordnung.

Nach dem zweiten Weltkrieg, mit Beginn des Wirtschaftswunders und dem Übergang vom Verkäufer- zum Käufermarkt, wurde die Wirtschaftswerbung als Mittel der Bedarfslenkung wiederentdeckt, wobei erneut ein Ungleichgewicht zwischen Angebot und Nachfrage werbepsychologischer Befunde sichtbar wurde. Die immer noch spürbare Zurückhaltung der wissenschaftlichen Psychologie führte keineswegs zu einer Ausblendung des Themas, sondern förderte stattdessen seine nicht-wissenschaftliche und nicht-psychologische Behandlung. So entwickelte sich einerseits eine unhaltbare „Motivforschung" sowie andererseits eine wirtschaftswissenschaftlich geprägte Werbelehre (z.B. Rudolf Seyffert 1966).

Abb. 4: Beispiel deutlich erotischer Werbesprache. Werner Suhr (1963, S. 64f) kommentiert die Anzeige mit folgenden Worten: „Zur Deutung des Traums, in dem die blumengeschmückte junge Dame den Stier bei den Hörnern packt, ist kein Motivforscher nötig. Ihre wohlgeformte Mädchenhaftigkeit – ‚naturally curved curves', versichert der Text – verleiht ihr das Gefühl enormer Sicherheit. Mädchen packt Bullen ... , das packt."

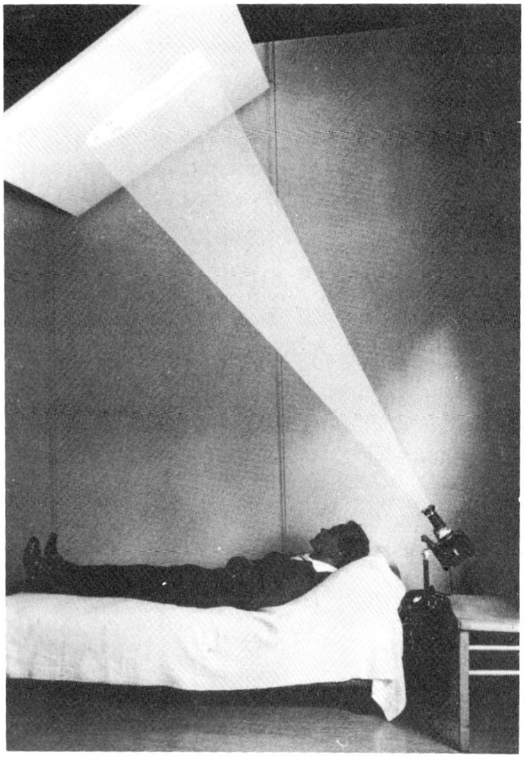

Abb. 5: Die von Bernd Spiegel gewählte Versuchsanordnung ist unmittelbar der analytisch-therapeutischen Situation entlehnt. Die Versuchsperson liegt entspannt auf der Couch und assoziiert frei zu den tachistoskopisch (kurzzeitig) dargebotenen Werbestimuli.

Psychoanalytisch orientierte und spekulativ überzogene Schriften wie Vance Packards *Die geheimen Verführer* (1957), Ernest Dichters *Strategie im Reich der Wünsche* (1961) oder Suhrs *Die stärksten Appelle: Sex contra Facts* (1963) erzielten eine kurze Blüte. Hier wurde die Macht des Manipulators und damit zugleich die Folgsamkeit des Massenmenschen beschworen. Der besondere Reiz dieser Richtung bestand darin, daß sie der Rationalität der Wirtschaft die Irrationalität des Menschen gegenüberstellte und sie damit zugleich entzauberte und verfügbar machte. Rückblickend klassifiziert Jacoby (1977, S. 345) die damalige Werbepsychologie mit vernichtenden Worten: „Nach unserer Meinung waren etwa 85 Prozent der Veröffentlichungen zur Psychologie des Konsumentenverhaltens vor 1968 eher von niedrigem Niveau und von zweifelhaftem Wert".

Erst in den 60er Jahren entfaltete sich eine breitere wissenschaftlich fundierte und methodisch anspruchsvolle Werbepsychologie mit den Arbeiten von Bernd Spiegel (1958), Reinhold Bergler (1965) und Lutz von Rosenstiel (1969), wobei bis heute interessanterweise wesentliche Forschungsbeiträge von Ökonomen wie z.B. Werner Kroeber-Riel (1990) stammen.

Abb. 6: Bernd Spiegel hat bereits in den 50er Jahren mit verdeckten Kameras die Augenbewegungen von Plakat- und Anzeigenbetrachtern registriert und den Blickverlauf in die Vorlagen eingezeichnet. Diese Technik ist später durch Werner Kroeber-Riel erheblich verfeinert worden.

Literatur

Bergler, R. (Hg.). (1965). Psychologische Marktanalyse. Bern: Huber.

Buchli, H. (1966). 6000 Jahre Werbung. Bd. III: Das Zeitalter der Revolutionen. Berlin: de Gruyter.

Dichter, E. (1961). Strategie im Reich der Wünsche. Düsseldorf: Econ.

Jacoby, J. (1976). Consumer psychology: An octennium. Annual Review of Psychology, 27, 331–358.

Kroeber-Riel, W. (1990). Konsumentenverhalten. 4. Aufl. München: Vahlen.

König, Th. (1924). Reklame-Psychologie. München/Berlin: Oldenbourg.

Kropff, H.F.J. (1934). Psychologie in der Reklame als Mittel zur Bestgestaltung des Entwurfs. Stuttgart: Poeschel.

Kropff. H.F.J. (1951). Neue Psychologie in der neuen Werbung. Stuttgart: Poeschel.

Münsterberg, H. (1912). Psychologie und Wirtschaftsleben. Leipzig: J. A. Barth.

Packard, V. (1957). Die geheimen Verführer. Düsseldorf: Econ.

Rathenau, W. (1918). Von kommenden Dingen. Berlin: Fischer.

Rosenstiel, L. von (1969). Psychologie der Werbung. Rosenheim: Komar.

Scott, W.D. (1908). The psychology of advertising. Boston: Small, Maynard & Co.

Seyffert, R. (1966). Werbelehre. Theorie und Praxis der Werbung. 2 Bde. Stuttgart: Poeschel.

Spiegel, B. (1958). Werbepsychologische Untersuchungsmethoden. Berlin: Duncker & Humblot.

Suhr, W. (1963). Die stärksten Appelle. Sex contra Facts. Düsseldorf: Econ.

Militärpsychologie

Ulfried Geuter

Das Militär war in vielen Ländern eines der ersten bedeutenden Anwendungsgebiete der Psychologie. Die zu Beginn des Jahrhunderts noch junge Experimentalpsychologie nutzte den Ersten Weltkrieg geradezu als die Nagelprobe ihrer praktischen Relevanz. In Deutschland untersuchten Psychologen die Eignung von Militärkraftfahrern, Funkern, Horchern oder Entfernungsmessern oder beschäftigten sich mit den psychischen Vorgängen beim Schießen und den psychischen Folgen von Schußverletzungen am Gehirn. Als die USA 1917 in den Krieg eintraten, bildete die amerikanische Psychologenvereinigung eine Vielzahl von Forschergruppen. Der von einer dieser Gruppen entwickelte Test zur Rekrutenauslese wurde innerhalb eines halben Jahres mehr als eineinhalb Millionen Male angewendet – die bis dahin größte empirische Datenerhebung in der Psychologie.

Die Folge des Weltkrieges war, daß die vormals rein akademische Wissenschaft zunehmend als praktisch nützliche Disziplin anerkannt wurde. In den USA fragten nach dem Krieg auch Industrie und Schule nach psy-

Abb. 1: Bewerbungsgespäch mit einem Luftwaffenpsychologen. – Die psychologische Prüfung der Offizieranwärter dauerte in den dreißiger Jahren zweieinhalb Tage. Sie begann mit einem Gespräch, dem eine „Ausdrucksuntersuchung" folgte. Zum Beispiel mußte der Prüfling ein Kommando rufen oder einen Expander ziehen und wurde dabei entweder vom Psychologen beobachtet oder von einer versteckten Kamera fotografiert. Hinzu kamen Intelligenzuntersuchungen und ein Handlungsteil. Den Abschluß der Auswahl bildete ein Gespräch aller Prüflinge und eine Exploration. – Dem hier abgedruckten Foto kann man eine symbolische Bedeutung beimessen: Der Luftwaffenpsychologe sitzt unter einem Bild von Göring. Unter Göring als Oberbefehlshaber der Luftwaffe expandierte die Luftwaffenpsychologie zu einem großen diagnostischen Unternehmen.

chologischen Tests. In Deutschland kam die Reichswehr bei einer Auswertung ihrer Erfahrung mit der Psychologie zu dem Schluß, daß deren Einsatz in der Soldaten- und Offiziersauslese nützlich war. Die Reichswehr schuf daher 1925 die ersten Planstellen für Psychologen überhaupt im öffentlichen Dienst des Deutschen Reiches. Ab 1927 wurden alle Offizierbewerber von einer Kommission untersucht, der Psychologen angehörten, und einer aufwendigen psychologischen Prüfung unterzogen. Diese Praxis behielt die nationalsozialistische Wehrmacht solange bei, bis 1942 der Bewerbermangel eine Auslese sinnlos machte.

Als die Nazis die Wehrmacht vergrößerten und eine eigene Luftwaffe aufbauten, nahmen die Ausleseaufgaben der Psychologen enorm zu. Die Folge davon war, daß die Wehrmacht immer mehr Psychologen einstellte. Der Beruf des außeruniversitär tätigen Psychologen wurde im Nationalsozialismus dadurch fast identisch mit dem des Wehrmachtpsychologen.

Der breite Einsatz der Psychologie in der Wehrmacht konturierte in Deutschland die Entwicklung des ganzen Faches. Zum Beispiel avancierten die bei der Prüfung der Offizieranwärter verwendete Ausdruckspsychologie und die bei der Gutachtenerstellung leitende Charakterkunde zu zwei Gebieten, die noch lange nach dem Krieg das Profil der deutschen Psychologie prägten. Die Wehrmacht richtete zudem 1937 die erste Beamten-

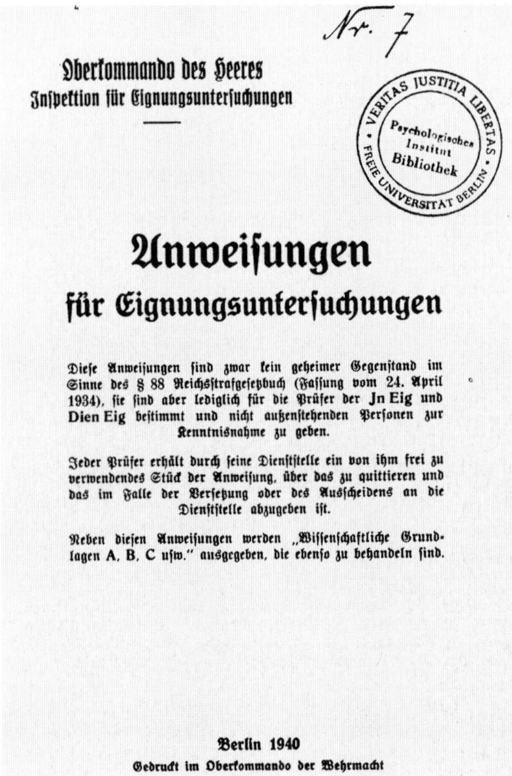

Nr. 7

Oberkommando des Heeres
Inspektion für Eignungsuntersuchungen

Anweisungen
für Eignungsuntersuchungen

Diese Anweisungen sind zwar kein geheimer Gegenstand im Sinne des § 88 Reichsstrafgesetzbuch (Fassung vom 24. April 1934), sie sind aber lediglich für die Prüfer der Jn Eig und Dien Eig bestimmt und nicht außenstehenden Personen zur Kenntnisnahme zu geben.

Jeder Prüfer erhält durch seine Dienststelle ein von ihm frei zu verwendendes Stück der Anweisung, über das zu quittieren und das im Falle der Versetzung oder des Ausscheidens an die Dienststelle abzugeben ist.

Neben diesen Anweisungen werden „Wissenschaftliche Grundlagen A, B, C usw." ausgegeben, die ebenso zu behandeln sind.

Berlin 1940
Gedruckt im Oberkommando der Wehrmacht

Abb. 2: Psychologische Prüfanweisungen des Heeres. – Die „Inspektion für Eignungsuntersuchungen", die Zentralstelle der Wehrmachtpsychologie, brachte eine umfassende Lose-Blatt-Sammlung mit genauen Anweisungen für die psychologischen Prüfungen heraus. Da es sich um dienstliche Unterlagen handelte, mußten sie von den Psychologen nach Auflösung der Heeres- und Luftwaffenpsychologie 1942 zurückgegeben werden. – Hier eine Kopie des Deckblattes von dem möglicherweise einzigen noch vorhandenen Exemplar.

Abb. 3: Offizierbewerber bei psychologischen Prüfungen in der deutschen Wehrmacht. – Im Rahmen der wehrpsychologischen Untersuchung mußten die Offizierbewerber verschiedene praktische Aufgaben bewältigen, zum Beispiel über einen Schwebebalken gehen, von einem wackligen Steg aus schießen, mit einem Seil einen Balken stabilisieren oder andere Prüflinge bei Übungen an einer Kletterwand anleiten. Bei all diesen Aufgaben wurden sie vom Psychologen beobachtet.

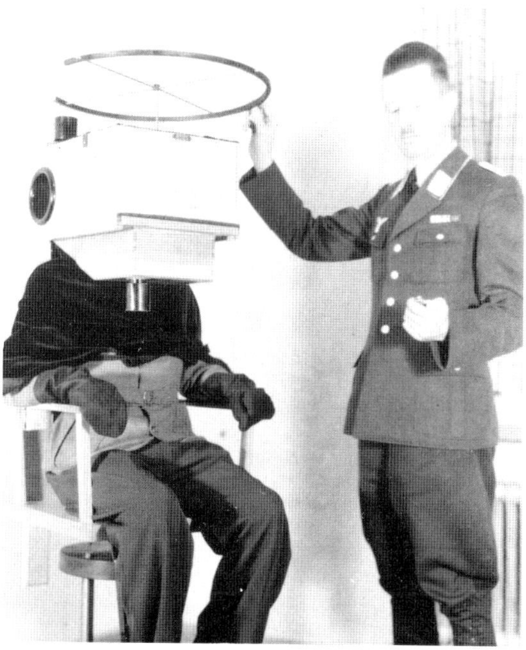

Abb. 4: Prüfung der Raumorientierung. – Zur Untersuchung militärischer Spezialisten wurden verschiedene diagnostische Methoden neu entwickelt. Zum Beispiel testete man in einem „Drehstuhl" die Raumorientierung angehender Flieger. Der Prüfling wurde gedreht und sollte dabei seine Lageempfindungen mitteilen. In einer Kabine über dem Kopf des Prüflings gab ein Richtungsanzeiger die Bewegung des Stuhles an. Im Vergleich zwischen diesem Anzeiger und der subjektiven Empfindung, zum Beispiel dem Gefühl einer gegenläufigen Drehung nach Abstoppen des Stuhles, sollte der Prüfling die Drehbewegung des Stuhles angeben. Viele fliegerpsychologische Testverfahren der deutschen Luftwaffe wurden nach dem Krieg in den USA von der NASA übernommen, die auch ehemalige Luftwaffenpsychologen anheuerte.

Abb. 5: Rhönrad. – Auch das „Rhönrad" gehörte zu den testdiagnostischen Verfahren der deutschen Luftwaffe. Der Prüfling wurde in dem abgebildeten Rad festgeschnallt und im Kreis gedreht. Dabei hatte er Rechenaufgaben zu lösen. So wollte man seine Leistungsfähigkeit unter körperlichen Lageveränderungen bestimmen.

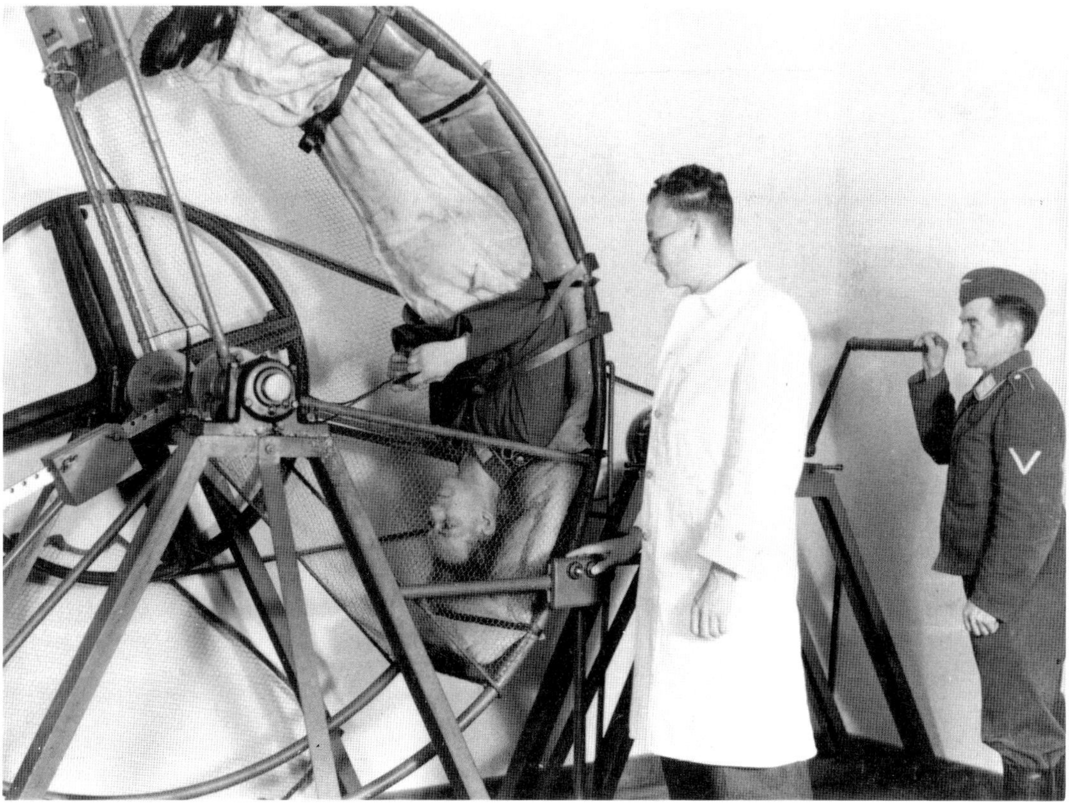

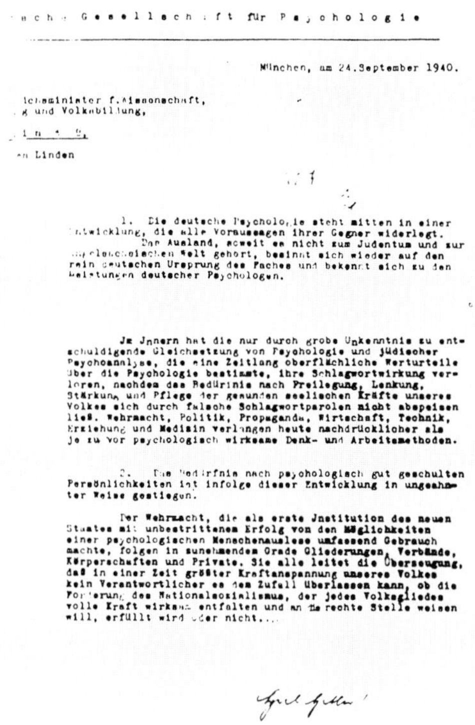

…sche Gesellschaft für Psychologie

München, am 24. September 1940.

…ichsminister f. Wissenschaft,
…g und Volksbildung,

…l i n …

…n Linden

1. Die deutsche Psychologie steht mitten in einer Entwicklung, die alle Voraussagen ihrer Gegner widerlegt.
Das Ausland, soweit es nicht zum Judentum und zur …ischen Welt gehört, besinnt sich wieder auf den rein deutschen Ursprung des Faches und bekennt sich zu den Leistungen deutscher Psychologen.

Im Innern hat die nur durch grobe Unkenntnis zu entschuldigende Gleichsetzung von Psychologie und jüdischer Psychoanalyse, die eine Zeitlang oberflächliche Werturteile über die Psychologie bestimmte, ihre Schlagwortwirkung verloren, nachdem das Bedürfnis nach Freilegung, Lenkung, Stärkung und Pflege der gesunden seelischen Kräfte unseres Volkes sich durch falsche Schlagwortparolen nicht abspeisen ließ. Wehrmacht, Politik, Propaganda, Wirtschaft, Technik, Erziehung und Medizin verlangen heute nachdrücklicher als je zu vor psychologisch wirksame Denk- und Arbeitsmethoden.

2. Das Bedürfnis nach psychologisch gut geschulten Persönlichkeiten ist infolge dieser Entwicklung in ungeahnter Weise gestiegen.

Der Wehrmacht, die als erste Institution des neuen Staates mit unbestrittenem Erfolg von den Möglichkeiten einer psychologischen Menschenauslese umfassend Gebrauch machte, folgen in zunehmendem Grade Gliederungen, Verbände, Körperschaften und Private. Sie alle leitet die Überzeugung, daß in einer Zeit größter Kraftanspannung unseres Volkes kein Verantwortlicher es dem Zufall überlassen kann, ob die Forderung des Nationalsozialismus, der jedes Volksgliedes volle Kraft wirksam entfalten und an die rechte Stelle weisen will, erfüllt wird oder nicht…

Abb. 6: Schreiben des Vorsitzenden der Deutschen Gesellschaft für Psychologie, Oswald Kroh, an das Reichsministerium für Wissenschaft, Erziehung und Volksbildung vom 24.09.1940 (Auszug). – Die Nachfrage der Wehrmacht nach geschulten Psychologen ermöglichte es der „Deutschen Gesellschaft für Psychologie“, das Wissenschaftsministerium für den Erlaß der ersten Diplom-Prüfungsordnung in Psychologie zu gewinnen. Im September 1940 schickte der Vorsitzende der Gesellschaft, Oswald Kroh, dem Ministerium einen Entwurf einer Prüfungsordnung, den eine Kommission der Gesellschaft erarbeitet hatte. In seinem Begleitschreiben empfahl Kroh die Psychologie als ein Instrument, das dem Nationalsozialismus helfen könne, jeden „Volksgenossen“ an den Platz zu stellen, an dem er seine maximale Leistung erbringe.

Abb. 7: Oswald Kroh. – Kroh war seit 1933 Mitglied des Vorstandes der Deutschen Gesellschaft für Psychologie, ab 1940 deren Vorsitzender. Ursprünglich Professor für Erziehungswissenschaften in Tübingen, kam Kroh 1938 als „Professor für Psychologie und Pädagogik mit besonderer Berücksichtigung der Heerespsychologie“ an die Universität München und leitete ab 1942 das Psychologische Institut der Friedrich-Wilhelms-Universität in Berlin. 1949 baute er als Direktor das Psychologische Institut der Freien Universität Berlin auf, das er bis zu seinem Tod 1955 leitete.

laufbahn für Psychologen in Deutschland ein, und ihre Nachfrage führte dazu, daß das Studium der Psychologie 1941 erstmals durch eine Diplom-Prüfungsordnung geregelt wurde. So erstarkte die Psychologie als professionelle Disziplin in Deutschland wesentlich durch ihre Verwendung in der Wehrmacht. Auch in anderen Ländern wie zum Beispiel in England oder in Kanada kam die Psychologie maßgeblich durch ihren Einsatz im Zweiten Weltkrieg professionell voran.

Die wortführenden deutschen Psychologen sahen nach dem Krieg ihre Tätigkeit für die Wehrmacht in der NS-Zeit nicht als problematisch an. Kaum waren die ersten Verlautbarungen über die Wiedereinführung eines stehenden Heeres zu hören, startete der Berufsverband Deutscher Psychologen eine Initiative zur Einrichtung eines wehrpsychologischen Dienstes. Mit der Zulassung der Bundeswehr wurde 1955 dieser Dienst sogleich aufgebaut. Noch bis in die späten achtziger Jahre hinein stellte sich die Bundeswehrpsychologie bewußt in die Tradition der Wehrmachtpsychologie aus der Nazi-Zeit. In den fünfziger Jahren knüpfte sie auch methodisch an diese an. Mittlerweile aber werden moderne Einstellungstests angewendet. Außerdem sind neben der Personalauslese auch Ergonomie, Organisationsgestaltung oder die Behandlung psychischer Störungen zu Aufgabengebieten der Bundeswehrpsychologie geworden.

Für das gesamte Fach hat die Militärpsychologie heute aber nicht mehr eine derart ausschlaggebende Bedeutung wie früher. Seit die Studentenbewegung im Zusammenhang mit dem Vietnamkrieg den militärischen Gebrauch der Psychologie angriff, geriet die Militärpsychologie in Verruf. In den USA war Anfang der sechziger Jahre die Aufstandsbekämpfung in der Dritten Welt zu einem Forschungsthema der Sozialwissenschaften geworden. Der militärische Hintergrund vieler scheinbar ziviler Forschungen, wie zum Beispiel über die Konzeptbildung bei Tauben oder über sensorische Deprivation, wurde damals aufgedeckt; auch zeigte sich, daß rund die Hälfte aller Forschungsprojekte über Gruppen in den USA während der sechziger Jahre vom Pentagon finanziert wurden.

Die Erfahrungen des Zweiten Weltkrieges, des Vietnamkrieges und in der jüngsten Zeit die Angst vor einem Atomkrieg haben dahin geführt, daß sich Psychologen auch in friedenserhaltender Absicht dem Thema Krieg zuwenden. Viele Forschungen über Autoritarismus, Vorurteile und Aggression stehen in diesem Zusammenhang. Das ist allerdings leider erst eine jüngere Entwicklung. Die Geschichte der Beziehung zwischen Psychologie und Militär ist weitgehend davon geprägt, daß sich die Psychologen mit ihrem Expertenwissen dem Militär zur Verfügung stellten und alles daran setzten, dort die Nützlichkeit ihrer Disziplin zu beweisen.

Literatur

Geuter, U. (1984). Die Professionalisierung der deutschen Psychologie im Nationalsozialismus. Frankfurt/M.: Suhrkamp.

Geuter, U. & Kroner, B. (1987). Militärpsychologie. In G. Rexilius & S. Grubitzsch (Hg.), Handbuch psychologischer Grundbegriffe (S. 672–689). Reinbek: Rowohlt.

Samelson, F. (1979). Putting psychology on the map: Ideology and intelligence testing. In A.R. Buss (Ed.), Psychology in social context (pp. 103–168). New York: Irvington.

Ethnopsychologie

Hannes Stubbe

Die Visualisierung fremder Kulturen beginnt im Zeitalter der Entdeckungen. Bereits Montaigne (1533–1592) berichtet in seinen „Essais“ (1580) von einer aufschlußreichen Unterredung, die Karl IX in Rouen mit drei brasilianischen Indianern führte, die man dort öffentlich ausstellte. Auch in Kaiser Maximilians I. Prunkumzug wurden Tupinambá mitgeführt. In den Kunstkammern und Kuriositätenkabinetten der Renaissance und des Barock repräsentierten allein Artefakte, anatomische Präparate sowie botanische und zoologische Objekte die fremden Kulturen. Die zweite Welle des europäischen Kolonialismus im 19. Jahrhundert bewirkte dann ein unerhörtes Wachstum der ethnographischen Sammlungen in ganz Europa. Es kam zur Gründung eigener Museen für Völkerkunde (z.B. 1753 London; 1807 Kopenhagen; 1873 Berlin; 1875 Lissabon, Rom und Madrid; 1876 Dresden und Wien; 1878 Paris).

Eine gegen Ende des 19. Jahrhunderts beliebte Begegnung mit fremden Kulturen waren die sogenannten Völkerschauen, in denen dem europäischen Publikum gegen Geld Bewohner fremder Länder gezeigt wurden. Viele Autoren interpretieren diese Völkerschauen als ein bildliches Symptom des Kolonialismus, das diesen zugleich bekräftigt. Der Kontakt mit den „ausgestellten“ Fremden bestand vorrangig darin, daß man sie betrachtete. Von daher ergibt sich eine Verbindung zur Photographie als einem rein visuellen Medium.

Seit der zweiten Hälfte des 19. Jahrhunderts machten dann Reisende und Forscher zunehmenden Gebrauch von der Photographie und vom Film (seit 1895). Sie dokumentierten damit auch den Prozeß des kulturellen Wandels, der mit der Expansion der europäischen Zivilisation einherging. Photographien zu sehr unterschiedlichen Themen des Kulturkontaktes wurden hier zusammengestellt. Sie bilden gleichsam eine Momentaufnahme im historischen Prozeß der Veränderung: Schulerziehung und Missionierung, militärische Unterwerfung und wirtschaftliche Ausbeutung, kolonialer Lebensstil auf der einen, Nachahmung des fremden Lebensstils auf der anderen Seite, der massive Verkauf der eigenen Kulturobjekte an die Fremden, die Zerstörung der Umwelt in den Kolonien im Sinne eines „ökologischen Imperialismus“ und die immer ganz besondere Situation der Begegnung verschiedener Kulturen bei der ethnologischen Feldforschung, deren Weg von einem starren Nebeneinander, einem auf distanziertes Dokumentieren fremder Kulturen sich beschränkendes Verhalten, zu einem auf gegenseitige Information und Kooperation aufbauenden Arbeiten in der Gegenwart hinführt.

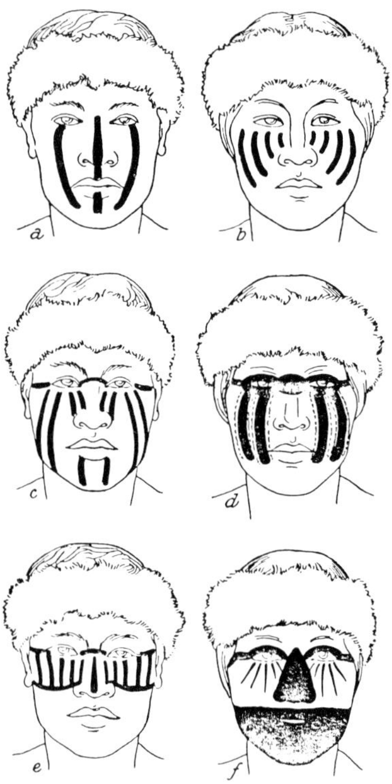

Abb. 1: Der Ausdruck der Gefühle wird sehr stark von der jeweiligen Kultur geprägt. Hier sind verschiedene Muster von Trauerbemalung bei den Yamana zu sehen, einer ausgerotteten Ethnie in Feuerland. Die Trauerbemalung zeigte zahlreiche Muster, die sich aber auf einige wenige Grundformen zurückführen lassen.

Ethnographische Photographien müssen sorgfältig „gelesen“ und analysiert werden. Sehr viele wesentliche Bereiche der kolonialen Situation und fremden Kultur wurden nicht photographiert. Die Mehrzahl der ethnologischen Photographien sind „Inszenierungen“ und dokumentieren eher die ästhetischen und wissenschaftlichen Interessen des Photographen. Auch kam der physisch-anthropologischen Photographie eine höhere Bedeutung zu als der ethnographischen oder gar sozialanthropologischen. Die weiteren Entwicklungslinien der Völkerpsychologie sind mehrfach dargestellt worden.

Besonders die Rassenpsychologie und ihre entsetzlichen Auswirkungen im Rassismus in Rassendiskriminierung (vgl. Psychologiegeschichte in Südafrika), in Ethnoziden, in Antisemitismus, Fremdenhaß und Holocaust haben die gesamte völkerpsychologische Forschung vor dem Zweiten Weltkrieg unter fragwürdigem Licht erscheinen lassen und den Ethnozentrismus der bisherigen Psychologie deutlich gemacht.

Die sehr vielseitigen gegenwärtigen Entwicklungen werden im wesentlichen von US-amerikanischen Psychologen und Kulturanthropologen getragen, die unter Bezeichnungen wie „Cross-Culture Psychology", „Psychologische Anthropologie", „Kulturpsychologie", „Transkulturelle Psychologie", „(Klinische) Ethnopsychologie", „Ethnopsychoanalyse", „Kulturvergleichende Psychologie" u.a. vorwiegend empirisch-induktiv und unter Verwendung hochentwickelter quantitativer Verfahren die Wechselwirkung zwischen Kultur und Persönlichkeit zu erfassen suchen. Eine zentrale Rolle spielt dabei die Frage, ob westliches abendländisches Wissenschaftsverständnis einen geeigneten Weg zu nicht-westlichen psychokulturellen Phänomenen anbieten kann, das heißt die „Emisch-Etisch-Diskussion". Methodisch führend sind bisher holistische Ansätze, auch wenn sie meist an begrenzte Gegenstandsbereiche gebunden sind, z.B. in der Sozialisations-, Kognitions-, Emotions- und Perzeptionsforschung. Im angewandten Bereich, der zur Zeit im Vordergrund steht, werden Themen wie Akkulturation, schulische und berufliche Fortbildung, interkulturelle Kommunikation („Austauschforschung"), Tourismus, transkulturelle Psychopathologie, Ethnopsychotherapie und Dritte-Welt-Psychologie bearbeitet.

Abb. 2: Der Conquista der Erdölgesellschaften und Missionare sind viele indianische Ethnien in Amerika ausgeliefert. Hier eine „Reservation" der Mak'á in der Nähe von Asunción, wo sie von einer nordamerikanischen Sekte „beglückt" werden.

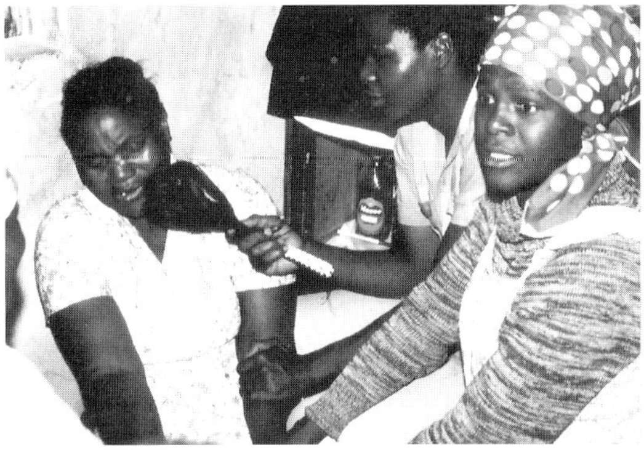

Abb. 3: Wer in den Ländern der Dritten Welt psychisch erkrankt, geht oftmals zuerst zu traditionellen Heilern/innen. Das Foto zeigt eine Frau aus Harare (Simbabwe), die von Ahnen- bzw. Hexengeistern eines Klienten besessen ist.

Die Psychologen des Zentrums sollen sich ständig bewußt sein, daß ihre „Psychologie" im Hinblick auf die Gesamtmenschheit nur auf „Extremstichproben" beruht, nämlich auf Christen (vor allem Protestanten), Weißen, Männern, Studenten, Mittelschichtangehörigen, Städtern, Europäern und Nordamerikanern. Dieser Ethnozentrismus betrifft sowohl Theorie und Methodik als auch Ausbildung und Praxis der gegenwärtigen Psychologie. Die „moderne" Psychologie des Zentrums kann nicht länger das Erleben und Verhalten von ca. vier Fünfteln der Menschheit in der sogenannten Peripherie ignorieren und behaupten, sie vertrete eine universale, das heißt weltweit gültige Wissenschaft.

Literatur

Beuchelt, E. (1974). Ideengeschichte der Völkerpsychologie. Meisenheim: Hain.

Journal of Cross Cultural Psychology, 1970 ff.

Stubbe, H. (1985). Formen der Trauer. Berlin: Reimer.

Triandis, H. C. et al. (1980/81). Handbook of cross cultural psychology, 6 vols. Boston.

Wundt, W. (1912). Elemente der Völkerpsychologie. Leipzig: Engelmann.

Der Berufsverband Deutscher Psychologen e.V.

Angela Schorr

Der Neuanfang

Gegründet wurde der Berufsverband Deutscher Psychologen am 5. Juni 1946 im Beisein von 21 Gründungsmitgliedern, vorwiegend Hamburger Psychologen, unter dem Vorsitz von Dr. Walter Jacobsen. Zu den Hintergründen des neuen Zusammenschlusses erinnerte er sich: „Ein kleiner Kreis von Kollegen traf sich 1945/46

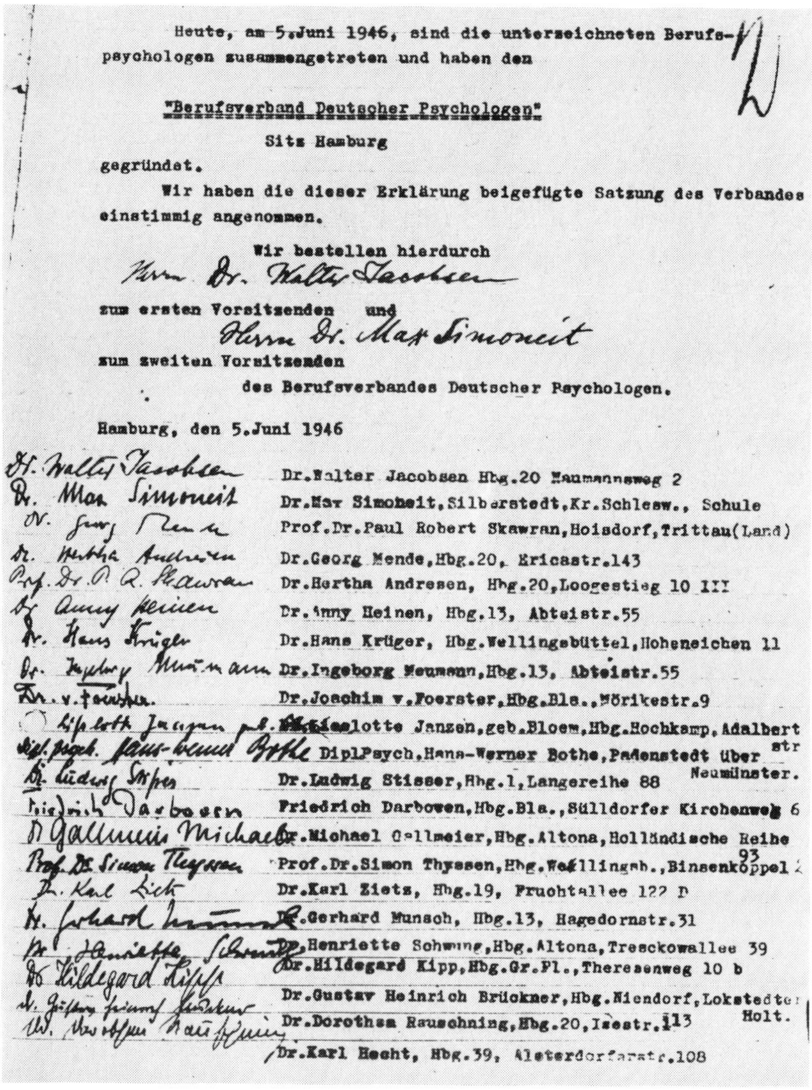

Heute, am 5.Juni 1946, sind die unterzeichneten Berufspsychologen zusammengetreten und haben den

"Berufsverband Deutscher Psychologen"

Sitz Hamburg

gegründet.

Wir haben die dieser Erklärung beigefügte Satzung des Verbandes einstimmig angenommen.

Wir bestellen hierdurch

Herrn Dr. Walter Jacobsen

zum ersten Vorsitzenden und

Herrn Dr. Max Simoneit

zum zweiten Vorsitzenden

des Berufsverbandes Deutscher Psychologen.

Hamburg, den 5.Juni 1946

Dr.Walter Jacobsen Hbg.20 Naumannsweg 2
Dr.Max Simoneit, Silberstedt, Kr.Schlesw., Schule
Prof.Dr.Paul Robert Skawran, Hoisdorf, Trittau(Land)
Dr.Georg Mende, Hbg.20, Ericastr.143
Dr.Hertha Andresen, Hbg.20, Loogestieg 10 III
Dr.Anny Heinen, Hbg.13, Abteistr.55
Dr.Hans Krüger, Hbg.Wellingsbüttel, Hoheneichen 11
Dr.Ingeborg Neumann, Hbg.13, Abteistr.55
Dr.Joachim v.Foerster, Hbg.Bls., Mörikestr.9
Dr.Lieselotte Janzen, geb.Bloem, Hbg.Hochkamp, Adalbertstr
DiplPsych.Hans-Werner Bothe, Padenstedt über Neumünster.
Dr.Ludwig Stisser, Hbg.1, Langereihe 88
Friedrich Darboven, Hbg.Bls., Sülldorfer Kirchenweg 6
Dr.Michael Gollmeier, Hbg.Altona, Holländische Reihe 93
Prof.Dr.Simon Thyssen, Hbg.Wellingsb., Binsenkoppel
Dr.Karl Zietz, Hbg.19, Fruchtallee 122 D
Dr.Gerhard Munsch, Hbg.13, Hagedornstr.31
Dr.Henriette Schwing, Hbg.Altona, Treskowallee 39
Dr.Hildegard Kipp, Hbg.Gr.Fl., Theresenweg 10 b
Dr.Gustav Heinrich Brückner, Hbg.Niendorf, Lokstedter Holt.
Dr.Dorothea Rauschning, Hbg.20, Isestr.113
Dr.Karl Hecht, Hbg.39, Alsterdorferstr.108

Abb. 1: Gründungsurkunde des Berufsverbandes Deutscher Psychologen e.V.

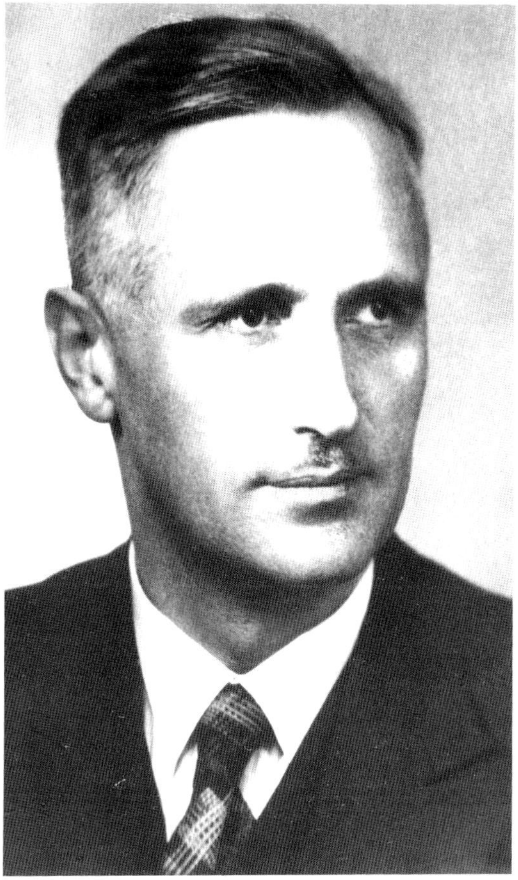

Abb. 2: Dr. Walter Jacobsen, Gründungsvorsitzender des BDP.

beinahe täglich im damaligen Psychologischen Institut am Bornplatz. Es gab damals viele Probleme, vor allem berufspraktischer Art, von ‚Entnazifizierungen' ganz zu schweigen! Die Haupteinsatzgebiete, die Probleme aufwarfen, waren Arbeitsamt und Schule. So warf ich einmal die Frage auf, ob wir nicht mehr bewirken könnten, wenn wir in Hamburg als eingetragener Verein aufträten." (Jacobsen, 1981, S. 1). In der frühen Nachkriegszeit ging es vielen Angewandten Psychologen, von der Wehrmacht, den Arbeitsämtern bzw. dem Schulwesen freigesetzt (die größte Gruppe der Berufspraktiker bildeten mit ca. 200 Personen vor Kriegsausbruch die Wehrmachtpsychologen!), um ihr Überleben. Berufsständische und wirtschaftliche, aber auch ideelle Motive führten zu diesem ersten Zusammenschluß. Während der William-Stern-Schüler Jacobsen es sich zur Aufgabe machte, den Beitrag der Psychologie einzufordern, wenn es darum ging, „Suggestibilität und Autoritätsgläubigkeit" der Menschen im Nachkriegsdeutschland zu bekämpfen und sie zu „bewußten Demokraten" zu wandeln – auf seine Initiative hin wurde 1958 die Sektion Politische Psychologie im Verband gegründet; er gilt heute als „Vater der Politischen Psychologie" in Deutschland –, ging es dem zweiten Vorsitzenden des neuen Verbandes, dem ehemaligen Wehrmachtpsychologen Dr. Max Simoneit, schon früh um eine gesetzliche Anerkennung des Psychologenberufes, wie sie bereits vor Kriegsende diskutiert worden war. Doch war es wirklich sinnvoll, gesetzliche Regelungen zu fordern, während sich der Berufsstand noch „im Stadium des Probierens und Tastens" befand, wie der Privatdozent Dr. Heinz Dirks (Beisitzer 1954–1963) es 1951 formulierte? So mancher hatte hier Zweifel. Die gesellschaftliche Aufgabe der Psychologie – der Münchener Professor Oswald Kroh hatte sie 1941 noch primär in ihrem Beitrag zur „notwendige(n) Aufgabe der Regelung, Pflege und Stärkung der Volkskraft" gesehen (Kroh, 1941, S. 8) –, wurde nun im Sinne des Dienstes am Individuum neu formuliert: „Der einzige Auftrag für den praktischen Psychologen kann nur der sein, im menschlichen Bereich – und zwar gleich, ob im engeren Kreis der Ehe und Familie oder im größeren der industriellen Arbeit, der Verwaltung und der Schule – aus der psychologischen Erkenntnis heraus ordnend, ausgleichend und helfend zu wirken" (Dirks, 1951, S. 60).

Abb. 3: Walter Jacobsen, Ehrenvorsitzender der Sektion Politische Psychologie, mit Carlo Schmid.

Berufsrechtliche und politische Initiativen

Nur mühsam konnten die Angewandten Psychologen der Nachkriegszeit an die Erfolge der Politik der Psychologenschaft vor und während des Zweiten Weltkrieges anknüpfen, die unter Federführung der traditionsreichen Deutschen Gesellschaft für Psychologie (vgl. Lüer, in diesem Band) erzielt worden waren. Ihr war 1941 mit politischer Unterstützung der Angewandten

Abb. 4: Prof. Dr. Curt Bondy (1894), 1. Vorsitzender des BDP 1961–1968, hier 1971 in der Universität Hamburg anläßlich der Enthüllung der Büste seines Lehrers William Stern zu dessen 100. Geburtstag. Bondy war wie Stern vor dem Nationalsozialismus aus Deutschland in die USA geflohen. Den Sternschen Lehrstuhl erhielt er nach seiner Rückkehr 1950.

Psychologen, das heißt der Wehrmachtpsychologen und Matthias Heinrich Görings, eines Vetters von Hermann Göring – Göring leitete in Berlin das „Deutsche Institut für Psychologische Forschung und Psychotherapie" und setzte sich aktiv für die Anerkennung einer tiefenpsychologisch orientierten, psychotherapeutischen Ausbildung von Psychologen ein (vgl. Cocks, 1985; Schorr, 1990) – die Installierung des Diplomstudienganges Psychologie (genehmigt an dreißig Universitäten) gelungen – „ein bedeutsamer Fortschritt in der deutschen Psychologie", wie Oswald Kroh es 1941 formulierte. Für die psychotherapeutisch tätigen Psychologen erreichte Göring, daß sie 1939 nach Erlaß des Heilpraktikergesetzes von diesem ausgenommen, provisorisch dem Gesetz zur Ordnung der Krankenpflege unterstellt und als Angehörige eines freien Berufes anerkannt wurden – ein Provisorium mit Rückwirkungen bis auf den heutigen Tag (vgl. Lockot, 1985; Schorr, 1990).

Die psychotherapeutische Tätigkeit von Diplom-Psychologen war von Anbeginn das Gebiet, in dem der größte rechtliche Regelungsbedarf bestand, wenn auch die Gruppe der psychotherapeutisch Tätigen unter den Angewandten Psychologen damals eine Minderheit bildete. Unmittelbar nach Kriegsende, als die Ärzteschaft sich (bis heute erfolglos) politisch darum bemühte, daß das Heilpraktikergesetz, wie ursprünglich vom Gesetzgeber intendiert, mit dem Ziel einer Abschaffung (eines Aussterbens) dieser Berufsgruppe durch ein Nachfolgegesetz ergänzt wurde, stand auch die psychotherapeutische Tätigkeit von Psychologen wieder zur Diskussion. Renommierte Psychiater wie Ernst Kretschmer sprachen sich in den Anhörungen der Ärztekammern vehement gegen die sogenannte „Laienanalyse" aus (vgl. Cocks, 1985; Lockot, 1985). Die Psychologen, anfangs unter der Führung Max Simoneits, plädierten für eine gesetzliche Regelung für den gesamten Berufsstand, analog den Kammerregelungen für Ärzte und Rechtsanwälte, wobei Simoneit zusätzlich die Vorstellung verfolgte, daß Psychologen ausschließlich im Staatsdienst tätig werden sollten. Das Streben nach innerer Einigkeit, bei einer zugleich starken Orientierung an den Bedürfnissen der angestellten/beamteten Psychologen, stellte auch in der Folgezeit ein Moment der Kontinuität der Vorstandspolitik des BDP dar, wie sie durch ihren langjährigen Vorsitzenden und Ehrenvorsitzenden Prof. Dr. Bernhard Herwig (1949–1954) vertreten wurde. Blockiert durch die aufgeschobene Regelung des Heilpraktikergesetzes und den Wunsch nach einem eigenen Gesetz, blieben die rechtlichen Initiativen des BDP in der noch jungen Demokratie ohne Erfolg. An der rechtlichen Verwaltungspraxis im Bereich der Psychotherapie änderte sich in den fünfziger und sechziger Jahren wenig. Einflußreiche Hochschullehrer verhielten sich ambivalent und sprachen sich frühzeitig gegen den Beruf eines Psychotherapeuten aus (z.B. Hellpach, 1946). Für die Klinische Psychologie in den fünfziger Jahren gilt, was Pongratz (1977, S. 26) folgendermaßen beschrieb: „Im allgemeinen liefen im deutschsprachigen Raum Aktivitäten, die wir heute unter der Klinischen Psychologie rubrizieren, unter der Bezeichnung ‚Tiefenpsychologie und Psychagogik' ..." Innerhalb des Verbandes hatten sich bis 1961 drei Sektionen mit klinisch-psychologischer Thematik herausgebildet, die Sektion Erziehungsberatung, die Sektion Klinische Psychologie und die Sektion Psychotherapie und Psychagogik; eine Bündelung der Interessen im Rahmen einer gemeinsamen Gruppierung fand erst Ende der sechziger Jahre statt.

Allgemein standen die Klinischen Psychologen damals bei den verschiedenen Vorständen des BDP keineswegs in gutem Ansehen, was sich zum Teil aus ihrer theoretischen Grundorientierung erklärte. Die Regel war, daß eines oder mehrere Mitglieder des Vorstandes aus der

Forschung kamen. So meint Prof. Dr. Theo Herrmann, zweiter Vorsitzender des BDP von 1965–1968, über den damaligen Vorsitzenden Prof. Dr. Curt Bondy und die Politik des Vorstandes: „Herr Bondy war das Bild eines liebenswerten, altmodischen deutschen Professors – das Gegenbild des Administrators, des Wissenschaftsmanagers, des Lobbyisten. Der zweite Vorsitzende war ein junger Professor (Theo Herrmann) aus der Technischen Hochschule Braunschweig, der zwar zu jener Zeit an der Wirtschafts- und Werbepsychologie interessiert war und solche Fächer auch in der Lehre vertrat, der aber im übrigen als ‚Anwender' sicher kaum hervorgetreten war. (...) Zu unserer Ideologie gehörte, so schreibt Herrmann, daß sich die Tätigkeit der Psychologen in der ‚Praxis' institutionell und auch ‚wissenschaftstheoretisch/methodisch' aus der akademischen Psychologie herleitete" (T. Herrmann an A. Schorr, Brief vom 2. Sept.91). Traditionell wurde die Betriebspsychologie in den damaligen Vorständen deutlich höher bewertet als die Klinische Psychologie, deren wissenschaftlicher Status ungeklärt schien.

Daß sich in der Berufspraxis ein Wandel vollzog, spiegelte sich jedoch bereits 1964 in der im Auftrag des Wissenschaftsrates von Prof. Dr. Carl Graf Hoyos (2. Vorsitzender, 1968–1972) verfaßten, einflußreichen *Denkschrift zur Lage der Psychologie* wieder (Hoyos, 1964). Die Gruppe der „beratenden und behandelnden Psychologen" wurde darin als weitaus stärkste Berufsgruppe innerhalb des Faches identifiziert. Die Regelung, nach der für die psychotherapeutische Tätigkeit in eigener Praxis eine Erlaubnis nach dem Heilpraktikergesetz erforderlich war, bezeichnete Hoyos als „stark umstritten". Zugleich wurde hier erstmals in einem fachpolitisch wichtigen Bericht gefordert, den Begriff Klinische Psychologie stärker im internationalen Wortverständnis zu gebrauchen (Hoyos, 1964). Obwohl Curt Bondy, von 1961–1968 erster Vorsitzender, später Ehrenvorsitzender des BDP, in seiner Funktion durchaus auch mit klinischen Fragestellungen befaßt war (vgl. Rechenschaftsbericht von Curt Bondy, Mitgliederversammlung des BDP vom 16.07.68), erreichte den Vorstand diese „Expansion der Klinischen Psychologie", wie Herrmann es rückblickend beschreibt, unvorbereitet und „in zunehmender und verunsichernder Weise" (T. Herrmann an A. Schorr, Brief vom 02.09.91). Prof. Dr. Hansgeorg Bartenwerfer, von 1965–1968 ebenfalls Mitglied des Vorstandes, meint rückblickend: „Die zunehmende Verrechtlichung des gesellschaftlichen Lebens machte auch vor dem BDP nicht halt" (H. Bartenwerfer an A. Schorr, Brief vom 17.Dez.91). Eine Kommission, die sich im Auftrag des Vorstandes unter dem Vorsitz des langjährigen BDP-Vorsitzenden Prof. Dr. Adolf M. Däumling (1956–1961) mit der Rechtslage befaßt hatte, kam 1968 nach Verhandlungen mit dem Bundesgesundheitsministerium zu der Erkenntnis, daß ein Berufsgesetz für alle Psychologen politisch wie rechtlich keine Aussicht auf Erfolg habe; angeboten hatte man ihnen lediglich eine Regelung der Berufsvorbereitung auf Länderbasis (Kultusministerkonferenz). Für die Klinischen Psychologen wurde eine Teilregelung im Rahmen der Revision des Heilpraktikergesetzes in Aussicht gestellt (vgl. Rechenschaftsbericht von Curt Bondy, Mitgliederversammlung des BDP vom 16.Juli. 68). Doch wollte man sich damit nicht zufrieden geben: Die neue Satzung, unter dem 1. Vorsitzenden Prof. Dr. Bernhard Kraak (1968–1972) verabschiedet, nennt 1971 weiterhin als zentrales Ziel des BDP die „Erwirkung der staatlichen Anerkennung des Psychologenstandes in Form einer Berufs- (einschließlich Approbations-)ordnung und Berufskammer" (vgl. Protokoll der Mitgliederversammlung vom 27.Nov. 71).

Als damals, Anfang der siebziger Jahre, das Delegationsverfahren für tiefenpsychologisch orientierte und psychoanalytische Behandlungen von Diplom-Psychologen eingeführt wurde, wertete man dies dennoch als politischen Erfolg. Für die psychotherapeutisch Tätigen bedeutete es eine praktische Erleichterung; politisch ließ sich die Regelung als erster Schritt in Richtung auf eine selbständige Berufsausübung interpretieren. Nachdem jedoch die Initiativen zu dem vom Bundesgesundheitsministerium 1978 im Entwurf vorgelegten Psychotherapeutengesetz Ende der siebziger Jahre am fehlenden politischen Willen sowohl auf seiten der Fachverbände wie insbesondere seitens der politischen Verantwortlichen scheiterten, war das berufspolitische Bewußtsein der Psychologen bereits geschärft. Die Einführung des Delegationsverfahrens für Verhaltenstherapie, eines in der wissenschaftlichen Tradition der Psychologie begründeten Behandlungsverfahrens, führte auf Initiative des BDP zu einem landesweiten Boykott, der nahezu eine Dekade aufrechterhalten wurde.

Das dreiköpfige Präsidium des BDP (Präsident 1978–1984: Volker Ebel; Vizepräsident 1978–1984: Michael Hockel; Vizepräsident 1978–1983: Günther Dielehner) und die Delegierten entschieden sich auf diesen Fehlschlag hin für eine „Bundes-Psychologen-Ordnung", erneut eine Gesetzesvorlage, die den gesamten Berufsstand regeln sollte, jedoch basierend auf der Voraussetzung, daß der Psychologenberuf insgesamt als Heilberuf anzusehen sei – eine Politik, die in ihrer politischen Umsetzung das Präsidium in Dauerkonflikte mit den „nicht-klinischen" Sektionen im Verband verwickelte und von der man sich erst Ende der achtziger Jahre aufgrund geänderter politischer Vorgaben wieder verabschiedete. Angesichts der zögerlichen Haltung auf seiten der Politik suchte man jedoch parallel zu diesen politischen Initiativen mittels einer komplizierten, gemessen an den finanziellen Möglichkeiten des Verbandes sehr professionell geführten rechtlichen Strategie die Entscheidung. 1984 urteilte das Bundesverwaltungsgericht, daß es dem Berufsstand der psychotherapeutisch tätigen Psychologen durchaus zuzumuten sei, unter das Heilpraktikergesetz gefaßt zu werden; 1988 dann, nach einem langen, mühevollen Instanzenweg, stellte das Bundesverfassungsgericht fest, daß eine berufsrechtliche Regelung auf dem Sektor der Psychotherapie von Nutzen sei, gab jedoch nicht den erhofften (verpflichtenden) Auftrag an den Gesetzgeber, ein Gesetz zu schaffen. Die politischen Bemühungen um das Gesetz (ein Psychotherapeutengesetz, das möglichst eine Kassenzulassungsregelung einschließen soll) setzen sich bis in die Gegenwart fort.

Erfolgreicher war der BDP auf anderen Gebieten: Die ersten „Berufsethischen Verpflichtungen", bereits seit Anfang der fünfziger Jahre angedacht und diskutiert (H. Dirks an A. Schorr, Tonbandprotokoll vom 15. Okt. 91), wurden im Januar 1967 in Kraft gesetzt. Auf ihrer Basis und in Anpassung an das geltende Recht wurde die 1986 verabschiedete Berufsordnung entwickelt, die nicht nur für Verbandsmitglieder, sondern auch für Psychologen außerhalb des Verbandes rechtliche Gültigkeit besitzt. Die Berufsordnung „dient der inneren Ordnung des Berufsstandes, vermittelte eine gültige Orientierung für praktische Arbeit und setzt Maßstäbe, anhand derer psychologische Tätigkeiten öffentlich überprüfbar werden" (vgl. Schorr, 1986). Ein weiterer Fortschritt konnte durch eine Serie von Titelschutzprozessen erzielt werden, die im Juli 1985 in einem Urteil des Bundesgerichtshofes mündete, durch den – ohne daß es eines Psychologengesetzes bedurfte – auch der Titel „Psychologe" und nicht nur der akademische Grad eines „Diplom-Psychologen" geschützt ist.

Verbandsstruktur und Mitgliederentwicklung

Der BDP, der Anfang 1992 sein sechzehntausendstes Verbandsmitglied aufnahm, war in seiner Struktur vielfachen Wandlungen unterworfen. Die mangelnde Repräsentativität von Mitgliederversammlungen war ein Dauerthema bereits in den fünfziger und sechziger Jahren (C. Graf Hoyos an A. Schorr, Brief vom 21. Aug. 91; B. Kraak an A. Schorr, Brief vom 17. Nov. 91). Verschiedene Kommissionen zur Strukturreform wurden einberufen. Die Mitgliederzahl, die 1950 bei ca. 500 lag, war auf über 1.600 Ende 1968 angewachsen. Erst 1979 jedoch beschloß der Verband die Einrichtung einer Delegiertenkonferenz, die im Frühjahr 1980 erstmals tagte. Die Struktur der Sektionen, von Curt Bondy 1968 als „Hauptinstitutionen des BDP" charakterisiert (vgl. Rechenschaftsbericht von Curt Bondy, Mitgliederversammlung des BDP vom 16.Juli 68), hatte zum damaligen Zeitpunkt die heutige Form bereits nahezu erreicht. Besondere Verdienste erwarb sich Hertha Schwung, die, wie Bondy es beschrieb, durch ihre „kämpferische Haltung" gegen erheblichen verbandsinternen Widerstand 1968 die Gründung der Sektion Freiberufliche Psychologen durchsetzte. Bereits seit 1956 hatte es im Verband eine „Interessengemeinschaft freiberuflich tätiger Psychologen" gegeben. Der BDP, in seinen Vorständen traditionell von angestellten bzw. beamteten Psychologen dominiert, stand jedoch seinen umtriebigen, freiberuflich tätigen Mitgliedern lange Zeit mit Mißtrauen gegenüber (H. Schwung an A. Schorr, Brief vom 15. Sept. 91; Geschichte der Sektion „Freiberufliche Psychologen (BDP), Vortrag, gehalten auf dem Tag der Freiberufler am 16. Nov. 83).

Eine weitere neue Sektion, die Sektion Ausbildung, wurde auf Anregung von Carl Graf Hoyos (vgl. Rechenschaftsbericht von Curt Bondy, Mitgliederversammlung des BDP vom 16. Juli 68), Vorsitzender, 1968–1972, unter der Verbandsführung des Bondy-Nachfolgers Bernhard Kraak gegründet, zum einen, weil eine (wiederholt in den fünfziger und sechziger Jahren angestrebte) Fusion mit der Deutschen Gesellschaft für Psychologie erneut gescheitert war, zum anderen, weil man auch für die in der Psychologie Lehrenden, die nicht Mitglieder der Deutschen Gesellschaft für Psychologie waren (werden konnten), eine eigene Plattform innerhalb des BDP schaffen wollte (C. Graf Hoyos an A. Schorr, Brief vom 21. Aug. 91; B. Kraak an A. Schorr, Brief vom 17. Dez. 91). Traditionell war das Verhältnis zur Deutschen Gesellschaft für Psychologie ein sensibles Feld (C. Graf Hoyos an A. Schorr, Brief vom 21. Aug. 91; A. Mayer an A. Schorr, Brief vom 13. Aug. 91); gemeinsame Initiativen wurden in einem Gremium, mal als „Präsidium der Deutschen Psychologenschaft", als „Förderationsstab", heute als „Förderation Deutscher Psychologenvereinigungen" bezeichnet, beschlossen. „Sie wissen ja", so formulierte es Curt Bondy auf einer Mitgliederversammlung im Juli 1968, „daß die Beziehungen zwischen BDP und DGfPs nicht immer sehr freundlich waren und daß es zum Teil heftige Auseinandersetzungen gegeben hat." (vgl. Rechenschaftsbericht von Curt Bondy, Mitgliederversammlung des BDP vom 16. Juli 68) Ein Grund, den Bondy hierfür nannte, war das grundsätzliche Desinteresse vieler Wissenschaftler an der Praxis – eine mit Blick auf die auch an die Forschung gestellte Aufgabe eines völligen Neuaufbaus im Nachkriegsdeutschland durchaus noch verständliche Haltung. Zum anderen belastete jedoch ein quasi natürlicher Konfliktherd, die Ausbildungsfrage, immer wieder das Verhältnis zwischen beiden Gesellschaften. Schon frühzeitig beklagten Vertreter des BDP das „Fehlen praktischer Lehrmöglichkeiten an den Universitäten" (Dirks, 1951). Im Zuge der Diskussion um die Studienreform Anfang der siebziger Jahre konnte sich der BDP erfolgreich mit dem Vorschlag durchsetzen, den Studenten im Hauptstudium eine Spezialisierung zu ermöglichen. „Eine wesentliche Inspiration für unseren Vorschlag", so erklärte Hoyos rückblickend, „war wohl die Einsicht, daß einige Anwendungsgebiete an den Universitäten so schlecht vertreten waren, daß eine geordnete Ausbildung nicht erwartet werden konnte." (C. Graf Hoyos an A. Schorr, Brief vom 21. Aug. 91.) Zwar wurde 1985 dieser Aspekt des Studienaufbaus unter

Einbezug neuer Gesichtspunkte modifiziert, doch war der Ausbau der angewandten Fächer an den Universitäten inzwischen weit vorangeschritten.

Zu Beginn der achtziger Jahre machte der BDP sowohl in bezug auf die Mitgliederzahl wie auch in bezug auf die Professionalität im Mitgliederservice und in der Berufspolitik erhebliche Fortschritte. Auf Anregung Michael Hockels wurde 1978 das „Bildungswerk" gegründet, das 1987 in die Deutsche Psychologen Akademie überführt wurde. Unter dem Präsidenten Rudolf Raber (1984–1987) wurden der Deutsche Psychologen Verlag gegründet und die Wirtschaftsdienst GmbH ausgebaut. Die *Mitteilungen des BDP*, unter Bernhard Kraak bereits zu einem festen Bestandteil der *Psychologischen Rundschau* geworden, wurden Ende der siebziger Jahre unter Federführung von Michael Hockel zur vierteljährlich, später unter der Federführung der Verfasserin zur mit zehn Ausgaben im Jahr erscheinenden Verbandszeitschrift *Report Psychologie* ausgebaut, die heute mit einer Auflage von 17.000 Heften die meistverbreitete Fachzeitschrift im deutschsprachigen Raum ist. Mit dem 11. Kongreß für Angewandte Psychologie wurde 1981 die Tradition der großen, zweijährig stattfindenden BDP-Kongresse wieder aufgenommen. Im gleichen Jahr engagierte sich der Verband als Gründungsmitglied der Europäischen Föderation der Berufsverbände von Psychologen, die heute in Europa mehr als 80.000 Psychologen repräsentiert. Bei den zweimal im Jahr stattfindenden Delegiertenkonferenzen des BDP entscheiden zur Zeit 163 Delegierte (79 aus den Landesgruppen, 79 aus den Sektionen, 5 Präsidiumsmitglieder) über die Geschicke des Verbandes. 1991 gründete der Verband eine neue Untergliederung, die Sektion für Angestellte und Beamtete Psychologen. Die größten Untergliederungen des BDP sind zur Zeit die Sektion Klinische Psychologie (13.745 Mitglieder) und die Sektion Arbeits-, Betriebs- und Organisationspsychologie (2.950 Mitglieder; Stand Januar 1992).

Literatur

Cocks, G. (1985). Psychotherapy in the Third Reich. The Göring Institute. New York: Oxford University Press.

Dirks, H. (1951). Über den sittlichen und realen Standort des Psychologenberufs. Psychologische Rundschau, 2, 59–62.

Hellpach, W. (1946). Klinische Psychologie. Stuttgart: Thieme.

Hoyos, C. Graf (1964). Denkschrift zur Lage der Psychologie. Wiesbaden: F. Steiner.

Jacobson, W. (1981). Das Kollegen-Portrait. Hamburger Psychogramme, 1, 1.

Kroh, O. (1941). Ein bedeutsamer Fortschritt in der deutschen Psychologie. Werden und Absicht der neuen Prüfungsordnung. Zeitschrift für Psychologie, 151, 1–22.

Lockot, R. (1985). Erinnern und Durcharbeiten. Zur Geschichte der Psychoanalyse und Psychotherapie im Nationalsozialismus. Frankfurt/M.: Fischer.

Pongratz, L.J. (1977). Geschichte, Gegenstand und Grundlagen der Klinischen Psychologie. In: Handbuch der Psychologie, Bd. 1, 1. Halbband: Klinische Psychologie (S. 1–56). Göttingen: Hogrefe.

Schorr, A. (1986). Vorwort. Berufsordnung für Psychologen. Schriftenreihe, Nr. 4. Bonn: Deutscher Psychologen Verlag.

Schorr, A. (1990). Verschenkter Neubeginn. Zur Tätigkeit beratender und behandelnder Psychologen im Nationalsozialismus und ihren Wirkungen in der Gegenwart. In A. Schorr & E.G. Wehner (Hrsg.), Psychologiegeschichte heute (S. 239–260). Göttingen: Hogrefe.

Teil I

Gesellschaftliche Strömungen, Nachbargebiete und Querverbindungen

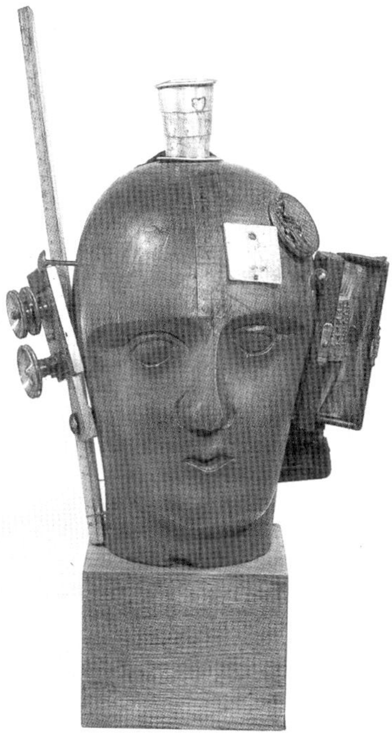

Die wissenschaftliche Erforschung des Uebersinnlichen.

Blick in ein paraphysisches Laboratorium.

Von Dr. Alfred Gradenwitz (Berlin).

Wohl selten hat eine Streitfrage die Gemüter so erhitzt, selten soviel Tinte fließen lassen, wie die Frage nach der Realität der sogenannten (oder parapsychischen) Erscheinungen, und zwar ohne daß die greifbaren Ergebnisse auch nur irgendwie der aufgewandten Mühe entsprächen. Vergeblich erstrebt man immer schärfere Zuspitzung der Versuchsbedingungen: auch die strengste Kontrolle genügt dem systematischen Zweifler nicht, und immer neue Forderungen stellt er an Versuchsperson und Versuchsleiter.

Daß hinter den für unsere fünf normalen Sinne unmittelbar zugänglichen Dingen eine ganze Welt übersinnlicher Erscheinungen verborgen liegt, drängt sich mehr und mehr auch dem Vertreter einer rein physikalisch-chemischen Naturauffassung auf. Die noch vor wenigen Jahrzehnten heftig befehdeten, heute jedoch allgemein anerkannten Erscheinungen von Suggestion und Hypnose, die Freud'schen Untersuchun-

Beeinflussung einer Wage durch darüber gehaltene Hände.

gen des unterbewußten Seelenlebens und andere auffällige Beobachtungen geben auch dem auf okkulten Gebiet Unerfahrenen einen Ausblick auf einen früher ungeahnten Umfang der menschlichen Psyche und beweisen zum mindesten die Denkbarkeit übersinnlicher Phänome.

Von diesem prinzipiellen Zugeständnis bis zur ausdrücklichen Anerkennung eines bestimmten Falles ist jedoch noch ein weiter Schritt, zu dem viele Gelehrte sich durchaus nicht entschließen können.

Ein Forscher auf so strittigem Gebiet, der sich im Laufe der letzten Jahre in der ganzen Welt mehr und mehr Anerkennung verschaffte, dessen großenteils unveröffentlichte Versuche eine Fundgrube überraschender Tatsachen darstellen und bei weiterer Fortsetzung wirklich abschließende Ergebnisse zu liefern versprechen, Fritz Grunewald in Charlottenburg, hat in beinahe zwanzigjähriger Arbeit Schritt für Schritt und mit den bescheidensten Mitteln ein Laboratorium des Uebersinnlichen geschaffen, wie es in der ganzen Welt einzig dasteht. Nirgends wurden mit gleicher Sachkenntnis und Umsicht empfindliche Apparate konstruiert, die mit auch nur annähernd gleicher Zuverlässigkeit und Schärfe alle Einzelheiten der physikalischen Aeußerungen verborgener Kräfte messend zu verfolgen gestatten. Allerdings darf man auch in diesem „parapsychischen“ oder besser „paraphysischen“ Laboratorium nicht in allen Fällen Versuchsergebnisse von absoluter Zuverlässigkeit erwarten, denn nicht nur auf den Versuchsleiter, sondern auch auf die Versuchsperson, das sogenannte Medium kommt es an. Gute Medien aber sind nicht nur überaus selten, sie leiden auch an der schwankenden, oft unberechenbaren Beschaffenheit ihres Gemütszustandes, der man nicht immer gebührend Rechnung trägt, und sind daher über ihre supranormalen Fähigkeiten nicht Herr.

Um von den wenigen für die Forschung zur Verfügung stehenden Medien nicht von vornherein Unmögliches zu verlangen, rät Grunewald, die unfruchtbare Diskussion der Kontrollbedingungen zunächst in den Hintergrund zu schieben und statt ihrer positive Arbeit in Form einer Analyse der Erscheinungen zu leisten. Wenn man hierbei die bekannten Methoden der Naturwissenschaften befolgt, d. h. die für das Auftreten der Phänomene maßgebenden Bedingungen stufenweise eingrenzt und damit, durch

Vorrichtung zur Aufzeichnung einer lautlichen Erscheinung, der sogenannten Klopftöne.

bloße Berücksichtigung der Forderungen der Analyse, die Kontrolle verschärft, so erhält man immer zuverlässigere Resultate und vor allem immer klarer hervortretende Gesetzmäßigkeiten, die dann schließlich einen eindeutigen Beweis für die übernormale Herkunft der stets ziemlich verwickelten Erscheinungen darstellen.

Von derartigen Erwägungen war Grunewald bei der Einrichtung seines Laboratoriums geleitet, dessen Hilfsmittel und Instrumentarien ihrer besonderen Aufgabe angepaßt sind. Das ganze Rüstzeug der modernen Physik wird hier aufgeboten, um auch die flüchtigsten, unberechenbarsten Phänomene einzufangen und zum großen Teile selbsttätig festzuhalten, und zwar wählt Grunewald hierzu ausnahmslos elektrische Uebertragung auf Spiegelgalvanometer oder ähnliche Instrumente und photographische Aufzeichnung auf Bromsilberpapier.

Beim Eintritt in das Laboratorium empfängt man zunächst den Eindruck, ein gewöhnliches Arbeits- oder Studierzimmer vor sich zu haben. Das sonst zum Wesen eines Laboratoriums gehörige imponierende Durcheinander von Apparaten sucht man hier vergeblich. Alles ist nach Möglichkeit in Schränke eingebaut und auf diese Weise den Blicken des Mediums während der Untersuchungen entzogen. Das einzige, was einem zunächst auffällt, ist eine Plattform auf dem Fußboden vor der einen kahlen Wand des Zimmers. Auf ihr steht ein Stuhl aus Korbgeflecht, der beinahe wie ein Thronsessel anmutet. Dies ist die berühmte automatisch registrierende Mediumwage Grunewalds, deren Belastungsänderungen durch elektrische Uebertragung nach einem Spiegelgalvanometer geleitet und durch dieses mittels Lichtzeigers von einem photographischen Registrierapparat aufgezeich-

Prüfung der auftretenden Lichtphänome durch Spektralapparate.

net werden. Das Galvanometer nebst fünf anderen gleicher Art, sowie die zugehörigen Schreiblampen und der Registrierapparat, machen die eigentliche Registriereinrichtung aus, die in einem besonderen Schrank an der gegenüberliegenden Wand untergebracht ist, gänzlich allen profanen Blicken entzogen. Ebenso wenig bemerkt man, ohne darauf hingewiesen zu werden, die an den Fenstern hinter den Gardinen angebrachte Verdunkelungseinrichtung, die im Bedarfsfalle auch bei Sonnenlicht Sitzungen im Dunkeln abzuhalten gestattet. Gewöhnlich finden diese im abgedunkelten Raum bei rotem elektrischen Licht statt, dessen Lichtstärke sich durch einen Regulierwiderstand bequem verändern läßt, wobei die Schwankungen der Beleuchtungsstärke automatisch von der Registriervorrichtung aufgezeichnet werden, und zwar gleichzeitig mit den vielerlei physikalischen und physiologischen Vorgängen in der Umgebung des Mediums und an dessen Körper, die ihrerseits in ihren Wirkungen durch die verschiedenartigsten Apparate festgehalten und auf die Registriereinrichtung übertragen werden.

Die schon erwähnte Wage, auf der das Medium sitzt, ist dazu bestimmt, an diesem eventuelle Gewichtsveränderungen festzustellen. Bei

Der Apparatetisch im Grunewaldschen Laboratorium.

manchen Medien hat man nämlich die Beobachtung gemacht, daß ihr Körper während der Sitzung leichter oder schwerer wird. Die Erscheinung des Leichterwerdens nennt man Levitation; sie kann sich soweit steigern, daß das Medium schwebend in die Luft erhoben wird. Auch bei sogenannten Materialisationserscheinungen hat man öfters beobachtet, daß der Körper des Mediums vorübergehend an Gewicht verliert, und zwar auffälligerweise um etwa ebensoviel wie das materialisierte Gebilde wiegt. Die Wage ermöglicht ein genaues Studium des zeitlichen Verlaufes der erwähnten Erscheinungen. In Verbindung mit ihr benutzt Grunewald noch eine zweite, völlig gleich gebaute, in einiger Entfernung von ihr angebrachte Wage, auf der sich die Materialisationserscheinungen abwickeln. Die beiden mit den Wagen in Verbindung stehenden Spiegelgalvanometer schreiben ihre Kurven auf ein und denselben Papierstreifen dicht nebeneinander nieder, so daß man auf diese Weise die Beziehungen zwischen den Gewichtsänderungen des Mediums und denen der Materialisationserscheinungen sehr genau und bequem studieren kann.

Grunewald hat mit besonderem Interesse eigenartige Materialisationserscheinungen untersucht, wogende, leuchtende Dunstmassen, die vom Körper des Mediums ausgehen und sich schließlich zu festeren Gebilden verdichten. Diese Erscheinungen war er mit dem Spektralapparat, d. h. in bezug auf ihre Wellenlängen (Farben), und auch photometrisch, d. h. in bezug auf ihre Lichtstärke, zu untersuchen bemüht. Eine trotz aller Schwierigkeiten gleichzeitig eingeleitete chemische Untersuchung, die das Vorhandensein von Phosphor festzustellen bezweckte, ist vorläufig ergebnislos verlaufen. Temperaturmessungen hat Grunewald ebenfalls vorgenommen; sie sollten über den beim Zustandekommen von Materialisationserscheinungen vielfach auftretenden kühlen Hauch — anscheinend eine Folge des Energieverbrauches — Klarheit bringen. Sogar den Ionisationszustand der Leuchtmassen hat Grunewald schon untersucht, und zwar mit besonders gutem Erfolge.

Von den besonderen Versuchsanordnungen Grunewalds wollen wir noch eine eigenartig gebaute Wage erwähnen, auf die das Medium durch große Anspannung seines Willens aus der Ferne eine abstoßende — in manchen Fällen auch eine anziehende — Wirkung ausübt.

Da bei den im Laufe der Sitzungen vielfach erforderlich werdenden Blitzlichtaufnahmen die Rauchentwicklung störend empfunden wird, hat Grunewald dafür gesorgt, daß das Blitzpulver (vor einem Fenster) in einem — als Rauchfang dienenden — Nebenraum abgebrannt werden kann. Die Entzündung des Blitzlichtes wird hierbei auf elektrischem Wege vom Laboratorium aus bewirkt. Vier in drei zueinander senkrechten Achsen angebrachte photographische Stereoapparate dienen zum Festhalten der vom Beobachter ausgewählten Situationen. Die vollkommen automatische Durchführung des photographischen Aufnahmeherganges läßt sich nach einem von Grunewald entworfenen Projekt sehr wohl verwirklichen. Da jedoch die empfindlichen Erscheinungen durch Photographieren bei Blitzlicht stets beeinträchtigt werden, denkt Grunewald allen Ernstes an die Verwendung unsichtbarer — ultraroter sowie ultravioletter — Strahlen, und er ist gerade mit Vorversuchen in dieser Frage beschäftigt.

Trotzdem Grunewald auf Einladung der Dänischen Gesellschaft für psychische Forschung im Sommer 1921 die wichtigsten Teile seines Laboratoriums nach Kopenhagen brachte und auf dem dortigen Internationalen Kongreß der Fachwelt zur Nacheiferung vorführte, trotzdem ferner Dr. G. Geley, Direktor des finanziell verhältnismäßig gut fundierten Institut Métapsychique International zu Paris, sich von Grunewald eine selbsttätig registrierende Wageeinrichtung liefern und unter seiner persönlichen Leitung installieren ließ, hat das Laboratorium nach einstimmigem Urteil der Sachverständigen des In- und Auslandes doch seine führende Stellung hinsichtlich der technischen Einrichtungen bis zur Stunde behaupten können, und zwar ist dies trotz der überaus bescheidenen Mittel möglich gewesen, die dem Forscher bisher zur Verfügung standen.

Immer wieder versucht man, die „endgültige“ Entscheidung über parapsychische Erscheinungen Gelehrten zu überlassen, die zwar in ihrem Spezialfach alle erdenkliche Tüchtigkeit besitzen mögen, an derartige Phänomene aber in völliger Unkenntnis herantreten, das Medium häufig vor den Kopf stoßen und daher den Erscheinungen entgegenwirken. Wie viel dankenswerter wäre es doch, Männer wie Grunewald, die im Besitz der nötigen Sachkenntnis wie der erforderlichen Laboratoriumseinrichtungen sind, in die Lage zu versetzen, unter eventueller Hinzuziehung außenstehender Gelehrter (aber jedenfalls nicht unter ihrer Leitung) durch [illegible] abschließende Untersuchungen die von allen Seiten ersehnte Klärung endlich herbeizuführen!

„Tatsächlich?“ fragt wieder der dicke Jonson.

„Ich habe sie in einem Gemüsegarten gefunden. Sie sprach mich gerade englisch und französisch an, die dritte Sprache habe ich nicht verstanden.“

„Folgen Sie mir,“ sagte der einäugige Direktor. Er führte mich hinter die Kulissen des Zirkus, wo in einem besonderen, von zwei Schlössern abgesperrtem Zimmer auf einem seidenen Kissen das Wunderschwein Nelly sanft schlummerte. Sein Körper war mit blauen Bändern geschmückt.

„Da schau! Das ist unsere „Nelly“ — das einzige Exemplar auf der Welt. Glauben Sie mir, sie könnte an jeder New Yorker Schule Lehrerin sein — vorausgesetzt natürlich, daß sie nicht so schweinemäßig bezahlt werde.“

„Jetzt sagen Sie mir aber, was ich für eine Rarität im Sack habe?“ rief ich erstaunt aus. Und schon fuchtle ich ihm mit den unglücklichen Zeitungen vor den Augen hin und her, stelle an ihn die Frage: „Von wem stammt diese Ankündigung da?“ Jonson schaute verdutzt in die Zeitung: „Ich habe keine Ahnung. Es ist dies ein ganz gemeiner Betrug.“

„Ich empfehle mich.“

Ich weiß selbst nicht, wie ich aus dem Zirkus herauskam. Ich band den Sack auf und gab dem Schweine, das mich 200 Dollar gekostet hatte, einen solchen Fußtritt, daß es drei Purzelbäume in der Luft schlug. Um aber meine Aufregung zu besänftigen, ging ich in die Kanzlei der Zeitung und fragte den dort anwesenden Schreiber:

„Erinnern Sie sich, wer diese Annonce hat einrücken lassen“ und hielt ihm das Zeitungsexemplar vor die Nase.

„Natürlich, erinnere ich mich. Es war dies ein gewisser Kurec — der uns aufforderte, wir mögen seinen Namen bekanntgeben, falls jemand darnach frage.“ Und ergänzend teilte er uns mit: „Ein jeder kann sich Geld verdienen, wenn er auf seinem Gebiet als Spezialist arbeitet.“

Kurec habe ich nicht mehr gesehen.

Wir tranken das Glas aus — gingen von Deck in die Kajüte hinab, legten uns ins Bett — denn es war längst schon Mitternacht vorbei.

Aus dem Russischen übertragen von Dr. Berthold Huller.

Parapsychologie

Eberhard Bauer

1889 führte Max Dessoir (1867–1947) den Begriff „Parapsychologie“ mit folgender Begründung ein:

„Bezeichnet man (…) mit *Para-* etwas, das über das Gewöhnliche hinaus- oder neben ihm hergeht, so kann man vielleicht die aus dem normalen Verlauf des Seelenlebens heraustretenden Erscheinungen *parapsychische*, die von ihnen handelnde Wissenschaft *Parapsychologie* nennen. (…) Das Wort ist nicht schön, aber es hat meines Erachtens den Vorzug, ein noch unbekanntes Grenzgebiet zwischen dem Durchschnitt und den abnormen, pathologischen Zuständen kurz zu kennzeichnen“ (1889, S. 341).

Obwohl in dieser Definition eine enge Anbindung parapsychischer Erscheinungen an den Objektbereich der Psychologie zum Ausdruck kam, ist in historischer Perspektive die Stellung der Parapsychologie als Teildisziplin der „etablierten“ oder akademischen Psychologie problematisch und spannungsreich geblieben. Die Ursachen dafür dürften einmal im „okkulten Dunstkreis“ (Dessoir) selbst liegen, von dem sich die Parapsychologie in der öffentlichen Diskussion – trotz aller Bemühungen ihrer wissenschaftlichen Fachvertreter – nur schlecht hat lösen können, zum anderen in der Vielschichtigkeit ihres Untersuchungsgegenstandes, der sich kaum den üblichen Fakultätsgrenzen fügt; schließlich mag auch ein „metaphysischer“ Verdacht unterschwellig eine Rolle spielen, die Existenz parapsychischer Erscheinungen könnte ideologisch für eine „antimaterialistische“ Position oder die Propagierung eines Leib-Seele-Dualismus in Anspruch genommen werden.

Der erste organisierte Versuch, „die aus dem normalen Verlauf des Seelenlebens heraustretenden Erscheinungen“ systematisch und vorurteilsfrei zu untersuchen, wurde bereits sieben Jahre vor Dessoirs Publikation unternommen, nämlich durch Gründung der „Society for Psychical Research“ (SPR) 1882 in London, die noch heute aktiv ist. Zu den Gründungsmitgliedern gehörten bekannte Gelehrte und Wissenschaftler des viktorianischen „Establishments“, wie der Physiker Sir William Barrett (1844–1925), der Cambridger Moralphilosoph Henry Sidgwick (1838–1900), der Altphilologe Frederic H.W. Myers (1843–1901) und der Musikwissenschaftler Edmund Gurney (1847–1888). In den Aufgabenkatalog der SPR flossen Fragestellungen aus dem Erbe des Mesmerismus und des seit Mitte des 19. Jahrhunderts florierenden Spiritualismus ein, etwa die Untersuchung des Hypnotismus und der Formen der sogenannten „mesmeristischen Trance“ unter Einschluß der behaupteten Schmerzunempfindlichkeit oder des „Hellsehens“ (Clairvoyance) und verwandter Phänomene. Im Zentrum des Forschungsinteresses stand zunächst die Frage, ob es eine „direkte“ Gedankenübertragung von einer Person auf eine andere gebe und zwar außerhalb der bekannten Sinneskanäle. 1882 hatte Myers für einen solchen seelischen Kontakt den Ausdruck „Telepathie“ geprägt. 1886 wurde von Gurney zusammen mit Myers und Frank Podmore *Phantasms of the Living* veröffentlicht, eine Sammlung paranormaler spontaner Erlebnisberichte. Darunter fielen Träume, die sich gleichzeitig auf entfernt abspielende Ereignisse bezogen, ferner Erscheinungen (phantasms) von lebenden oder sterbenden Personen oder Visionen, in denen sich Vorgänge wirklichkeitsgetreu widerspiegelten, von denen die Berichterstatter auf „normalem“ Wege offenbar nichts wissen konnten (veridike Halluzinationen). Vereinzelte Vertreter der akademischen Psychologie wiesen auf mögliche Fehlerquellen bei Telepathie-Experimenten insbesondere in der „Nahsituation“ hin, bei der sich „Sender“ und „Empfänger“ im gleichen Raum befanden. Dazu zählten etwa die Rolle unbemerkter Muskelbewegungen beim Auffinden versteckter Gegenstände (sogenanntes „Muskellesen“ oder Cumberlandismus), der unterschätzte Einfluß der Hyperästhesie und des „unwillkürlichen Flüsterns“, die durch „Assoziationskonkordanzen“ bewirkte psychische Gleichförmigkeit bei der „telepathischen Übermittlung“ von Zahlen oder Farben wie generell die Behandlung der Zufalls- und Betrugshypothese (vgl. W. Preyer: *Die Erklärung des Gedankenlesens*, 1886; H. Münsterberg: *Gedankenübertragung*, 1889; F.C.C. Hansen & A. Lehmann: *Über unwillkürliches Flüstern*, 1895; E. Parish: *Zur Kritik des telepathischen Beweismaterials*, 1897).

Die SPR versuchte schon früh, solche Einwände gezielt zu entkräften (vgl. E. Gurney: *Telepathie: eine Erwiderung auf die Kritik des Herrn Prof. W. Preyer*, 1887) und entwickelte von sich aus strenge Evidenzmaßstäbe, die auch den kritischen Umgang mit Beobachtungstäuschungen bei den damals üblichen Sitzungen (Séancen) mit sogenannten „physikalischen“ Medien einschlossen. Dieser Punkt spielte besonders bei der ausgedehnten Kontroverse um die Beweiskraft der Experimente mit dem amerikanischen Medium Henry Slade (1840–1904) eine Rolle, die der Leipziger Astrophysiker Friedrich Zöllner (1834–1882) in den Jahren 1877/78 durchgeführt und zu denen auch Wilhelm Wundt Partei ergriffen hatte (*Der Spiritismus: Eine sogenannte Wissenschaftliche Frage*, 1879).

Die seit 1882 publizierten *Proceedings* der SPR enthalten reichhaltiges Fall- und klinisches Material aus dem Grenzgebiet zwischen „psychical research“ und abnormer Psychologie bzw. Psychopathologie. Darunter fallen etwa mögliche Beziehungen zwischen multiplen oder Spalt-Persönlichkeiten, Dissoziationszuständen, sensorischen und motorischen Automatismen zu Trancemedialität, automatischem Schreiben oder sensorischen Halluzinationen. Man stößt auch auf Pionierarbeiten zu „luziden" oder „Klarträumen", „außerkörperlichen" und „Nahtod"-Erfahrungen, d.h. Themen, die heutzutage zunehmend das Interesse der „orthodoxen" Psychologie finden. Insofern verwundert es nicht, daß eine Anzahl prominenter Psychologen, Psychopathologen und Psychotherapeuten wie Pierre Janet, Hippolyte Bernheim, Sigmund Freud, Carl Gustav Jung, Morton Prince, Théodore Flournoy oder William James den Zielsetzungen der SPR sehr aufgeschlossen gegenüberstand oder sie aktiv unterstützte.

Auf Initiative von James, der 1894/95 als Präsident der SPR fungierte, wurde 1885 eine amerikanische Schwestergesellschaft gegründet, die auch heute noch existierende „American Society for Psychical Research" (ASPR). Ihr erster Präsident war der Astronom Simon Newcomb, zu den Vizepräsidenten zählten der Psychologe G. Stanley Hall und die Mediziner Henry P. Bowditch und Charles S. Minot. Nach Vorbild der Londoner SPR wurden von James und seinen Kollegen experimentelle Untersuchungen zur hypnotischen Induktion bzw. posthypnotischen Suggestion und zum therapeutischen Nutzen von automatischem Schreiben und Kristallsehen durchgeführt. Besonderes Interesse zeigte James an Versuchssitzungen mit dem Medium Leonora Piper (1859–1950), durch die er von der Realität einer „übernormalen" Wahrnehmung (Telepathie und Hellsehen) überzeugt wurde. Die Forschungsarbeit der frühen ASPR spielte eine nicht zu unterschätzende Rolle bei der Entwicklung der amerikanischen Psychologie und gab wichtige Impulse zur Grundlegung einer experimentellen Psychopathologie. Auch auf den ersten internationalen Kongressen für experimentelle Psychologie wurden Themen der „psychical research" ohne Berührungsscheu abgehandelt; eine wichtige Rolle spielte z.B. auf dem ersten Kongreß in Paris 1889 der „Census of Hallucinations", ein Aufruf zur systematischen Sammlung eines bestimmten Typs von Halluzinationen, die zeitlich mit einem Todesfall aus dem Bekannten- oder Verwandtenkreis der Berichterstatter zusammenfielen und so einen telepathischen Kontakt nahelegten; drei Jahre später trug Sidgwick auf dem zweiten Kongreß in London (1892), dem er als Präsident vorstand, die Resultate dieser Umfrage vor.

In der Folgezeit kam es an vereinzelten Universitätsinstituten zu experimentalpsychologischen Forschungsarbeiten zur Frage von Telepathie und Hellsehen. Zu nennen sind die Studien von Leonard T. Troland, durchgeführt zwischen 1916/17 an der Harvard-Universität, und von John Coover, der 1917 statistische Untersuchungen über das Erraten von Spielkarten und Lottokugeln veröffentlicht hatte und bis 1937 eine „Thomas Welton Stanford Psychical Research Fellowship" an der Stanford-Universität innehatte. Am bemerkenswertesten fielen die Experimente der holländischen Psychologen G. Brugmans und H.J.F.W. Heymans 1920 am Psychologischen Institut der Universität Groningen aus, die zum Ziel hatten, die Handbewegungen einer räumlich getrennten Versuchsperson „ferntelepathisch" auf ein zufällig ausgewähltes Quadrat eines Schachbrettmusters zu lenken, wobei auch eine psychophysiologische Methodik verwendet wurde (s. Abb. 1). Die hochsignifikanten Resultate wurden von Brugmans 1921 auf dem Ersten Internationalen Kongreß für Psychische Forschung in Kopenhagen vorgetragen (s. Abb. 2); diese Konferenzen – weitere fanden 1923 in Warschau, 1927 in Paris, 1930 in Athen, 1935 in Oslo statt – bildeten zwischen den Weltkriegen ein wichtiges Diskussionsforum für die europäische Parapsychologie, das die isoliert arbeitenden Forscher hauptsächlich aus England, Frankreich und Deutschland vereinigte.

Abb. 1: Versuchsanordnung für das Heymans-und-Brugmans-Experiment in Groningen (1920): Die Hand der Versuchsperson sollte von den Experimentatoren (die sich im darübergelegenen Raum befanden) auf ein bestimmtes Quadrat „ferntelepathisch" gelenkt werden.

Abb. 2: Die Teilnehmer des Ersten Internationalen Kongresses für Psychische Forschung in Kopenhagen 1921.
In der ersten Reihe dritter von rechts: Albert von Schrenck–Notzing, neben ihm Fritz Grunewald;
in der zweiten Reihe zweiter von links: Brugmans.

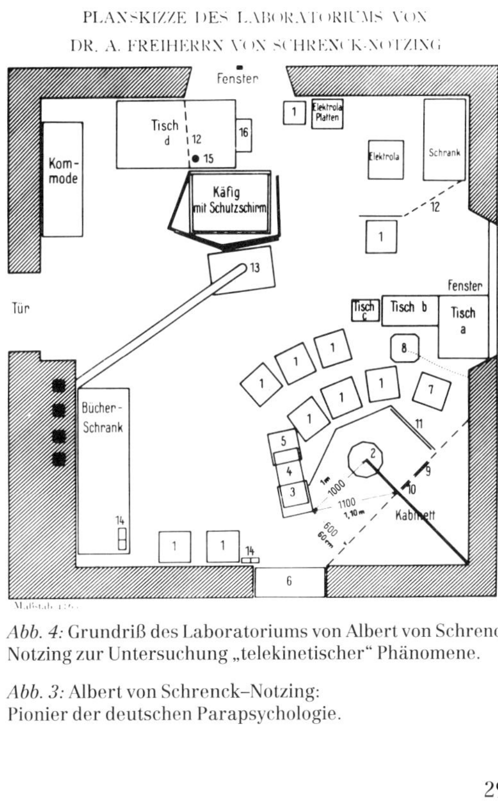

Abb. 4: Grundriß des Laboratoriums von Albert von Schrenck-Notzing zur Untersuchung „telekinetischer" Phänomene.

Abb. 3: Albert von Schrenck–Notzing:
Pionier der deutschen Parapsychologie.

In Deutschland wurden nach dem ersten Weltkrieg mehrere experimentelle Arbeiten zum Problem der „Außersinnlichen Wahrnehmung" veröffentlicht, unter denen vor allem die Beiträge des Augenarztes Rudolf Tischner (1879–1961) zu nennen sind (*Telepathie und Hellsehen*, 1919; *Einführung in den Okkultismus und Spiritismus*, 1921). Der Schwerpunkt lag jedoch auf der Untersuchung des „Physikalischen Mediumismus", der die Fernbewegung von Gegenständen („Telekinese") und die besonders umstrittenenen Materialisationsphänomene („Verkörperung" von Gestalten) umfaßte. Exponent dieser Forschungsrichtung war der Nervenarzt und Psychotherapeut Albert Freiherr von Schrenck-Notzing (1862–1929) (s. Abb. 3), der – wirtschaftlich unabhängig – in München ein gut ausgestattetes Privatlaboratorium einrichtete und ab 1926 die *Zeitschrift für Parapsychologie* (Nachfolgerin der 1874 gegründeten *Psychischen Studien*) finanzierte und herausgab, die bis 1934 erscheinen konnte (s. Abb. 4). Da die meisten „Experimentalsitzungen" mit den Medien in der Dunkelheit oder bei Rotlicht stattfanden, legte Schrenck-Notzing, der häufig scharf angegriffen wurde (von seiten der Psychologie besonders von Hans Henning: *Psychologie der Gegenwart*, 1925, oder Heinrich Schole: *Okkultismus und Wissenschaft*, 1929), großen Wert auf objektive Sicherungs- und Kontrollmaßnahmen in bezug auf (Selbst-)Täuschung der Beobachter und Betrug der Versuchspersonen. Er arbeitete mit dem Berliner Ingenieur Fritz Grunewald (1885–1925) und dem Münchner „Tierpsychologen" Karl Krall (1863–1929) zusammen, von dem er die Idee einer „elektrischen Medienkontrolle" übernahm und bei der Untersuchung des Mediums Rudi Schneider (1908–1957) einsetzte. Grunewald und Krall hatten selbst „paraphysikalische" Laboratorien einge-

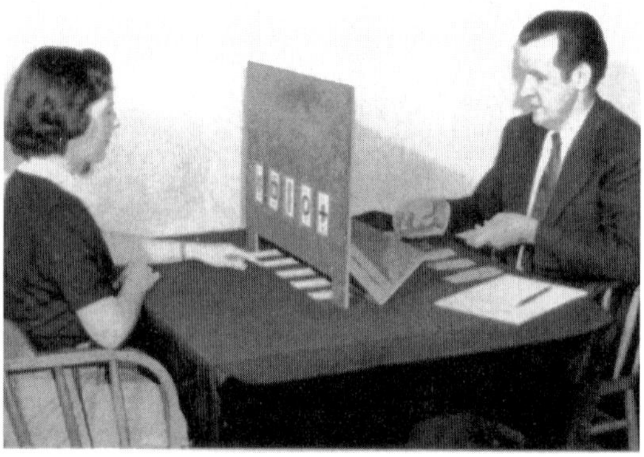

Abb. 5: Hellsehversuch der Rhine-Schule mit ASW-Karten. Oben: Tippversuch mit Abschirmung; unten: Prüfung der Ergebnisse.

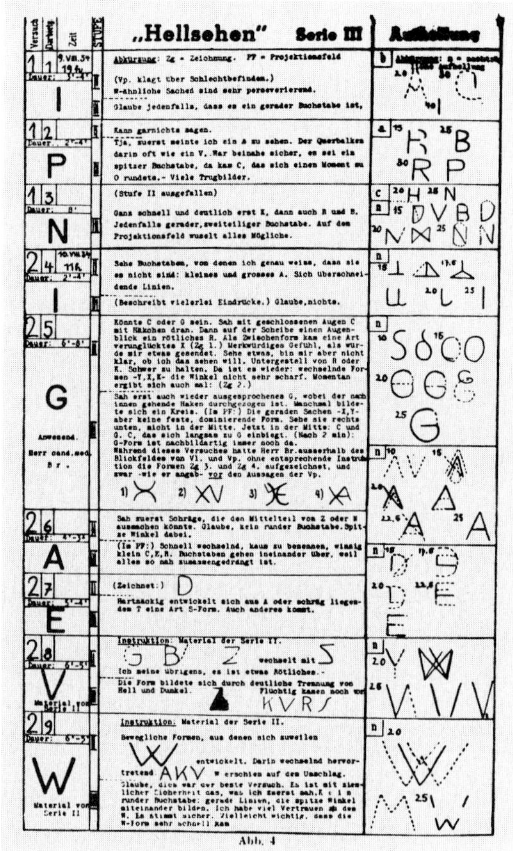

Abb. 6: Beispiel für ein Protokoll der von Hans Bender 1935 im Bonner Psychologischen Institut durchgeführten „Hellsehversuche": Links Buchstaben, die der Versuchsperson, ihrer sensorischen Wahrnehmung entzogen, präsentiert wurden, rechts der „hellseherisch" gewonnene Gestalteindruck, in der Mitte mitprotokollierte Äußerungen der Versuchsperson über die Genese ihrer „Wahrnehmungen".

Abb. 7: Eine Sitzung im Krallschen Laboratorium für Parapsychische Forschung 1926.

richtet, über deren Schicksal nichts weiter bekannt ist (s. Abb. 7). Der Leipziger Philosoph Hans Driesch (1867–1941) veröffentlichte 1932 eine erste parapsychologische Methodenlehre *(Parapsychologie. Die Wissenschaft von den ‚okkulten' Erscheinungen)* und plädierte zusammen mit dem Tübinger Philosophen Traugott Konstantin Oesterreich (1880–1949) für eine Integration der Parapsychologie in den akademischen Rahmen und die Gründung einer deutschen parapsychologischen Fachgesellschaft.

In den Vereinigten Staaten war es 1929 gelungen, auf Initiative von William McDougall (1871–1938) ein Parapsychologisches Laboratorium an der Duke-Universität in North Carolina einzurichten, das unter der Leitung des Biologen Joseph B. Rhine (1895–1980) quantitativ-statistische ASW-Experimente (Telepathie, Hellsehen, Präkognition) auf breiter Basis durchzuführen begann (s. Abb. 5) und dessen Erstpublikation (*Extra-Sensory Perception,* 1934) von paradigmatischer Bedeutung für die Etablierung der Psi-Forschung als Universitätsdisziplin geworden ist. Die Ergebnisse des Rhineschen Labors, die seit 1937 im *Journal of Parapsychology* publiziert wurden, erregten auch unter der amerikanischen Psychologenschaft einiges Aufsehen. Auf die zahlreichen methodenkritischen Einwände von dieser Seite (z.B. fehlerhafte statistische Methoden, Datenselektion, unvollständiges Mischen der Kartensätze, mangelhafte sensorische Kontrollen) antwortete die Duke-Gruppe 1940 mit der ersten umfassenden Meta-Analyse der experimentellen Parapsychologie *(Extra-Sensory Perception After Sixty Years).* In Deutschland konnte Hans Bender (1907–1991) am Psychologischen Institut der Universität Bonn eine experimentelle Untersuchung zur Frage des „Hellsehens" durchführen, die 1935 in der *Zeitschrift für Psychologie* veröffentlicht wurde (s. Abb. 6). Bender, der nach dem Krieg die deutsche Parapsychologie jahrzehntelang akademisch repräsentierte, gründete 1950 in Freiburg i.Br. sein „Institut für Grenzgebiete der Psychologie und Psychohygiene“ und 1957 die *Zeitschrift für Parapsychologie und Grenzgebiete der Psychologie,* die bis heute die einzige deutschsprachige Fachzeitschrift geblieben ist. Ihm wurde 1954 an der Universität Freiburg ein Lehrstuhl für Grenzgebiete der Psychologie übertragen, auf den 1975 sein Schüler Johannes Mischo berufen wurde (heutige Bezeichnung: Lehrstuhl für Psychologie und Grenzgebiete der Psychologie). Das ehemalige Rhinesche Labor wird seit 1965 unter der Bezeichnung „Institute for Parapsychology“ im Rahmen einer Stiftung weitergeführt. In Europa stellt nach der 1988 erfolgten Schließung des „Parapsychologischen Labors“ der Universität Utrecht der 1985 gegründete Arthur-Koestler-Lehrstuhl für Parapsychologie im Rahmen des Psychologischen Instituts der Universität Edinburgh das einzige Ordinariat für Parapsychologie dar (Inhaber Robert L. Morris). Die 1957 auf Initiative Rhines gegründete „Parapsychological Association“ – die internationale Organisation für „professionelle“ Parapsychologie – wurde 1969 Mitglied der „American Association for the Advancement of Science“; ihr gehören ca. 250 Wissenschaftler aus den Natur-, Human- und Sozialwissenschaften an, darunter ein Drittel Psychologen.

Literatur

Bauer, E. (1991). Periods of historical development of parapsychology in Germany – an overview. In: D.L. Delanoy (ed.): The Parapsychological Association. 34th Annual Convention. Proceedings of Presented Papers. (pp.18–34). Parapsychological Association, Inc.

Dessoir, M. (1889). Die Parapsychologie. Sphinx, 7, 341–344.

Mauskopf, S.H. & McVaugh, M.R. (1980). The elusive science. Origins of experimental psychical research (besonders Kap. 3, 5, 9). Baltimore/London: Johns Hopkins University Press.

Oppenheim, J. (1985). The other world: Spiritualism and psychical research in England, 1850–1914. Cambridge: Cambridge University Press.

Rhine, J.B. (1976). Parapsychology and psychology: the shifting relationship today. Journal of Parapsychology, 40, 115–135.

Schmeidler, G.R. (1989). Parapsychology and psychology. Matches and mismatches. Jefferson, N.C. London: McFarland.

Van Over, R. (ed.) (1972). Psychology and extrasensory perception. New York: Mentor Books (New American Library).

Der Psychologe als Politiker und politischer Journalist – Das Beispiel Willy Hellpach

Walter Stallmeister

Willy Hugo Hellpach (1877–1955) ist heute in Fachkreisen fast nur noch durch seine Beiträge zur Sozialpsychologie und Umweltpsychologie bekannt. Als Politiker und politischer Journalist ist er fast vergessen. In der Weimarer Republik war er aber einer der prominentesten liberalen Politiker. Er gehörte einige Jahre dem Vorstand der Deutschen Demokratischen Partei an. Von 1922–25 war er Badischer Unterrichtsminister, im Jahr 1925 zusätzlich Badischer Staatspräsident. In diesem Jahr kandidierte er für seine Partei bei der Reichspräsidentenwahl. Von 1928–30 war er Reichstagsabgeordneter und Mitglied des Reichstagsausschusses für Rechtsreform.

Abb. 1: Ein eigentlich untypisches Foto: Willy Hellpach (links) beim psychologischen Experimentieren. Wahrscheinlich stammt das Foto aus der Zeit, in der er das von ihm 1921 gegründete Institut für Sozialpsychologie in Karlsruhe leitete, dessen Schwerpunkt eine sozialpsychologische Arbeitsforschung sein sollte. Grundlage für Hellpachs Einstellung zur Berufs- und Arbeitswelt war eine gesellschaftskritische und geschichtswissenschaftlich orientierte Sozialpsychologie, nicht eine empirische oder experimentelle Arbeits- und Industriepsychologie.

Hellpach, Sohn einer Beamtenwitwe, die sich ohne Pension durchschlagen mußte, entschied sich als Sekundaner für das teure Medizinstudium. Als Student trägt er durch schriftstellerische Tätigkeit zu seinem Lebensunterhalt bei. Er ist u.a. von 1898 bis 1903 Mitarbeiter der *Sozialistischen Monatshefte*, der Zeitschrift von Revisionisten, die sich um einen undogmatischen Sozialismus bemühen. Aus Furcht vor Nachteilen im konservativen Universitätsmilieu veröffentlicht er bis 1902 pseudonym unter dem Namen „Ernst Gystrow". Für seinen späteren politischen Journalismus bekommt Hellpach während der Studienzeit eine wissenschaftliche Grundlage durch seinen Leipziger Lehrer Karl Lamprecht, der ihn dazu anregt, geschichtliche und zeitgenössische Phänomene sozialpsychologisch zu betrachten. Hellpach schreibt zu sozialpathologischen Phänomenen, die sich aus klassenspezifischen psychischen Problemlagen ergeben.

1903 löst er sich nach dem Parteitag der SPD von den Revisionisten. Nach Abschluß seines Studiums – u.a. Promotion in Psychologie bei Wundt und Promotion in Medizin – und Facharztausbildung als Nervenarzt läßt sich bei ihm eine Wendung zum bürgerlichen Liberalismus nachweisen. Eine Besserung der sozialpathologischen Situation des Proletariats erwartet er nicht vom dogmatischen Marxismus, sondern von der Integration des Proletariats in das Bürgertum. Er nimmt einen Verbürgerlichungsprozeß an, der gesellschaftlich ausgleichend wirkt.

Hellpach habilitiert sich 1906 in Psychologie. Seine Schriften zur Arbeitspsychologie zeigen ein gesellschaftskritisches Engagement. Er führt die sozialpathologischen Erscheinungen des Berufslebens auf die noch nicht bewältigte technische Umwälzung im 19. Jahrhundert und den damit verbundenen gesellschaftlichen Wandel zurück.

1907 wird Hellpach die Schriftleitung der „Ärztlichen Mitteilungen", des Verbandsblattes des Ärztevereins, übertragen. Er hat hierdurch zum ersten Mal regelmäßige Einkünfte, da die Nervenarztpraxis wenig besucht wird. Er sieht diese Tätigkeit als gesellschaftspolitische Aufgabe an. Der Ärzteverein ist für ihn eine der Interessenvertretungen, die gegenüber den eigentlichen politischen Institutionen die entscheidenden Kräfte der sozialen Entwicklung werden.

Im Ersten Weltkrieg und in den Nachkriegsjahren entwickelt sich Hellpachs politischer Journalismus. Seit Dezember 1916 ist Hellpach freier Mitarbeiter der *Vossischen Zeitung*. In umfangreichen Artikeln der *Ärztlichen Mitteilungen* kommentiert er – über die eigentliche Standespolitik hinausgehend – die politische und gesellschaftliche Lage. In Zeitungsaufsätzen zur politischen

Theorie entwickelt er seine Auffassung einer „Konservativen Demokratie“. Er fordert nach der Errichtung der Demokratie eine Staatsform, die die „Gemeinschaftskräfte“ und „menschennatürlichen Grundtatsachen“ berücksichtigt (1921). Im neuen Staatswesen soll statt überkommener Privilegien die Leistung bestimmend sein und zudem die berufsständische Gliederung ausreichend berücksichtigt werden.

Abb. 2: 1906 veröffentlichte Hellpach in der Reihe *Die Gesellschaft*, die von Martin Buber herausgegeben wurde, eine Monographie zu dem damaligen psychologischen und psychiatrischen Modethema *Geistige Epidemien*. In seiner frühen Zeit, die u. a. durch einen breitangelegten Wissenschaftsjournalismus geprägt ist, griff er auch weitere Themen wie Sozialpathologie, Hysterie und Nervosität auf, die damals ein Interesse in der breiten Öffentlichkeit fanden.

1921 gründet Hellpach in Karlsruhe das Institut für Sozialpsychologie, das erste seiner Art an einer deutschen Hochschule, dessen Aufgabe eine sozialwissenschaftliche Arbeitspsychologie sein soll. Er begleitet diese Gründung in journalistischen Beiträgen und verlangt eine Neubewertung von Arbeit und Leistung.

Hellpach arbeitet nur kurz an dem neugegründeten Institut. 1922 wird er Badischer Unterrichtsminister. Er will ein Bildungswesen, das die demokratische Idee festigt und auf die der menschlichen Differenziertheit entsprechenden Aufgaben und Begabungsformen ausgerichtet ist. In seiner Amtszeit entsteht ein Unterrichtsplan für die Volksschule, und auch das Berufsschulwesen wird neu geordnet. Nach einer Wahlniederlage seiner Partei tritt er im Jahre 1925 zurück. Nach Ministeramt, Staatspräsidentschaft und Kandidatur zur Reichspräsidentenwahl im gleichen Jahr beginnt Hellpachs produktivste Zeit als politischer Journalist. Er wird freier Mitarbeiter der *Neuen Zürcher Zeitung*. In der gesamten Zeit der Weimarer Republik bemüht

Abb. 3: Werbung für Willy Hellpach beim Wahlkampf zur Reichspräsidentenwahl. In der liberalen Presse wurde die Hoffnung geäußert, der Kulturkandidat Hellpach könne für einen zweiten Wahlgang gemeinsamer Kandidat der demokratischen bürgerlichen Parteien werden. Hellpach war aber im ersten Wahlgang bloßer Zählkandidat und wurde für den zweiten, bei dem Hindenburg antrat, nicht mehr aufgestellt.

Abb. 4: Hellpach (rechts) begleitet den neugewählten Reichspräsidenten Hindenburg bei dessen Antrittsbesuch in Baden 1925 durch Karlsruhe. In diesem Jahr war Hellpach turnusgemäß neben seinem Amt als Badischer Unterrichtsminister Staatspräsident seines Landes.

sich Hellpach publizistisch darum, das deutsche Bürgertum für die Republik zu gewinnen. Er fordert seit 1921 die Gründung einer konservativen Volkspartei auf demokratischer Grundlage. Er sieht es als notwendig an, daß die Republik weiter wachse und auch die Schichten erfasse, die ihr anfangs negativ gegenüberstanden. Die Gefahr eines despotischen Regimes in Deutschland sieht er nicht, sondern befürchtet eher eine Restauration des alten Staates und seiner gesellschaftlichen Kräfte.

Warum scheidet Hellpach aus dem Reichstag?

Seine Gründe für die demonstrative Mandatsniederlegung

* Der frühere badische Staatspräsident, Professor Dr. Willi Hellpach, hat in einem längeren Schreiben die Gründe für die Niederlegung seines Reichstagsmandats und seiner Stellung als Vorsitzender in der Demokratischen Partei der Oeffentlichkeit bekannt gegeben. Der Brief ist in jeder Beziehung sehr interessant und verdient über die Kreise seiner Partei hinaus Beachtung, weil er tatsächlich in begrüßenswerter Offenheit Fragen anschneidet, deren Behandlung einer der dringendsten Forderungen staatspolitisch eingestellter Männer fallende kulturpolitische Aufgabensphäre der Reichstag nur dürftige Zuständigkeiten besitzt, wenn diese Tatsache auch keineswegs die tief beklagenswerte geistpolitische Teilnahmslosigkeit entschuldigt, die sich in unserem Parlament wiederholt und z. B. auch im vorigen Juni (10. bis 12.) kundgab, als dreitägigen, hochstehenden Kulturdebatten anläßlich der zweiten Beratung des Reichshaushaltplanes nur ein beschämend kleiner Bruchteil der Abgeordneten, durchschnittlich etwa ein Zehntel, die Ehre der Anwesenheit und des Gehörs schenkte. Aber auch die großen verfassungs- und herrschaftspolitischen Reformaufgaben, von deren

Abb 5: Schlagzeile aus dem *Schwäbischen Merkur* vom 5. März 1930. Ein starkes Echo in der Presse hatte der Rücktritt des damals sehr bekannten liberalen Politikers Hellpach von seinem Reichstagsmandat. Hellpach hielt 1930 das Parteiensystem in Deutschland für unfähig, seine Anhängerschaften zu repräsentieren. Er glaubte nicht mehr, von den liberalen Parteien eine Sammlung des Bürgertums gegen die aufkommenden radikalen Tendenzen erwarten zu können.

Schon vor der eigentlichen Krisenzeit der Weimarer Republik steht Hellpach dem Parlamentarismus und dem Parteienwesen kritisch gegenüber. Er verlangt ein ausgewogenes Verhältnis von plebiszitärer, präsidialer und parlamentarischer Macht. Er hält es für nötig, daß die Macht des Parlaments gegenüber den anderen Trägern politischer Macht eingeschränkt wird. Das deutsche Parteienwesen entspricht für ihn nicht mehr der inzwischen veränderten Struktur seiner Anhänger. 1928 wird er Reichstagsabgeordneter, gibt aber 1930 sein Mandat auf. Seiner Partei wirft er u.a. vor, bei der Reform von Parlament und Parteienwesen versagt zu haben. Er will eine Neuordnung der Parteien in Deutschland, durch die sich die im Volke bestehenden Kräfte Sozialismus, Liberalismus und Konservatismus unbehindert entfalten können. Eine Sammlung des konservativen Bürgertums soll den Trend zur Diktatur aufhalten.

Was wird aus der deutschen Demokratie?

Die Sehnsucht nach einer Mittelpartei.

Von Universitätsprofessor Dr. Willy Hellpach.

Vormals Badischer Staatspräsident.

Heidelberg, im Juni.

Die innere Lage Deutschlands ist so ernst wie seit dem Herbst 1923 nicht mehr. Was Oesterreich im großen zu zerrütten droht: das Unwesen der soldateskaspielenden „Aufmärsche" — das nimmt bei uns scharmützelhaft zu: kein Tag vergeht, an dem nicht aus deutschen Großstädten Todesopfer von (schämig „Zusammenstöße" genannten) Ueberfällen eines radikalen politischen Rudels auf ein gegenradikales politisches Rudel gemeldet werden. Wären der

Abb. 6: Schlagzeile aus *Neue freie Presse* vom 6.08.1930. Hellpach vertrat die Idee einer „Konservativen Demokratie" und wollte eine Entsprechung von Staatsverfassung und Gesellschaftsverfassung. Eine große bürgerliche Sammlungspartei sollte die politischen Kräfte des konservativen demokratischen Bürgertums angemessen repräsentieren.

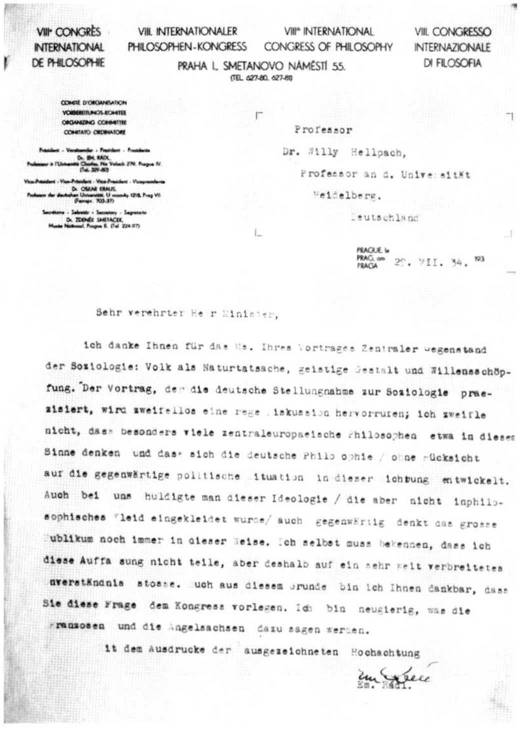

VIIIe CONGRÈS INTERNATIONAL DE PHILOSOPHIE | VIII. INTERNATIONALER PHILOSOPHEN-KONGRESS | VIIIth INTERNATIONAL CONGRESS OF PHILOSOPHY | VIII. CONGRESSO INTERNAZIONALE DI FILOSOFIA

PRAHA I. SMETANOVO NÁMĚSTÍ 55.
(TEL. 627-80, 627-81)

COMITÉ D'ORGANISATION
VORBEREITUNGS-KOMITEE
ORGANIZING COMMITTEE
COMITATO ORDINATORE

Président - Vorsitzender - President - Presidente
Dr. EM. RÁDL,
Professeur à l'Université Charles, Na Volešch 279, Prague IV.
(Tel. 329-80)

Vice-Président - Vize-Präsident - Vice-President - Vicepresidente
Dr. OSKAR KRAUS,
Professor der deutschen Universität, U vozovky 1218, Prag VII.
(Fernspr. 703-37)

Secrétaire - Sekretär - Secretary - Segretario
Dr. ZDENĚK SMETÁČEK,
Musée National, Prague II. (Tel. 224-97)

Professor
Dr. Willy Hellpach,
Professor an d. Universität
Heidelberg.
Deutschland

PRAGUE le / PRAG, am / PRAGA 29. VII. 34. 193

Sehr verehrter Herr Minister,

ich danke Ihnen für das Ms. Ihres Vortrages Zentraler Gegenstand der Soziologie: Volk als Naturtatsache, geistige Gestalt und Willensschöpfung. Der Vortrag, der die deutsche Stellungnahme zur Soziologie praezisiert, wird zweifellos eine rege Diskussion hervorrufen; ich zweifle nicht, dass besonders viele zentraleuropaeische Philosophen etwa in diesem Sinne denken und dass sich die deutsche Philosophie / ohne Rücksicht auf die gegenwärtige politische Situation in dieser Richtung entwickelt. Auch bei uns huldigte man dieser Ideologie / die aber nicht in philosophisches Kleid eingekleidet wurde/ auch gegenwärtig denkt das grosse Publikum noch immer in dieser Weise. Ich selbst muss bekennen, dass ich diese Auffassung nicht teile, aber deshalb auf ein sehr weit verbreitetes Unverständnis stosse. Auch aus diesem Grunde bin ich Ihnen dankbar, dass Sie diese Frage dem Kongress vorlegen. Ich bin neugierig, was die Franzosen und die Angelsachsen dazu sagen werden.

Mit dem Ausdrucke der ausgezeichneten Hochachtung

Em. Rádl.

Abb. 7: Brief des Vorsitzenden des Organisationskomitees für den Internationalen Kongreß für Philosophie in Prag 1934, Emanuel Rádl. Hellpachs Völkerpsychologie hatte hier, vier Jahre vor ihrer veröffentlichten Fassung, die wohl einzige internationale Berührung. Rádl distanziert sich in diesem Brief zwar von Hellpachs „deutscher Stellungnahme", er selbst hatte sich aber in früheren Briefen dafür eingesetzt, daß Hellpach einen wissenschaftlichen Regionalismus in den Sozialwissenschaften in Antithese zu dem Beitrag des amerikanischen Soziologen und Politologen Thomas Vernor Smith vertrat.

Hellpach meint 1932, daß Deutschland aus dem italienischen Faschismus Lehren für eine „Konservative Demokratie" ziehen könne, ohne sich ihm verschreiben zu müssen. Nach der Machtübergabe hält er das deutsche Volk für so strukturiert, daß er eine Rückkehr zur Demokratie voraussieht. 1933 gibt Hellpach seine politische Publizistik auf. Auf dem Internationalen Kongreß für Philosophie 1934 in Prag ist er Mitglied der offiziellen deutschen Delegation. Er übernimmt die Aufgabe, in einer Sektion zur soziologischen Theorie einen regionalen und völkischen Ansatz in den Sozialwissenschaften darzustellen. Er hält in seinem Referat jede echte Kultur für volksbezogen und intolerant. Bei seinen Zuhörern, unter denen viele deutsche Emigranten sind, entsteht der Eindruck, Hellpach habe die nationalsozialistische Ideologie verteidigen wollen. In einer Emigrantenzeitschrift werden Hellpachs frühere Darstellungen zur Rassentheorie aufgeführt, um einen Gesinnungswandel zu belegen. Er muß sich einer Gestapo-Untersuchung unterziehen, die aber keine Folgen hat. Hellpach enthält sich danach jeder politischen Tätigkeit und widmet sich der wissenschaftlichen Arbeit.

Er nimmt nach dem Zweiten Weltkrieg seine politisch-journalistische Tätigkeit wieder auf. Die Besetzung Deutschlands nach dem Krieg und die Umerziehung hält er für nicht geeignet, eine echte Demokratie einzuführen. Eine geistige Auseinandersetzung mit dem Nationalsozialismus werde hierdurch verhindert. In die junge Bundesrepublik kann sich Hellpach nicht mehr integrieren. Er kritisiert die Verfassung des neuen Staates, die Westorientierung und Wiederbewaffnung und fordert eine Neutralitätspolitik.

Literatur

Gundlach, H. (1984). Willy Hellpach. Attributionen. In C. F. Graumann (Hg.), Psychologie im Nationalsozialismus. Berlin: Springer.

Hellpach, W. (1921). Konservative Demokratie. Vossische Zeitung, 5. u. 6. Oktober.

Stallmeister, W. & Lück, H. E. (Hg.) (1991). Willy Hellpach. Beiträge zu Werk und Biographie. Frankfurt/M.: Lang.

Studentenbewegung

Irmingard Staeuble

Meine Erinnerungsbilder von der Studentenbewegung beginnen mit einer Protestkundgebung vor dem Auditorium Maximum der Freien Universität Berlin: eine angekündigte Asta-Veranstaltung mit Erich Kuby zur Frage „Restauration oder Neubeginn – die Bundesrepublik zwanzig Jahre danach" darf nicht stattfinden; es ist die Rede von Vorlesungsstreik gegen politische Bevormundung. Das Datum wie das genaue Thema muß ich rekonstruieren (vgl. *Freie Universität Berlin 1948–1973. Hochschule im Umbruch*). Zwei Jahre später, am Morgen nach der Demonstration gegen den persischen Schah, steht die Studentin zum ersten Mal im Hörsaal am Rednerpult neben dem Ordinarius für Psychologie, will ein paar Sätze sagen zur Ermordung von Benno Ohnesorg; der Professor wehrt freundlich ab, empfiehlt den nüchternen Übergang zur Tagesordnung, während Studierende im Uni-Zentrum Trauer und Empörung deutlich machen (s. Abb. 1).

Danach überschlagen sich die Bilder: von der schließlich doch gehaltenen Rede, die über die Woche zur Positivismuskritik an der Psychologie ausgewachsen ist, zur kleinen Ad-hoc-Gruppe, die über Psychologie-Kritik und Go-ins berät; vom zögernd angesteckten „Enteignet-Springer"-Button, der in der U-Bahn Fragen provozieren soll (aber würden die Erklärungen überzeugen?), zu Debatten um die Organisationsfrage, die Frage einer Institutsverfassung, die Massenbasis.

Es gäbe – auch im Rahmen einer Psychologiegeschichte – ein falsches Bild, wenn die Studentenbewegung auf ihre Wissenschaftskritik, gar auf Psychologiekritik reduziert würde. Denn schon im Vorfeld des antiautoritären Protests gegen „formierte Gesellschaft" und „Fachidiotentum", der im Sommer 1967 zu einer bundesweiten Solidarisierung führte, ging es vor allem um radikaldemokratische Perspektiven für Hochschule und Gesellschaft.

Auf Teach-ins und Sit-ins, Go-ins und Happenings verknüpften sich universitäre und weltpolitische Probleme zu analysierbaren und veränderbaren Verhältnissen (Bergmann et al., 1968). „Politisierung der Wissenschaft" meinte die Auseinandersetzung mit der

Abb. 1: Schwarze Fahnen am 3. Juni 1967 an der Freien Universität Berlin.

Abb. 2: Titelblätter des provisorischen und ersten Programms der „Kritischen Universität" 1967/68.

Abb. 3: Der Senat hat aufgerufen zur Kundgebung „Berlin steht für Freiheit und Frieden", 21. Februar 1968.

Frage, welchen gesellschaftlichen Interessen wissenschaftliche Arbeit angesichts nuklearer Aufrüstung, Notstandspolitik und postkolonialer Unterdrückung dient, sowie die Erarbeitung von Alternativen. In den Projekten der von Studierenden im Winter 1967/68 und im Sommer 1968 organisierten „Kritischen Universität" an der Freien Universität Berlin sollte mit neuen Lern- und Praxisformen ein Modell für die Demokratisierung der Gesellschaft erprobt werden (Brückner & Krovoza, 1972) (s. Abb. 2).

Brennpunkt der politischen Sensibilisierung blieb der amerikanische Krieg in Vietnam. Wenn die Freiheit Berlins in Vietnam verteidigt wurde, wie nicht nur die Springer-Presse behauptete, wurde eine Universität, die politische Auseinandersetzung mit administrativen Raumverboten zu unterbinden suchte, ebenso fragwürdig wie eine Gesellschaft, die in der Kritik dieses Krieges nur kommunistische Umtriebe sah, während kommerzielle Fluchthelfer öffentliche Sympathie genossen (s. Abb. 3 und 4).

Nachdem Rudi Dutschke am 11.4.1968 auf dem Rückweg vom SDS-Zentrum von einem Attentäter lebensgefährlich verletzt wurde, erreichten während der Ostertage 1968 die Auseinandersetzungen um die Pogromhetze von Springer-Presse und Berliner Regierung den Höhepunkt.

Vom besetzt gehaltenen Audi-Max der TU werden die Forderungen nach Rücktritt der Regierung, Enteignung Springers und täglicher Sendezeit für die APO zur Aufklärung der Bevölkerung in Massendemonstrationen zum Rathaus und Springer-Hochhaus gebracht. Auch in westdeutschen Städten versuchen Demonstranten, die Auslieferung von Springer-Zeitungen zu verhindern.

Die zweite und dritte Lesung der Notstandsgesetze im Sommer 1968 ließ politisch motivierte Institutsbesetzungen und Aktionen weiter eskalieren. Mit einem „Sternmarsch auf Bonn" am 11. Mai 1968 warnten über 50.000 Demonstranten aus der Bundesrepublik und Berlin-West vor faschistischen Tendenzen. In Frankfurt versuchten Studenten, im Bündnis mit Schülern und Arbeitern den Widerstand einer „Politischen Universität" zu organisieren (Claussen & Dermitzel, 1968). Der *Telegraf* meldet *Hochspannung an der FU* (25.5.

Abb. 4: Internationaler Vietnamkongreß am 12. Februar 1968.

1968), am 28. und 29. Mai diskutieren APO-Studenten in allen Bezirken mit der Bevölkerung und werben vor Osram um die Solidarität der Arbeiter. Alle Proteste blieben ohne Erfolg. Am 30. Mai 1968 verabschiedete der Bundestag die Notstandsgesetze.

Die studentische Aktivität konzentrierte sich nun auf Wissenschafts- und Hochschulkritik. Die Kritik an den Fachwissenschaften erhielt durch die „Kritische Universität" disziplinübergreifende Impulse, die auf eine Theorie und Praxis umspannende kritische Sozialwissenschaft zielten. Die Spannung zwischen dieser Perspektive und einer fachbezogenen Reform prägte die Psychologiekritik nachhaltig. Diese hatte sich 1967 zunächst an der Manipulations- und Anpassungsfunktion im Dienst von Industrie, Militär und Werbung festgemacht. Demgegenüber forderte das vom Fach(schafts)verband Psychologie am 23. Juni 1968 verabschiedete „Krofdorfer Manifest" (o.O., o.J.) mehr Engagement für die Interessen der psychisch Leidenden, der Kinder und für den Frieden. Die 27 Thesen, mit deren Verlesung Studierende auf dem Tübinger Kongreß der Deutschen Gesellschaft für Psychologie 1968 intervenierten, setzten der generalisierenden Herrschaftsfunktion von Wissenschaft unvermittelt die Perspektive einer „antiautoritären Solidarität" entgegen; die „Abschaffung von Herrschaft" müsse „sofort Thema der Psychologie sein" (Irle, 1968) (s. Abb. 5). Die in Raubdrucken wieder zugänglich gemachten freudomarxistischen Studien der zwanziger Jahre, die Faschismusstudien der Frankfurter Schule und die Wiederentdeckung der im Nationalsozialismus verdrängten marxistischen Tradition rückten die Möglichkeit einer Grundlage für eine kritische Sozialwissenschaft nahe.

Im Veränderungseifer fand Peter Brückners Mahnung, daß der Kapitalismus auch *in* uns und die Emanzipation von der historisch-gesellschaftlichen „zweiten Natur" daher schwierig ist, schwer Gehör.

Als auf dem „Kongreß kritischer und oppositioneller Psychologen" in Hannover im Mai 1969 erstmals Gruppen aus verschiedenen Psychologie-Instituten, mit unterschiedlichen Erfahrungen und Perspektiven, aufein-

Abb. 5: Studentischer Protest auf dem Tübinger Kongreß der Deutschen Gesellschaft für Psychologie, 1968.

andertrafen, schlugen die Vermittlungsschwierigkeiten in Vernichtungswünsche um. Sollte der lange Weg einer Kritik und Transformation der Psychologie gegangen werden, ließ sich Psychologie über Praxisprojekte reformieren, und was hieße eine „revolutionäre Berufspraxis"? Am Ende unterlagen die vielen Vorschläge und Programme gegenüber einer Resolution, die alle Reformversuche der Psychologie als Handwerkelei abtat und als „konkrete Alternative zum Traum von der Umfunktionierung der Psychologie zum Instrument des Klassenkampfes" die Losung „Zerschlagt die Psychologie!" ausgab (Mattes, 1985). Die weitere Arbeit an Psychologischen Instituten sollte zwar nicht auf der Linie der Mehrheitsresolution von Hannover liegen, doch die Auseinandersetzungen um die Priorität von Kritik oder Aktion, Freudomarxismus oder marxistische Neubegründung der Psychologie führten schließlich zu gegeneinander verselbständigten, neuen Spezialisierungen.

Die Universitätsreform von 1969 wurde schließlich ein Kompromißgebilde aus technokratischen Zielsetzungen und Zugeständnissen an studentische Mitbestimmungsforderungen. Aus Fakultäten wurden Fachbereiche, aus der Ordinarien-Universität eine Gruppenuniversität: für die Studierenden war das zu wenig, für viele Ordinarien zuviel. An der FU Berlin etwa, wo 39 Professoren ihre Unterstützung der Reform erklärten, drohten Jura-Professoren für den Fall der Umwandlung ihrer Fakultät in einen Fachbereich Einzelklage gegen solche „Sowjetisierung der Universität" an und erwarteten Unterstützung gegen paritätische Mitbestimmung durch das Bundesverfassungsgericht (*Freie Universität Berlin, Teil VI*); ihre Erwarung sollte 1972 erfüllt werden. Am Psychologischen Institut der FU begründete eine „Initiativgruppe II. Psychologisches Institut" per Flugblatt (*Freie Universität Berlin, Teil VI*) die Forderung nach einem neuen Institut mit linkem „Terror" und löste mit diesem Spaltungsversuch einen heftigen Konflikt aus, in dessen Verlauf erstmals das Haus II des Instituts besetzt wurde (s. Abb. 5).

Zur Liberalisierung der Bundesrepublik hat die antiautoritäre Strömung der Studentenbewegung wohl nachhaltig beigetragen. Aber die angestrebte Demokratisierung der Universität fand nicht statt. Sektiererische Rivalitäten zwischen marxistischen Parteiaufbau-Gruppen und verschärfte politische Disziplinierung durch Berufsverbote für Radikale beschleunigten die Auflösung der Studentenbewegung. Die Außerparlamentarische Opposition hatte ihr Zentrum nicht länger an den Universitäten.

Abb. 6: Flugblatt „Rote Zelle Psychologie“ zur beabsichtigten Teilung des Psychologischen Institutes der FU.

Literatur

Bergmann, U.; Dutschke, R.; Lefèvre, W. & Rabehl, B. (1968). Rebellion der Studenten oder Die neue Opposition. Reinbek: Rowohlt.

Brückner, P. & Krovoza, A. (1972). Was heißt Politisierung der Wissenschaft, und was kann sie für die Sozialwissenschaften heißen? Frankfurt: Europäische Verlagsanstalt.

Claussen, D.; Dermitzel, R. (Hrsg.).(1968). Universität und Widerstand. Versuch einer Politischen Universität in Frankfurt. Frankfurt: Europäische Verlagsanstalt.

Freie Universität Berlin 1948–1973. Hochschule im Umbruch. Teil I–III (1945–1964) und Teil IV: Die Krise (1964–1967), ausgewählt und dokumentiert von S. Lönnendonker und T. Fichter unter Mitarbeit von C. Rietzschel, herausg.von der Pressestelle der Freien Universität, 1978 u. 1975. Teil V: Gewalt und Gegengewalt (1967–1969), ausgewählt und dokumentiert von S. Lönnendonker, T. Fichter und J. Staadt unter Mitarbeit von K. Schroeder, herausg. von Dr. K. Schroeder, 1983. Teil VI: Die ungeliebte Reform (1969–1973), ausgewählt und dokumentiert von P. Jahn, A. Kleinert und J. Staadt, herausg. von M. Görtemaker und K. Schroeder, 1990.

Irle, M. (Hrsg.) (1969). Bericht über den 26. Kongreß der Deutschen Gesellschaft für Psychologie in Tübingen 1968, (S. 116–117), Göttingen: Hogrefe.

Krofdorfer Manifest. Thesen zur gesellschaftlichen Funktion der Psychologen. In: Kritische Psychologie. o.O, o.J., 126–132.

Mattes, P. (1985). Die Psychologiekritik der Studentenbewegung. In M. Ash & U. Geuter (Hrsg.), Geschichte der deutschen Psychologie im 20. Jahrhundert (S. 299). Opladen: Westdeutscher Verlag.

Der Psychologe Robert Musil

Annette Daigger

Robert Musil, österreichischer Schriftsteller, am 6. Nov. 1880 in Klagenfurt geboren, am 15. April 1942 in Genf gestorben, ist als Autor des berühmten Romans *Der Mann ohne Eigenschaften* in die Weltliteratur eingegangen. Dieses Hauptwerk drängte seine anderen Schriften, die für das Verständnis seiner Intentionen unumgänglich sind, ins Abseits. Mit 26 Jahren errang er durch seinen ersten Roman *Die Verwirrungen des Zöglings Törleß* einen beträchtlichen Erfolg und wurde von dem nicht wenig gefürchteten Kritiker dieser Zeit, Alfred Kerr, gelobt. Die Geschichte der existentiellen Verwirrungen eines jungen Kadettenschülers, ausgelöst durch die Erkenntnis, „die Dinge sind die Dinge und werden es wohl immer bleiben und ich werde sie wohl immer bald so ansehen. Bald mit den Augen des Verstandes, bald mit den anderen ...", ist der Leitfaden, der sich durch sein ganzes Werk hinzieht: Alles hängt vom Standpunkt ab, es gibt nicht eine Wahrheit, sondern Wahrheiten, je nach der Perspektive, aus der man die Dinge betrachtet. Die Wirklichkeit atomisiert sich in tausend Möglichkeiten. Der Mensch soll sich kritisch mit der Wirklichkeit auseinandersetzen, sie durch ein anderes Verhalten, durch eine dynamische Ethik umwandeln. Der Geist ist gefordert.

Abb. 1: Der Leutnant Robert Musil, 1903.

Diese Haltung Musils ist ohne seinen Werdegang nicht zu verstehen. Er sollte zuerst eine Militärlaufbahn einschlagen, wechselte aber nach dreimonatiger Ausbildung zu einem Ingenieurstudium. Er studierte Maschinenbau (1898–1901) an der „Technischen Hochschule Brünn", wo sein Vater seit 1890 als Professor tätig war. 1901 legte er seine Ingenieurprüfung ab. Die ersten Arbeiten an seinem Roman „Die Verwirrungen des Zöglings Törleß" gehen auf das Jahr 1902 zurück, die Zeit, in der er Volontärassistent an der Technischen Hochschule Stuttgart war. 1903 änderte er von neuem sein Lebensziel und immatrikulierte sich an der Universität Berlin in den Hauptfächern Philosophie und Psychologie und den Nebenfächern Physik und Mathematik. Sein wichtigster Lehrer wurde Carl Stumpf, bei dem er auch 1908 mit einer Arbeit über Ernst Mach (*Beiträge zur Beurteilung der Lehren Machs*) promovierte. Diese Arbeit ist von der theoretischen und experimentellen Forschungsmethodik Stumpfs geprägt. In diesen Jahren, 1906/07, entwickelte Musil für seinen Studienfreund und späteren Psychologieprofessor in Greifswald, Halle und Göttingen, Johannes von Allesch, einen Variationskreisel für die Wahrnehmung der Farben, der 1908 von

Abb. 2: Der Farbkreisel nach Musil 1906/1907. 1908 durch die Göttinger Firma Spindler und Hoyer vertrieben.

der Göttinger Firma Spindler & Hoyer vertrieben wurde (s. Abb. 2). Hier konnte Musil sowohl seine Fähigkeiten als Ingenieur als auch seine psychologische Bildung einsetzen. Der Kreis, in dem er sich in den Berliner Jahren bewegte (Kurt Koffka, Erich Maria von Hornbostel, Wolfgang Köhler, Max Wertheimer), blieb nicht ohne Einfluß auf sein Werk, obwohl er selbst nach der Promotion eine andere Laufbahn wählte: die des Schreibens. Alexius Meinong hatte ihm eine Assistentenstelle in Graz angeboten. Aber Musil sah im Schreiben ein besseres Betätigungsfeld.

Musil, der schon in den *Verwirrungen des Zöglings Törleß* die ersten Ansätze seines Denkens niederschrieb, verfolgte und vertiefte in seinen weiteren Schriften die immer wiederkehrende Problematik: Verstand und Seele in Einklang zu bringen, Ratio und Irratio zu vereinen. Musil, durch Mathematik und Physik geprägt, daher auch ausgebildet für ein abstrahierendes Denken, war als Dichter der vivisektierende Geist, der Beobachter seelischer Werte und des Grundvorgangs des Erlebens, er setzte seine rational errungene Erkenntnis zur Durchdringung des Irrationalen, des Unsagbaren ein. Sein Denken war ein gestaltendes Denken. Seine zwei Erzählungen, die er unter dem Titel *Vereinigungen* veröffentlichte, stehen der Psychoanalyse sehr nahe, obwohl er selbst dieser neuen Wissenschaft sehr kritisch gegenüberstand.

Abb. 3: Robert Musil um 1926

Der Erste Weltkrieg und seine Folgen erschütterten ihn zutiefst und bestärkten ihn in seiner Überzeugung: nur durch ein sich erweiterndes Denken kann sich die Menschheit ändern. Der Schriftsteller soll die Rolle eines Wegweisenden übernehmen. Ulrich, der Held seines unvollendeten Romans *Der Mann ohne Eigenschaften*, der unvollendet blieb, verkörpert die Utopie eines „rechten Lebens". Er und seine Schwester Agathe lassen sich nicht in eine starre Moral einengen, sondern streben nach einer Ethik, die innerhalb der Wirklichkeit alle Möglichkeiten offenhält. Der Hintergrund des Romans ist die bedrohte österreichisch-ungarische Monarchie, „Kakanien" genannt, die sich in einer moralischen Krise befindet. Anhand von verschiedensten Figuren schafft er ein Panorama der unterschiedlichsten menschlichen Eigenschaften. Er wollte mit diesem Roman Material für eine neue Ethik liefern, einen „Beitrag zur geistigen Bewältigung der Welt".

Literatur

Musil, R. (1906). Die Verwirrungen des Zöglings Törleß. Wien/Leipzig: Wiener Verlag.

Musil, R. (1911). Vereinigungen. München: G. Müller.

Musil, R. (1921). Die Schwärmer. Dresden: Sibyllen-Verlag.

Musil, R. (1923). Grigia. Potsdam: Müller.

Musil, R. (1923). Die Portugiesin. Berlin: Rowohlt.

Musil, R. (1924). Vinzenz und die Freundin bedeutender Männer. Berlin: Rowohlt.

Musil, R. (1924). Drei Frauen. Berlin: Rowohlt.

Musil, R. (1927). Rede zur Rilke-Feier. Berlin: Rowohlt.

Musil, R. (1930–1943). Der Mann ohne Eigenschaften, 3. Bde. Berlin: Rowohlt.

Musil, R. (1936). Nachlaß zu Lebzeiten. Prosastücke. Zürich: Humanitas.

Musil, R. (1937). Über die Dummheit, Rede. Wien: Bermann-Fischer.

Gertrude Stein, automatisches Schreiben und B. F. Skinner

Barbara L. Fitzpatrick und Wolfgang G. Bringmann

Vielen ist Gertrude Steins berühmte Zeile „a rose is a rose is a rose" gut bekannt, aber nur wenige wissen, daß sie Psychologie studiert hat und daß ihre experimentellen Arbeiten zum automatischen Schreiben ihren literarischen Stil beeinflußt haben.

Gertrude Stein (1874–1946) wurde am 3. Februar in Allegheny, Pennsylvania (USA), als das jüngste Kind einer gehobenen jüdischen Mittelklasse-Familie deutscher Nachfahren geboren. Trotz uneinheitlicher Erziehung, die zu einem großen Teil aus dem wahllosen Lesen viktorianischer Novellen, Geschichts- und Reisebüchern sowie den englischen „Klassikern" bestand, wurde Gertrude 1893, im Alter von 19 Jahren, ohne Highschool-Abschluß, zu dem weiblichen Zweig der Harvard-Universität zugelassen (s. Abb. 1). Sie studierte Philosophie bei William James (1842–1910), der ihr Interesse am Studium der menschlichen Persönlichkeit weckte und dessen Konzept des „Bewußtseinsstromes" für ihre spätere Arbeit von Bedeutung wurde. Sie wurde außerdem ein aktives Mitglied des „Harvard Psychological Laboratory", das gerade gegründet worden war. Sein Begründer und erster Direktor Hugo Münsterberg (1863–1916), ein ehemaliger Wundt-Schüler, nahm Gertrude als eine „ideale Studentin" wahr und lobte sie insbesondere für die modellhafte Arbeit, die sie im Laboratorium leistete (Münsterberg, 1895).

Abb. 1: Gertrude Stein um 1893.

1903 zog Gertrude Stein nach Paris, wo sie – mit kurzen Unterbrechungen – bis zu ihrem Tod 1946 lebte. Ihr Salon in der Rue de Fleurus 27 wurde ein Mekka für Künstler, Schriftsteller, Komponisten, Kritiker, Publizisten und andere Anhänger der modernen Kunst und Literatur. Sie entwickelte enge Beziehungen zu Künstlern wie Braque, Mattisse und Picasso, der ihr berühmtes Portrait malte. Außerdem zählte sie Schriftsteller wie Max Jacob, Guillaume Apollinaire und Jean Cocteau zu ihren Freunden und Bewunderern. Nachts arbeitete sie an ihren Aufsätzen und Büchern, die sich schlecht verkauften und von ihren Kritikern als Nonsens bezeichnet wurden. 1914 erschien *Tender Buttons*, ein schmales Bändchen mit schwierigen Gedichten. Ihr Roman *The Making of Americans*, an dem sie von 1906 bis 1911 gearbeitet hatte und den sie selbst als ihr Meisterwerk einschätzte, wurde erst 1925 veröffentlicht. Ihre Novelle *Q. E. D.* aus dem Jahre 1903, die eine unglückliche lesbische Beziehung behandelte, erschien erst nach ihrem Tod (1950). Steins Memoiren, *The Autobiography of Alice B. Toklas* (1933), wurden ein Bestseller und brachte ihr den lang ersehnten Ruhm.

In der Zeit zwischen den Weltkriegen war Gertrude Stein auf der Höhe ihrer literarischen Anerkennung (s. Abb. 3). Sie half jungen amerikanischen und englischen Schriftstellern in Paris, die sie als *„The lost Generation"* bezeichnete. Zu ihren bekannten amerikanischen Freunden zählten die Schriftsteller Ernest Hemingway, F. Scott Fitzgerald, Sherwood Anderson und der Komponist Virgil Thomson.

Gertrude Steins Bedeutung für die Psychologie geht zurück auf zwei Forschungsprojekte, die sie unter Münsterbergs Leitung im Harvard Psychological Laboratory durchführte. In der ersten Studie wurde nachgewiesen, daß Unbewußtes im Laboratorium hervorgerufen werden konnte (Solomons & Stein, 1896). Unter diesen Bedingungen lernten Gertrude Stein und ihr Kollege Leon Solomons (1874–1900), die sich als Versuchsleiter und Versuchspersonen abwechselten, nahezu automatisch zu schreiben. Außerdem lief ihre unbewußte Kommunikation oft bedeutungsvoll auf eine höchst persönliche Weise. Im zweiten Experiment, das ebenfalls in dem anerkannten neuen Journal *The Psychological Review* veröffentlicht wurde (1898), dehnte Gertrude Stein ihre Untersuchung zum automatischen Schreiben auf 41 männliche und 52 weibliche College-Studenten aus. Jetzt entdeckte sie jedoch, daß der Inhalt des automatischen Schreibens mehr durch Persönlichkeitsvariablen ihrer Versuchspersonen beeinflußt wurde als durch ihren losgelösten Bewußtseinszustand. Laut Gertrude Steins Autobiographie (1932) gibt es eine enge Beziehung zwischen diesen zwei Forschungspublikationen und ihrem berühmten literarischen Stil. Gertrude Stein gehörte zu einer Gruppe von Harvard-Männern und Radcliffe-Frauen, die engagiert waren und eng zusammenlebten. Einer von ihnen, ein junger Philosoph und Mathematiker, Leon Solomons, der in der Psychologie forschte, prägte ihr Leben nachhaltig. Zusammen erarbeiteten sie beide, unter der Anleitung von Münster-

Abb. 2: Gertrude Stein während der Universitätszeit.

berg, eine Serie von Experimenten zum automatischen Schreiben. Der Ergebnisbericht über ihre eigenen Experimente, den Gertrude Stein niederschrieb und der in der *Harvard Psychological Review* abgedruckt wurde, war ihre erste gedruckte schriftliche Arbeit. Dieser Bericht ist sehr interessant zu lesen, weil sich hier schon die Methode des Schreibens abzeichnet, die später *Three Lives* und *The Making of Americans* auszeichnet (Stein, 1933, S.32).

B. F. Skinner (1904–1989), zu der Zeit ein dreißigjähriger beginnender Behaviorist und Harvard-Dozent, rezensierte Gertrude Steins Autobiographie in der Januar-Ausgabe des *Atlantic* von 1934. In seinem Beitrag mit dem Titel *Hat Gertrude Stein ein Geheimnis?* schluß-

Abb. 3: Gertrude Stein auf der Höhe ihres Ruhmes.

folgerte er nach einer detaillierten Analyse ihrer psychologischen Untersuchungen und ihrer publizierten literarischen Arbeiten, daß Gertrude Steins Arbeiten „... etwas mehr waren, als ihr Arm schrieb. Und es ist ein Arm, der sehr wenig zu sagen hat..." (Skinner, 1934, S. 56). In der Tat, als ein beginnender Behaviorist und gescheiterter Schriftsteller, „der keinen Grund zum Schreiben und nichts mitzuteilen hatte" (Skinner, 1984, S. 264), konnte er nicht anerkennen, daß Gertrude Stein ein „Unbewußtes" hatte, das ihr beim Schreiben ihrer veröffentlichungswürdigen Arbeiten assistierte.

Literatur

Knapp, B. Gertrude Stein. New York: Continuum.

Skinner, B. F. (1934). Has Gertrude Stein a secret? Atlantic, 103.

Solomons, L. & Stein, G. (1986). Normal motor automatism. Psychological Review, 3, 492–512.

Stein, G. (1898). Cultivated motor automatisms. Psychological Review, 5, 295–306.

Übersetzung aus dem Amerikanischen:
R. Miller

Eine wahre TAT-Geschichte

Jürgen Jahnke

„Das ist ein Junge, etwa 12 bis 13 Jahre alt. Er hatte seit seinem 5. Lebensjahr Violinunterricht und lernte eifrig und erstaunlich schnell. Seine Eltern und Lehrer förderten seine Begabung verständnisvoll. Seine ersten Konzerte waren große Erfolge. Er spielte so gut, daß ein reicher Mann ihm eine kostbare Geige schenkte. Er sitzt nun davor und freut sich darauf, intensiv mit dem Instrument zu arbeiten und so zu spielen, wie er es sich wünscht. Er wird einmal ein berühmter Geiger werden."

Jeder mit diagnostischen Methoden vertraute Psychologe wird das für eine TAT-Geschichte halten und an das wohl bekannteste Beispiel aus der von Henry A. Murray 1943 veröffentlichten Bilderserie denken (s. Abb. 1), das unzählige Probanden zu unzähligen Fantasiegeschichten stimuliert hat. Wenn ich nun behaupte, diese Geschichte sei eine besondere, dann kann sich das kaum auf ihren Inhalt beziehen, denn ähnliche Geschichten sind oft erzählt worden, häufig aber auch negative, unlustbetonte, durch Pflicht- und Leistungsdruck gekennzeichnete. „In der Vieldeutigkeit der Bilder liegt die Ursache für die persönlichkeitsdiagnostische Ergiebigkeit" (Revers, 1958, S. 21, dort folgend vier Beispielgeschichten zu Bild 1; s.a. S. 106 f.). Ein Diagnostiker würde in unserer Geschichte vermutlich ein „Streben nach Selbstverwirklichung und Geltung" ausmachen und einen optimistischen Zukunftsbezug feststellen. Insofern wäre diese Geschichte als Fantasiegeschichte kaum außergewöhnlich. Daß sie trotzdem eine besondere Geschichte zu diesem Bild ist, liegt daran, daß sie die *wahre* Geschichte des Bildes erzählt!

Eine *wahre* Geschichte läuft der zur Diagnostik erforderlichen Vieldeutigkeit von projektiven Testbildern

Abb. 1: Das Bild 1 des TAT, nach Murray „eine Zeichnung von Christiana D. Morgan".

naturgemäß zuwider, und man mag deshalb zögern, sie zu erzählen. Den Diagnostiker interessiert die diagnostische Wahrheit; das für ihn zentrale Validitätsproblem besteht in der Beziehung zwischen den erzählten Inhalten und den Persönlichkeitsmerkmalen des Probanden. Der Proband „is asked to give shape to ambiguous material" (Murray, 1938, S. 728). Der diagnostische Zweck kann also nur durch prinzipiell mehrdeutige Bilder erreicht werden – wäre eine „wahre" Geschichte, die sich auf das Bild als Dokument der Wirklichkeit bezieht, dem Probanden bekannt, so wäre das Bild als Diagnostikum untauglich.

„Wahre" Geschichten lassen sich natürlich nicht für die TAT-Bilder erzählen, die bereits künstlerische Fantasieprodukte als Vorlagen hatten, wie z.B. das Gemälde „Die Felsschlucht" von A. Böcklin, das Bild 11 zugrundeliegt. Murrays Angaben über die Herkunft der Bilder deuten häufig auf solche „künstlerischen" Vorlagen hin. Das bekannte Bild 1 wird in seiner Beschreibung (1943, S. 18) als „Drawing by Christiana D. Morgan" bezeichnet. Christiana D. Morgan verfaßte zusammen mit Murray den ersten Bericht über die TAT-Methode (Morgan & Murray, 1935). Für sechs Bilder der 1943 veröffentlichten Serie wird sie als Autorin genannt, nur bei einem davon ist die Vorlage angegeben (Bild 12F). Nach Auskunft von Frederick Wyatt, der von 1941 bis 1943 an der Entwicklung des Verfahrens und bei der Auswahl der Bilder mitwirkte, war Frau Morgan eigentlich keine Künstlerin, sie habe die Bilder nach Vorlagen aus Zeitschriften und Büchern lediglich bearbeitet, wohl auch, um Urheberrechtsproblemen aus dem Wege zu gehen. Die Auswahl der Bilder verlief in drei Phasen, in der ersten Serie hatte das spätere Bild 1 die Nummer 5 (Morgan & Murray, 1935). Diese Vorformen der Bilder waren nur halb so groß wie die 1943 veröffentlichte Serie (vgl. Kornadt & Zumkley, 1982, S. 259). Bei Durchsicht der zahlreichen Literaturtitel zum TAT fand ich keine Veröffentlichung, die sich mit der Herkunft des Materials befaßte (das verwundert nicht, denn diese Fragestellung wäre für das Verfahren eher destruktiv). So konnte eigentlich nur durch Zufall eine *„wahre"* TAT-Geschichte ans Licht kommen.

Dieser Zufall begegnete mir, als ich in ungewohntem Zusammenhang auf das bekannte Bild stieß: Das Bild

Abb. 2: Der junge Yehudi Menuhin mit der Stradivari „Prinz Khevenhüller", nach einem Foto von 1929.

Abb. 3: Sepp Steiners Metamorphose des Bildes im Thematischen Gestaltungstest (Salzburg).

war deutlich erkennbar nach einem Foto (mit „Lumiere. NY" signiert) reproduziert und folgendermaßen erläutert: „Yehudi mit der ‚Prinz Khevenhüller', im 18. Jahrhundert von Antonio Stradivari gebaut, vermittelt durch Henry Goldman". Es findet sich in Moshe Menuhins Buch *Die Menuhins* (englisch: The Menuhin Saga, 1984). Ein Vergleich des TAT-Bildes mit dem Foto (s. Abb. 2) läßt bei aller Übereinstimmung die Retuschen deutlich erkennen. Die Gesichtszüge erscheinen weniger ausgeprägt, der Hintergrund etwas aufgehellt, die Prägnanz des Fotos ist zum Teil durch Unschärfe der Konturen ersetzt. Die Violine erscheint durch die Retusche gegenüber dem Foto eher verzeichnet.

Als Vorlage zu Bild 1 des TAT ist also ein Foto des jungen Yehudi Menuhin zu identifizieren, der hier als 12- bis 13jähriger mit dem Instrument abgebildet ist, das er am 22. Januar 1929 in New York von Henry Goldman, einem „Bankier, Menschenfreund und Kunstsammler" (M. Menuhin 1987, S. 142) zum Geschenk erhielt. Auf dessen großzügiges Angebot, sich „völlig frei und unabhängig" eine Stradivari-Geige auszuwählen, entschied sich Menuhin für die 1733 von dem 90jährigen Meister gebaute „Prinz Khevenhüller", so benannt nach dem Auftraggeber, der sie für seine Ehefrau, die Gräfin Maria von Strassoldo, bauen ließ (vgl. Kolneder, 1989, S. 211; Hamma, 1964, S. 652). Die „wahre Geschichte" zu dem Bild 1 des TAT läßt sich durch die Autobiographien von Moshe und Yehudi Menuhin recht gut belegen (1976; 1984) und es bleibt nur nachzutragen, daß weder die Identität des Jungen in der Forschergruppe um Murray bewußt war (Fr. Wyatt: mündl. Mitteilung, 1991) noch dem Dargestellten bekannt war, daß sein Bild in einem weitverbreiteten Test zu psychodiagnostischen Zwekken als „ambiguous material" diente (Sir Y. Menuhin, briefl. Mitteilung vom September 1991).

Die 1985 veröffentlichte „Neufassung" des TAT, der Thematische Gestaltungstest (Salzburg) von W.J. Revers und C.G. Allesch, verwendet eine neue Bildserie, dabei ist das von Sepp Steiner gestaltete Bild 1 (s. Abb. 3) inhaltlich mit dem TAT-Bild nahezu identisch, allerdings ist ein Blickwinkel seitlich durch ein Fenster gewählt, der rechte Unterarm des Jungen ist nicht zu sehen, und das Bild ist durch Schraffur und Strichführung deutlich als Zeichnung zu erkennen.

Es ist schon ein eigenartiger Gedanke, daß eine Bildvorlage mit einem so eindeutigem Wirklichkeitsbezug als Diagnostikum in unzähligen Testsituationen projektive Fiktionen anregen sollte. Individuelle Erlebniswirklichkeiten und Eigenschaftsdispositionen werden diagnostiziert durch die Deutung des Porträts eines einzigartigen und weltbekannten Künstlers.

Literatur

Hamma, W. (1964). Meister italienischer Geigenbaukunst. Stuttgart: Schuler.

Kolneder, W. (1989). Das Buch der Violine. 4. Aufl. Zürich: Atlantis.

Kornadt, H.J. & Zumkley, H. (1982). Thematische Apperzeptionsverfahren. In: Enzyklopädie der Psychologie. Serie Diagnostik. Band 3 (S. 258–372). Göttingen: Hogrefe.

Menuhin, M. (1984). Die Menuhins. München/Kassel: DTV Bärenreiter 1987.

Menuhin, Y. (1976). Unvollendete Reise – Lebenserinnerungen. München/Kassel : DTV-Bärenreiter 1979.

Morgan, C.D. & Murray, H.A. (1935). A method for investigating phantasies: The Thematic Apperception Test. Archives of Neurology a. Psychiatry, 34, 289–306.

Murray, H.A. u.a. (1938). Explorations in personality. New York: Oxford University Press.

Murray, H.A. (1943). Thematic Apperception Test. Manual. Harvard University Press.

Revers, W.J. (1958). Der Thematische Apperzeptionstest (TAT). Bern: Huber.

Revers, W.J. & Allesch, C.G. (1985). Handbuch zum Thematischen Gestaltungstest (Salzburg). Weinheim: Beltz.

Die Psychologie und der Film – eine alte Beziehung

Hermann Kalkofen

Die Minimal-Definition von „Film" bestimmt ihn als „System von Kinematogrammen"; im Sinn der Modelltheorie vermag schon ein Element ein „uneigentliches" System zu bilden. Wenn demgemäß bereits ein Kinematogramm als Film zu gelten hätte, wenn zweitens der Physiker Joseph Plateau (1801–1883) als Psychologe angesehen werden dürfte – und warum sollte er das nicht; er hat ja doch, z.B., die Flimmerverschmelzungsfrequenz ermittelt – und wenn auch noch der Deutschen Industrienorm 15 580 beizupflichten wäre, dann wäre der erste Kontakt der Psychologie mit dem Film so früh wie möglich zustandegekommen: Der Filmhistoriker M. Quigley jr. ist der Ansicht, mit dem – in einem vom 5. Dez. 1829 datierten Brief beschriebenen – Anorthoskop (s. Abb. 1) habe Plateau die erste „motion picture machine" vorgestellt (1960, S. 89).

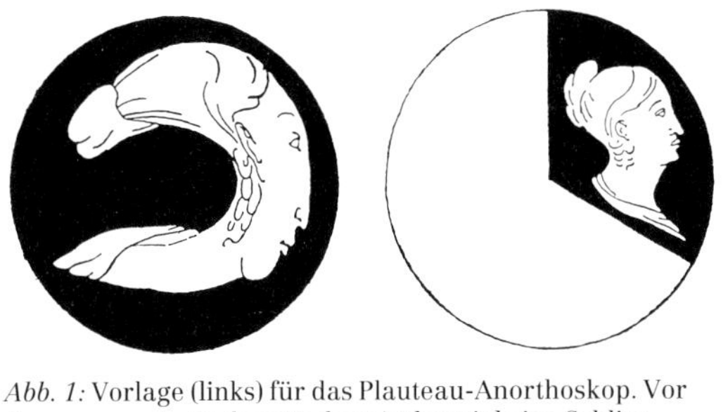

Abb. 1: Vorlage (links) für das Plauteau-Anorthoskop. Vor der anamorphotischen Vorlage ist koaxial eine Schlitzscheibe mit einem radialen Spalt angebracht. Die beiden Scheiben drehen sich gegenläufig; die hintere doppelt so schnell. Es resultiert das entzerrte Portrait (rechts) (vgl. Quigley, 1960).

Die DIN-Vorschrift definiert „Kinematographie" als „Verfahren zum Erzeugen und Wiedergeben von Bildreihen, deren vorzugsweise photographisch hergestellte Teilbilder die einzelnen Phasen eines Bewegungsvorganges tragen und bei deren Vorführung – insbesondere durch Projektion – bei ausreichend schnellem Bildwechsel der Eindruck eines Bewegungsvorganges entsteht". Die Teilbilder müssen also weder photographisch produziert sein, noch per Projektion vorgeführt werden. Da aber nun beim Anorthoskop höchstens von Bildteilen, doch nicht von Teilbildern die Rede sein kann, brauchen wir Quigley hier nicht zu folgen. Anders Plateaus Phénakistiscope (s. Abb. 2). Da meint auch Wundts Schüler Paul Ferdinand Linke: „Im Prinzip war nunmehr eigentlich der moderne Kinematograph erfunden. Nur praktische Gründe veranlaßten noch wichtige Neuerungen, die an die Namen Horner, Anschütz und Edison geknüpft sind" (1907, S. 412). Linke nennt 1832 als Erfindungsjahr; in dieser Zeit, in jedem Falle aber später als – und unabhängig von – Plateau, veröffentlichte Stampfer die von ihm als „optische Zauberscheibe" und, anspruchsvoller dann, als „Stroboskop" verkaufte eigene Version. Von diesem Phantasienamen, der das griechische „strephein", deutsch „drehen", enthält, kam es zu dem im Grunde mißrate-

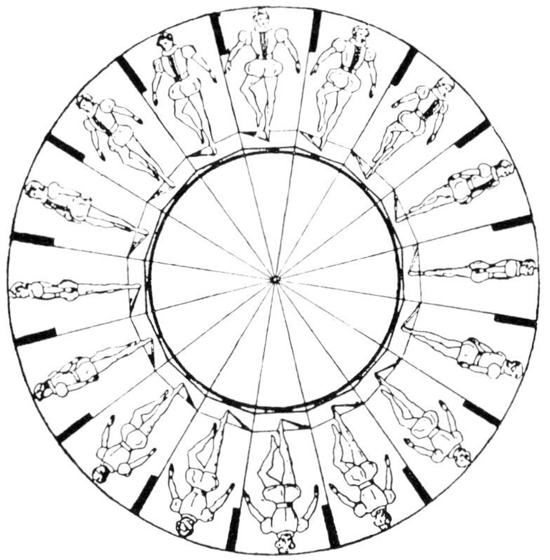

Abb. 2: Vorlage für Plateaus Phénakistiscope oder Lebensrad. „Das Instrument besteht aus einer drehbaren Pappscheibe mit einem Kranz von Bildern und Schlitzen, durch welch letztere man die Bilder mit einem Spiegel betrachtet". – „Der durch den Scheibenschlitz schauende Betrachter sah [nun] bei rasch rotierender Scheibe im Spiegel einmal eine scheinbar ruhende Scheibe, zum anderen einen Tänzer, der die räumlich nacheinander dargestellten Bewegungsphasen wirklich auszuführen schien; mit anderen Worten: das Bild schien zu leben. Der Zeitpunkt, an dem Plateau diese Beobachtung zum ersten Mal macht, kann eigentlich schon als Geburtsstunde der Kinematographie gelten. – Plateaus Apparat vernichtete also scheinbar Bewegungen, die objektiv gegeben waren (rotierende Scheibe), und verwandelte sie in Ruhe; er rief aber auch scheinbar Bewegungen ins Dasein, die vordem nicht vorhanden waren (Phasenbilder des Tänzers)" (von Zglinicki, 1956, S. 116).

nen Begriff der stroboskopischen Erscheinungen/Bewegungen/Phänomene; der – hier statt dessen so genannte – kinematographische Effekt war auf die Zauber-Scheiben und die Wunder-Trommeln nur zufällig angewiesen.

Setzen wir, vorsichtshalber, 1830 als Zeitpunkt an, zu dem die Bilder – holprig, gewiß – das „Laufen“ soeben begonnen hätten, so wäre die untere Grenze des Zeitintervalls, das hier in Frage kommen soll, bestimmt. Nehmen wir ein Zentennium als seine Breite, dann kommen so erwähnenswerte Beiträge von Psychologen zum Film, wie Gibson, Heider und Simmel, Michotte van den Berck sie geleistet haben, schon nicht mehr in Betracht – Anlaß genug, zu fragen, ob unser Zeitfenster auch psychologisch passend eingesetzt sei. Es ist. Der versatile Hugo Münsterberg, ein wahrer Polyhistor unsres Faches, hat kurz vor seinem Tod ein Buch sogar über den Film herausgebracht, *The Photoplay. A Psychological Study*. Rückblickend heißt es da: „For those who fancy that the ‚new psychology‘ with its experimental analysis of psychological experiences began only in the second half of the nineteenth century or perhaps even with the foundation of the psychological laboratories, it might be enlightening to study those discussions of the early thirties“ (1916, S. 7). Da hätten Plateau und Stampfer tatsächlich Psychologie getrieben?

Poggendorff immerhin, dessen *Annalen* einen Ort für ihre Diskussionen boten, ist heutigen Psychologen, dank der nach ihm benannten Parallelen-Täuschung, ja wohl nicht unbekannt. Er selber sieht, wie Stampfer schon, den kinematographischen Effekt darin begründet, „daß die einzelnen Bilder einander ähnlich genug sind, um unmittelbar als Vertreter eines einzigen Gegenstandes zu erscheinen“ (Linke, 1907, S. 544). Die Formulierung ist von Linke, der sich in seiner Identifikations- oder auch Identitätstheorie der „stroboskopischen Erscheinungen“ auf Poggendorff beruft; Wundt billigt diese „Theorie der assimilativen Wahrnehmung“ (Hillebrand, 1922, S. 41). Marbe und Dürr dagegen, auch sie ja seine Schüler, halten die positiven Nachbilder, die physiologische Verschmelzung, für konstitutiv. Linke – wie schon Bourdon – kann darin aber nur ein „technisches Hilfsmittel“ (Hillebrand, 1922, S. 51) sehen, dem kinematographischen Effekt wohl förderlich, doch nicht zugrundeliegend.

Zur Überprüfung der Identitäts-Hypothese stand Linke mit dem „Stroboskop nach Wundt“, 1907 in Leipzig, „ein außerordentlich exakt gearbeitetes Daedaleum zur Verfügung“ (Linke, 1907, S. 449) (s. Abb. 3). Dank der nun möglichen Kontrolle der Rotationsgeschwindigkeit ließ sich das Inter-Stimulus-Intervall, das heißt die Dunkelpause zwischen den Einzel-Bildern, hier „Phasen eines schwingenden Punktes“, präzis erfassen. Nach den Plateauschen Messungen dauert das positive Nachbild allenfalls 0.35 Sekunden an. Ist das also die

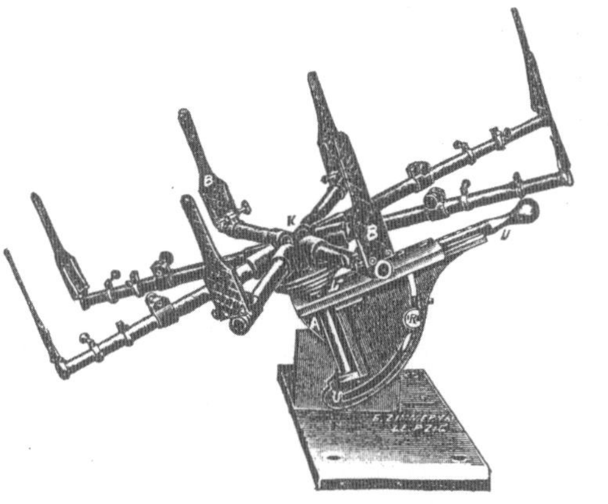

Abb. 3: Das Stroboskop nach Wundt: „Die verschiedenen, bei den Versuchen zu verwendenden Bilder und Schlitze“ – bei Linke je 7 mm breit – „fertigt auf auszuwechselnden Kartons nach dem besonderen Bedürfnis seiner Versuche der Experimentator sich selbst an. Diese Kartons werden an der Innenseite der aufrechten Stäbe befestigt, in denen die Bildträger enden. Ein Schnurlauf L verbindet endlich die Drehungsachse mit einem Elektromotor, der eine konstante, aber zugleich innerhalb der erforderlichen Grenzen variierbare Umdrehungsgeschwindigkeit sichert“ (Wundt, 1910, S. 624). Nachbesserung von Linke: „Zwischen Apparat“ – Durchmesser 70 cm – „und Beobachter, von beiden etwa 4 cm entfernt, war ein Pappschirm aufgestellt, welcher den Apparat vollkommen verdeckte. In diesem Schirm nun befand sich wieder eine enge (3 mm breite) Öffnung, durch die beobachtet wurde; sie hatte den Zweck, stets ein Bild zu isolieren“ (Linke, 1907, S. 459).

Grenze, deren Überschreitung den kinematographischen Effekt notwendig ruinieren muß? Mitnichten; aus dem, was die Pbn Urban, Mittenzwey, Tsukara und Linke selbst beobachten, gemittelt, ergeben sich für das noch eben tolerable Inter-Stimulus-Intervall nicht weniger als 0.782 Sekunden. Linke dazu: „Man sieht“ – in dem Bereich zwar – „deutlich, wie ein schwarzer Schatten über das Objekt hingleitet, und wie es erst dann wieder neu zum Vorschein kommt. Trotzdem ist der Eindruck der Identität des Objektes ganz zwingend und unmittelbar“ (Linke, 1907, S. 474). Introspektion – doch was sonst!

Wertheimer reduzierte, 1912 in Frankfurt, „die äußeren Reize auf das Mindestmaß und exponierte nur“ – wie vor ihm Exner 1875 und 1902 Bourdon – „zwei Objekte sukzessiv an verschiedenen Stellen. Die Objekte wurden zunächst möglichst einfach gewählt: Punkte, Striche“ (Koffka, 1931, S. 1170). Diese Vereinfachungstendenz hatte bei O. Fischer 1886 und Linke begonnen; dagegen haben Grützner 1894 und 1900 Dürr den Betrachtern mit „Bildphasen bockspringender Knaben“ bzw. Turner (Linke, 1907, S. 418; 421) tatsächlich noch „richtige“ Bilder gezeigt. Wertheimers Befunde haben nach Ansicht von Koffka genügt, „um die bis dahin bestehenden Theorien der stroboskopischen Bewegung zu widerlegen" (Koffka, 1931, S. 1172); die „kinematoskopischen" Gesetze des Koffka-Schülers Korte (1915) dürfen nicht unerwähnt bleiben.

Durch Wertheimers Einzelbefund von „reiner gegenstandsloser Bewegung" sieht Koffka auch Linkes Theorie falsifiziert. Linke nicht. Zusammenfassend, resümiert er 1929, dürfe „man wohl sagen, daß in den tatsächlich vorliegenden experimentellen Ergebnissen zwischen Wertheimer und mir volle Übereinstimmung besteht: die Abweichung" beginne „erst bei ihrer Interpretation" (Linke, 1929, S. 351); glaubt jener doch an physiologische Verschmelzung, auf retinalem wie auf zentralem Niveau. Doch dieser Interpretation verschließen sich auch Hillebrand 1922 und Neuhaus 1930. Gewiß räumt Hillebrand ein: „Durch eine systematische und sorgfältige Untersuchung der Tatsachen hat sich W. um das Verständnis des stroboskopischen Elementarphänomens zweifellos große Verdienste erworben." Der Anerkennung folgt Ablehnung: „Er hat aber auch – wenigstens skizzenhaft – eine physiologische Theorie entwickelt, die, wenn wir Koffka und seinem Kreise folgen dürfen, von Seite der Tatsachen eine 'glänzende Bestätigung' erfahren hat. Meiner Ansicht nach ist diese sogenannte 'Kurzschlußtheorie' ein Musterbeispiel solcher Theorien, die durch einen Panzer von Unklarheit gegen alle Angriffe gewappnet sind" (Hillebrandt, 1922, S. 36).

Auch Neuhaus drückt sich deutlich aus: „Die Lehren von Wertheimer, Koffka und Köhler haben die stroboskopischen Phänomene nicht erklären können. Ihre ‚Theorien' sind im wissenschafttheoretischen Sinn überhaupt nicht als echte Theorien anzusprechen" (1930, S. 442). Linke kommt nicht viel besser weg. Es sei dieser zwar „von seinem phänomenologischen Standpunkte aus den stroboskopischen Erscheinungen am besten gerecht" geworden, doch reiche „der phänomenologische Standpunkt nicht zur Erklärung" aus (1930, S. 457). Für Neuhaus ist diese darin zu sehen, „daß die exponierten Reize, Reizgruppen im psychologischen Bereich zu einer Einheit verschmelzen und die Reizfolge als Ortswechsel bzw. als Anfangs- und Endphase der Umformung eines Gegenstandes aufgefaßt wird" (1930, S. 458). Das sollte Linke gefallen haben.

Als Hugo Münsterberg die Lichtspielhäuser aufsuchte, bemerkte er dort die Tiefe, die „plastic impression" der „moving pictures", die monokular persistiert (1916, S. 48); dergleichen hatten Heuse 1884 und Straub dann 1904 berichtet. Dem Thema „Depth and Movement" räumt Münsterberg ein eigenes Kapitel ein, als filmspezifischen Tiefenhinweis veranschlagt er die Projektion von „actions performed in space" (S. 50). Dieser Vermutung geht Musatti 1929 in systematischen Beobachtungen – „Sulla ‚plasticità reale' stereocinetica e cinematografica" – nach. Im selben Jahr kommt Renvalls schöner Beitrag *Zur Theorie des stereokinetischen Phänomens* heraus; hier geht es nicht nur mehr um Film.

Um Film – den Ausdruck gab es schon, doch Wertheimer und Linke beispielweise verwendeten ihn nicht und sprachen, in gleicher Bedeutung, vom Kinematographen. Wie das – ist denn ein Kinematograph nicht eigentlich ein Gerät zur Bewegungs-Aufzeichnung? Heute durchaus. Der Cinématographe Louis Lumières dagegen war noch beides, Bewegtbildwiedergabe-Gerät und Bewegtbildherstellungs-Gerät; der ungeschickte Sprachgebrauch bei Wertheimer und Linke ist so gesehen nicht ganz unverständlich. Zählebig war er jedenfalls; der Ausdruck, der uns Heutigen beliebt, ist übrigens nicht etwa besser. Wohl hatte Korte, was die andern meinten, mit richtigem, wenn auch nicht gründlichem Bedacht als Kinematoskopie bezeichnet, doch brauchte es schon seine Zeit, bis man, und also auch die Psychologen, mit „Kinematograph(ie)" nurmehr die Herstellung von Phasen-Bildern im Sinn haben sollte; mit photographischen Mitteln, verstand sich – unnötigerweise – darüber hinaus.

Beschließen wir diese Betrachtung eines Stück Wegs, den die – von wem auch immer vertretene – Experimentalpsychologie so früh betreten hat; dem, wie er dann bei Reiz-Dyaden endet, nicht ohne weiteres mehr anzusehen ist, wo er einmal begonnen hatte. „As a result of the pioneering work of" – beileibe nicht nur! – „Exner (1875), Wertheimer (1912), Korte (1915) and Neuhaus (1930) the best conditions for stroboscopic movement perception are well established" (Julesz & Payne, 1968, S. 433). Wahrnehmungspsychologen haben „die Bilder" – sei es mit vollem Bedacht oder inzidentell – „erst richtig zum Laufen gebracht".

Was hatten sie nun daran? Muybridges Reihenphotographien brachten Mach – er war auch als Psychologe bedeutend – in den 1880er Jahren auf die – jemals verwirklichte? – Idee, „to arrange photographs of man – from infancy to old age – in a phenakistoscope in such a way that the whole life cycle would pass before the spectator within a matter of seconds" (Rhode, S. 13). 1898 hatte sich Ch.H. Judd in Wundts Laboratorium mit der Rolle der Augenbewegungen bei geometrisch-optischen Täuschungen auseinandergesetzt; 1905 stellt er, zusammen mit McAllister und Steele „A Series of Studies of Eye Movements by means of Kinetoscope Photographs" vor. Im selben Jahr führt der „Leistungstechniker" (Polimanti, 1920, S. 307) Gilbreth – Forschung im Dienst des Kapitals – eine erste „Time-Motion-Study" durch; was wäre Taylorismus ohne Filmaufnahmen! „Von höchster Wichtigkeit ist der Kinematograph für die Experimentalpsychologie", heißt es bei Polimanti 1920, „in Verbindung mit genauen Messinstrumenten. An der Harvard-Universität wurden mit Hilfe des K. an Kraftwagenführern" – von P. nicht näher bezeichnete – „Untersuchungen über den Zeitverlauf zwischen der

Apperzeption irgend eines Vorganges und einer darauf folgenden Willenshandlung" – der Ausdruck läßt an Münsterberg denken – „gemacht" (1920, S. 307). Vielleicht sind diese Untersuchungen gemeint, wenn Polimanti an anderer Stelle befindet: „Die psychologischen Aufnahmen an der Harvard-Universität, die Prof. Münsterberg veranstaltete, dienten nicht ausschließlich wissenschaftlichen, sondern auch praktischen Zwekken, nämlich der Prüfung" (S. 269).

Zwar wohl zu wissenschaftlichen, doch nicht zu Zwekken metrischer Analyse nimmt Köhler 1914–1917 schimpansisches Problemlöseverhalten auf *(Wolfgang Köhlers Filmaufnahmen der ‚Intelligenzprüfungen an Menschenaffen‘* 1914–1917; IWF-Film D 1148). 1914 hat – auch hier ist Polimanti etwas unbestimmt – „Rudolf Schulze in Leipzig im Institut für experimentelle Pädagogik und Psychologie mit Hilfe des Film (sic) den Gesichtsausdruck von Kindern beim Betrachten verschiedener Bilder, beim Erzählen usw. studiert" (Polimanti, 1920, S. 269). Landis filmt 1924, Strauss 1929 emotionale Reaktionen; Strauss hätte gerne Hochfrequenzaufnahmen, doch fehlen ihm die finanziellen Mittel. 1927 berichtet Löwenstein eine „Methode zur kinematographischen Darstellung der Pupillenphänomene und den Ablauf einiger" – lichtunabhängiger – „Pupillenreflexe". Im Folgejahr nimmt Miles die Handbewegungen von Braille-Schrift lesenden Blinden auf. Zu dieser Zeit hatte Gesell – „fully aware of the contribution that cinematography made to his research work"; Gesell prägte den Begriff „cinemanalysis" – mit der Erstellung seines „Atlas of Infant Behavior" – „3200 single frames from his motion picture films" (Michaelis, 1955, S. 242) – bereits begonnen (s. Abb. 4). Die Psychologen führten nicht nur Filmaufnahmen durch; sie führten sie Probanden und Kollegen vor.

Abb. 4: Gesells „One Way Vision Dome". Rechts der Kameramann.

Probanden: Die Überschrift *Intelligenzprüfungen mittels des Kinematographen* bei Boas 1909 läßt nicht sogleich vermuten, daß es in seiner Untersuchung um das Erinnern von kurzen Film-Episoden ging. Im Jahre 1912 bringt Boring „fidelity of report of motion picture experience into the experimental laboratory, where it has since been occasionally used" (Seibert & Snow, 1965, S. 145). Die hier genutzte vorteilhafte Möglichkeit der standardisierten Reizdarbietung verleitet Pillsbury dazu, den 16-Millimeter-Filmprojektor als Gedächtnistrommel (!) einzusetzen. Die frevelhafte Tat – ist denn nicht auch ein CVC ein Frevel am Medium der Sprache? – beging er in der Stille des psychologischen Laboratoriums.

Kollegen: Köhler hat seinen Affenfilm auch auf Kongressen gezeigt. Die psychologische Öffentlichkeit wurde mit Watsons Werk *Experimental Investigation of Babies* (1919) wie auch dem umfangreichen Filmschaffen Lewins – seit 1923 – vertraut. Dem bedeutenden russischen Regisseur Pudovkin danken wir – 1925/26 – einen professionellen Film über Pavlovs Reflexologie (*Functions of the Brain*; IWF-Film W 1100). 1911 hatte der Täuschungs-Ponzo, wie Polimanti – „Die Kinematographie auf den Ärzte und Naturforscher Versammlungen" – berichtet (Polimanti, 1920, S. 309), befunden, daß die Vorführung solcher Kongreß- und Unterrichtsfilme nicht mehr als 20 bis 30 Minuten beanspruchen sollte. Die Grenze zwischen Forschungsfilm und Publikationsmedium ist keine deutliche Grenze.

Dienten die Filme, die Ponzo meinte, der Vermittlung von Wissenschaft, so hatten die der US-Armee in Frankreich zugedachten Exemplare, deren Wirkung Lashley und Watson 1922 an Riesenstichproben evaluierten, die Prophylaxe von Geschlechtskrankheiten zum Ziel. Die Psychologen haben gleichfalls früh damit begonnen, die Effizienz des Films im Unterricht zu ermitteln. Forschungsfilme, Filme im Unterricht, zur Sexualerziehung – wann endlich kommen die „richtigen" Filme?

Münsterbergs lesenswertes Buch, von dem die Rede war, hat einen psychologischen Teil. Was dieses Buch filmtheoretisch beachtlich macht, sind aber die Gedanken eines wachen, ästhetisch gebildeten Geistes. Arnheim, der eben noch in unser Jahrhundert-Fenster paßt, war Schüler von Wertheimer und Köhler. Die These sei indessen gewagt: zu dem, was er zur Theorie des Films Beachtliches – z.B. eine „Systematik der frühen kinematographischen Erfindungen" – und Irriges – „Der Sprechfilm wird immer ein zweitrangiges Genre bleiben" (Arnheim, 1979, S. 108) – beigetragen hat, hätte es eines Studiums der Gestalt-Psychologie nicht bedurft.

Am Ende eine – Perspektivenwechsel – filmgeschichtliche Notiz: Der große Eisenstein – auch er hatte „Sprechfilm"-Probleme – ist nicht durchweg der Pawlowianer gewesen, als der er filmhistorisch aus guten Gründen gilt. Er kannte seit 1918, wie der ihm befreundete Ermler berichtet, auch „seinen Freud ..., und zwar in seiner ganzen Tiefe und mit einer Fundiertheit, die seinem Intellekt eigen war. Er deklarierte dieses Wissen nicht, betrachtete es nicht als einen Eckstein, beherrschte und verwertete es aber in seiner Arbeit" (Sudendorf, 1975, S. 24). Ermler erinnert sich an Szenen des in der Zeit von 1926–29 entstandenen, sechsteiligen Films *Die Generallinie*. Die Theorie der „Attraktionsmontage" aber hat durchaus als Resultat von Eisensteins, seit 1923 nachweislicher, Rezeption der Reflexologie zu gelten.

Literatur

Arnheim, R. (1979). Kritiken und Aufsätze zum Film. Herausgegeben von H.H. Diederichs. Frankfurt/M.: Fischer.

Hillebrand, F. (1922). Zur Theorie der stroboskopischen Bewegungen. Zeitschrift für Psychologie 90, 34–66.

Julesz, B. & Payne, R.A. (1968). Differences between monocular and binocular stroboscopic movement perception. Vision Research 8, 433–444.

Koffka, K. (1931). Die Wahrnehmung von Bewegung. In: A. Bethe, G. v. Bergmann, G. Emden & A. Ellinger (Hg.): Handbuch der normalen und pathologischen Physiologie. Receptionsorgane II. Photoreceptoren. Zweiter Teil. (S. 1166–1214). Berlin: Springer.

Linke, P.F. (1907). Die stroboskopischen Täuschungen und das Problem des Sehens von Bewegungen. Psychologische Studien 3, 393–544.

Linke, P.F. (1929). Grundfragen der Wahrnehmungslehre. Zweite, durchgesehene und um ein Nachwort über Gegenstandsphänomenologie und Gestalttheorie vermehrte Auflage. München: Reinhardt.

Michaelis, A.R. (1955). Research films in biology, anthropology, psychology, and medicine. New York: Academic Press.

Münsterberg, H. (1916). The photoplay. A psychological study. New York/ London: Appleton.

Neuhaus, W. (1930). Experimentelle Bewegung der Scheinbewegung. Archiv für die gesamte Psychologie 75, 315–458.

Polimanti, O. (1920). Die Anwendung der Kinematographie in den Naturwissenschaften, der Medizin und im Unterricht. in Liesegang, F.P. (Hg.): Wissenschaftliche Kinematographie. (S. 287–329). Leipzig: Liesegang.

Quigley, M. Jr. (1960). Magic Shadows. The Story of the Origin of Motion Pictures. New York, N.Y.: Quigley.

Renvall, P. (1929). Zur Theorie des stereokinetischen Phänomens. Eine experimentell-psychologische Untersuchung. Annales Universitatis Aboensis Series B. Tom. X.

Rhode, E. (1978). A history of the cinema. Harmondsworth: Penguin.

Seibert, W.F. & Snow, R.E. (1965). Cine-psychometry. AV Communication Review 13, 141–158.

Straub, M. (1904). Über monokulares körperliches Sehen nebst Beschreibung eines als monokulares Stereoskop benutzten Stroboskops. Zeitschrift für Psychologie und Physiologie der Sinnesorgane 36, 431–439.

Sudendorf, W. (1975). Sergej M. Eisenstein. Materialien zu Leben und Werk. München: Hanser.

Wundt, W. (1910). Grundzüge der Physiologischen Psychologie. 6. umgearbeitete Aufl. Zweiter Band. Leipzig: Engelmann.

von Zglinicki, F. (1956). Der Weg des Films. Berlin: Rembrandt.

„Du kannst, wenn Du willst, mich darin vernehmen“ – Psychologen-Musiker

Helmut E. Lück

Der Blick in die Geschichte der Psychologie läßt viele Verbindungen zwischen Psychologie und Musik erkennen. Eine direkte Beziehung lernt der Studienanfänger bei der Definition der Gestalt durch Christian von Ehrenfels (1890) kennen: Gestalten zeichnen sich durch Übersummativität und Transponierbarkeit aus. Als einprägsames Beispiel wählt von Ehrenfels die Melodie; sie sei mehr als die Summe ihrer Töne, und sie verliere ihre Gestalt nicht, wenn sie in einer anderen Tonart gespielt werde. Wenn man etwa die erste Zeile von „Muß i denn, muß i denn zum Städele hinaus“ in C-Dur und dann in F-Dur spiele, so sei beim zweitenmal die Melodie die gleiche, doch kein einziger der vorher gespielten Töne sei erklungen.

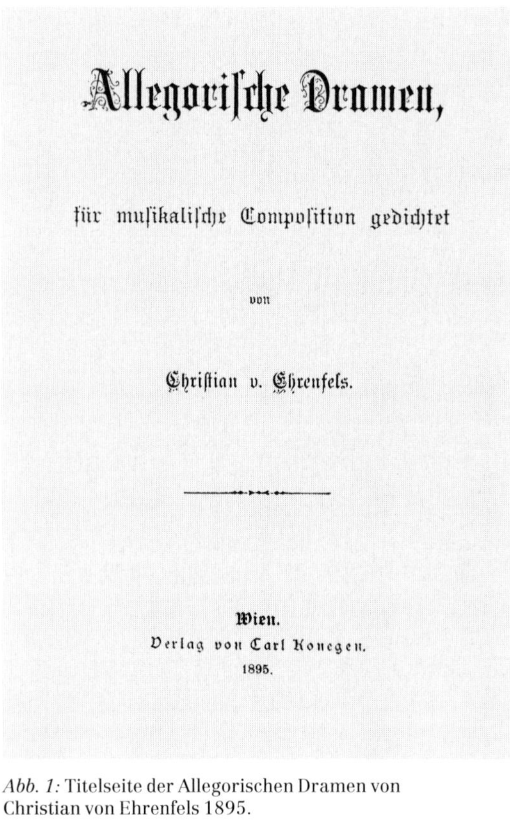

Allegorische Dramen,

für musikalische Composition gedichtet

von

Christian v. Ehrenfels.

Wien.
Verlag von Carl Konegen.
1895.

Abb. 1: Titelseite der Allegorischen Dramen von Christian von Ehrenfels 1895.

Daß von Ehrenfels das Beispiel der Melodie wählte, ist kein Zufall. Er war sehr musikalisch, wollte Kompositionslehre bei Anton Bruckner studieren und verfaßte gerade in der Zeit, als sein Aufsatz über Gestaltqualitäten entstand, umfangreiche Libretti. Ein 420 Seiten umfassender Band erschien 1895 unter dem Titel *Allegorische Dramen, für musikalische Composition gedichtet*. Gemessen am Arbeitsaufwand liegt fast der Gedanke nahe, daß von Ehrenfels in dieser Zeit zunächst Librettist und nur nebenbei Ahnherr der Gestaltpsychologie war! Die Libretti bildeten die Grundlage für Opern im Wagner-Stil, die in den Jahren 1904 bis 1925 auf größeren Bühnen wie Prag oder Elberfeld aufgeführt wurden.

Es ist nicht schwer, gerade unter den Gestalt- und Ganzheitspsychologen weitere musikalische Begabungen zu finden. Der akademische Lehrer von Christian von Ehrenfels, Alexius von Meinong, Begründer der Grazer Schule der Gestaltpsychologie, hatte selbst Musik studieren wollen. Einige seiner Kompositionen sind erhalten geblieben.

Hatten schon Hermann von Helmholtz und Carl Stumpf sich mit Tonwahrnehmung befaßt, so war Stumpfs Schritt, an der Berliner Universität ein Tonarchiv aufzubauen, innerhalb der Psychologie ungewöhnlich, aber doch gerechtfertigt. Erich M. von Hornbostel (1877–1935) – er war von seiner Ausbildung her nicht Musiker, sondern Chemiker – baute dieses Archiv mit leidenschaftlicher Hingabe auf und veröffentlichte eine große Zahl musikwissenschaftlicher Arbeiten (vgl. von Hornbostel, 1986). Hatten sich Gestaltpsychologen bisher vornehmlich mit optischer Wahrnehmung befaßt, so findet sich in den Arbeiten von Hornbostels die Umsetzung und Erweiterung gestaltpsychologischer Fragestellungen für den akustischen Bereich.

Mehrere Gestalt- und Ganzheitspsychologen galten als sehr musikalisch, so Wolfgang Köhler, aber auch Felix Krueger. Vielleicht war dies aber nicht überzufällig, denn in gehobenen Kreisen war es lange Zeit üblich, zu schriftstellern, zu dichten und zu musizieren. Welche Rolle das Musizieren im Leben der Wissenschaftler spielte, kann man an folgender Bemerkung des Chemikers Wilhelm Ostwald entnehmen:

„O. Külpe war ein baltischer Landsmann; er stammte aus Kurland. Damals war er noch Assistent bei Wundt und Privatdozent, hatte aber bereits begonnen, seine persönliche Philosophie zu entwickeln (...) In unserem Hause war er ein regelmäßiger Sonntagsgast, der meine Frau und mich durch seinen guten Appetit und sein vorzügliches Klavierspiel erfreute“ (Ostwald, 1927, S. 193).

Ähnlich wie Meinong und von Ehrenfels wollte William Stern Musiker werden. Er spielte schon als Kind schwierige Klavierstücke und komponierte als 13jähriger einen vierstimmigen Chorsatz; die Noten einiger dieser Stücke besaß und schätzte Stern noch in höherem Alter. Dies wissen wir nicht aus seiner Autobiographie, sondern aus dem von ihm veröffentlichten Knabentagebuch, das – wie wir heute wissen – nichts anderes als sein eigenes Tagebuch war (Stern, 1925, S. 12, 228, 102 ff.).

Überraschen wird vielleicht manchen Leser, daß Johann Friedrich Herbart (1776–1841) nicht nur komponiert hat, sondern als Musiker sehr geschätzt war und schon als Student selbstbewußt mit Verlegern korrespondierte, denen er seine Kompositionen anbot. Erschienen ist allerdings nur eine Klaviersonate (1808, Opus 1) bei A. Kühnel, Leipzig. Mehrere Veröffentlichungen haben sich mit dem Komponisten Herbart befaßt (Bagier, 1911; Kahl, 1926; Rausch, 1976). Einige Autoren haben Herbarts musikalische Aktivitäten im engen Zusammenhang zu dessen Psychologie und Ästhetik gesehen. Dies ist nicht abwegig, denn auch Herbart selbst maß seiner Musik erhebliche Bedeutung bei; sie war für ihn keineswegs nur Entspannung oder Abwechslung. Seinem Freund J. D. Gries schrieb Herbart über eine seiner Kompositionen: „Du kannst, wenn Du willst, mich darin vernehmen.“ Allerdings darf man den Gelegenheitswert der Kompositionen Herbarts nicht überschätzen.

Deutsche Psychologen der älteren Generation werden beim Stichwort Musikpsychologie an Albert Wellek (1904–1972) denken, der mehrere voluminöse Bücher über Musikpsychologie, absolutes Gehör, musikalische Kreativität u.ä. verfaßte. Wellek hat u.a. schriftlich Künstler nach ihren Einfällen befragt, um dem Vorgang des kreativen Schaffens auf die Spur zu kommen. Der Hamburger Psychiater Bürger-Prinz bewertete diese Studien Welleks allerdings kritisch. Er zitierte Pfitzner, der über ein Buch zur gleichen Thematik gesagt haben soll, das Buch käme ihm so vor, als wenn der Lazarettgehilfe einer Frauenklinik sich über das Erleben der Geburt ausließe (Bürger-Prinz, 1971, S. 222 f.).

Abb. 2: Titelseite der „Sonate pour le pianoforte“ von Johann Friedrich Herbart – verlegt von A. Kühnel, Leipzig als „Op. 1“.

Bürger-Prinz wußte vermutlich nicht, daß Wellek keineswegs nur „Lazarettgehilfe", war. Albert Wellek hatte Musik- und Literaturwissenschaft in Verbindung mit Philosophie in Prag und Wien und zugleich Komposition und Dirigieren am Staats-Konservatorium in Prag studiert; letzteres absolvierte er 1926 „mit Auszeichnung". In Wien promovierte Wellek mit einer Arbeit über „Doppelempfinden und Programm-Musik". Dies war der Beginn einer ganzen Reihe von Arbeiten, in denen eine Verbindung zwischen Musikwissenschaften und Psychologie gesucht wurde. Welleks Kompositionen „in einem, sagen wir, post-Schönbergschen Stil" (Wellek, 1971, S. 357) wurden zwar nicht verlegt, jedoch wiederholt im Rundfunk aufgeführt.

Die vielfältigen Beziehungen zwischen Musik und Psychologie würden es verdienen, wissenschaftsgeschichtlich genauer aufgearbeitet zu werden.

Literatur

Bagier, G. (1911). Herbart und die Musik mit besonderer Berücksichtigung der Beziehungen zur Ästhetik und Psychologie. Langensalza: Hermann Beyer & Söhne (Päd. Magazin Heft 430).

Bürger-Prinz, H. (1971). Ein Psychiater berichtet. Hamburg: Hoffmann & Campe.

Ehrenfels, C. v. (1890). Über „Gestaltqualitäten". Vierteljahresschrift für wissenschaftliche Philosophie, 14 (3), 249–292.

Ehrenfels, C. v. (1895). Allegorische Dramen, für musikalische Composition gedichtet. Wien: Carl Konegen.

Herbart, J. F. (1808). Sonate pour le pianoforte dédiée à Messieurs J. D. Gries & Fr. Köppen composée par I. Fr. Herbart. Op. 1. Leipzig: A. Kühnel.

Hornbostel, E. M. (1986). Tonart und Ethos. Aufsätze zur Musikethnologie und Musikpsychologie. Leipzig: Reclam.

Kahl, W. (1926). Herbart als Musiker. Neue Beiträge mit einem unveröffentlichten Brief Herbarts. Langensalza: Hermann Beyer & Söhne (Päd. Magazin Heft 1078).

Ostwald, W. (1927). Lebenslinien. Eine Selbstbiographie. Zweiter Teil, Berlin: Klasing.

Rausch, W. (1976). Die Musik im Leben und Schaffen Johann Friedrich Herbarts. Eine musikbiographische Skizze mit einem Abdruck von Herbarts 1808 erschienener Klaviersonate Op. I. Göttingen: Stadt Göttingen.

Stern, W. (1925). Anfänge der Reifezeit. Ein Knabentagebuch in psychologischer Bearbeitung. Leipzig: Quelle & Meyer.

Wellek, A. (1972). (Selbstdarstellung). In: L.J. Pongratz, W. Traxel & E.G. Wehner (Hg.), Psychologie in Selbstdarstellungen. (S. 357–388). Bern: Huber.

Teil J

Dokumente und Quellen der Psychologiegeschichte

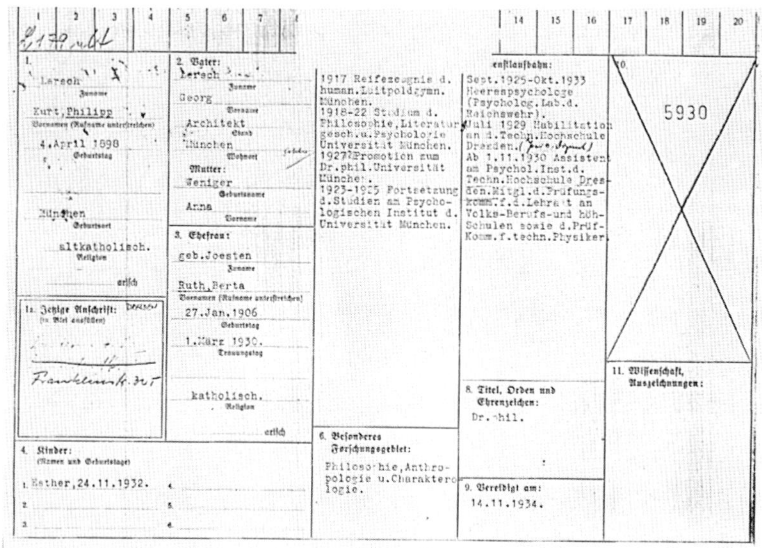

1 2 3 4 5 6 7 14 15 16 17 18 19 20

1\. Lersch
Zuname
Kurt, Philipp
Vornamen (Rufname unterstreichen)
4\. April 1898
Geburtstag
München
Geburtsort
altkatholisch.
Religion
erlisch

1a. Jetzige Anschrift: (in Blei ausfüllen)

2\. Vater:
Lersch
Zuname
Georg
Vorname
Architekt
Stand
München
Wohnort
Mutter:
Weniger
Geburtsname
Anna
Vorname

3\. Ehefrau:
geb. Joesten
Zuname
Ruth, Berta
Vornamen (Rufname unterstreichen)
27\. Jan. 1906
Geburtstag
1\. März 1930.
Trauungstag
katholisch.
Religion
erlisch

4\. Kinder: (Namen und Geburtstage)
1\. Esther, 24.11.1932.
2\.
3\.
4\.
5\.
6\.

1917 Reifezeugnis d. human. Luitpoldgymn. München.
1918-22 Studium d. Philosophie, Literaturgesch. u. Psychologie Universität München.
1927? Promotion zum Dr. phil. Universität München.
1923-1925 Fortsetzung d. Studien am Psychologischen Institut d. Universität München.

6\. Besonderes Forschungsgebiet:
Philosophie, Anthropologie u. Charakterologie.

…enstlaufbahn:
Sept. 1925-Okt. 1933 Heerespsychologe (Psycholog. Lab. d. Reichswehr).
Juli 1929 Habilitation an d. Techn. Hochschule Dresden.
Ab 1.11.1930 Assistent am Psychol. Inst. d. Techn. Hochschule Dresden. Mitgl. d. Prüfungskomm. f. d. Lehramt an Volks-Berufs-und höh-Schulen sowie d. Prüf-Komm. f. techn. Physiker.

8\. Titel, Orden und Ehrenzeichen:
Dr. phil.

9\. Vereidigt am:
14\.11.1934.

10\.
5930

11\. Wissenschaft, Auszeichnungen:

Gewichte für psychophysische Experimente

Diese 11 Metallgewichte sehen recht unscheinbar und gleichartig aus. Allerdings sind sie aufgrund verschiedener Metallkerne verschieden schwer, so daß sich Experimente zur Gewichtswahrnehmung durchführen lassen, die vom Größen- und Farbeindruck unbeeinflußt sind. Rupp (1919, S. 146f.) beschreibt eine andere, ähnliche Serie mit pädagogischen Ambitionen: „Die Serie kann zunächst zur Bestimmung der Unterschiedsschwelle verwendet werden (...) Das Ordnen stellt zugleich eine anregende spielende Beschäftigung dar und kann zur Erziehung verwendet werden. Ferner kann man absolute Schätzung üben (...) Endlich kann man die absolut richtige Schätzung (...) üben. Der Schüler muß sich dabei ganz auf die Schwereempfindung stützen, da er sonst keinerlei Anhaltspunkte hat." – Die Herkunft dieser hier gezeigten Gewichte ist unbekannt.

Rupp, H. (1919). Probleme und Apparate zur experimentellen Pädagogik und Jugendpsychologie. Leipzig: Quelle & Meyer.

Helmut E. Lück

Umseitige Abb.: Personalblatt Philipp Lersch, Dresden, 1934

Psychologische Zeitschriften

Heliodoro Carpintero

Die moderne Wissenschaft wurde als „public knowledge" bezeichnet (Ziman, 1968). Jede neue Idee muß, bevor sie akzeptiert und in das aktuelle Paradigma integriert wird, von den anderen Mitgliedern der Wissenschaftlergemeinschaft getestet werden. Dieser Anspruch kann nur dann erfüllt werden, wenn neue Ideen durch etablierte Kommunikationskanäle verbreitet werden können. Bücher, Tagungen, Vorträge oder Symposien sind allseits bekannte Medien zur Unterstützung der Kommunikation. Aber der Zeitschriftenartikel ist gegenwärtig das zentrale Instrument zur Vorstellung und Diskussion theoretischer Positionen und empirischer Ergebnisse.

Diese Entwicklung vollzog sich in der Psychologie auf ihrem Weg zu einer wissenschaftlichen Disziplin im 19. Jahrhundert quasi exponentiell. Analog zur Ausdifferenzierung der Disziplin, ihrer Gegenstände und methodischen Zugänge haben in vielen Ländern Schritt für Schritt neue Periodika, die sich ebenfalls mehr und mehr spezialisierten, den Raum für Publikationen ausgeweitet (Carpintero & Tortosa, 1991).

Ähnlich wie es bei dem Entstehen von psychologischen Lehrstühlen und Instituten nachgewiesen werden konnte (Ben David & Collins 1966), hat auch bei den Zeitschriften eine Art von Verselbständigungsprozeß stattgefunden. Während am Anfang psychologische Beiträge von philosophischen und wissenschaftlichen Zeitschriften akzeptiert wurden, drängte das starke Anwachsen psychologischer Arbeiten die Forscher dazu, selbst neue Kommunikationskanäle zu entwickeln (Loutit, 1932).

In jüngster Zeit haben die meisten expandierenden Wissenschaftsdisziplinen neue Formen zur Verbreitung ihrer Forschungsergebnisse zwischen ihren Forschergruppen entwickelt. Nachrichtenblätter, Reports, Mitteilungen aus den Laboratorien, Vorabdrucke und die verschiedensten Formen elektronischer Datenübermittlung liefern schnelle Informationen an Personen, die auf dem gleichen Gebiet arbeiten. Gleichzeitig leiden die Zeitschriften unter zunehmenden Verzögerungen bei der Veröffentlichung eingereichter Beiträge, und aufgrund der Platzbeschränkungen wächst überall die Zahl der Ablehnungen eingereichter Beiträge. Solche Wettbewerbsbedingungen bei Veröffentlichungen beeinträchtigen die Einführung neuer Ideen in den Wissenschaften. Desgleichen beeinflussen Paradigmenzwänge den Prozeß der Artikelauslese in den Zeitschriften. Die Veröffentlichungsrichtlinien der Herausgebergruppen üben eine starke Kontrolle auf die Entwicklung und Zukunft eines Arbeitsfeldes aus. Diese wird teilweise durch aktive Interventionen der wissenschaftlichen „gatekeepers" wie Herausgeber und Reviewer gewährleistet.

Die aktuellen wissenschaftlichen Zeitschriften akkumulieren den Hauptanteil der Ideen, von denen die heutige Forschung auf jedem Gebiet beeinflußt wird. Aus der Vielzahl ihrer Funktionen können die folgenden als wesentlich genannt werden:

1) den Forschungsergebnissen Öffentlichkeit verschaffen, so daß sie zum Wissensbestand der ganzen Wissenschaftlergemeinschaft werden;
2) solchen Autoren Anerkennung zu verschaffen, deren Arbeiten akzeptiert und in den Beiträgen genannt werden;
3) die veröffentlichten Arbeiten durch Reviewer, Herausgeber und Wissenschaftlerkolleginnen und -kollegen bewerten zu können;
4) Informationen über ein Gebiet anderen Forschern und einer breiten Leserschaft anzubieten.

Je nach der Art der Information, die durch eine Zeitschrift „transportiert" wird, kann diese verschiedenen Kategorien zugeordnet werden. Auf der einen Seite das „Forschungsfront-Journal" (mit sehr aktuellen Informationen), auf der anderen das „archivalische" (mit eher historischen und alten Daten) und zwischen diesen Polen viele andere, die als „normale" berücksichtigt werden (Price, 1970). Außerdem gibt es Zeitschriften, die der Verbreitung von Abstracts und Überblicken solcher Arbeiten gewidmet sind, durch welche den Lesern Forschungsergebnisse präsentiert werden.

Einige Anmerkungen zur Vorgeschichte

Seit dem 18. Jahrhundert erschienen einige Periodica, die ausdrücklich psychologischen Inhalten gewidmet waren. Zu ihnen zählen: das *Repertorium Psychologie und Physiologie nach ihrem Umfange und ihrer Verbindung* (1786–1788); das *Magazin zur Erfahrungs- und Seelenkunde* (1783–1793), dann umgeändert in *Psychologisches Magazin* (1796–1798); *Allgemeines Repertorium für empirische Psychologie* (1792–1801), abgelöst durch das *Neue Repertorium für empirische Psychologie* (1802–1803) (Daniel & Louttit, 1953, S. 22).

Der eigentliche Beginn des Zeitschriftenwesens in der Psychologie kann allerdings eher in der Gründung von *Mind* (1876) durch Alexander Bain in Großbritannien gesehen werden. Bald darauf folgten in Deutschland

Wilhelm Wundts *Philosophische Studien* und in den USA das von G. Stanley Hall gegründete *American Journal of Psychology* (1887). Seit dieser Zeit wächst die Zahl solcher Zeitschriften kontinuierlich an.

Viele Zeitschriften erfreuten sich einer akzeptablen Lebensspanne von etwa einer Dekade. Einige waren in der Lage zu überleben, indem sie sich den theoretischen und sozialen Veränderungen angepaßt haben. Auf der Suche nach einem generellen Schema als Rahmen für die Erklärung der Hauptveränderungen eines Magazins scheint es so, daß viele signifikante Veränderungen auf Entwicklungen im Kreis der Editoren und Herausgeber zurückzuführen sind.

Ein Herausgeberwechsel führt normalerweise zu erkennbaren Veränderungen in der Herausgeberpolitik. Einigen Themen wird mehr Aufmerksamkeit gewidmet, während andere eher zweitrangig werden. Einige Autoren gewinnen neue Publikationsmöglichkeiten, und das Gebiet, das durch die Zeitschrift abgedeckt wird, erscheint in einem neuen Licht. In diesem Zusammenhang ist es bedeutsam, daß einige Zeitschriften über Jahre hinweg von Personen geführt werden, die enge Beziehungen zu den anderen Mitgliedern ihrer „Forschungsgruppe" oder einer „invisible school" haben (Price & Beaver, 1966). Solche Verflechtungen bedingen die Kontinuität wissenschaftlicher Arbeitsweisen. Im Gegensatz dazu haben andere, quasi-revolutionäre Entwicklungen mit einer vorher bestehenden Richtung gebrochen und eine ganz neue Epoche der Zeitschrift begründet.

Die interessantesten Veränderungen sind solche, die durch die wachsende Spezialisierung des Wissens hervorgerufen werden. Die Geburt einer neuen Zeit, ob als Ergebnis tatsächlicher Entdeckungen oder bedingt durch die Modifikation früherer theoretischer Einsichten, hat manchmal Raum geschaffen für die Begründung neuer Informationskanäle, die das neue Gebiet akzentuieren. Im Gegensatz dazu bedingen soziale Krisen, zu denen auch Kriege und wirtschaftliche Depressionen gezählt werden können, oft eine starke Tendenz in Richtung auf Kürzung des Publikationsvolumens und Einschränkung der Spezialisierung in der Behandlung von Sachverhalten (Tortosa, 1985).

In einem Austauschprozeß, der die interaktive Natur des akademischen Wissensbestandes verdeutlicht, kann jede Zeitschrift als ein gebendes und nehmendes Mitglied eines Zeitschriften-Netzwerkes verstanden werden, durch das Informationen fließen. Deshalb sollte jede Zeitschrift nur im Zusammenhang mit der Gesamtsituation ihres Wissensgebietes gesehen werden. Der Grad der Entwicklung und Komplexität des Gebietes kann danach grob anhand einiger Indikatoren zum Stand der Zeitschriften eingeschätzt werden, darunter ihre Anzahl und das Ausmaß der Spezialisierung. Nach der Analyse der Input-output-Rate der Zitationen sprechen Xhignesse und Osgood von der Existenz von drei Subfeldern innerhalb der psychologischen Zeitschriften: Experimentelle Psychologie, Sozial- und Persönlichkeitspsychologie sowie Klinisch-psychologische Gebiete.

Es wurde bewiesen, daß die für ein bestimmtes Wissensgebiet bestehenden Zeitschriften, entsprechend dem konkreten Umfang der Daten, die sie dem Forscher zur Verfügung stellen, in unterschiedliche Ebenen eingeteilt werden können (die sog. Bradford-Verteilung). In nahezu jedem wissenschaftlichen Gebiet veröffentlichen einige wenige Zeitschriften einen großen Prozentsatz der relevanten Artikel; dies gilt auch für die Psychologie.

Parallel dazu werden nur wenige Zeitschriften sehr häufig von anderen zitiert, während dieses bei vielen anderen nur in einem sehr geringen Umfang geschieht. Die ersten können als die am besten sichtbare Gruppe bezeichnet werden. Ihr Einfluß ist größer als der der letzten Gruppe. Es wurde herausgefunden, daß ca. 25 % der 4 Mio. Zitationen die im „Science Citation Index" enthalten sind, von nur 25 Zeitschriften abgedeckt werden (Garfield, 1977, S. 223). Auch ein sprachlicher Faktor beeinflußt die Verfügbarkeit von Zeitschriften: Heute profitieren englischsprachige Zeitschriften im Vergleich mit nicht-englischen Zeitschriften von einer höheren Verfügbarkeit. Eine Situation, die in der Psychologie wahrscheinlich durch die starke Entwicklung der US-amerikanischen Psychologie in den 30er Jahren bedingt ist.

Sehr bedeutsame Zeitschriften

Mind kann als die erste Zeitschrift angesehen werden, die der psychologischen Forschung auf vielen Seiten Raum widmete. 1876 von Alexander Bain in England gegründet, kann ihre Entwicklung bis zum Zweiten Weltkrieg im Zusammenhang mit ihren unterschiedlichen Herausgebern in drei Phasen eingeteilt werden: Die erste (1876–1891) unter der Herausgeberschaft von Bains Schüler und Freund G.C. Robertson, die zweite (1892–1920) mit G. F. Stout (1866–1944) und die dritte (1921–1945) mit G. E. Moore als Herausgeber. In ihren Anfängen konzentrierte sich die Zeitschrift hauptsächlich auf Philosophie und Psychologie. Viele experimentelle Arbeiten aus US-amerikanischen Labors sind dort veröffentlicht worden. In ihren frühen Ausgaben finden sich häufig die Namen von Wundt, Ward, Bain, Baldwin, James, Ribot oder Binet. Von ihren produktivsten Autoren können allerdings nur einige wenige als Psychologen bezeichnet werden, so etwa Alexander Bain (1818–1903), William James (1842–1910), Henry R. Marshall (1852–1927) oder G. F. Stout (1866–1944). In den Ausgaben stellten die verschiedenen psychologischen Schulen den Lesern gewöhnlich ihre eigenen Positionen vor.

Mind wurde nach der Gründung der Britisch Psychological Society mehr und mehr zu einer rein philosophischen Zeitschrift. 1904 gründeten James Ward und W. H. Rivers, beide Professoren in Cambridge, das *British Journal of Psychology*. Viele bedeutende Namen der britischen Psychologie, unter anderem Myers, McDougall, Sherrington, Spearman, arbeiteten mit ihnen zusammen. Ward und Rivers gaben die Zeitschrift zwischen 1904 und 1910 gemeinsam heraus. Dann kam eine kurze Phase bis 1913 mit Rivers und Myers als Herausgeber, gefolgt von einer Phase, (1814–1824), in der Myers als Alleinherausgeber tätig war. Ihm folgte F.C. Bartlett bis zum Jahre 1945. Die Liste der produktivsten Autoren enthält nur britische Namen wie z.B. Thompson, Pear, Spearman und viele andere. Bis zum Ende des 2. Weltkrieges verdoppelten sich annähernd die Zahlen der Beiträge zu Empfindung, Wahrnehmung und Aufmerksamkeit (155) gegenüber solchen, die sich mit allgemeiner Psychologie (93), Gedächtnis und Lernen (83) oder Intelligenz (73) befaßten (Balaguer et al., 1987).

In Deutschland gründete Wilhelm Wundt 1881 die *Philosophischen Studien*, um die Ergebnisse seiner laborexperimentellen Arbeiten zu publizieren. Es dauerte dann noch einige Jahre, bis 1903 unter der Herausgeberschaft von E. Meumann eine neue Zeitschrift, das *Archiv für die gesamte Psychologie*, erschien.

THE

BRITISH JOURNAL

OF

PSYCHOLOGY

EDITED BY

JAMES WARD AND W. H. R. RIVERS

WITH THE COLLABORATION OF

A. KIRSCHMANN. A. F. SHAND.
W. McDOUGALL. C. S. SHERRINGTON.
C. S. MYERS. W. G. SMITH.

Volume I. 1904—1905

Abb. 1: The British Journal of Psychology. Nach der Gründung durch J. Ward und W. H. Rivers wurde diese Zeitschrift die wichtigste psychologische Fachzeitschrift in Großbritannien, während *Mind* sich mehr und mehr auf philosophische Themen konzentrierte.

In den *Philosophischen Studien* wurden 325 Beiträge veröffentlicht, von denen 53 von Wundt selbst verfaßt worden sind. Ihm folgen J. Merkel, A. Kirschmann und F. Kiesow mit jeweils mehr als 10 Beiträgen in der gesamten Zeit. Der erste produktive nicht-deutsche Autor war wohl J. McKeen Cattell, Wundts erster amerikanischer Student. Nahezu ein Drittel der veröffentlichten Arbeiten (32,1%) befaßte sich mit Empfindung und Wahrnehmung. Ihnen folgen Methodenarbeiten (20%) und verschiedene andere Themen. An der Spitze der Liste der am meisten zitierten Autoren stehen Wundt, Fechner, Weber und Helmholtz, die die physiologische Psychologie und Psychophysik vertraten. Wundt selbst steht mit nahezu 20 % der Zitationen in der Zeitschrift an der Spitze (Saiz Roca et al., 1990)

Als Ersatz für die ältere Zeitschrift gründete Wundt eine neue, *Psychologische Studien* (1904–1918). Sie existierte bis zu seiner Emeritierung. W. Wirth, W. Wundt und O. Klemm führen die Liste ihrer produktivsten Autoren an. Dem am häufigsten genannten Werk, Wundts *Grundzüge der physiologischen Psychologie* (106 Zitationen) folgen in einem großen Abstand Wirths *Die experimentelle Analyse der Bewußtseinsphänomene* (19 Zitationen) und weitere Veröffentlichungen von Wundt, Wirth, Ebbinghaus und Krüger sowie anderen Autoren. Kein nicht-deutscher Autor erscheint in der Liste der in dieser Zeitschrift am häufigsten genannten Autoren. Ihr thematischer Schwerpunkt ist Empfindung und Wahrnehmung (Bataller 1991).

1921 gründeten Wolfgang Köhler, Kurt Koffka und Max Wertheimer die Zeitschrift *Psychologische Forschung*, um den spezifischen Positionen der Gestaltpsychologie innerhalb der Psychologie öffentliche Aufmerksamkeit zu verschaffen (Ash, 1982). Das verhalf der Gruppe nicht zuletzt, sich als eine klar konturierte Richtung zu präsentieren.

In den USA gründete 1887 G. Stanley Hall (1844–1924) das *American Journal of Psychology* als ein Medium zur Veröffentlichung der Berichte und technischen Arbeiten aus den psychologischen Laboratorien (Ross, 1972). Priorität hatten Beiträge, die sich, entsprechend den strengen Methodenregeln, mit den Problemen der Gefühle, des Willens und des Denkens befaßten. Eine grobe Phaseneinteilung der Zeit bis zum 2. Weltkrieg kann wie folgt vorgenommen werden: 1. von 1887–1894 war Hall Alleinherausgeber. 2. E.C. Sanford und E.B. Titchener teilen sich mit Hall die Herausgeberschaft. 3. Von 1921 bis 1925 war Titchener Alleinherausgeber. Von 1926 bis 1945 waren ehemalige Studenten von Titchener (Dallenbach, Washburn, Bentley und Boring) mit Aufgaben der Herausgeberschaft betraut. Die Zeitschrift war fest mit der Cornell Universität, an der Tit-

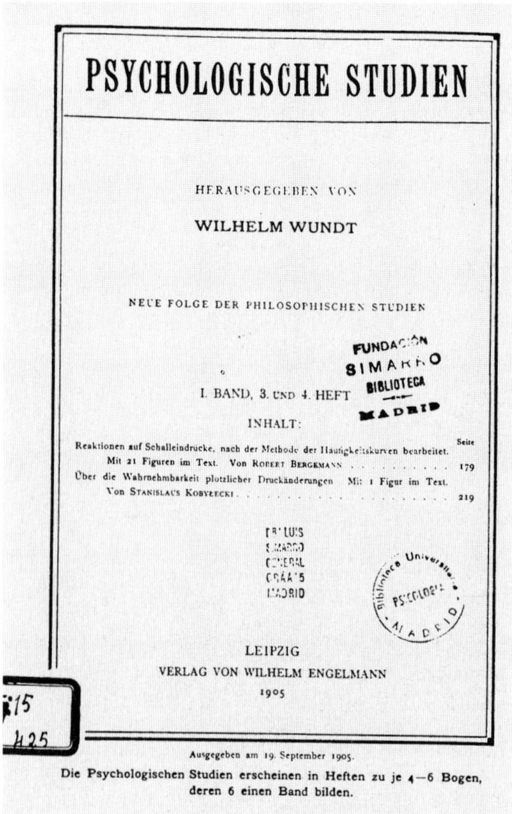
PSYCHOLOGISCHE STUDIEN

HERAUSGEGEBEN VON

WILHELM WUNDT

NEUE FOLGE DER PHILOSOPHISCHEN STUDIEN

I. BAND, 3. UND 4. HEFT

INHALT:

	Seite
Reaktionen auf Schalleindrücke, nach der Methode der Häufigkeitskurven bearbeitet. Mit 21 Figuren im Text. Von Robert Bergemann	179
Über die Wahrnehmbarkeit plötzlicher Druckänderungen. Mit 1 Figur im Text. Von Stanislaus Kobylecki	219

LEIPZIG
VERLAG VON WILHELM ENGELMANN
1905

Ausgegeben am 19. September 1905.

Die Psychologischen Studien erscheinen in Heften zu je 4–6 Bogen, deren 6 einen Band bilden.

Abb. 2: Psychologische Studien, die Nachfolgezeitschrift der *Philosophischen Studien*, in dem die Arbeiten des Leipziger Kreises veröffentlicht wurden.

chener arbeitete, verbunden. Die Herausgeberpolitik war liberal, und durch die Veröffentlichungen waren die klassische deutsche Psychologie sowie der Strukturalismus in der Amerikanischen Szene weitgehend präsent (Tortosa et al. 1987).

Einige Jahre später beschlossen James McKeen Cattell (1860–1944) und James Mark Baldwin (1861–1934), aufgrund der Schwierigkeiten und Mißverständnisse zwischen G. Stanley Hall und seinen Kollegen (Ross 1972) eine neue Zeitschrift zu gründen, *The Psychological Review* (1894). Sie enthielt Beiträge zu laborexperimentellen Ergebnissen, Reviewartikel und theoretische Arbeiten. Diese Zeitschrift räumte dem amerikanischen Funktionalismus viel Raum ein, aber alle anderen Schulen und Theorien bekamen ebenfalls Möglichkeiten, ihre Hauptideen zu präsentieren (Calatayud et al. 1987). Baldwin und Warren gründeten 1904 das *Psychological Bulletin* mit dem Ziel, kritische Reviews und Informationen zu bibliographischen und professionellen Fragen anzubieten. In enger Beziehung zu diesen beiden Zeitschriften wurde 1916 *The Journal of Experimental Psychology (JEP)* gegründet, um die wachsende Zahl laborexperimenteller Arbeiten zu präsentieren und Informationen zu neuen Instrumenten und Arbeitsmöglichkeiten zu geben. Diese Zeitschrift wurde für mehrere Jahrzehnte das bekannteste Spezialorgan für experimentelle Psychologie in den USA. Der erste Herausgeber, John B. Watson, hatte es geschafft, der Zeitschrift schon in ihren frühen Anfängen einen Platz unter den „Forschungsfront"-Zeitschriften zu sichern. 1974 wurde sie durch vier mehr spezialisierte Zeitschriften ersetzt: *JEP General, JEP Animal Behavior Processes, JEP Human Learning and Memory* und *JEP Human Perception and Performance*. Diese Entwicklung verdeutlicht den stetig wachsenden Komplexitätsgrad psychologischer Forschung, wobei experimentelle Psychologie und physiologische Psychologie sowie Methodologie die Hauptthemen der Zeitschrift sind.

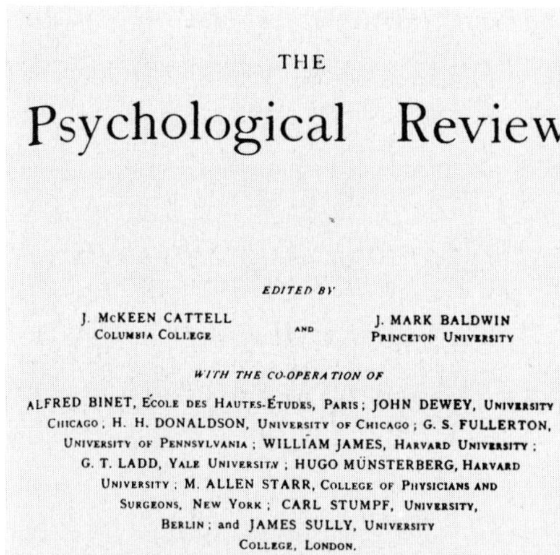
THE

Psychological Review

EDITED BY

J. McKEEN CATTELL, COLUMBIA COLLEGE AND J. MARK BALDWIN, PRINCETON UNIVERSITY

WITH THE CO-OPERATION OF

ALFRED BINET, ÉCOLE DES HAUTES-ÉTUDES, PARIS; JOHN DEWEY, UNIVERSITY OF CHICAGO; H. H. DONALDSON, UNIVERSITY OF CHICAGO; G. S. FULLERTON, UNIVERSITY OF PENNSYLVANIA; WILLIAM JAMES, HARVARD UNIVERSITY; G. T. LADD, YALE UNIVERSITY; HUGO MÜNSTERBERG, HARVARD UNIVERSITY; M. ALLEN STARR, COLLEGE OF PHYSICIANS AND SURGEONS, NEW YORK; CARL STUMPF, UNIVERSITY, BERLIN; and JAMES SULLY, UNIVERSITY COLLEGE, LONDON.

Volume I. 1894.

PUBLISHED BI-MONTHLY BY
MACMILLAN AND CO.,
66 FIFTH AVENUE, NEW YORK,
AND LONDON.

Copyright, 1894, by MACMILLAN & Co.

Abb. 3: The Psychological Review. Diese Zeitschrift, die den amerikanischen Funktionalismus vertrat, wurde zum wichtigsten theoretischen Organ, wobei alle Schulen berücksichtigt wurden.

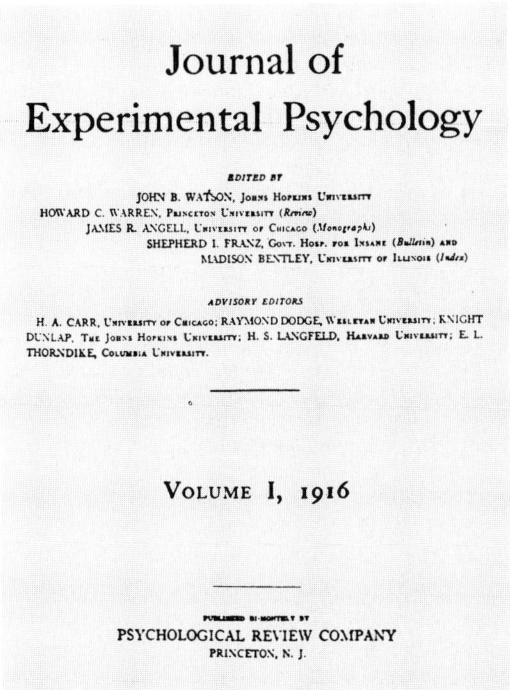
Journal of
Experimental Psychology

EDITED BY
JOHN B. WATSON, Johns Hopkins University
HOWARD C. WARREN, Princeton University (Review)
JAMES R. ANGELL, University of Chicago (Monographs)
SHEPHERD I. FRANZ, Govt. Hosp. for Insane (Bulletin) and
MADISON BENTLEY, University of Illinois (Index)

ADVISORY EDITORS
H. A. CARR, University of Chicago; RAYMOND DODGE, Wesleyan University; KNIGHT DUNLAP, The Johns Hopkins University; H. S. LANGFELD, Harvard University; E. L. THORNDIKE, Columbia University.

VOLUME I, 1916

PUBLISHED BI-MONTHLY BY
PSYCHOLOGICAL REVIEW COMPANY
PRINCETON, N. J.

Abb. 4: Journal of Experimental Psychology. Das wichtigste Organ für Experimentalisten und Laborforscher in den USA, hauptsächlich an „harter" psychologischer Forschung interessiert.

C. Hull, E. Hilgard und R. Dodge sowie E. Thorndike sind die am häufigsten zitierten Autoren (Carbonell et al. 1987). Die Zeitschriften bilden den Kern des bis jetzt kontinuierlich expandierenden Zeitschriftennetzwerkes der American Psychological Association.

In Frankreich gründete und editierte 1876 Théodule Ribot (1839–1916) die *Revue philosophique*, in der wiederholt einige psychologische Arbeiten abgedruckt wurden. Nach der Gründung des Laboratoriums an der Sorbonne durch H. Beaunis und A. Binet (1889) begannen diese das *Bulletin des Travaux du Laboratoire* (1893/94) zu veröffentlichen, das bald in das *L'Année Psychologique* (1894) geändert wurde und seitdem regelmäßig erscheint. Zwei große Abschnitte können in seiner Entwicklung bis 1945 gesehen werden: der erste unter Binets Herausgeberschaft (1894–1912) und der zweite während der Herausgeberschaft von Piéron (1913–1945). In der früheren Phase finden sich häufig Beiträge von Bourdon, van Biervliet, Simon, Henri, Claparède, Laguier des Bancels, während Guillaume, Fessard, Blondel u. a. m. eher in der späteren Phase auftauchen. Beide Herausgeber stehen an der Spitze der Liste der produktivsten Autoren der Zeitschrift, und jeder von ihnen hatte eine große Gruppe von Mitstreitern. Zu ihren wichtigsten Themen gehören Empfindung und Wahrnehmung, Vergleichende Psychologie und Angewandte Psychologie (über 10% bei der Zahl ihrer Beiträge). Außerdem ist erwähnenswert, daß beide Herausgeber die meist zitierten Autoren in der Zeitschrift sind, Piéron mit 289 Zitationen und Binet mit 198 Zitationen (Moltó & Carpintera, 1987).

Aufgrund der Publikationsbedürfnisse der französischen Institute und Laboratorien wurden noch einige andere Zeitschriften gegründet. Unter ihnen verdient das *Journal de psychologie normale et pathologique* (1904), gegründet von Pierre Janet (1859–1947) in Zusammenarbeit mit Georges Dumas (1866–1946), erwähnt zu werden. Janet war bis 1937 Herausgeber. Die *Revue de psychologie appliquée*, das *Bulletin de psychologie* und die *Annales Médico-psychologiques* können hier ebenfalls erwähnt werden.

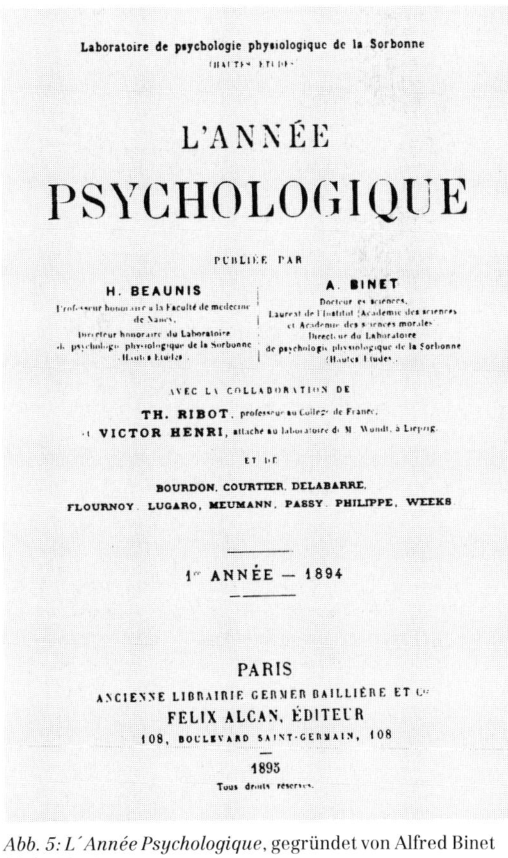
Laboratoire de psychologie physiologique de la Sorbonne

L'ANNÉE
PSYCHOLOGIQUE

PUBLIÉE PAR

H. BEAUNIS
Professeur honoraire à la Faculté de médecine de Nancy,
Directeur honoraire du Laboratoire de psychologie physiologique de la Sorbonne (Hautes Études).

A. BINET
Docteur ès sciences,
Lauréat de l'Institut (Académie des sciences et Académie des sciences morales)
Directeur du Laboratoire de psychologie physiologique de la Sorbonne (Hautes Études).

AVEC LA COLLABORATION DE
TH. RIBOT, professeur au Collège de France,
ET VICTOR HENRI, attaché au laboratoire de M. Wundt, à Leipzig.

ET DE
BOURDON, COURTIER, DELABARRE,
FLOURNOY, LUGARO, MEUMANN, PASSY, PHILIPPE, WEEKS

1re ANNÉE — 1894

PARIS
ANCIENNE LIBRAIRIE GERMER BAILLIÈRE ET Cie
FELIX ALCAN, ÉDITEUR
108, BOULEVARD SAINT-GERMAIN, 108
—
1895
Tous droits réservés.

Abb. 5: L´Année Psychologique, gegründet von Alfred Binet (siehe Text).

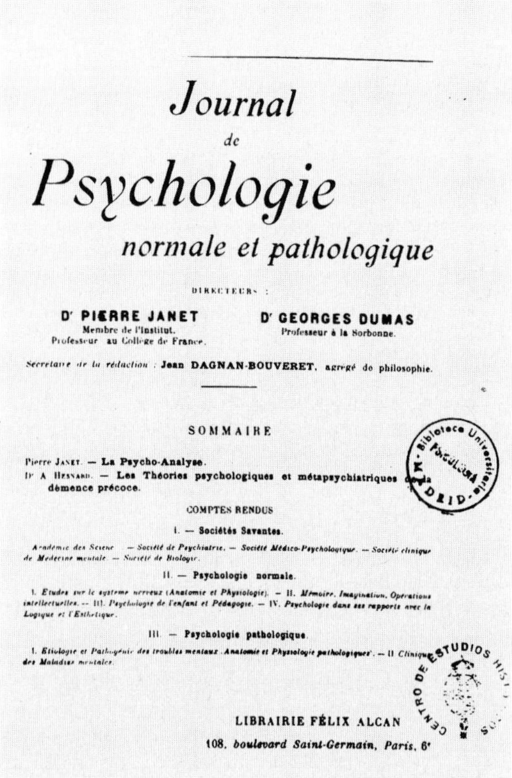

Journal de Psychologie normale et pathologique

DIRECTEURS :

Dr PIERRE JANET
Membre de l'Institut.
Professeur au Collège de France.

Dr GEORGES DUMAS
Professeur à la Sorbonne.

Secrétaire de la rédaction : Jean DAGNAN-BOUVERET, agrégé de philosophie.

SOMMAIRE

Pierre JANET. — La Psycho-Analyse.
Dr A HESNARD. — Les Théories psychologiques et métapsychiatriques de la démence précoce.

COMPTES RENDUS

I. — Sociétés Savantes.

Académie des Sciences. — Société de Psychiatrie. — Société Médico-Psychologique. — Société clinique de Médecine mentale. — Société de Biologie.

II. — Psychologie normale.

I. Etudes sur le système nerveux (Anatomie et Physiologie). — II. Mémoire, Imagination, Opérations intellectuelles. — III. Psychologie de l'enfant et Pédagogie. — IV. Psychologie dans ses rapports avec la Logique et l'Esthétique.

III. — Psychologie pathologique.

I. Etiologie et Pathogénie des troubles mentaux (Anatomie et Physiologie pathologiques). — II. Clinique des Maladies mentales.

LIBRAIRIE FÉLIX ALCAN
108, boulevard Saint-Germain, Paris, 6e

Abb. 6: Journal de Psychologie normale et pathologique, gegründet durch P. Janet (siehe Text).

In der Schweiz wurde 1902 von T. Flournoy und E. Claparède in französischer Sprache das *Archives de Psychologie* gegründet. Beide Herausgeber waren Professoren an der Universität Genève. Kinder- und Experimentelle Psychologie waren die hauptsächlichen Themen. Claparède, Binet, Flournoy, Jung und viele andere waren unter den am häufigsten abgedruckten Autoren.

Die italienische Psychologie erhielt einen wesentlichen Stimulus durch den 5. Internationalen Kongress in Rom 1905. Im selben Jahr erschien die erste spezialisierte psychologische Zeitschrift: *Rivista di Psicologia applicata alla Pedagogia ed alla Psicopatologia*. Ihr Begründer war der Psychiater Giulio Cesare Ferrari (1868–1932), der ein psychologisches Laboratorium am Instituto Psichiatrico di Reggio nell' Emilia leitete. Er hatte engen Kontakt zu europäischen und amerikanischen Psychologen, gab die Zeitschrift bis zu seinem Tod heraus und übersetzte James *Principles of Psychology* 1901 ins Italienische. Die Zeitschrift erlebte viele Änderungen ihres Titels, was als ein deutlicher Hinweis auf die Schwierigkeiten der italienischen Psychologie bei der Findung ihres theoretischen Standortes verstanden werden kann. Ihr gegenwärtiger Titel ist *Rivista di Psicologia*, gegründet von F. Kiesow und A. Gemelli 1919/20, das *Archivio di Psicologia, Neurologia, Psichiatria e Psicoterapia* wurde von Gemelli 1938 gegründet (Marhaba, 1981).

Die russischen psychologischen Zeitschriften sind ebenfalls von den großen politischen und sozialen Veränderungen der russischen Gesellschaft in unserem Jahrhundert beeinflußt worden. Das erste Magazin *Problems of Philosophy and Psychology* wurde 1889 von Nikolai Grot (1852–1899) gegründet und existierte bis 1917 (Kozulin 1984). 1904 gründete Wladimir Bechterew (1857–1927) das *Vestnik psikhologgii, kriminal'noy antropologii i gipnotizma* (Bulletin der Psychologie, Kriminalanthropologie und Hypnotismus) (Brožek, 1972). Nach der russischen Revolution wurden 1928 einige weitere Zeitschriften gegründet, so u.a. *Psikhologiya* (Psychologie), zuerst herausgegeben von K. Kornilow und anschließend von V. Kolbanovskiy. *Pedologiya* (Pedologie), herausgegeben von A. Zalkind und *Psikhofiziologiya truda i psikhotekhnika* (Psychologie der Arbeit und Psychotechniken), herausgegeben von I. Shpil'reyn, 1934 umbenannt in *Sovetskaya psikhotekhnika* (Sowjetische Psychotechniken). Alle Zeitschriften wurden 1936 eingestellt. Dies lief parallel zu anderen repressiven Maßnahmen der Kommunistischen Partei gegen die Psychologie, entsprechend dem bekannten Dekret *Gegen die psychologischen Entstellungen (Verdrehungen) im sowjetischen Schulsystem* vom 4. Juli 1936. Seit diesem Zeitpunkt konnten bis 1955 psychologische Arbeiten nur erscheinen, wenn sie mit den Anforderungen der linientreuen psychologischen oder pädagogischen Zeitschriften übereinstimmten (Mc Leish 1975). 1953 starb Stalin, und zwei Jahre später wurde die Zeitschrift *Voprosy psikhologii* (Probleme der Psychologie) von K. Kornilow, A. Smirnow und anderen bekannten Psychologen gegründet und herausgegeben.

Einige vergleichbare Aspekte können in der Entwicklung spanischer psychologischer Zeitschriften gesehen werden. Die älteste unter ihnen, *Archivos de Neurobiología, Psicología, Fisiología, Histología, Neurología y Psiquiatría* wurde 1920 von dem Philosophen J. Ortega y Gasset (1883–1955) und den Psychiatern G. Rodriguez-Lafora (1886–1971) und J. M. Sacristán gegründet. Unter ihren Autoren sollten die Namen von E. Mira-López (1896–1964) und J. Germain (1898–1986) nicht vergessen werden. Einige andere Zeitschriften erschienen kurz vor dem spanischen Bürgerkrieg (1936–1939) und existierten nicht sehr lange. Nach dem Krieg wurde die Zeitschrift *Psicotécnica* (1939) gegründet, deren Name später in *Revista de Psicologia General y Aplicada* (1946) geändert wurde. Sie erscheint immer noch und ist das Medium der Spanischen Psychologischen Gesellschaft. Der Krieg beendete das Leben der Zeitschriften und veränderte ihre Existenzbedingungen. Nur dort, wo eine psychologische Ausbildung mit Abschluß an den Universitäten existierte, wurden neue Zeitschriften zur Befriedigung der neuen Publikationsbedürfnisse von Instituten und Arbeitsgruppen eingerichtet.

Eine Aufzählung der Spezialisierungen in der Psychologie und der theoretischen Schulen würde den Rahmen dieses Beitrages sprengen. Psychoanalyse, Methodologie, Schul- und klinische Psychologie haben ihre eigenen Medien entwickelt. Sie können in anderen Studien gewürdigt werden. Ohne jeden Zweifel sind Zeitschriften das große Medium für die Verbreitung psychologischer Ideen und Theorien, die aktuell existieren. Sie enthalten in einer reichen und konkreten Weise große Schätze, aus denen die wahre Geschichte der wissenschaftlichen Psychologie erarbeitet werden sollte.

Literatur

Ash, M. (1982). The emergence of Gestalt theory: Experimental psychology in Germany 1890–1920. Ph.D. thesis, Harvard University.

Balaguer, I., Tortosa, F. & Carpintero, H. (1987). La psicología británica a través del „British Journal of Psychology" (1904–1945). Revista de Historia de la Psicología, 1–2, 141–162.

Bataller, I. (1991). Una visión de la psicología alemana: Estudio histórico de la revista „Psychologische Studien" (1904–1918). Tesis, Universidad de Valencia.

Ben David, J. & Collins, R. (1966). Social factors in the origin of a new science: The case of psychology. American Sociological Review, 31, 451–465.

Brozek, J. (1972). Some significant historical events in the development of Soviet psychology. In: J. Brožek & D. Slobin (Eds.), Psychology in the USSR: A historical perspective, New York: Internat. Arts & Sciences Press.

Calatayud, C.; Carpintero, H.; Peiró, J. M. & Tortosa, F. (1987). La psicología americana a través del „Psychological Review" (1894–1945). Revista de Historia de la Psicología, 1–2, 39–66.

Carbonell, E.; Martí, C.; Burillo, J.; Tortosa, F. & Carpintero, H. (1987). El „Journal of Experimental Psychology" y la psicología experimental americana entre 1916 y 1945. Revista de Historia de la Psicologia, 1–2, 87–120.

Carpintero, H. & Tortosa, F. (1991). Die Evolution psychologischer Forschungsfelder. Eine Betrachtung anhand der „Psychological Abstracts". In: H. E. Lück & R. Miller (Hg.), Theorien und Methoden psychologiegeschichtlicher Forschung, (S. 91–109), Göttingen: Hogrefe.

Daniel, R. S. & Louttit, C. M. (1953), Professional problems in psychology, Englewood Cliffs: Prentice Hall.

Garfield, E. (1977). Essay of an information scientist, I, Philadelphia: ISI Press.

Garvey, W. D. (1979). Communication: The essence of science. Oxford: Pergamon.

Kozulin, A. (1984). Psychology in Utopia. Toward a social history of Soviet psychology. Cambridge: MIT Press.

Loutit, C. M. (1932). Handbook of psychological literature. Bloomington: The Principia Press.

McLeish, J. (1975). Soviet psychology: History, theory, content. London: Methuen.

Moltó, J. & Carpintero, H. (1987). La psicología francesa en la revista „L'Année Psychologique" (1894–1945), Revista de Historia de la Psicología, 1–2, 163–182.

Marhaba, S. (1981). Lineamenti della psicologia italiana. 1870–1945, Firenze: Giunti Barbera.

Montoro, L. & Carbonell, E. (1989). La comunicación científica en psicología: producción y diseminación de la información. In: J. Arnau & H. Carpintero (Eds), Historia, teoría y método, (p. 391–416). Madrid: Alhambra.

Peiró, J. M. & Carpintero, H. (19819. Historia de la psicología en España a través de sus revistas especializadas. Revista de Historia de la Psicología, 2, 143–181.

Price, I. J. de S. & Beaver, D. (1970). Collaboration in an 'Invisible College'. American Psychologist, 21, 1011–1018.

Ross, D. (1972). G. Stanley Hall. The psychologist as a prophet, Chicago, Ill.: University of Chicago Press.

Sáiz Roca, M.; Sáiz Roca, D. & Mülberger, A. (1990). La psicología alemana a través de la revista „Philosophische Studien". Revista de Historia de la Psicología, 3–4, 411–422.

Tortosa, F. (1985). Las redes de revistas psicológicas como instrumento historiográfico. In: Rodríguez, S. (Ed.), Estudios de historia de la psicología. Teoría y métodos de investigación, (p. 81–103), Salamanca: Instituo de Ciencias de la Educación, Universidad de Salamanca.

Tortosa, F., Carpintero, H. & Peiró, J. M. (1987). La psicología americana a través del „American Journal of Psychology", Revista de Historia de la Psicología, 1–2, 5–38.

Xhignesse, L. V. & Osgood, C. (1977). Bibliographical citation characteristics of the psychological journal network in 1950 and in 1960. American Psychologist, 32, 778–791.

Ziman, J. (1968). Public knowledge, Cambridge: Cambridge University Press.

Übersetzung aus dem Englischen:
R. Miller

Der Archivar

John A. Popplestone und Marion White McPherson

Wie auf jedem anderen historischen Gebiet ist auch über die Geschichte der Psychologie Information in der Regel in authentischer sprachlicher Form verfügbar, wobei die wichtigste Grundlage der Darstellungen unveröffentlichte Originaldokumente bilden. Es liegt in der Verantwortung von Archiven, solche Dokumente sicherzustellen, zu schützen und Fachleuten zugänglich zu machen. Als die *Archives of the History of American Psychology* (Archiv für die Geschichte der Amerikanischen Psychologie) eingerichtet wurden, drängten viele Mitglieder der psychologischen und historischen Gesellschaften darauf, eine sehr weitgefaßte Sammlungspolitik anzustreben. Als ein Ergebnis dieser Politik gehören nun zu den Repositorien Hunderte von Metern Papierdokumente, eine Menge von Geräten und eine große Anzahl von Fotos, Tests, Filmen und (vervielfältigten) sonstigen Dingen. Die im folgenden gezeigten Stücke bilden nur eine sehr kleine Auswahl.

Literatur

Popplestone, J. A. & M. White McPherson (1991). Das Archiv für die Geschichte der Amerikanischen Psychologie 1965–1989. In: H. E. Lück & R. Miller (Hg.): Theorien und Methoden psychologiegeschichtlicher Forschung (S. 166–176). Göttingen: Hogrefe.

Übersetzung aus dem Englischen: H. E. Lück

Abb. 1: Dieses Flugblatt wurde in großer Zahl beim 98sten Jahreskongreß der American Psychological Association in Boston, Mass., verteilt. Es sollte auf eine Programmänderung bei der Eröffnungsveranstaltung hinweisen, die sich auf die Verleihung einer besonderen Ehrung für B. F. Skinner für dessen „Lifetime Contribution to Psychology" bezog. Der Empfänger, zu diesem Zeitpunkt 86 Jahre alt, ließ seine Zuhörer wissen, daß sein nun Tod nahe sei; so wurde sein Vortrag zu einem Abschiedstreffen mit der Psychologenschaft. Skinner starb bereits acht Tage später.

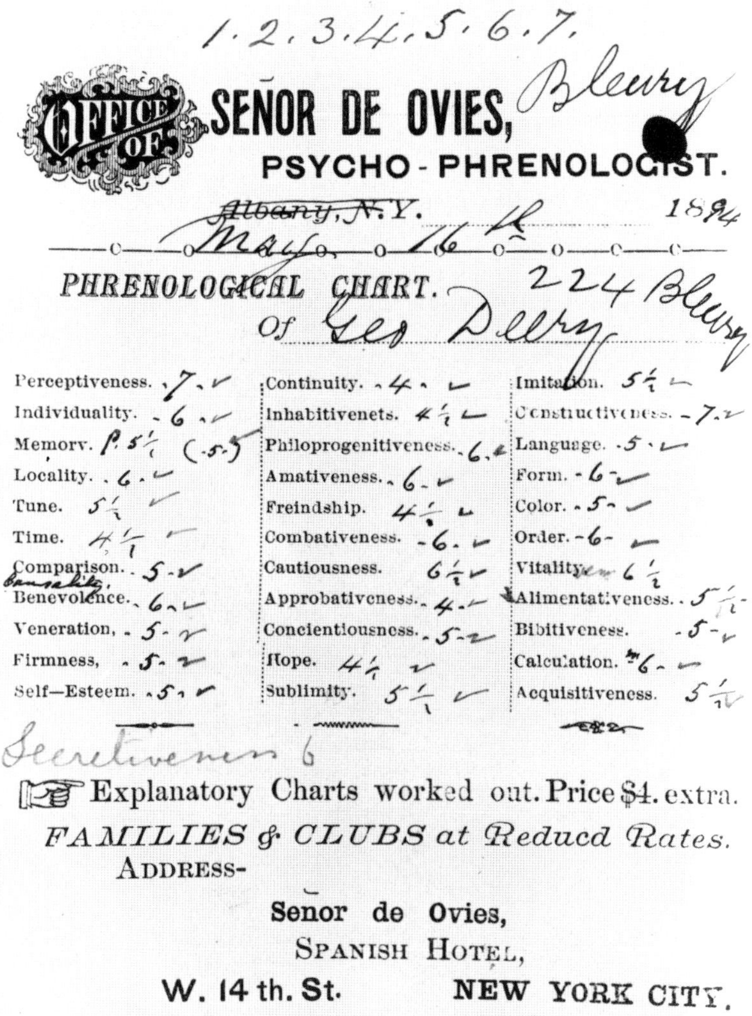

1·2·3·4·5·6·7·

OFFICE OF SEÑOR DE OVIES, Bleury
PSYCHO-PHRENOLOGIST.

~~Albany, N.Y.~~ May 16th 1894

PHRENOLOGICAL CHART. 224 Bleury
Of Geo Dellry

Perceptiveness. 7	Continuity. 4	Imitation. 5½
Individuality. 6	Inhabitivenets. 4½	Constructiveness. 7
Memory. P. 5½ (5.5)	Philoprogenitiveness. 6	Language. 5
Locality. 6	Amativeness. 6	Form. 6
Tune. 5½	Freindship. 4½	Color. 5
Time. 4½	Combativeness. 6	Order. 6
Comparison. 5	Cautiousness. 6½	Vitality 6½
Benevolence. 6	Approbativeness. 4	Alimentativeness. 5½
Veneration. 5	Concientiousness. 5	Bibitiveness. 5
Firmness. 5	Hope. 4½	Calculation. 6
Self—Esteem. 5	Sublimity. 5½	Acquisitiveness. 5½

Secretiveness 6

Explanatory Charts worked out. Price $4. extra.
FAMILIES & CLUBS at Reducd Rates.
ADDRESS-
Señor de Ovies,
SPANISH HOTEL,
W. 14 th. St. NEW YORK CITY.

Abb. 2: Der Experimentalpsychologie und deren Anwendung war die pseudowissenschaftliche Phrenologie vorausgegangen, die anhand der Vertiefungen und Ausbuchtungen des Schädels die Persönlichkeit zu diagnostizieren suchte. Die Beschreibungen sollten den gleichen Zweck erfüllen wie moderne psychologische Persönlichkeitsprofile oder Psychogramme.

Diese phrenologische „Karte" ist die quantitative Zusammenfassung einer phrenologischen Untersuchung. Jede geistige Fähigkeit wurde gemessen und mit einem Wert von 1 bis 7 bezeichnet, wodurch die *Stärke* dieser Fähigkeit zum Ausdruck gebracht werden sollte. Dazu werden qualitative Angaben über jede Fähigkeit gemacht. Hier sind einige solcher Anmerkungen über zwei durchschnittliche und zwei hohe Werte:

Beständigkeit (4): „Sie können alles zum Abschluß bringen, was Sie begonnen haben – aber dies gelingt Ihnen besser, wenn Sie mehrere Dinge tun können. Der Großhandel, Kauf und Verkauf in großen Mengen würde zu Ihnen am besten passen."

Zustimmungsbereitschaft (4): „Sie sind nicht von öffentlicher Meinung bestimmt – Sie sind nicht unempfindsam gegenüber Lob und Tadel; Sie schöpfen Verdacht, wenn jemand Ihnen schmeichelt."

Auffassungsvermögen (7): „Sie würden ein erstklassiger Detektiv sein können – und auch Architekt, Eisenbahn-Unternehmer, Zimmermann und Konstrukteur."

Konstruktive Begabung (7): „Vermutlich besitzen Sie eine bemerkenswerte mechanische Begabung oder sollte ich sagen Einfallsreichtum – gut im Ausdenken von Entschuldigungen, um aus Schwierigkeiten herauszukommen und geschickt darin, im Theater oder Circus einen Sitz in der ersten Reihe zu bekommen."

Abb. 3: Diese Collage farbiger Papierausschnitte, aufgeklebt auf einem 33 x 50-cm-Karton, wurde durch Henry H. Goddard hergestellt, jenem Psychologen, der den Binet-Simon-Test in den USA 1908 einführte. Die dunklen Stellen sind später durch Plastik-Klebeband entstanden. Auf der Rückseite findet man in Goddards Handschrift: „Gedächtnis-Test – Einer der ersten, der in Vineland 1906–07 hergestellt und verwendet wurde." (Forschungslaboratorium an der „New Jersey Training School for Feeble-Minded Girls and Boys at Vineland"). Es gibt keine Hinweise darauf, daß diese Collage außerhalb von Vineland verwendet wurde.

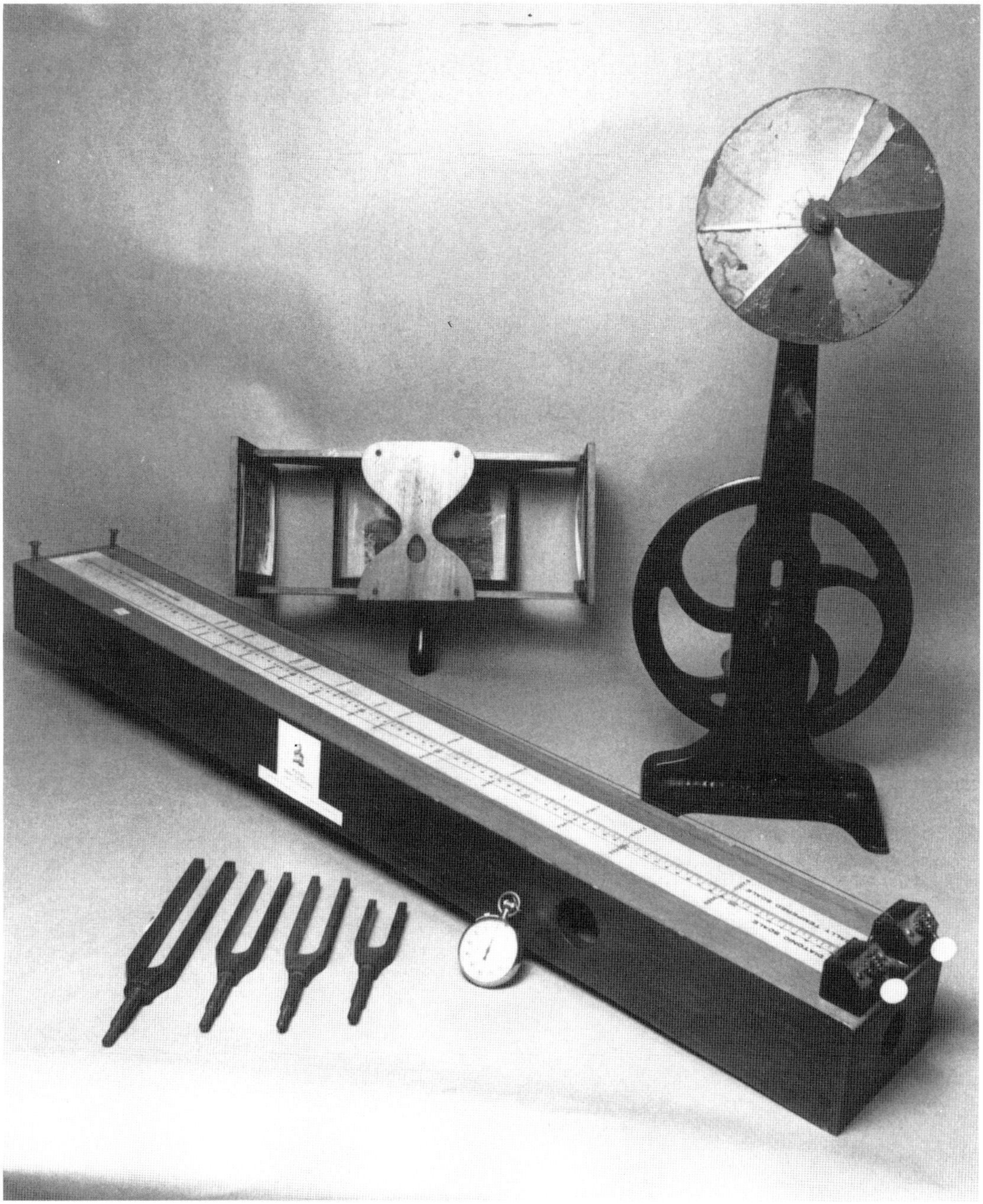

Abb. 4: Dies ist ein Kleinst-Laboratorium. Edmund C. Sanford veröffentlichte im Jahr 1893 *Some practical suggestions on the equipment of a psychological laboratory* (Einige praktische Vorschläge zur Einrichtung eines Psychologischen Laboratoriums) im American Journal of Psychology, Bd. 5, S. 421–438. Er schätzte, daß ein voll ausgestattetes Laboratorium etwa vier- bis fünftausend Dollar (Wert 1893!) kosten würde. „Wenn Beschränkungen massiv sind, so sind die nützlichsten Dinge vielleicht die folgenden: ein Sonometer [Mitte] und ein paar Stimmgabeln für das Gehör [unten links], ein Farbmischgerät [oben rechts] und ein Wheatstone-Stereoskop für die optische Wahrnehmung (letzteres selbstgemacht) [oben links] und eine Stoppuhr [unten Mitte] für Zeitmessungen" (Sanford, 1893, S. 436). Die Laboratorium-Kleinstausrüstung auf dieser Abbildung wurde – vielleicht überhaupt zum erstenmal – für eine Ausstellung zu Ehren des 75sten Jahrestreffens der American Psychological Association im Jahr 1967 zusammengestellt.

Abb. 5, 6 und 7: Dies sind drei Photographien von Carl Stumpf. Auf der ersten (oben links) sieht er jung und hübsch aus (vielleicht idealisiert?). Auf der zweiten (oben rechts) sehen wir den reifen Dozenten, der direkt den Betrachter anschaut, vielleicht bewertend. Die Unterschrift deutet an, daß dies ein „offizielles" Portrait war, geeignet, um es im Labor aufzuhängen. Zum Schluß (unten links) sehen wir einen alten Mann mit undeutlichen Augen und gesenktem Kopf. – Wenn man nur ein Photo zeigen kann, für welches sollte man sich entscheiden, und nach welchen Kriterien sollte man es auswählen?

Abb. 8: Dies sollte die letzte Sommerschule für englischsprechende Studenten am Psychologischen Institut der Universität Wien sein. Hitler marschierte im März 1938 in Österreich ein, nur sieben Monate nach dieser Veranstaltung. Fünf von den sieben hier namentlich genannten Dozentinnen und Dozenten emigrierten nach dem „Anschluß" in die USA: Egon Brunswik, Charlotte Bühler, Karl Bühler, Else Frenkel(-Brunswik) und Kate (Katherine M. T.) Wolf.

University of Vienna

Psychological Institute

July 12 — August 7, 1937

Sixth Annual Summer School in Psychology

Eight courses for English-speaking students

(1) HUMAN PERSONALITY (Karl Bühler)
A survey of different means of determining personality and character. — **(6 hours lectures.)**

(2) SPEECH AND LANGUAGE (Karl Bühler)
An analysis of the structure of language; speech in its three aspects: expression, representation, appeal. — **(6 hours lectures.)**

(3) CHILDHOOD AND ADOLESCENCE (Charlotte Bühler)
A survey of the most important recent experimental and observational studies on children and adolescents, tracing the entire development of the individual from birth to maturity through its five principal phases. — **(10 hours lectures, 4 hours demonstrations.)**

(4) BIOGRAPHICAL METHODS (Charlotte Bühler, Else Frenkel)
An analysis of those attitudes towards life that are common to and typical of all individuals in certain periods of life. A new methodology, based on a detailed psychological examination of biographies and case histories. — **(10 hours lectures.)**

(5) EXPERIMENTAL PSYCHOLOGY (Egon Brunswik)
Demonstration and theoretical discussion of outstanding recent European investigations in experimental psychology, including: object-constancy in perception, Gestalt, eidetic imagery, perception-types, psychology of thinking. — **(12 hours lectures with demonstrations.)**

(6) VIENNESE TESTS FOR CHILDREN (Lotte Danzinger, Liselotte Frankl)
A discussion, with demonstrations, of the Viennese Developmental Tests and the technique of testing young children. — **(6 hours lectures, 10 hours demonstrations.)**

(7) CASES OF PROBLEM CHILDREN (Charlotte Bühler)
Discussion of the application of the Viennese Tests in cases of different developmental and character problems. Profiles of normal children and of borderline cases. — **(10 hours lectures.)**

(8) PSYCHOLOGY OF EXPRESSION (Käthe Wolf)
A historical survey of the theories of expression; the expressive values of the human voice, face and hands; an inventory of the expressions of the motion picture actor; modes of expression in the film, novel and drama; the film contrasted with speech; indirect interpretation of expression by means of the environmental situation; expression in insanity. — **(10 hours lectures.)**

All Courses taught in English.

Further Information

regarding courses, tuition fees, registration, certificates, examinations, credit, living arrangements in Vienna

may be obtained from:
Psychological Institute
University of Vienna
I. Liebiggasse 5, Vienna, Austria
(Phone A-21-0-74)

or from:
Dr. Henry Beaumont
Dep. of Psychology
University of Kentucky
Lexington, Ky.

Printed in Austria — ARTUR SCHZFCZIK & SOHN, WIEN, VII, BREITE GASSE 14

Please post

Abb. 9: Die veröffentlichte biographische Literatur enthält Anekdoten über die Lebhaftigkeit sowohl von Kurt Lewin als auch von Iwan Petrovitsch Pavlov; aber formelle Portraits und sogar private Schnappschüsse bestätigen diese Lebhaftigkeit kaum. Indes halten einige Filme über beide Männer deren Lebhaftigkeit fest und dienen so als Bestätigung großer Aktivität. Zum Beispiel zeigt dieses Bild, das einem Film entnommen ist, Pavlov, wie er in den dreißiger Jahren Besucher (vermutlich bei der biologischen Forschungsstation in Koltushy) begrüßt. Dieses Bild vermittelt die Energie, die so viele beobachtet haben.

Abb. 10: Dieses Bild ist vielleicht etwas anderes, als man denkt! – Das 24 x 35-cm-Portrait hing viele Jahre lang im Department of Psychology der University of Nebraska. In seinem schwarz gebeizten Eichenrahmen macht das sepiafarbene Bild starken Eindruck. Es gibt aber ein Problem. Denn es gibt keinen „Alfred Stern" in der Geschichte der Psychologie, wenigstens nicht im späten 19ten Jahrhundert, wie die Kleidung des Abgebildeten vermuten läßt. Ein *Albert* Stern machte 1884 in Leipzig Examen, aber dies ist *Alfred*. Ein Erklärungsversuch ist, daß „Alfred Stern" nur eine Kombination von *Alfred* Binet und William *Stern* ist und daß das Portrait nur einen Patienten zeigt; wenn dies stimmt, so ist das ganze also nur ein gut ausgedachter akademischer Spaß.

Abb. 11: Archivmaterial ist nicht immer eindeutig. – Dieses unklare und unscharfe Bild verdeutlicht einige Probleme, die man hat, wenn man Bilder aus Filmen verwendet. Dieses Bild ist ein Ausschnitt aus den Filmen von Experimenten, die nach Planungen von Kurt Lewin in den späten dreißiger Jahren von Doktoranden an der University of Iowa durchgeführt wurden. Diese Studien waren neuartige Untersuchungen über die Reaktionen von Jungen auf autokratische und demokratische Führer und auf Laissez-faire-Atmosphären. Der Führer auf diesem Foto ist vermutlich Boyd McCandless.

Ronald Lippitt, einer der Versuchsleiter, versucht den Film so zu erklären: „Hinter den Decken im Raum, die man im Film sehen konnte, waren Jack Kounin und Joan Kalhorn und zwei Mädchen, die in Ein-Minuten-Abständen in Kurzschrift Notizen machten. Ralph [White] und ich hatten die anstrengende Aufgabe, für jeden in Ein-Minuten-Intervallen alles festzuhalten, alle waren mit dem Gruppenbeobachter synchronisiert, Interaktionsbeobachter, Inhaltsbeobachter, alle waren an eine Einrichtung mit Summtönen im Minutenabstand angeschlossen. Kurt [Lewin] lief mit einer Kamera hinter dem Leinwandvorhang herum. Kurt hatte eine kleine Leiter, von der aus er filmen konnte. Ralph hatte $400 Forschungsgeld, und das reichte für die Ausrüstung, die wir hatten." (L. P. Bradford, National Training Laboratories, Privatband, 1974, S. 9).

Der Bibliothekar

Walter Stallmeister

Jüngste bibliotheks- oder bibliothekarsgeschichtliche Publikationen (Rost, 1991; Jochum, 1991) weisen auf psychologische Aspekte des Bibliothekarberufes hin. „Die Bibliothekarsgeschichte, würde sie je geschrieben, ergäbe ein Spektrum von Verhaltensweisen, das vom traditionsverpflichteten und verantwortungszerquälten Zauderer bis zum willfährigen Büttel von Eintagslaunen und vom menschheitsbeglückenden Literaturfreund bis zum in Formalien erstarrten Beamten reicht" (Rost, 1990, S. 68).

Vor der eigentlichen und in der frühen Professionalisierungsphase waren Bibliotheken oft „Rastplatz für Höhenflüge oder Fangkorb bei Abstürzen" (S. 83). Berühmte Dichter und Wissenschaftler werden als Bibliothekare oder nebenamtliche Bibliothekare vorgestellt, wie z.B. Leibniz, Lessing, Goethe und Theodor Mommsen. Der Althistoriker Georg Niebuhr verlangte vom Bibliothekar „einigermaßen gesunden Menschenverstand und unterwürfige Arbeitsamkeit" (S. 92), die sich besonders beim Katalogisieren bewähren sollte. Theodor Mommsen bereitete es Verdruß, „nur Ziegel für andere zu machen", anstatt selbst Häuser zu bauen (S. 75). Körperliche Gebrechlichkeit und psychische Labilität schienen zur Berufsrolle oder zu den Vorurteilen über sie zu gehören. Ein Berufsanfänger, der einen kräftigen Eindruck macht, regt z.B. zu der erstaunten Frage an: „Und was fehlt Ihnen?" (S. 98). Es wird eine „Bibliopathie" (S. 102) bei Bibliothekaren nicht ausgeschlossen, die sie bei Bearbeitung medizinischer Bücher ihre Arbeitstage mit immer neuen Krankheiten beenden läßt, die den Fachreferenten für Pädagogik dazu anregt, immer neue Erziehungsmethoden an seinen Mitmenschen auszuprobieren, und die einen literarischen Ausdruck durch Henry de Montherlant fand, der einen Bibliothekar nach der Lektüre von Freuds *Einführung in die Psychoanalyse* in der Nervenheilanstalt enden ließ. Eine Liste der zwischen 1700 und 1900 in geistige Umnachtung gefallenen Bibliothekare wird aufgestellt, und Todesfälle in der Arbeitsstätte Bibliothek werden geschildert (S. 104–108).

Abb. 1: Karikatur von Friedrich Adolf Ebert (1791–1834). Seine „bibliothekswissenschaftlichen" Theorien kommen uns heute vielleicht z.T. etwas überzogen vor. Er sorgte aber mit dafür, daß der Bibliothekarsberuf, nachdem er vorher von Gelehrten und Künstlern im Nebenamt versehen wurde, als Dienstleistungsberuf ein eigenständiges Profil erhielt. Hierzu gehörte auch eine den gestellten Aufgaben entsprechende Einstellung zum Beruf.

1834 starb Friedrich Adolf Ebert, ein Mitbegründer der „Bibliothekswissenschaft", wenige Tage nach einem Sturz von einer Bibliotheksleiter. In seiner bibliothekswissenschaftlichen Theorie wird eine „einzigartige Verdrängungsleistung" angenommen (Jochum, 1991, S. 17). Eberts Losung für den Bibliothekar war: „Aliis inveniendo consumor" (Ich verzehre mich im Dienst für andere, ebd. S. 21). Uneigennützig soll der Bibliothekar in der „stillen Öde" der Bibliothek sich dem Leben entfremden, um ein späteres fremdes Schaffen vorzubereiten. Die Bibliothek wird für ihn zum „heiligen Ort" einer „himmlischen Wahrheit" (S. 17). Ebert war ein Vertreter einer systematischen Buchaufstellung, der das Lokalgedächtnis des Bibliothekars als lebendiger Katalog entsprach (S. 15). Die eigentlichen Kataloge hatten nur eine sekundäre Bedeutung. Es ging Ebert hierbei nicht um ein bloßes Ordnen von Büchern, sondern um den

Wilhelm Falconer's
Doktors der Arzneigelahrheit und Mitglieds der Königlichen Gros-
brittannischen Gesellschaft der Wissenschaften
Bemerkungen
über den
Einfluß des Himmelsstrichs,
der Lage,
natürlichen Beschaffenheit und Bevölkerung eines Landes,
der Nahrungsmittel und Lebensart
auf
Temperament, Sitten, Verstandskräfte, Gesetze,
Regierungsart und Religion der Menschen
aus dem Englischen, mit Anmerkungen und Zusätzen.

Mit Chursächsischer Freiheit.

Leipzig
in der Weygandschen Buchh
1782.

Abb. 2: Titelblatt einer „Umweltpsychologie“ aus dem Jahre 1782. Alte Bibliotheken sind schon durch ihren laufenden jährlichen Zuwachs zu immer umfangreicheren Quellensammlungen für die Wissenschaftsgeschichte geworden. Neugründungen von Bibliotheken, wie z.B. die der Gesamthochschulen in Nordrhein-Westfalen, müssen sich aktiv darum bemühen, die für ihre Forschungsgebiete relevanten wissenschaftsgeschichtlichen Veröffentlichungen zu erwerben. Die Bibliothek der Fernuniversität in Hagen hat z.B. das Buch des englischen Arztes William Falconer (1741–1805) *Bemerkungen über den Himmelsstrich*, das von Benjamin Gottlieb Hebenstreit, dem Leipziger Stadtphysicus, ins Deutsche übersetzt und mit einer umfangreichen Einleitung und Anmerkungen versehen wurde, gezielt antiquarisch erworben, weil ein Interesse bestand, Informationen über frühe Vorläufer der Umweltpsychologie zu erhalten.

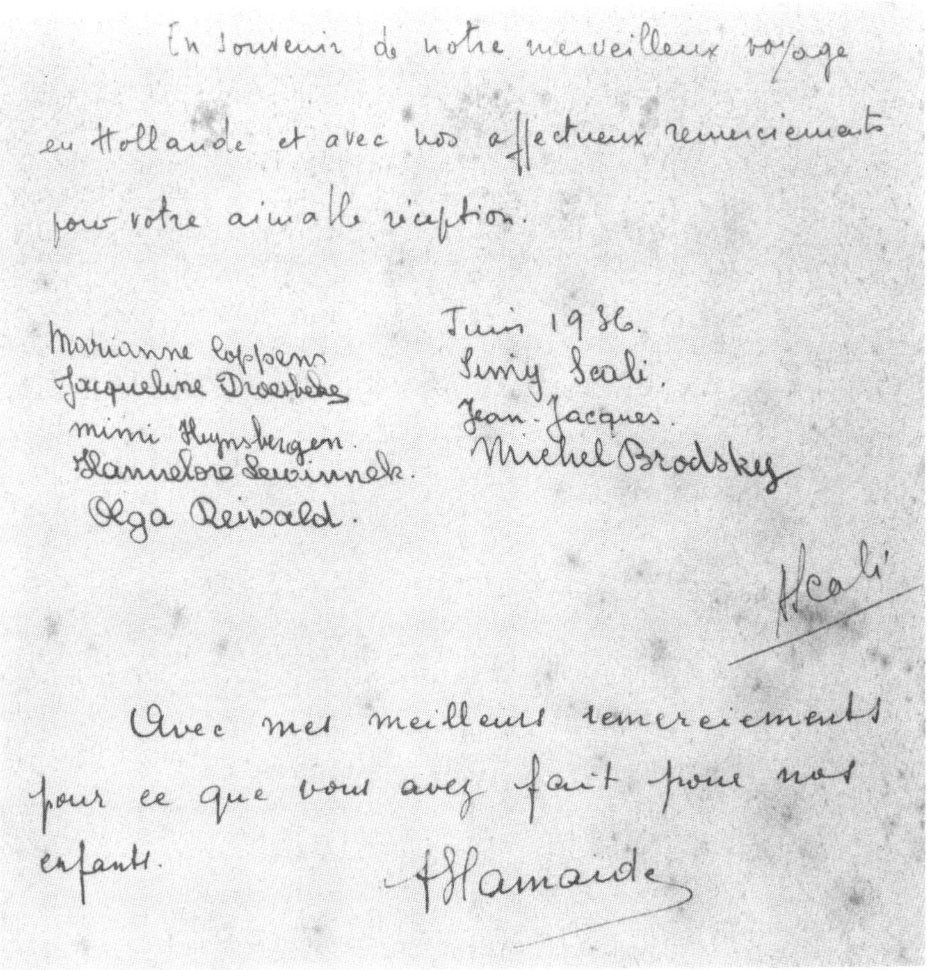

En souvenir de notre merveilleux voyage
en Hollande et avec nos affectueux remerciements
pour votre aimable réception.

Juin 1936.

Marianne Coppens
Jacqueline Droesbeke
mimi Huysbergen.
Hannelore Lewinnek.
Olga Reiwald.

Lény Scali.
Jean-Jacques.
Michel Brodsky

Scali

Avec mes meilleurs remerciements
pour ce que vous avez fait pour nos
enfants.

A Hamaïde

Abb. 3: Handschriftliche Widmung zum Buch *Hommage au Dr. Decroly* (1932). Durch systematisch wissenschaftshistorisch ausgerichtete Erwerbung kommen viele Bücher aus privatem Besitz in öffentliche Bibliotheken. Manchmal ergeben sich aus handschriftlichen Vermerken im Buch Hinweise auf den Personenkreis, der mit der gesammelten Literatur in enger Beziehung steht. Eine Gruppe von Pädagogen verschenkte 1936 die Festschrift zu Ehren des Belgischen Psychologen und Reformpädagogen Ovide Decroly als Dank für eine gastliche Aufnahme in Holland. Eine Unterzeichnerin ist Amélie Hamaïde, Mitherausgeberin und Mitarbeiterin an der Festschrift. Decroly starb 1932 durch einen Autounfall, bevor die Festschrift erschien. Seine Nachfolgerin als Leiterin der von ihm gegründeten Brüsseler Reformschule wurde Hamaïde. Die Widmung ist ein Hinweis auf den verbreiteten damaligen reformpädagogischen Tourismus. Als Empfänger ist eine Person anzusehen, die wie Decroly und Hamaïde in enger Beziehung zur Brüsseler Decroly-Schule und zum „Weltbund für die Erneuerung der Erziehung" stand. Leider gibt das Buch hierüber keine weiteren Aufschlüsse.

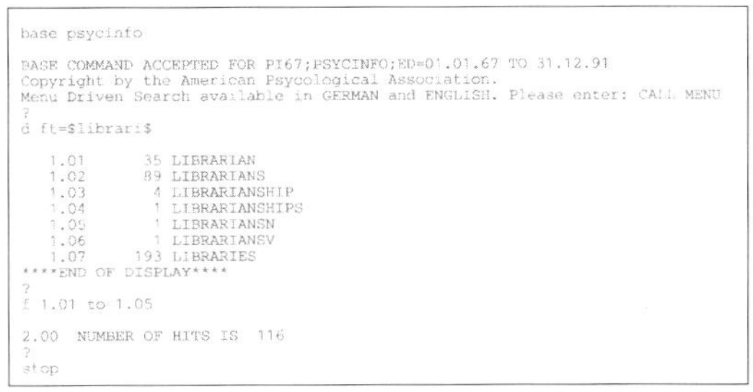

```
base psycinfo

BASE COMMAND ACCEPTED FOR PI67;PSYCINFO;ED=01.01.67 TO 31.12.91
Copyright by the American Psycological Association.
Menu Driven Search available in GERMAN and ENGLISH. Please enter: CALL MENU
?
d ft=$librari$

   1.01       35 LIBRARIAN
   1.02       89 LIBRARIANS
   1.03        4 LIBRARIANSHIP
   1.04        1 LIBRARIANSHIPS
   1.05        1 LIBRARIANSN
   1.06        1 LIBRARIANSV
   1.07      193 LIBRARIES
****END OF DISPLAY****
?
f 1.01 to 1.05

2.00  NUMBER OF HITS IS  116
?
stop
```

Abb. 4: Datenbankanfrage in PSYCINFO zu Stichworten, die den Bibliothekarsberuf und die Bibliotheken betreffen. Der Zugang zu bibliographischen Informationen wird durch Datenbankrecherchen sehr erleichtert und beschleunigt. Die Bibliothekarin/der Bibliothekar stellt hierbei fest, daß sie/er auch ein Thema für die Psychologie abgibt.

Vollzug des Lebens in der Bibliothek (S. 20). Um den Bibliothekar für seinen Beruf vorzubereiten, schrieb Ebert in der großen Zeit der Bildungsromane sein Buch „Die Bildung des Bibliothekars" (1820). Seinem Berufsethos entsprach es, daß er dem Bibliothekar das Schreiben untersagte (S. 21–22). Er selbst schrieb sehr viel, allerdings nur über bibliothekswissenschaftliche Themen.

Eberts großer zeitgenössischer Gegner in der Bibliothekswissenschaft, Martin Schrettinger, hatte eine pragmatische Auffassung. Ziel war für ihn die „schleunige Befriedigung jeden literärischen Bedürfnisses" (Jochum, S. 27). Kataloge, die den Buchbeständen variabel angepaßt werden konnten, sollten dem Benutzer auch ohne die Hilfe des Bibliothekars die Literatur zugänglich machen (S. 29–30). Die inzwischen professionalisierten Bibliothekare sollen aber im 19. Jahrhundert ein Katalogwesen ausgebildet haben, das nur eine Benutzung durch kompetente Fachwissenschaftler zuließ. Die „müßige Öffentlichkeit" mit einem breit gefächerten Lesebedürfnis blieb von der Benutzung wissenschaftlicher Bibliotheken ausgeschlossen und wurde in ihrer „Lesesucht" an die öffentlichen Büchereien verwiesen (S. 50–55).

Durch die preußische *Instruktion für Bibliotheksdiener* von 1812 wurde der Bibliothekar in die staatliche Beamtenordnung eingegliedert (S. 61). Die Anforderungen an den Bibliothekar und seine Ausbildung faßte Petzholdt (1856) in einem Katechismus zusammen (Jochum, S. 41–43). Vom Bibliothekar werden u.a. „Ordnungsliebe, Fleiß und Humanität" gefordert, ebenso ein gutes Gedächtnis und eine saubere Handschrift (S. 43).

Für die moderne Bibliothek wird nach Einführung der computerisierten Katalog- und Datenbanksysteme eine integrierte Ausbildung der BibliothekarInnen gefordert, die die Bereiche Bibliothek, Information und Dokumentation berücksichtigt (Krüger, 1987). In den Datenbanken können die BibliothekarInnen heute über sich und Probleme ihres Berufs recherchieren: Eine soziologische Studie zur Berufswahl der DiplombibliothekarInnen an wissenschaftlichen Bibliotheken stellt bei ihnen und ihren Eltern einen weit über dem üblichen Durchschnitt liegenden Buchbesitz fest. Die Berufsanwärter haben ausgedehnte Lesezeiten und in ihrer Freizeit eine „hohe Buchorientierung" (Heidtmann, 1974, S. 164–174, 450). Bei einer Umfrage an einer Universität in New York zeigten BibliothekarInnen gegenüber dem übrigen Personal eine geringe Zufriedenheit mit ihren Lebensbedingungen (Milbrath & Doyno, 1987). Kanadische BibliothekarInnen zeigten bei sonst liberaler Einstellung in der Buchauswahl Neigungen, Zensur auszuüben. Sie scheuten Risiken, und es wurde bei ihnen eine unzureichende Selbstverwirklichung festgestellt (Schell & Bonin, 1989). Die Ausleihprozeduren in Bibliotheken wurden bei einem Experiment zum Wissenserwerb benutzt (Fuhrer, 1986). Es wurde festgestellt, daß für Versuchspersonen, die mit Hilfe von Editierprogrammen am Computer eine Literaturliste erstellen sollten, die Analogie zu einem Bibliothekar, der in einem Regal Bücher sortiert, hilfreich war (Weber & Schömann, 1984). Man erfährt außerdem, welche Hilfe Menschen mit psychischen Problemen in der populärwissenschaftlichen psychologischen Literatur finden (Heegner, 1983), und daß religiöse Visionäre sich das Jenseits als Spiegelbild einer gut bürgerlichen Welt vorstellen, in der gut ausgestattete Bibliotheken zu finden sind (Lang & Mc Dannell, 1990).

Literatur

Fuhrer, U. (1986). Erwerb von „Programm-Wissen" in Abhängigkeit vom Vorwissen sowie von der Komplexität des settingbezogenen Kontextes. Zeitschrift für Experimentelle und Angewandte Psychologie, 33, 11–42.

Heegner, A. (1980). Psychologische Lebenshilfe – durch Literatur. Buch und Bibliothek, 32, 179–190.

Heidtmann, F. (1974). Die bibliothekarische Berufswahl. Pullach bei München: Verlag Dokumentation.

Jochum, U. (1991). Bibliotheken und Bibliothekare 1800–1900. Würzburg: Königshausen & Neumann.

Krüger, W. (1987). Neue berufliche Perspektiven für den Diplombibliothekar. Bibliotheksdienst, 21, 1099–1115.

Lang, B. & McDannell, C. (1990). Eine „dichte Beschreibung" des Himmels – Jenseitsschilderungen im Spiritismus. Zeitschrift für Parapsychologie und Grenzgebiete der Psychologie, 32, 44–56.

Milbrath, L. W. & Doyno V. (1987). A study of the quality of university life. Suny at Buffalo. Social indicators research, 19, 173–190.

Rost, G. (1990). Der Bibliothekar. Wien/Köln: Böhlau.

Schell, B. & Bonin, L. (1989). Factors affecting censorship by Canadian librarians. Journal of psychology, 123(4), 357–368.

Weber, G. & Schoemann, M. (1984). Zum Einfluß von Analogien auf das Erlernen von Texteditier-Kommandos. Braunschweig: Technische Universität. Braunschweiger Berichte, Nr. 6/1984.

Der Sammler

Helmut E. Lück

Wenn man die Menschen grob in jene einteilt, die alles wegwerfen, und in jene, die alles aufheben, dann zehrt die Wissenschaft – und gewiß nicht nur die Geschichtswissenschaft – sehr von den Sammlern. Museen, Archive, Gesamt- und Werkausgaben, Bibliographien, Briefwechsel usw. sind ohne Sammeleifer kaum vorstellbar. Ob es den Typus des Sammlers im persönlichkeitspsychologischen Sinn wirklich gibt, und erst recht, ob dieser etwas mit Reinlichkeitserziehung oder gar Analerotik zu tun hat, sei dahingestellt.

Hier soll das Sammeln gelobt werden, das Zusammentragen der Beweisstücke mit kriminalistischem Eifer, das Einverleiben in die Sammlung, das Glück des kleinen Briefmarkensammlers, der Lücken in seinem Album schließt.

Was läßt sich denn im Zusammenhang mit der Psychologiegeschichte sammeln? Zum Beispiel psychologische Geräte mit ihrem nostalgischen Reiz. Als das Psychologische Institut der Universität Hamburg umzog, durften sich die Mitarbeiter an den alten Apparaturen, deren Funktion meist unbekannt war, einfach bedienen. Der Rest kam an den Straßenrand zum Sperrmüll. Wie gut, daß es Kollegen gab, die aufhoben und nicht wegwarfen!

Was als „sammelwürdig“ erscheint, entscheidet sich oft erst später. Hätte man früher doch zum Beispiel Tagungsprogramme, Tagungsplakate und Prospekte der Hersteller psychologischer Geräte gesammelt. Hätte man doch, seitdem dies möglich ist, Diskussionen auf Tonträger aufgezeichnet. Hätte man von manchem Psychologen oder mancher Psychologin doch wenigstens ein Photo! Natürlich denkt man beim Verwahren und Sammeln in erster Linie an Bücher, die unentbehrlichen Werkzeuge wissenschaftlicher Arbeit. Die seltenen und teuren Erstauflagen sollten es sein, belehrt uns der Blick in die Antiquariats- und Auktionskataloge. Die Preise können allerdings sehr verschieden sein, denn die Psychologie wird vom Antiquariatsgeschäft gerade erst entdeckt. Dies gilt allerdings nicht für die auch von Ärzten schon länger begehrte psychoanalytische Literatur. Das am höchsten gehandelte Psychologiebuch dürfte daher derzeit Sigmund Freuds „Traumdeutung“ in Erstauflage sein. Diese wird der Sammler nicht unter 5000 DM bekommen, spätere Auflagen dagegen kosten weit weniger. Doch sind spätere Auflagen nicht immer billiger. „Auflagen letzter Hand“ – zum Beispiel von Wundt – können auch gesucht sein, da sie den letzten Wissensstand des Meisters wiedergeben.

Der Sammler wird auf gute Erhaltung Wert legen. Bücher mit Anstreichungen, gelöschten Besitzvermerken usw. sind weniger wert. Eine Spezies für sich sind aber Bücher und Sonderdrucke mit Autorensignatur. Das Sammlerglück liegt hier – wie bei allen *Autogra-*

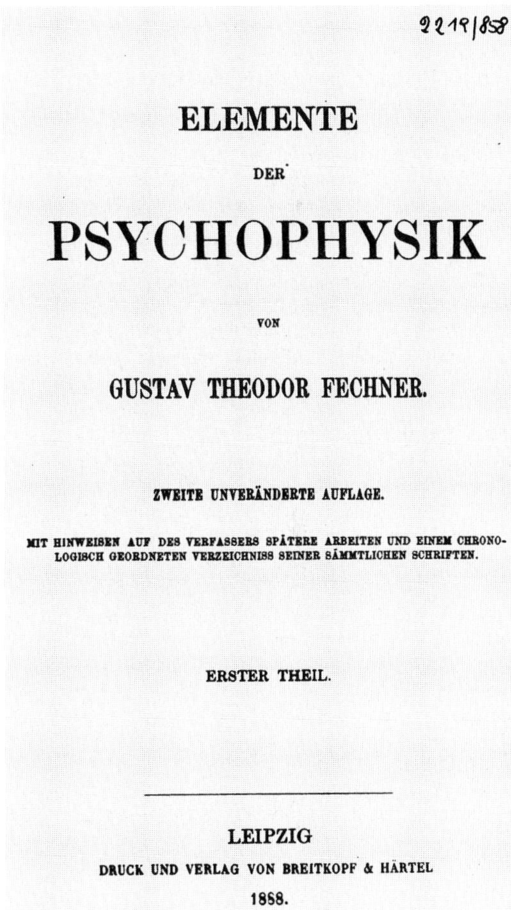

ELEMENTE

DER

PSYCHOPHYSIK

VON

GUSTAV THEODOR FECHNER.

ZWEITE UNVERÄNDERTE AUFLAGE.

MIT HINWEISEN AUF DES VERFASSERS SPÄTERE ARBEITEN UND EINEM CHRONOLOGISCH GEORDNETEN VERZEICHNISS SEINER SÄMMTLICHEN SCHRIFTEN.

ERSTER THEIL.

LEIPZIG
DRUCK UND VERLAG VON BREITKOPF & HÄRTEL
1888.

Abb. 1: Titelseite der Korrekturfahne von Fechners *Elementen der Psychophysik*, Erster Teil in zweiter Auflage. Gegenüber dem erschienenen Buch weist diese Umbruchfahne die Jahreszahl 1888 auf – das Jahr, in dem die Korrekturen vorgenommen wurden und Wundt das Vorwort schrieb.

phen – wohl darin, ein Exemplar zu besitzen, das der Autor selbst in der Hand hatte. Sozialgeschichtlich dürften hier die soziometrischen wer-wen-Beziehungen zwischen Forschern interessant sein. Analog zur Lasswellschen Formel könnte man fast fragen: Wer schickt wem welche Sonderdrucke mit welcher Widmung? Antworten lassen sich manchmal erahnen, wenn ganze *Konvolute* von Sonderdrucken in Nachlässen auftauchen. Im Sinne von Thomas Kuhn wird dann das soziale Netz deutlich, in dem ein Psychologe arbeitete. Eine große Anzahl von Sonderdrucken aus dem Besitz des in Südamerika lebenden Psychologen Walter Blumenfeld zeigen z.B. seine Beziehungen zu Europa: Er hatte vor allem Kontakte mit Franziska Baumgarten-Tramer, Otto Lipmann, David Katz, Geza Révész und anderen; er tauschte aber weniger Sonderdrucke mit Gestaltpsychologen. Aber wie sicher kann man hier sein? Wer weiß, vielleicht sind die Sonderdrucke von Köhler, Koffka und anderen vielleicht nur schon vorher verkauft worden ...

Psychologiegeschichtlich interessant und keineswegs analysiert sind die *Widmungen*. Relevanter noch sind handschriftliche *Randbemerkungen*, für die allerdings manchmal nur schwer die Autorenschaft ermittelt werden kann. Nicht selten finden sich in älteren Büchern Buchhändler- und Antiquariatsmarken, gelöschte Eigentumsvermerke und Bibliotheksstempel, und ab und zu auch ein *Exlibris*. Nicht selten findet man im Buch Notizzettel, Briefe und Verlagsprospekte. Letztere sind von der Psychologiegeschichte noch gar nicht recht entdeckt, denn sie enthalten Hinweise auf die Popularität von Autoren, auf Auflagenhöhen, Preisgestaltung; auch wichtige Rezensionsauszüge und Vorankündigungen von Büchern, von denen manche nie erschienen, sind zu finden.

Ein merkwürdiges Buch

Beispielhaft soll hier ein Buch beschrieben werden, das einige Besonderheiten vereint: der Erste Teil der 2. Auflage von Fechners *Elementen der Psychophysik*. Die 1.

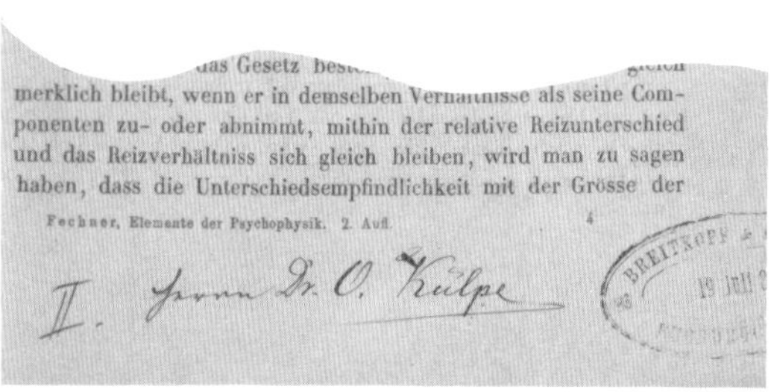
... das Gesetz bes... merklich bleibt, wenn er in demselben Verhältnisse als seine Componenten zu- oder abnimmt, mithin der relative Reizunterschied und das Reizverhältniss sich gleich bleiben, wird man zu sagen haben, dass die Unterschiedsempfindlichkeit mit der Grösse der

Fechner, Elemente der Psychophysik. 2. Aufl. 4

II. Herrn Dr. O. Külpe

Abb. 2: Seite 49 der Korrekturfahne von Fechners *Elementen der Psychophysik*, Erster Teil in zweiter Auflage mit dem Druckereistempel und Adressierung an „Herrn Dr. O. Külpe“, der die Korrektur vornahm.

Abb. 3: Exlibris von Karl und Charlotte Bühler

Auflage war 1860 erschienen. Fechner selbst konnte sich weder zu einer unveränderten Neuauflage entscheiden, noch dazu, die Erstauflage nach dem aktuellen Stand der Forschung zu überarbeiten. Er zog es vor, neuere Forschungsergebnisse in besonderen Schriften zu veröffentlichen. Wie Wilhelm Wundt meinte, hatte Fechner damit „auch objektiv das Richtige gewählt“ (1889, S. V). Unmittelbar nach Fechners Tod (1887) trat der Verlag Breitkopf & Härtel – dies war der Verlag, in dem Fechner Zeit seines Lebens fast ausschließlich veröffentlicht hatte – an Wundt mit der Bitte einer Neuherausgabe heran, da die Auflage nun schon lange vergriffen war.

Wundt entsprach dieser Bitte, indem er den Text unverändert ließ und in Fußnoten auf neue Ergebnisse verwies. Vermutlich hat Wundt diese Arbeit nicht selbst geleistet, sondern seinem Mitarbeiter Dr. Oswald Külpe, dem späteren Begründer der Würzburger Schule, übertragen. Denn mit Datum vom 31. Juli 1988 schreibt Wundt im Vorwort der Neuauflage der *Elemente*: „Die Correctur der Druckbogen der vorliegenden Auflage hat Herr Dr. Oswald Külpe übernommen. Zugleich sind von demselben die in den Noten gegebenen Citate nochmals geprüft und mehrfach vervollständigt worden.“

Früher war es bei Büchern und Zeitschriftenaufsätzen üblich, sowohl Fahnen („Bürstenabzüge“) als auch den Umbruch korrekturzulesen. Die Umbruch-Korrekturbögen waren Herrn Külpe offensichtlich zu schade zum Wegwerfen. Er ließ sie wohl binden und hatte nun den vollständigen ersten Teil der Neuauflage als Buch zur Verfügung. Allerdings wies dieses Expemlar nun drei Unterschiede zum endgültigen Buch auf: Erstens trugen die einzelnen Bögen des Umbruchs jeweils unten rechts die Stempel der Buchdruckerei Breitkopf & Härtel mit den Daten 7. Juli 1888, 23. Juli 1888, 8. Okt. 1888 und 20. Okt. 1888. Dann fanden sich eben Külpes handschriftliche Korrekturen am Rand. Da es sich um den Umbruch handelte, waren diese allerdings nicht mehr sehr zahlreich, auch wurden sie zum Teil beim Einbinden abgeschnitten. Und schließlich hatte dieses „Buch" ein falsches Erscheinungsdatum auf der Titelseite: 1888. In diesem Jahr sollte die Neuauflage erscheinen, doch kam sie erst 1889 auf den Markt. Der Grund für die Verzögerung ist unklar. Vielleicht lag er im chronologischen Verzeichnis der Arbeiten Fechners im Anhang des ersten Bandes. (Dieses Verzeichnis erschien übrigens auch separat.)

Abb. 4: Exlibris des Philosophen und Psychologen Jonas Cohn. Dieser war Wundt-Schüler und enger Freund von William Stern. Cohns Bibliothek landete nach dessen Tod in England in der Bibliothek der Selly Oak Colleges. Von dort wurde sie später veräußert. Über einen Auktionator kam ein großer Teil (vielleicht nur der deutschsprachige?) in ein Düsseldorfer Antiquariat. Einige Bücher – zum Beispiel die von Stern – enthalten Widmungen, mehrere enthalten Randbemerkungen, die für die Cohn-Forschung vielleicht aufschlußreich sein könnten.

Diese gebundenen Umbruchfahnen blieben aber nicht in Külpes Händen. Vermutlich nach seinem Tod (1915) wurde Külpes Schüler Karl Bühler der neue Besitzer. Er versah das Buch auf dem Vorsatzblatt mit seinem Namenszug und auf der Innenseite des Einbanddeckels mit dem Exlibris „Karl und Charlotte Bühler". Der weitere Weg des Buches ist unklar. Anscheinend ging es nicht mit in das amerikanische Exil des Ehepaars Bühler, denn es wurde Jahrzehnte später von einem Wiener Antiquariat zusammen mit anderen Büchern aus dem Vorbesitz des Ehepaars Bühler angeboten.

Dieser Antiquariatskatalog (Fritsch, 1991) offenbart übrigens noch etwas Interessantes: das Ehepaar Bühler war, bei aller Abneigung gegen die Psychoanalyse, durchaus im Besitz von Büchern Sigmund Freuds!

So hält die Beschäftigung des Sammlers, so er vielleicht zu sehr am Äußerlichen hängt, durchaus Überraschungen und viele Fragen bereit. Warum sollte es ihm auch anders ergehen als dem Forscher!

Literatur

Fritsch, G. (1991). Antiquariatskatalog Georg Fritsch, Wien.

Fechner, G. T. (1860). Elemente der Psychophysik. Leipzig: Breitkopf & Härtel. – Zweite unveränderte Auflage mit Hinweisen auf des Verfassers spätere Arbeiten und einem chronologisch geordneten Verzeichnis seiner sämmtlichen Schriften. Erster Teil, Leipzig: Breitkopf & Härtel, 1889.

Bilder der Psychologie – Psychologie der Bilder Johannes Müller und die „phantastischen Gesichtserscheinungen"

Herbert Fitzek

Es gibt mehrere Versuche, die Psychologie und ihr Handwerkszeug anschaulich ins Bild zu rücken. Vor sieben Jahren wurde in Mailand eine Ausstellung über die „Fabrikationsstätte des Denkens" präsentiert, hier ausgehend von den Requisiten der „Neuro Science" (Corsi, 1991). Ihr Erfolg beim Publikum machte dem Kulturamt in Wien Mut, vier Jahre danach eine Schau der Psychologie in großem Stil zu versuchen und Kunstwerke, psychologische Geräte und Erfahrungsräume (Dunkelkammer, sog. sensuelle Täuschungen) unter dem Motto „Wunderblock" nebeneinander zu stellen (Clair u.a., 1989). Doch selbst die Vorschußlorbeeren der Presse konnten nicht verhindern, daß die Ausstellung am Publikum vorbeiging – und dieses, was schlimmer war, an ihr.

Eine psychologische Wirkungsanalyse (Ley u.a., 1990) des Ausstellungsbesuchs konstatierte dem Unternehmen einen „Jahrmarktcharakter", der das Spezifische des Psychischen und der Psychologie nicht ins Bild zu rücken vermochte. Es läßt sich darüber streiten, inwieweit sich die Wissenschaft über ihre – publikumsträchtige – Präsentation zu kümmern hat, doch rührt das Problem der Bilder für das Psychische zweifellos an ein Grundproblem der wissenschaftlichen Psychologie, die es in ihrer Geschichte nicht zu einer gemeinsamen Ansicht ihres Gegenstandes gebracht hat (Abb. 1).

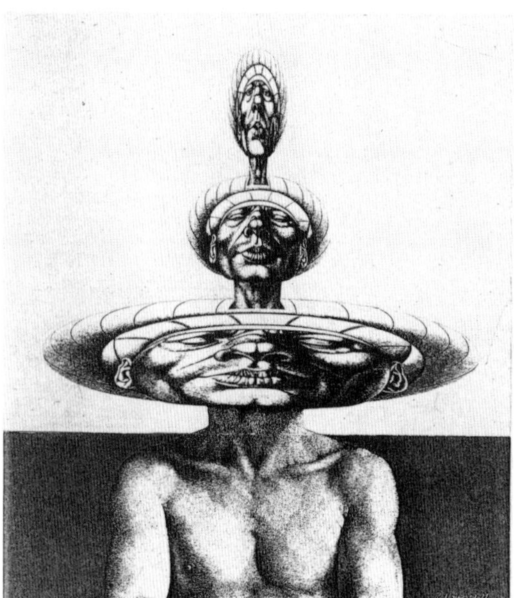

Abb. 1: R. Hausner „Adam Artist". Die Ansichten der Psychologie von ihrem Gegenstand wirken häufig wie „Zerrbilder" des Psychischen.

Für eine fruchtbare Auseinandersetzung ist es der Wissenschaft unumgänglich, (streitbare) Bilder ihres Gegenstandes zu entwickeln. Das fällt den Naturwissenschaften offenbar leichter als der Psychologie, und so ging die Reflexion auf solche organisierenden Bilder (Th. Kuhn nennt sie „Paradigmen") von den Disziplinen der Naturwissenschaften aus. Doch war es gerade die naturwissenschaftliche Wissenschaftsgeschichte, die sich die Erklärung für das Entstehen und Vergehen ihrer Gegenstandsbildung von einer „Psychologie der Wissenschaften" (Kuhn, 1976) versprach. Gerade von der Psychologie, die sich selbst mit den Bildern für ihren Gegenstand schwer tut, wird offensichtlich erwartet, daß sie den Stellenwert der Bilder in der Wissenschaft auf der Grundlage des Wissens um die Bedeutung der Bilder im Lebenszusammenhang zu bestimmen vermag.

Die Ansichten der Wissenschaften von ihrem Gegenstand sind (nach Kuhn) nur zu klären, wenn man die psychologischen Bedingungen der Wissenschaftskonzeption vergegenwärtigt. Das liegt nicht weit ab von der Auffassung, Wissenschaft sei eine Lebensform und ihre organisierenden Bilder seien von einer allgemeinen Theorie des Psychischen („Gegenstandsbildung"; Salber, 1959) abzuleiten. Demnach ist dem Desiderat einer Psychologie der wissenschaftlicher Gebilde vorgeschaltet eine „Psychologie der Bilder" – eine Psychologie, die sich mit der Konstitution und den Wirkungsverhältnissen sinnlich-anschaulicher Gegebenheiten im Erleben und Verhalten auseinandersetzt.

Die sinnlichen Erscheinungen aber gehören zu den Grundthemen von Psychologie überhaupt. Schon die konzeptuell schwach strukturierte Zusammenstellung der Wunderblock-Exponate (Kunstwerke, sinnespsychologische Apparate und Erfahrungsräume, vgl. oben) präsentiert Psychologie bevorzugt als Lehre von den

„Erscheinungen" und ihren sinnlichen Modalitäten. Gerade die aus der Skepsis der „Aufklärung" hervorgegangene Psychologie des 19. Jahrhunderts ging vom Problem der „sinnlichen Gewißheit" aus. Das beherrschende Thema der historischen Auseinandersetzungen um die Berechtigung des experimentellen, phänomenologischen, kognitiven oder gestalthaften Ansatzes in der Psychologie war die Frage nach der „Wahrnehmung".

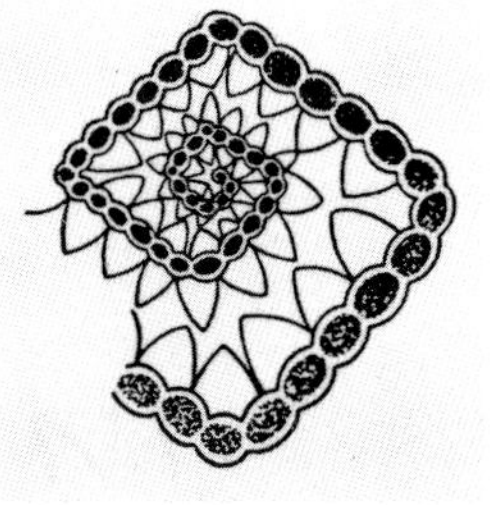

Abb. 3: Fig. 2 in F. Sander & H. Volkelt. Joh. E. Purkinje hielt die bei geschlossenen Augen eintretenden sog. entopischen Erscheinungen als erster (1819) zeichnerisch fest.

Abb. 2: Bildnis Müllers von Lawrence. Johannes Müller (1801–1858), Lehrtätigkeit als Physiologe in Bonn und Berlin, erforschte die bildhafte Organisation des Psychischen.

In der Art und Weise, wie die Geschichte der Psychologie das Befragen von „Bildern" vorgenommen hat, setzte sich aber bereits früh eine bestimmte, auf dem Hintergrund des Erkenntnisproblems entstandene Tradition durch (Bassler, 1988). Ihre Fragen lauteten etwa: Wie bildet sich in unserer Wahrnehmung die Realität ab? Welche „subjektiven" Anteile sind zu verzeichnen? Wie ist im Chaos der Erscheinungen Gewißheit zu erlangen? Und die Antworten fielen bestenfalls als Plädoyers für die relative Berechtigung der Seelenvorgänge gegenüber der Unbestechlichkeit der physikalischen Welt aus.

Für den Physiologen und Psychologen Johannes Müller (s. Abb. 2) war die defizitäre Bestimmung der Wahrnehmungsfrage wie für seine Zeitgenossen in der ersten Hälfte des 19. Jahrhunderts geradezu obligatorisch. Aber von der „Sinnlichkeit" der Anschauungsbilder, so war seine Erfahrung, blieb in der quasi naturwissenschaftlichen Sprache der „Assoziationspsychologie" nichts mehr übrig.

Um das Grundverhältnis von objektiver und subjektiver Realität nicht angreifen zu müssen, bediente sich Müller (1826) eines Kunstgriffs, mit dem er die Frage nach der „objektiven Realität" – vorübergehend – aus dem Spiel lassen konnte. Wenn der Zugang zur „äußeren" Wirklichkeit auf ein Minimum reduziert ist, erübrigt sich die Frage nach der Abbildfunktion der psychischen Erscheinung, ist das Wirken der Sinnlichkeit quasi „in sich" zu beobachten. Fast gleichzeitig mit dem Prager J. E. Purkinje (1819 ff.) machte Müller erstmalig systematisch Beobachtungen von sinnlichen Erscheinungen „im Dunkel", d.h. bei geschlossenen Augen (s. Abb. 3).

Aus den vielen Quellen der älteren und zeitgenössischen Literatur zu den Erscheinungen der Phantasie griff er jene heraus, die tatsächlich empirisch und nachprüfbar beschrieben, welche anschaulichen Erscheinungen sich bei geschlossenen Augen einstellen. Schon diese literarischen Beschreibungen ließen keinen Zweifel daran, daß das „Eigenleben der Phantasie" alles andere als chaotisch und irrelevant ist. Müllers eigene Experimente ergaben ein von den tradierten Bestimmungen des Subjektiven vollkommen abweichendes Bild von Anschauung unter reduzierten Reizbedingungen. Die Bilder der Phantasie waren nicht verworren, sondern klar und gestalthaft, nicht individuell verschieden, sondern von auffälliger Regelmäßigkeit, nicht willkürlich, sondern von einer charakteristischen Eigenlogik bestimmt. Von ihren Erlebnisqualitäten her konnte sie Müller den gefühlsintensiven Zuständen des Halbwachen und des Einschlafens zuordnen.

Gegen die Vorurteile der tradierten Wahrnehmungspsychologie stellte Müller schließlich ein anschauliches „Prinzip" für das Hervorgehen der Bilder heraus, das er

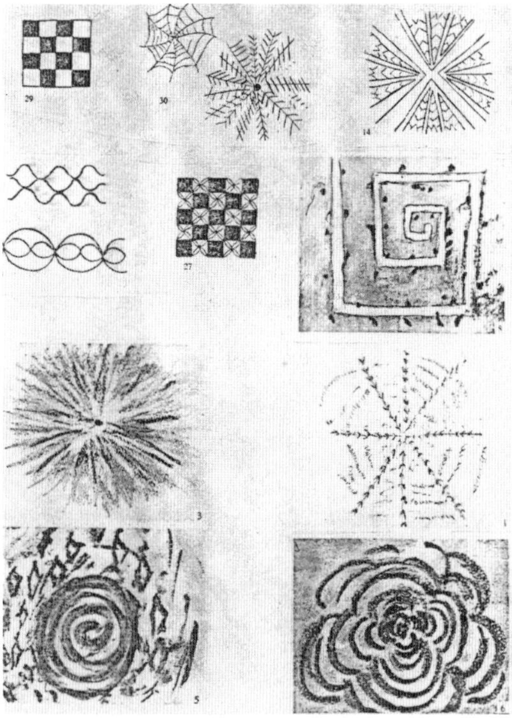

Abb. 4: Phosphenformen nach Smythies. Johannes Müller stellte für die Produktion phantastischer Gesichtserscheinungen das Prinzip der Metamorphose heraus.

Abb. 5: J. J. Grandville: Erster Traum: Verbrechen und Sühne. Erst die Jahrhundertwende gewann wieder einen Sinn für gestalthafte psychische Erscheinungen (1900 erscheint Freuds *Traumdeutung*).

auf alle Erscheinungen im Wahrnehmungsfeld verallgemeinerte: das Prinzip der Metamorphose, das dem Erweitern und Begrenzen gestalthafter Erscheinungen im zugespitzen Fall der „phantastischen Gesichtserscheinungen" wie in allen anderen sinnlichen Ereignissen zugrunde liegt. Spätestens mit der Formulierung dieses empirischen Gesetzes hatte Müller mit dem Vorurteil einer hinter der Gesetzlichkeit der Natur zurückbleibenden defizitären Bestimmung des psychischen Gegenstandes gebrochen (s. Abb. 4).

Johannes Müller blieb als empirischer Psychologe zwischen Romantik und Psychophysik ein Einzelgänger. Zu sehr war die Phantasie in die Seelenträume der Spekulation verstrickt gewesen, als daß die Psychologie gerade vom „Phantastischen" in der Anschauung ihren Ausgang zu nehmen gesucht hätte. Auch Müller selbst nahm nicht entschieden für die „Eigenlogik" psychischer Erscheinungen Stellung: Im gleichen Jahr wie seine *Phantastischen Gesichtserscheinungen* veröffentlichte er seine Studien *Zur vergleichenden Physiologie des Gesichtssinnes des Menschen und der Tiere nebst einem Versuch über die Bewegungen der Augen und des menschlichen Blicks*, in denen er die anschaulichen Bilder nicht aus psychologischen Erfahrungen, sondern als physiologische Funktionen ableitete. Als Physiologe wirkte Müller schulbildend. Viele der Kapazitäten auf dem Gebiet der (Sinnes-)Physiologie gingen aus seinem Berliner Lehrstuhl hervor, darunter Brücke, Helmholtz und Wundt.

Die Wiederentdeckung des „Phantastischen" und seiner gestalthaften Gesetzmäßigkeit übersprang eine ganze Generation, ging dann aber wiederum von deren Schülern aus: vom Brücke-Assistenten S. Freud, von den aus der Abgrenzung zu Helmholtz geprägten Gestalttheoretikern und von Wundts letztem Assistenten F. Sander. Mit sehr unterschiedlichem Akzent wehrten sie sich gegen die Unterordnung seelischer Erscheinungen unter die Naturgesetze und nahmen Partei für eine an der „Eigenlogik" der Bilder orientierte Beschreibung und Rekonstruktion psychischer Erscheinungen. So unterschiedlich ihre psychologischen Theorien auf den ersten Blick auch wirken, sie alle folgen den Metamorphosen seelischer Bedeutungszusammenhänge in den Bildern des Traumes, in der Organisation der Anschauung, in den Entwicklungsqualitäten konkreter Handlungszusammenhänge (s. Abb. 5).

Die Erfahrungen der Müller-„Enkel" lassen sich weiterführen in eine „Psychologie in Bildern" (Salber, 1983), die in der gestalthaften Ordnung der Bilder das Gesamtkonzept für ein psychologisches Verständnis der Wirklichkeit sieht und die Metamorphose als anschauliches Prinzip durch die Fülle des seelischen Alltags erfahrbar macht. Von Bildern in Gestaltung und Umgestaltung her werden die konkreten Verrichtungen des Alltags, die Psychologie des Tageslaufs und der ihn regulierenden Medien überschaubar, wie auch die klassischen Themen der Psychologie (psychische Abläufe, Charakterentwicklung, psychologische Behandlung).

Im Rahmen des Gesamtkonzeptes sind auch die Bilder der Wissenschaft durch das Prinzip der Metamorphose bestimmt. Bilder organisieren die Ansichten und Tätigkeiten wissenschaftlicher wie aller anderer Handlungszusammenhänge, ob man sich darüber im klaren ist oder nicht. Die Psychologie, deren Thema die Organisation von Bild- und Handlungssystemen ist, nimmt sich der bildhaften Organisation ihrer eigenen Gegenstandsbildung nur hier und da an (Vroon u.a., 1985; Leary, 1990). Es sind ausgerechnet die Naturwissenschaften, von denen die Psychologie an Einsicht in den Begründungszusammenhang wissenschaftlicher Modelle lernen kann: Die Physik, die bereits anfangs dieses Jahrhunderts die prinzipielle Bildhaftigkeit wissenschaftlicher Ansichten konstatierte, ergänzt ihre formelhafte Auffassung der Natur mehr und mehr im Sinne dieser Bildlogik (Rascher, 1989). So ist es kein Zufall, daß wir in den aktuellen Thesen der Chaosforschung und ihrer Darstellung „sich selbst regulierender" Systeme wieder den „phantastischen Gesichtserscheinungen" Johannes Müllers begegnen, aber bitte: vergleichen Sie selbst …

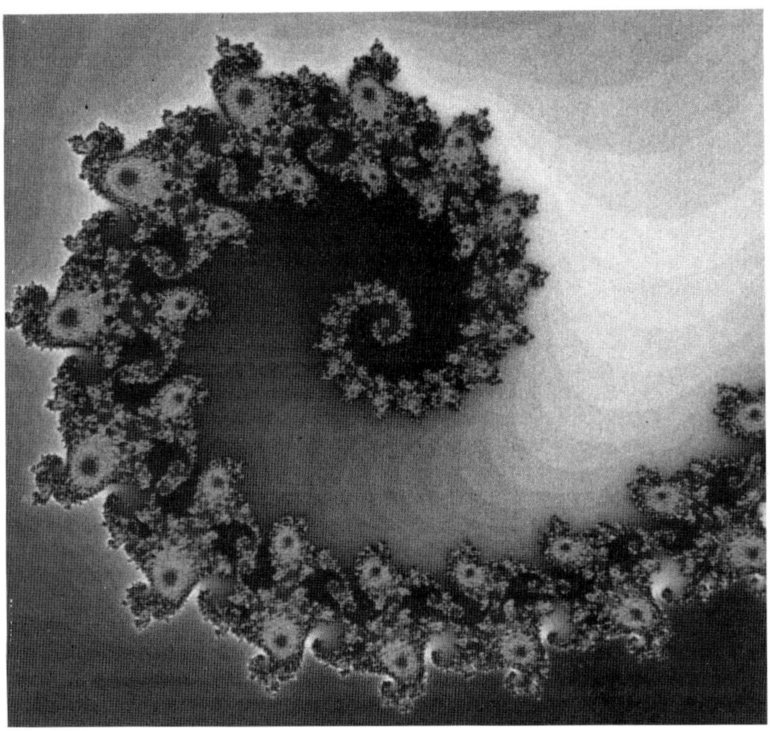

Abb. 6: Anschauliche Metamorphosen kennzeichnen das Naturgeschehen nach Ansicht der Chaosforschung (hier: Schwanz des Seepferdchens).

Literatur

Bassler, W. (1988). Ganzheit und Element. Zwei kontroverse Entwürfe einer Gegenstandsbildung in der Psychologie. Göttingen: Hogrefe.

Clair, J.; Pichler, C. u.a. (1989). Wunderblock. Eine Geschichte der modernen Seele. Wien: Löcker.

Corsi, P. (Hg.) (1991). The enchanted loom. Chapters in the history of neuro science. New York/Oxford: University Press.

Kuhn, T. (1976). Die Entstehung des Neuen. Studien zur Struktur der Wissenschaftsgeschichte. Frankfurt: Suhrkamp.

Leary, D. (Hrsg.) (1990). Metaphors in the history of psychology. Cambridge: University Press.

Ley, M.; Fitzek, H. u.a. (1990). Notiz über den „Wunderblock". Wie eine Ausstellung versucht, die Seele in den Blick zu bringen. Zwischenschritte, 9 (1).

Müller, J. (1826). Ueber die phantastischen Gesichtserscheinungen. Eine physiologische Untersuchung. Coblenz.

Purkinje, J.E. (1819). Beiträge zur Kenntnis des Sehens in subjektiver Hinsicht. Prag.

Rascher, R. (1989). Die Erlebnisdimension in der Physik. Wiesbaden: Deutscher Universitäts-Verlag.

Salber, W. (1959). Der Psychische Gegenstand. Untersuchungen zur Frage des psychologischen Erfassens und Klassifizierens. Bonn: Bouvier, 1988.

Salber, W. (1983). Psychologie in Bildern. Bonn: Bouvier.

Vroon, P.& Draaisma, D. (1985). De mens en metafoor. Over vergelijkingen van mens en machine, filosofie en psychologie. Baarn: Ambo.

Autorenverzeichnis

(Stand der Angaben: 2005)

Abresch, Johannes, geb. 1947, Studium der Psychologie in Würzburg, Gießen und Düsseldorf. Ca. 20 Jahre Wissenschaftlicher Mitarbeiter (Experimentelle und forensische Psychologie) an den Hochschulen Düsseldorf, Aachen, Frankfurt, Wuppertal und Witten. Derzeit in der stationären Altenhilfe tätig. E-Mail: JohannesAbresch@t-online.de

Arnheim, Rudolf, geb. 1904 in Berlin, war Professor für Kunstpsychologie an der Harvard-Universität. Nach seiner Emeritierung lehrte er noch weitere zehn Jahre an der Universität Michigan. Seine wichtigsten Bücher, die auch ins Deutsche übersetzt sind, behandeln Wahrnehmung und Kunst, anschauliches Denken und Bildkomposition. Er schrieb auch Bücher über Film, Rundfunk und Architektur.

Bauer, Eberhard, geb. 1944, Dipl.-Psych., Abteilungsleiter am Institut für Grenzgebiete der Psychologie und Psychohygiene e.V. in Freiburg i. Br. Arbeitsschwerpunkte: Parapsychologie und Grenzgebiete der Psychologie, Rezeptionsgeschichte „unorthodoxer" Phänomene in der Wissenschaftsgeschichte. Veröffentlichungen: *Spektrum der Parapsychologie* (Hrsg. mit W. von Lucadou, 1983); *Psychologiegeschichte – Beziehungen zu Philosophie und Grenzgebieten* (Hrsg. mit J. Jahnke, J. Fahrenberg, R. Stegie, 1998); *Alltägliche Wunder – Erfahrungen mit dem Übersinnlichen* (Hrsg. mit M. Schetsche, 2003). Mitherausgeber und Redakteur der *Zeitschrift für Parapsychologie und Grenzgebiete der Psychologie*. Anschrift: Institut für Grenzgebiete der Psychologie und Psychohygiene e.V. (IGPP), Wilhelmstr. 3 A, 79098 Freiburg i. Br., E-Mail: bauer@igpp.de, www.igpp.de

Baumgartner, Elisabeth, Dr. phil., Dipl.-Psych. Forschungsinteressen: Geschichte der Psychologie, Pädagogische Psychologie. Veröffentlichungen: *Intentionalität. Begriffsgeschichte und Begriffsanwendung in der Psychologie* (1985); div. Aufsätze und Artikel in Sammelbänden, Zeitschriften und Lexika, Mithrsg. von *Ich und Gruppe. Beiträge zur Ich-Psychologie, Sozialpsychologie, Pädagogischen Psychologie und Philosophischen Anthropologie* (1990). Mithrsg. von *Phenomenology and Cognitive Science* (1996). Anschrift: Institut für Psychologie, Lehrstuhl IV, Universität Würzburg, Wittelsbacherplatz 1, 97074 Würzburg. E-Mail: ebaumgartner@psychologie.uni-wuerzburg.de

Baumgartner, Wilhelm, Prof. Dr. phil. Forschungsinteressen: Erkenntnistheorie, Philosophische Psychologie, Praktische Philosophie: Erforschung und Edition des Nachlasses von Franz Brentano. Veröffentlichungen: Bücher, Aufsätze und Artikel über o.g. Forschungsschwerpunkte, Hrsg. der *Brentano Studien. Internat. Jahrbuch der Franz Brentano Forschung* (1988ff.). Mithrsg. von *Phenomenology and Cognitive Science* (1996). Anschrift: Franz Brentano Forschung, Universität Würzburg, Residenzplatz 2, 97070 Würzburg. E-Mail: wilhelm.baumgartner@mail.uni-wuerzburg.de

Bäumler, Günther, geb. 1936, Prof. Dr., ist Inhaber des Lehrstuhls für Sportpsychologie an der Technischen Universität München seit 1973. Kam über die Klinische Psychologie, Allgemeine und Differentielle Psychologie und Ergonomie zur Sportpsychotherapie. Heutige sportpsychologische Arbeitsschwerpunkte: Persönlichkeit, Sportpsychotherapie, Motorisches Lernen, Trainings- und Wettkampfpsychologie, Neuropsychologie, Entwicklung von Apparaturen zur Versuchssteuerung und psychologischen Tests. Anschrift: Technische Universität München, Lehrstuhl für Sportpsychologie, Connollystraße 32, 80809 München.

Brauns, Horst-Peter, Dipl.-Psych., Dr. phil. Privatdozent für Psychologie an der Freien Universität Berlin. Studium der Psychologie und Philosophie an den Universitäten Berlin, Hamburg und Freiburg. Arbeitsschwerpunkte: Geschichte der Psychologie im 18. und 19. Jahrhundert, Persönlichkeitspsychologie. Anschrift: Wissenschaftsbereich Psychologie, Freie Universität Berlin, Habelschwerdter Allee 45, 14195 Berlin, E-Mail: hpgrauns@hotmail.com

Bringmann, Michael W., erhielt einen B.S. in Computerwissenschaften summa cum laude von der University of South Alabama in Mobile, USA. Promotion (Ph.D.) in Computerwissenschaften an der Tulane University in New Orleans, USA. Insgesamt über 25 Jahre in der Softwareentwicklung und -gestaltung tätig. Beruflich tätig für Quality Micro Systems (QMS), Mobile, Lucent Technologies, Atlanta und Agere Systems in Austin. Zu den Funktionen gehören Vorgesetzten- und Managementaufgaben. Derzeitig für Agere Systems, einen der größeren Hersteller von Computerchips, tätig. Zahlreiche Veröffentlichungen im Bereich der Entwicklung von Expertensystemen sowie zur Wissenschaftsgeschichte. Anschrift: 9500 W. Parmer Lane, Apt. 1521, Austin, Texas 78717, USA.

Bringmann, Wolfgang, Professor emeritus für Psychologie (Klinische Psychologie, Geschichte der Psychologie), eingebürgerter amerikanischer Staatsbürger. Geboren in Darmstadt. Nach dem Studium an der erziehungswissenschaftlichen Fakultät der Universität Frankfurt Promotion (Ph.D.) in Klinischer Psychologie an der University of Alabama – Tuscaloosa, USA. Insgesamt 38 Jahre Lehre im Fach Psychologie an vier US-amerikanischen, einer kanadischen und einer deutschen Universität. Themenbereiche: Psychopathologie, Persönlichkeitstheorien, klinisch-psychologische Diagnostik und Geschichte der Psychologie. Veröffentlichung von acht Büchern und über 200 Aufsätzen und Buchkapiteln zu historischen Forschungsmethoden, biographischen Studien (insbes. von Ebbinghaus, Fechner, Koffka, Wundt) und zur Entwicklung der Experimentalpsychologie im 19. Jahrhundert. Anschrift: 10000 Mirage Cove, Austin, Texas 78717, USA.

Brožek, Josef (1913–2004), Studium der Psychologie an der Karlsuniversität Prag (Ph.D.), University of Pennsylvania (USA) und University of Minnesota (USA). Chairman (1959–1963) und Forschungsprofessor (1963–1979), Senior Lecturer am MIT (1980–1981), assoziierter Professor an der Lehigh University (1982–1984), Gastprofessor an der Universität Passau (1986–1987). Autor und Herausgeber einer großen Anzahl psychologiegeschichtlicher Monographien, insbesondere über Purkinje, Fechner und psychologiegeschichtliche Forschung unter internationaler Perspektive.

Bruder, Klaus-Jürgen, geb. 1941, Psychoanalytiker, Professor für Psychologie an der Freien Universität Berlin. Herausgeber der Schriftenreihe *Subjektivität und Postmoderne*, Psychosozial-Verlag, Gießen. Mitherausgeber der Zeitschrift „Psychologie und Geschichte". Wichtigste Veröffentlichungen: *Subjektivität und Postmoderne. Der Diskurs der Psychologie* (1993); *Jugend. Psychologie einer Kultur* (mit Almuth Bruder-Bezzel, 1984); *Psychologie ohne Bewusstsein. Die Geburt der behavioristischen Sozialtechnologie* (1982). *Die biographische Wahrheit ist nicht zu haben* (2003). Anschrift: Pariser Str. 56, 10719 Berlin, E-Mail: bruderkj@zedat.fu-berlin.de

Bruder-Bezzel, Almuth, geb. 1944, Dipl.-Psych., Dr. phil., Psychoanalytikerin, Lehr- und Kontrollanalytikerin. Arbeitsschwerpunkte: Klinische Psychologie, Psychoanalyse, Geschichte der Psychologie. Veröffentlichungen zur Geschichte der Individualpsychologie und zur Psychologie der Jugendkultur, Kreativität und Determination. Studien zu Nietzsche, Freud und Adler (zus. mit Klaus-Jürgen Bruder, 2004).

Carpintero, Heliodoro, geb. 1939 in Barcelona, Spanien; zurzeit als Professor für Psychologie an der Universidad Complutense in Madrid tätig. Mitglied der Real Academia de Ciencias Morales y Políticas. Wichtige Veröffentlichungen: *Historia de la psicología* (1976); *Psicología general* (1975); *La psicología contemporanea* (1982); *Freud en España* (1984); *Historia de las ideas psicológicas* (2005); *Historia de la psicología en España* (2004); *Del estimulo a la persona* (2000). Gründer und Herausgeber der Zeitschrift Revista de Historia de la Psicología. Die Forschungsinteressen liegen im Bereich der Geschichte und Soziologie der Psychologie; einen Schwerpunkt seit vielen Jahren bilden die bibliometrischen Ansätze in der Psychologie und Psychologiegeschichte. Anschrift: Universidad Complutense, Facultad de Filosofía, Dep. Psicología, Madrid 28040, Spanien, E-Mail: carpinte@filos-vcm.es

Daigger, Annette, geb. 1932 in Paris, Studium der Germanistik an der Universität des Saarlandes und der Sorbonne, Paris. Seit 1970 an der Arbeitsstelle für Robert-Musil-Forschung, Universität des Saarlandes tätig. 1984 Promotion über die Novelle *Tonka* von Robert Musil. Seit 1978 Geschäftsführerin der Internationalen Robert-Musil-Gesellschaft. Publikationen in Sammelbänden und Zeitschriften über Robert Musil und die österreichische Literatur des 20. Jahrhunderts. Anschrift: Universität des Saarlandes, Arbeitsstelle für Österreichische Literatur und Kultur – Robert Musil Forschung, St. Johanner Stadtwald, Geb. 35, 66123 Saarbrücken.

De Pace, Nicholas A., hat seine Ausbildung als Psychologe an der University of South Carolina, USA, erhalten. Zurzeit ist er Graduate Assistant im Department of Psychology der University of South Alabama. Zu den Forschungsinteressen zählen Psychopathologie, Psychologiegeschichte und Forensische Psychologie. Anschrift: Department of Psychology, Univ. of South Alabama, Mobile, Alabama 36688, USA.

Drunen, Peter van, geb. 1955, studierte Geschichte der Psychologie in Groningen, Niederlande, wo er anschließend als Dozent und als Direktor des Archivs der Niederländischen Psychologie arbeitete. Seit 2000 freiberuflich als Psychologiehistoriker und Publizist tätig. Forschungsschwerpunkte: Geschichte der psychologischen Praxis und Geschichte der Testpsychologie. Wichtigste Publikationen: *A social history of psychology* (mit J. Jansz, 2004), E-Mail: pvdrunen@hetnet.nl

Echterhoff, Wilfried, geb. 1942, Prof. Dr. rer. nat. Dipl.-Psych. 1967, Promotion 1972, Lehraufträge ab 1974, Mitbegründer der FernUniversität, Leitung von Forschungsprojekten, Instituten auf dem Gebiet Verkehrspsychologie und Pädagogische Psychologie, Habilitation für Psychologie 1991, außerplanmäßiger Professor für Psychologie 1996 Universität Wuppertal. Anschrift: Ostmerheimer Str. 345, 51109 Köln, www.echterhoff.com.

Fabian, Reinhard, geb. 1943, Dr. phil., Studium der Fächer Philosophie und Klassische Philologie (Graz und Göttingen). 1972–1983 Universität Graz, Mitarbeit an

Forschungsprojekten zur österreichischen Philosophie unter der Leitung von Rudolf Haller (Bearbeitung der wissensch. Nachlässe von Alexius Meinong, Alois Höfler, Christian von Ehrenfels). Seit 1983 Mitarbeiter und stellvertr. Leiter der Forschungsstelle und des Dokumentationszentrums für Österr. Philosophie in Graz. Edition der Philosophischen Schriften von Christian von Ehrenfels (4 Bände). Anschrift: Forschungsstelle für österreichische Philosophie, Sparbersbachgasse 41, 8010 Graz, Österreich.

Fancher, Raymond E., Professor der Psychologie und Editor des *Journal of the History of Behavioral Sciences* an der York University in Toronto. Seine Forschungsinteressen liegen im Bereich der Psychologiegeschichte, der psychoanalytischen Theorie und der Differentiellen Psychologie. Wichtigste Veröffentlichungen: *Pioneers of Psychology* (3. Aufl. 1996) und *The Intelligence Men: Makers of the IQ Controversy* (1985). Anschrift: Editor, Journal of the History of the Behavioral Sciences, York University, 4700 Keele Street, Toronto, Ontario, Canada M3J1P.

Federn, Ernst, geb. 1914 in Wien, Sohn von Paul Federn, studierte zuerst Rechts- und Sozialwissenschaften. Seit 1936 wegen politischer Tätigkeit verfolgt und von 1938 bis 1945 in den Konzentrationslagern Dachau und Buchenwald inhaftiert. Von 1948 bis 1972 Jugendberater und Sozialtherapeut in New York und Cleveland, Ohio. Von 1972 bis 1987 war er Sozialtherapeut und psychologischer Konsulent im österreichischen Strafvollzug. Zusammen mit Herman Nunberg Herausgeber der *Protokolle der Wiener Psychoanalytischen Vereinigung* und mit Edoardo Weiss *Ichpsychologie und die Psychosen.* Autor von *Witnessing Psychoanalysis* (London: Karnac). Ehrenmitglied der Wiener Psychoanalytischen Vereinigung.

Fitzek, Herbert, geb. 1957, Dr. phil., Dipl.-Psych., wissenschaftlicher Mitarbeiter des Psychologischen Institutes der Universität Köln. Arbeitsschwerpunkte: Alltags- und Kulturpsychologie, Geschichte der Psychologie, Qualitative Methoden, Buch- und Zeitschriftenveröffentlichungen zur Gestaltpsychologie und zur Psychologie der Gegenwartskultur. Anschrift: Universität zu Köln, Psychologisches Institut, Herbert-Lewin-Str. 2, 50931 Köln.

Fitzpatrick, Barbara L., Assistenzprofessorin für englische Literatur an der Universität von New Orleans (USA). Spezialgebiet: die englische Literatur des 18. Jahrhunderts. Nach ihrem Ph.D. an der Duke University (USA) arbeitete sie über die Geschichte des Druckens, der Textkritik und über die Schnittstelle zwischen verwandten Disziplinen und der Veröffentlichungspraxis. Texteditorin für die Herausgabe der Arbeiten von Tobias Smollett durch die University of Georgia (USA).

Fitzpatrick, Joseph E. Jr., Ph.D. an der University of Virginia (USA), nachdem er an der Tula University studiert hatte. Professor für Biologie an der University of South Alabama, wo er Evolutionstheorie, Anatomie und Physiologie lehrt. In zwei Büchern und über 50 Artikeln über Flusskrebse der Familien der Astacidae und Cambaridae hat er Dutzende neu entdeckter Spezies beschrieben. Als Wissenschaftshistoriker interessiert er sich für die Beziehungen zwischen Biologie und der frühen modernen Psychologie, insbesondere für die Auswirkungen des Darwinismus auf die deutschen Psychologieschulen. Anschrift: Department of Biology, Univ. of South Alabama, Mobile, Alabama 36688, USA.

Funk, Rainer, Psychoanalytiker in freier Praxis in Tübingen, Promotion über Erich Fromms Ethik und Fromms letzter Assistent; Rechteverwalter und Herausgeber seiner Werke (Erich-Fromm-Gesamtausgabe in zwölf Bänden, DVA und dtv 1999). Zahlreiche Veröffentlichungen zur Sozialpsychologie, zuletzt: *Ich und Wir. Psychoanalyse des postmodernen Menschen* (2005). Verwalter des Erich-Fromm-Archivs in Tübingen und Vorstandsmitglied der Internationalen Erich-Fromm-Gesellschaft (www.erich-fromm.de). Anschrift: Ursrainer Ring 24, D–72076 Tübingen, E-Mail: fromm@aol.com

Geuter, Ulfried, geb. 1950, Dipl.-Psych., Dr. phil, Psychotherapeut in freier Praxis, Wissenschaftsjournalist, Privatdozent für Psychologie. Veröffentlichungen u.a.: Die *Professionalisierung der deutschen Psychologie im Nationalsozialismus* (1984); *Homosexualität in der deutschen Jugendbewegung. Jungenfreundschaft und Sexualität im Diskurs von Jugendbewegung, Psychoanalyse und Jugendpsychologie am Beginn des 20. Jahrhunderts* (1994); *Geschichte der deutschen Psychologie im 20. Jahrhundert* (Hrsg. mit M.G. Ash). Anschrift: Otto-von-Wollank-Str. 57, 14089 Berlin, E-Mail: u.geuter@gmx.de

Graf-Nold, Angela, Dr. phil., Psychotherapeutin in selbstständiger Praxis und wissenschaftliche Mitarbeiterin am Medizinhistorischen Institut und Museum der Universität Zürich: Projektleiterin bei der Edition der unveröffentlichten Schriften C.G. Jungs (Jungs ETH-Vorlesungen), Forschungsarbeiten und Publikationen zur Geschichte der Psychologie, Psychoanalyse, Psychotherapie und Psychiatrie, Buchveröffentlichung: *Der Fall Hermine von Hug-Hellmuth. Eine frühe Geschichte der Kinder-Psychoanalyse* (1988). Anschrift: Medizinhistorisches Institut und Museum, Universität Zürich, Hirschengraben 82, 8001 Zürich, Schweiz, E-Mail: a.graf-nold@mhiz.unizh.ch

Gundlach, Horst, Prof. Dr. Dr. phil. habil., Dr. h.c. (Universidad Ricardo Palma) Dipl.-Psych., Studium der Psychologie und Philosophie in Heidelberg und München, leitet das Institut für Geschichte der Psychologie, Universität Passau. Arbeitsschwerpunkt: Geschichte der Psychologie, bes. 19. und 20. Jahrhundert. Neuere Veröffentlichungen: Sigmund Freud und die Lauterkeit, *Berichte zur Wissenschaftsgeschichte, 27,* 2004, S. 175–185. Die Lage der Psychologie um 1900, *Psychologische Rundschau, 55,* Suppl. 1, 2004, S. 2–11 (mit Ralph Stöwer). Die Gesellschaft für experimentelle Psychologie, später Deutsche Gesellschaft für Psychologie und ihre Kongresse 1904 bis 1932, *Psychologische Rundschau, 55,* Suppl. 1, 2004, S. 12–20. Psychologie, in H. Lehmann (Hrsg.): *Glaubenswelt und Lebenswelten* (Geschichte des Pietismus, 2004, Bd. 4), S. 309–331. Anschrift: Institut für Geschichte der Psychologie, Universität, D-94030 Passau, E-Mail: gundlach@uni-passau.de

Häcker, Hartmut, Dr. phil., geb. 1938. Diplom in Psychologie (Universität Tübingen), 1965–1976 Wissenschaftlicher Assistent am Psychologischen Institut der Universität Tübingen. 1968 Promotion, 1976 Habilitation mit der Arbeit *Zur Situation der psychometrischen Persönlichkeitsforschung* und die Erteilung der Venia Legendi für das Fach Psychologie. 1978 Berufung auf den Lehrstuhl Differentielle Psychologie und Angewandte Psychologie an der Universität Wuppertal. Gründer und 1980–2002 Editor in Chief der *Zeitschrift für Differentielle und Diagnostische Psychologie*. Anschrift: Universität Wuppertal, Gauß-Str. 20, 42119 Wuppertal, E-Mail: haecker@uni-wuppertal.de

Hammer, Steffi, geb. 1955, Dipl.-Psych. 1983, Promotion 1990, mehrjährige Lehr- und Forschungstätigkeit an der Pädagogischen Hochschule Halle sowie am Institut für Philosophie der Martin-Luther-Universität Halle-Wittenberg; Forschungsinteressen: Theorie und Geschichte der Psychologie, Beziehungen zwischen Psychologie- und Philosophiegeschichte, wissenschaftstheoretische Probleme der Psychologie, Wissenschaftsforschung; 1995–2000 Referentin in der Geschäftsstelle des Wissenschaftsrates in Köln; Januar bis Juni 2001 Konzeption und Aufbau des Referates Evaluation der Wissenschaftsgemeinschaft Gottfried Wilhelm Leibniz in Bonn; seit Juli 2001 Referentin der Stiftung Evaluationsagentur Baden-Württemberg in Mannheim. Veröffentlichungen: *Widersacher oder Wegbereiter? Ludwig Klages und die Moderne* (Hrsg., 1992); *Denkpsychologie – Kritischer Realismus* (1994). Anschrift: Landauer Str. 6, 67117 Limburgerhof.

Heidbrink, Horst, Dipl.-Psych., Dr. phil., wissenschaftlicher Angestellter an der FernUniversität Hagen. Arbeitsschwerpunkte: Soziale Prozesse, Moralentwicklung, Wissenschaftstheorie, Zwischenmenschliche Beziehungen. Wichtige Veröffentlichungen: 3. Aufl. *Wissenschafts- und Erkenntnistheorie* (mit J. Kriz und H.E. Lück, 1996); *Stufen der Moral* (1991); *Einführung in die Moralpsychologie* (1996). Anschrift: FernUniversität Hagen, Institut für Psychologie, Schwerpunkt: Psychologie sozialer Prozesse, Postfach 940, 58084 Hagen, E-Mail: horst.heidbrink@fernuni-hagen.de

Hoskovec, Jiri, geb. 1933, Dr. phil., Prof. emerit. Karlsuniversität Prag. Arbeitsschwerpunkte: Geschichte der Psychologie, Verkehrspsychologie. Veröffentlichungen (Auswahl): *Kurze Geschichte der tschechischen und mitteleuropäischen Psychologie* (mit S. Hoskovcova, 2000); *Purkinje's Vision. The Dawning of Neuroscience* (mit N.J. Wade und J. Brožek, 2000); *Psychologie* (2002); *Psychologie im Verkehr* (mit J. Stikar und J. Stikarova, 2003). Chefredakteur der Zeitschriften *Psychologie in der ökonomischen Praxis*, Prag, und *Tschechoslowakische Psychologie*, Prag, Mitglied des Redaktionsrates der Zeitschriften *Psychologie heute*, Prag, und *Studia Psychologica*, Bratislava, u.a. Anschrift: Lehrstuhl für Psychologie, Karlsuniversität, Celetna 20, CZ-11000 Prag 1, Tschechische Republik, E-Mail: hoskovec@seznam.cz

Jaeger, Siegfried, geb. 1943, studierte Psychologie in Marburg und Berlin; Dr. phil. 1977; 1968–2003 Assistent, dann wissenschaftlicher Angestellter am Psychologischen Institut der Freien Universität Berlin. Arbeitsschwerpunkt: Geschichte der Psychologie und ihrer Nachbarwissenschaften. Anschrift: Siedlerstraße 6, 15306 Lindendorf OT Dolgelin, E-Mail: jaeger-dolgelin@gmx.de

Jahnke, Jürgen, geb. 1939, Dipl.-Psych., Dr. rer. nat., Professor für Psychologie an der Pädagogischen Hochschule Freiburg. Arbeitsschwerpunkte: Sozialpsychologie, Psychologiegeschichte, Veröffentlichungen: *Interpersonale Wahrnehmung* (1975); *Sozialpsychologie der Schule* (1982); *Psychologiegeschichte – Beziehungen zu Philosophie und Grenzgebieten* (Hrsg. mit J. Fahrenberg, R. Stegie und E. Bauer, 1998). Anschrift: Pädagogische Hochschule Freiburg, Kunzenweg 21, 79117 Freiburg i. Br.

Kalkofen, Hermann, Dipl.-Psych., Dr. rer. nat., Prof. h.c., 1970–1998 Referent für allgemeine Psychologie am Institut für den Wissenschaftlichen Film in Göttingen, psychologiehistorische Filmarbeit begann mit der Herausgabe von Wolfgang Köhlers *Intelligenzprüfungen an Menschenaffen 1914–1917.* Beiträge auch zur Psychologie des Sehens sowie zur Psycho-Semiotik der visuellen Kommunikation. Leitete die Filmsektion der Deutschen Gesellschaft für Semiotik. Anschrift: Institut für den Wissenschaftlichen Film, Nonnenstieg 72, 37075 Göttingen.

Kaminski, Gerhard, geb. 1925. Prof. Dr. em. Studium der Psychologie an der Humboldt-Universität Berlin und der Freien Universität Berlin, dort Diplomprüfung, Promotion und Habilitation; ab 1952 Wissenschaftlicher Assistent und Akademischer Rat. Ab 1968 Lehrstuhl für Psychologie am Psychologischen Institut der Universität Tübingen; Leiter der Abteilung für Allgemeine und Ökologische Psychologie; seit 1990 emeritiert. Lehrtätigkeit, Publikationen und Forschungstätigkeiten vor allem zur Theorie klinisch-psychologischer Diagnostik, zur Handlungspsychologie, Sportpsychologie, Umwelt und Ökologischen Psychologie. Anschrift: Psychologisches Institut, Universität Tübingen, Friedrichstr. 21, D–72072 Tübingen.

Katz, Theodor (1920–1997), der Ältere der beiden Söhne des Forscherehepaars David und Rosa Katz. Er emigrierte mit seinen Eltern 1935/39 erst nach England und dann nach Schweden, studierte Germanistik und Anglistik und lehrte bis zu seiner Pensionierung als Studienrat.

Kiss, György, Univ.-Dozent, Dr. phil., Studium der Psychologie und Geschichte an der Eötvös-Lorand-Universität in Budapest. Habilitation über Geschichte der Psychologie. Gymnasiallehrer, Arbeitspsychologe in verschiedenen Betrieben, bis zu seinem Tod wiss. Mitarbeiter an der Technischen Universität Budapest. Wiss. Arbeiten über ungarische Kulturgeschichte und Geschichte der Psychologie in Ungarn. Veröffentlichungen: *Individualpsychologie in Ungarn* (1988); *William Sterns Wirkung auf die ungarische Kinderpsychologie* (1990) in *Psychologie und Geschichte; Die Wirkung der Individualpsychologie in Ungarn* (mit O. Arató, 1991).

Lafuente, Enrique, Dr., Assistenzprofessor für Allgemeine Psychologie an der Universidad Nacional de Educación a Distancia in Madrid (Spanien). Arbeitsschwerpunkte: *Geschichte der spanischen Psychologie und des Denkens*. Gründungsmitglied der Spanischen Gesellschaft für die Geschichte der Psychologie und Organisator ihres ersten nationalen Symposiums. Mitarbeiter der Zeitschrift Revista de Historia de la Psicología. Anschrift: Departamento de Psicología Básica I, Facultad de Psicología. Universidad Nacional de Educación a Distancia (UNED), Juan del Rosal 10, 28040 Madrid, E-Mail: elafuente@psi.uned.es

Lander, Hans-Jürgen, geb. 1928, Dipl. Psych., Dr. rer. nat. habil., o. Professor für Allgemeine Psychologie und Methodenlehre an der Universität Leipzig. Arbeitsschwerpunkte: Psychologie des Gedächtnisses, insbes. Fragen der Wissensstrukturierung und der darüber erklärenden Gedächtnisprozesse. Veröffentlichungen zu Strukturbildungsprozessen beim menschlichen Gedächtnis, zur Geschichte der Gedächtnispsychologie sowie zur Abschätzung von Interventionseffekten. Anschrift: Universität Leipzig, Institut für Allgemeine Psychologie, Seeburgstr. 14–20, 04103 Leipzig.

Langfeldt, Hans-Peter, geb. 1943, Dipl.-Psych., Dr. päd., Prof. Arbeitsschwerpunkte: Pädagogische und Sonderpädagogische Psychologie. Veröffentlichungen u.a.: *Sein, Sollen und Handeln – Beiträge zur Pädagogischen Psychologie und ihren Grundlagen* (Hrsg. mit R. Lutz, 1995); *Behinderte Kinder im Urteil ihrer Lehrkräfte* (1998); *Pädagogisch-psychologische Diagnostik, Band 2* (mit L. Tent, 1999); *Trainingsprogramme zur schulischen Förderung – ein Kompendium für die Praxis* (2002); *Psychologie-Studienbuch für soziale Berufe* (mit W. Nothdurft, 2004). Anschrift: Institut für Pädagogische Psychologie, Johann-Wolfgang-Goethe-Universität, Postfach 11 19 32, 60054 Frankfurt am Main.

León, Ramon, Dr. phil., studierte Psychologie in Lima, mit Hilfe eines Stipendiums Aufbaustudium (1979–1983) und Promotion in Psychologie an der Universität Würzburg mit einer Arbeit über Leben und Werk des deutsch-jüdischen Psychologen Walter Blumenfeld (1983); Leiter des psychologischen Dienstes am Nationalen Gesundheitsinstitut „Honorario Delgado – Hideyo Noguchi“ (1984–1995) und Professor für Psychologie an den Universitäten „Ricardo Palma“ (ab 1978) bzw. „Cayewtano Heredia“ (ab 1985) in Lima; Stipendium der A.-v.-Humboldt-Stiftung für ein Postdoc-Studium und Aufenthalt als Gastprofessor an der Universität Passau, Institut für Geschichte der Neueren Psychologie (1990–1992). Arbeitsschwerpunkte: Klinische Psychologie, Geschichte der Psychologie, unter besonderer Berücksichtigung der Verbindungen zwischen dem deutschen Sprachraum und Lateinamerika. Letzte Veröffentlichungen: *Estudios acerca del resentimiento* (mit C. Romero, 1990); *Psychologie in Peru* (mit H.J. Kagelmann, 1993); *Entre el estigma y la igualdad* (2001). 1988 Gründung der psychologiegeschichtlichen Fachzeitschrift *Archivo Latinoamericano de Historia de la Psicología y ciencias Afines* (zus. mit H. Stubbe). Adresse: Eduardo Terry 1589, Lima 1, Peru.

Ley, Michael, Dipl.-Psych., Psychologischer Psychotherapeut, wissenschaftlicher Angestellter am Institut für Erziehungswissenschaft der Universität Bonn. Arbeitsschwerpunkte: Studien- und Hochschulforschung, Alltags- und Kulturpsychologie, Geschichte der Psychologie. Anschrift: Institut für Erziehungswissenschaft der Universität Bonn, Am Hof 3–5, 53113 Bonn.

Lück, Helmut E., geb. 1941; Studium der Wirtschafts- und Sozialwissenschaften an der Universität zu Köln, 1973–1978 Professor für Sozialpsychologie an der Gesamthochschule Duisburg, ab 1978 Universitätsprofessor für Psychologie, Schwerpunkt: Psychologie sozialer Prozesse, an der FernUniversität. 1989–2002 Geschäftsführender Herausgeber der Zeitschrift Psychologie und Geschichte. Autor und Herausgeber mehrerer Bücher und zahlreicher Aufsätze zu Themen der Sozialpsychologie, der Psychologiegeschichte und der psychologischen Methodenlehre. Neuere Veröffentlichungen: *Kurt Lewin. Eine Einführung in sein Werk* (2001); *Geschichte der Psychologie* (3. Aufl. 2002); *Bedeutende Psychologinnen* (mit Sibylle Volkmann-Raue, 2002); *Psychologie in Selbstdarstellungen Band 4*, (2004). Anschrift: FernUniversität, Institut für Psychologie, Psychologie sozialer Prozesse, Postfach 940, 58084 Hagen, E-Mail: Helmut.Lueck@Fernuni-hagen.de

Lüer, Gerd, Dr. rer. nat.; Professor für Psychologie und Leiter der Abteilung Kognitions- und Arbeitspsychologie des Georg-Elias-Müller-Instituts für Psychologie, Georg-August-Universität Göttingen. Forschungsinteressen: Allgemeine Psychologie: Kognitive Prozesse beim Denken und Problemlösen, Gedächtnispsychologie, Visuelle Wahrnehmung, Geschichte der Psychologie. Präsident der Deutschen Gesellschaft für Psychologie 1988–1990, Vizepräsident der DGP 1990–1992. 1999–2005 Vizepräsident der Georg-August-Universität Göttingen. Wichtige Veröffentlichungen: *Gesetzmäßige Denkabläufe beim Problemlösen* (1973); *Allgemeine Experimentelle Psychologie* (1987); *Erinnern und Behalten. Wege zur Erforschung des menschlichen Gedächtnisses* (mit U. Lass, 1997); *Principles on Learning and Memory* (mit R. Kluwe und F. Rösler, 2003): Anschrift: Georg-Elias-Müller-Institut für Psychologie, Abteilung 2: Kognitions- und Arbeitspsychologie, Gosslerstraße 14, 37073 Göttingen, E-Mail: gluer@uni-goettingen.de

Mack, Wolfgang, geb. 1961, Dipl.-Psych., Dr. phil. Studium der Psychologie 1983 bis 1990 in Würzburg und 1992 bis 1995 in München, wiss. Mitarbeiter am Institut für Psychologie der Johann-Wolfgang-Goethe-Universität, Frankfurt am Main. Arbeitsschwerpunkte: Entwicklung der Wahrnehmung, des Gedächtnisses und Handelns bei Säuglingen, Kindern und älteren Menschen, Philosophie des Geistes. Diverse Veröffentlichungen aus den Bereichen Allgemeine und Entwicklungspsychologie sowie zur Geschichte der Psychologie. Anschrift: Institut für Psychologie, Johann-Wolfgang-Goethe-Universität Frankfurt am Main, Georg-Voigt-Str. 8, 60054 Frankfurt am Main.

Manz, Wolfgang (1932–2003), Prof. Dr., Dipl.-Psych., Studium der Psychologie, Philosophie und Soziologie 1953–1958 in Bonn und Berlin, 1967 Dr. rer. pol. Universität zu Köln, 1968/69 Lecturer an der Sussex University, U.K., 1973 Wissenschaftlicher Rat und Professor an der Wirtschafts- und Sozialwissenschaftlichen Fakultät der Universität Köln, 1973–1980 o. Professor an der Pädagogischen Hochschule Rheinland, Abt. Neuss; 1980 Professor für Psychologie an der Philosophischen Fakultät der Heinrich-Heine-Universität Düsseldorf; Emeritierung 1998.

McPherson, Marion White (Ehefrau von John A. Poppelstone) (1918–2000), stellvertretende Direktorin des Archivs für die Geschichte der amerikanischen Psychologie (Archives of the History of American Psychology) an der Universität Akron, in Akron, Ohio 44313, USA, 1967–1989. Koautorin der Werke *Dictionary of Concepts in General Psychology* (1988) und *An Illustrated History of American Psychology* (1994, 1998, japanische Ausgabe 1999). Mitglied der Amerikanischen Psychologischen Gesellschaft 1973–2000. Präsidentin der Abteilung für Geschichte der Psychologie der American Psychological Association 1989–1990.

Meischner, Wolfram (1932–1997), Dipl.-Psych., Dr. phil. habil, ao. Professor für Geschichte der Psychologie an der Universität Leipzig. Arbeitsschwerpunkte: Geschichte der Psychologie. Veröffentlichungen: *Wilhelm Wundt* (1979); *Wilhelm Wundt, Ausgewählte psychologische Schriften. Abhandlungen, Aufsätze, Reden* (Hrsg., 1983).

Meischner-Metge, Anneros, geb. 1940, Dipl. Psych., Dr. phil., Vorsitzende der Gustav-Theodor-Fechner-Gesellschaft Leipzig e.V. Arbeitsschwerpunkte: Geschichte der Psychologie, G. Th. Fechner, W. Wundt. Anschrift: Kolonnadenstraße 25, 04109 Leipzig.

Métraux, Alexandre, geb. 1945, Studium der Philosophie, der Psychologie und des Staatsrechts an der Universität Basel, 1973 Promotion; ab 1973 am Psychologischen Institut der Universität Heidelberg, seit 1990 Mitglied des Otto-Selz-Instituts der Universität Mannheim. Schwerpunkte: Wissenschaftsgeschichte und Wissenschaftstheorie. Anschrift: Heidelberger Straße 62, 69221 Dossenheim.

Miller, Rudolf, geb. 1945, Dr. phil., Dr. h.c., apl. Professor für Sozialpsychologie am Institut für Psychologie. Arbeitsbereich: Psychologie sozialer Prozesse, FB Kultur- und Sozialwissenschaften an der FernUniversität in Hagen. Arbeitsschwerpunkte und Publikationen zu den Themen Sozialisation, Sozialpsychologie der Zeit, Umweltpsychologie und Psychologiegeschichte. Zusammen mit H.E. Lück Herausgeber der Geschichte der Psychologie – Nachrichtenblatt der Fachgruppe Geschichte der Psychologie in der Deutschen Gesellschaft für Psychologie. Anschrift: FernUniversität Hagen, Institut für Psychologie, Lehrgebiet: Psychologie sozialer Prozesse, Postfach 940, 58084 Hagen, E-Mail: rudolf.miller@fernuni-hagen.de

Poppelstone, John A., geb. 1928; Professor emeritus für Psychologie (1999 bis heute); Direktor emeritus des Archivs für die Geschichte der amerikanischen Psychologie (Archives of the History of American Psychology) von 1999 bis heute an der Universität Akron in Ohio, USA. Koautor der Werke *Dictionary of Concepts in General Psychology* (1988) und *An Illustrated History of American Psychology* (1994, 1998, japanische Ausgabe 1999); Präsident der Abteilung für Geschichte der Psychologie der Amerikanischen Psychologischen Gesellschaft 1977–78; Mitglied der Amerikanischen Psychologischen Gesellschaft seit 1968 und der Amerikanischen Gesellschaft für die Förderung der Wissenschaft (American Association for the Advancement of Science) 1959–1995. Anschrift: Archives of the History of American Psychology, University of Akron, Akron OH 44313, USA.

Probst, Paul, geb. 1943 in Kempten/Allgäu, Dipl.-Psych., seit 1980 Professor für Psychologie an der Universität Hamburg. Forschungsschwerpunkte: Klinische Psychologie (Rehabilitationspsychologie, Psychologie Sozialer Interventionen, Subjektive Krankheitstheorien, Werte und Werterhaltung in der Klinischen Psychologie), Internationale Psychologie und Geschichte der Psychologie, insbes. die deutsche Psychologie im ersten Drittel des 20. Jahrhunderts. Wichtige Veröffentlichungen: *Die Anfänge der Akademischen Psychologie in Hamburg: Ernst Meumann und die Schulreformbewegung* (1990) und *Ernst Meumann: Mit einer Anleitung zur Biographie* (1991). Anschrift: Universität Hamburg, Psychologisches Institut III, Von-Melle-Park 5, 20146 Hamburg.

Rollett, Brigitte, geb. 1934, o. Prof. em., Dr. phil., Promotion und Habilitation in Graz, Professuren in Osnabrück, Kassel, Bochum und Wien, 1979–2003 Vorstand der Abteilung für Entwicklungspsychologie und Pädagogische Psychologie, Institut für Psychologie, Universität Wien. Arbeitsschwerpunkte: Entwicklung der Motivation, schulisches Lernen, Lerntherapie, Familienpsychologie, kinder- und jugendpsychologische Diagnostik, Hochbegabung. Veröffentlichungen: *Lernen und Lehren* (1997); *Anstrengungsvermeidungstest* (mit M. Bartram, 3. Aufl., 1998); *Autismus* (mit U. Kastner-Koller, 2. Aufl., 2001); *Klinische Entwicklungspsychologie der Familie* (Hrsg. mit H. Werneck, 2002). Anschrift: Fakultät für Psychologie, Universität Wien, Liebiggasse 5, A–1010 Wien.

Sarris, Viktor, geb. 1939, Studium der Psychologie, Philosophie und Psychiatrie in Hamburg und Freiburg, Promotion (Dr. phil.) in Hamburg, Habilitation (habil. nat.) in Düsseldorf. Seit 1968 viele Forschungs- oder Lehraufenthalte im Ausland, insbesondere in den USA. 1971 Professur an der Math.-Naturwiss. Fakultät der Düsseldorfer Universität; seit 1973 Professur (Max-Wertheimer-Lehrstuhl) für Psychologie, insbes. Allgemeine Psychologie an der Johann-Wolfgang-Goethe-Universität in Frankfurt/Main. Anschrift: Institut für Psychologie, Universität Frankfurt, Mertonstraße 17, 60054 Frankfurt/M.

Schiferer, Ruediger (1939–2002), war Bibliothekar (Oberrat) an der Österreichischen Nationalbibliothek, Mitglied der Österreichischen Gesellschaft für Geschichte der Naturwissenschaften (ÖGGNW) und des Österreichischen Forschungsinstitutes für Technikgeschichte (ÖFIT). Forschungsschwerpunkte: Physik- und Medizingeschichte der Jahrhundertwende, interdisziplinäre Ausstellungen. Veröffentlichungen (Auswahl): *Ernst Mach – Naturforscher und „philosophischer Sonntagsjäger"* (mit Alfred Schmidt, 1988); *Alfred Adler, 1870–1937: Katalog zur Ausstellung der Österreichischen Nationalbibliothek Wien* (Hrsg. mit A. Bruder-Bezzel, 1990).

Schmalt, Heinz-Dieter, geb. 1944, Studium der Psychologie in Münster, Hamburg und Bochum; Professor für Psychologie (Schwerpunkt: Motivation, Emotion und Lernen) an der Universität Wuppertal; Arbeitsschwerpunkte: Entwicklung von Verfahren zur Motivdiagnose, Analyse von volitionalen und motivationalen Zwischenprozessen in Handlungsverläufen, Ursachenzuschreibungen in leistungs-, macht- und anschlussbezogenem Verhalten, motivationale Determinanten der Informationsverarbeitung. Wichtige Veröffentlichungen: *Das LM-Gitter* (1976); *Die Messung des Leistungsmotivs* (1976); *Das Multi-Motiv-Gitter für Anschluß, Leistung und Macht* (mit K. Sokolowski und T.A. Langens, 2000); *Leistungsmotivation und Verhalten* (Hrsg. mit W.-U. Meyer, 1976); *Motivation* (mit K. Schneider, 2000); *Achievement motivation in perspective* (mit H. Heckhausen und K. Schneider, 1985); *Motivationspsychologie* (1986); *Motivation* (mit K. Sokolowski, 2005). Anschrift: Bergische Universität, Psychologie im Fachbereich G, Gaußstr. 20, 42097 Wuppertal.

Schmidt, Wilfred (1913–2001), bis zu seinem Tode Professor emeritus am Department of Educational Psychology, University of Alberta, Edmonton, Canada. Studium erst in Südafrika, Dr. phil. in Leipzig unter Otto Klemm und Albert Wellek 1937. Bis 1966 tätig an der University of Natal, dann University of Alberta. Zahlreiche Veröffentlichungen, insbesondere zu William Sterns Beitrag zur Entwicklung der Psychologie.

Schorr, Angela, Dipl.-Psych., Dr. phil., Dr. habil., Professorin für Pädagogische Psychologie und Medienpsychologie an der Universität Siegen, Forschungsschwerpunkte: Medienpsychologie, Medienwirkungsforschung, Publikumsforschung, Emotion und Motivation, Emotionspsychologische Grundlagen sozialer Kompetenz, Psychologiegeschichte. Wichtige Veröffentlichungen: *Handwörterbuch der Angewandten Psychologie* (1993); *Publikums- und Wirkungsforschung* (2000); *Appraisal Processes in Emotion* (mit Klaus

Scherer und Tom Johnstone, 2001). Anschrift: Media Psychology Lab, University of Siegen, Faculty 2, 57068 Siegen.

Schröder, Christina, geb. 1954, PD Dr. phil. habil. Dipl.-Psych., wiss. Mitarbeiterin. Arbeitsgebiete: Geschichte der Psychotherapie, Psychologie (insbes. Medizinische Psychologie), Psychoanalyse, Psychiatrie und Psychoonkologie. Veröffentlichungen u.a.: *S. Freud – Psychologie auf eigene Faust?* (1990); *G. Th. Fechner (1801–1887) in seiner Lebenskrise – Versuch einer patho-psychologischen Rekonstruktion eines komplexen Krankheitsgeschehens* (1991); *S. Freud – Hirnforscher, Neurologe, Psychotherapeut. Ausgewählte Frühschriften* (ausgewählt, kommentiert und mit einer werkgeschichtlich-biographischen Einleitung versehen, 1989; 2. Aufl. mit I. Kästner, 1990). Anschrift: Universität Leipzig, Klinikum, Abteilung für Medizinische Psychologie, Stephanstr. 11, 04103 Leipzig.

Sprung, Helga, geb. 1939, Studium der Psychologie in Berlin und Jena. 1962 Diplom: Experimentelle Gedächtnispsychologie, 1971 Promotion: Experimentelle Psychophysiologie und Psychodiagnostik an der Humboldt-Universität Berlin. Sie hat in der Akademie der Wissenschaften der DDR und an der Freien Universität zu Berlin gearbeitet und ist heute im Ruhestand. Arbeitsgebiete: Klinische Psychologie, Psychophysiologie, Methodenlehre, Psychodiagnostik, Allgemeine Psychologie, Geschichte der Psychologie, Frauen in der Wissenschaft. Wichtige Veröffentlichungen: Mitautorin des Buches *Grundlagen der Methodologie und Methodik der Psychologie. Eine Einführung in die Forschungs- und Diagnosemethodik für empirisch arbeitende Humanwissenschaftler* (mit Lothar Sprung, 1984, 2. Auflage 1987) sowie Herausgeberin des Werkes *Carl Stumpf – Schriften zur Psychologie* (Neu herausgegeben, eingeleitet und mit einer biographischen Einführung versehen, 1997). Anschrift: Kottmeierstr. 60, 12459 Berlin, E-Mail: Lothar.Sprung@arcor.de

Sprung, Lothar, geb. 1934, Bau- und Möbeltischler, danach Studium der Biologie, Chemie und Psychologie in Berlin, Jena und Berlin. 1962 Diplom: Experimentelle Gedächtnispsychologie, 1970 Promotion: Experimentelle Denkpsychologie, 1980 Habilitation: Theoretische Psychologie an der Humboldt-Universität Berlin. Er hat an der Humboldt-Universität zu Berlin als Professor gearbeitet und ist heute im Ruhestand. Arbeitsgebiete: Methodenlehre, Psychodiagnostik, Allgemeine Psychologie, Klinische Psychologie, Theoretische Psychologie, Evolutionspsychologie und Geschichte der Psychologie. Wichtige Veröffentlichungen: Mitautor des Buches *Grundlagen der Methodologie und Methodik der Psychologie. Eine Einführung in die Forschungs- und Diagnosemethodik für empirisch arbeitende Humanwissenschaftler* (mit Helga Sprung, 1984, 2. Auflage 1987) und des zweibändigen Werkes *Psychodiagnostik. Ein Lehr- und Arbeitsbuch für Psychologen sowie empirisch arbeitende Humanwissenschaftler* (mit Jürgen Guthke und Hans R. Böttcher, 1990 und 1991) sowie Mitherausgeber der Bücher *Advances in Historiography of Psychology* (mit Georg Eckardt, 1983); *Contributions to a History of Developmental Psychology* (mit Georg Eckardt und Wolfgang Bringmann); *Zur Geschichte der Psychologie in Berlin* (mit Wolfgang Schönpflug, 1992, stark erweiterte 2. Auflage 2003) und des Werkes *Psychologie im soziokulturellen Wandel – Kontinuitäten und Diskontinuitäten* (mit Siegfried Jaeger, Irmingard Staeuble und Horst-Peter Brauns, 1995). Anschrift: Kottmeierstr. 60, 12459 Berlin. E-Mail: Lothar.Sprung@arcor.de

Stadler, Michael Aurel, Dipl. Psych., Dr. phil., Professor für Psychologie mit dem Schwerpunkt kognitive Prozesse, Sprecher des Instituts für Psychologie und Kognitionsforschung der Universität Bremen. Mitherausgeber der Zeitschrift *Gestalt Theory*. Wichtige Veröffentlichungen: *Gestalttheorie in der modernen Psychologie* (mit S. Ertel und L. Kemmler, 1975); *Psychologie der Wahrnehmung* (mit F. Seeger und A. Raeithel, 2. Aufl. 1977); *Arbeitsmotivation* (mit H. Offe, 1980); *Psychology of Sailing* (1987); *Synergetics of Cognition* (mit H. Haken, 1990); *Ambiguity in Mind and Nature* (1995); *Psychologie der Zeugenaussage* (1997); *Die Farbe* (mit G. Gnieck, 2000); Herausgabe der 6. Auflage von W. Metzger: *Psychologie* (2001). Anschrift: Institut für Psychologie und Kognitionsforschung, Universität Bremen, Grazer Str. 4, D–28359 Bremen, E-Mail: stadlerm@uni-bremen.de

Staeuble, Irmingard, geb. 1941, Dipl.-Psych., promovierte in Philosophie, lehrte mehrere Jahre Geschichte der Sozialphilosophie und Sozialwissenschaften (University of California, Los Angeles) und Philosophie (University of Sydney); derzeit Professorin für Geschichte der Psychologie an der Freien Universität Berlin. Forschungsinteressen und Veröffentlichungen in Geschichte der Psychologie und Sozialwissenschaften, Historischer Psychologie und Kritischer Gesellschaftstheorie; Mitherausgeberin der Zeitschrift *Psychologie und Geschichte* und der Buchreihe *Geschichte und Psychologie*. Anschrift: Freie Universität Berlin, Fachbereich Philosophie und Sozialwissenschaften I, Psychologisches Institut, Habelschwerdter Allee 45, 14195 Berlin.

Stallmeister, Walter, geb. 1941, Dr. phil., bis 2005 Bibliotheksfachreferent an der FernUniversität. Arbeitsschwerpunkte: Religionswissenschaften, Geschichte der Sozialwissenschaften, Geschichte der Reformpädagogik. Wichtige Veröffentlichungen: *Willy Hellpach, Beiträge zu Leben und Werk* (hrsg. mit H.E. Lück, 1991); *Literaturdokumentation: Peter Petersen, Jena-*

plan, Erziehungswissenschaft in Jena (1999). Anschrift: Bülowstr. 8, 58097 Hagen, E-Mail: webmaster @jenaplan-archiv.de

Strien, Pieter J. van, geb. 1928, Psychologe, Promotion Universität Groningen. Praktische Tätigkeit in mehreren Praxisfeldern. Mitarbeiter an der Universität Groningen, seit 1966 dort Professor. Lehrauftrag bis 1980 Arbeitspsychologie, ab 1980 Grundlagen und Geschichte der Psychologie. Mehrere Bücher und zahlreiche Veröffentlichungen auf dem Gebiet der Arbeits- und Organisationspsychologie, Methodologie, Wissenschaftslehre und Grundlagen und Geschichte der Psychologie. Tagungsbeiträge zur Geschichte der Psychologie. Letzte größere Arbeiten: *History and Theory; Annals of Theoretical Psychology*, Vol. VIII and IX (mit H.J.F. van Rappard als Hrsg.); *Nederlandse psychologen en hun publiek* (1993) und *Driekwart eeuw Psychotechniek in Nederland* (mit J. Dane, 2001). Anschrift: Psychologisches Institut „Heymans" der Rijksuniversiteit Groningen, Grote Kruisstraat 2/I, NL–9712 TS Groningen.

Stubbe, Hannes, geb. 1941, Dipl. Psych., Ethnologe, Prof. für Ethnopsychologie/Psychologische Anthropologie an der Universität zu Köln. Lehrte viele Jahre in Lateinamerika. Gastprofessuren in Asien und Afrika. Arbeitsschwerpunkte: Geschichte der Psychologie in der sog. Dritten Welt, Lateinamerikanistik, Kulturanthropologie, Migration, Transkulturelle Psychologie und Psychotherapie. Veröffentlichungen: *Formen der Trauer* (1985); *Geschichte der Psychologie in Brasilien* (1987); *Goa and Portugal. History and development* (2000); *Kultur und Psychologie in Brasilien* (2001); *Interventionen in der Angewandten Psychologie* (2004); *Lexikon der Ethnopsychologie und Transkulturellen Psychologie* (2005). Herausgeber der Zeitschriften *Journal of Psychology in Africa, Archivo Latinoamericano de Historia de la Psicología y Ciencias Afines, Kölner Beiträge zur Ethnopsychologie und Transkulturellen Psychologie*. Anschrift: Universität zu Köln, Herbert-Lewin-Str. 2, D–40931 Köln, E-Mail: santosstubbe@yahoo.com; www.hannes-stubbe.de.ms

Veer, René van der, geb. 1952, Professor für historische Pädagogik an der Abteilung für Theoretische und historische Pädagogik der Universität Leiden (NL). Wichtige Veröffentlichungen: *Understanding Vygotsky. The quest for synthesis* (mit M.H. von Ijzendoorn und J. Valsiner, 1991); *The social mind. Construction of the idea* (mit J. Valsiner, 2000) und mehrere Bücher in niederländischer Sprache.

Voss, Ursula, PD, Ph.D., geb. 1957 in Hürth/Köln, derzeit Vertretungsprofessur an der Universität Erfurt (Allgemeine und Instruktionspsychologie). Diplom in Psychologie an der J.-W.-Goethe-Universität Frankfurt am Main, Ph.D. in Psychologie an der University of Southern Mississippi, Hattiesburg, MS USA; Habilitation in Psychologie an der J.-W.-Goethe-Universität Frankfurt am Main. Buchveröffentlichungen: *Überwachen und Schlafen* (2001); *Semantic processing during the transition from wakefulness to sleep in monitors vs. blunters* (1993). Anschrift: Universität Erfurt, Fachgebiet Allgemeine und Instruktionspsychologie, Nordhäuser Str. 63, 99089 Erfurt, E-Mail: ursula.voss@uni-erfurt.de

Weber, Klaus, geb. 1960, Erzieher und Diplompsychologe, Dr. phil. habil., Professor für Psychologie an der FH München; Gastprofessor an der Universität Innsbruck/ Institut für Psychologie. Mitglied des Berliner Instituts für Kritische Theorie (INKRIT e.V.). Veröffentlichungen zur Psychologiegeschichte (*Vom Aufbau des Herrenmenschen – Philipp Lersch*, 1993; *Unterstelle Subjekte. Der Beitrag der deutschen Psychologie zur Faschisierung des Subjekts*, 1998; *Blinde Flecken. Psychologische Blicke auf Faschismus und Rassismus*, 2003) und zur Sozialpsychologie des Neofaschismus (*Rechte Männer. Sozialpsychologische Analysen* 2001). Mitherausgeber von *Psychologische Grundbegriffe. Ein Handbuch* (mit S. Grubitzsch, 1998); *Grundkurs Psychologie* (mit H. Keupp, 2001). Anschrift: Ludwig-Wörl-Weg 38, 81375 München, E-Mail: dr.k.weber@t-online.de

Wiendieck, Gerd, geb. 1942, Prof. Dr., Studium der Wirtschafts- und Sozialwissenschaften an der Universität Erlangen-Nürnberg, Dipl.-Kaufmann 1966; Forschungsassistent am Institut für Wirtschafts- und Sozialpsychologie, Universität zu Köln 1967–1972, Promotion Köln 1972, Habilitation Universität Wuppertal 1982, Professor für Wirtschaftspsychologie, Universität zu Köln 1982–1990, seit 1991 Professor für Arbeits- und Organisationspsychologie an der FernUniversität. Forschungsinteressen: Arbeitszufriedenheit, Führung, Gruppenarbeit und Organisationskultur. Veröffentlichungen zu sozial- und wirtschaftspsychologischen sowie methodischen Fragestellungen. Anschrift: FernUniversität, Arbeitsbereich Psychologie. Schwerpunkt: Arbeits- und Organisationspsychologie, Postfach 940, 58084 Hagen.

Will, Herbert, geb. 1951 in Südafrika, Dr. med., niedergelassener Psychoanalytiker, Gruppenanalytiker, Facharzt für Psychotherapeutische Medizin, Lehranalytiker und Supervisor der Akademie für Psychoanalyse und Psychotherapie in München (DGPT), Mitglied der DPG und IPA. Veröffentlichungen zur Konzeptgeschichte von Psychoanalyse und Psychosomatik, zur Theorie, Klinik und Behandlung depressiver Störungen, und zur psychoanalytischen Behandlungstechnik. Bücher über Georg Groddeck, über *Depression* (2. Aufl. 2000), und zur Frage: *Was ist klassische Psychoanalyse* (2002).

Personenverzeichnis

Quellenverzeichnis

S. 4, Abb. 2: Goethe-Museum Düsseldorf, Foto: W. Klein
S. 5, Abb. 4: Akademie der Künste, Berlin, Foto: Eva Böhringer-Schön
S. 11, Abb. 1: Krall 1912, S. 22
S. 11, Abb. 2: Krall 1912, S. 351
S. 12, Abb. 3: Krall 1912, S. 125
S. 13, Abb. 5: *Tierseele* 1913, S. 128
S. 13, Abb. 6: *Tierseele* 1913, S. 200
S. 14, Abb. 8: Privatbesitz
S. 15, Abb. 1: Michel 1982
S. 15, Abb. 2: Michel 1982
S. 17, Abb. 1: Pearson: Galton, 1914–1930
S. 18, Abb. 2: Darwin 1872, deutsche Ausg., Tafel hinter S. 180, Bild Nr. 6
S. 18, Abb. 3: Darwin 1872, deutsche Ausg., S. 142, Fig. 18: „Chimpanse, enttäuscht und mürrisch"
S. 19–21, Alle Abbildungen aus dem Archiv der Franz-Brentano-Forschung, Würzburg
S. 21, Abb. 4: Foto: Gmo. Brogi
S. 27, Abb. 1: Ernst Heinrich Weber, o. Ang.
S. 29, Abb. 1: Leo Koenigsberger, 1911, S. 49, *Hermann von Helmholtz*. Braunschweig: Vieweg & Sohn
S. 30, Abb. 3: *Bibliothek des allgemeinen und praktischen Wissens*, 1912, hrsg. von Emanuel Müller-Baden. Berlin: Deutsches Verlagshaus Bong & Co, Kap. *Die Grundlagen der Physik* von F. Fraenkel, S. 14
S. 30, Abb. 4: *Max Planck in Selbstzeugnissen und Bilddokumenten dargestellt von Armin Hermann* (1973, S. 28). Reinbek: Rowohlt
S. 31, Abb. 5: H. v. Helmholtz 1870, S. 137
S. 32, Abb. 1: Universitätsarchiv Leipzig
S. 32, Abb. 2: Kuntze 1892
S. 33, Abb. 4: Universitätsarchiv Leipzig, Wundt-Nachlaß, Universität Leipzig
S. 34, Abb. 5: Universitätsarchiv Leipzig, Fechnerakte, Universität Leipzig
S. 36, Abb. 3: Universität Leipzig
S. 37–40, Abb. 4–8: Universitätsarchiv Leipzig
S. 41–46, Beitrag *Wilhelm Wirth und das Psychophysische Seminar der Universität Leipzig:* Die Bilder wurden freundlicherweise von Dr. Artur Wirth (Ansbach) zur Verfügung gestellt.
S. 47, Abb. 1: Hermann Ebbinghaus als Seconde-Lieutnant der Reserve im Alter von 24 Jahren, o. Ang.
S. 49, Abb. 4: *Zeitschrift für Psychologie und Physiologie der Sinnesorgane*, I. Abteilung: *Zeitschrift für Psychologie*, Bd. 51. Leipzig, J.A. Barth 1909 (Die Photographie stammt offenbar aus dem Familienbesitz.)
S. 50, Abb. 2: Universitätsbibliothek Würzburg
S. 51, Abb. 3: Watt 1904, S. 10
S. 52, Abb. 4: Messer, A. (1922). *Selbstdarstellung*. In: Schmidt, R. (Hrsg.), *Die Philosophie der Gegenwart in Selbstdarstellungen*, S. 145. Leipzig: Meiner
S. 52, Abb. 5: Marbe, K. (1945). *Selbstbiographie des Psychologen Geheimrat Prof. Dr. Karl Marbe zu Würzburg*. Halle a. d. Saale: Buchdruckerei des Waisenhauses (= Nr.4, Selbstbiographien von Naturforschern, hrsg. von Emil Abderhalden)
S. 54, Abb. 1: Balmer, H. (Hrsg.), *Kindlers Psychologie des 20. Jahrhunderts*, Bd. 1: Geistesgeschichtliche Grundlagen. Beltz Verlag, Weinheim und Basel, 1982, S. 511
S. 55, Abb. 2: Archiv der Universität Leipzig
S. 56, Abb. 1: Selz-Nachlaß, Universitätsarchiv Mannheim
S. 57, Abb. 2: Stadtarchiv Mannheim, Bildsammlung Nr. 3780
S. 58, Abb. 3: Universitätsarchiv Mannheim A 1 1/2
S. 59, Abb. 4: Selz-Nachlaß, Universitätsarchiv Mannheim
S. 60, Abb. 1: Mit freundlicher Genehmigung von Frau Schneider-Düker
S. 63, Abb. 5: Mit freundlicher Genehmigung von Herrn Lothar Tent
S. 67, Abb. 1: E. Mach 1865, S. 323
S. 68, Abb. 2: E. Mach 1875, S. 24
S. 68–69, Abb. 3 und 4: Ernst-Mach-Institut, Freiburg
S. 69, Abb. 5: Notizbuch B 3: „12. April 1873"; Ernst-Mach-Institut, Freiburg
S. 70, Abb. 6: Mach, E. (1900). *Die Analyse der Empfindungen und das Verhältnis des Physischen zum Psychischen*, S. 15. Jena, 1906
S. 71–74: Alle Dokumente wurden von der Forschungsstelle für österreichische Philosophie zur Verfügung gestellt.
S. 73, Abb. 4: Portraitphoto, im Besitz der Familie Witasek, Salzburg
S. 73, Abb. 5: Original im Besitz der Forschungsstelle für österreichische Philosophie
S. 76, Abb. 1: Historisches Museum der Stadt Frankfurt, Frankfurt/Main
S. 76, Abb. 2: Historisches Museum der Stadt Frankfurt, Frankfurt/Main
S. 77, Abb. 3: Privatbesitz Dr. G. Siemsen (†), Berlin, Abdruck: V. Sarris & Mich. Wertheimer, 1987
S. 78, Abb. 4 und 5: Privatbesitz Prof. Dr. Michael Wertheimer
S. 80, Abb. 1: Wirkungsstätte der Gestaltpsychologen in Berlin ab 1922. Bildarchiv Preußischer Kulturbesitz
S. 81, Abb. 2–6: Portraitfotos o. Ang.
S. 83, Abb. 7: Gestaltpsychologisches Experiment im Hörsaal des Psychologischen Instituts der Berliner Universität, um 1930. Aus: Buddensieg, T.; Düwell, K. & Sembach, K.-J. (Hrsg.) (1987). Wissenschaften in Berlin, Band „Disziplinen" (S. 142). Berlin: Gebr. Mann
S. 85, Abb. 1: Jaeger, 1988, S.6
S. 85, Abb. 2: Archiv der American Philosophical Society, Philadelphia
S. 86, Abb. 3: Bonin, W. F. (1983). *Hermes Handlexikon. Die großen Psychologen* (S. 168). Düsseldorf: Econ
S. 86, Abb. 4: Archiv der American Philosophical Society, Philadelphia
S. 87, Abb. 5: Psychologisches Institut der Universität Münster
S. 88, Abb. 7: Photo des Autors
S. 88, Abb. 8: Kongreßbericht
S. 89, Abb. 9: Privat: Toshio Iritani
S. 89, Abb. 10: Privat: Karin Kohler-Green
S. 90, Abb. 1: Besitz Miriam Lewin
S. 91, Abb. 2: Archiv der Humboldt-Universität
S. 92, Abb. 3 oben: *Berlin und seine Bauten, 4. Wohnungsbau C. Die Wohngebäude* (S. 241). Berlin, 1975
S. 92, Abb. 3 unten: Siegfried Jaeger
S. 93, Abb. 4: Kuball, M. (1980). Familienkino. Geschichte des Amateurfilms in Deutschland. Band 1: 1900–1930. (S. 68). Reinbek: Rowohlt

S. 93–94, Abb. 5 und 6: Zentrum für Fernstudienentwicklung der Fernuniversität, Hagen
S. 97–100, Abb. 1–5: Nachlaß Prof. Dr. Wolfgang Metzger
S. 103, Abb. 1: Privatbesitz
S. 104, Abb. 2: Archiv der Deutschen Akademie der Naturforscher Leopoldina Halle, deren Mitglied Krueger war. Matrikelmappe Nr. 4008
S. 104, Abb. 3: Staatsarchiv Dresden, Ministerium für Volksbildung, 10281/200
S. 105, Abb. 4: Staatsarchiv Dresden, Ministerium für Volksbildung, 10281/199
S. 106–109, Abb. 1, 2, 4–6: Besitz des Autors
S. 111: Bühler, Ch. & Hetzer, H. (1932). Kleinkindertests. Leipzig: J. A. Barth
S. 112: Ducret, J.-J. (1990). *Jean Piaget, Biographie et parcours intellectuel*. Neuchâtel: Delachaux et Niestlé
S. 113–116, Abb. 1–4: Besitz der Autorin
S. 118, Abb. 1: Privatsammlung P. Probst
S. 118, Abb. 2: *Akademische Blätter: Verbands-Organ der Vereine Deutscher Studenten*, 2. Jahrgang, 1887/88, S. 47
S. 119, Abb. 3: Pillsbury, W. B. (1929), *The History of Psychology*, 2. Auflage, Ann Arbor: Wahr; Abb. hinter S. 172
S. 123, Abb. 7: Beilage zu Nr. 193 der *Hamburger Nachrichten*, Montag, 26. April 1915, Abend-Ausgabe – Privatsammlung P.Probst
S. 125, Abb. 1: Privatbesitz
S. 126, Abb. 2: Deutsch, 1991
S. 127, Abb. 1: Bilderarchiv der österreichischen Nationalbibliothek
S. 128, Abb. 2: Privatfoto B. Rollett
S. 128, Abb. 3: Bilderarchiv der österreichischen Nationalbibliothek
S. 130, Abb. 5: Kongreßfoto
S. 131, Abb. 1: *Die Psychologie des 20. Jahrhunderts*, Bd. VII: Piaget und die Folgen, hrsg. von G. Steiner. Zürich: Kindler, 1978, o. S.
S. 132, Abb. 2: Ducret, J.-J. (1990). *Jean Piaget, Biographie et parcours intellectuel*. Neuchâtel: Delachaux et Niestlé, S. 6
S. 133, Abb. 3: Ducret, J.-J., a.a.O., S. 20
S. 133, Abb. 4: Ducret, J.-J., a.a.O., S. 100
S. 134, Abb. 5: Ducret, J.-J., a.a.O., S. 10
S. 135, Abb. 6: Ducret, J.-J., a.a.O., S.142
S. 136, Abb. 1: Van der Veer, R. & Valsiner, J. (1991). *Understanding Vygotsky. The quest for synthesis*. Oxford: Blackwell
S. 137, Abb. 2: Van der Veer, R. & Valsiner, J., a.a.O.
S. 138, Abb. 4: Van der Veer, R. & Valsiner, J., a.a.O.
S. 140: *Karikaturen vom achten Internationalen Psychoanalytischen Kongreß, Salzburg, Ostern 1924, von Olga Székely-Kovács und Robert Berény*. Privatdruck. Leipzig u.a.: Internationaler Psychoanalytischer Verlag (Neuausgabe, hrsg. von H.E. Lück & E. Mühlleitner. München: Quintessenz 1993)
S. 141, Abb. 1: Freud, E., Freud, L. & Grubrich-Simitis, I. (Hg.) (1974). *Sigmund Freud. Sein Leben in Bildern und Texten*. Frankfurt: Suhrkamp, S. 54
S. 141, Abb. 2: *Sigmund Freud. Sein Leben in Bildern und Texten*, a.a.O., S. 156
S. 142, Abb. 3: *Sigmund Freud. Sein Leben in Bildern und Texten*, a.a.O., S. 240
S. 143, Abb. 4: *Sigmund Freud. Sein Leben in Bildern und Texten*, a.a.O., S. 193
S. 145–149, Abb. 1–6: Museum-Archiv Burghölzli, Zürich
S. 151, Abb. 1: Zentralbibliothek Zürich
S. 152, Abb. 2: Museumsarchiv Burghölzli
S. 152, Abb. 3: Franz Jung, Küsnacht
S. 153, Abb. 4: Robert Hinshaw, Daimon Verlag (Zürich und Einsiedeln)
S. 154, Abb. 5: Staatsarchiv Zürich
S. 154, Abb. 6: Foto: Aniela Jaffé, Quelle: Robert Hinshaw, Daimon Verlag (Zürich und Einsiedeln)
S. 158, Abb. 1: Oskar Kokoschka, mit freundlicher Genehmigung von Dr. Kurt Adler
S. 159, Abb. 2: Wien I, Dominokanerbastei 10. Foto: Ruediger Schiferer
S. 159, Abb. 3: *Berliner Tageszeitung*, 1930. Rechte: Marion Sabisch, 24 Shore Rd., New York City, N. Y. 10956 (bzw. über Institut für Zeitungsforschung Dortmund, wo der Nachlaß Dolbins liegt)
S. 160, Abb. 4: Photopress, Johnson's Court, Fleet Street 1936, mit freundlicher Genehmigung von Dr. Kurt Adler
S. 160, Abb. 5: Alexandra Adler
S. 162, Abb. 1 und 2: Privatbesitz Dr. Rainer Funk, 7400 Tübingen 1, Ursrainer Ring 24
S. 163, Abb. 3: Foto: Liss Goldring, Privatbesitz Dr. Rainer Funk, 7400 Tübingen 1, Ursrainer Ring 24
S. 165, Abb. 1: Portrait von Georg Groddeck o. Ang.
S. 165, Abb. 2: Sanatorium DrGroddeck in Baden-Baden o. Ang.
S. 171–174, Beitrag *William James:* alle Abbildungen Houghton Library, Harvard University
S. 175, Abb. 1: Hermine und Carl Stumpf um 1882, o. Ang.
S. 175, Abb. 2: Carl Stumpf, 1907, o. Ang.
S. 176, Abb. 3: Carl Stumpf (rechts) im Urlaub, zusammen mit Prof. Haberlandt in Obermiening/Tirol 1929, o. Ang.
S. 177, Abb. 4: Carl Stumpf, Büste von Georg Kolbe, o. Ang.
S. 178, Abb. 1: Münsterberg, H.: *Grundzüge der Psychologie*, 2. Aufl. Leipzig: J.A. Barth, 1918
S. 179, Abb. 2: Privatbesitz
S. 181, Abb. 1: Privatbesitz, mit Genehmigung von Elena Lurija, Moskau
S. 182, Abb. 2: Privatbesitz
S. 182, Abb. 3: Jurij Aleksandrov: *Moskva – dialog putevoditelej*. Moskau 1985, S. 82 und 83
S. 183, Abb. 4: Privatbesitz, mit Genehmigung von Elena Lurija, Moskau
S. 184, Abb. 5: K. Levitin: *Mimolëtnyj uzor*. Moskau 1978, S. 817
S. 185, Abb. 1: Rechte: Dr. Erich Schmorell
S. 185, Abb. 2: Susanne Spanl
S. 186, Abb. 3: Institut für Volkskunde, München
S. 188, Abb. 1: Herkunft des Fotos unbekannt
S. 189, Abb. 2: Bonin, W. F. (1983). *Hermes Handlexikon. Die großen Psychologen* (S. 196). Düsseldorf: Econ
S. 189, Abb. 3: Archiv der Ludwig-Maximilians-Universität München
S. 191, Abb. 1: Martha Muchow & Hans Heinrich Muchow: *Der Lebensraum des Großstadtkindes*, hrsg. von B. Schonig & J. Zinnecker (1978, S. 11)
S. 192, Abb. 2: Probst, P. (1991). *Bibliographie Ernst Meumann*. Mit einer Einleitung zur Biographie (S. 63). Herzberg: Traugott Bautz
S. 194, Abb. 1: Archiv der University of Kansas. S. 195, Abb. 2: Foto Autor. Abb.3: Foto R.M. Rose, University of Kansas, Photographic Bureau. S. 196, Abb. 4: Foto New York Times, 1950. Abb. 5: Foto New York Times, 1950. S. 197, Abb. 6: Foto Field Station. Abb. 7: Foto Privatbesitz Frau Barker. S. 198, Abb. 8: Privatbesitz Frau Barker.
S. 199–202, Abb. 1–5: Alle Fotos stammen aus dem Privatbesitz des Autors
S. 203: Burt, C. (1930). *The study of the mind. Twelve broadcast talks*. London: British Broadcasting Corporation, S. 6

s. 205–210, Abb. 1–8: o. Angaben
S. 211, Abb. 1: Nagy László Emlékkönyv, Budapest: 1914
S. 211, Abb. 2: aus einem Artikel von Ranschburg: *Az elménkre egyidejüleg beható homogén és heterogén ingerek hatásáról.* Orvosi Hetilap (Medizinisches Wochenblatt) 1902, Num. 37, S. 593
S. 212, Abb. 3: Foto aus einem Beitrag von Kardos Lajos: *Révész Géza Magyar Tudomány*, 1956, S. 264
S. 212, Abb. 4: Foto aus *Das Kind* 1931/1932
S. 213, Abb. 5: Foto aus einem Beitrag von Nagy, L.: *Pedagógiai pszichológiai kisérleti eszközök gyüjteménye.* Bp. VI Her Tanioképzö Int. örtesitö 1912-1913, S. 10
S. 213, Abb. 6: Foto aus dem Buch von Lajos Kardos: *Grundfragen der Psychologie und der Forschungen Pawlows.* Budapest: 1962
S. 215–216, Abb. 1 und 2: Universitätsmuseum Utrecht
S. 216–219, Abb. 3, 4 und 7: Universitätsmuseum Groningen
S. 222, Abb. 4: University of Alberta Archives 71-217
S. 223, Abb. 5: University of Alberta Archives, 69-12-238
S. 223, Abb. 6: University of Alberta Archives: Calendar 1909–10
S. 226, Abb. 3: Laurenço Filho, 1954/55
S. 228, Abb. 3, 5 und 6: Privatbesitz
S. 229–231, Abb. 7–14: Privatbesitz
S. 233–235, Abb. 1, 3 und 4: Mit freundlicher Genehmigung der American Psychological Association
S. 233, Abb. 2: History of Psychology Newsletter, Published by Division 26, American Psychological Association
S. 238, Abb. 1: Archiv der Universität Göttingen
S. 239, Abb. 2: Archiv für die Geschichte der Neueren Psychologie, Universität Passau
S. 240, Abb. 3: Institut für Psychologie der Universität Göttingen
S. 243: Foto: PTT-Nederland NV
S. 245–249: Alle Abbildungen: Museums-Archiv Burghölzli, Zürich
S. 250–253: Alle Abbildungen: Museums-Archiv Burghölzli, Zürich
S. 254, Abb. 1: Hugo Münsterberg (1863–1916), Begründer der Psychotechnik. Aus: Roback, A.A. & Kiernan, Th. (1969). Pictorial History of Psychology and Psychiatry. New York: Philosophical Library
S. 255, Abb. 2: Psychotechnische Auslese französischer Piloten während des Ersten Weltkrieges. Aus Baumgarten, F. (1928). Die Berufseignungsprüfungen. München/Berlin: Oldenbourg
S. 255, Abb. 3: Der Wiggly-Block. Foto: KLM Foto-Archiv
S. 255, Abb. 4: Abnahme eines Rorschach-Tests. Foto: KLM Foto-Archiv
S. 256, Abb. 5: Der Kerzentest. Foto: KLM Foto-Archiv
S. 257–262, Beitrag *Das Psychotechnische Prüflaboratorium der Eisenbahn-Generaldirektion Dresden:* Alle Abbildungen sind einer handgefertigten *Photographischen Chronik der Psychotechnischen Prüfstelle Dresden* aus den zwanziger Jahren, verwahrt im Archiv des Instituts für Geschichte der Neueren Psychologie, Universität Passau, entnommen.
S. 263–268, o. Ang.
S. 270, Abb. 2: Untersuchungsanordnung für Kraftfahrer. Aus Moede (1930, S. 389)
S. 270, Abb. 3: Das Elektromobil. Poppelreuter (1929)
S. 271, Abb. 1: Giese, F.: *Methoden der Wirtschaftspsychologie.* Berlin: Urban & Schwarzenberg, 1927, S. 360
S. 271, Abb. 2: *Psychologie Heute*, Juni 1983, 10. Jg., Weinheim: Beltz, 1983, S. 38
S. 272, Abb. 3: Schulze, Rudolf: *Aus der Werkstatt der experimentellen Psychologie und Pädagogik.* Leipzig: R. Voigtländer Verlag, 1909, Seite 233
S. 272, Abb. 4: Giese, F., a.a.O., S. 135f.
S. 273, Abb. 5: Giese, F., a.a.O., S. 495, zitiert n. Monroy: *Wirtschaftliche Betriebsführung in der Forstwirtschaft*, Berlin 1925
S. 273, Abb. 6: Giese, F., a.a.O., S. 202
S. 274, Abb. 7: Smither, R. D.: *The psychology of work and human performance*, New York: Harper & Row, 1988
S. 275, Abb. 1: Aus Kropff, H. E. (1934). Psychologie in der Reklame als Mittel zur Bestgestaltung des Entwurfs. Stuttgart: Poeschel
S. 276, Abb. 3: Buchli 1966, S. 249
S. 277, Abb. 5: Spiegel, B.: *Werbepsychologische Untersuchungsmethoden.* Berlin 1958, S. 60
S. 278, Abb. 6: Spiegel, B.: *Werbepsychologische Untersuchungsmethoden.* Berlin 1958, S. 190
S. 279, Abb. 1: *Bildbericht über den Verlauf einer Prüfung auf Eignung zum Dienst beim fliegenden Personal. Fliegerhorst Neubiberg, Annahme- und Entlassungsstelle.* Bestand des Instituts für die Geschichte der Neueren Psychologie, Universität Passau
S. 280, Abb. 2: Bibliothek des Psychologischen Instituts der Freien Universität Berlin
S. 280, Abb. 3: Jaeger, D. (1939). *Angst und Charakter beim Kampfsport.* Hamburg: Riegel
S. 281, Abb. 4: *Bildbericht* ..., a.a.O.
S. 281, Abb. 5: *Bildbericht* ..., a.a.O.
S. 282, Abb. 6: Zentrales Staatsarchiv Potsdam, 49.01 REM 821, f. 88
S. 282, Abb. 7: Privatbesitz Prof. Dr. A. M. Däumling
S. 285, Abb. 2 und 3: Fotos vom Autor
S. 286, Abb. 1: Berufsverband Deutscher Psychologen e.V., Bonn
S. 287 f. Abb. 2–4: Privatbesitz Autorin
S. 293: Raoul Hausmann: „L'Esprit de notre temps (Tête mécanique)“ – „Der Geist unserer Zeit (Mechanischer Kopf).“ Musée national d'art moderne, Centre Georges Pompidou, Paris
S. 296, Abb. 1: *Le Compte Rendu Officiel du Premier Congrès des Recherches Psychiques.* Copenhague, 1922
S. 297, Abb. 2: *Le Compte Rendu Officiel du Premier Congrès des Recherches Psychiques.* Copenhague, 1922
S. 297, Abb. 3: *Zeitschrift für Parapsychologie*, 4, 1929
S. 297, Abb. 4: A. Freiherr von Schrenck-Notzing: *Die Phänomene des Mediums Rudi Schneider.* Berlin/Leipzig: de Gruyter, 1933
S. 298, Abb. 5: J. B. Rhine & J. G. Pratt: *Parapsychologie. Grenzwissenschaft der Psyche.* Bern/München: Francke, 1962
S. 298, Abb. 6: H. Bender: *Zum Problem der außersinnlichen Wahrnehmung.* Leipzig: Barth, 1936, S. 62
S. 299, Abb. 7: K. Krall: *Denkende Tiere.* Stuttgart: Verlag der Gesellschaft für Tierpsychologie, 1927, S. 90
S. 301, Abb. 1: Hellpach, W. (1949). Wirken in Wirren, Zweiter Band 1914–1925. (Hinter S. 336), Hamburg: Wegner
S. 302, Abb. 3: Generallandesarchiv Karlsruhe
S. 302, Abb. 4: Hellpach, W. (1949). Wirken in Wirren, Zweiter Band 1914–1925. (Hinter S. 320), Hamburg: Wegner
S. 303, Abb. 5–7: Generallandesarchiv Karlsruhe
S. 305, Abb. 1: Foto Henschel, Berlin
S. 306, Abb. 2: Privatbesitz Staeuble
S. 306, Abb. 3: Foto Henschel, Berlin
S. 307, Abb. 4: Internationaler Vietnamkongreß am 17. Februar 1968. Foto: Henschel, Berlin
S. 308, Abb. 5: Privatbesitz Bergius, Gilching

S. 309, Abb. 6: Archiv der FU
S. 310, Abb. 1: Privatbesitz Frau Prof. Roth
S. 310, Abb. 2: Foto Musil-Archiv Klagenfurt
S. 311, Abb. 3: Zeitung Radio Wien
S. 312, Abb. 1: Gallupp 1953
S. 313, Abb. 2: Hoffman 1965
S. 313, Abb. 3: Brinnin 1959
S. 314, Abb. 1: Murray, H.A. (1943). *Thematic Apperception Test*. Manual. Harvard Univ. Press, S. 18
S. 315, Abb. 2: Menuhin, M. (1987). *Die Menuhins*. München u.a.: dtv-Bärenreiter
S. 317–321, Abb. 14: o. Ang.
S. 320, Abb. 4: Michaelis, 1955
S. 325: Bundesarchiv Koblenz R 21/Anh. 10012, Bl. 5930
S. 334–342, Archives of the History of American Psychology, Akron, OH, USA
S. 343, Abb. 1: Jochum, U. (1991), S. 127
S. 344, Abb. 2–4: Universitätsbibliothek der FernUniversität, Hagen
S. 347–349, Abb. 1–4: Privatbesitz
S. 350, Abb. 1: Schurian, W. (1992). *Kunst im Alltag*. Göttingen: Hogrefe
S. 351, Abb. 2: Haberling, W. (1924). *Johannes Müller. Das Leben des rheinischen Naturforschers*. Leipzig: Akademische Verlagsgesellschaft, S. 192
S. 351, Abb. 3: Sander, F. & Volkelt, H. (1962). *Ganzheitspsychologie*. München: Sander, S. 99
S.352, Abb. 4: Smythies (1959). *The stroboscopic patterns: II. The phenomenology of the bright phase and after images*. British Journal of Psychology, 50, 1959, 305 ff.
S. 352, Abb. 5: *Zwischenschritte* 8 (2), 1989, S. 24
S. 353, Abb. 6: *Geo*, Heft 6/1984, S. 113